W0263706

Die Verbrennungskraftmaschine

Herausgegeben von

Prof. Dr. Hans List

Graz

Band 14

Verschleiß, Betriebszahlen und Wirtschaftlichkeit von Verbrennungskraftmaschinen

Wien
Springer-Verlag
1952

Verschleiß, Betriebszahlen und Wirtschaftlichkeit von Verbrennungskraftmaschinen

Von

Dr.-Ing. Carl Englisch

Göteborg

Zweite, erweiterte Auflage

Mit 393 Textabbildungen

Wien

Springer-Verlag

1952

ISBN-13: 978-3-211-80286-1   e-ISBN-13: 978-3-7091-8002-0
DOI: 10.1007/978-3-7091-8002-0

Vorwort zur ersten Auflage.

Wird die durch Zusammenarbeit von Gestalter und Werkstatt auf Grund schöpferischer Gedanken, theoretischer Erwägungen und praktischer Erfahrungen ausgeführte Verbrennungskraftmaschine nach Erprobung der neuen Bauart durch eine Versuchsmaschine, gegebenenfalls auch nach Bewährung mehrerer Maschinen, für den Verkauf freigegeben, so folgt darauf im praktischen Betrieb die schärfste Erprobung von unerbittlicher Strenge. Unter oft rauhen Betriebsbedingungen und häufig überdies bei unzureichender Pflege muß die Maschine gegenüber den Erzeugnissen des Wettbewerbes bestehen; sie muß während einer angemessenen Lebensdauer betriebssicher und verläßlich arbeiten und wird sich nur dann durchsetzen können, wenn sie sich im Betrieb auf die Dauer so wirtschaftlich zeigt, als dies im Hinblick auf den augenblicklichen Entwicklungsstand der Technik gefordert werden kann.

Verschleißerscheinungen am Motor und Instandhaltungskosten hängen eng zusammen. Verschleiß bedeutet Verlust, nicht nur an Werkstoffen, sondern auch an aufgewendeter Arbeitskraft und Arbeitszeit, bedeutet demnach unwiederbringlichen Verlust an Volksgütern im weitesten Sinn. Den Verschleißursachen nachzuforschen und den Verschleiß möglichst einzudämmen, ist eine vordringliche Aufgabe für unsere gesamte Werkstoffwirtschaft und für jeden Einzelnen, der mit der Auswahl des Werkstoffes und dessen Verarbeitung zu tun hat. Der erste Teil dieses Bandes ist daher den wichtigsten, in den Verbrennungskraftmaschinen zu beobachtenden Verschleißerscheinungen gewidmet; entsprechend ihrer Bedeutung für die allgemeine Volkswirtschaft ist dieser Abschnitt verhältnismäßig stark betont worden. Es sollte hier versucht werden, dem Ingenieur das ihm vielfach etwas fremde Verschleißgebiet näher zu bringen.

Anschaffungskosten, Betriebskosten und Instandhaltungskosten beeinflussen grundlegend die Wirtschaftlichkeit. Unter den Betriebskosten nehmen wieder jene für die Betriebsmittel den ersten Platz ein. Der Zweck des zweiten Abschnittes dieses Bandes soll es sein, einen Überblick über den Betriebsmittelverbrauch der heute üblichen Motorenbauarten zu geben, Vergleiche über die Verbrauchsziffern verschiedener Motoren zu ermöglichen und diese gegebenenfalls für Neuausführungen voreinschätzen zu lassen.

Der Kriegsverhältnisse halber konnten die Verbrauchsangaben nicht in wünschenswertem Umfang erhalten werden, es sind daher in diesem Abschnitt einige fühlbare Lücken offen geblieben.

Im dritten Abschnitt des Bandes wird endlich kurz aufgezeigt, wie sich die Wirtschaftlichkeit der Verbrennungskraftmaschinen erfassen läßt. Gerade dieser Abschnitt läßt sich aber heute, wo nicht die das normale Wirtschaftsleben beherrschenden Grundsätze im Vordergrund stehen, im stärkeren Maß noch als die vorhergehenden, nicht so darstellen, wie normale Zeiten es erlauben und erfordern würden. Es ist daher hier bei einigen grundsätzlichen Andeutungen geblieben.

Es ist mir eine angenehme Pflicht, meinen Dank allen jenen zu sagen, die das Zustandekommen der Arbeit gefördert haben: Herrn Professor LIST für vielfache Anregungen und Unterstützungen, die er mir bei der Abfassung der Arbeit zuteil werden ließ; Herrn S. PACHERNEGG für maßgebende Mitarbeit, vor allem in Abschnitt 2; den zahlreichen Werken, die reichlich Versuchsmaterial und Zeichnungen zur Verfügung gestellt haben, endlich auch dem Verlag für die mustergültige Ausstattung des Bandes.

Frankfurt a. M., im April 1943.

C. ENGLISCH.

Vorwort zur zweiten Auflage.

Die Überarbeitung für die Neuauflage erstreckte sich auf die Verwertung neu gewonnener Erfahrungen zur Bekämpfung des motorischen Verschleißes und auf die Aufnahme der Verbrauchsbilder neuerer Motoren; solche von veralteten Bauarten wurden dagegen fortgelassen. — Den Firmen, die durch Überlassung von Unterlagen die Ausgestaltung dieser Abschnitte ermöglichten, sei hier auf das beste gedankt.

Hinsichtlich des Abschnittes „Wirtschaftlichkeit" sind die Verhältnisse auch heute noch allenthalben derart ungeklärt, daß es hier bei grundsätzlichen Angaben bleiben mußte.

Herrn Professor LIST danke ich für die bei der Neubearbeitung gewährte Unterstützung, dem Verlag für die Ermöglichung der Neuauflage sowie für die sorgfältige Ausführung derselben.

Rankweil, im Februar 1952.

C. ENGLISCH.

Inhaltsverzeichnis.

Erster Teil.

Verschleiß in Verbrennungskraftmaschinen.

VIII

Zweiter Teil.

Verbrauch von Betriebsmitteln.

Dritter Teil.

Wirtschaftlichkeit.

Berichtigungszettel

S. 5, Z. 17 von unten: lies: . . . aber nur einen statt: . . . aber einen.

S. 5, Z. 17 von unten: lies: Verschleißerscheinungen statt: Verschleißerscheinnngen.

S. 6, Z. 12 von unten: lies: . statt: ;

S. 18, Z. 12 von unten: lies: lamellar statt: lamallar.

S. 38, Z. 16 von oben: lies: S. 47 statt: S. 49.

S. 55, Z. 2 von unten: lies: Abb. 93 statt: Abb. 90.

S. 69, Z. 2 von oben: lies: getrachtet statt: betrachtet.

S. 74, Z. 13 von oben: lies: scheint statt: erscheint.

S. 100, Z. 22 von oben: lies: in möglichst statt: entfernt von.

S. 163, Z. 15 von unten: lies: Schutzschicht statt: Schmutzschicht.

S. 188, Z. 26 von oben: und S. 189, Z. 7 von oben: lies: $\Delta\eta_{st}$ statt: $\Delta\eta_{sl}$.

S. 188, Z. 22 von oben: lies: $\Delta\eta_l$ statt: $\Delta\eta$.

S. 206: Nach dem ersten Absatz von oben ist der letzte Absatz auf S. 207 und fort bis S. 209 zu lesen; dann erst folgt der Abschnitt: „Luftgekühlte Motoren".

S. 233, Z. 1 von oben: lies: Einstellung statt: Einsteuerung.

S. 269. Nach Z. 15 von oben ist einzufügen:

Schrifttum.

1. RIEHM: Leistungserhöhung der Viertakt-Dieselmotoren. Z. VDI Bd. 67 (1923) S. 763.
2. BRUCE: Some Factors Limiting the Power of Diesel Engines. Transact. Inst. Eng. Shipbuild Scotl. 1924.

S. 278, streichen von Wort „für . . ." in Zeile 21 von oben bis Wort „. . . jedoch" in Z. 22 von oben.

S. 278, Z. 4 von unten: lies: 0,04 statt: 004.

S. 284, Zahlentafel 5, Z. 3 von oben: lies: 80% statt: 8%.

S. 288, Z. 7 von oben: lies: Betriebsstundenzahlen statt: Betriebsstunden zahlen.

Erster Teil

Verschleiß in Verbrennungskraftmaschinen.

Einleitung.

Dem Verschleiß sind die verschiedensten Bauteile von Verbrennungsmotoren unterworfen. Die an den betroffenen Teilen bewirkten fortschreitenden Gestaltänderungen führen im Laufe der Zeit zu allmählich sich in steigendem Maß bemerkbar machenden Störungen in ihrer Arbeitsweise; dementsprechend ist für jeden Bauteil nur ein ganz bestimmtes Höchstmaß an Verschleiß zulässig, bei dessen Überschreiten seine ordnungsmäßige Funktion in Frage gestellt ist.

Der Verschleißfortschritt an den einzelnen Bauteilen erfolgt im allgemeinen verschieden schnell. Sobald aber auch nur ein einziger Bauteil einer Maschine das für ihn zulässige höchste Abnützungsmaß erreicht hat, müssen an dieser die erforderlichen Wiederherstellungs- oder Ersatzarbeiten vorgenommen werden.

Jede Instandsetzung und jede Überholung bedeudet Stillstand der betreffenden Maschine; sie hat ferner Demontage- und Montagekosten zur Folge, sie bedeudet daneben vielfach Aufwendung an Werkzeug und Verlust an Hilfsmaterial und endlich die Bindung von Arbeitskräften, Werkzeugen und Einrichtungen.

Die Werte, die der Gesamtwirtschaft durch den Verschleiß fortlaufend verloren gehen, sind sehr groß. Es treten nicht nur Verluste von wertvollen Werkstoffen und Bauteilen ein, sondern darüber hinaus auch solche, die durch die für die Überholung notwendigen Stillstandzeiten, sowie auch die damit verbundenen Produktionsausfälle verursacht werden.

Es ist daher anzustreben, die Lebensdauer aller Bauteile von Verbrennungskraftmaschinen so groß als nur möglich zu machen; ferner die Lebensdauer der einzelnen Teile so aufeinander abzustimmen, daß die Notwendigkeit der Überholung an allen Teilen ungefähr gleichzeitig eintritt.

Diesen Forderungen in weitestem Maß gerecht zu werden ist eine der dringendsten Aufgaben, die der Verbrennungskraftmaschinenbau dem Gestalter und dem Werkstoffmann, nicht zuletzt aber auch dem Forscher zu gemeinsamer Lösung stellt.

A. Allgemeines über Verschleißerscheinungen.

I. Die Begriffe „Abnutzung" und „Verschleiß".

Als Verschleiß im Sinne der Technik wird eine unbeabsichtigte, allmähliche und im allgemeinen schädliche Lostrennung von Werkstoffteilchen an den Oberflächen von Bauteilen bezeichnet, die durch mechanische Ursachen irgendwelcher Art ausgelöst werden und schließlich zum Unbrauchbarwerden des Teiles führen [1], [19][1].

Solche verschleißende Kraftwirkungen können nicht nur von festen, sondern auch von flüssigen Stoffen oder durch gleichzeitigen Einfluß beider ausgehen.

Zerstörungen durch rein chemische Einflüsse — also Korrosionserscheinungen — fallen nicht unter den Begriff „Verschleiß". Wohl aber fallen sie mit diesen gemeinsam unter den weiter gefaßten Oberbegriff „Abnutzung", als welche man, wieder im Sinne der

---

[1] Die Zahlen in eckigen Klammern beziehen sich auf das jeweils den einzelnen Abschnitten angefügte Schrifttumsverzeichnis.

Technik, eine schädliche, allmähliche Veränderung der ursprünglichen Form oder Brauchbarkeit von Gegenständen durch die Benutzung oder ähnliche Beanspruchungen versteht [1].

Da chemische Einflüsse das Einsetzen mechanischer Angriffe häufig erst ermöglichen oder einleiten, müssen sie in die folgenden Betrachtungen miteinbezogen werden.

Die Einleitung des Verschleißes und sein Fortschreiten können auf die verschiedenste Weise erfolgen. Die Vielfalt der Verschleißbedingungen und -erscheinungen, daneben die Vielzahl der diese Vorgänge beherrschenden Einflüsse erschweren ein planmäßiges Klären des Verschleißphänomens und brachten es mit sich, daß heute dieser alltäglichste Vorgang noch recht unerforscht ist.

Jedenfalls ist es trotz zahlreicher Bemühungen, zwischen dem Verschleißwiderstand einerseits und den mechanischen Gütewerten eines Werkstückes andererseits feststehende Beziehungen aufzustellen, nicht gelungen, einen absoluten Gütemaßstab für den Verschleißwiderstand — etwa in der Form einer Werkstoffkennziffer — zu gewinnen. Wie aus den weiteren Ausführungen hervorgeht, ist dies — wenigstens nach dem heutigen Stand der Erkenntnisse — auch nicht zu erwarten.

Im allgemeinen lassen sich die Ergebnisse von Verschleißversuchen, die mit Hilfe einer bestimmten Verschleißvorrichtung gewonnen wurden, stets nur auf ganz ähnlich gelagerte Fälle übertragen; schon durch verhältnismäßig geringfügige Änderungen der Verschleißumstände können wesentlich andere Ergebnisse gezeitigt werden.

Bei jedem Verschleißvorgang lassen sich unterscheiden:

1. Die Art der Verschleißbeanspruchung, gekennzeichnet durch
   a) die Art der Relativbewegung zwischen den Verschleißteilen und die Art der Kraftübertragung,
   b) die Größe der von den Verschleißflächen übertragenen Kräfte,
   c) die Größe der Relativgeschwingigkeit zwischen den verschleißenden Teilen,
   d) das Zeitintegral der Relativgeschwindigkeit, d. h. der in dem der Betrachtung zugrundegelegten Zeitraum zurückgelegte Relativweg.
2. Die inneren Verschleißbedingungen:
   a) Werkstoffgebundene Eigenschaften der Verschleißteile (Gefügeausbildung, Härte, Festigkeit, Zähigkeit u.a.),
   b) die Oberflächenbeschaffenheit und
   c) die Form der Verschleißteile.
3. Die äußeren Verschleißbedingungen:
   a) die Art der Atmosphäre, in welcher der Vorgang sich abspielt;
   b) die Temperatur;
   c) die Art des zwischen den Gleitflächen befindlichen Mittels; vor allem die Schmierung;
   d) Anwesenheit oder Fehlen von festen Fremdteilchen zwischen den verschleißenden Oberflächen; im ersten Fall auch Art, Zahl und Größe der Fremdteilchen;
   e) Zusätzliche mechanische Beanspruchungen der Verschleißteile, insbesondere Art und Höhe dieser Beanspruchungen in den Oberflächenzonen.

II. Verschleißarten.

Nach der Art der Verschleißbeanspruchung kann unterschieden werden:

A: Eigentlicher Verschleiß:

1. Verschleiß bei gleitender Reibung:
   a) trocken (z.B. Schäfte von Einlaß- und Auslaßventilen),
   b) geschmiert u. zw.
      unvollkommene Schmierung (z.B. Zylinder und Kolbenringe, Kolben),
      vollkommene Schmierung (Lager),

2. Verschleiß bei rollender Reibung:
   a) trocken (z. B. Betätigungsrollen)
   b) geschmiert (z. B. Wälzlager).

3. Verschleiß bei schlagartiger Beanspruchung (z. B. Ventilsitze).

4. Passungsverschleiß (Verschleiß bei Berührung unter Wechselbeanspruchung; z. B. Verschleißerscheinugen in Gelenken, im Nabensitz von schlecht sitzenden Schwungrädern).

5. Verschleiß durch bewegte feste Verschleißmittel:
   a) durch gekörnte feste Stoffe (Sand, Staub, Asche);
   b) durch feste Verschleißmittel in bewegten Flüssigkeiten;
   c) durch feste Verschleißmittel in bewegten Gasen.

6. Verschleiß durch bewegte Flüssigkeiten (z. B. Hohlsogverschleiß an den Schaufeln von Kreiselpumpen; Verschleiß durch Tropfenschlag).

7. Verschleiß in raschbewegten Flüssigkeiten durch Erosion der Deckschichten.

8. Hierzu kommt:

B. Die Abnutzung eingeleitet durch Korrosion:
   a) durch Flüssigkeiten (z. B. Zerstörungen an den Außenseiten von seewassergekühlten Zylinderlaufbüchsen).
   b) durch Gase (z. B. an Auslaßventilen).

Abnutzungsvorgänge aller Art sind — ebenso wie der Schmiervorgang — in erster Linie Oberflächenvorgänge; sie sind daher vor allem auch von diesem Gesichtspunkt aus zu sehen und zu werten. In jedem Fall muß dort, wo Abnutzungserscheinungen auftreten, die Werkstoffestigkeit — sei es die Schwingungsfestigkeit, die Scherfestigkeit oder das Kaltverformungsvermögen — in irgendeinem Sinn durch die als Folge der äußeren Kräfteeinwirkungen an den Oberflächenpunkten auftretenden Spannungen überschritten werden.

Jedem Verschleißvorgang liegen ein oder mehrere der folgenden Einzelvorgänge zugrunde:

1. Als Folge äußerer Krafteinwirkungen tritt bleibende plastische Verformung verbunden mit einer durch Wechselbeanspruchungen hervorgerufenen Ermüdung der äußersten beanspruchten Schichten, also „Oberflächenermüdung" ein. Dadurch kommt es zum mechanischen Lostrennen von Teilchen aus den Oberflächen und zu einer Aufrauhung derselben.

2. Elektromagnetische Wirkungen beim Aneinandervorbeistreichen freier Ladungen an den Grenzschichten, wenn dies in solcher Nähe geschieht, daß die molekularen Grenzkräfte sich fühlbar machen, führen zu Abnutzungserscheinungen auch an gut geschmierten Flächen, wie z. B. in Lagern; die Oberflächen werden hierbei aber nicht aufgerauht, sondern bei geeigneten Werkstoffen im Gegenteil geglättet und die Gleiteigenschaften verbessert.

3. Endlich tritt Verschleiß durch chemische und technologische Vorgänge in den Grenzschichten auf. Sie können den Verschleiß einleiten, sie können verschleißfördernd oder -mindernd wirken. Insbesondere bei trockener Reibung und ungenügender Abfuhr der Reibungswärme kann die Grenzschicht sehr hoch erhitzt werden, wodurch das Reaktionsvermögen zwischen Metallen und Gasen vergrößert wird, vor allem auch unter den hohen an den Berührungspunkten herrschenden Drücken. Hierher zählen auch die Erscheinungen der Reiboxydation.

Einleitung des Verschleißvorganges und Verschleißfortschritt müssen nicht auf gleicher Ursache beruhen; bei einer Reihe von Maschinenteilen handelt es sich hierbei um grundsätzlich verschiedene Vorgänge. Es kommt dabei wohl nur selten vor, daß die Verschleißbeanspruchung eines Bauteiles sich klar und eindeutig unter eine der oben geführten Verschleißarten einordnen läßt; meist überlagern sich zwei oder auch mehrere der aufgezählten verschiedenen Verschleißbeanspruchungsarten.

Die Oberflächen der verschleißenden Teile weisen meist zu Beginn der Einwirkung der sie beanspruchenden Kräfte noch nicht jenen Zustand auf, der sie zum besten Ertragen dieser Beanspruchung geeignet macht: Es ist vielfach erst ein „Einlaufen", d. h. ein gegenseitiges Anpassen der Oberflächen nötig, ehe diese in der Lage sind, die volle Betriebsbeanspruchung dauernd aufzunehmen. — Dieser „Einlaufverschleiß" ist im Gegensatz zum weiteren Verschleißfortschritt ein durchaus erwünschter Vorgang.

Der Grad der durch den Verschleiß verursachten Zerstörungen kann sehr unterschiedlich sein und hängt von der Verschleißbeanspruchung ebenso wie von den inneren und den äußeren Verschleißbedingungen ab.

Etwas differenzierter als im deutschen sind die Verschleißbegriffe im englischen Sprachgebrauch. Ein leichter Verschleißangriff, der ein leichtes Aufrauhen der Oberflächen zur Folge hat, fällt unter den Begriff „scuffing". — Schwerere Angriffe, die als „scoring" bezeichnet werden, kennzeichnen sich durch Oberflächenanrisse und -ausbröckelungen; ein „Fressen" ist hierbei aber noch nicht zu beobachten. — Tritt ein erkennbares, wenn auch nur örtlich beschränktes Verschweißen von Oberflächenpartien ein, so spricht man vom „Fressen", dabei wird im englischen Sprachgebrauch unterschieden, ob das Verschweißen zunächst nur an einzelnen nicht zusammenhängenden Stellen oder als ein unterbrochenes Fressen zu beobachten ist: im ersteren Fall wird der Vorgang als „galling" benannt, das eigentliche Fressen wird dagegen als „seizure" bezeichnet.

Aufrauhen (scuffing) und Ausbrüche aus der Oberfläche (scoring) sind bekannte Erscheinungsformen stärkeren Verschleißes, die durch die molekularen Grenzkräfte zwischen metallischen Oberflächen von ähnlicher Beschaffenheit ausgelöst werden, wenn diese unter Last aufeinander arbeiten. Vor dem Auftreten eines unterbrochenen Fressens (galling) ist gewöhnlich ein Zerstören der Oberflächen durch Ausbröckeln (scoring) zu beobachten. Unterbleibt ein solches, so sagt man, die Verschleißflächen „schmieren".

Einfachen Oberflächenzerstörungen durch Aufrauhen kann auf verschiedene Weise vorgebeugt werden, so z. B. in vielen Fällen durch Steigerung der Härte, sorgfältige Reinigung des Schmieröls, Verbesserung der Oberflächengüte, richtige Werkstoffauswahl und dgl. — Das unterbrochene Fressen (galling) ist aber häufig eher eine Folge der physikalischen Eigenschaften untereinander ähnlicher Metalle einer Verschleißpaarung als eine Folge nicht richtig gewählter Härte oder Oberflächengüte.

In Fällen, in denen ein unterbrochenes Anfressen (galling) zwischen nicht ähnlichen Metallen oder zwischen Oberflächen auftritt, die normalerweise nicht hierzu neigen, sind vorhergehende Vorgänge, wie z. B. Abblättern, Grübchenbildungen, das Dazwischengeraten von Fremdkörperchen oder ein Versagen der Schmierung als Vorläufer des örtlichen Fressens festzustellen.

Das Fressen tritt überdies auch dann ein, wenn besonders glatte, reine Oberflächen unter so hohem spezifischem Druck aneinander gepreßt werden, daß sie sich bis in den Bereich der Atomgitterkräfte nähern; es spielt sich ein dem Preßschweißen verwandter Vorgang ab, der durch Temperatursteigerung noch erleichtert werden kann. — Der Reibungsbeiwert kann an solchen reinen glatten Flächen bis über $\mu = 4$ ansteigen, während er beim gewöhnlichen Verschleißvorgang meist unterhalb von $\mu = 1$ liegt.

In Verbrennungskraftmaschinen treten bestimmte Verschleißarten in besonders auffallender Weise auf. Die Eigentümlichkeiten derselben, ihre Regeln und Gesetzmäßigkeiten, soweit heute solche sich erkennen lassen, sollen im nachfolgenden ausführlicher behandelt werden.

1. Trockene und gleitende Reibung.

a) Gesetzmäßigkeiten.

Als allgemein für den Verschleiß durch trockene gleitende Reibung geltend, kann folgendes festgestellt werden:

1. Der Verschleiß nimmt, unveränderte Verschleißbeanspruchung vorausgesetzt, verhältnisgleich mit dem Laufweg zu.

2. Der Verschleiß steigt bei gleichgehaltener Geschwindigkeit und gleichbleibender Temperatur mit steigendem Anpreßdruck meist geradlinig an, solange kein Fressen eintritt. — Es werden hier jedoch auch Abweichungen festgestellt, die beim Verschleißverhalten der einzelnen Werkstoffe später besprochen werden.

3. Bei veränderlicher Geschwindigkeit besteht, auch wenn Temperatur und Anpreßdruck gleich gehalten werden, keine einfache Beziehung zur Höhe des beobachteten Verschleißes.

4. Ein eindeutiger, allgemein gültiger Zusammenhang zwischen Reibbeiwert und Verschleiß konnte bisher nicht festgestellt werden.

b) Veränderung der Oberflächen: Einlaufen.

Die Vorgänge beim Verschleiß durch trockene gleitende Reibung werden häufig rein makroskopisch dahin gedeutet, daß Vorsprünge und Vertiefungen in den übereinander gleitenden Flächen wie Zähne ineinandergreifen, wobei die Vorsprünge teilweise kaltverformt und verquetscht, teilweise abgeschert werden — ein Vorgang, wie er etwa ähnlich beim Glätten einer Oberfläche durch Feilen vorstellbar ist („Feilverschleiß").

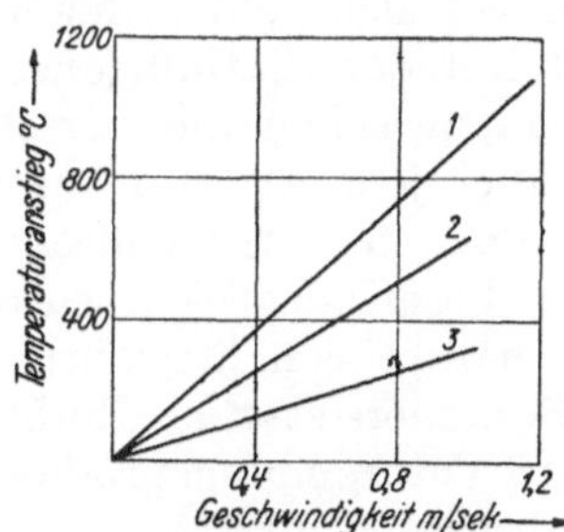

Abb. 1. Oberflächentemperatur beim Gleiten von Konstantan auf weichem Stahl (nach BOWDEN und RIDLER [3]). Last 102 g. Anfangstemperatur 17° C.
1 ... ohne Schmiermittel
2 ... mit handelsüblichem Schmiermittel
3 ... Schmierung mit Ölsäure.
Die Temperaturen wurden derart gemessen, daß die aufeinander gleitenden Metalle als Schenkel eines Thermoelementes dienten.

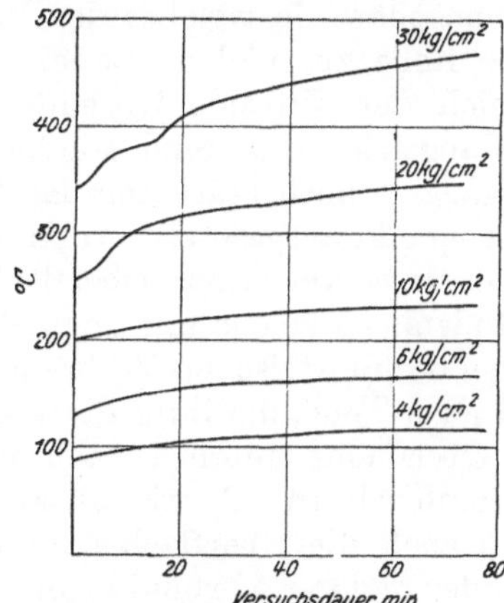

Abb. 2. Temperaturverlauf in der Verschleißschicht von Stahl mit 0,26 C bei verschiedenen Flächenpressungen. Gleitgeschwindigkeit 1 m/sek (nach DIES [8]). Darstellung weitgehend vereinfacht.

Diese Vorstellung erfaßt aber einen Teil der Verschleißerscheinnngen. Trockene Reibung ist zwar regelmäßig auch mit einer Verformung des Gefüges in den Gleitflächen verbunden, doch haben neuere Untersuchungen nachgewiesen, daß überdies beim Verschleißvorgang auch molekulare Kräfte zwischen den Teilchen der beiden einander berührenden Oberflächen eine Rolle spielen, also Kräfte gleicher Art, wie sie zwischen den Molekülen eines festen Körpers wirksam sind, dessen Festigkeit sie nach außen hin bestimmen, [2].

Die beim Übereinandergleiten der Teile erzeugte Reibungsarbeit wird in Wärme umgesetzt; daher stellt sich an der Verschleißoberfläche eine mittlere Temperatur ein, deren Höhe von der aufgewendeten Reibungsarbeit und von den Abstrahlungs- und Wärmeableitungsverhältnissen abhängt. Örtlich kann aber die Temperatur von diesem Mittelwert sehr weit abweichen. Die Abb. 1 und 2 zeigen als Beispiele für besondere Fälle die nahe an der Oberfläche von Verschleißteilen tatsächlich gemessenen Temperaturen; es ist aber sicher, daß an einzelnen unmittelbar in der Oberfläche gelegenen Punkten noch viel höhere Temperaturen erreicht werden; es kann hier unter dem Einfluß der Temperatur zu Gefügeänderungen im Werkstoff, vor allem aber zu sehr bedeutenden Änderungen der physikalischen Festigkeitswerte kommen.

Gleichzeitig mit den thermischen und mechanischen Beanspruchungen der Oberflächenteilchen können an diesen überdies auch chemische Reaktionen auftreten.

Der Vorgang hierbei ist etwa folgender: Beim Lagern an Luft überziehen sich blanke metallische Teile mit dünnen Gas-, Feuchtigkeits- oder Fettschichten („äußere" Grenzschicht). — Beim Reibungsvorgang werden, wenn die örtlichen Kräfte eine gewisse, vom jeweiligen Werkstoff abhängige Grenze übersteigen, kleinste Teilchen eines oder beider Verschleißteile abgetrennt. Diese werden entweder als Verschleißprodukte entfernt, oder sie lagern sich in kleinsten Vertiefungen oder Poren der Verschleißteile ein, werden dort wohl auch eingewalzt. Es kommt zu innigen Berührungen zwischen Teilchen der Grenzschicht und dem Grundwerkstoff, den Verschleißprodukten und dem umgebenden Mittel. Adsorbierte Gas- und Flüssigkeitsschichten bilden sich, wenn sie abgerieben wurden, rasch neu aus, so daß chemische Umsetzungen in der äußeren Verschleißschicht stattfinden können.

Auch chemisch-technologische Veränderungen in der Grenzschicht sind bei trockener Reibung und gleichzeitig ungenügender Abfuhr der Reibungswärme Ursachen für den auftretenden Verschleiß; denn bei den hohen Temperaturen, welche die Grenzschicht annimmt, nimmt die Löslichkeit der Metalle für Sauerstoff, Stickstoff und andere Gase, sowie das Reaktionsvermögen mit diesen stark zu.

Die Atmosphäre, in welcher der Verschleißvorgang vor sich geht, scheint eine sehr bedeutende Rolle zu spielen. Dabei macht sich nicht nur der Einfluß jenes Gases, in welchem sich der Verschleißvorgang abspielt und das zwischen die verschleißenden Flächen gelangen kann, geltend, sondern oft beeinflußt auch jene Art von Gasen den Verschleißvorgang in noch stärkerem Maße, deren Einwirkung die Verschleißteile zu einem früheren Zeitpunkt ausgesetzt worden waren und die von diesen adsorbiert wurden. Durch Reibungsvorgänge verformte Oberflächenschichten verhalten sich hinsichtlich der Adsorption anders, als solche mit ungestörtem Gefüge. Besonders starken Einfluß nehmen z. B. die bei der motorischen Verbrennung entstehenden Verbrennungsprodukte auf den Verschleiß jener Teile, die ihrer direkten Einwirkung ausgesetzt sind.

In der Oberfläche treten je nach Werkstoff Veränderungen durch plastische Verformungen, durch Altern, Rekristallisation und Gefügeumwandlungen auf, ferner überziehen sich auch die Oberflächen mancher Werkstoffe mit einer Haut von Oxyden, Nitriden, oder anderer Verbindungen, die eine unmittelbare metallische Berührung der beiden Oberflächen verhindern und dadurch die Freßneigung entweder stark vermehren, u. U. aber auch stark herabsetzen können.

c) Beanspruchungen in den Oberflächen.

Es erscheint zuerst schwer verständlich, daß z. B. ein normaler Baustahl selbst bei durchschnittlichen Flächenpressungen, die nur 1/100 seiner Zugfestigkeit erreichen, bereits sehr starke Verschleißerscheinungen aufweisen kann. Tatsächlich kommen aber, auch bei sehr vollkommener Bearbeitung, insbesondere zu Beginn des Verschleißvorganges nur einzelne Punkte der Oberflächen, die besonders stark vorstehen, in unmittelbare Berührung und übertragen die gesamte Kraft; Betragen die Oberflächenrauhigkeiten doch z. B. bei diamantgedrehten Flächen $1{,}5 - 2\mu$, bei geläppten Flächen noch $0{,}1 - 0{,}05\mu$. Über die Höhe der an den Berührungsstellen zweier Verschleißteile auftretenden Beanspruchungen geben die folgenden Überlegungen einen Anhalt:

Auf die kleinen vorhandenen Berührungsflächen kann sich die entfallene Reibungskraft verschieden verteilen, wie einige Fälle z. B. in Abb. 3 angedeutet sind, und je nach der Verteilung fallen die in der Oberfläche wirksam werdenden Kräfte verschieden hoch aus. Je nachdem, ob die Verteilung der Reibungskraft R über die Druckfläche z. B. nach einer Parabel, nach einer Ellipse oder nach einem Rechteck angenommen wird, ergibt sich mit den Bezeichnungen der Abb. 3 nach EICHINGER [9] für die Hauptspannung σ_x an der Oberfläche ($z = 0$) außerhalb der Reibungsfläche und vor allem für $x = b$ am Rand der Druckfläche:

für die Parabel

$$\sigma_x = \frac{3}{\pi} \cdot \frac{R}{2\,b\,l}\left[2\,\frac{x}{b} + \left(1 - \frac{x^2}{b^2}\right)\cdot \ln\frac{x+b}{x-b}\right] \quad \text{und} \quad \sigma_b = \frac{6}{\pi}\cdot\frac{R}{2\,b\,l}$$

für die Ellipse

$$\sigma_x = \frac{8}{\pi}\cdot\frac{R}{2\,b\,l}\left[\frac{x}{b} - \sqrt{\frac{x^2}{b^2} - 1}\right] \quad \text{und} \quad \sigma_b = \frac{8}{\pi}\,\frac{R}{2\,b\,l}$$

für das Rechteck

$$\sigma_x = \frac{2}{\pi}\,\frac{R}{2\,b\,l}\,\ln\frac{x+b}{x-b} \quad \text{und} \quad \sigma_b = \infty.$$

u. zw. bei der angenommenen Richtung der Kraft R in allen Fällen links von der Druck-fläche als Zug-, rechts davon als Druckbeanspruchung.

Für den letzteren Fall wird demnach die Hauptspannung am Rande der Druckfläche unendlich groß. Es geht aus den angeführten Rechnungsergebnissen hervor, daß selbst sehr kleine Reibungskräfte imstande sind, sehr hohe Zug- bzw. Druckspannungen in der Ober-fläche zu erzeugen, wenn die Verteilung der ersteren so beschaffen ist, daß ihre Größe an den Rändern der Druckfläche ($x = \pm\,b$) sich sprung-weise ändert.

Die sich durch den Verschleißvorgang allmäh-lich ausbildende Oberflächenschicht ist, wie viel-fache Beobachtungen erwiesen, durch besondere physikalische Eigenschaften ausgezeichnet. BEIL-BY [4] nahm an den Oberflächen polierter Me-talle und ähnlich auch nach beendetem Einlaufen von aufeinander gleitenden Maschinenteilen das

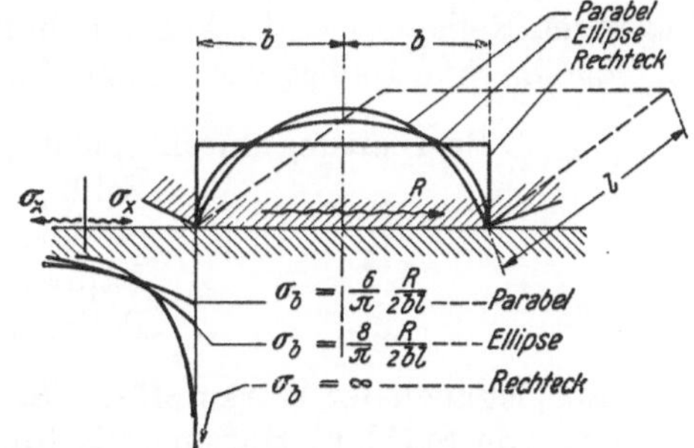

Abb. 3. Randspannung für verschiedene Verteilung der Reibungskraft über der Berührungsfläche (nach EICHINGER [9]).

Bestehen einer zweidimensionalen, quasiflüssigen Oberflächenschicht an: bei der mechani-schen Bearbeitung der Metalle, insbesondere beim Polieren der Oberflächen, soll das Metall der Oberflächenschicht zweidimensional schmelzen, durch die starke Wärme-ableitung aus dieser Schicht soll dieselbe sofort wieder erstarren, wobei sich aber, da die Atome sich nicht mehr in das Kristallgitter einzuordnen vermögen, eine nichtkristal-lisierte, amorphe Oberflächenschicht, die „Beilby"-Schicht, ausbilden soll. Diese Schicht zeichnet sich nach BEILBY durch größere Härte und durch größere freie Energie gegen-über anderen Oberflächen aus, bei denen die Atome gesetzmäßig im Kristallgitter ein-geordnet sind. — Die anfangs stark rauhen Oberflächen werden beim Einlaufen durch Bildung der Beilbyschicht geglättet, da durch die Bewegung der Teile eine nahezu gleich-mäßige Verteilung der flüssigen Metallschicht über die ganze belastete Oberfläche statt-findet; damit verteilt sich die ursprünglich auf wenigen Punkten ruhende Belastung über größere Teile der Oberfläche, was auch für die Stabilität der Schmierschichten wichtig ist.

Neuere Überlegungen [5] führen zwar —unter Ausschaltung der Annahme einer quasi-flüssigen Beilbyschicht — wieder zur mechanischen Einlauftheorie: Danach führt das Vermindern der Rauhigkeiten der ursprünglichen Oberflächen durch Abtragen und gleich-zeitiges Verformen der Kristalle an den Oberflächen zur Glättung und erhöht die Ober-flächenhärte. Die durch das Polieren bewirkten Erscheinungen in Elektronen-Beugungs-diagrammen, auf die sich die Theorie der Beilby-Schicht teilweise stützt, lassen sich auch zwanglos durch Vermindern der Rauhigkeiten und durch Verformungen allein erklären.

Dennoch wurde festgestellt, daß z. B. beim Polieren von Metallegierungen jener Be-standteil sich an der Oberfläche anreichert, dem die niedrigere Oberflächenspannung ent-spricht. Dies setzt jedenfalls eine sehr große Beweglichkeit der einzelnen Moleküle bzw. Atome voraus, wie sie in der festen Phase nur bei sehr hohen Temperaturen denkbar ist; denn nur dann kann sich ein neuer Gleichgewichtszustand innerhalb der kurzen Zeiten einstellen, wie sie bei diesen Vorgängen zur Verfügung stehen.

Nach Boas und Schmid [6] bilden sich beim Schleifen von Einkristallen mit
nachfolgendem Polieren in der Oberfläche, wie aus nach dem Rückstrahlverfahren gemachten Röntgenaufnahmen gefolgert wurde, zwei verschiedene Schichten aus: Die erste
obere Schicht ist feinkörnig; in dieser Schicht findet manchmal Rekristallisation statt.
Die sich darunter ausbildende Schicht ist stark kaltverformt; sie bildet den Übergang
zum ungestörten Grundkristall.

d) Einfluß der Oberflächenbearbeitung.

Bekannt ist auch der große Einfluß der Oberflächenbearbeitung auf den Verschleiß.
Möller und Roth [7] beobachten bei der spanabhebenden Bearbeitung von Stählen
an Hand von Röntgenaufnahmen folgendes:

Nahe an den bearbeiteten Oberflächen deuten Linienverbreiterungen auf weitgehende
Kornverfeinerungen oder auf das Vorhandensein bemerkenswerter innerer Eigenspannungen. Die Größe der Verformung ist abhängig von der Bearbeitung; sie nimmt in der
folgenden Reihenfolge ab, wobei sich auch der Einfluß hinsichtlich der Verformungstiefe
im gleichen Sinn ändert, wie die angeführten Zahlen für geglühten Stahl St. 34.11 zeigen:

Bearbeitung durch Schruppen . . .	Verformungstiefe	0,35 mm
,, ,, Schlichten . . .	,,	0,10 ,,
,, ,, Schleifen . . .	,,	0,10 ,,
,, ,, Läppen	,,	0,25 ,,
,, ,, Polieren	,,	0,10 ,,

Dabei ist auch der Werkstoff des Bearbeitungswerkzeuges von Bedeutung; die Schnitt-
wirkung von Stählen, Hartmetallschneiden und Diamanten sind voneinander wesentlich
verschieden. Allgemein reicht bei kleineren Schnittgeschwindigkeiten die Verformung
tiefer als bei hohen Schnittgeschwindigkeiten.

Es ist einleuchtend, daß dieser wichtige, von der Bearbeitung herrührende Einfluß
sich auch auf das Verschleißverhalten, auf die an der Oberfläche statthabenden Schmier-
vorgänge, sowie auf jede Art von Korrosionsangriffen in nachhaltigster Weise auswirkt.

2. Geschmierte gleitende Reibung.

Wird zwischen die aufeinander gleitenden Flächen ein Schmiermittel gebracht und
ein geschlossener Schmierfilm dauernd an allen Punkten der Flächen aufrecht erhalten,
so tritt praktisch überhaupt kein nennenswerter Verschleiß auf, solange die Schmieröl-
filmstärke größer ist als die Unebenheiten der aufeinander gleitenden Oberflächen;
in diesem Fall spricht man von flüssiger Reibung oder vollkommener Schmierung.

Der Verschleißwiderstand der Werkstoffe tritt in diesem Fall vollkommen in den
Hintergrund; die Werkstoffe müssen nur in der Lage sein, den Beanspruchungen durch die
in der Schmierölschicht auftretenden Drücke dauernd standhalten zu können. Wichtig ist
überdies die Benetzungskraft und das Haftvermögen des Schmiermittels an den Grenzschichten der gleitenden Teile.

Reichen jedoch die Gipfel der Unebenheiten über die Schmierölschicht hinaus, so tritt
der Zustand der ,,gemischten'' Reibung ein. In diesem Fall nähern sich die Verhältnisse
hinsichtlich der Vorgänge an den Berührungsstellen mehr oder weniger der trockenen
Reibung.

Der Verschleiß bleibt daher in um so engeren Grenzen, je besser die ursprüngliche Oberflächenbearbeitung ist und je besser das Schmiermittel an der Oberfläche haftet.

Das Haftvermögen wird durch Gefüge- und Strukturänderungen in den Oberflächenschichten beeinflußt. Daneben bestehen zwischen den einzelnen Werkstoffpaarungen
sehr große Unterschiede hinsichtlich der Haftfähigkeit beim Vorhandensein von Ölschichten zwischen den beiden Teilen. Diese Einflüsse werden besonders durch folgende
Versuche von Heidebroek [11], aufzeigt:

Auf einer in Abb. 4 schematisch dargestellten Versuchseinrichtung wurde ein Wellenstück a, bestehend aus St. 70.11 aufgehängt und in der angedeuteten Weise durch Gewichte belastete. Das Wellenstück kann dabei in einer Lagerschale b vertikal auf- und abwärts gleiten. An der Ölzuführungsbohrung der Lagerbüchse wurde Drucköl angeschlossen. Öldruck, Öltemperatur und Öldurchflußmenge durch das Lager wurden, ebenso wie die Güte der Bearbeitung und die Bearbeitungstoleranzen, bei allen Versuchen gleich gehalten. — Zur Erprobung kamen verschiedene Lagerwerkstoffe. Gemessen wurde jenes Gewicht, das in jedem Fall notwendig war, um die Welle mit einer bestimmten gleichbleibenden Geschwindigkeit durch das Lager in vertikaler Richtung hindurchzuziehen. Die den einzelnen Werkstoffen derart zugeordneten Gewichtsbelastungen sind nach Abb. 5 auffallend ver-

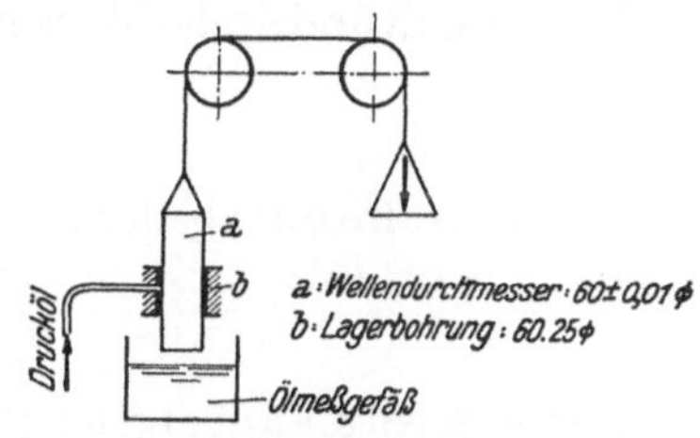

Abb. 4. Prinzip der Versuchseinrichtung (nach HEIDEBROEK [11]).

schieden, was von HEIDEBROEK dahingehend gedeutet wird, daß in dem dreiteiligen Element: Welle—Schmierstoff—Lagerschale bestimmte physikalische Beziehungen bestehen, die sich gegenseitig dadurch beeinflussen, daß die an der Oberfläche der Welle auftretenden freien Valenzen der Molekularkräfte eine dielektrische Polarisation (Dipole) in

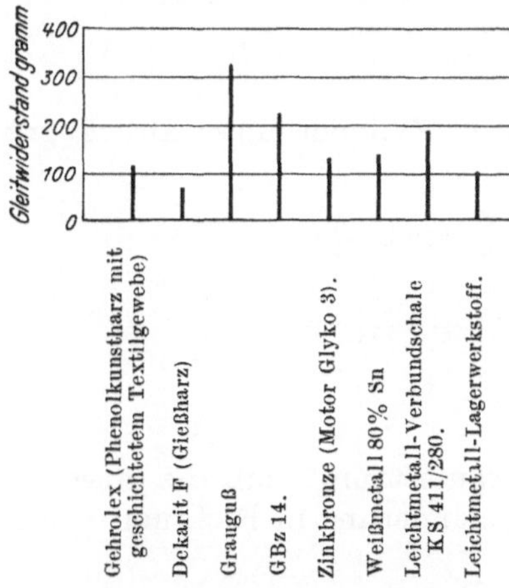

Abb. 5. Gleitwiderstand verschiedener Lagerwerkstoffe in der Versuchseinrichtung nach Abb. 4 (nach HEIDEBROEK [11]).

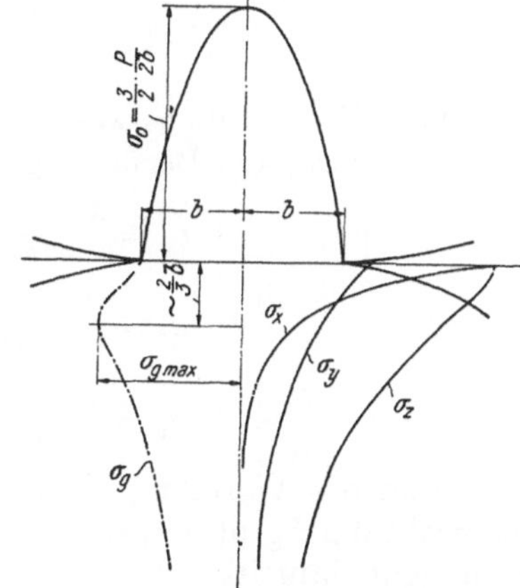

Abb. 6. Spannungsverteilung entlang der Mittelnormalen bei reinem Rollen.

den Kohlenwasserstoffmolekülen des Schmierstoffes induzieren und diesen damit irgendeine besondere Orientierung erteilen; gleichartige Wirkungen gehen aber auch vom Werkstoff der Lagerschale aus, so daß die Tragfähigkeit des Schmierölfilms nicht nur vom Schmierstoff allein, sondern vor allem von seiner Affinität zum Wellenwerkstoff und zu jenem der Lagerschale mitbestimmt wird.

Es läßt sich wohl vermuten, daß solche Unterschiede im gegenseitigen Verhalten der Werkstoffe in ihren Wechselbeziehungen mit dem Schmierstoff auch wesentlichen Einfluß auf die zulässige Lagerbelastung, auf die auftretende Reibung und auf den eintretenden Verschleiß haben; die Zusammenhänge sind allerdings noch recht unklar.

3. Rollende Reibung, trocken.

Bei der rollenden Reibung sind es vor allem die wechselnden Normalkräfte an der Berührungsstelle und die durch diese verursachten Spannungen in tangentialer Richtung, die zur Oberflächenmündung und damit zu Verschleißerscheinungen führen.

Die Höhe der Beanspruchungen in zwei gegeneinander gedrückten Zylindern mit parallel liegenden Achsen läßt sich für die durch die Mitte der Druckfläche gehende Berührungsnormale angenähert berechnen. Es sollen die Bezeichnungen der Abb. 6 gelten; hierbei ist mit $2\,b$ die Breite der durch die elastische Deformation gebildeten Berührungsfläche bezeichnet, welche nach HERTZ, immer unter der Voraussetzung des gleichen Werkstoffes, vom Elastizitätsmodul E und der Poissonschen Konstanten m für die beiden berührenden Teile, wie folgt zu rechnen ist:

Für zwei zylindrische Walzen von den Halbmessern r_1 und r_2:

$$b = 1,52 \sqrt{\frac{P\,r_1\,r_2}{E\,(r_1 + r_2)}}\ ;$$

für die Walze auf ebener Fläche (r Walzenhalbmesser, l Walzenlänge):

$$b = 1,52 \sqrt{\frac{P\,r}{E\,l}}\ .$$

Für eine Kugel auf ebener Platte wird die Berührungsfläche ein Kreis vom Halbmesser

$$a = \sqrt[3]{\frac{1,5\left(1 - \dfrac{1}{m^2}\right) \cdot P \cdot r}{E}}\ .$$

Die letzte Gleichung gilt auch für zwei Kugeln von den Radien r_1 und r_2, doch ist in diesem Fall in die Gleichung eine Ersatzkugel mit dem Radius r einzuführen, welcher sich aus

$$\frac{1}{r} = \frac{1}{r_1} + \frac{1}{r_2}$$

errechnet.

Für den Fall des Abrollens zweier achsparalleler Zylinder unter Druck gilt für die Beanspruchungen längs der Berührungsnormalen

$$\sigma_z = \frac{3}{\pi} \cdot \frac{P}{2\,b\,l}\left[\frac{z}{b} + \left(1 - \frac{z^2}{b^2}\right) \operatorname{arc\,tg} \frac{b}{z}\right]$$

$$\sigma_x = \frac{3}{\pi} \cdot \frac{P}{2\,b\,l}\left[-3\,\frac{z}{b} + \left(1 + 3\,\frac{z^2}{b^2}\right) \operatorname{arc\,tg} \frac{b}{z}\right]$$

$$\sigma_y = \frac{\sigma_x + \sigma_z}{m}\,,$$

und zwar gelten die Werte für σ_y unter der Voraussetzung, daß die Ausdehnung der Walzen in Richtung l groß ist, so daß eine Längenänderung in Richtung y nicht stattfinden kann; denn dann ist

$$\varepsilon_y = \frac{1}{E}\left(\sigma_y - \frac{\sigma_x + \sigma_z}{m}\right) = 0\,.$$

Die für das Entstehen bleibender Formänderungen maßgebende Vergleichsspannung rechnet sich bekanntlich allgemein zu

$$\sigma_g = \sqrt{\sigma_x^2 + \sigma_y^2 + \sigma_z^2 - \sigma_x\sigma_y - \sigma_y\sigma_z - \sigma_z \cdot \sigma_x}$$

und ergibt für die Lauffläche selbst, also für $z = 0$, den Wert

$$\sigma_{g0} = 0,4\ \sigma_{z0}$$

d. h. diese Spannung beträgt nur 40% der größten Normalspannung σ_{z0}; nur an den Stirnflächen, wo $\sigma_{z0} = 0$ wird, ist $\sigma_{g0} = \sigma_{z0}$.

Die größte Fließgefahr herrscht in einer Tiefe $z \sim 2/3\,b$ unterhalb der Lauffläche, wie auch aus Abb. 6 zu entnehmen ist, in welcher der Verlauf der drei Hauptspannungen längs der Berührungsnormalen für den erwähnten Fall dargestellt ist.

Wo die aufeinander abrollenden Teile größere Abmessungen haben, kommt es tatsächlich zu Abblätterungen von Schichten solcher Stärke, wie dies dem oben wiedergegebenen Rechnungsergebnis entspricht. Sind die Krümmungsradien der rollenden Teile jedoch klein, so werden beim trocknenen Abrollen, auch wenn die Anpreßdrücke sehr hoch sind, derartige Abblätterungen nicht beobachtet, offenbar deshalb, weil dann die Schicht dünner wird, als die Stärke einer einzigen Kristallage.

Dieses von HERTZ gegebene Bild des Spannungsverlaufes ist übrigens nicht ganz zutreffend, insbesondere wenn Reibungskräfte zwischen den sich berührenden Flächen auftreten. Neuere Untersuchungen (vgl. [19]) zeigen, daß es innerhalb eines sehr kleinen Bereiches der Druckfläche knapp unterhalb der Oberfläche zu einem schroffen Spannungswechsel zwischen Zug und Druck kommt, wobei die Spannungen selbst die Proportionalitätsgrenze des Werkstoffes bald übersteigen können. Die Größe der Druckflächen an Maschinenbauteilen liegt in der Größenordnung von Zehntelmillimetern.

4. Rollende Reibung geschmierter Teile.

Bei Anwesenheit einer Flüssigkeit zwischen den aufeinander abrollenden Flächen treten Abblätterungen und Grübchenbildungen an den Oberflächen der Verschleißteile viel eher auf, als bei trockenem Abrollen. Es treten daher offenbar im ersteren Fall zusätzliche Beanspruchungen von beachtenswerter Größe hinzu. Die Flüssigkeit haftet an den Oberflächen und muß, bis auf eine dünne Grenzschicht, vor der Druckstelle von diesen abgestreift werden. Die Flüssigkeit muß daher zum Großteil im keilförmigen Raum vor der Berührungsstelle in einer der Bewegung entgegengesetzt gerichteten Strömung abfließen, wodurch sich nach Abb. 7 symmetrisch in der Flüssigkeit liegende Wirbel ausbilden; in der Flüssigkeit tritt hier infolge des inneren Gleitwiderstandes eine erhebliche Drucksteigerung auf, während der Keilraum hinter der Berührungsstelle nahezu trocken ist.

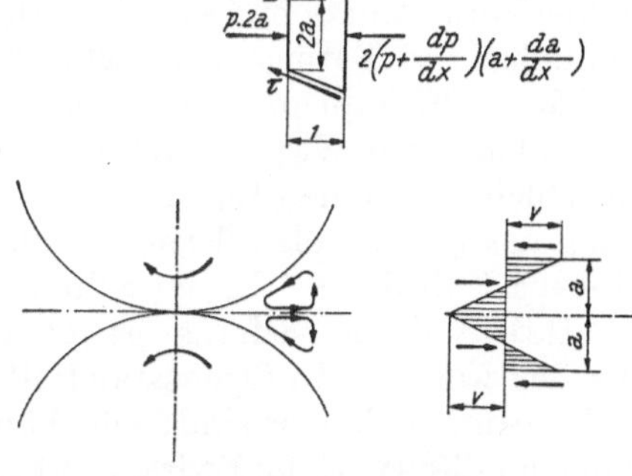

Abb. 7. Kräfteverlauf im Flüssigkeitskeil bei reinem Rollen (nach EICHINGER).

Das Schergefälle beträgt nach Abb. 7 angenähert

$$\frac{2 \cdot v}{a};$$

damit und mit der Zähigkeit η wird der Gleitwiderstand:

$$\tau = \eta \cdot \frac{2v}{a}.$$

Aus den Gleichgewichtsbedingungen für die an einem Element des Flüssigkeitskeiles wirkenden Kräfte ergibt sich die Differentialgleichung;

$$\frac{dp}{dx} + \frac{p}{a} \cdot \frac{da}{dx} + \frac{\tau}{a} = 0.$$

Daraus erhält man wieder für jenen Teil des Keiles, für den die hydrodynamischen Gleichungen als gültig angenommen werden können, wenn die Krümmung der zylindrischen Scheiben gleich $\frac{1}{R}$ gesetzt wird ($R =$ Scheibenhalbmesser):

$$a = \frac{x^2}{2R} \qquad\qquad \tau = \frac{4vR}{x^2} \qquad\qquad p = \eta \cdot \frac{8vR^2}{x^3}.$$

In der unmittelbaren Nähe der Druckstelle wird daher der Druck p in der Flüssigkeit größer als die Scherspannung τ; doch kann der Flüssigkeitsdruck die Pressung in der eigentlichen Druckfläche nicht überschreiten, da in diesem Fall die Flüssigkeit zwischen den beiden Druckflächen durchtreten würde. Die dennoch unter Drücken von sehr beträchtlicher Höhe stehende Flüssigkeit dringt nun offenbar in alle feinsten Öffnungen in den Oberflächen, wie Poren, Schleifrisse, und sonstige Bearbeitungsspuren, in kleine Fehlstellen usw. in den Werkstoffen ein und erweitert diese; durch diese zusätzlichen Wechselbeanspruchungen wird die Oberflächenermüdung beschleunigt und die Zerstörung geht rascher vor sich.

Die durch das Abrollen wachgerufenen Zug-Druck-Wechselbeanspruchungen in der Lauffläche bewirken elastische Verformungen nach Abb. 8, wodurch es zu verschieden starken Gleiterscheinungen in den äußersten Schichten kommt. Nach einiger Zeit zeigen die Laufflächen daher ein etwas mattes Aussehen; werden die Laufflächen aber überbeansprucht, so treten Abblätterungen feinster Teilchen und Grübchenbildungen auf.

5. Geschmierte Gleitflächen und verunreinigtes Schmiermittel.

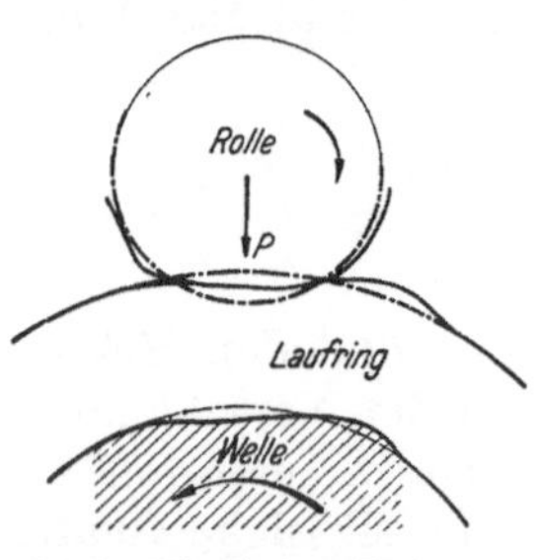

Abb. 8. Elastische Verformung durch Zug-Druck-Wechselbeanspruchung in Wälzlagern (nach DIERGARTEN).

In sehr vielen Fällen sind die Schmiermittel, die zwischen den Verschleißteilen wirken sollen, mehr oder weniger durch feste Teilchen verunreinigt, wodurch der Verschleißvorgang sehr weitgehend beeinflußt werden kann; denn einerseits können diese Verunreinigungen selbst wieder verschleißend wirken, andererseits können sie das Schmiermittel beeinflussen und auf diese Weise mittelbar verschleißfördernd wirken.

Als solche Verunreinigungen kommen entweder die beim Einlaufen oder auch während des weiteren Zusammenarbeitens der Teile als Abrieb abgetrennten Teilchen in Frage, ferner aber auch ähnliche Fremdkörperchen, die von außen her in das Schmieröl eindringen. Auch Schleifstaub und Schmirgelstaub, der von der Bearbeitung her auf den Oberflächen haften geblieben ist, Formsand in schlecht gereinigten Gußteilen und andere Quellen sind es, die das Schmieröl mit mehr oder weniger angreifenden Mitteln durchsetzen können.

Solche feste Verschleißmittel im Schmieröl sind — soferne sie nicht das Schmieröl als solches in seinen Eigenschaften nachteilig beeinflussen (z. B. zur beschleunigten Alterung des Schmieröls führen) — solange ohne besonderen Einfluß, als ihre Korngröße geringer ist als die Stärke der Schmierschicht zwischen den aufeinander arbeitenden Teilen.

Ihre Wirkung ist ferner gering, solange die Fremdkörperchen wesentlich weicher sind, als der weichste Gefügebestandteil der Verschleißteile. Sie werden aber äußerst schädlich, wenn sie härter sind; sehr häufig betten sie sich dann in den weicheren der beiden Verschleißteile ein und wirken, wenn die Zähigkeit dieses Werkstoffes genügend groß ist, um sie dauernd festzuhalten, wie die Zähne einer Feile; es kommt in solchen Fällen oft zu einem überaus starken, nicht ohne weiteres vorauszusehenden Verschleiß des härteren Teiles der Verschleißpaarung.

Als Schleifmittel zwischen den Verschleißteilen kommen hauptsächlich drei Gruppen von Fremdteilchen in Betracht:

1. Durch Reibung gebildete Metalloxyde.

Haftet der bei der Reibbeanspruchung gebildete Oxydfilm fest auf der Metalloberfläche, so schützt er das darunterliegende Metall vor weiteren Angriffen; dies ist z. B. bei Messing und Rotguß der Fall. Löst er sich aber in Form kleiner Splitter von der Oberfläche ab, so wirkt er verschleißfördernd.

2. Harte Gefügebestandteile.

Sind diese in einem verhältnismäßig zähen Grundgefüge eingebettet, so wirken sie schleifend auf den Werkstoff des Gegenstückes, schützen dagegen den eigenen Grundwerkstoff gegen Verschleiß. Diese Eigenschaften treten um so stärker in Erscheinung, je fester die harten Gefügebestandteile in der Grundmasse eingebettet, je härter und je verschleißfester sie an sich sind. Werden aber die harten Gefügebestandteile durch den Verschleißvorgang herausgebrochen, so wirken sie wie Fremdkörper zwischen den Gleitflächen. Ein Beispiel für eine losere Einlagerung gibt der Rotguß, für eine gut gebundene Einlagerung das Gußeisen sowie hochgekohlter Stahl, also Stahl mit viel freien Karbiden.

3. Harte Bestandteile des zwischen die Gleitflächen gelangenden Staubes.

Die Staubablagerungen bilden eine schleifende Zwischenschicht. Ihr Einfluß hängt ab:

a) von Korngröße, Form und Härte der Staubteilchen,

b) von der Härte und Zähigkeit der beiden Verschleißteile.

Je mehr die beiden letzeren in ihrer Härte und Zähigkeit voneinander abweichen, desto mehr preßt sich das Schleifmittel in das weichere und zähere Material ein. Es schützt dieses u. U. vor Abnutzung und greift dann den härteren und spröderen Werkstoff stark an.

Auf Werkstoffe gleicher Härte und gleicher Zähigkeit wirken lose Schleifmittel in gleicher Höhe verschleißvermehrend.

Einige Versuchsergebnisse, die von SPORKERT [10] mitgeteilt wurden, und die sehr interessante Einblicke in die Verschleißvorgänge an sich vermitteln, sollen das eben gesagte erhärten. Die dabei eingehaltenen Versuchsbedingungen sind aus Abb. 9, Nebenfigur, zu entnehmen.

Bei der ersten Versuchsreihe kamen Proben aus verschiedenen gehärteten legierten Stählen zur Untersuchung. Ihre Zusammensetzung ist in der Abb. 9 angegeben. Bei allen diesen Stählen finden sich freie Karbide in verschiedener Größe und Menge in einer martensitischen Grundmasse; besonders reich an Karbiden sind die Proben 6 und 5. Die Stähle 4 und 5 enthalten gemäß ihrer Zusammensetzung Chromkarbide, der Stahl 6 Wolframkarbide.

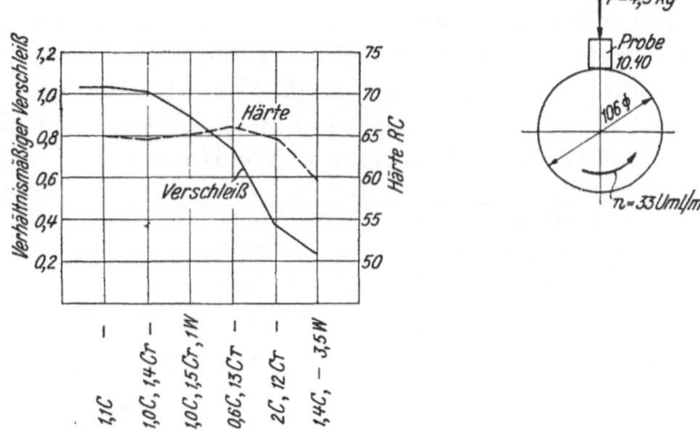

Abb. 9. Abnutzungswiderstand gehärteter Stähle auf Gußeisen von $H_B=200$ als Beispiel für den Einfluß harter Gefügebestandteile und der Legierung (nach SPORKERT [10]).

Als Gegenprobe diente perlitisches Gußeisen mit einer Brinellhärte von 200. Die Oberfläche der Gußeisenwalzen wurde mittels einer Paste von Schmirgel von $7-8\,\mu$ Korngröße, eingerührt in Petroleum, geläppt, wodurch die härtesten Gefügebestandteile des Gußeisens, das Karbid und das Phosphid, an der Oberfläche freigelegt und aus dieser vorstehend gemacht wurden und beim Verschleißversuch die gehärteten Stahlproben anschliffen. Durch Ritzhärteprüfung wurde festgestellt, daß die Härte der erwähnten Gefügebestandteile des Gußeisens die Härte des Martensits erreicht und z. T. etwas übersteigt.

Aus dem in Abb. 9 dargestellten Versuchsergebnissen erkennt man, daß zwischen Härte und Verschleiß kein Zusammenhang zu finden ist; der Verschleiß ist aber umso geringer, je reicher der Stahl an Karbiden ist. Die martensitische Grundmasse an sich bestimmt nicht den Abnutzungswiderstand.

Bei einer weiteren Versuchsreihe wurden Proben aus Kugellagerstahl, verschieden hoch angelassen, mit Härten von 65, 59 und 55 RC geprüft. Die Gegenproben bestanden einmal aus perlitischem Gußeisen von 200 Brinell, einmal aus Kugellagerstahl von 65 RC Härte und von gleicher Zusammensetzung und gleicher Gefügeausbildung wie die Stahlproben selbst.

Beim Versuch auf der Graugußwalze waren die Proben trocken, d. h. ungeschmiert, beim Versuch auf Kugellagerstahl wurde eine Paste aus feinem Schmirgel von $7-8\,\mu$ Korngröße in Petroleum verwendet. Es zeigt sich nach Abb. 10, daß durch

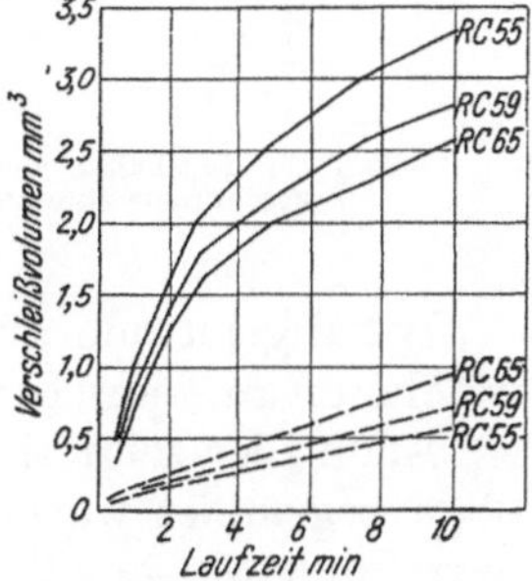

Abb. 10. Beziehung zwischen Verschleiß und Anlaßgrad von gehärtetem Kugellagerstahl auf verschiedenen Gegenwerkstoffen:
——— Gegenwerkstoff Gußeisen, trocken,
-------- Gegenwerkstoff Kugellagerstahl, gehärtet 65 RC, mit losem Schmirgel als Verschleißmittel (nach SPORKERT [10]).

Grauguß die weicheren Proben stärker angegriffen werden, als die härteren. Im Fall der Beimengung von Schmirgel auf harten Stahlgegenproben erfolgt der stärkere Angriff an den höher gehärteten Teilen. Unter dem Mikroskop zeigen die auf Grauguß gelaufenen Proben feine, saubere Furchen; bei der Erprobung auf gehärtetem Stahl mit Schmirgelzusatz zeigen sich dagegen grobe, rauhe Rillen.

Den Verschleiß bewirken bei Verwendung von Grauguß die sehr harten Phosphide
und Karbide, die in diesem Werkstoff fest eingebettet sind. Der Schmirgel hingegen
kann sich in der gehärteten Gegenprobe aus Kugellagerstahl nicht festsetzen, wird also
zwischen die Verschleißflächen hineingezogen und langsam zwischen diesen weiter-
geschoben. Sind Probe und Gegenprobe gleich hart, so ist die Neigung der Schmirgelteilchen, sich kurzzeitig in der einen oder der anderen Seite festzusetzen, gleich groß. Ist
die Härte der einen Probe geringer, so folgt in dieser eher ein Festsetzen, und zwar ist
dies umso wahrscheinlicher, je weicher und zäher sie ist. Dadurch wird diese Probe gegen
Verschleiß geschützt; daher der sinkende Verschleiß mit abnehmender Härte.

Bei einem anderen Versuch wurden verschiedene Werkstoffpaarungen geprüft, und
zwar einmal bei Schmierung mit reinem Öl, im anderen Fall unter Schmirgelzusatz zum
Schmieröl; die Ergebnisse zeigt Abb. 11. Bei jeder Paarung wurden beide Werkstoffe
einmal als ruhende Probe, einmal als umlaufende Walze geprüft, d. h. Walzenwerkstoff
und Probenwerkstoff miteinander vertauscht.

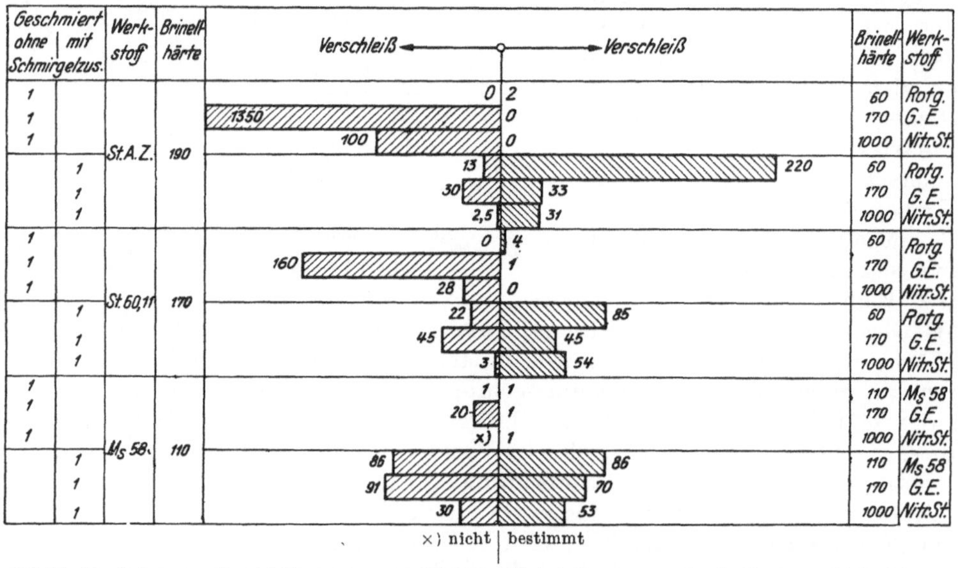

Geschmiert ohne	mit Schmirgelzus.	Werkstoff	Brinellhärte	Verschleiß ←	→ Verschleiß	Brinellhärte	Werkstoff
1				0	2	60	Rotg.
1				1350	0	170	G.E.
1				100	0	1000	Nitr.St.
	1	St.A.Z.	190	13	220	60	Rotg.
	1			30	33	170	G.E.
	1			2,5	31	1000	Nitr.St.
1				0	4	60	Rotg.
1				160	1	170	G.E.
1				28	0	1000	Nitr.St.
	1	St.60,11	170	22	85	60	Rotg.
	1			45	45	170	G.E.
	1			3	54	1000	Nitr.St.
1				1	1	110	Ms 58
1				20	1	170	G.E.
1				x)	1	1000	Nitr.St.
	1	Ms 58	110	86	86	110	Ms 58
	1			91	70	170	G.E.
	1			30	53	1000	Nitr.St.

x) nicht | bestimmt

Abb. 11. Ergebnisse von Verschleißversuchen verschiedener Werkstoffpaarungen (nach Sporkert [10]). Aus-
geschliffene Raummengen in 1/100 mm³ in geschmiertem Zustand, ohne und mit Schleifmittelzusatz.

Im allgemeinen greift bei der Verwendung reinen Schmieröls der härtere Teil den
weicheren an, wenn für die Abfuhr des Abriebes gesorgt wird.

Auch hier zeigt sich wieder die sehr starke Schleifwirkung von Gußeisen, die schon
oben begründet wurde. Es ist auch einleuchtend, daß die Beziehung zwischen Brinellhärte und Verschleiß für Werkstoffe, die ähnlich wie Gußeisen aufgebaut sind, nicht
eindeutig sein kann. Die Brinellhärte erfaßt nur die Durchschnittshärte des Werkstoffes,
läßt aber nicht erkennen, ob und in welcher Menge sehr harte Gefügebestandteile in einer
weicheren Grundmasse eingebettet sind.

Messing und Rotguß weisen auffallend niedrigen Verschleiß auf. Als Grund für diese
Erscheinung muß angenommen werden, daß eine an den Oberflächen dieser Legierungen
sich bildende, glatte und sehr fest haftende Oxydschicht die unmittelbare Berührung der
metallischen Grundstoffe verhindert und damit einem fortschreitenden Verschleiß ent-
gegenwirkt.

Wird zwischen die Gleitflächen ein schmirgelndes Mittel gebracht, so ändern sich die
Verhältnisse grundlegend:

Die hohe Schleifwirkung des Gußeisens macht sich dann nicht mehr geltend; so wird
z. B. der einseitige hohe Verschleiß des Automatenstahles StAZ bei der Paarung mit

Gußeisen, der durch die starke Durchsetzung des Automatenstahles mit feinverteilten Schwefelschlacken erklärlich ist, in dem Augenblick, wo mit Schmirgelzusätzen gearbeitet wird, zu ungunsten des Gußeisens verschoben; offenbar betten sich auch hier Schmirgelkörner in den zäheren Stahl StAZ ein, schützen diesen vor Abrieb und greifen ihrerseits das Gußeisen an. Ähnlich verhält es sich mit dem St 60.11. — Es muß noch hervorgehoben werden, daß die Härte der zur Untersuchung verwendeten Stähle StAZ und 60.11 sowie die des verwendeten Gußeisens ungefähr gleich hoch lagen.

Bei Rotguß reicht dagen seine Festigkeit und Zähigkeit offenbar nicht aus, um die eingedrückten Schmirgelkörner auch festhalten können zu können. Es entfällt also hier der Schutz durch diese; gleichzeitig reibt aber der Schmirgel die sich an den Gleitflächen bildenden Oxydschichten ab und der Werkstoff wird trotz seiner geringen Härte stark angegriffen.

Sehr bemerkenswert ist endlich auch der auffallend starke Verschleiß der nitrierten Proben bei der Paarung mit den drei untersuchten Gegenwerkstoffen, sobald mit Schmirgelzusatz gearbeitet wurde, während eben diese Gegenproben kaum angegriffen werden. Auch diese Erscheinung entspricht aber der bereits eingangs gegebenen Annahme. Die harte, spröde Nitrierschicht läßt ein Einbetten der Schmirgelteilchen nicht zu, dagegen erfolgt dies leicht in den geprüften Gegenwerkstoffen. Es ist dies ein sehr aufschlußreicher Beweis dafür, daß bei der Anwesenheit loser Verschleißmittel zwischen den Gleitflächen die Härte der Teile keinen Maßstab für die Höhe des auftretenden Verschleißes bildet. Nur die Fähigkeit, Schleifmittel in der Oberfläche festhalten zu können, ist hierfür maßgebend.

6. Reiboxydation.

Von Reiboxydation kann überall dort gesprochen werden, wo im entstehenden Abrieb Oxyde der verschleißenden Metalle zu finden sind; diese entstehen durch gleichzeitig nebeneinander hergehende physikalische Vorgänge der Reibung und chemische Vorgänge der Oxydation.

Reiboxydation ist eine Erscheinung, die bei Verschleißvorgängen häufig, aber nur unter bestimmten Bedingungen zu beobachten ist. Denn der Oxydationsvorgang benötigt auch unter günstigen Bedingungen eine gewisse Zeit, da die Reibflächen zur Sauerstoffaufnahme erst vorbereitet (aktiviert) werden müssen.

Zu beobachten ist Reiboxydation bei gleitender Reibung, bei rollender Reibung ohne und mit Schlupf, endlich auch beim Scheuern der Teile in Passungsstellen.

Voraussetzung für das Eintreten der Erscheinung sind dauernd sich wiederholende Oberflächenbeanspruchungen, welche die äußerste Oberflächenschicht in hohem Maß aktivieren können. Eine einmalige Kaltverformung genügt hierzu nicht, vielmehr sind häufig wechselnde Verformungen für das Auftreten der Reiboxydation nötig; denn durch die Wechselbeanspruchungen stark zerrüttete Oberflächen bieten zahlreiche Stellen, an denen das Kristallgitter gestört erscheint, wodurch sich die Adsorptionsfähigkeit für Gase stark erhöht; auch wird die Oberfläche gleichzeitig bedeutend vergrößert.

Eine weitere Voraussetzung für das Auftreten von Reiboxydation ist offenbar auch die, daß die Metallteilchen bei der Verschleißbeanspruchung nicht vorzeitig aus ihrem Verband gerissen werden dürfen.

Reiboxydation tritt daher auf:

1. bei gleitender Reibung:

wenn der Anpreßdruck sehr klein ist;

wenn die Gleitwege sehr klein und die Gleitgeschwindigkeiten gering sind, vornehmlich wenn es sich dabei um wechselnde Bewegungsrichtungen handelt;

wenn die Verschleißprodukte zwischen den Gleitflächen verbleiben und nicht entfernt werden.

Stark gefördert wird die Reiboxydation durch die in Passungsstellen auftretende Scheuerwirkung.

2. Rollende Reibung ist für das Auftreten der Reiboxydation stets sehr günstig, da hier im allgemeinen für die aktivierten Stellen eine sehr innige Berührung mit dem Luftsauerstoff gegeben ist und stark wechselnde Oberflächendauerbeanspruchungen, verbunden mit entsprechenden Kaltverformungen, vorliegen.

Je nach der Art des Grundwerkstoffes kann die Bildung von Oxydschichten verschleißhemmend oder verschleißvermehrend wirken. Die Oxyde können als fest am Grundwerkstoff haftende, geschlossene Schichten, als lose abgetrennte Flitter oder als Staub auftreten; im ersteren Fall können sie einen schützenden, die unmittelbare metallische Berührung verhindernden Überzug bilden, der weitere Verschleißangriffe unterbindet.

Das Auftreten von Reiboxydation ist bei allen Metallen möglich; selbst die sogenannten rostsicheren Stähle sind nicht davor geschützt, sondern im Gegenteil ihr gegenüber sehr anfällig. Unter besonders ungünstigen Umständen kann diese Zerstörung auch bei der Anwesenheit von nur geringen Spuren von Sauerstoff einsetzen.

Im allgemeinen ist aber der Angriff bei reiner Reiboxydation geringer als bei scharfen mechanischen Verschleißbedingungen.

Die Reiboxydation ist temperaturabhängig, und zwar in umso höherem Maß, je ungünstiger die Bedingungen für ihr Auftreten sind. Bei niederer Temperatur tritt sie stets in geringerem Maße auf.

Bei rollender oder gleitender Reibung, also bei zügiger Beanspruchung, wird die Reiboxydation durch die Anwesenheit von Ölen und Fetten behindert oder auch ganz unterdrückt, weil sich bei diesen Bewegungsverhältnissen ein geschlossener, schützender Schmierfilm bildet. An Passungsstellen dagegen fördert die Anwesenheit von Öl oder Fett das Auftreten der Reiboxydation, worauf noch später eingegangen wird. Je geringer die bei der Verschleißbeanspruchung auftretende Kaltverformung ist, desto geringer ist auch die Reiboxydation; daraus erklärt sich auch z. B. der höhere Verschleißwiderstand härterer Stahlteile gegenüber weicheren.

Liegt die Abnützungsbeanspruchung sehr hoch, so daß das Lostrennen der Teilchen unmittelbar erfolgt, so tritt keine oder nur sehr geringe Reiboxydation auf, besonders wenn für eine Abfuhr der Verschleißprodukte gesorgt wird.

Reiboxydation entsteht auch an Stellen, wo eine hin- und hergehende Bewegung zweier Oberflächen gegeneinander über ganz geringe Wege — etwa in der Größenordnung bis zu 0,02 mm — stattfindet, sobald durch diesen Flächen gleichzeitig auch Druckkräfte übertragen werden. Solche Erscheinungen sind zu beobachten bei Verschraubungen und Nietungen, in Keilverbindungen, vor allem aber auch in Schrumpfsitzen, in Preßsitzen, in Gelenken usw.

Die Erscheinung kann dabei, sofern es sich um Stahl- oder Eisenteile handelt, in folgenden Formen auftreten:

1. Bildung eines roten oder schwarzen, rostartigen Belages.
2. Örtliche tiefere oxydierte Grübchen und Anfressungen.
3. Hochglanzpolierte Stellen mit rötlichem Anflug.

Die Untersuchung der gebildeten Beläge zeigt, daß die rotbraunen Verschleißprodukte eindeutig aus Fe_2O_3 bestehen; der mitunter auftretende blauschwarze Belag dürfte Fe_3O_4 sein.

Auffallend ist, daß bei Anwesenheit von Öl oder Fett und Luftzutritt der Passungsverschleiß in höherem Maß auftritt, als an trockenen Stellen. Im Verschleißprodukt finden sich in solchen Fällen außer Fe_2O_3, Fe_3O_4 und metallischem Eisen auch noch Eisenseifen. Offenbar tritt zur eigentlichen Reiboxydation der metallischen Teile auch eine Oxydation des Schmiermittels, wobei die Abriebprodukte als Katalysatoren wirken dürften, was Säurebildung und Korrosionsangriffe der metallischen Teile zur Folge hat.

Reiboxydation führt einerseits zur Aufrauhung und Abnutzung der Oberflächen, andrerseits kann sie aber auch das Auftreten eines Dauerbruches einleiten. Letzteres ist vor allem bei den Laufringen von Wälzlagern öfters beobachtet worden, die bei nicht ganz richtigem Einbau ebenfalls zu Reiboxydationserscheinungen an ihren Sitzen neigen.

Reiboxydation in Paßstellen oder auch in Gelenken oder an gleitenden Teilen kann dort, wo es sich nur um ganz geringe Bewegungen handelt, auch zum Fressen der Teile führen. Völliges Vermeiden der Erscheinungen ist an solchen Stellen bisher nicht gelungen; man kann sie nur abschwächen, indem man z. B. hochmolekulare, sehr fest haftende Schmierstoffe oder Graphit verwendet, oder indem man die unmittelbare Berührung an den gefährdeten Stellen durch geeignete nichtmetallische Zwischenschichten oder metallische Überzüge verhindert.

7. Verschleiß durch Schlagbeanspruchung.

Wenig erforscht sind bisher die Verschleißerscheinungen bei schlagartiger Dauerbeanspruchung. Zweifellos verhalten sich hier jene Werkstoffe günstig, welche bei Kaltverformung hohe Kaltverfestigung aufweisen. — Daneben ist auch hohe Zähigkeit erforderlich, die auch durch die eintretende Kaltverformung nicht zum Verschwinden gebracht werden darf.

Kaltverformung führt zu einer Vergrößerung des spezifischen Volumens; in der kaltverformten Oberfläche kann es daher zu erheblichen Druck- und Scherspannungen kommen. Günstiges Verhalten gegenüber Schlagbeanspruchungen weisen dementsprechend Werkstoffe auf, bei denen zu den bereits angeführten Eigenschaften auch noch hohe Druck- und Scherfestigkeit treten. Das erforderliche hohe Kaltverformungsvermögen führt zu allmählichen, nicht schroffen Spannungsübergängen innerhalb des beanspruchten Körpers.

Wichtig für hohe Lebensdauer des letzteren ist es, daß durch die Schlagbeanspruchung das jeweils für den betreffenden Werkstoff mögliche Kalthärtungsmaximum nicht erreicht wird.

Auf den Verschleiß bei Schlag-Druckbeanspruchung machen sich neben der Temperatur auch korrodierende Einflüsse stark geltend. Wie bei jeder Dauerwechselbeanspruchung spielt überdies auch hier die Reiboxydation eine Rolle.

III. Verschleißverhalten verschiedener Werkstoffe.

Gegenüber verschiedenen Beanspruchungsarten, durch welche Verschleißerscheinungen bewirkt werden können, verhalten sich die einzelnen Werkstoffe in sehr unterschiedlicher Weise. Bei jedem solchen Vorgang kommen die Werkstoffeigenschaften beider aufeinanderarbeitenden Teile in engster Wechselwirkung zur Geltung. Es muß daher stets das Verschleißverhalten von Werkstoffpaarungen beurteilt und geprüft werden.

In der Praxis wird es sich bei Verschleißteilen in den allermeisten Fällen darum handeln, Werkstoffpaarungen mit möglichst vorteilhaften Verschleißeigenschaften zu verwenden und gleichzeitig alle anderen den Verschleiß beeinflussenden Faktoren möglichst günstig zu gestalten.

Neben den eigentlichen werkstoffgebundenen Eigenschaften nimmt auch die Oberflächenbearbeitung an den Verschleißflächen als maßgebender Faktor für die Größe des Verschleißes Einfluß.

Jede spanabhebende Bearbeitung, wie Drehen, Schleifen, Reiben usw., wirkt auch in die Tiefe des Werkstoffes und zerstört das Gefüge an und unter der Oberfläche; es ist daher wichtig, daß durch die der Vorbearbeitung folgende Feinbearbeitung, also durch das Feindrehen, das Honen oder das Läppen, jeweils so starke Werkstoffschichten entfernt werden, als durch die vorhergehende Bearbeitung zerstört wurden.

Die im folgenden bei den einzelnen Werkstoffen aufgeführten Eigenschaften kennzeichnen den Einfluß der Werkstoffeigentümlichkeiten an sich auf den Verschleißwiderstand, also gegen das Abtrennen von Teilchen aus der Oberfläche. Nun treten aber diese Eigenschaften für Maschinenteile vielfach nicht unmittelbar in den Vordergrund, sondern werden durch bestimmte Anforderungen, die an den betreffenden Teil zu stellen sind und durch andere den Verschleiß bedingende Einflüsse überdeckt. Nur unter besonderen Betriebsverhältnissen, z. B. bei mangelhafter Schmierung, wird wieder das reine Verschleißverhalten wichtig.

1. Gußeisen auf Gußeisen.

Als Gußeisen bezeichnet man nicht schmiedbare Eisensorten mit einem Kohlenstoffgehalt von über 1,8%, in der Mehrzahl der Verwendungsfälle jedoch zwischen 2,8 und 3,4%. Ist infolge hohen Siliziumgehaltes der Kohlenstoff bereits im Rohguß zu einem erheblichen Teil, mindestens zu etwa 0,8%, im allgemeinen jedoch zu etwa 1,5—2,5% in elementarer Form als Graphit ausgeschieden, so erscheint der Bruch des Eisens grau bis schwärzlich; Gußeisen dieser Art wird Grauguß genannt.

Im Grauguß finden sich daher in einer stahlartigen Grundmasse eingebettet zahlreiche Graphiteinschlüsse, deren Größe und Ausbildungsform jedoch sehr verschieden sein kann.

Je nach der chemischen Zusammensetzung, nach der Behandlung der Schmelze und nach den Erstarrungsbedingungen, die das flüssige Eisen in seiner Form vorfindet, scheidet sich der Graphit in Gestalt größerer oder kleinerer Blättchen ab; im Schliffbild erscheinen diese entweder als Fadengraphit von verschieden kräftiger Ausbildung, oder auch als Scheineutektikum in sehr fein ausgebildeten Schüppchen als sogenannter „eutektischer Graphit". In jeder Ausbildungsform kann der Graphit entweder ungerichtet und gleichmäßig verteilt sein, oder er liegt in mehr oder weniger deutlich ausgeprägten Rosetten oder schließlich auch in gerichteter Anordnung vor. — Durch besondere Behandlung der Schmelzen oder auch durch einen Tempervorgang weiß erstarrten Gußeisens läßt sich die Abscheidung des Graphits in kugeliger (sphärolitischer) Form erzwingen.

Je nach der Ausbildungsform des Graphits und nach der Höhe des Graphitanteils ist das Verschleißverhalten des Gußeisens stark unterschiedlich.

Die eigentliche, stahlartige Grundmasse kann, wieder beeinflußt durch die Zusammensetzung des Gußeisens und die Erstarrungs- bzw. Abkühlungsbedingungen, mehr oder weniger Kohlenstoff in gebundener Form enthalten. Das Grundgefüge kann daher ferritisch, perlitisch oder ledeburitisch-zementitisch sein.

Zu den beiden genannten kommt in der Regel das Phosphideutektikum als dritter, für das Gußeisen charakteristischer Gefügebestandteil hinzu.

Jedes Gußeisen enthält mehr oder weniger Phosphor in der Form von Eisenphosphid; dieses bildet mit dem Eisenkarbid und Eisen ein ternäres Eutektikum von hoher Härte. Bei höheren Phosphorgehalten ordnet sich dieses meist in Netzform an, doch kann es auch in körnig verteilter Form oder in Dendritenanordnung aufscheinen.

Die Gefügeausbildung u. zw. bestimmt durch jeden der erwähnten Gefügebestandteile, ist von wesentlichem Einfluß auf das Verschleißverhalten von Gußeisen bei jeder Beanspruchungsart; als feststehend und allgemein gültig können heute die folgenden Gesetzmäßigkeiten für die Verschleißeigenschaften von unvergütetem Grauguß bei gleitender trockener Reibung gelten [12], [13], [14]:

1. Am günstigsten verhält sich das rein lamaller perlitische Gefüge (vgl. Abb. 58—61, 75, 76, 81, 82).

Der Verschleißwiderstand steigt mit zunehmender Feinheit der Perlitstruktur; wesentlich ungünstiger als lamellarer Perlit verhält sich körniger Perlit.

2. Der Graphit soll gleichmäßig verteilt in mittelstarken Adern ausgebildet sein. (Abb. 53, 54, 72 und 73). — Ungünstig ist jede gerichtete Anordnung des Graphits (z. B. Abb. 57) sowie die Ausbildung des Graphits in feinsten Schüppchen als sog. eutektischer Graphit (Scheineutektikum). (Abb. 66 und 80).

3. Steigender Phosphorgehalt bis zu etwa 1 % wirkt verschleißhemmend; dabei ist aber die Art der Anordnung des Phosphids wichtig; am verschleißfestesten hat sich ein feinmaschiges, kräftiges Phosphidnetz erwiesen (Abb. 62). Weniger günstig ist das dendritisch angeordnete (Abb. 63) oder das körnig verteilte Phosphid (Abb. 64).

4. Durch Legieren läßt sich die Verschleißfestigkeit erhöhen; wirksam sind vor allem Karbidbildner, wie Chrom, Molybdän und in gewissem Maße auch Vanadium. Molybdän verbessert vor allem die Verschleißfestigkeit bei höheren Temperaturen. — Kupfer setzt die Empfindlichkeit gegenüber korrodierenden Einflüssen herab.

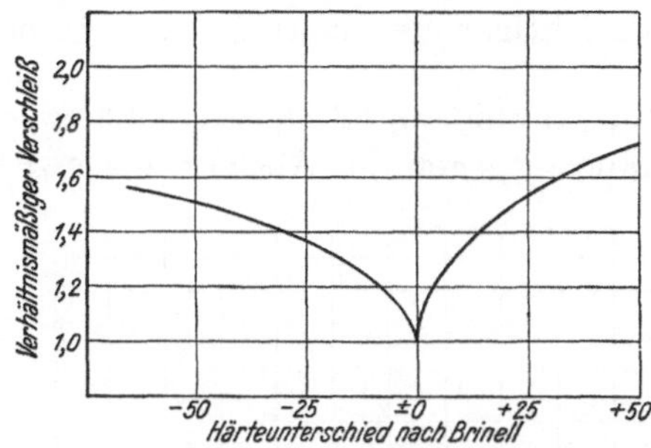

Abb. 12. Einfluß des Härteunterschiedes auf den Verschleiß von Gußeisen im Trockenverschleißversuch (Verschleiß beim Härteunterschied Null gleich 1 gesetzt) — (nach KNITTEL [13]). Die Art der verwendeten Prüfvorrichtung ergab unterschiedlichen Verlauf für die beiden Äste der Linie.

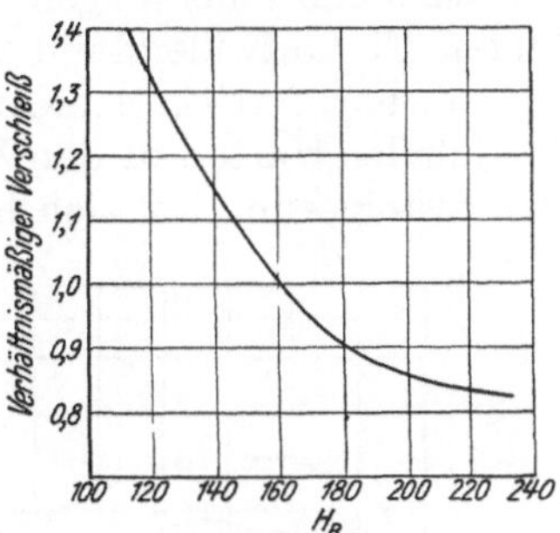

Abb. 13. Einfluß der Härte auf den Verschleiß von Grauguß bei Paarung von Teilen gleicher Härte im Trockenverschleißversuch (nach KNITTEL [13]).

5. Die Brinellhärte gibt keinen Maßstab für die Verschleißfestigkeit; doch ist der Härteunterschied zwischen den beiden Verschleißteilen von einiger Bedeutung:

a) Am geringsten wird der Summenverschleiß an beiden Teilen, wenn die beiden Verschleißteile aus dem gleichen Werkstoff bestehen, wenn also der Härteunterschied Null ist. Dies zeigt Abb. 12; die Angaben dieses Bildes haben allerdings nur für eine bestimmte Gleitgeschwindigkeit Geltung und dürften sich bei anderen Relativgeschwindigkeiten verschieben.

b) Paart man Teile gleicher Härte, so sinkt der Verschleiß beider zusammenarbeitenden Teile mit zunehmender Härte, wie dies Abb. 13 veranschaulicht.

c) Mit zunehmender Korngröße steigt — gleiche Oberflächenbeschaffenheit und gleicher Gesamtkohlenstoffgehalt vorausgesetzt — die Freßneigung des Gußeisens. Offenbar hängt diese daneben in erster Linie vom Graphitgehalt und seiner Ausbildungsform ab.

6. Bis zu Temperaturen von etwa 250° werden die Verschleißeigenschaften von Gußeisen nicht nennenswert beeinflußt; nur hochphosphorhaltige Sorten zeigen bereits unterhalb dieser Temperatur einen Anstieg des Verschleißes mit der Temperatur.

Bei Trockenlaufversuchen erweist sich der absolute Gewichtsverlust nach KEHL [15] innerhalb weiter Grenzen (untersucht wurden Flächenpressungen von 5—40 kg/cm² bei Geschwindigkeiten von 3,7 m/sek bzw.

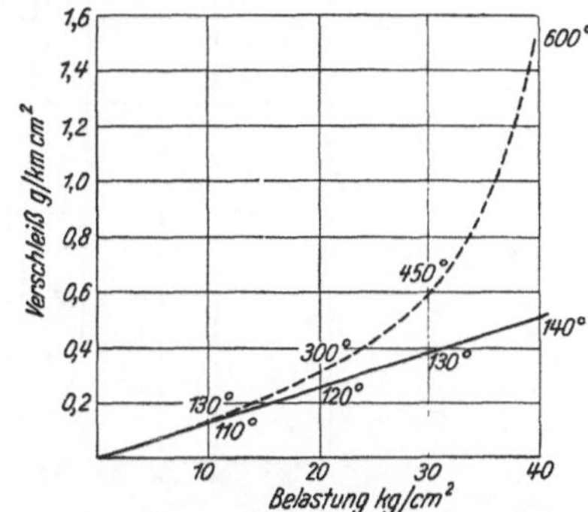

Abb. 14. Einfluß der Belastung und der Temperatur auf den Verschleiß von perlitischem Gußeisen (gleich auf gleich, Trockenlauf, $v=3{,}7$ m/sek) (nach KEHL [15]). Die den Kurven beigefügten Zahlen geben die Temperatur der Proben wieder.

Analyse des Gußeisens:

C_{ges}	2,8	P 0,2
Si	1,6	S 0,1
Mn	0,8	
H_B	=240	

——— gekühlt
-------- ungekühlt

von 80 kg/cm² bei 0,18 m/sek) als der Flächenpressung verhältnisgleich. Die Proportionalität tritt bei allen Geschwindigkeiten auf, unabhängig davon, ob die Gleitgeschwindigkeit 0,05 oder 5,0 m/sek beträgt, solange nur für genügende Abfuhr der erzeugten Reibungswärme gesorgt wird.

Die Abb. 14 zeigt den Zusammenhang zwischen Belastung und Verschleiß für ein perlitisches Gußeisen bei einer Gleitgeschwindigkeit von 3,7 m/sek. — Das lineare Anwachsen des Verschleißes mit der Belastung wird demnach wesentlich gestört, sobald die Temperatur in den Gleitflächen etwa 300° übersteigt.

Wichtig ist ferner die Tatsache, daß die durch den Bearbeitungsvorgang hervorgerufenen Oberflächenzerstörungen bei der Bearbeitung von hochwertigem, reinperlitischem Guß tiefer reichen können, als bei minderwertigem, teilweise ferritischem Guß. Es ist daher notwendig, daß hochwertiger Guß mit größerer Sorgfalt bearbeitet wird, wenn unerklärliche Verschleißerscheinungen vermieden werden sollen. Hochwertiges Gußeisen zeigt größeren Einlaufwiderstand und bei unrichtiger Bearbeitung auch größere Freßneigung als weicher, ferritischer Guß.

Der Einfluß der Härte auf den Verschleiß wird vielfach falsch eingeschätzt; eine weitgehende Härtesteigerung hat sich häufig gerade entgegen der Absicht ausgewirkt, wenn

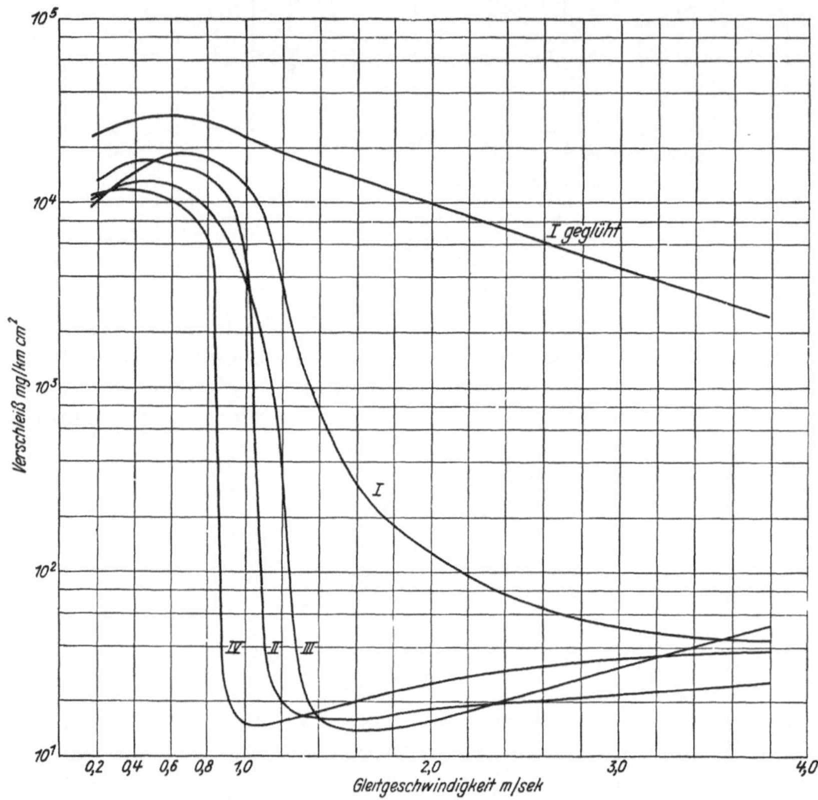

Abb. 15. Einfluß der Gleitgeschwindigkeit auf den Verschleiß von Gußeisen (gleich auf gleich) im Trockenverlauf (nach KEHL [15]). Anpreßdruck 10 kg/cm².

I $H_B=160$ (große Graphitadern, Perlit und Ferrit, wenig Phosphid).
I geglüht $H_B=\ \ 92$ (sehr grobe Graphitadern, Ferrit, wenig Phosphid).
II $H_B=195$ (viel grober Graphit, Perlit, viel Phosphid).
III $H_B=205$ (lange, dünne Graphitadern, Perlit, Phosphidnetz).
IV $H_B=240$ (wenig Graphit in dünnen Adern, Perlit, wenig Phosphid).

dabei auf die Gefügeausbildung nicht genügend Rücksicht genommen wurde. So hat z. B. das Vergießen weicher Eisensorten gegen Kokillen zwar wesentliche Härtesteigerungen zur Folge; doch tritt dabei in der Regel eutektischer Graphit, meist in Begleitung von feinverteiltem Ferrit in Nestern auf; das Verschleißverhalten solcher Teile ist stets ungünstig. Ebenso kommen dem martensitischen Gefüge von gehärtetem oder dem Anlaßsorbit von vergütetem Grauguß trotz der höheren Härte nicht unbedingt günstigere Verschleißeigenschaften zu.

Der Einfluß der Gleitgeschwindigkeit auf den Verschleiß von Gußeisen ist nicht eindeutig. Abb. 15 zeigt den Verschleiß verschieden harter perlitischer bzw. ferritischer Gußeisensorten bei der Paarung gleich auf gleich, bei verschiedenen Gleitgeschwindigkeiten; Abb. 16 beispielsweise den gegenseitigen Verschleiß zweier verschiedener Gußeisensorten.

Der Verschleiß nimmt,wie die Abb. 15 zeigt, mit wachsender Geschwindigkeit zunächst bis zu einem Höchstwert zu, um dann auf einen Tiefstwert abzusinken — wobei das Verhältnis von Höchst- zu Tiefstwert einige Zehnerpotenzen beträgt — und danach wieder mit der Geschwindigkeit anzusteigen. Der Verschleißhöchstwert der Gußeisensorten wird, wie aus den Kurven zu sehen, mit zunehmender Härte geringer.

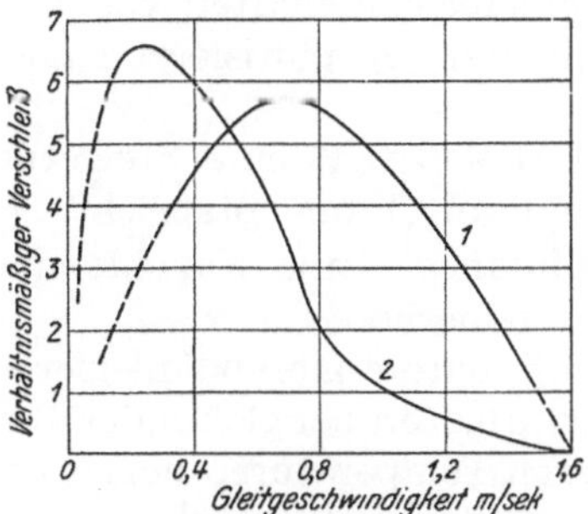

Abb. 16. Verschleiß zweier verschiedener Gußeisensorten im Trockenverschleißversuch, (Paarung gleich auf gleich, Anpreßdruck 10 kg/cm²) (nach KEHL [15]).
1 Gußeisen II, Abb. 15 $H_B=195$.
2 Gußeisen IV, Abb. 15 $H_B=240$.

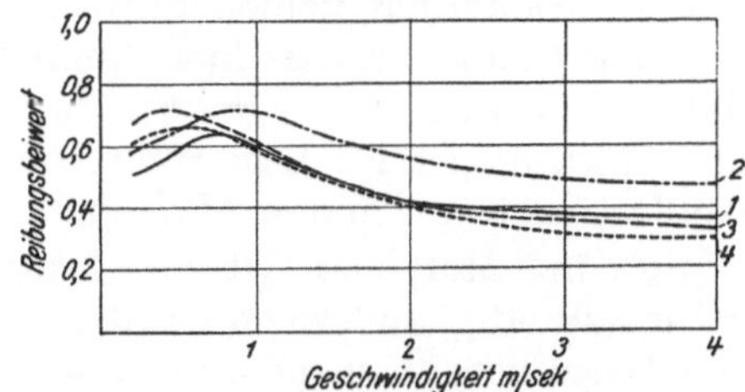

Abb. 17. Reibungsbeiwert von Gußeisen (gleich auf gleich) (nach KEHL [15]).
Gußeisen 1: Grober Graphit, Perlit, Ferrit, wenig Phosphideutektikum;
  „ 2: wie 1, jedoch geglüht; grober Graphit, Ferrit, wenig Phosphideutektikum;
  „ 3: wie 2, jedoch viel Phosphideutektikum;
  „ 4: wenig Graphit in dünnen Adern, Perlit, wenig Phosphideutektikum.

Für das weichgeglühte Gußeisen, bei welchem das ursprünglich perlitische Gefüge vollständig zerfallen ist, so daß das Gefüge nur mehr aus Ferrit und und Graphit besteht, zeigt die Verschleiß-Geschwindigkeitskurve einen ähnlichen Verlauf wie für die übrigen Sorten; der Verschleiß nimmt aber durch die Glühbehandlung in bedeutendem Maß zu.

Auch der Reibungsbeiwert hängt von der Gleitgeschwindigkeit ab; er zeigt offenbar für alle Gußeisensorten einen ähnlichen charakteristischen Verlauf (Abb. 17).

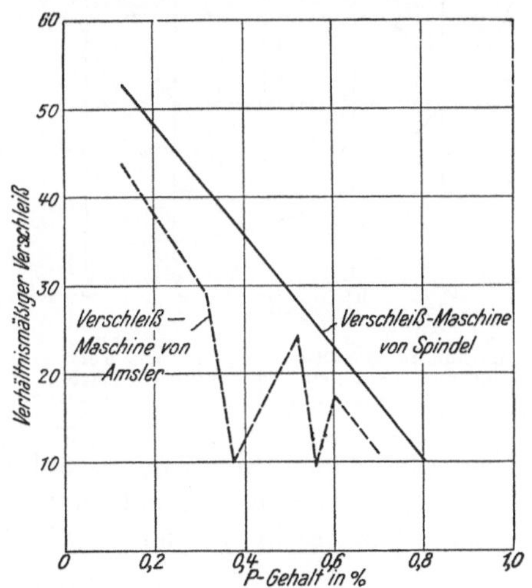

Abb. 18. Einfluß des Phosphorgehaltes auf den Verschleiß von perlitischem Gußeisen (nach PIWOWARSKY [18]).

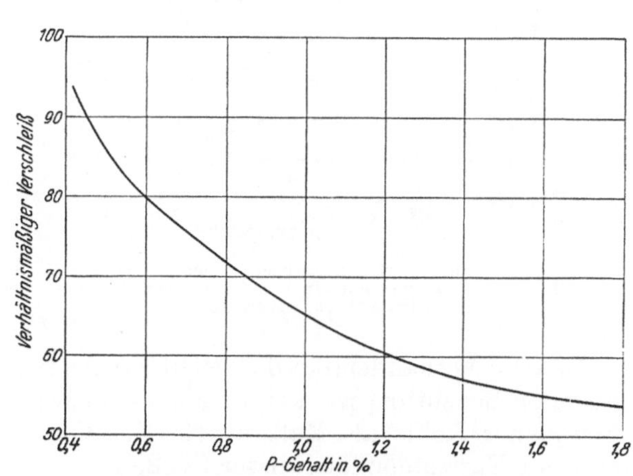

Abb. 19. Einfluß des Phosphorgehaltes auf den Verschleiß von perlitischem Gußeisen (nach KNITTEL [13]).

Die einzelnen Legierungselemente haben auf das Verschleißverhalten von perlitischem Grauguß folgenden Einfluß:

1. *Phosphor.* Phosphor wirkt bei gleitender Reibung stark verschleißmindernd; allerdings ist es dabei wesentlich, wie das Grundgefüge ausgebildet ist und in welcher Form das Phosphideutektikum in dasselbe eingebettet ist. (Vgl. S. 18).

Das beste Verschleißverhalten gibt ein rein perlitischer Guß bei einem feinmaschigen, geschlossenen Phosphidnetz. Ferritischer Guß gibt auch bei hohem Phosphorgehalt ungünstige Verschleißwerte.

Die Abhängigkeit des Verschleißes vom Phosphorgehalt unter den eben genannten Voraussetzungen geben, nach Ermittlungen verschiedener Forscher, die Abb. 18 und 19 wieder.

2. *Chrom.* Chrom macht das Gußeisen feinkörniger; als ausgesprochener Karbidbildner vermehrt es den Gehalt an gebundener Kohle und steigert dadurch die Härte. Von einem Gehalt von etwa 0,30 aufwärts wirkt Chrom deutlich verschleißmindernd.

3. *Nickel.* Nickel hat keinen Einfluß auf die Verschleißeigenschaften von Grauguß, wohl aus dem Grund, weil es hier, ähnlich wie das Silizium, graphitisierend und nicht karbidbildend wirkt.

Auch bei gleichzeitiger Legierung von Chrom und Nickel tritt eine Steigerung der Verschleißfestigkeit nur in dem Maß ein, als es dem Gehalt an Chrom entspricht.

4. *Molybdän.* Molybdän ist ein kräftiger Karbidbildner, seine Karbide sind sehr temperaturbeständig, außerdem wirkt es stark gefügeverfeinernd.

In der Regel wird es gemeinsam mit Chrom zulegiert; chrom-molybdänlegierte Gußeisensorten zählen zu jenen mit günstigstem Verschleißverhalten bei gleitender Reibung; insbesondere ist die gute Verschleißfestigkeit bei höheren Temperaturen hervorzuheben. Die verschleißmindernde Wirkung zeigt sich schon bei verhältnismäßig niedrigen Gehalten an Molybdän.

5. *Vanadium.* Vanadium ist ein kräftiger Karbidbildner, bildet aber im Gegensatz zu Nickel und Molybdän mit dem Eisen keine Mischkristalle. Seine verschleißmindernde Wirkung macht sich bereits bei sehr niedrigen Gehalten geltend; höhere Zusätze als etwa 0,35 % Vanadium sind dagegen nicht mehr wirksam.

Abb. 20 stellt den Einfluß der verschiedenen Legierungselemente auf die Verschleißfestigkeit von perlitischem Grauguß in ihrer verhältnismäßigen Wirkung schematisiert dar.

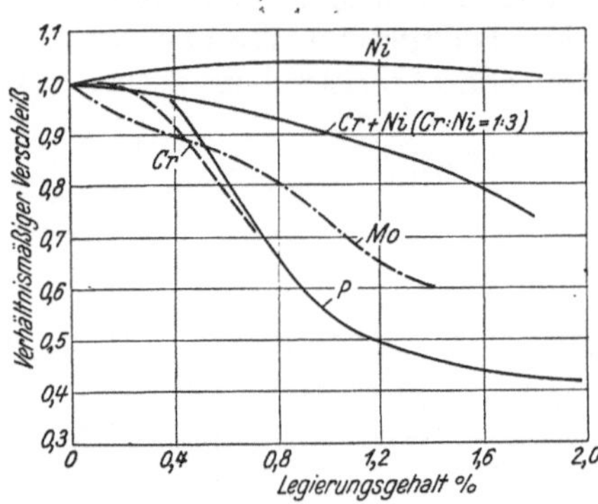

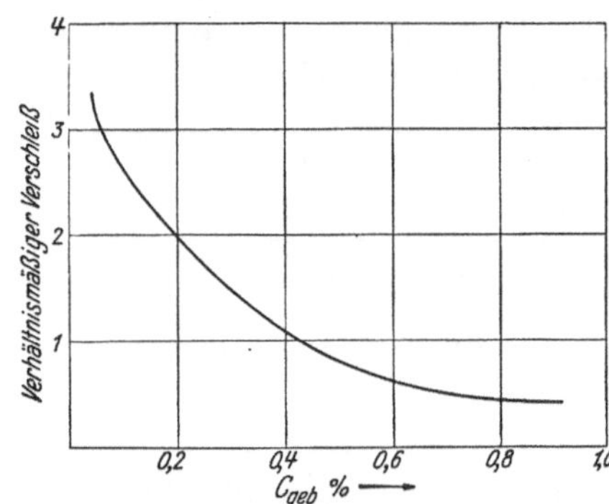

Abb. 20. Einfluß von Legierungselementen und der Höhe der Legierung auf den Verschleiß von Gußeisen (schematisiert) (nach KNITTEL [13]).

Abb. 21. Einfluß des Gehaltes an gebundenem Kohlenstoff auf den Verschleiß von Gußeisen (nach KNITTEL [13]).

Da das Vorhandensein des Perlitgefüges für den Verschleißwiderstand von ausschlaggebender Bedeutung ist, kann auch — innerhalb gleicher Legierungen — der Gehalt an gebundener Kohle als Maßstab für die Verschleißfestigkeit gewertet werden. Abb. 21 zeigt den Zusammenhang dieser Größen.

Vergütetes Gußeisen. In zunehmendem Maß finden zur Herstellung von Verschleißteillen auch vergütete Gußeisensorten Verwendung. Durch das Vergüten steigen Härte und Festigkeit, und zwar liegt das Gebiet höchster Härtesteigerung bei tieferen Anlaßtemperaturen als jenes höchster Festigkeitssteigerung. Die Vergütbarkeit von Gußeisen ist von dessen Analyse abhängig und nimmt in dem Maß zu, als der Summengehalt an Kohlenstoff und Silizium, vor allem aber der Kohlenstoffgehalt, kleiner wird.

Der Korrosionswiderstand vergüteten Gußeisens ist, besonders in den höheren Anlaßstufen, etwas schlechter, als jener des Eisens im Gußzustand.

Je nach Art der Verschleißbeanspruchung ist daher auch der Verschleißwiderstand verschieden; gegenüber reiner Abriebbeanspruchung steigt er entsprechend Härte und

Zugfestigkeit in ungleichmäßiger Abhängigkeit von der Anlaßtemperatur an (Abb. 22). Treten zur mechanischen Abriebbeanspruchung korrodierende Einflüsse hinzu, so kann das Verschleißverhalten, insbesondere bei Vergütung auf niedrige Härte, jenem im perlitischen Gußzustand — u. U. sogar bedeutend — unterlegen sein.

Ein Gußeisen von besonders günstigen Verschleißeigenschaften, jedoch von beschränkter Verwendungsmöglichkeit, ist der Hartguß. Man unterscheidet hier folgende Sorten:

a) Vollhartguß, der so niedrig im Silizium gehalten wird, daß eine Graphitisierung nicht eintreten kann;

b) Schalenhartguß, der gegen metallene, meist eiserne Schreck-platten (Kokillen) gegossen wird, wobei der Siliziumgehalt so gewählt wird, daß an der Kokille, d. h. an der Stelle stärkster Abschreckung, die Graphitisierung unterdrückt wird, während sie in den langsamer abkühlenden Teilen des Gußstückes stattfinden kann.

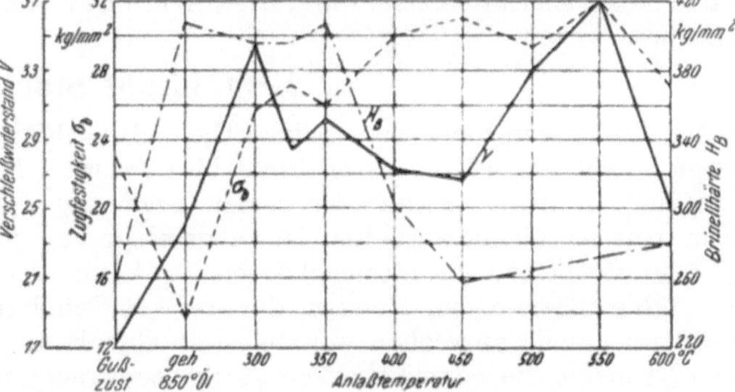

Abb. 22. Einfluß der Vergütung von Gußeisen auf die mechanischen Eigenschaften (nach EVEREST. Vgl. [18]). — Analyse: C 3,21 Si 1,68 Mn 0,65 Cr 0,46 Ni 1,84.

Beim Vollhartguß besteht das Gefüge — je nach dem Gesamtkohlenstoffgehalt — aus Ledeburit mit mehr oder weniger zu Perlit zerfallenen Mischkristallen oder mit Zementit (Abb. 23). Bei entsprechend legierten Hartgußsorten kann an die Stelle des Perlits auch Martensit treten.

Beim Schalenhartguß ist die Härtetiefe wichtig; dies ist die Stärke jener Schicht, die frei von Graphit weiß erstarrt. Unter dieser liegt eine meliert erstarrte Schicht, worauf das Innere des Teiles mit perlitischem oder ferritischem Gefüge folgt.

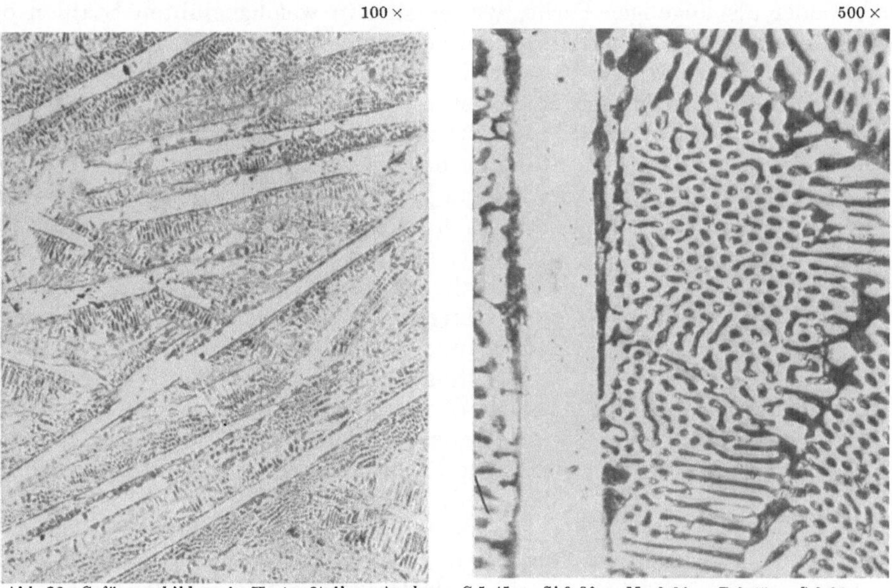

Abb. 23. Gefügeausbildung in Hartgußteilen. Analyse: C 5,45 — Si 0,36 — Mn 3,26 — P 0,45 — S 0,25.

Hartgußteile arbeiten bei nicht übermäßigen Drücken und nur geringen Schlagbeanspruchungen unter Verschleißbeanspruchung bei gleitender Reibung mit hochgehärteten Stahlteilen sowie mit im Einsatz oder sonst nach einem Oberflächenhärteverfahren gehärteten Stahlteilen günstig zusammen.

Zeigen sich an Hartgußteilen stärkere Verschleißerscheinungen, so liegt entweder ungenügende Härte infolge unrichtiger Gefügeausbildung vor, oder die Teile weisen Oberflächenfehler infolge fehlerhafter Bearbeitung, wie z. B. Schleifrisse auf; schließlich können auch Einschlüsse, wie z. B. Anhäufungen von Mangansulfid, Anlaß zu erhöhtem Verschleiß geben.

2. Stahl auf Stahl.

Als Stahl bezeichnet man bekanntlich alle schmiedbaren Eisensorten, legiert oder unlegiert, mit einem Kohlenstoffgehalt bis zu etwa 1,7%, bei denen der Kohlenstoff ausschließlich in an das Eisen oder dessen Legierungselemente gebundener Form, also in Form von Karbiden, enthalten ist, abgesehen von jener Kohlenstoffmenge, die auch bei Raumtemperatur im Eisen gelöst bleiben kann. Als normale Eisenbegleiter enthalten alle Stähle Silizium und Mangan, die erst bei Gehalten von über etwa 0,8% als Legierungsbestandteile angesehen werden. Der Gehalt an Phosphor und Schwefel muß, da diese Elemente die Schmiedbarkeit stark beeinträchtigen, sehr niedrig gehalten werden. Lediglich aus Gründen der leichten Bearbeitbarkeit ist bei den sogenannten Automatenstählen der Schwefelgehalt bis auf etwa 0,2% gesteigert.

Bei allen Stählen nehmen auf das Verschleißverhalten Einfluß:

a) Die Zusammensetzung, b) die Gefügeausbildung, c) die Ausbildung des Korns, d) der Reinheitsgrad und e) die Herstellungsweise des Stahles.

α) Kohlenstoffstähle. Baustähle und Vergütungsstähle.

Gefügeausbildung und Korn sind von der vorausgegangenen Wärmebehandlung, bzw. von der Verformung unterhalb der Rekristallisationstemperatur abhängig. In Kohlenstoffstählen mit weniger als 0,85% C ist das Gefüge ferritisch-perlitisch; der Perlitanteil steigt mit zunehmendem C-Gehalt und erreicht 100% bei der angegebenen Grenze von 0,85% C.

Der Perlit kann entweder als streifiger Perlit, wie er dem normalisierten Zustand entspricht, oder als kugeliger Perlit, wie er sich in weichgeglühten Stählen oder nach dem Anlassen gehärteter Stähle findet, ausgebildet sein.

Übersteigt der C-Gehalt 0,85%, so findet sich im Gefüge freier Zementit.

Der Verschleißwiderstand der Stähle steigt bei trocken gleitender Reibung mit zunehmendem Kohlenstoffgehalt. Abb. 24 zeigt den verhältnismäßigen Verschleiß von Stählen verschiedenen Kohlenstoffgehalts, wenn Probe und Gegenprobe aus dem gleichen Werkstoff bestehen.

Auch übereutektoider Kohlenstoffgehalt, also freier Zementit, steigert die Verschleißfestigkeit von Stählen in beachtlichem Maß. Dabei ist aber die Art der Zementiteinlagerung, ob in einzelnen Körnern oder als Netz, von Bedeutung; die netzartige Einlagerung ist ungünstig.

Mit steigender Härte sinkt der Verschleiß; in augenfälliger Weise ist dies vor allem mit Erreichen des rein martensitischen Gefüges der Fall. Der Martensit ist dem streifigen Perlit und dieser wieder dem kugeligen Perlit überlegen. (Vgl. Abb. 26 u. 27).

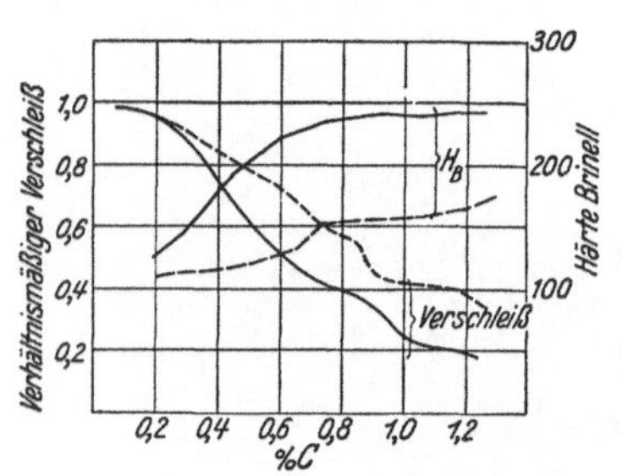

Abb. 24. Abhängigkeit des Verschleißes unlegierter Kohlenstoffstähle vom Kohlenstoffgehalt. Proben gleich auf gleich. Trockenverschleiß. Anpreßdruck 10 kg/cm². Gleitgeschwindigkeit $v = 1$ m/sek.
---------- geglüht. ———— normalisiert.

Da im allgemeinen die Härte der Stähle mit dem Kohlenstoffgehalt steigt, entspricht in der Regel der höheren Härte auch der höhere Verschleißwiderstand. Dies gilt innerhalb jeder gleichen Gefügegruppe. Demnach ist auch der Verschleißwiderstand des martensitischen Gefüges gehärteter Stähle wieder vom Kohlenstoffgehalt abhängig. Höchste Härte ist aber nicht immer mit dem besten Verschleißwiderstand identisch; deshalb sollen nach dem Härten die Stähle etwas angelassen werden, um die günstigsten Verschleißeigenschaften zu erhalten, was wohl in erster Linie auf ein Entfernen der vom Härten zurückbleibenden Eigenspannungen in den Oberflächen und daneben auf eine Steigerung der Zähigkeit zurückzuführen ist. Die weiteren Anlaßstufen des Martensits, der Sorbit und der Troostit, weisen aber umso geringere Verschleißfestigkeit auf, je höher die Anlaßtemperatur gewählt wurde, je weiter also der Martensitzerfall vor sich gegangen ist. Bei gleicher Härte ist die Verschleißfestigkeit des Anlaßgefüges etwas niedriger als jene des Normalisierungsgefüges.

Die Freßneigung der Stähle ist größer als jene von Gußeisen; daher wird die Paarung Stahl auf Stahl für ungeschmierte gleitende Reibung praktisch nur für untergeordnete Teile oder bei niedriger Belastung in Frage kommen. Die Freßneigung nimmt aber, gleiche Oberflächenbeschaffenheit vorausgesetzt, mit zunehmendem Kohlenstoffgehalt und zunehmender Härte ab. Sie ist am geringsten für das martensitische Gefüge, größer für den lamellaren Perlit und die Anlaßstufen des Martensits, am größten im weichgeglühten Zustand der Stähle, also für den kugeligen Perlit.

Abb. 25. Abhängigkeit des Reibbeiwertes eines Kohlenstoffstahles von der Gleitgeschwindigkeit bei verschiedener Härte (nach KEHL [15]). (Gleich auf gleich, Trockenlauf, Anpreßdruck 10 kg/cm².)

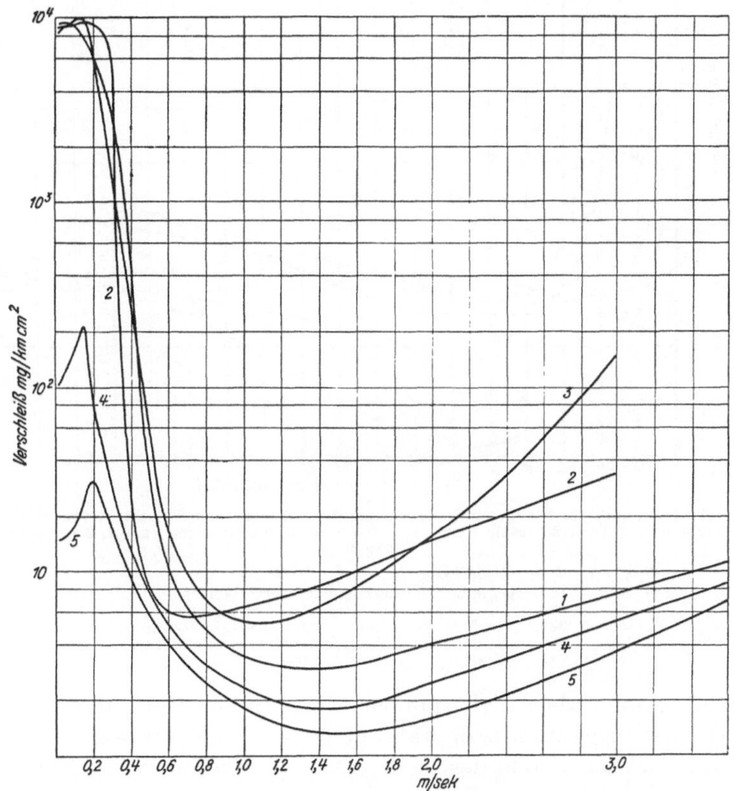

Abb. 26. Einfluß der Gleitgeschwindigkeit und der Härte auf den Verschleiß von Kohlenstoffstahl mit C=0,64 (nach KEHL [15]). (Gleich auf gleich, Trockenlauf, Anpreßdruck 10 kg/cm²).

Probe Nr.	H_B	Zustand	Gefüge
1	150	geglüht	kugeliger Perlit.
2	170	,,	lamellarer Perlit.
3	330	vergütet	Anlaßsorbit.
4	420	,,	Anlaßsorbit und Martensit.
5	450	gehärtet	Martensit.

Die durch Verschleißbeanspruchungen bewirkte Kaltverformung an der Verschleißfläche umfaßt bei niedrig gekohlten Stählen und niedrigen Härten stärkere Schichten, als bei hohem C-Gehalt und höheren Härten; sie reicht ferner bei geringerer Gleitgeschwindigkeit tiefer als bei höherer.

Die Relativgeschwindigkeit der beiden Verschleißteile nimmt auf die Reibungs- und Verschleißverhältnisse großen Einfluß. — Abb. 25 gibt die Abhängigkeit des Reibbeiwertes von der Gleitgeschwindigkeit für StC. 60.61 bei verschiedenen Wärmebehandlungen und dementsprechend verschiedenen Gefügeausbildungen und Härten wieder. Es ist aus dieser Abbildung deutlich zu entnehmen, daß die letzteren Umstände gegenüber dem Einfluß der Gleitgeschwindigkeit stark zurücktreten. Der Verlauf dieser Abhängigkeiten ist für alle Stahlsorten sehr ähnlich. Der Reibbeiwert steigt mit steigendem

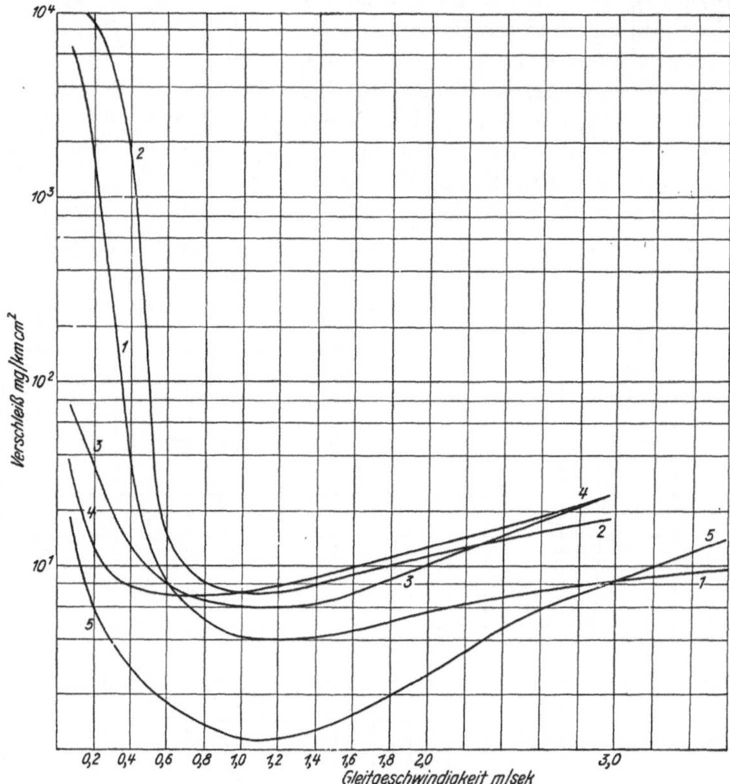

Abb. 27. Einfluß der Gleitgeschwindigkeit und der Härte auf den Verschleiß von Kohlenstoffstahl mit C=1,23 (nach KEHL [15]). (Gleich auf gleich. Trockenlauf, Anpreßdruck 10 kg/cm².)

Probe Nr.	H_B	Zustand	Gefüge
1	150	geglüht	kugelig geballter Zementit.
2	230	,,	lamellarer Perlit mit Zementitnetz.
3	340	vergütet	Anlaßtroostit mit Zementitkörnern.
4	460	,,	Anlaßtroostit mit Zementitkörnern.
5	710	gehärtet	feiner Martensit.

Kohlenstoffgehalt etwas, aber nicht nennenswert an; er liegt aber für alle Stähle bei geringen Gleitgeschwindigkeiten bedeutend höher als für Gußeisen.

Bemerkenswert ist die Größe des Reibbeiwertes in allen Fällen bei sehr kleinen Geschwindigkeiten; er kann hier den Wert 1 übersteigen.

Die Abb. 26 und 27 zeigen die von KEHL [15] gefundenen Beziehungen zwischen Verschleiß, Gleitgeschwindigkeit und Härtestufe für zwei Kohlenstoffstähle von verschiedenem Kohlenstoffgehalt im Trockenlauf und für einen bestimmten Anpreßdruck (10 kg/cm²). Bei kleineren Gleitgeschwindigkeiten treten in allen Fällen Unstetigkeiten im Verlauf der Verschleißkurven auf, was auch von anderen Forschern beobachtet wurde. Auch hier nimmt der Verschleiß zunächst von einem Höchstwert bei kleiner Gleitgeschwindigkeit (in manchen Fällen scheint dieser bei der Geschwindigkeit Null zu liegen) zunächst mit steigender Geschwindigkeit bis zu einem Tiefstwert ab, um dann neuerlich anzusteigen. Die Verschleißhöchstwerte liegen offenbar immer dann nahe an der Geschwindigkeit Null, wenn der Zementit des Perlits in kugeliger Form vorhanden ist oder wenn er als Netz das Gefüge durchzieht.

Suzuki [11] stellte für die Größe des zu erwartenden gegenseitigen Verschleißes von Kohlenstoffstählen Beziehungen auf. Darin bedeuten:

W_{BA} den Gesamtabrieb einer Stahlsorte A beim Gleiten auf einer Stahlsorte B in mg

w_{BA} den relativen Verschleiß von A bezogen auf B in mg je mkg geleisteter Reibungsarbeit

W_{AB} den Gesamtabrieb beim Gleiten des Stahles B auf Stahl A in mg

w_{AB} den relativen Verschleiß von B bezogen auf A, wieder in mg je mkg

$W_{BA} + W_{AB}$ den Summenverschleiß, also den Gesamtverschleiß von A und B

$w_{BA} + w_{AB}$ die Summe der relativen Verschleiße von A bezogen auf B und von B bezogen auf A in mg je mkg Reibungsarbeit

$A = s \cdot R$ die gesamte Reibungsarbeit μ den Reibungsbeiwert

s den gesamten Verschleißweg P den Anpreßdruck.

$R = \mu \cdot P$ die Reibungskraft

Daher wird $w_{BA} = \dfrac{W_{BA}}{A}$ usf.

Nach Suzuki ist der beobachtete Verschleiß vom Reibungsbeiwert und den kennzeichnenden Eigenschaften der verschleißenden Stoffe abhängig.

Ist nun

w_{CA} der relative Verschleiß von A auf einer dritten Stahlsorte C

w_{CB} der relative Verschleiß von B auf C

so gilt nach Suzuki allgemein:

$$w_{BA} = f\,(w_{CA},\, w_{CB})$$

und für einfache Fälle:

$$w_{BA} = K \cdot \frac{w_{CA}}{w_{CB}}$$

K steigt, wie eine Reihe von Untersuchungen an Kohlenstoffstählen ergeben hat, mit wachsendem μ parabolisch an. Die Gleichung der so erhaltenen Parabeln ist dann:

$$K = a \cdot \mu^2$$

und es wird allgemein für untereutektische Stähle:

im Walzzustand	$a = 13{,}4 \cdot 10^{-3}$ mg
geglüht	$a = 12{,}6 \cdot 10^{-3}$ mg
sorbitisch	$a = 10{,}5 \cdot 10^{-3}$ mg
troostitisch	$a = 6{,}3 \ \cdot 10^{-3}$ mg
martensitisch	$a = 1{,}9 \ \cdot 10^{-3}$ mg.

Auch fand Suzuki folgende Beziehungen bestätigt:

Der Reibungsbeiwert sinkt mit steigender Gleitgeschwindigkeit.

Er fällt mit steigendem Druck zunächst langsam ab und bleibt bei weiter ansteigendem Druck unverändert.

Der Reibungsbeiwert nimmt mit steigendem C-Gehalt zu, doch sind die Unterschiede zwischen den einzelnen Stahlsorten gering.

Der geglühte Gefügezustand hat größeren Verschleißwiderstand als der Walzzustand, obgleich die Härte bei ersterem niedriger liegt. Suzuki erklärt dies damit, daß die starke Beanspruchung beim Walzen einen Zustand zur Folge hat, der mit dem durch reine Wärmebehandlung erzielten nicht ohne weiteres vergleichbar ist.

Abb. 28 gibt den verhältnismäßigen Verschleiß beim Aufeinanderarbeiten verschiedener Stahlsorten, Abb. 29 den hierbei gemessenen Summenverschleiß wieder.

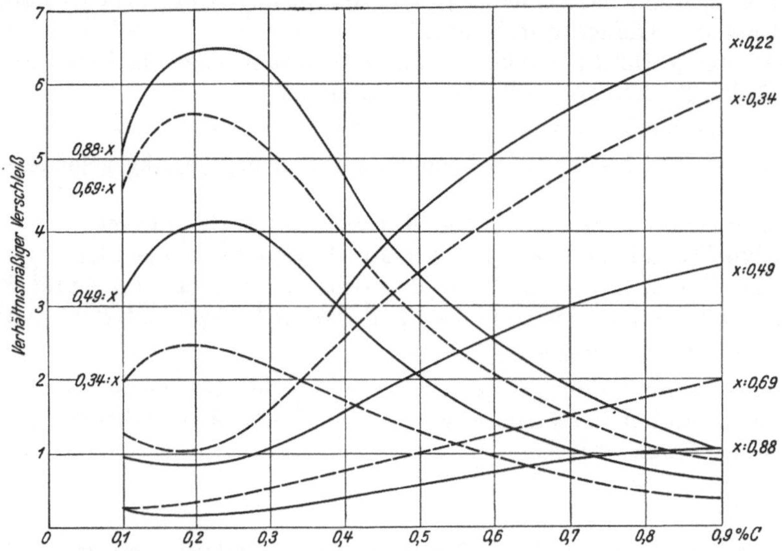

Abb. 28. Relativer Verschleiß von Kohlenstoffstählen verschiedenen Kohlenstoffgehaltes gegenüber gleichgearteten Werkstoffen bei verschiedenen Paarungen (nach SUZUKI [16]).

Ob diese von SUZUKI aufgestellte einfache Beziehung tatsächlich zutrifft, ist noch nicht streng nachgewiesen.

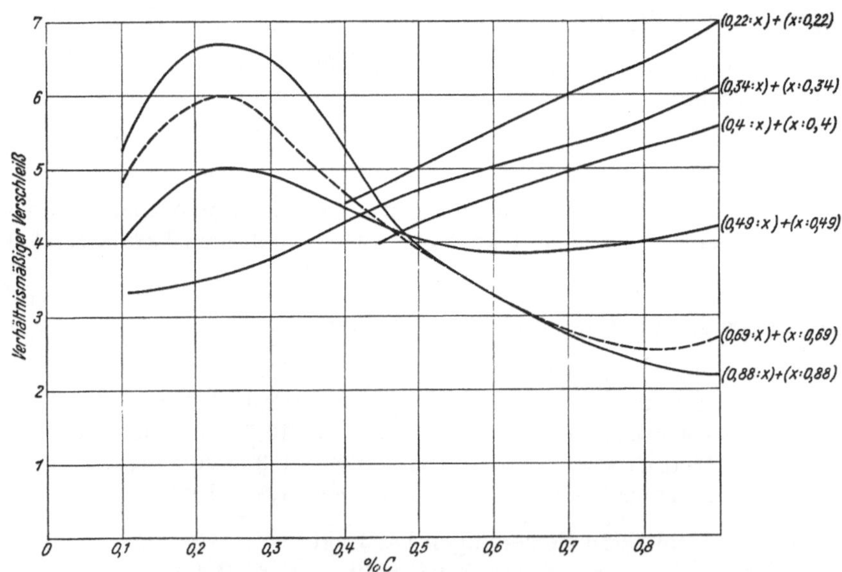

Abb. 29. Verhältnismäßiger Summenverschleiß der Probenpaarungen von Abb. 27 (nach SUZUKI [16]).

β) Verschleiß von weichem Stahl (0,04 C) auf gehärtetem Chromstahl.

Die Proportionalität zwischen Verschleiß und Verschleißweg bleibt unter allen Verhältnissen — ungeänderte äußere Verschleißbedingungen während des Vorganges vorausgesetzt — bestehen. Mit steigendem Druck wächst dagegen der Verschleiß nach DIES [8] weder proportional noch stetig (Abb. 30); in einem bestimmten kritischen Belastungsbereich treten Höchst- und Mindestwerte für den Verschleiß auf. — Offenbar handelt es sich im Übergangsgebiet, in welchem auch der größte Streubereich im Verhalten verschiedener Schmelzen von nahezu gleichen chemischen Analysen zu beobachten ist, um den Übergang von einer Verschleißart zur anderen; und zwar haften unterhalb des ersten Maximums in der Verschleißkurve die gebildeten braungefärbten Oxyde fest an der Oberfläche des Weicheisenverschleißteiles; im Maximum wird die Verschleißfläche blank, oberhalb des Maximums bedeckt sich die Verschleißfläche mit einer schwarz gefärbten Oxydschicht. Es tritt also auch hier die Reiboxydation stark in Erscheinung.

Im Bereich des zweiten aufsteigenden Astes zeigen sich, u. zw. mit steigendem Anpreßdruck in zunehmendem Maß „Blankstellen", d. s. oxydfreie Stellen von auffallend großer, dem Martensit entsprechender Härte. Dieselbe Erscheinung zeigt sich auch beim Aufeinanderarbeiten aller anderen Stahlsorten, u. zw. in stärkstem Maß bei niedrig gekohlten Stählen.

Die Oberfläche abseits dieser Blankstellen ist stark kaltverformt und die Stärke der kaltverformten Schicht ist nach Abb. 31 von der Höhe der Belastung abhängig. Die Härte dieser Zonen dagegen ist von der Belastung unabhängig und erreicht in allen Fällen etwa 400 Brinell; bei sehr hohen Belastungen liegt sie infolge der bei hohen Temperaturen eintretenden Rekristallisation etwas niedriger.

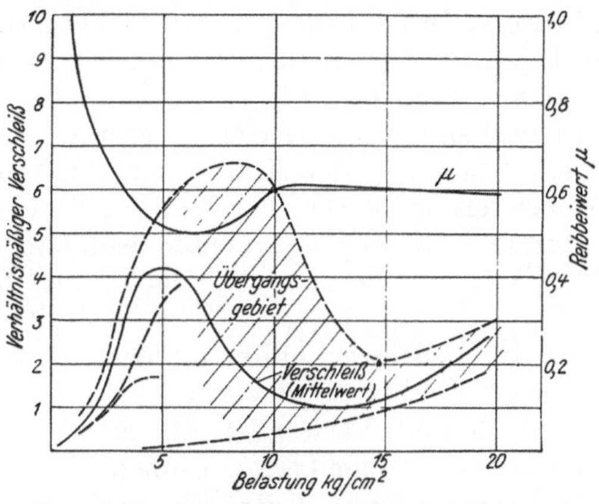

Abb. 30. Verschleiß und Reibbeiwert von Weicheisen auf gehärtetem Chromstahl (nach Dies [8]). ---- Streubereich verschiedener Weicheisenschmelzen. Chromstahl: 0,86 C; 0,22 Si; 0,38 Mn; 1,64 Cr; H_B = 600. Weicheisen: 0,04 C; H_B = 130.

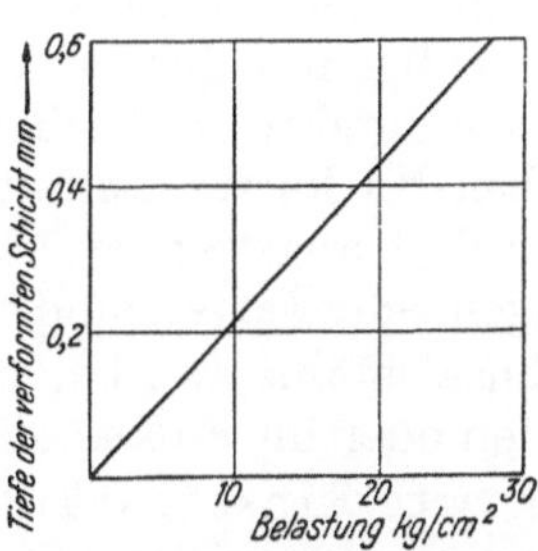

Abb. 31. Tiefe der Kaltverformung in der Verschleißschicht von Weicheisen in Abhängigkeit von der Flächenpressung (bestimmt aus der bei Rekristallisation neugebildeten Schicht) (nach Dies [8]).

Die erwähnte, beim Weicheisen festgestellte Unstetigkeit scheint bei höher gekohlten Stählen nicht oder nur in weit geringerem Maß aufzutreten. Kehl [15] stellte in diesem Fall einen rein proportionalen Anstieg des Verschleißes mit dem Anpreßdruck fest.

γ) Einfluß der Legierung auf den Verschleiß.

Auf die starke Abhängigkeit des Verschleißes von der Legierung, bzw. von der durch dieselbe beeinflußten Gefügeausbildung, wurde bereits hingewiesen (vgl. S. 13 und Abb. 9). Der Abnutzungswiderstand wird umso größer, je karbidreicher der Stahl ist. Maßgebend für den Abnutzungswiderstand gehärteter Stähle ist weniger die martensitische Grundmasse an sich, als die Menge und Art der in derselben eingelagerten Karbide.

Am günstigsten liegen die Verhältnisse, wenn die übereutektoiden Karbide in fein kugeliger Form tunlichst gleichmäßig verteilt in einer möglichst zähen Grundmasse eingebettet sind. — Eine ausgesprochene Zeilenanordnung ist ungünstig.

δ) Einsatzstähle.

Durch Aufkohlen der dem Verschleiß ausgesetzten, vornehmlich durch gleitende Reibung beanspruchten Randzone von Stählen mit niedrigem Kohlenstoffgehalt und Härten dieser aufgekohlten Schicht wird die Verschleißfestigkeit außerordentlich gesteigert.

Die Aufkohlung erfolgt je nach der Legierung der verwendeten Einsatzstähle auf Kohlenstoffgehalte bis zu 1%, im allgemeinen jedoch bis zum eutektoiden Kohlenstoffgehalt. Träger der Verschleißfestigkeit ist der auf höchste Härte gebrachte Martensit der gehärteten Einsatzschicht.

Im Einsatz gehärtete Stähle sind dann am Platze, wenn es sich um gleitende oder um gleitende und zugleich rollende Verschleißbeanspruchung der Oberflächen handelt, während die übrigen Beanspruchungen des Bauteiles einen zähen, gegen Stoß widerstandsfähigen Kern verlangen.

Je nach der Betriebsbeanspruchung — ob Verschleißbeanspruchung allein oder verbunden mit hoher Druck- oder Stoßbeanspruchung — sind die Anforderungen an die Tiefe der Aufkohlung und die Ausbildung der Einsatzzone sowie an die Gefügeausbildung und Festigkeit des zähen Kernes verschieden.

Bei reiner Gleitbeanspruchung ohne nennenswerte Druckbeanspruchung in der Verschleißfläche wählt man geringe Einsatzstärken, etwa 0,4—0,6 mm. Werden die Flächen nach dem Einsetzen geschliffen, so ist das Schleifmaß zuzugeben. Flächen mit höherer Druckbeanspruchung sind tiefer einzusetzen, etwa mit Schichtstärken von 1—1,5 mm.

Rein auf Verschleiß oder auf Verschleiß und Druck beanspruchte Flächen sind in der Härte möglichst hoch zu halten. Wo jedoch stärkere Stoßbeanspruchungen hinzu kommen, ist die Härte nicht auf die höchsten Werte zu steigern.

Man unterscheidet milde und schroff wirkende Einsatzmittel. Erstere geben tiefe Einsatzschichten mit gutem, allmählichem Übergang, der Kohlenstoffgehalt übersteigt nirgends den eutektoiden Gehalt, die Abblätterungsgefahr ist gering. Schroff wirkende Mittel geben bei kurzen Einsatzzeiten dünne Schichten von hohem Kohlenstoffgehalt; sie werden dort angewendet, wo höchste Härte erforderlich ist, jedoch keine Stoßbeanspruchungen zu erwarten sind.

Als Einsatzstähle werden im allgemeinen niedrig gekohlte, im basischen Siemens-Martin-Ofen oder im Elektroofen erschmolzene Stähle verwendet.

Unlegierte Einsatzstähle werden für Bauteile verwendet, die auf Verschleiß und Druck beansprucht werden und eine glasharte Oberfläche besitzen sollen.

Automaten-Einsatzstähle finden für untergeordnete Teile, die große Oberflächenhärte haben sollen, bei denen jedoch an die Zähigkeit keine größeren Anforderungen zu stellen sind, steigend Verwendung.

Chrom-Einsatzstähle weisen gegenüber den unlegierten nur eine geringe Steigerung der Kernfestigkeit auf. Die in der Einsatzzone gebildeten harten Chromkarbide verleihen ihnen aber eine günstige Verschleißfestigkeit; daher ihre Verwendung für hoch auf Verschleiß beanspruchte Teile, bei denen es auf eine besondere Zähigkeit des Kerns nicht ankommt.

Chrom-Molybdän-Einsatzstähle geben ein günstiges Durchvergüten des zähen Kernes bis zu etwa 40 mm ⌀ bei sehr hoher Kernfestigkeit; die Verschleißfestigkeit der Einsatzschicht ist, dank der in derselben gebildeten Chrom- und Molybdänkarbide, besonders günstig. Einsatztiefen über 1 mm verlangen bei diesen Stählen sehr lange Aufkohlungszeiten, Einsatztiefen über 1,6 mm sollten überhaupt nicht angestrebt werden.

Chrom-Nickel-Einsatzstähle weisen etwas geringere Härten und auch etwas geringere Verschleißfestigkeit auf, als die eben erwähnten Chrom-Molybdänstähle; sie scheinen jedoch den unlegierten Einsatzstählen überlegen zu sein (vgl. Abb. 32). Ihr Vorteil liegt in der guten Durchvergütung des zähen Kernes auch bei großen Querschnitten. Hochlegierte Sorten sind Lufthärter und härten verzugsfrei.

Chrom-Nickel-Molybdän-Stähle und Chrom-Vanadium-Stähle zählen zu den verschleißfestesten und höchsten Beanspruchungen gewachsenen Einsatzstählen; sie werden deshalb bei höchsten Verschleißbeanspruchungen angewendet.

Abb. 32 zeigt den verhältnismäßigen Verschleiß von unlegiertem und chromnickellegiertem Einsatzstahl bei verschiedener Härtung und bei verschiedenen Anlaßtemperaturen. Die Verschleißversuche wurden trocken durchgeführt.

Ungünstiges Verschleißverhalten zeigen Einsatzstähle:

a) bei Weichfleckigkeit. Diese kann zurückzuführen sein auf ungenügenden Einsatz, auf die Verwendung ungeeigneter oder erschöpfter Einsatzmittel oder auf unvollkommene Schlußhärtung. — Auch manche Stahlsorten oder bestimmte Stahlchargen neigen zur Weichfleckigkeit.

b) Beim Auftreten von Korngrenzenzementit. Zu langsames Abkühlen nach dem Einsetzen, z. B. Erkalten an Luft, kann zu Karbidabscheidungen in der Einsatzschicht führen, besonders wenn es sich um stärkere und hochaufgekohlte Einsatzschichten handelt.

c) Rest-Austenit in der Einsatzschicht setzt die Härte derselben herab und bewirkt das Entstehen einer weichen Außenhaut, die, falls sie beim Fertigschleifen des Teiles nicht vollständig entfernt wird, bei gleitender Beanspruchung zum Fressen führen kann.

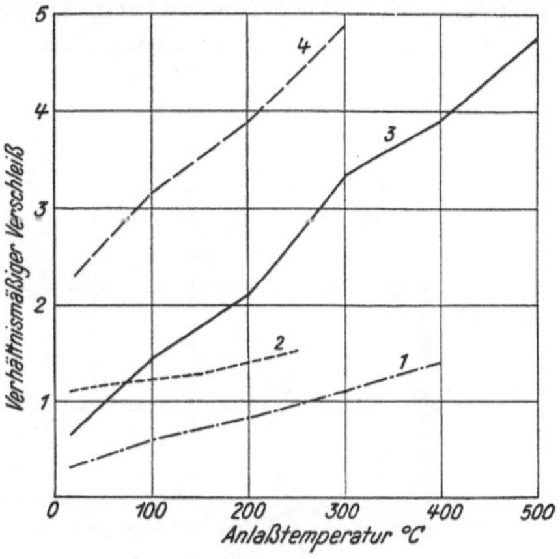

d) Schroffer Übergang von der Einsatzschicht zum zähen Kern. — Einsatzschichten mit unvermitteltem Übergang zum zähen Kern geben hohe Spannungen beim Abhärten; ihre Neigung zum Abblättern oder Abplatzen ist daher groß.

3. Gußeisen auf Stahl.

Bei gleitender Reibung von Gußeisen auf ungehärteten Kohlenstoffstählen, gleichgültig ob ungeschmiert oder geschmiert, ist der auftretende Verschleiß von der Gleitgeschwindigkeit nahezu unabhängig. Im allgemeinen fällt er mit steigender Geschwindigkeit etwas ab. Groß ist aber auch hier, ebenso wie bei anderen Paarungen, die Abhängigkeit des Verschleißes vom Oberflächenzustand, wofür Abb. 33 ein Beispiel gibt.

Befindet sich im Schmieröl ein Verschleißmittel, so bleibt der Verschleiß nach Abb. 34 von der Geschwindigkeit ebenfalls fast unbeeinflußt. Die Freßneigung nimmt jedoch mit steigender Geschwindigkeit stark zu, d. h. sie wird in das Gebiet niedrigerer Flächenpressungen herabgedrückt (Abb. 35). Die Freßneigung von Gußeisen auf Stahl ist wesentlich größer, als z. B. jene von Bronze oder Weißmetall WM 80 (vgl. Abb. 36). — Die in Abb. 35 gefundene Grenzkurve erfüllt ziemlich genau die Gleichung $p \cdot v^{1,3} = $ konst.

Außer der Reibungswärme, die im Schmierfilm entsteht, scheinen auch noch andere Einflüsse das Anfressen zu bedingen: wahrscheinlich werden bei höherer Geschwindigkeit durch die stärker werdende Schmierschicht mehr und vor allem größere Teilchen des Verschleißmittels zwischen die Gleitflächen gerissen; wenig größere Körner desselben wirken aber viel gefährlicher als mehrere kleine.

Wie aus Abb. 37 zu entnehmen, nimmt der Verschleiß von Gußeisen auf Stahl 60.11 bei Schmierung mit Schmirgelzusatz zunächst bei allen Geschwindigkeiten etwa proportional mit der Belastung

Abb. 32. Verhältnismäßiger Verschleiß von Einsatzstählen bei steigender Anlaßtemperatur (nach MAYER [17]).

Chromnickel-Einsatzstahl:
1 gehärtet 770° Wasser, angelassen 400° 20 Min.
2 gehärtet 840° Öl,   ,,   300° 20 ,,
Unlegierter Einsatzstahl:
3 gehärtet 770° Wasser, angelassen 500° 20 Min.
4 gehärtet 770° Öl,   ,,   300° 20 ,,

Abb. 33. Abhängigkeit der den Freßbeginn einleitenden Flächenpressung von der Oberflächenbearbeitung bei der Paarung von Gußeisen auf St C 60.11 nach gutem Einlaufen (nach KEHL [15]). (Geschmiert, Versuchstemperatur 70° C, Gleitgeschwindigkeit 4,2 m/sek.) Gußeisen: 3,3 C$_{ges}$; 1,6 Si; 0,9 Mn; 0,4 P; 0,1 S; $H_B = 205$. Das Einlaufen erfolgte während 5 Minuten bei 2,1 m/sek Geschwindigkeit und 15 kg/cm² Belastung.

zu. Bei Geschwindigkeiten über 1 m/sek steigt dann bei einer bestimmten Belastungsgrenze der Verschleiß plötzlich auf die mehrhundertfache Höhe infolge des beginnenden Fressens an. Bei Geschwindigkeiten unterhalb 1 m/sek fällt hingegen der Verschleiß

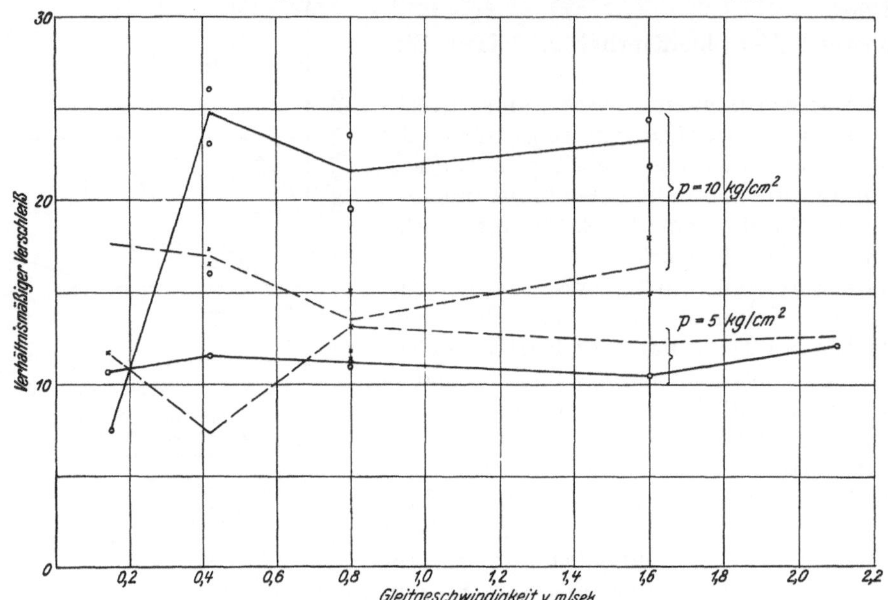

Abb. 34. Einfluß der Geschwindigkeit auf den Verschleiß von Gußeisen A (vgl. Abb. 35) auf St 60.11 in Öl-Schmirgel-Gemisch bei verschiedenen Belastungen.
—— Verschleiß an der Stahlprobe ($H_B = 188$).
- - - - Verschleiß an der Graugußprobe ($H_B = 160$) (nach KEHL [15]).

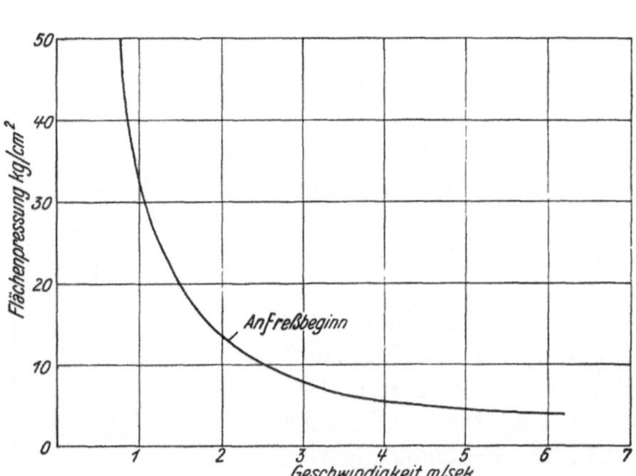

Abb. 35. Einfluß der Geschwindigkeit auf den Beginn des Anfressens von Gußeisen A (vgl. Abb. 36) auf Stahl St 60.11 im Ölbad mit 0,1% Schmirgelzusatz bei 70° C (nach KEHL [15]).

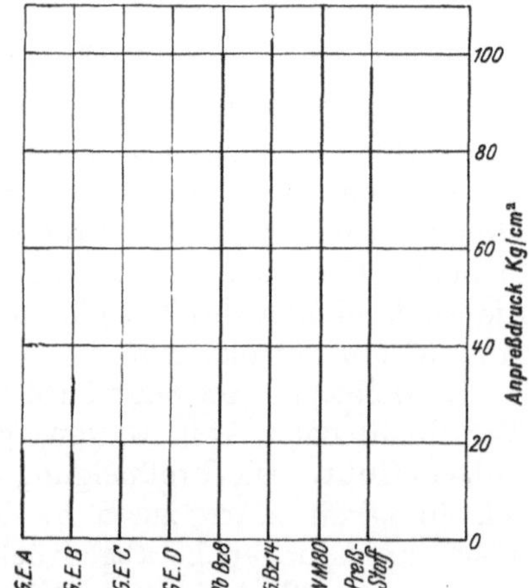

Abb. 36. Abhängigkeit des Freßbeginns verschiedener Werkstoffe auf Stahl St 60.11 im Öl-Schmirgel-Gemisch (0,1% Schmirgelzusatz) bei einer Gleitgeschwindigkeit von 1,6 m/sek (nach KEHL [15]).

nach Erreichen eines Höchstwerts nochmals ab, um dann neuerlich langsam bis zum Freßbeginn anzusteigen. Dieser Verlauf ist offenbar auf Vorgänge der Reiboxydation zurückzuführen.

Der Reibungsbeiwert ändert sich im geschmierten Zustand mit der Geschwindigkeit nur wenig, ebenso ist der Einfluß der Flächenpressung auf denselben nur gering; (Abb. 38 u. 39); im allgemeinen sinkt er etwas mit steigender Belastung, während er z. B. für WM 80 und GBz 14 mit steigender Belastung etwas zunimmt.

Gußeisensorte	C_{ges}	Si	Mn	P	S	H_B
A	3,5	2,5	0,6	0,5	0,1	160
B	3,4	2,0	0,8	0,4	0,1	195
C	3,3	1,6	0,9	0,4	0,1	205
D	2,8	1,6	0,2	0,2	0,1	240
Stahl St 60.11	0,46	0,34	0,56			188

Die Freßneigung von Gußeisen auf Stahl nimmt mit sinkendem Kohlenstoffgehalt des Stahles und ebenso mit sinkendem Gehalt an gebundener Kohle im Gußeisen zu; sie ist also auch eindeutig von der Gefügeausbildung abhängig und für perlitisches Gefüge am geringsten. Wesentlich größer ist die Freßneigung für das ferritische, nicht ganz so hoch wie für dieses das martensitische Gefüge.

Unter sonst gleichen Umständen geben Paarungen von Stählen mit Gußeisen von gleich hohem Gehalt an gebundener Kohle den geringsten Gesamtverschleiß; der Verschleiß sinkt dabei umso weiter ab, je höher der Gehalt an gebundener Kohle ist; der Verschleißwiderstand steigt über das perlitische Gefüge beider Teile hinaus, über die verschiedenen Anlaßstufen des Martensits bis zum reinmartensitischen Gefüge weiter an.

Höherer Phosphorgehalt im Gußeisen setzt den auftretenden Verschleiß beider Teile der Paarung Gußeisen-Kohlenstoffstahl stark herab, insbesondere für das perlitische und das unterperlitische Gefüge; im Martensit scheint er keine Wirkung zu haben.

Über das Verschleißverhalten von Grauguß auf gehärteten Stählen siehe auch S. 13.

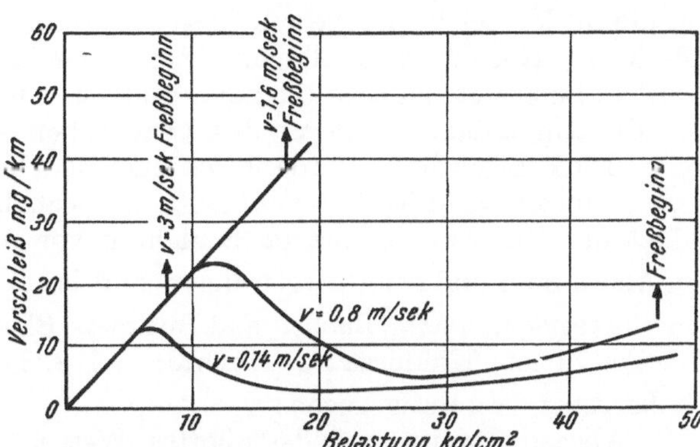

Abb. 37. Einfluß der Flächenpressung und der Gleitgeschwindigkeit auf den Verschleiß von Gußeisen A (vgl. Abb. 36) auf St 60.11 in Ölbad mit 0,1% Schmirgelzusatz (nach KEHL [15]).

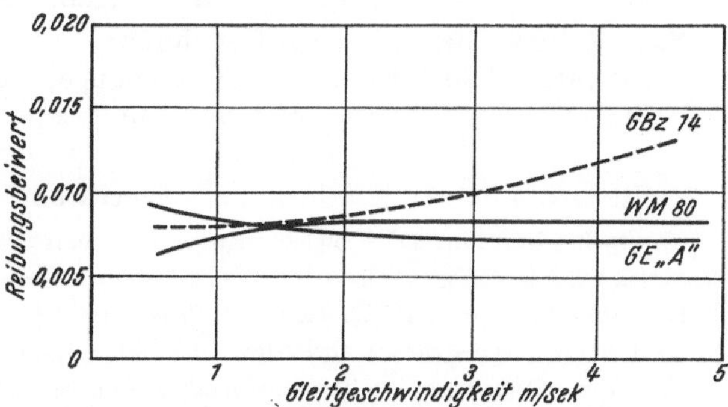

Abb. 38. Einfluß der Geschwindigkeit auf den Reibungsbeiwert verschiedener Werkstoffe (Gußeisen A, vgl. Abb. 36, G Bz 14 und WM 80) auf Stahl St 60.11. Geschmiert mit Essolub SAE 20 (nach KEHL [15]).

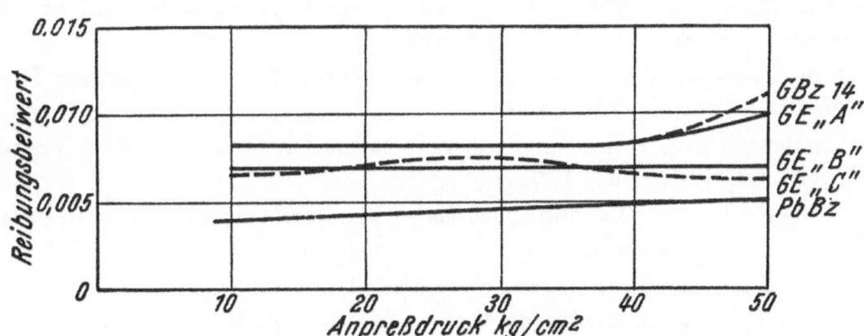

Abb. 39. Reibungsbeiwert verschiedener Werkstoffe bei $v=1,6$ m/sek Gleitgeschwindigkeit in reinem Schmieröl (Essolub SAE 20) abhängig vom Anpreßdruck auf Stahl St 60.11 (nach KEHL [15]).

4. Verschleißverhalten von Leichtmetallen.

Der Verschleißwiderstand der Leichtmetalle an sich ist jeder Beanspruchungsart gegenüber nur sehr gering. Reinleichtmetalle kommen daher als Baustoffe für verschleißbeanspruchte Maschinenbauteile nicht in Frage. Erst durch das Zulegieren von verhältnismäßig bedeutenden Anteilen an Legierungselementen können brauchbare Verschleißeigenschaften gewonnen werden.

Für verschleißbeanspruchte Teile stehen Leichtmetallegierungen im Motorenbau nur für Kolben und Lagerschalen in Verwendung. Da ihre Entwicklung ausschließlich nach diesen Richtungen getrieben wurde und allgemeine Untersuchungen über das Verschleißverhalten der Leichtmetalle nur in geringerem Umfang vorliegen, soll dieses in den Abschnitten „Kolben" und „Lager" besprochen werden.

Erwähnenswert ist aber die hohe Widerstandsfähigkeit des Aluminiums — besonders des Reinaluminiums — gegenüber chemischen Angriffen sowie seine Wetterbeständigkeit. Diese Eigenschaft verdankt es einer hauchdünnen, dabei aber vollkommen dichten und verformungsfähigen Oxydschicht, die sich bei der Berührung mit Sauerstoff sofort bildet und die tiefer gelegenen Schichten vor Angriffen schützt.

Aluminium und seine Legierungen sind beständig gegen:

Azetylen, Benzin, Benzol, und Bitumen, Bleitetraäthyl, Generatorgas, Fette, Kohlenoxyd und Kohlensäure, Mineralöle, P 3, Petroleum;

begrenzt beständig gegen:

Abgase, Dampf und destilliertes Wasser, Kondenswasser, Leitungswasser, Oxalsäure, Regenwasser, konz. Salpetersäure, Schmierseifenlösung, Schwefeldioxyd;

unbeständig gegen Angriffe von

Alkohol mit Spuren von Wasser, Kochsalzlösungen, Seewasser (ausgenommen gewisse Sonderlegierungen), Sodalösungen, Salpetersäure.

Sehr heftig werden sie angegriffen durch:

Feuchtes Chlor, Kalilauge, Natronlauge, Pottasche, Phosphorsäure, Quecksilber und Quecksilbersalze, Salzsäure und Schwefelsäure.

Schrifttum.

1. Deutsche Normen, DIN 50 320. Entwurf G von Oktober 1950.

2. SCHMALTZ, G.: Technische Oberflächenkunde. Berlin: Springer 1936.

3. BOWDEN, F. P. und K. E. RIDLER: Proc. roy. Soc. Lond. A, Bd. 154 (1936) S. 640.

4. BEILBY, G.: Aggregation and Flow of solids. Lond. 1921.

5. Vgl. u. a. KIRCHNER, F.: Trans. Faraday Soc. Bd. 31 (1935) S. 1114. — GERMER, L. H.: Phys. Rev. Bd. 43 (1933) S. 724 und Bd. 49 (1936) S. 163. — PLESSING, E.: Phys. Z. Bd. 39 (1938) S. 618.

6. BOAS, W. und E. SCHMID: Naturwissenschaften. Bd. 26 (1932) S. 416.

7. MÖLLER, H. und H. ROTH: Mitt. Kais. Wilh. Inst. f. Eisenforschung, Bd. 19 (1937) S. 61.

8. DIES, K.: Über die Vorgänge beim Verschleiß bei rein gleitender und trockener Reibung. — Reibung u. Verschleiß. Berlin: VDI-Verlag 1939.

9. EICHINGER, A.: Das Problem der Abnutzung bei rollender und gleitender Reibung. — Reibung u. Verschleiß. Berlin: VDI-Verlag 1939.

10. SPORKERT, K.: Untersuchung über Einfluß von Schleifmitteln auf den Verschleiß. — Reibung u. Verschleiß. Berlin: VDI-Verlag 1939.

11. HEIDEBROEK, G.: Vergleichende Versuche an Lagerschalen-Werkstoffen. Vortrag geh. a. d. Hauptversammlung VDI 1939, Dresden.

12. KLINGENSTEIN, TH. und H. KOPP: Der Verschleiß von Grauguß und seine Abhängigkeit von äußeren Umständen. Mittlg. Forschungsanst. GHH-Konzern. Bd. 7, S. 23.

13. KNITTEL: Untersuchungen über den Verschleiß von hochwertigem Grauguß. Gießerei 1933, S. 301.

14. HANEMANN und SCHRADER: Atlas Metallographicus. Bd. II, Berlin: Verlag Borntraeger 1936.

15. KEHL: Untersuchungen über das Verschleißverhalten der Metalle bei gleitender Reibung. Dissertation. Stuttgart 1936.

16. SUZUKI: Scienc. Rep. Tohoku University. Bd. 17 (1928), S. 573—638.

17. MAYER, E.: Dauerversuche und Abnutzungsverfahren an einsatzgehärtetem Werkstoff. Berichte der Fachausschüsse des Vereins deutscher Eisenhüttenleute. Werkstoffausschuß-Bericht 74.

18. PIWOWARSKY, E.: Hochwertiges Gußeisen. Seine Eigenschaften und die physikalische Metallurgie seiner Herstellung. — Berlin: Springer 1951.

19. SIEBEL, E.: Über die praktische Bewährung der mit Verschleißversuchen gewonnenen Ergebnisse. — Reibung und Verschleiß. Berlin: VDI-Verlag 1939.

B. Verschleiß von Motorbauteilen.
I. Zylinder und Kolbenringe.
1. Das Verschleißbild im Zylinder.

Der in den Zylindern von Verbrennungskraftmaschinen auftretende Verschleiß weist in den allermeisten Fällen den in Abb. 40 wiedergegebenen Verlauf auf. Der Verschleiß betrifft in der Regel nur die unmittelbar von den Kolbenringen bestrichene Fläche und zeigt in der oberen Totlage des obersten, manchmal auch in der unteren Totlage des untersten Kolbenringes deutlich ausgeprägte Ansätze in der Zylinderlauffläche („obere" und „untere" Ringmarke). Der Verschleiß ist in der Regel weitaus am größten an der ersteren Stelle und fällt von dort nach abwärts rasch ab; an der unteren Ringmarke steigt er mitunter wieder etwas an.

Verschiedene Faktoren, die durch die Arbeitsweise der Kolbenmaschine bedingt sind und die auf den Verschleiß Einfluß nehmen können, sind in Abb. 41 dargestellt; es sind hier der Druck- und der Temperaturverlauf im Zylinder, die Kolbengeschwindigkeit und der Gleitbahndruck aufgetragen. Aus dem Verlauf der diese Einflüsse darstellenden Kurven und dem Verlauf des normalen Zylinderverschleißbildes läßt sich herauslesen, daß Druck und Temperatur offenbar überragenden Einfluß auf die Verschleißerscheinungen haben müssen. Daneben kommt auch noch der Schmierölverteilung auf der Zylinderlauffläche sicherlich eine ausschlaggebende Bedeutung zu. Der Kolbengeschwindigkeit ist der Verschleiß vielleicht umgekehrt verhältig; allerdings ist es als sicher anzunehmen, daß der Verschleiß daneben noch wesentlich von anderen Umständen bedingt wird.

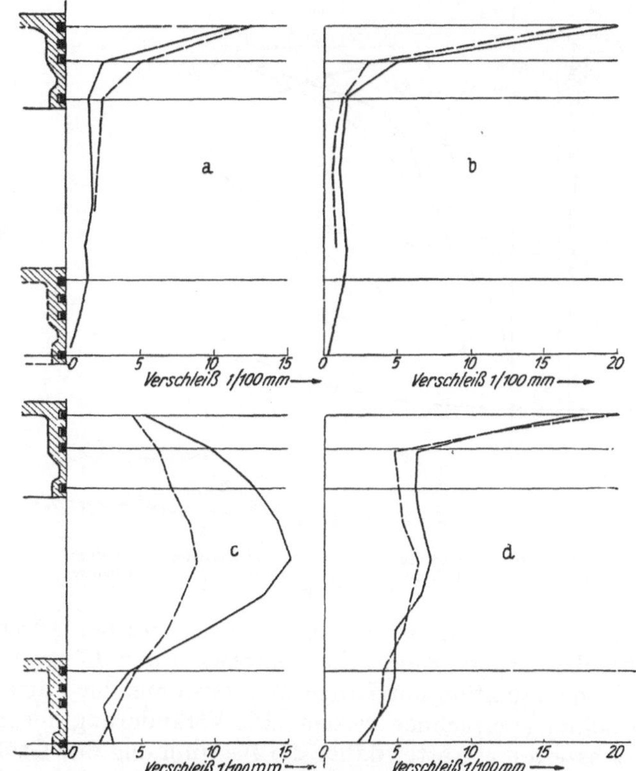

Abb. 40. Kennzeichnende Verschleißbilder in den Zylindern von Verbrennungsmotoren

a Normales Verschleißbild.
b Verschleiß in einem brennstoffüberschwemmten Zylinder.
c Verschleiß bei verunreinigtem Schmieröl und verformten Zylinder.
d Verschleiß bei ungeeigneter Werkstoffpaarung und ungenügender Schmierung.
——— senkrecht zur Kurbelwelle, - - - - parallel zur Kurbelwelle.
(Das Verschleißverhältnis senkrecht und parallel zur Kurbelwelle hängt vom Einzelfall ab.)

Das normale Verschleißbild zeigt vor allem viel Ähnlichkeit mit dem Druckverlauf im Zylinder und deutet darauf hin, daß der Verschleiß sehr stark von jenem Druck beeinflußt wird, mit dem die Kolbenringe (vor allem der oberste Ring) an die Zylinderwandung angepreßt werden. Bekanntlich entspricht der Druck in der Nut hinter dem ersten Ring annähernd dem Zylinderdruck.

Die mittlere Kolbengeschwindigkeit an sich hat offenbar nur untergeordneten Einfluß auf die Größe des Zylinderverschleißes. Wohl aber zeigt sich bei raschlaufenden Maschinen das Gebiet höheren Verschleißes manchmal etwas nach abwärts gegen die Hubmitte hin verlängert, und zwar deshalb, weil der Druck hinter den Kolbenringen bei

höherer Drehzahl eine größere Phasenverschiebung gegenüber dem Druck im Verbrennungsraum aufweist, die Kolbenringe daher auf einen größeren Teil des Hubes mit
hohem Druck an die Zylinderwandung gepreßt werden.

Die Größe des Zylinderverschleißes wird im allgemeinen durch sorgfältiges Ausmessen
der Zylinderbohrungen nach wenigstens 2 aufeinander senkrechten Durchmesserebenen
mittels Dreipunktmeßgeräten festgestellt. Damit bei Vergleichsmessungen das Ausmessen
stets in gleichen Horizonten erfolgt, empfiehlt sich die Verwendung geeigneter Lehren. Soll der Verschleißfortschritt festgestellt werden, so
sind erhebliche Laufzeiten erforderlich, um eindeutige Meßbilder zu
ergeben.

Um den Verschleiß nach verschiedenen Richtungen nicht nur auf den
Durchmesser sondern auch auf die Fläche bezogen und nach kurzen
Betriebszeiten messen zu können,

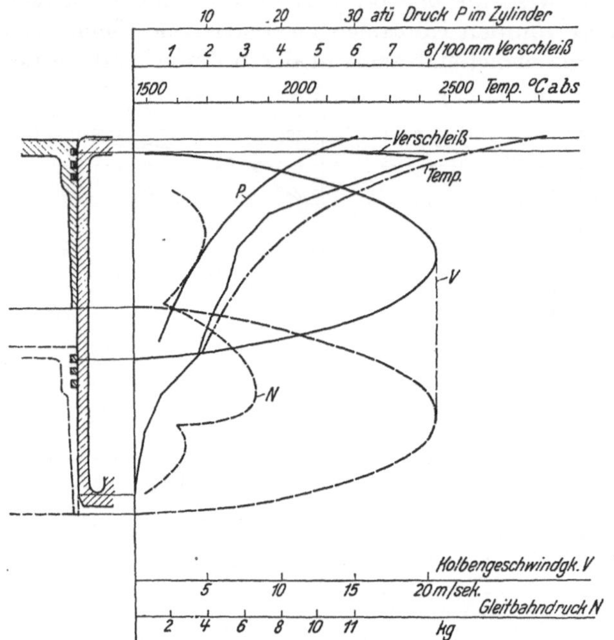

Abb. 41. Zylinderverschleiß — Gastemperatur, Gasdrücke, Kolbengeschwindigkeit und Gleitbahndruck, Verlauf über den Kolbenweg
(nach HANFT).

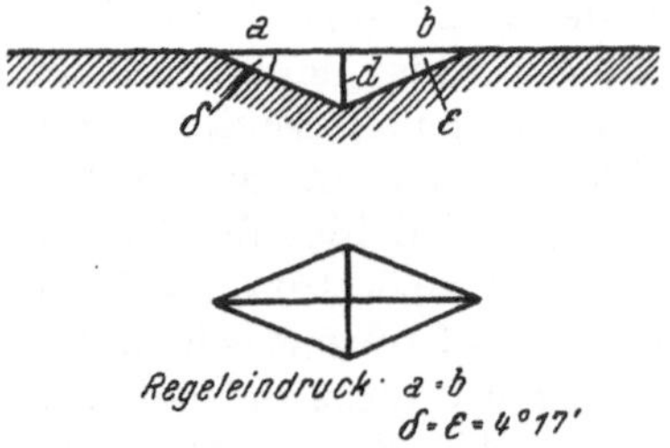

Abb. 42. Diamant-Pyramiden-Eindruck zur
Bestimmung des Verschleißes der Zylinderlauffläche.

wurde ein Gerät entwickelt, welches mittels Diamanten auf der Zylinderlauffläche
rhombenförmige Eindrücke von etwa 1 mm Länge erzeugt (Abb. 42); die Eindrucktiefe
ist eine Funktion der Länge und kann aus der mittels Mikroskopes ausgemessenen Eindrucklänge errechnet werden. Die Veränderung der Eindrucklänge nach bestimmten Betriebszeiten gestattet daher die Bestimmung der Größe des Verschleißes.

Der Verlauf der Abnutzung ist im allgemeinen für alle Durchmesserrichtungen, in
denen er ausgemessen wird, ähnlich. Zeigen sich nach verschiedenen Durchmesserrichtungen grundsätzlich verschiedene Verschleißbilder, so deutet dies auf stärkere Verformungen des Zylinders im Betrieb, oder auf schlechte Auswinkelung des Kolbens gegenüber dem Zylinder. In radialer Richtung gemessen kann jedoch der Verschleiß an verschiedenen Punkten des Zylinderumfanges weit voneinander abweichende Werte erreichen.
So zeigen z. B. Ottomotoren mit seitlich angeordneten stehenden Ventilen, zwischen
denen die Zündkerze sitzt, daß der Verschleiß auf der Zylinderwand gegenüber der Kerze
und den Ventilen weitaus am größten ist. Der Grund dafür dürfte darin gelegen sein, daß
sich an diesen von der Zündflamme zuletzt erreichten Teilen des Verbrennungsraumes
unverbrannter Kraftstoff an der Zylinderwandung niederschlagen kann. Es dürfte
auch anzunehmen sein, daß die den Ventilen gegenüberliegenden Zylinderteile zugleich
die kältesten Teile desselben sind. Auf den durch diesen Umstand bedingten höheren
Verschleiß wird später eingegangen.

Oberhalb der oberen Ringmarke ist der Verschleiß unterschiedlich, stets aber auffallend
gering; unterhalb der unteren Ringmarke ist meist überhaupt kein Verschleiß mehr feststellbar; nur bei sehr stark durch schleifende Partikelchen verunreinigtem Schmieröl zeigt
sich auch in diesem Teil des Zylinders ein stärkerer Verschleißangriff.

Bei abnormalen Betriebsverhältnissen zeigen sich auch mehr oder weniger abweichende Verschleißbilder. So z. B. tritt in Fahrzeug-Ottomotoren bei langem Fahren mit gezogener Starterklappe eine außerordentliche Verschleißerhöhung am oberen Totpunkt auf; offenbar ist dies eine schädliche Wirkung des nicht völlig vergasten Kraftstoffes, der an die Zylinderwandung gelangt, dort das Schmieröl fortwäscht und die Schmierung unwirksam macht (Abb. 40b).

Auch die Steifheit der Motorkonstruktion, vor allem die des Zylinderblocks, beeinflußt den Verschleiß in hohem Maß. Stark nachgiebige Kurbelwellen können Durchbiegungen in der Längsrichtung erfahren; diese wieder bewirken erhöhten Zylinderverschleiß in der Motorlängsrichtung. Ähnliche Folgen können auch zu schwach bemessene seitlich nicht genügend steife Pleuelstangen haben.

Nicht genau ausgerichtete Lagerzapfen der Kurbelwelle, nicht genau und sorgfältig ausgerichtete Kolben führen ebenfalls zu erhöhtem Zylinderverschleiß.

Abnormaler Zylinderverschleiß nach Abb. 40c (sog. tonnenförmiger Verschleiß) tritt meist dann auf, wenn das verwendete Schmieröl ungeeignet ist oder viel schmirgelnde Verunreinigungen enthält; oder wenn die freie Wärmedehnung des Zylinders behindert ist. Auch wenn die Temperatur im Zylinder sehr unterschiedlich ist, können derartige vom normalen mehr oder weniger stark abweichende Verschleißbilder möglich sein.

Ist die Werkstoffpaarung Zylinder-Kolbenring ungünstig oder die Zylinderschmierung unzureichend, so tritt hoher Allgemeinverschleiß über den ganzen Hub auf (Abb. 40d).

Welche Art der Zylinderbearbeitung das günstigste Verschleißverhalten ergibt, ist noch nicht ganz geklärt. Im allgemeinen neigt man dazu, die Zylinderlauffläche möglichst vollkommen zu bearbeiten, also nach dem Feinstbohren noch zu honen oder zu schleifen. Mehrfach aber wird in neuester Zeit die Ansicht vertreten, daß feinstgebohrte Zylinder, die ungehont bleiben, sich günstiger verhalten. — Jedenfalls soll das Entstehen hoher Oberflächentemperaturen durch zu hohe Arbeitsdrücke und zu hohe Schnittgeschwindigkeiten vermieden werden.

Auch Zylinder, die in der Lauffläche regelmäßig angeordnete, ziemlich tiefe Ölhalterillen eingedreht erhalten, sollen sich durch äußerst günstiges Verschleißverhalten auszeichnen, Abb. 43. — Nach einem anderen Verfahren (von Bramberry) wird die Lauffläche zur Verbesserung der Ölhaltung mit zwei Scharen einander spitzwinklig schneidender V-förmiger, nach Schraubenlinien verlaufender Nuten von je etwa 0,2 mm Breite und 0,125 mm Tiefe versehen, so daß 40 Nuten je Zoll entfallen. — Die Nuten werden mit einer festhaftenden Masse, bestehend aus Graphit und einem Bindemittel, ausgefüllt; schließlich erhält die ganze Zylinderbohrung einen das Einlaufen erleichternden Schutzüberzug. Die Nutenfüllung wirkt ölaufsaugend und selbstschmierend. Der Verschleiß wird insbesondere im oberen Teil des Zylinders bedeutend herabgesetzt, die Freßneigung bei ausbleibender Schmierung sinkt und der schädliche Einfluß des Kaltstartens wird auffallend gemildert.

Abb. 43. Ölhalterillen in der Zylinderlauffläche. Rillenbreite je nach Höhe der Ölringstege 0,3—1,0 mm.

2. Verschleißerscheinungen an den Kolbenringen.

Im Zuge der Weiterentwicklung im Motorenbau und den daraus erwachsenen unterschiedlichen Anforderungen an den Kolbenring haben sich folgende Klassen von Kolbenringen herausgebildet:

1. **Normale Ringe:**

    a) Niederspannungsringe mit einem mittleren spezifischen Anpreßdruck an der Lauffläche von 1,2—1,5 kg/cm²; hierher gehören z. B. die Ringe nach der früheren Norm DIN 73102, Ausführung A und die daraus abgeleiteten Ringformen.

b) Hochspannungsringe mit einem mittleren Anpreßdruck von 1,6—2,3 kg/cm²; hierher zählen z.B. die Ringe nach DIN 73102, Ausführung B und die daraus abgeleiteten Formen.

Diese beiden Ringgattungen werden aus perlitischen Sondergraugußeisen hergestellt und bleiben in der Regel unvergütet; der E-Modul der verwendeten Gußeisen liegt bei 9—12000 kg/mm². Der gewünschte Anpreßdruck wird bei den Ringen der Gruppe a bei einem Verhältnis von Außendurchmesser zur radialen Ringwandstärke von 25—26, bei den Ringen der Gruppe b von 22—23 erreicht.

2. Hochleistungsringe:

In Motoren, die mit besonders hohen Drehzahlen laufen und bei denen die Ringe besonders hohen Wärmebeanspruchungen ausgesetzt sind, entsprechen normale Ringe der oben angeführten Gruppen nicht mehr; dort kommen Ringe aus Sonderwerkstoffen von besonders hoher Festigkeit und mit hoher Lage des E-Moduls, bis zu 16000 kg/mm², zur Anwendung.

Das Wandstärkenverhältnis erreicht hier Werte von 19—20, der Anpreßdruck steigt bis zu 3 kg/cm². — Weiteres über Hochleistungsringe s. S.49.

Normale Kolbenringe. — Während die Frage der günstigsten Zylinderlaufflächenbearbeitung im neuzeitlichen Motorenbau noch strittig ist, werden die Laufflächen normaler Graugußkolbenringe durchwegs feingedreht, da damit erfahrungsgemäß das beste Einlaufverhalten erzielt wird.

An solchen Kolbenringen ist daher — noch auffallender als an den Zylindern — zwischen Einlaufverschleiß und Verschleiß im Betrieb nach beendetem Einlaufen zu unterscheiden.

Während des Einlaufens erfolgt ein Anpassen der Ringform an die, von der vollkommen kreiszylindrischen Form mehr oder weniger abweichende, Form der Zylinderbohrung. Die Abnutzung des Kolbenringes kann daher an verschiedenen Umfangsstellen zunächst oft verschieden stark sein. Erst nach beendetem Einlaufen, als welches im allgemeinen das Verschwinden der Bearbeitungsspuren an den Laufflächen von Zylindern und Ringen und die Ausbildung eines blanken Laufspiegels angesehen wird, erfolgt der Verschleiß gleichmäßiger am ganzen Ringumfang.

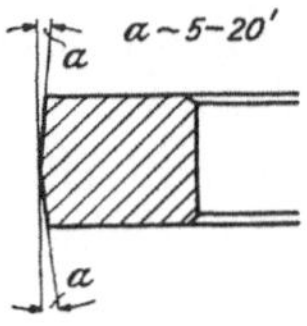

Abb. 44. Profil des eingelaufenen Kolbenringes.

Aber auch dann ist die Abnutzung nicht über die ganze Ringhöhe die gleiche; vielmehr nimmt der eingelaufene Kolbenring im Betrieb allmählich meist die Form eines, allerdings sehr schlanken, Doppelkegels an (Abb. 44). Der Öffnungswinkel dieses Kegels scheint von der Größe jenes Winkels, um welchen der Kolben im Zylinder kippen kann und von der Größe des achsialen Spieles des Ringes in seiner Nut abzuhängen.

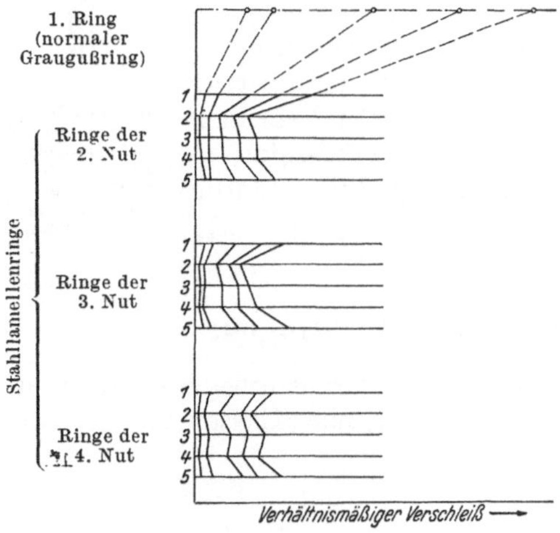

Sehr deutlich zeigt sich auch eine ähnlich ungleichmäßige Abnützung an sogenannten Lamellenringen, bei denen an Stelle eines einzelnen gewöhnlichen Kolbenringes in eine Nut eine Anzahl von Stahl-Lamellenringen eingebaut werden. Abb. 45 zeigt Verschleißbilder derartiger Lamellenringe.

Abb. 45. Verschleißbild von Lamellenringen.

Wesentlich geringer als an der Lauffläche ist der Verschleiß an den Ringflanken; hier tritt nur dann eine stärkere Abnutzung auf, wenn die Bearbeitung der Ring- oder der Nutenflanken nicht sorgfältig genug erfolgte oder wenn das Einbauspiel von Anbeginn an zu groß gewählt wurde, weiter wenn schmirgelnde Verunreinigungen in den Zylindern gelangen.

Wichtig für eine gute Bewährung des Ringes ist die Art, wie der Kolbenringwerkstoff verschleißt: er soll in mikroskopisch kleinen Teilchen abgetragen werden, ohne daß es zu plastischen Verformungen an den Ringkanten kommt. Letzteres führt zur Grat- oder Bartbildung an den Ringen, deren Kanten dadurch zu messerscharfen Schneiden verformt werden können; diese wieder können durch zu gründliches Abstreifen des Öls von der Zylinderwandung zum Fressen der Ringe Anlaß geben.

Bartbildung an den Ringen tritt aber auch bei einwandfreiem Werkstoff auf, wenn die Ringe infolge Ölmangels zu trocken laufen.

Auch ein Ausbröckeln der Ringe an ihren Kanten darf nicht stattfinden. Abgesehen davon, daß die abgebröckelten Teilchen selbst verschleißend wirken, geht auch die ölabstreifende Wirkung einer ausgebröckelten Ringkante verloren.

In normalen Fällen verschleißt stets der oberste Kolbenring am stärksten, da dieser unter den ungünstigsten Temperatur- und Schmierungsverhältnissen arbeiten muß. Dies ist aber nicht mehr der Fall, wenn die Schmierung im ganzen Zylinder notleidend wird, wenn also auch an den thermisch niedriger beanspruchten Teilen desselben die Schmierfilmdicke unzureichend wird; man beobachtet dann eine starke Annäherung der Verschleißwerte der einzelnen Ringe. In gleicher Weise tritt auch bei starker Verunreinigung des Schmieröls durch schmirgelnde Teilchen oder bei festsitzenden Ringen an allen Ringen hoher Abrieb auf.

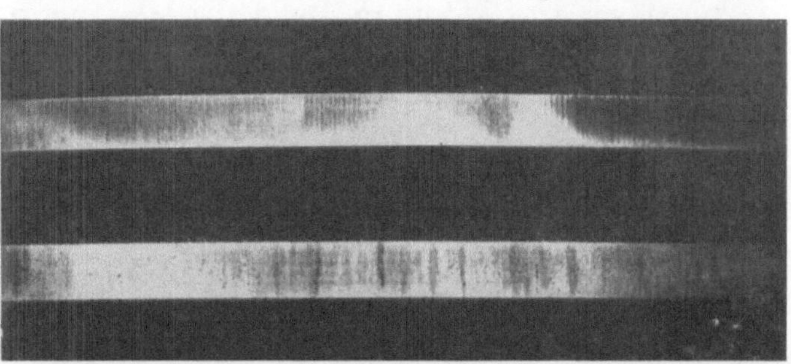

Abb. 46. Brandflecken an den Laufflächen von Kolbenringen; oben 2fach, unten die gleichen Stellen etwa 6fach vergrößert.

Starker einseitiger Ringverschleiß deutet in der Regel auf behinderte Beweglichkeit des Ringes in seiner Nut hin. Häufig gibt auch die Überschwemmung der betreffenden Zylinderseite mit flüssigem, an der Wandung niedergeschlagenem Kraftstoff Anlaß zum einseitigen Verschleiß.

Abb. 47. Brandflecken an Kolbenringen 6fach vergrößert.

Sogenannte Brandfleckenbildung an Kolbenringen (Abb. 46, 47) tritt dann auf, wenn örtliche Gefügefehler im Ring oder im Zylinder vorliegen, wie z. B. kleine eutek-

tische Graphitnester im Ring und dgl., und wenn gleichzeitig die Schmierung sehr sparsam
oder notleitend oder das Schmieröl von unzureichender Beschaffenheit ist.

Hand in Hand mit dem Ringverschleiß geht ein Spannungsverlust des Kolbenringes.
Dieser ist es vor allem, der die Ringe unbrauchbar macht und daher ihre Lebensdauer
begrenzt. Dieser Spannungsverlust ist zunächst zum größeren Teil auf die Einwirkung
der Betriebstemperatur zurückzuführen, die, je nach ihrer Höhe und der Qualität des
Ringes, einen größeren oder geringeren Teil der Ringeigenfederung zum Verschwinden
bringt. Er ist stets während der ersten Betriebsstunden am stärksten und geht dann allmählich in den geringeren, auf den Ringverschleiß allein zurückzuführenden Spannungs-
abfall über (Abb. 48).

Durch den Ringverschleiß ändert sich auch die Radialdruckverteilung im Ring; der
stärkste Verlust an Anpreßdruck tritt stets an den Stoßenden auf und es ergeben sich
damit grundlegend veränderte Verhältnisse für die Abdichtwirkung der Ringe:
Der Ring fällt — je nach der ursprünglichen Verteilung des Anpreßdruckes —

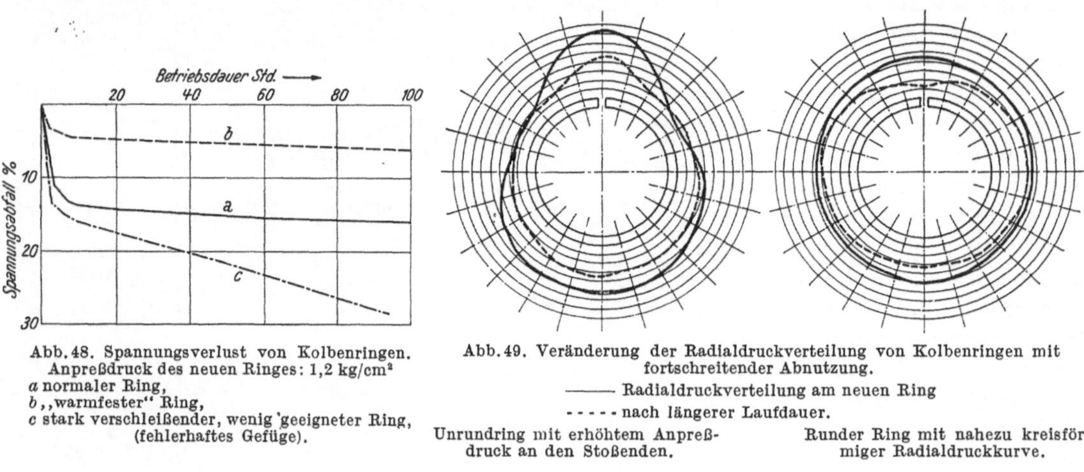

Abb. 48. Spannungsverlust von Kolbenringen.
Anpreßdruck des neuen Ringes: 1,2 kg/cm²
a normaler Ring,
b „warmfester" Ring,
c stark verschleißender, wenig geeigneter Ring,
(fehlerhaftes Gefüge).

Abb. 49. Veränderung der Radialdruckverteilung von Kolbenringen mit
fortschreitender Abnutzung.

——— Radialdruckverteilung am neuen Ring
- - - - - nach längerer Laufdauer.

Unrundring mit erhöhtem Anpreßdruck an den Stoßenden.

Runder Ring mit nahezu kreisförmiger Radialdruckkurve.

früher oder später am Stoß ein. Hat der Anpreßdruck an dieser Stelle einmal einen bestimmten Mindestwert erreicht, so ist die volle Wirkungsfähigkeit des Ringes verloren;
insbesondere steigt damit seine Flatterneigung stark an. Es ist aus Abb. 49 zu entnehmen, daß dieser Zeitpunkt für einen Ring mit kreisförmiger Radialdruckkurve weit eher
erreicht sein wird, als für einen Unrundring mit vom Anfang an höherem Anpreßdruck an
den Stoßenden. (Siehe Heft 10, S. 48.)

Im allgemeinen gehen — zutreffende Werkstoffpaarungen für Ring und Zylinder
vorausgesetzt. — Ring- und Zylinderverschleiß miteinander parallel; in der Regel ist also
bei hohem Zylinderverschleiß auch hoher Ringverschleiß zu beobachten und umgekehrt.
Der gewichtsmäßige Gesamtverschleiß des Zylinders ist aber meist wesentlich größer,
als der Summenverschleiß an den Kolbenringen.

3. Verschleißfortschritt.

Der Verschleißfortschritt in den Zylindern und an den Ringen geht im allgemeinen
so vor sich, daß nach einem stärkeren Anfangsverschleiß während der Einlaufzeit — vgl.
Abb. 50 — eine Zeit eines geringeren, gleichförmigen Verschleißes folgt. Nach einer von
der Maschinengröße und den Betriebsverhältnissen abhängigen Grenze des Verschleißes
beginnt dann ein rascherer Verschleißanstieg; dies ist wohl aus dem Umstand zu erklären,
daß mit zunehmendem Anwachsen des Kolbenspieles das Kolbenkippen immer stärker
wird und die in ihrer Wirkung durch den Spannungsverlust beeinträchtigten Kolbenringe
den Schmierölfilm an der Zylinderlauffläche gegen die Einwirkung der durchtretenden
Gase immer weniger schützen können.

Für einen größeren Schiffsdieselmotor geben die Abb. 51 und 52 den durchschnittlichen Zylinderverschleiß sowie das Bild für den Verschleißfortschritt, endlich auch die

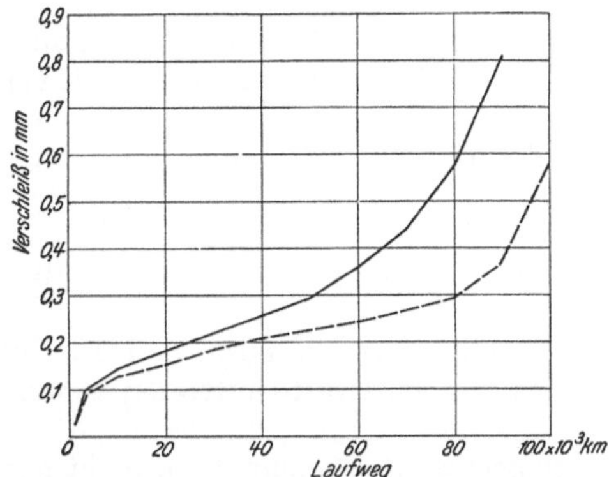

Abb. 50. Mittlerer Zylinderverschleiß in zwei Sechs-
zylinder-Personenwagen-Ottomotoren in Abhängigkeit
vom zurückgelegten Weg.

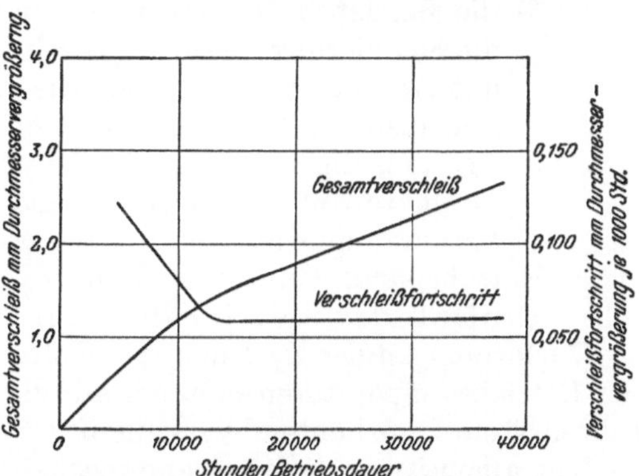

Abb. 51. Mittlerer Verschleiß in den 6 Zylindern eines einfach-
wirkenden Viertakt-Schiffsdieselmotors, gemessen in der oberen
Totlage des 1. Kolbenringes (vgl. Abb. 49).
Motor: 6 Zylinder, $D = 750$, $S = 1500$, $N_\rho = 4200$ PS bei
$n = 103$ U/min. — Bauart North Eastern-Werkspoor.
Verwendete Kraftstoffe: Amerikanische und persische Rohöle,
Borneo- und Tarakan-Öl.

Spez. Gewicht   0,86—0,938.
Viskosität   100° F 50—68 Seyboldt.
Heizwert   19050—19500 BTU/lb.
S-Gehalt   0,2—0,994%.
C-Rückstand (Conradson) 1,5—2,0%.
Wassergehalt   0,1%.
Asche   0,01—0,03%.

durchschnittlichen Verschleißbilder der
Zylinder in Wellenrichtung und senkrecht dazu wieder.

Auch in den einzelnen Zylindern einer
Mehrzylindermaschine ist die Höhe des
Verschleißes und der Verschleißfort-
schritt durchaus nicht immer gleichmäßig; hierauf nehmen zahlreiche Umstände Einfluß,
so z. B. Ungleichheiten des Gemisches bei Vergaser- bzw. ungleiche Einspritzmenge bei
Dieselmotoren, ungleiche Lastverteilung
auf die einzelnen Zylinder, die Schmierölversorgung derselben, die unterschiedliche Kühlung u. a. m., so daß schon bei
geringeren Verschiedenheiten der einzelnen Faktoren sehr wesentliche Abweichungen in den Verschleißgrößen auftreten können, auch wenn von Werk-
stoffverschiedenheiten in den Zylindern
untereinander abgesehen wird.

4. Verschleißbedingungen.

Über das Verschleißproblem von Kolbenringen und Zylindern wurden zahlreiche eingehende und sorgfältige Untersuchungen durchgeführt, ohne daß aber
bisher eine restlose Klärung aller dabei
auftretenden Fragen gelungen wäre. —
Die wichtigsten Ergebnisse solcher Arbeiten [1] [2] [3] [4] sind im folgenden
wiedergegeben.

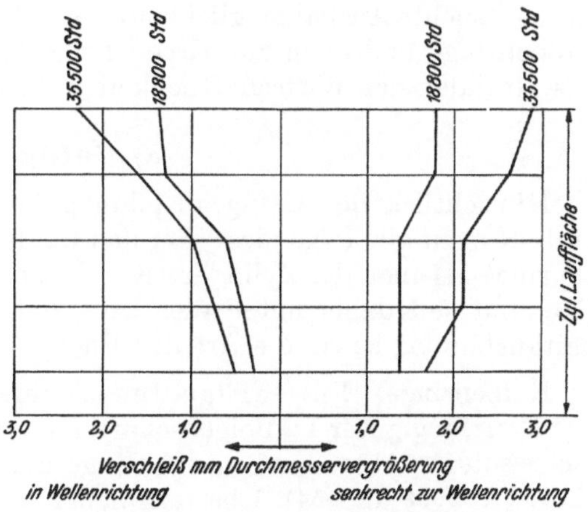

Abb. 52. Verschleißbild in den Zylindern des Motors nach
Abb. 51.

Zylinderwerkstoff: Perlitgußeisen $H_B = 180$—190.
Kolbenringwerkstoff: Perlitgußeisen 10—20 Brinelleinheiten
weicher als die Zylinder.
Schmierölverbrauch: 3,4 l je Tag und Zylinder.

Das Wechselverhalten von gußeisernen Zylindern und Kolbenringen wird bedingt:

a) Durch werkstoffgebundene Eigenschaften, u. zw.:

    α) vor allem durch die Gefügeausbildung in beiden Teilen;

    β) daneben spielt offenbar auch das Härteverhältnis, sowie

    γ) die Härte sowohl der Zylinder als auch der Ringe eine gewisse Rolle.

b) Durch die äußeren Verschleißbedingungen; als solche nehmen Einfluß
  α) der Oberflächenzustand der aufeinander gleitenden Flächen;
  β) die Betriebsbedingungen; unter diesen wieder
    die Schmierung; Art, Eigenschaften, Menge und Reinheitsgrad des Schmiermittels; die Kühlung und die durch diese beeinflußte Temperatur der verschleißenden Teile und des Schmiermittels;
    Art und Eigenschaften des Kraftstoffes und Einwirkungen der Verbrennungsprodukte auf die verschleißenden Teile.
    Verunreinigungen der Ansaugluft durch Staub usw.
c) Entscheidend kommt noch hinzu das Verhalten der Bauteile unter dem
  Einfluß der Betriebsbeanspruchungen.

Verformungen der Zylinder, der Kolben oder der Kolbenringe, die unter dem Einfluß der Betriebstemperaturen oder der auf diese Teile einwirkenden Kräfte auftreten können, führen stets zu erhöhtem Verschleiß.

Vor allem ist auch die Spannungshaltung der Ringe wichtig; reicht diese nicht aus, so versagt auch der in Hinsicht auf das Verschleißverhalten günstigste Werkstoff. Diesem Umstand wurde bei einer Reihe von bisher durchgeführten Untersuchungen über das Verschleißverhalten von Zylindern und Ringen nicht genügend Rechnung getragen.

a) Innere Verschleißbedingungen.

Werkstoffeigenschaften; Wechselverhalten von Kolbenring- und Zylinderwerkstoff.

Das Verschleißverhalten von Kolbenringen und Zylindern soll so aufeinander abgestimmt sein, daß bei größtmöglicher Lebensdauer beider Teile der Kolbenring eher jenen Grad der Abnutzung erreicht, der einen Austausch oder Ersatz nötig macht, als die Zylinderlaufbüchse, da der erstere der leichter und wirtschaftlicher zu ersetzende Teil ist. — Leichte Ausbaumöglichkeiten der Kolben zu deren Reinigung, zur Reinigung der Kolbenringe und auch zur Erneuerung derselben ist deshalb eine an jede Motorbauart aus Gründen der Wirtschaftlichkeit unbedingt zu stellende Forderung.

α) Gefügeausbildung.

Hinsichtlich der Gefügeausbildung von nicht wärmebehandelten Graugußzylindern und -Ringen gilt folgendes: Für das Lauf- und das Verschleißverhalten sowohl der Kolbenringe als auch der Zylinder ist das reinperlitische Gußgefüge am günstigsten [2], [6], [10] und soll daher unter allen Umständen angestrebt werden. Daneben sind die Graphitausbildung sowie die Art der Phosphidanordnung in beiden Teilen von Bedeutung.

Kolbenringe. Im Gefüge des normalen Graugußkolbenrings soll der Graphit zur Erzielung guter Laufeigenschaften feinadrig und gleichmäßig verteilt sein, wobei aber die absoluten Abmessungen der Ringe und ihr Herstellungsverfahren zu berücksichtigen sind. (Abb. 53 und 54). Überreichlicher, ungleichmäßiger und allzu grober Graphit sind weniger günstig (Abb. 55 und 56). Eutektischer Graphit hat jedenfalls stets schlechte Laufeigenschaften zur Folge (Abb. 57).

Der Perlit soll im Kolbenringgußeisen fein lamellar sein, wohl auch als Sorbit vorliegen, wobei als Sorbit fälschlicherweise ein sehr feiner Perlit verstanden wird, dessen lamellare Struktur unter der üblichen 500fachen Vergrößerung noch nicht zu erkennen ist; seine Lamellenstruktur ist erst bei bedeutend stärkerer (etwa bei 1500facher) Vergrößerung deutlich auszunehmen. (Abb. 58, 59, 60).

Vereinzelte kleine Ferritausscheidungen sind nicht schädlich (Abb. 60); diese dürfen aber nicht zu zahlreich sein und vor allem keine zusammenhängende Nester bilden. Im allgemeinen wird angenommen, daß Ferritkristalle, die bei 100facher Vergrößerung noch nicht erkennbar sind, die Ringqualität nicht beeinträchtigen. Freilich setzt dies voraus, daß die Graphitausbildung günstig und daß auch das Phosphidnetz in der weiter unten erwähnten Form ausgebildet ist. Schädlich sind auf alle Fälle Ferritnester, wie sie häufig in Begleitung eutektischen Graphits auftreten (Abb. 61).

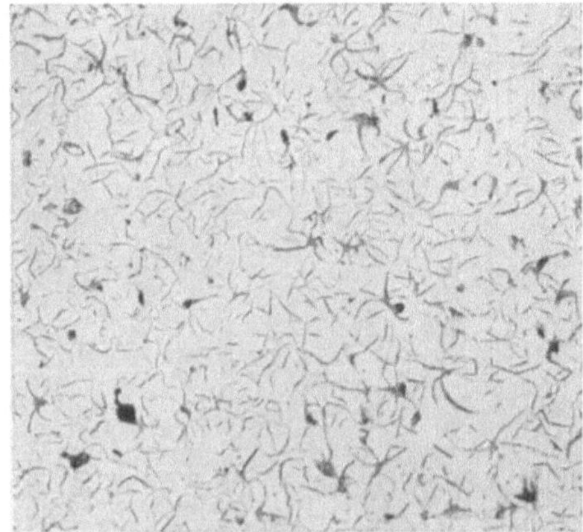

Abb. 53. Günstige Graphitausbildung: Feiner Fadengraphit bei kleinem Ringquerschnitt.

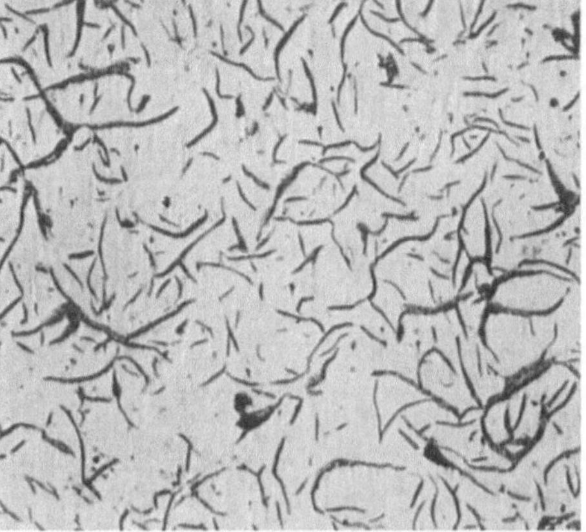

Abb. 54. Gute Graphitausbildung: Kräftiger Fadengraphit bei großem Ringquerschnitt.

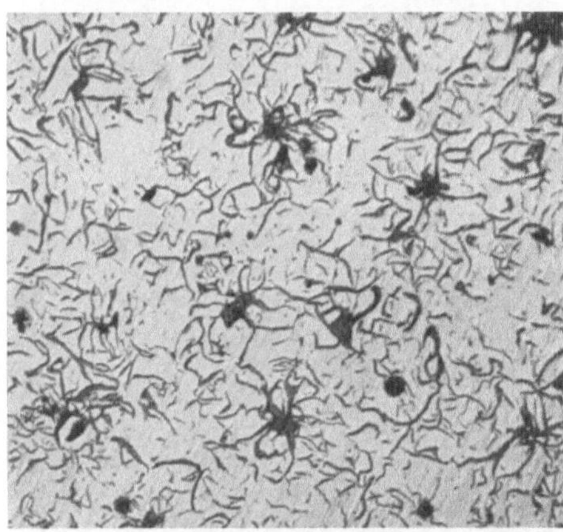

Abb. 55. Brauchbare Graphitausbildung: Reicher Fadengraphit mit übereutektischen Knoten bei mittlerem Ringquerschnitt.

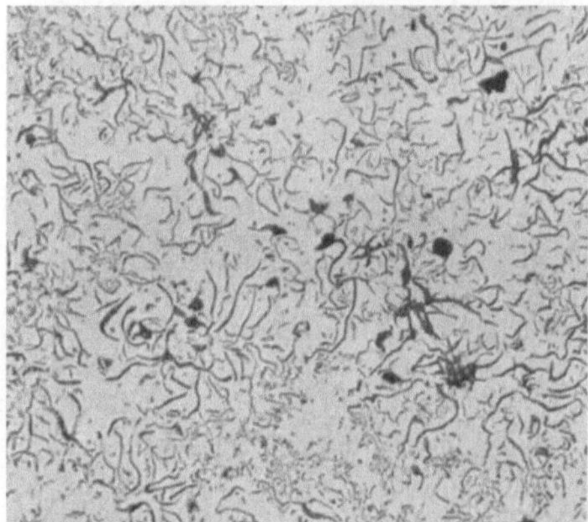

Abb. 56. Unerwünschte Graphitausbildung: Ungleichmäßiger, z. T. sehr feiner Fadengraphit bei mittlerem Ringquerschnitt.

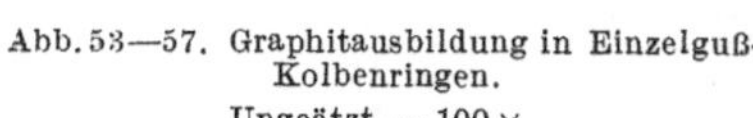

Abb. 53—57. Graphitausbildung in Einzelguß-Kolbenringen.
Ungeätzt — 100 ×.

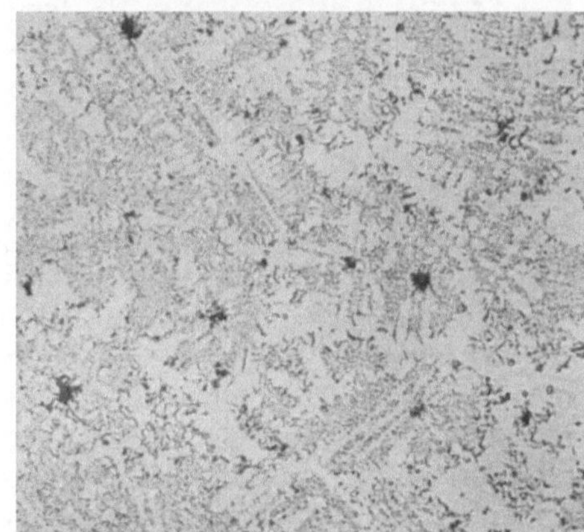

Abb. 57. Fehlerhafte Graphitausbildung: Eutektischer Graphit.

Das Phosphideutektikum soll in Form eines gleichmäßigen, engmaschigen, gut geschlossenen und kräftig ausgebildeten Netzwerkes vorliegen (Abb. 62). Es ist festzustellen, daß Graugußringe sogar mit eutektischem Graphit oder mit einigem Ferrit im Gefüge dann noch voll befriedigend arbeiten können, wenn das Phosphidnetz recht kräftig und gut geschlossen ist. — Das in Begleitung des eutektischen Graphits zuweilen auftretende, dendritisch aufgebaute Phosphidnetz (Abb. 63) zeigt — besonders auf normalen Zylinderwerkstoffen — geringeren Abnutzungswiderstand. Ebenso weist auch das feinverteilte körnige Phosphid (Abb. 64) keine hohe Verschleißfestigkeit auf. Ungünstig sind endlich auch klumpige Anhäufungen des Phosphids (Abb. 65).

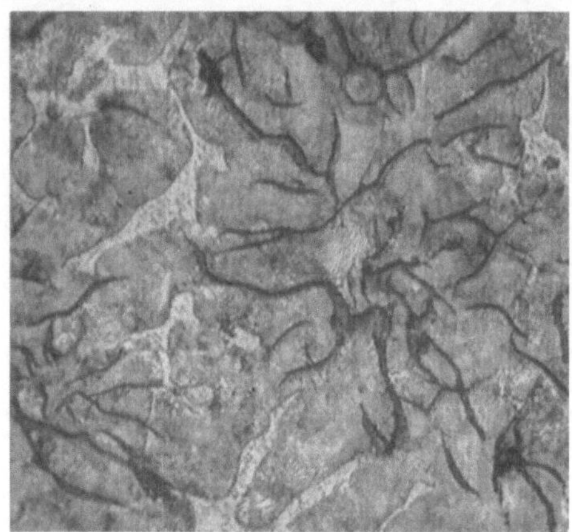

Abb. 58. Gutes Gefüge: Lamellarer Perlit und Sorbit; kleiner Ringquerschnitt.

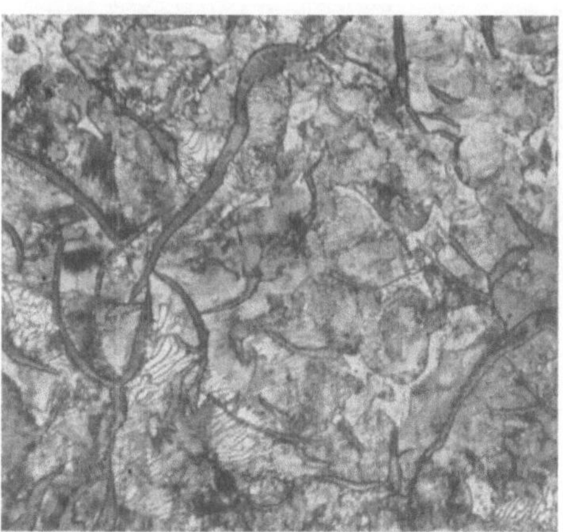

Abb. 59. Gutes Gefüge: Lamellarer Perlit und Sorbit; mittlerer Ringquerschnitt.

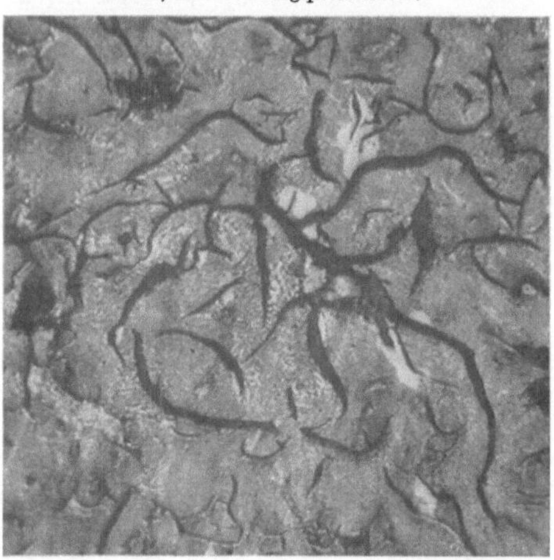

Abb. 60. Brauchbares Gefüge: Lamellarer Perlit und Sorbit, etwas Ferrit (unschädlich); mittlerer Ringquerschnitt.

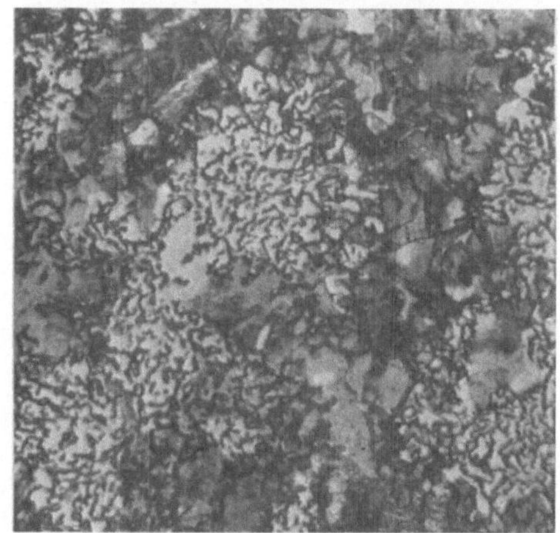

Abb. 61. Fehlerhaftes Gefüge: Perlit und Sorbit; größere Ferritnester innerhalb eutektischer Graphitrosetten.

Abb. 58—61. Gefügeausbildung in Einzelguß-Kolbenringen.
Geätzt 2%ige alkohol. HNO_3 — 500 ×.

Kolbenringe werden entweder als Einzelgußringe oder nach dem Büchsengußverfahren hergestellt. Das erstere Verfahren beherrscht heute — zumindest am europäischen Kontinent und z. T. auch in England und in Amerika — die Herstellung kleinerer Kolbenringe, also aller Ringe, die für Fahrzeugmotoren in Frage kommen, und ist auch im Gebiet der größeren Abmessungen stetig im Vordringen begriffen. Der Grund hierfür liegt, außer in wirtschaftlichen Vorteilen, darin, daß beim Einzelgußverfahren höhere Dichte und feinere Perlitausbildung (vgl. Abb. 58—60 und Abb. 75 und 76) bei entsprechend höher liegender Härte zu erzielen sind; auch das Phosphid kann hier als feinstes Maschenwerk ausgebildet werden, was im Büchsenguß nicht möglich ist (vgl. Abb. 62 und 77). Das Verschleißverhalten des Einzelgußringes ist daher besser. Vor allem sind aber seine ela-

stischen Werte höher gelegen und ist seine Spannungshaltung günstiger als jene von
Büchsengußringen, was insbesondere bei sehr rasch laufenden Maschinen und hohen thermischen Beanspruchungen stark ins Gewicht fällt. Büchsengußringe zeichnen sich durch
gute Laufeigenschaften aus, sind jedoch hinsichtlich des Verschleißverhaltens, der Spannungshaltung und der erzielbaren elastischen Werte den Einzelgußringen unterlegen.

Ein manchmal verwendetes, im Ausland unter dem Namen „Triple-Casting"
bekannt gewordenes Verfahren trachtet die Vorteile des Einzelringgusses mit jenen des
Büchsengußverfahrens zu vereinigen; hierbei werden niedrige, dünnwandige Büchsen von

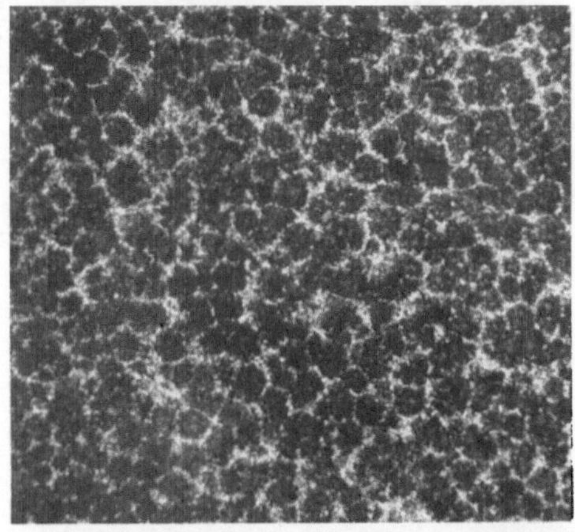

Abb. 62. Gute Phosphitanordnung: Feinmaschiges,
kräftiges Phosphidnetz. Kleiner Ringquerschnitt.

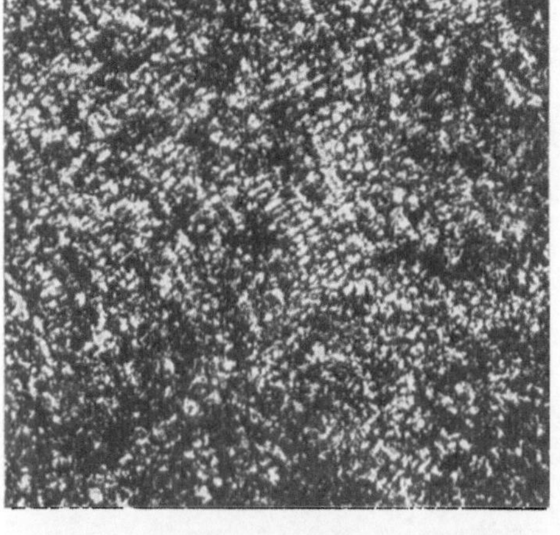

Abb. 63. Ungünstige Anordnung: Dendritisch angeordnetes Phosphid.

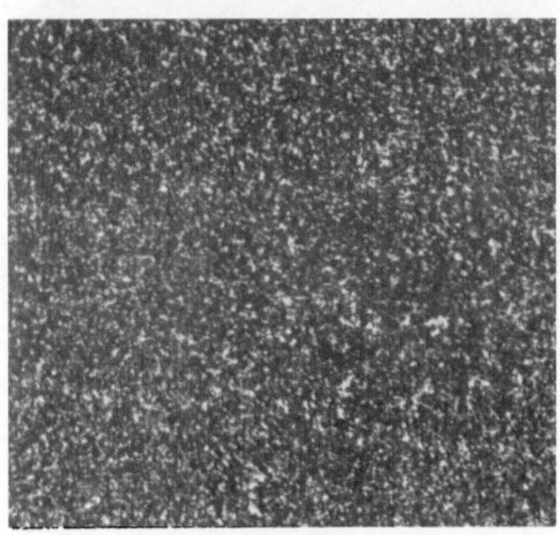

Abb. 64. Ungünstige Anordnung:
zerstreutes Phosphid.

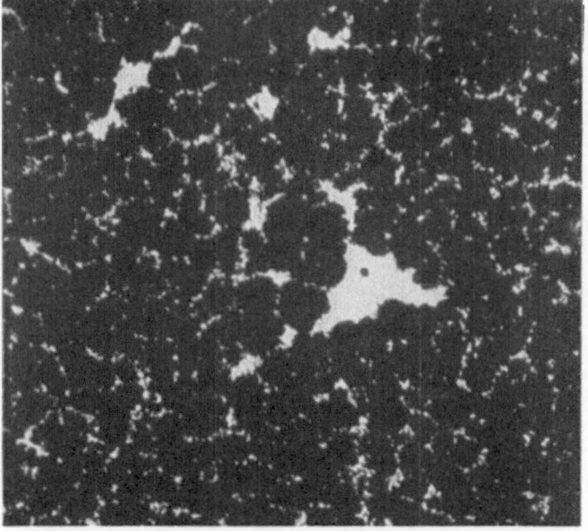

Abb. 65. Ungünstige Anordnung: Klumpige Phosphidanhäufungen mit mittelfeinem, schwachem, nicht ganz
geschlossenem Phosphidnetz.

Abb. 62—65. Ausbildung des Phosphideutektikums in Einzelguß-Kolbenringen.
Tiefgeätzt 20 ×

etwa dreifacher Ringhöhe gegossen, die zur Herstellung durch Sägeschnitt der Höhe nach
geteilt werden. Das mittlere Drittel ergibt die besten Ringe. Bei verhältnismäßig kräftiger,
günstiger Graphitausbildung ergibt sich hier ein feines Grundgefüge, wobei die Gefügeausbildung über den ganzen Ringquerschnitt — im Gegensatz zum Einzelgußring — die
gleiche bleibt. Die elastischen Werte liegen zwischen jenen von Einzelguß- und Büchsengußringen. Die Abb. 69—71 zeigen Gefügebilder von Ringen, die nach diesem Verfahren hergestellt wurden.

Vornehmlich in England werden Kolbenringe vielfach auch aus unvergüteten Schleudergußbüchsen hergestellt. Die hohen elastischen Werte, die den Schleuderguß auszeichnen,

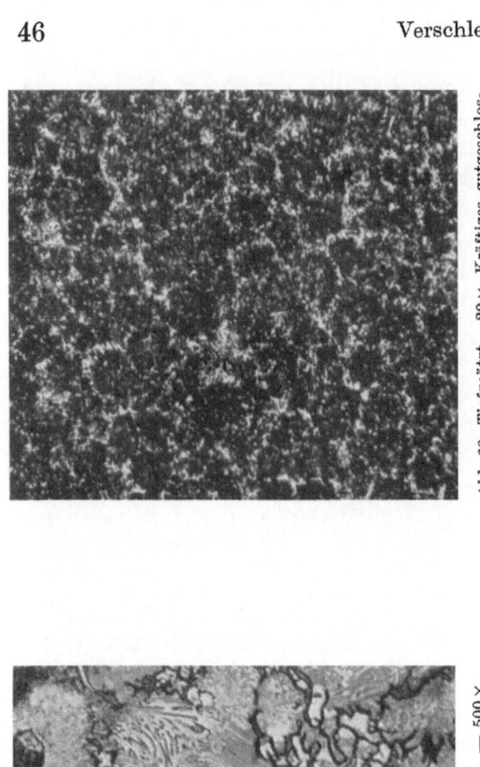

Abb. 68. Tiefgeätzt — 20 ×. Kräftiges, gutgeschlossenes, etwas ungleichmäßiges Phosphidnetz.

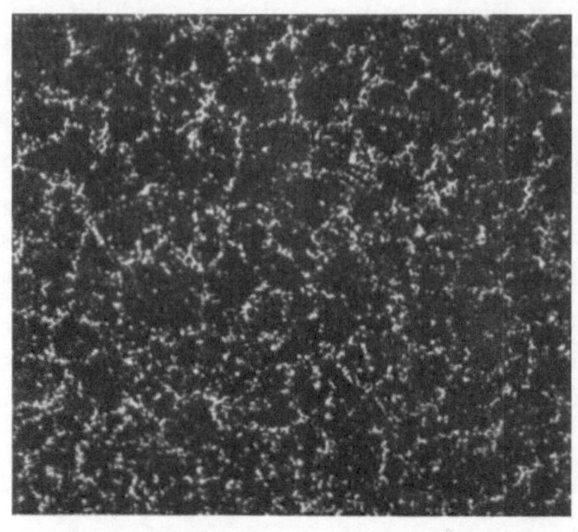

Abb. 71. Tiefgeätzt — 20 ×. Kräftiges, nicht ganz gleichmäßiges Phosphidnetz.

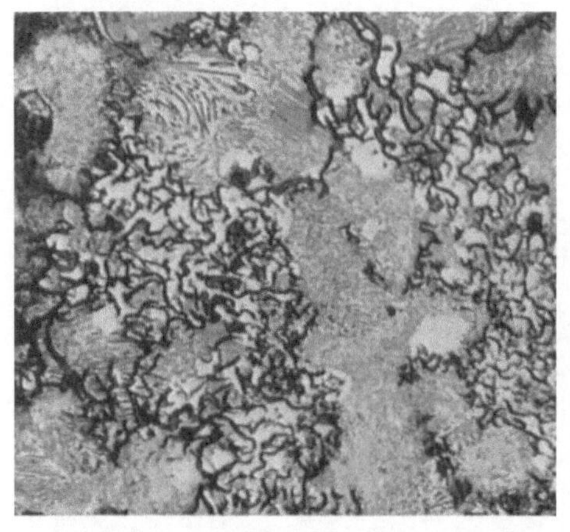

Abb. 67. Geätzt 2%ige alkohol. HNO_3 — 500 ×. Perlit und Sorbit; größere Ferritnester innerhalb der eutektischen Graphitrosetten.

Abb. 66—68. Ungünstige Gefügeausbildung in einem Schleuderguß-Kolbenring.

Abb. 70. Geätzt 2%ige alkohol. HNO_3 — 500 ×. Perlit und Sorbit, Spuren von Ferrit.

Abb. 69—71. Gefügeausbildung in einem „Triple-Casting“-Kolbenring.

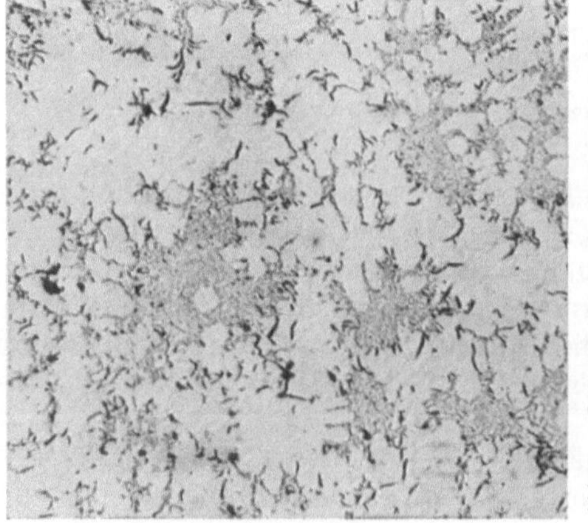

Abb. 66. Ungeätzt — 100 ×. Größtenteils eutektische Graphitrosetten. — Graphitarm.

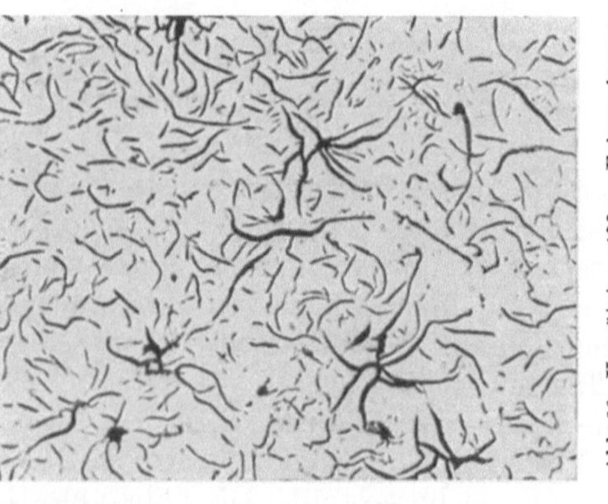

Abb. 69. Ungeätzt — 100 ×. Feiner, langer Fadengraphit; kleiner Ringquerschnitt.

lassen dieses Verfahren auch für solche Kolbenringe anwendbar erscheinen, die in hochbeanspruchten Motoren z. B. auch in Flugmotoren, zur Verwendung kommen sollen. Die in solchen Ringen öfters festzustellende Gefügeausbildung, wie sie z. B. in den Abb. 66—68 wiedergegeben ist, erfüllt allerdings nicht immer die im allgemeinen an gute Kolbenringe zu stellenden Forderungen. Die brauchbaren Laufeigenschaften dieser Ringe sind vor allem auf das im Schleuderguß stets gut ausgebildete sehr feinmaschige Phosphidnetz zurückzuführen.

Hochleistungsringe. — Um die hohe Festigkeit und den hohen E-Modul zu erreichen, die für diese Ringe erforderlich sind, muß der Graphitanteil herabgesetzt und die Graphitausbildung möglichst verfeinert werden; die Festigkeit wird ferner auch noch häufig durch Vergüten gesteigert.

Man findet daher in Hochleistungsringen einen zuweilen fast bis zur eutektischen Ausbildung verfeinerten Graphit; die Verschleißfestigkeit wird durch hohen Phosphorgehalt und durch Vergüten auf Härten von etwa $HB = 350$ bis 400 erreicht.

Günstigeres Laufverhalten zeigen jedoch Hochleistungsringe mit Knotengraphit oder mit sphärolitischer Graphitausbildung; ihre Herstellung erfolgt meist aus Schleudergußbüchsen, seltener aus Einzelgußrohlingen, die zunächst weiß erstarren; durch eine Wärmebehandlung und geeignete Führung der Abkühlung wird erreicht, daß sich ein Teil des Kohlenstoffs als grobe Temperkohle in kugeliger Form ausscheidet, wobei das Grundgefüge grobperlitisch bleibt. Solche Ringe zeigen gute Lauf- und Verschleißeigenschaften auch unter ungünstigsten Schmierbedingungen; ihr E-Modul liegt bei $15—16000$ kg/mm², ihre Festigkeit bei $60—65$ kg/mm².

Hochleistungsringe von dieser Gefügeausbildung arbeiten günstig sowohl in normalen perlitischen als auch in vergüteten Graugußzylindern ebenso auch in hochharten Zylindern.

Auf höhere Härte vergütete Ringe ergeben Schwierigkeiten beim Einlaufen; sie werden daher häufig als Minuten- oder als Winkelringe ausgeführt oder nach einem der auf S. 76 erwähnten Verfahren oberflächenbehandelt.

Dienen die Hochleistungsringe nur als Grundringe zur Herstellung verchromter Ringe, so wird außer auf hohe Lage des E-Moduls auch auf eine möglichst günstige Spannungshaltung im Betrieb Wert zu legen sein; die Verschleißeigenschaften des Grundwerkstoffes treten dann ganz in den Hintergrund.

Perlitische Graugußzylinder. Ebenso wichtig wie im Kolbenring ist die Gefügeausbildung im Zylinder, zu dessen Herstellung heute in weitaus überwiegendem Maß ebenfalls Grauguß verwendet wird.

Die Anforderungen, die gefügemäßig an den Zylinderguß zu stellen sind, bleiben in allen Fällen die gleichen, gleichgültig, ob es sich um als besondere Einzelgußstücke hergestellte Zylinderlaufbuchsen handelt, oder ob die Zylinder mit dem Block zu einem Gußstück vereinigt sind. Ziemlich verschieden sehen aber die Gefügebilder je nach dem zur Herstellung der Zylinder angewendeten Gießverfahren aus.

Während Zylinderblöcke nur im Sandgußverfahren — gegebenenfalls mit eingelegten Abschreckplatten an den Zylinderbohrungen zur Steigerung der Härte an diesen Stellen — hergestellt werden, kommt für Zylinderlaufbüchsen neben dem Sandguß- auch das Schleudergußverfahren sowie das Gießen in Kokille in Betracht.

Für Sandgußzylinder geben die Abb. 72 und 73 richtige Graphitausbildung wieder; auch hier soll der Graphit gleichmäßig verteilt, jedoch in kräftigerer Fadenform als im Kolbenring vorliegen. Eutektischer Graphit, auch einzelne eutektische Nester (Abb. 74) sollen nicht vorhanden sein.

Das Grundgefüge soll nicht zu fein perlitisch sein (Abb. 75 und 76). Hinsichtlich des Ferrits im Grundgefüge gilt das bei den Kolbenringen gesagte: auch hier sind größere Ferritnester schädlich. Unbedingt zu vermeiden ist freier Zementit im Gefüge in strahliger Form (vgl. Abb. 83).

a) Graphitausbildung.

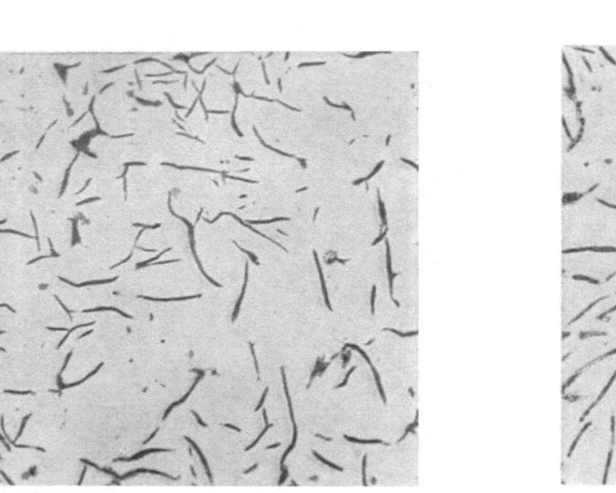

Abb. 72. Ungeätzt — 100×. Günstig: Mittelfeiner, etwas armer Fadengraphit.

Abb. 73. Ungeätzt — 100×. Günstig: Kräftiger, sehr reicher Fadengraphit.

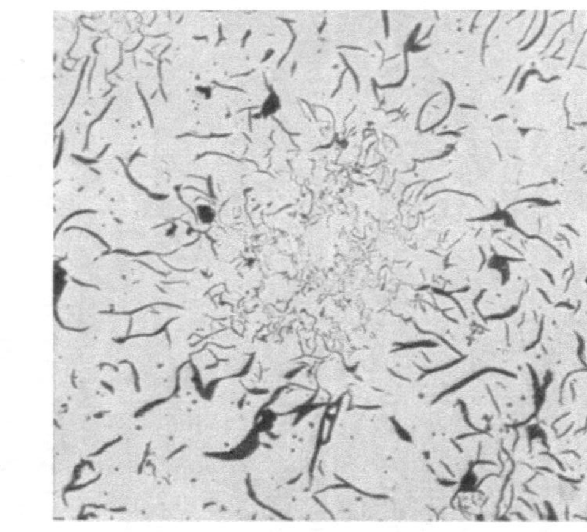

Abb. 74. Ungeätzt — 100×. Fehlerhafte Graphitausbildung: Eutektische Graphitrosetten neben sonst gutem mittelfeinem Fadengraphit.

b) Gefügeausbildung.

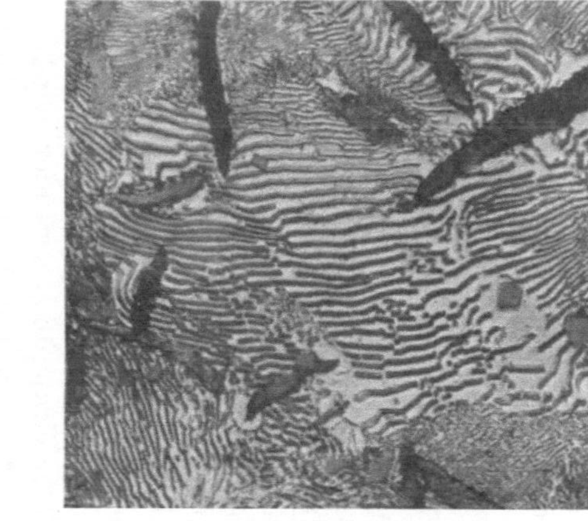

Abb. 75. Geätzt 2%ige alkohol. HNO_3 — 500×. Gutes Gefüge: Feiner bis groblamellarer Perlit.

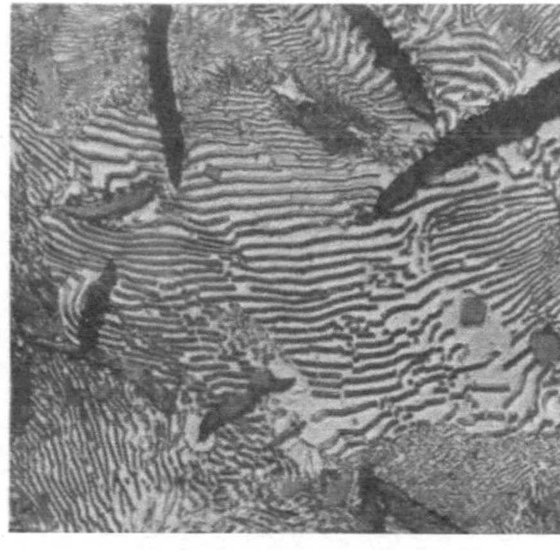

Abb. 76. Geätzt 2%ige alkohol. HNO_3 — 500×. Gutes Gefüge: Mittelfeiner bis groblamellarer Perlit.

c) Ausbildung des Phosphidenetzes.

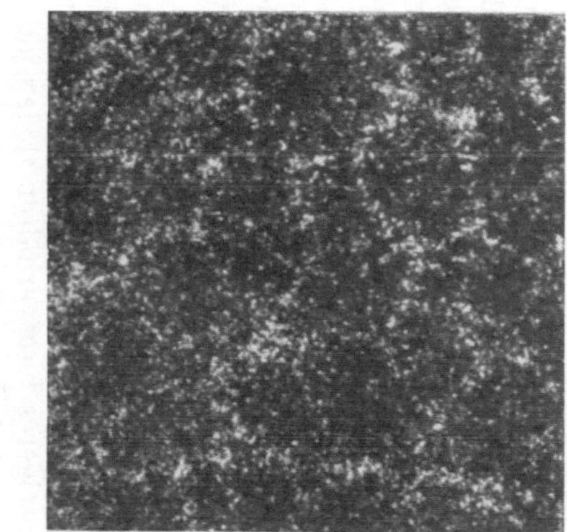

Abb. 77. Tiefgeätzt — 20×. Großmaschiges Phosphidnetz.

Abb. 72—77. Gefügeausbildung in Sandguß-Zylinderlaufbüchsen.

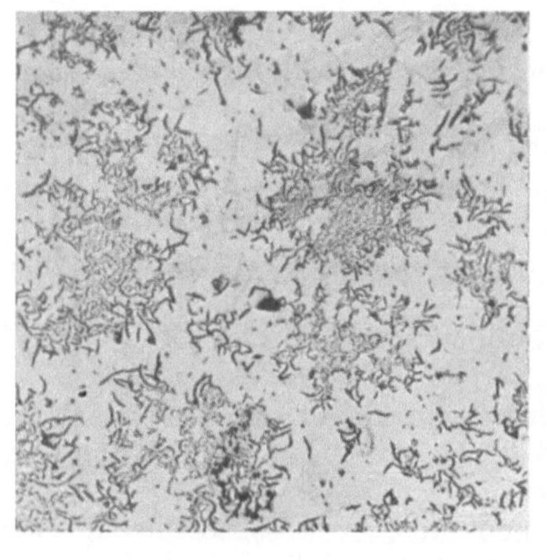

Abb. 80. Ungeätzt — 100 ×. Fehlerhafte Graphitausbildung: Eutektische Graphitrosetten, dazwischen größere graphitfreie Stellen.

Abb. 83. Geätzt 2%ige alkohol. HNO_3 — 500 ×. Fehlerhaftes Gefüge: Perlit und Sorbit mit viel strahligem Zementit; kleine Ferritnester in eutektischen Graphitrosetten.

a) Graphitausbildung.

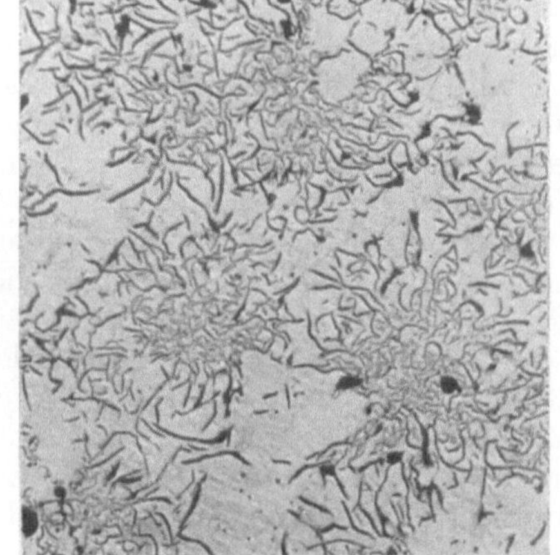

Abb. 79. Ungeätzt — 100 ×. Günstig: Feiner bis sehr feiner Fadengraphit, zur Rosette neigend.

b) Gefügeausbildung.

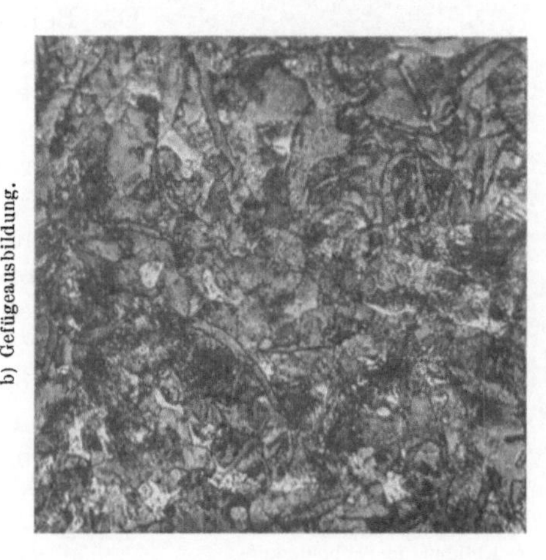

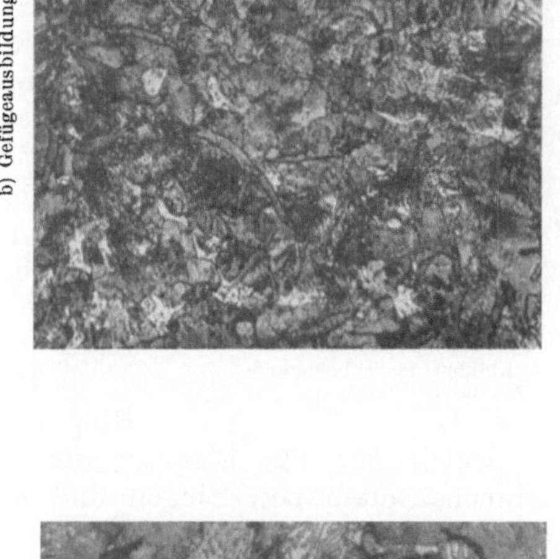

Abb. 82. Geätzt 2%ige alkohol. HNO_3 — 500 ×. Gute Gefügeausbildung: Feiner Perlit und Sorbit. Feines Korn.

Abb. 78—83. Gefügeausbildung in Schleuderguß-Zylinderlaufbüchsen.

Abb. 78. Ungeätzt — 100 ×. Günstig: Mittlerer bis feiner Fadengraphit, zur Rosette neigend.

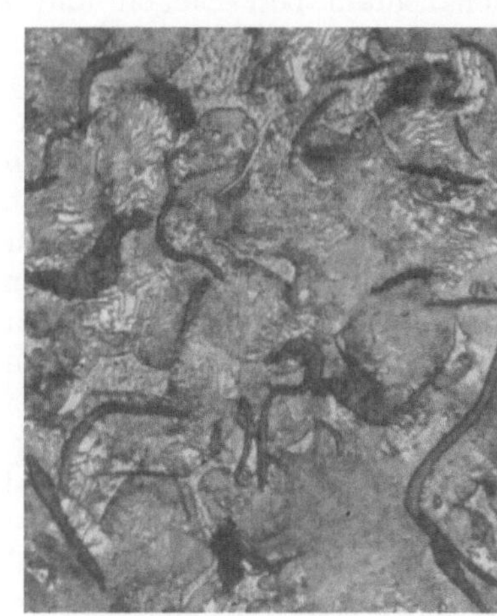

Abb. 81. Geätzt 2%ige alkohol. HNO_3 — 500 ×. Gutes Gefüge: Lamellarer Perlit und Sorbit, Spuren von Ferrit.

Das Phosphidnetz ist, da es sich bei Zylindern stets um größere Querschnitte handelt, immer wesentlich grobmaschiger als in den Ringen; doch ist auch hier ein kräftiges, gleichmäßiges Netz anzustreben (Abb. 77).

Bei Schleudergußzylindern erscheint der Graphit stets nur in mehr oder weniger rosettenförmiger Anordnung (Abb. 78 und 79). Die Graphitausbildung soll an der Lauffläche mittelfein und möglichst gleichmäßig, keinesfalls aber darf sie eutektisch sein (Abb. 80); nach außen hin wird der Graphit, den gegebenen Erstarrungsbedingungen entsprechend, stets wesentlich feiner.

Der Perlit ist im Schleuderguß stets von hoher Feinheit; häufig ist das Gefüge sorbitisch (Abb. 81 und 82).

Das Korn ist fein; den Abkühlungsbedingungen entsprechend bildet sich auch bei entsprechend hohem Phosphorgehalt ein engmaschiges, kräftiges Phosphidnetz aus (Abb. 84).

Kokillengußzylinder werden durch Vergießen weicher Eisensorten in mäßig warme Kokillen meist mit Sandkernen hergestellt. Auch hier fallen, ebenso wie beim Schleuderguß, die Gußstücke sehr dicht aus; die Härte innen an der Bohrung und außen am Büchsenrand unterscheidet sich meist ziemlich beträchtlich. Die Beherrschung der richtigen Gefügeausbildung, welche hier ebenso wichtig ist wie bei nach anderen Verfahren hergestellten Zylinderlaufbuchsen, ist, besonders wenn mit sehr knappen Bearbeitungszugaben gearbeitet wird, ziemlich schwierig und setzt große Erfahrung der Gießerei voraus.

Zylinderguß muß vollkommen dicht sein. Poren, Mikrolunker und ähnliche Inhomegenitäten an der Lauffläche fördern in allen Fällen den Verschleißvorgang. Die scharfen Ränder solcher Fehlstellen oder dünne Brücken zwischen benachbarten Poren werden abgeschliffen, zu scharfen dünnen Stegen abgetragen und bröckeln schließlich aus. (Vgl. [1]). Zumindest der von den Ringen bestrichene Teil der Lauffläche soll daher poren- und lunkerfrei sein.

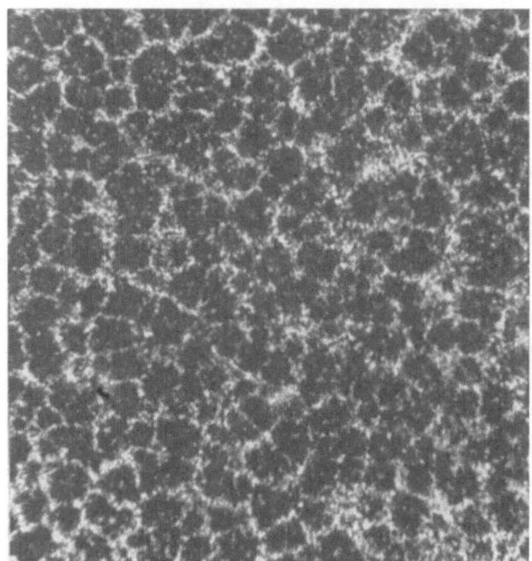

c) Phosphidausbildung.

Abb. 84. Tiefgeätzt — 20×. Gutes, feinmaschiges, kräftiges Phosphidnetz. Gefügeausbildung in Schleuderguß-Zylinderlaufbüchsen.

β) Die Härte oder das Härteverhältnis von Ringen und Zylindern geben allein noch keinen genügenden Anhalt für die Eignung der Teile und keine Gewähr für ein günstiges Zusammenarbeiten von Ringen und Zylindern. Der Grund hierfür liegt in dem Umstand, daß die Härte noch nichts über die Gefügeausbildung im Grauguß aussagt. Es kann höchstens in grober Annäherung gesagt werden, daß bei Härten unter etwa 140 Brinell mit großer Wahrscheinlichkeit ein ferritisches Gefüge zu erwarten ist und daß daher derart weiche Ringe und Zylinder ungeeignet sein werden. Zwischen etwa 170 und 300 Brinell wird das Gefüge wahrscheinlich perlitisch sein; innerhalb dieser weiten Grenzen wird also die Härte guter Kolbenringe und geeigneter Zylinder im allgemeinen liegen müssen. Sind die Gußquerschnitte näher bekannt, so werden sich die Härtegrenzen, innerhalb welcher brauchbare Gefügeausbildung zu erwarten ist, unter Berücksichtigung des Gießverfahrens noch weiter einengen lassen. So schreibt z. B. die deutsche Bundesbahn für Kolbenschieberringe aus Grauguß (Ringabmessungen: 220/204 Ø × 5,9 und 200/186 Ø × 6,9) folgende Härten vor:

für Ringe aus Büchsenguß: 170—190 Brinell
für Ringe aus Einzelguß: 190—210   ,,   .

Nach v. Schwarz [2] soll bei Kraftfahrzeugmotoren bis zu etwa 80 mm Bohrung die Brinellhärte des Kolbenringes um etwa 30—50 kg/mm² höher liegen, als jene der Zylinderlauffläche; bei größeren Zylinderdurchmesser und bei Dieselmotoren soll die

Härte der Kolbenringe gleich oder bis zu etwa 20 Brinelleinheiten höher als die Härte der Zylinder gewählt werden.

Dieser Härteunterschied zwischen Kolbenring und Zylinderlauffläche ist bei perlitischen Werkstoffen zweckmäßigerweise anzustreben; ein ängstliches Einhalten desselben ist aber, wie die Praxis erwiesen hat, durchaus nicht notwendig.

Bedeutender als der Einfluß von Härte und Härteunterschied ist nach WALLICHS und GREGOR [7] die Höhe der linearen Graphitdurchsetzung je mm in den Graugußteilen; unter dieser verstehen die Verfasser die bei der Prüfung eines ungeätzten Schliffes unter dem Mikroskop von einem Hilfsliniennetz geschnittene Anzahl von Graphiteinschlüssen, geteilt durch die Gesamtlänge des Hilfsliniennetzes und die angewandte Vergrößerung; letztere soll bei dieser Untersuchung 75fach gewählt werden. Je geringer die lineare Graphitdurchsetzung ist, desto günstiger soll das Verschleißverhalten der Zylinder und Kolbenringe sein. — Es ist aber wohl sicher, daß die Theorie nur eingeschränkte Gültigkeit haben kann.

Bemerkenswerte Verschleißversuche mit Kolbenring- und Zylindereisen hat LANE [20] durchgeführt. Nach diesen ergab sich bei gleitender Reibung ein auffallender Unterschied im Verhalten von grob- und feinkörnigen perlitischen Gußeisensorten, der in Folgendem gipfelt:

Grobkörnige Gußeisen weisen hohe Verschleißfestigkeit und sehr günstiges Laufverhalten auf; ihre Freßneigung ist an sich nicht hoch, jedoch wesentlich größer als jene der feinkörnigen Sorten. Bei Trockenreibung bilden sich glatte, glänzende Verschleißflächen aus.

Feinkörnige Gußeisen zeigen unter gleichen Beanspruchungsverhältnissen einen nennenswert stärkeren Abrieb; die sich bildenden Verschleißflächen sind weniger glatt und von matterem Aussehen, doch zeigen sich keine tiefer reichenden Zerstörungen. Die Freßneigung feinkörnigen Graugusses ist sehr gering.

Bei grobkörnigen Sorten betten sich die Verschleißprodukte leicht in die Oberflächen ein; feinkörnige Sorten haben diese Fähigkeit nicht.

Beim Zusammenarbeiten mit grobkörnigen Eisen haben die feinkörnigen die Neigung, unter ungünstigen Beanspruchungsverhältnissen einseitig stark zu verschleißen, sich „zu opfern"; trotz des unter Umständen sehr raschen Verschleißes des feinkörnigen Teils kommt es nicht zum Fressen. Die Härte der Teile oder ihr Härteverhältnis spielen hierbei keine Rolle, ebensowenig wie die Analyse oder der Sättigungsgrad.

Nun gehören Einzelgußkolbenringe, wenigstens soweit es sich um kleine Querschnitte wie bei Fahrzeugmotoren handelt, stets zur feinkörnigen Gruppe; beim Zusammenarbeiten mit den im allgemeinen wesentlich grobkörnigeren Zylinderwerkstoffen liegt daher der stärkere Verschleißangriff in durchaus erwünschter Weise stets auf Seite des Ringes.

Bei den LANESCHEN Versuchen wurde aber auf die Gefügeausbildung nicht voll Rücksicht genommen. Neben der Korngröße sind Graphitausbildung, Grundgefüge und vor allem auch die Ausbildung des Phosphidnetzes von so ausschlaggebender Bedeutung, daß sie in den Vordergrund gestellt werden müssen.

Stahlzylinder. Die Verschleißerscheinungen im Stahlzylinder sind jenem im Graugußzylinder durchaus ähnlich.

Infolge der geringeren Ölhaftfähigkeit von Stahl gegenüber jener von Grauguß werden die Schmierungsverhältnisse schwieriger als bei Graugußzylindern. An die in Stahlzylindern laufenden Kolbenringe sind höchste Anforderungen hinsichtlich der gesamten Gefügeausbildung zu stellen, wenn günstiges Lauf- und Verschleißverhalten bei Ringen und Buchsen erreicht werden soll.

Die Härte der Graugußkolbenringe wird in diesem Fall zu etwa 98—103 RB (225 bis 260 Brinell) gewählt. Ihr Phosphorgehalt soll, um ein möglichst kräftiges Phosphidnetz zu erzielen, nicht geringer als 0,70% sein, kann aber mit Vorteil bis auf 0,90 oder 1,00% gesteigert werden. — Stahlzylinder verlangen etwas geringere Anpreßdrücke der Kolbenringe als Graugußzylinder.

Als Werkstoff für Stahlzylinder verwendet man Chrom-, Chrom-Silizium oder auch unlegierte Stähle mit 0,45—0,60 C, vergütet auf 80—100 kg/mm² Festigkeit.

Bei richtig gewählten Verhältnissen, insbesondere bei richtig durchgebildeter Schmierung, liegen die Verschleißziffern von Stahlzylindern etwas niedriger als jene von Graugußzylindern. Doch sind Stahlzylinder empfindlicher hinsichtlich irgendwelcher Unstimmigkeiten in der Konstruktion, der Ausführung oder abnormaler Arbeitsverhältnisse. Auch dem Korrosionsangriff gegenüber ist der Stahlzylinder stärker anfällig, als der Graugußzylinder.

β) Spannung der Kolbenringe.

Die Spannung der Kolbenringe — oder vielmehr ihr spezifischer Anpreßdruck — scheint innerhalb ziemlich weiter Grenzen auf die Höhe des Verschleißes keinen Einfluß zu haben, solange der Ring gut dichtend am ganzen Umfang an der Zylinderwand anliegt und die Schmierung an der Lauffläche richtig erfolgt; ist der Anpreßdruck zu niedrig, so daß der Kolbenring seine Aufgabe nicht richtig erfüllen kann, so tritt übermäßiger Verschleiß auf, da solche Ringe zu stärkerem Durchblasen neigen, wodurch das Schmieröl von der Zylinderwandung fortgeblasen und unwirksam gemacht wird und die obersten Ringe stark überhitzt werden. Ebenso steigt der Verschleiß an, wenn ein bestimmter, vom Zylinderdurchmesser und der Drehzahl abhängiger Höchstwert für den spezifischen Anpreßdruck überschritten wird. Wie bereits erwähnt, spielt auch der Zylinderwerkstoff bei der oberen Grenze für den zulässigen Anpreßdruck eine Rolle. Wird diese überschritten, so wächst neben der im Zylinder oder an den Ringen beobachteten Abnutzung zugleich auch die Freßneigung, insbesondere dann, wenn nicht gleichzeitig für eine besonders gut durchgebildete Schmierung gesorgt wird oder die Schmierölqualität unzureichend ist. Offenbar ist diese Grenze für den Anpreßdruck dann erreicht, wenn die Abstreifwirkung der Ringe so groß wird, daß kein genügend starker Ölfilm erhalten bleibt. Diese Grenze liegt im allgemeinen bei 15—18 kg/cm².

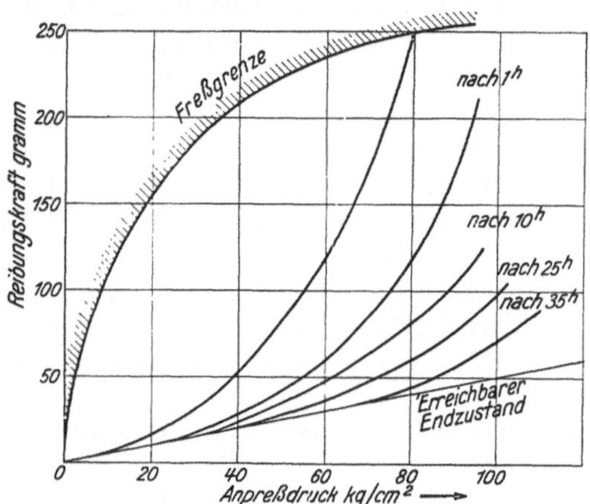

Abb. 85. Reibungsverhältnisse im Einlaufvorgang. Veränderung der Reibungskraft in Abhängigkeit vom Anpreßdruck bei fortschreitendem Einlaufen. Grauguß auf Grauguß. Geschmiert, Öltemperatur 70°, $v = 6,66$ m/sek (nach Moser [8]).

Versuche, die das Verhalten der Kolbenringe im Zylinder weiter aufhellen und die weitere Einblicke in bezug auf richtige Werkstoffpaarung ermöglichen, wurden von Moser [8] durchgeführt. Bei diesen im geschmierten Zustand angestellten Reibungsversuchen wird das Laufverhalten vom eigentlichen Verschleißverhalten getrennt.

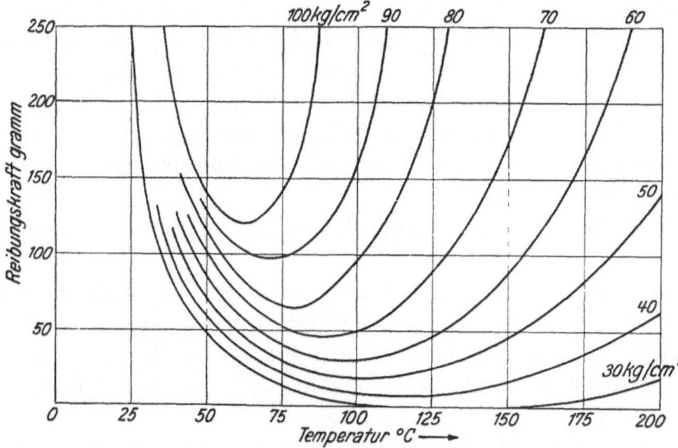

Abb. 86. Abhängigkeit der Reibungskraft von der Temperatur im eingelaufenen Zustand bei verschiedenen Anpreßdrücken (nach Moser [8]). (Grauguß auf Grauguß.)

Solange das Einlaufen der Proben nicht beendet ist, steigt die zwischen den Proben auftretende Reibungskraft stärker als verhältnisgleich mit dem Anpreßdruck an; mit fortschreitendem Einlaufen nähert sich das Verhältnis Anpreßdruck zu Reibungskraft immer mehr der linearen Abhängigkeit des Coulomb'schen Reibungsgesetzes (Abb. 85).

Ist der Einlaufzustand erreicht, so ist die zwischen den Teilen auftretende Reibungskraft außer vom Anpreßdruck auch in sehr hohem Maß von der Temperatur abhängig (Abb. 86). Für eine bestimmte Ölsorte (bei den in den Abb. 85 bis 90 dargestellten Versuchsergebnissen wurde Essolub 50 der Deutsch-Amerikanischen Petroleum Ges. verwendet) erreicht sie ihr Minimum bei den verschiedenen Anpreßdrücken, die zur Verwendung kamen, zwischen 120 und 160°; unterhalb und oberhalb dieser Temperaturen nehmen die Reibungskräfte rasch zu, bis endlich Fressen eintritt. Die

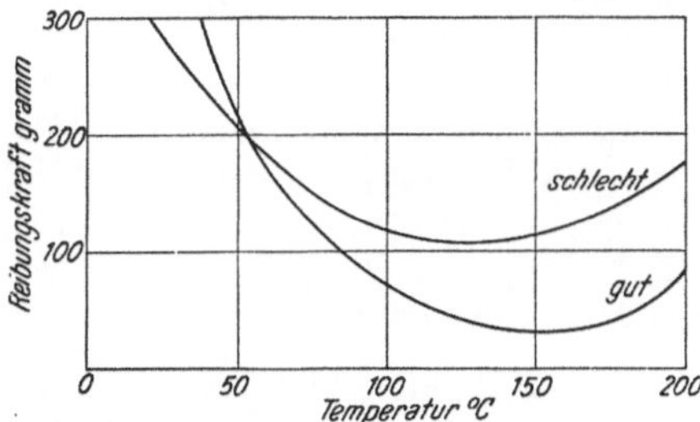

Abb. 87. Reibungswerte von normalem Kolbenringgußeisen von $H_B = 210$ bei verschiedener Öltemperatur (nach Moser [8]). Anpreßdruck 100 kg/cm²; eingelaufen; $v = 6,66$ m/sek.

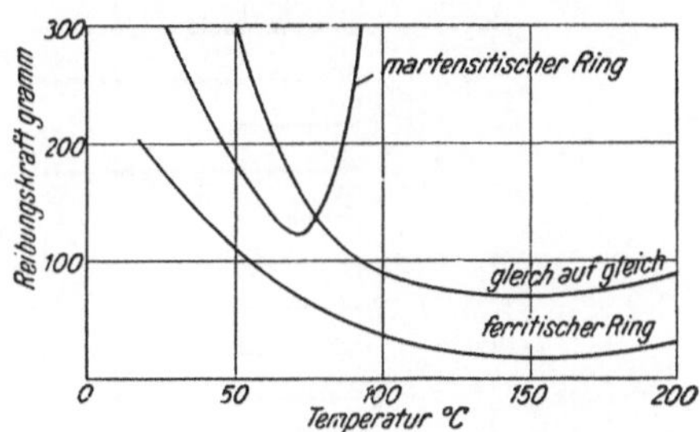

Abb. 88. Reibungswerte extremer Kolbenringwerkstoffe auf Zylindergrauguß von $H_B = 210$ bei verschiedenen Temperaturen (nach Moser [8]). Anpreßdruck 100 kg/cm²; eingelaufen; $v = 6,66$ m/sek.

Relativgeschwindigkeit zwischen den Verschleißteilen wurde bei diesen Versuchen mit 4,7 m/sek eingehalten, doch zeigte es sich, daß die gewonnenen Ergebnisse von der Geschwindigkeit praktisch unabhängig sind.

Beispiele für die Versuchsergebnisse mit verschiedenen Werkstoffpaarungen zeigen die Abb. 87—90. Wie aus diesen hervorgeht, besteht zwischen dem Verschleißverhalten und der zwischen den Verschleißteilen auftretenden Reibung kein Zusammenhang. So zeigen z. B. ferritische Kolbenringe auf perlitischem Zylinderwerkstoff nur geringe Reibung (Abb. 85); sie verschleißen aber sehr stark und ihre Freßneigung ist sehr groß.

Die Einlaufzeit steht in einem gewissen Zusammenhang mit der Härte; Abb. 91 gibt einen Anhalt hierfür; übersteigt jedoch die Härte etwa 225 Brinell, so läßt sich keine

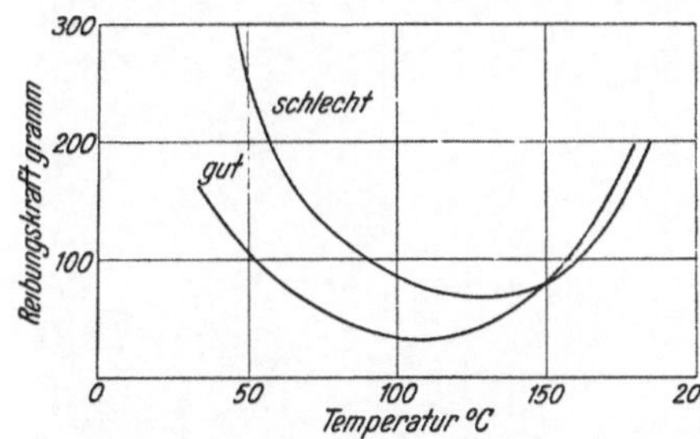

Abb. 89. Reibungswerte verschiedener normaler Kolbenringgußeisen auf Stahlzylinder-Werkstoff von $H_B = 260$ (nach Moser [8]). Anpreßdruck 100 kg/cm²; eingelaufen; $v = 6,66$ m/sek.

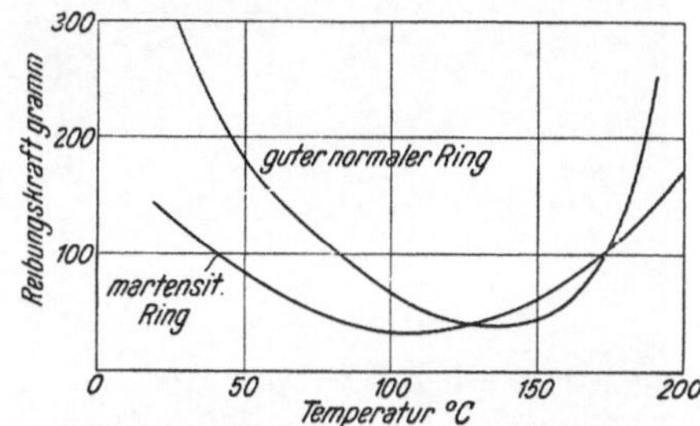

Abb. 90. Reibungswerte verschiedener Kolbenringwerkstoffe auf nitriertem Schleuderguß-Zylinderwerkstoff von $H_B = 920$ bei verschiedenen Temperaturen (nach Moser [8]). Anpreßdruck 100 kg/cm²; eingelaufen; $n = 6,66$ m/sek.

Beziehung mehr zwischen Härte und Einlaufzeit erkennen. — Harte Werkstoffe, die spröde und bröckelig sind, zeigen geringeren Verschleiß- und Einlaufwiderstand als weiche, zähere Werkstoffe. Dies ist von Bedeutung z. B. bei der Beurteilung von martensitischen Kolbenringen oder nitrierten Zylinderlaufflächen; bei hohen Temperaturen der Laufflächen oder plötzlichen Steigerungen des Anpreßdruckes kommt es hier leicht zum Fressen.

b) Äußere Verschleißbedingungen.

Zumindest ebenso wichtig wie die Werkstoffeigenschaften sind für den Kolbenring- und Zylinderverschleiß auch Werkstattausführung und Bearbeitungsweise von Ring,

Kolben und Zylinderlauffläche, die Anpreßdruckverteilung am Kolbenring und vor allem die Schmierung.

Ist die Zylinderbohrung nicht einwandfrei kreisrund oder liegt der Ring nicht an seinem ganzen Umfang lichtspaltdicht an, ist der Ring oder die Ringnut im Kolben uneben, ist ferner der Ring in seiner freien Beweglichkeit behindert, sei es durch Festbrennen oder durch Fremdteilchen, die zwischen Ring- und Nutenflanken

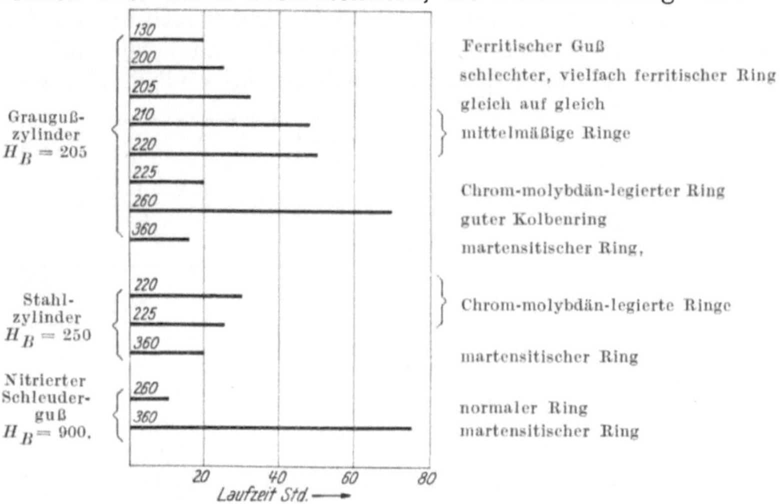

Abb. 91. Einlaufzeit unter gleichen Einlaufbedingungen für verschiedene Werkstoffpaarungen. Die Ringwerkstoffe sind jeweils nach Brinellhärte geordnet (nach MOSER [8]).

gelangen und den Ring bremsen und dann zur Bildung der sogenannten, „Rollspuren" an den Nutenflanken Anlaß geben (Abb. 92), sei es durch zu schwach bemessene Kolbenringstege zwischen den Ringnuten, oder sonstige Verformungen des Kolbens, die die Ringe festklemmen oder versagt endlich die Schmierung, so können auch die besten Werkstoffe für Ring und Zylinder nicht entsprechen. Es tritt dann, ebenso wie bei zu spar-

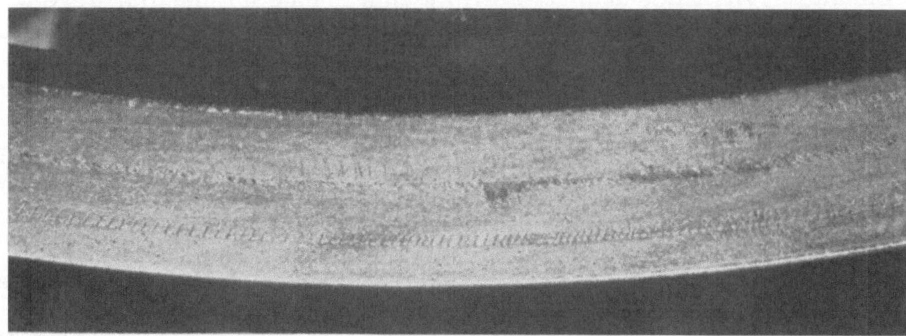

Abb. 92. „Rollspuren" an der Kolbenringflanke (etwa 5 ×).

samer Schmierung, unter allen Umständen ein stark erhöhter Verschleiß, häufig verbunden mit starker Bartbildung an den Ringen und schließlich auch Fressen der Ringe und der Kolben auf.

Auf den Verschleiß der Zylinder und Ringe nimmt auch die Ausbildung des Kolbenoberteiles Einfluß. Die Höhenlage des 1. Ringes im Kolben und der Durchmesser des Kolbens am Feuersteg, d. i. oberhalb des 1. Ringes, sind hierbei von Bedeutung. Hat der Kolben hier großes Spiel, so erhöht sich die Temperatur bis zum 1. Kolbenring. Das Schmieröl verkokt am Kolben, die entstehenden starken Ölkrusten bröckeln von Zeit zu Zeit ab, wirken im Schmieröl der Zylinder schmirgelnd und schleifend und beschleunigen das Altern des Öls.

Der Kolbenwerkstoff an sich scheint direkt keinen nennenswerten Einfluß auf die Größe des Zylinderverschleißes zu haben (siehe auch S. 80 u. f.); indirekt kann sich jedoch die höhere Betriebstemperatur von Graugußkolben in einer Verschlechterung der Ringschmierung, in Trockenlaufen der Zylinderlaufflächen und dadurch verschleißerhöhend auswirken. — Andererseits kann das größere Spiel der Leichtmetallkolben durch das stärkere Kolbenkippen besonders im Teillastgebiet schädlich sein und dieser Einfluß scheint etwas zu überwiegen.

α) Betriebsbedingungen.

Schmierung: Der Einfluß der Schmierung ist derart überwiegend, daß — einwandfreie Werkstattausführung aller Teile vorausgesetzt — zu Recht gesagt werden kann, daß das Verschleißproblem von Zylindern und Kolbenringen in der Hauptsache ein Problem der Schmierung ist, denn der jeweils bestehende Schmierzustand ist maßgebend dafür, in welcher Höhe Reibungskräfte auftreten und in welcher Weise sie an den Verschleißflächen angreifen.

Im Zylinder muß das Schmieröl bei jedem Aufwärtsgang des Kolbens von neuem durch die Kolbenringe als dünner Ölfilm über die Zylinderwandung ausgespannt werden; beim Abwärtsgang wird das Öl zum Großteil wieder abgestreift; beim Arbeitshub wird das an der Zylinderwandung haften gebliebene Öl aber, zumindest in den oberen Zylinderpartien, verbrannt.

Jeder Umstand, der den Schmierölfilm an einer Stelle schwächt oder zerstört, führt daher zu erhöhtem Verschleiß. Insbesondere ist in dieser Hinsicht das Auftreffen von Kraftstofftröpfchen auf die Zylinderwandung gefährlich, da durch diese das Schmieröl weggewaschen werden kann und damit die Bedingungen der trockenen Reibung sich über einen größeren Teil der Zylinderlauffläche erstrecken können.

POPPINGA [16, 17] hat durch Versuch nachgewiesen, daß der Schmierfilm an der Zylinderlauffläche nahe den Totlagen der Kolbenringe durchbrochen wird; diese Durchbrechung ist um so vollständiger und erstreckt sich auf um so größere Teile des Kolbenwegs, je geringer die Motorendrehzahl ist und je höher der im Zylinder herrschende Gasdruck liegt. Die Durchbrechung ist daher in der Nähe der oberen Totlage am gefähr lichsten und es scheint damit bewiesen, daß hier mit halbtrockener Reibung zu rechnen ist, während — wenigstens im normalen Betrieb — an jenen Stellen, wo die Kolben geschwindigkeit höhere Werte annimmt, flüssige Reibung zustande kommen kann; während des Anlassens erstreckt sich die halbtrockene Reibung allerdings über die ganze Hublänge. — Aus den Versuchen geht auch hervor, daß raschlaufende Motoren mit hohen Kolbengeschwindigkeiten in Bezug auf die Schmierungsverhältnisse in den Zylindern besser daran sind, als langsam laufende mit niedrigen Kolbengeschwindigkeiten.

Von seiten des Schmieröls wird der Verschleiß beeinflußt durch:

den molekularen Aufbau des Schmieröls,
die Schmierölviskosität,
die in den Zylinder gelangende Ölmenge,
die Schmieröltemperatur,
die „Alterung" des Öls,
die Schmierölverdünnung und
den Wassergehalt im Schmieröl.

Schmiervermögen und Güte eines Schmieröls werden durch sein Benetzungsvermögen und durch den Widerstand gegen Alterung gekennzeichnet. Säurehaltige Schmieröle greifen die metallischen Werkstoffe an; teer- und harzhaltige Schmierstoffe verstopfen die Schmierkanäle und setzen die Ringe fest. Säuren, Harze und Teer bilden sich aber durch die Verbrennung der Kohlenwasserstoffe aus dem Öl selbst, das Öl altert.

Den Einfluß des molekularen Aufbaues des Öles auf den Zylinder- und Ringverschleiß hat BECK [1] untersucht. Nach den in Abb. 90 wiedergegebenen Versuchsergebnissen liegt der Verschleiß bei der Verwendung paraffinbasischer Öle niedriger als bei der

Schmierung mit naphthenbasischen Ölen und bei diesen wieder niedriger als bei gemischt basischen.

BECK beobachtete bei diesen Versuchen auch den Verschleiß am 1. und am 2. Kolbenring und schließt aus dem Verhältnis zwischen den an diesen ermittelten Verschleißgrößen auf die Temperaturbeständigkeit des betreffenden Öls.

Durch Zusätze von Rizinusöl oder auch von kolloidalem Graphit (u. zw. in diesem Fall in der Form von Grasinol) wird der Verschleiß bei gemischtbasischem Öl stark herabgedrückt und erreicht damit die bei paraffinbasischen Ölen beobachteten geringen Werte (Abb. 93g und h). — Ein geringer Zusatz von kolloidalem Graphit zum Schmieröl (etwa $\frac{1}{4}\,^0/_{00}$) macht sich stets günstig bemerkbar; der Graphit bildet an der Oberfläche der Verschleißteile eine durch selbstschmierende Eigenschaften ausgezeichnete, festhaftende Gleitschicht, die auch durch hohe Temperaturen nicht zerstört werden kann und stellt noch keine Verrußungsgefahr für die Kerzen dar.

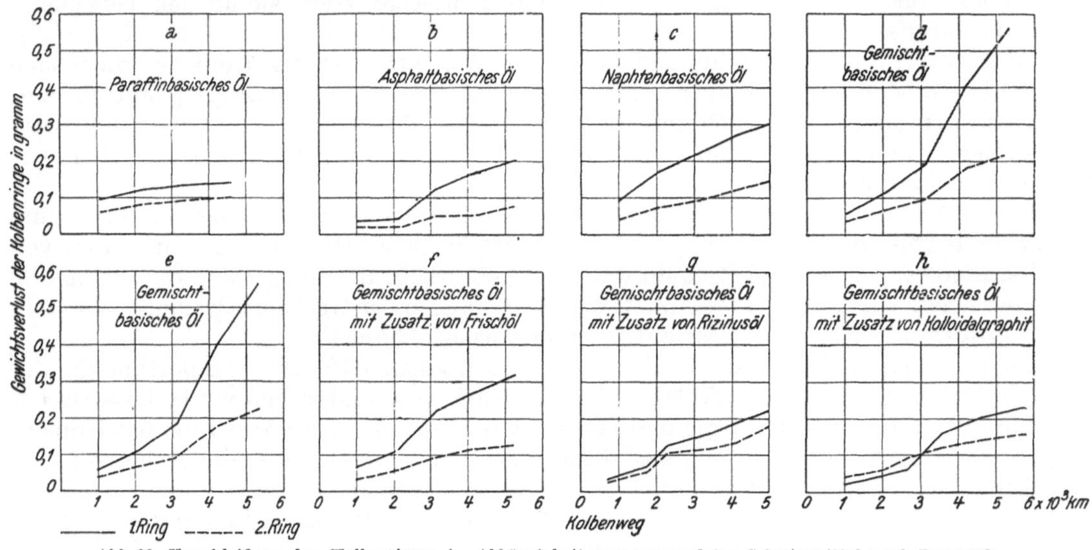

Abb. 93. Verschleiß an den Kolbenringen in Abhängigkeit vom verwendeten Schmiermittel (nach BECK [1]).

Hinsichtlich des Einflusses der in den Zylinder gelangenden Schmierölmenge und der Viskosität des Schmiermittels muß zwischen den jeweils herrschenden Arbeitsbedingungen unterschieden werden:

a) Liegt die Kühlwassertemperatur hoch, herrschen also Betriebsverhältnisse, die einen korrodierenden Angriff im Zylinder nicht aufkommen lassen (vgl. S. 64), so ist der Einfluß der Viskosität des Schmiermittels nur gering; das dünnere Schmiermittel gibt im allgemeinen etwas höheren Verschleiß. Allerdings liegt, bei unveränderten Verhältnissen in der Maschine, auch der Verbrauch an Schmieröl bei der Schmierung mit dünnerem Öl höher als bei der Verwendung einer zäheren Ölsorte. Drosselt man den Ölverbrauch im ersteren Fall auf gleiche Höhe, wie in letzterem, so erhöht sich der Verschleiß weiter zu ungunsten des dünneren Öles. In beiden Fällen bleiben aber die Unterschiede unter diesen günstigen Betriebsbedingungen ganz unerheblich. Jedenfalls muß dem dünneren Öl der Vorzug zugesprochen werden, daß es rascher nach der Inbetriebsetzung der kalten Maschine an die Zylinderwandung gelangt. Auch der mechanische Wirkungsgrad der Maschine liegt bei Verwendung dünner Ölsorten günstiger.

b) Wird dagegen unter Betriebsbedingungen gearbeitet, die hohen Korrosionsangriff im Zylinder bewirken, also mit häufigem Starten und starker Kühlung, so liegt der Verschleiß bei der Verwendung dünnflüssiger Öle unter allen Umständen bedeutend höher. Auch die in den Zylinder gelangende Ölmenge macht sich dann in starker Weise bemerkbar: der Verschleiß steigt mit verringerter Ölmenge erheblich an.

Zu reichliche Schmierung ist ebenso schädlich wie zu knappe Schmierung und ist meist an einer bläulichen Färbung des Auspuffs erkennbar; sie führt zur Ölkohlebildung im Zylinder, dadurch zu Glühzündungen und zu raschem Festsetzen der Kolbenringe und zu hohem Verschleiß. Zu hoher Ölverbrauch kann, je nach dem angewandten Schmiersystem, durch zu hohen Ölstand in der Kurbelwanne, durch zu hohen Öldruck infolge falsch eingestellten Druckreglers oder durch Wahl eines ungeeigneten, zu dünnen Öls, aber auch durch zu großes Kolbenspiel oder durch Kolbenringe mit zu großem axialen Spiel in ihren Nuten (Ölpumpen der Ringe) und durch unwirksame Ölabstreifringe verursacht sein. Bei Obenschmierung darf der Schmierölzusatz zum Kraftstoff nicht zu reichlich sein.

Zu knappe Schmierung macht sich durch ein Brummen und Klappern im Motor bemerkbar, der Motor wird auch zu heiß; der Schauöler zeigt keinen Umlauf bzw. der Druckmesser keinen Druck an. Die Folge sind erhöhter Verschleiß, Ausschlagen der Lager und schließlich meist sehr rasch Anreiben und Fressen der Kolben und Lager.

Die Ursachen für zu knappe Schmierung können in zu niedrigem Ölstand oder zu niedrigem Öldruck liegen, wobei letzterer durch Fehler in der Ölpumpe oder im Druckregler oder in einer falschen Einstellung desselben bedingt sein kann, oder die Ölleitung bzw. Ölfilter sind verlegt. Auch bei zu kaltem bzw. zu dickem Öl wird die Ölversorgung an den zu schmierenden Stellen zu knapp.

Zu scharf wirkende Ölabstreifringe können ebenfalls die Zylinderschmierung zu weitgehend herabsetzen.

Die Schmieröltemperatur wirkt sich in allen Fällen dahin aus, daß der höheren Öltemperatur auch ein höherer Verschleiß entspricht.

Deshalb kann auch eine zu hohe Kühlwassertemperatur vor allem im Ölkühler zu erhöhtem Zylinderverschleiß führen, weil dadurch der Ölfilm an der Zylinderlauffläche an Zähigkeit verliert, so daß er von den Kolbenringen durchbrochen wird und Trockenreibung eintritt. So erklärt sich z. B. auch der abnormal hohe Verschleiß in den Zylindern von Schiffsdieselmotoren in Schiffen, welche vorwiegend des Rote Meer und den persischen Golf befahren und deren Kühlwassertemperatur um 25—35° höher liegt als in normalen Fällen.

Kein Schmieröl behält seine schmierenden Eigenschaften dauernd bei. Je nach der Schmierölqualität treten verschieden schnell Änderungen in den Eigenschaften des Öls auf, die unter der Bezeichnung „Altern" zusammengefaßt werden.

Dieses „Altern" hat verschiedene Ursachen. Die hohe Temperatur, die das Schmieröl im Betrieb annimmt, führt zu chemischen Reaktionen im Öl, welche die Schmiereigenschaften verändern. Auch die durch die Kolbenabdichtung durchtretenden Gase vermehren und beschleunigen diese Reaktionen. Dazu kommen noch mechanische Verunreinigungen, die in das Schmieröl gelangen; so enthält die vom Motor angesaugte Luft Staub, Sandkörnchen und dgl., die sich an der ölbenetzten Zylinderwandung niederschlagen und von dort in den Schmierölkreislauf gelangen. Ferner gerät durch den normalen Abrieb von Kolbenringen und Zylindern feiner Gußstaub in das Schmieröl, ebenso feiner Metallabrieb aus den Lagern und anderen verschleißbeanspruchten Stellen des Motors. Diese feinsten Metallteilchen verursachen außerdem katalytisch eine beschleunigte Oxydation des Öls.

Unter der Einwirkung des Luftsauerstoffs bilden sich ferner in dem auf der Zylinderwandung ausgespannten Ölfilm bei Temperaturen, die für jedes Öl innerhalb bestimmter Grenzen liegen, asphalt- und teerartige Stoffe. Es findet dabei eine Aufspaltung sowie gleichzeitig eine Oxydation des Öls statt, beides Kennzeichen der zunehmenden Alterung.

Diese im Motorbetrieb zwangläufige eintretende Ölalterung führt zu erheblichen Verschleißsteigerungen. So läßt beispielsweise Abb. 94, die nach dieser Richtung angestellte Versuche von Beck wiedergibt, den Einfluß gealterten Öls auf den Verschleiß von Kolbenringen und Zylindern erkennen.

Weiters sind folgende Betriebsstörungen unter Umständen auf die durch die Alterung geänderten Öleigenschaften zurückzuführen:

Ringstecken und bei hohen Temperaturen sich bildende harte Ablagerungen an den Ringen, in den Ringnuten und an den Kolbenoberteilen;

Lackbildung am Kolben und bei niederer Temperatur entstehende Ablagerungen; Korrosionsangriffe in den Lagern.

Den schädigenden Einflüssen gealterten Öles kann nur durch rechtzeitigen und genügend häufigen Ölwechsel begegnet werden.

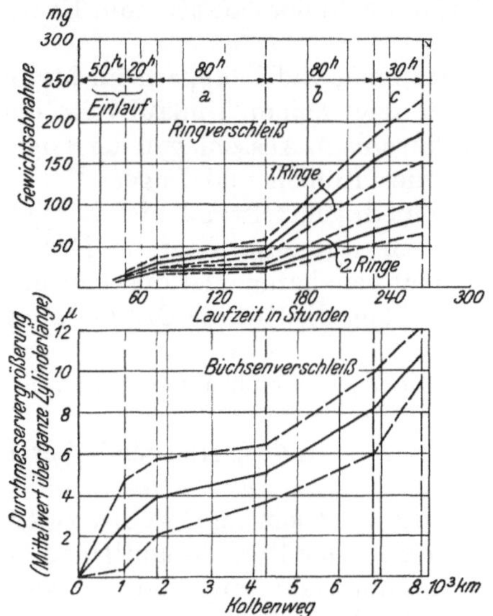

Abb. 94. Verschleißfortschritt an Ringen und Zylindern mit fortschreitender Ölalterung bei Fahrtversuchen (nach Beck [1]).
Bereich a: alle 20ʰ Ölerneuerung durch Frischöl.
Bereich b: alle 20ʰ Ölerneuerung durch Altöl (20ʰ gelaufen).
Bereich c: alle 10ʰ Ölerneuerung durch Altöl (40ʰ gelaufen).
Die strichlierten Linienzüge kennzeichnen die Streubereiche der festgestellten Verschleißwerte in den einzelnen Zylindern. Der Wagenweg betrug das 2,64fache des Kolbenweges.

Schmierölverdünnung. — Bei jedem Motor gelangt ferner flüssiger Kraftstoff in das Schmieröl, wodurch dieses schon nach verhältnismäßig kurzer Zeit verdünnt wird und an Schmierfähigkeit einbüßt. Bei Ottomotoren ist es allerdings, solange geeignete Kraftstoffe verwendet werden und die Gemischbildung richtig erfolgt, erst bei sehr stark ausgelaufenen Zylindern denkbar, daß nennenswerte Kraftstoffmengen an den Kolbenringen vorbei in das Kurbelgehäuse gelangen. Überdies erreicht die Höhe des Kraftstoffanteils im Schmieröl, sofern es sich um leichtflüssige Kraftstoffe handelt, bald eine Grenze: jedes Mehr an Kraftstoff wird nach Erreichen eines gewissen Sättigungsgrades durch die Betriebswärme des Öls zum Verdampfen gebracht und entweicht durch die am Kurbeltrog vorgesehene Entlüftung. Im Betrieb stellt sich daher ein gewisses Gleichgewicht ein, so daß im allgemeinen nicht mehr als 3—5% leichtflüchtige Kraftstoffe im Schmieröl vorhanden sein können [9]. Dementsprechend sinkt auch die Viskosität des Schmieröls nur in geringem Maß ab; seine Schmierfähigkeit wird durch diesen Umstand im allgemeinen nur wenig beeinträchtigt [25].

Anders liegen die Verhältnisse bei Dieselmotoren. Hier können z. B. bei kalter Witterung oder durch undichte Einspritzventile erhebliche Kraftstoffmengen ins Schmieröl gelangen. Die schwere Verdampfbarkeit der Dieselkraftstoffe führt dazu, daß ein Verdampfen unter der Einwirkung der Betriebswärme nicht stattfinden kann, daß daher eine fortschreitende Verdünnung des Schmieröls eintritt und dessen Schmierfähigkeit weitgehend beeinträchtigt wird.

Wasser im Schmieröl. — Noch gefährlicher als die Ölverdünnung durch Kraftstoff ist das Emulgieren des Öls mit Wasser. Vor allem bei Fahrzeug Ottomotoren stellt man bei der Untersuchung des im Kurbelgehäuse enthaltenen Schmieröls häufig Wasser fest; dieses ist z. T. Kondenswasser, z. T. auch Spritzwasser, das durch Unvorsichtigkeit oder Zufall in den Kurbeltrog gelangt ist. Schädlich wird die Wasserbeimengung dann, wenn der Anteil so groß ist, daß es zur Bildung einer steifen Emulsion kommt. Solche Emulsionen, die bis zu 50% Wasser enthalten können, sind zur Schmierung der Zylinder und der Lager ungeeignet und steigern den Verschleiß in bedeutendem Maß.

Unter den Arbeitsbedingungen nehmen die Belastungsverhältnisse und die Kühlung auf die Größe des Verschleißes sehr bedeutenden Einfluß. Jedenfalls zeigen Maschinen, die zu kalt gefahren werden, stets äußerst ungünstige Verschleißwerte; ebenso ist stark wechselnde Belastung und häufiger Leerlauf oder häufig unterbrochener Betrieb immer mit stärkerem Verschleiß verbunden, als ununterbrochener Betrieb bei gleichmäßiger Belastung. Einen lehrreichen Einblick in den Einfluß der genannten Bedingungen gibt Abb. 95.

Der Anlaßvorgang selbst bringt jedesmal erhöhten Verschleiß; auch während dieses Vorganges ist der Temperaturzustand des Zylinders von Bedeutung, wie Versuche von BROEZE und HINZE [21] (Abb. 96) bei welchen der Verschleiß aus der im vom Zylinder abtropfenden und sorgfältig aufgefangenen Schmierol enthaltenen Abriebmenge bestimmt wurde, zeigen. Bei kalter Maschine ist demnach der Verschleiß mehr als doppelt so groß wie bei vorgewärmter Maschine.

Unterkühlung ist auch der Grund für den stärkeren Zylinderverschleiß im Einblasedieselmotor als im Einspritzdieselmotor, u. zw. im Leerlauf und bei geringer Belastung (Abb. 97), woran die abkühlende Wirkung der Einblaseluft und deren Feuchtigkeitsgehalt beteiligt sind. — Bei hohen Belastungen liegt dagegen der Verschleiß im Einspritzdieselmotor höher, da hier die Kraftstoffzerstäubung ungünstiger bzw.

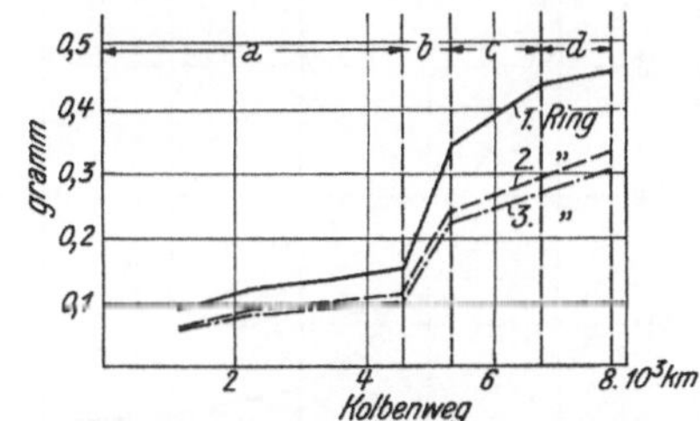

Abb. 95. Fortschritt im Kolbenringverschleiß bei mehrfach geänderten Betriebsbedingungen.
Bereich a: Kühlwasseraustrittstemperatur 80° C
Bereich b: Kühlwasseraustrittstemperatur 12° C stündlich 1 Start.
Bereich c: Kühlwasseraustrittstemperatur 13° C, täglich 1 Start.
Bereich d: Kühlwasseraustrittstemperatur 140° C, täglich 1 Start (nach BECK [1]).

unvollkommener ist und daher eher Kraftstofftröpfchen auf die Zylinderlauffläche gelangen können und überdies die Drücke im Zylinder und dementsprechend hinter den Kolbenringen höher liegen.

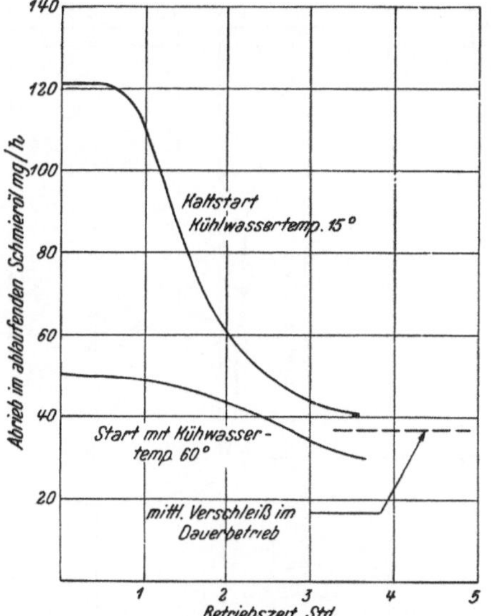

Abb. 96. Einfluß der Kühlwassertemperatur auf den Zylinderverschleiß nach dem Start (nach BROEZE und HINZE) [21]).

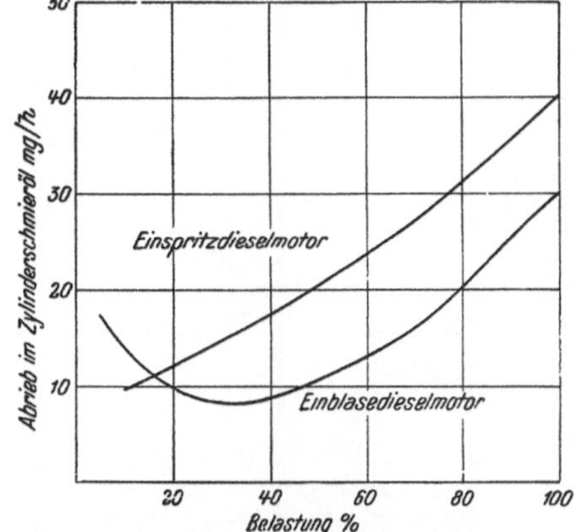

Abb. 97. Einfluß der Motorbelastung auf den Zylinderverschleiß eines Einspritz- und eines Einblasedieselmotors (nach BOERLAGE und GRAVESTEYN [19]).
Einspritzdieselmotor: Einzylinder, $D = 204$, $S = 254$.
Einblasemotor: „ $D = 320$, $S = 450$.

Einfluß der Kühlung: Es kann als sicher angenommen werden, daß durch zu starkes Kühlen die Temperatur der Zylinderwandung sehr weit herabgesetzt wird und daß damit der Verschleiß durch Korrosion sowohl an dieser als auch an den Ringen stark zunimmt. Es kommt zur Kondensation des in den Verbrennungsprodukten enthaltenen Wasserdampfes, der sich an den kalten Zylinderwandungen niederschlägt. Da überdies saure Zwischen- und Endprodukte der Verbrennung, organische und anorganische Säuren, im Kondenswasser aufgenommen werden, wird der Korrosionsangriff durch das Niederschlagwasser noch verstärkt. Naturgemäß ist dieser Angriff wiederum dort am stärksten, wo der Ölfilm am schwächsten ist, also in der Nähe der oberen Totpunktstellung der Kolbenringe.

Man nimmt heute an, daß bei wassergekühlten Maschinen bis zu einer Kühlwassertemperatur von etwa 80°C der korrodierende Verschleiß (chemischer Angriff) jenen durch Erosion (mechanischen Angriff) überwiegt, während oberhalb dieser Temperatur der korrodierende Verschleiß stark abnimmt. — Vergleiche hierzu auch Abb. 98.

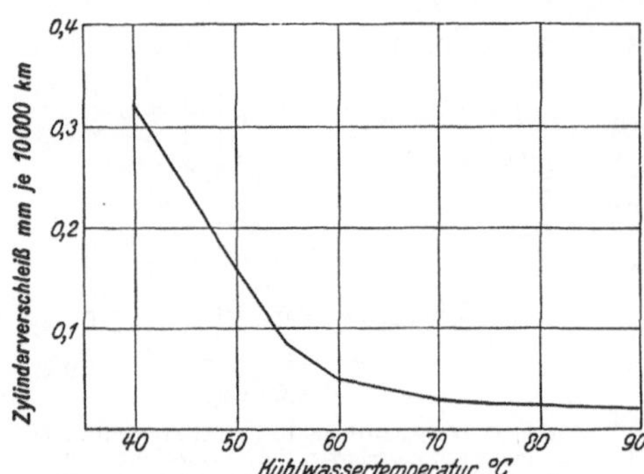

Abb. 98. Mittelwert für den Zylinderverschleiß in Personenwagen-Ottomotoren unter sonst gleichen Verhältnissen, abhängig von der Kühlwassertemperatur.

Wie stark der Einfluß der Kühlwassertemperatur sein kann, zeigt ferner folgendes Beispiel: Bei einem 4-Zylinder-Dieselmotor von 125 mm Bohrung und 175 mm Hub traten nach einem 476-stündigem Dauerbetrieb unter Vollast in den einzelnen Zylindern die in Abb. 99 verzeichneten Verschleißgrößen auf. Der Ansaugluft des Motors wurden hierbei 140 g/m³ feinsten Quarzstaubes beigemengt, die Luft mittels eines Wirbelölfilters (Bauart Mahle) gefiltert. Zur Kühlung wurde Frischwasser verwendet, dessen Eintritt an der Motorstirnseite nahe dem Zylinder 1, dessen Austritt an der gegenüberliegenden Stirnseite nahe dem Zylinder 4 erfolgte. Die Eintrittstemperatur des Kühl-

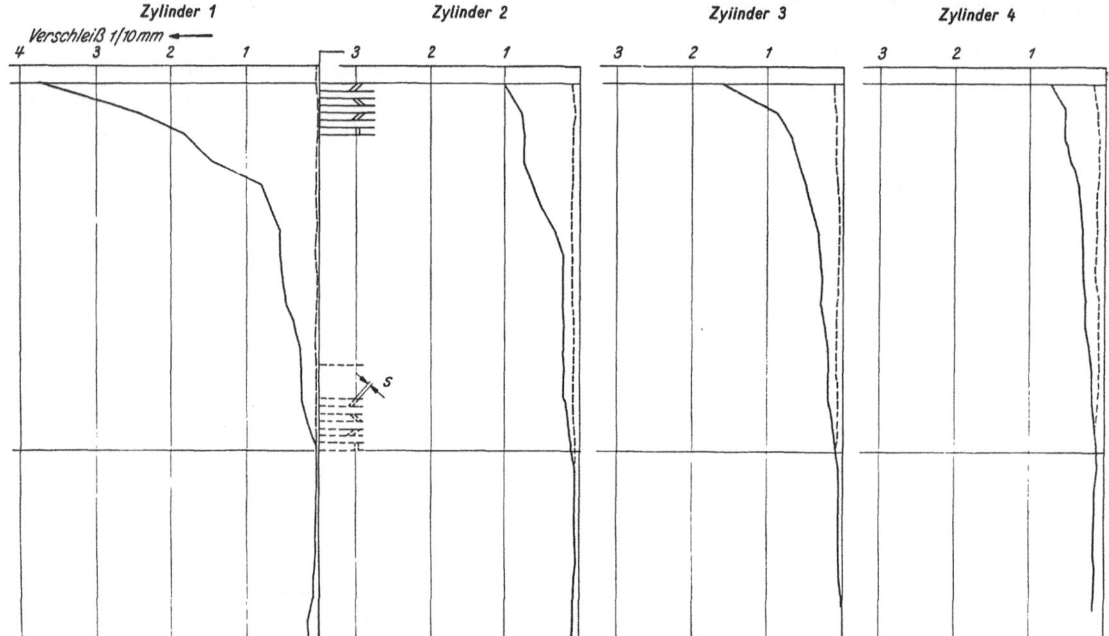

Abb. 99. Verschleiß in den Zylindern eines raschlaufenden 4-Zylinder-Dieselmotors (Prüfstandversuch).

	Ringverschleiß in mm							
	Zylinder 1		Zylinder 2		Zylinder 3		Zylinder 4	
	Vergrößerung des Stoßspiels s	Verschleiß der Ringhöhe	Vergrößerung des Stoßspiels s	Verschleiß der Ringhöhe	Vergrößerung des Stoßspiels s	Verschleiß der Ringhöhe	Vergrößerung des Stoßspiels s	Verschleiß der Ringhöhe
1. Ring	2,60	0,14	0,80	0,05	1,40	0,06	0,85	0,07
2. Ring	1,05	0,07	0,45	0,02	0,85	0,04	0,55	0,02
3. Ring	0,95	0,02	0,60	0,01	0,60	0,03	0,70	0,00
Ölring	1,95	0,01	1,15	0,00	1,75	0,00	1,55	0,00 .

- - - - - - Zylinderdurchmesser zu Beginn des Versuches
zu Ende

Zylinder 1; Schleuderguß mit 0,5 Cr, 0,55 P,   Härte $H_B = 248$.
    ,,   2;   ,,   ,, 0,5 Cr, 0,55 P,   ,, $H_B = 252$.
    ,,   3;   ,,   ,, 0,1 Cr, 0,30 P,   ,, $H_B = 242$.
    ,,   4;   ,,   ,, 1,0 Cr, 0,70 P,   ,, $H_B = 306$.
Kolbenringe; Unlegierte normalspannende Einzelgußringe.
        Ring 1—3 zylindrische Verdichtungsringe nach DIN 73 102
        Ring 4   Ölabstreiffasenring.
Motor; 4 Zylinder, $D = 125$, $S = 175$, $n = 1150$, Vorkammermotor. Versuchsdauer; 476 Std.
Gearbeitet wurde mit 140 g/m³ Staubzusatz; die Luftfilterung erfolgte mittels Wirbelölfilters.

wassers betrug ca. 16° C, die Austrittstemperatur wurde auf 80° C gehalten. Das Kühlwasser war außerordentlich hart, so daß sich zu Versuchsende am Zylinder 3 ein etwa 0,6 mm starker, am Zylinder 4 ein etwa 1 mm starker Kesselsteinbelag abgesetzt hatte, während die Zylinder 1 und 2 frei von jedem Belag blieben. Die Zylinder — nasse Buchsen — bestanden aus gleichem Werkstoff (Schleuderguß), allerdings von etwas unterschiedlicher Legierung, wie bei Abb. 99 vermerkt ist, wiesen aber für die Zylinder 1—3 die gleiche Härte auf und zeigten auch, wie die nachträgliche Untersuchung ergab, völlig übereinstimmende Gefügeausbildung; die Zylinder waren ganz gleich bearbeitet, ebenso waren die 4 Kolben mit Ringen gleicher Herkunft und von ausgesucht gleichmäßiger Spannung ausgerüstet.

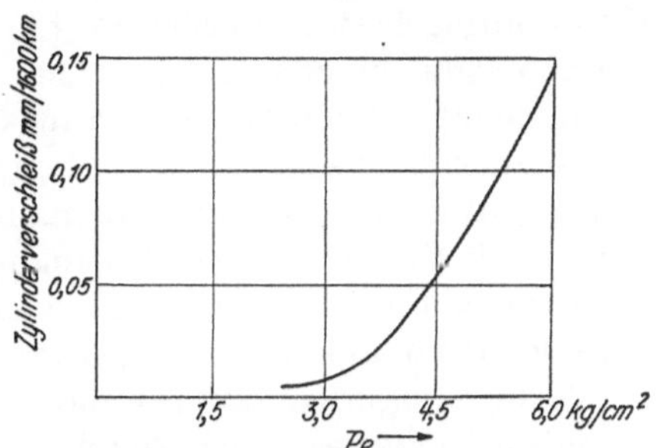

Abb. 100. Anstieg des Zylinderverschleißes mit der effektiven Belastung (nach WILLIAMS [13]). Zylinderwandtemperatur 50° C.

Der Abb. 99 ist die auffallende Verschleißabnahme von Zylinder 1 gegen den Zylinder 4 hin zu entnehmen.

Den Einfluß der Belastung auf den Verschleiß läßt außer Abb. 97 auch Abb. 100 erkennen; bei gleichbleibender Temperatur der Zylinderwandung steigt der Verschleiß beim untersuchten Ottomotor mit der Belastung rasch an; dies ist zum Teil wohl auf den höheren Druck hinter den Kolbenringen zurückzuführen.

β) Einfluß der Reinheit von Ansaugluft und Schmieröl.

Schon aus den oben erwähnten Versuchsergebnissen mit ihren auffallend hohen Verschleißziffern nach verhältnismäßig kurzer Betriebsdauer ist der verheerende Einfluß zu entnehmen, den hoher Staubgehalt in der Ansaugluft zur Folge haben kann. — Abb. 101 gibt die Ergebnisse von ähnlichen Versuchen wieder, die in der Technischen Hochschule Braunschweig durchgeführt worden waren. Die Versuche stellen den Zylinderverschleiß nach gleichen Laufzeiten und unter sonst gleichen Bedingungen einmal bei normalem Betrieb ohne Staubzusatz zur Ansaugluft, einmal mit hohem Staubzusatz, aber gefiltert, einmal mit geringerem Staubzusatz, aber ungefiltert, einander gegenüber.

Ein derartig hoher, zum Teil ganz untragbar großer Zylinderverschleiß ist bei allen Motoren

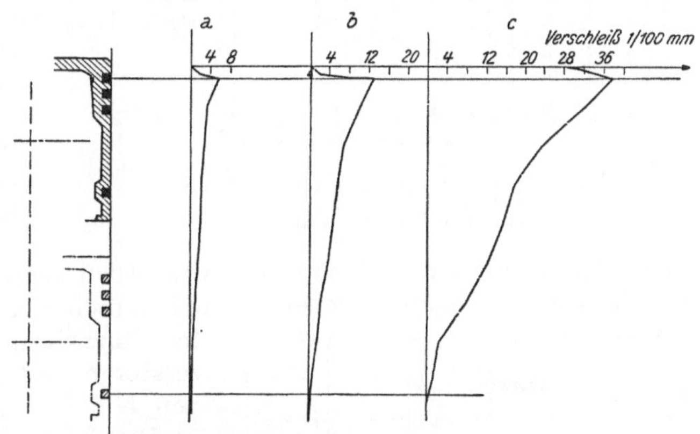

Abb. 101. Verschleiß in den Zylindern eines Ottomotors ohne und mit Staubbeimengung zur Ansaugluft. Einfluß der Filterung.
a ohne Staubzufuhr.
b 325 g/m³ Staubzusatz, mit Luftreiniger (EC-Luftfilter).
c 125 g/m³ Staubzusatz, ohne Luftreiniger.
4 Zylinder-Otto-Vergaser-Motor, D = 90, S = 140, ε = 5,66. Versuchsdauer jeweils 165 Betriebsstunden.

zu beobachten, die in sehr staubreicher Luft arbeiten müssen, also z. B. bei Motoren in Steinbruch- und Müllereibetrieben, bei Fahrzeugmotoren von Fahrzeugen, die auf staubigen Straßen in Marschkolonnen fahren, Motoren landwirtschaftlicher Maschinen, die in dichten Staubwolken zu arbeiten gezwungen sind, wie Traktoren in der Landwirtschaft, Motoren, die in Wüstengegenden arbeiten, Triebwagenmotoren von Eisenbahnfahrzeugen auf bestimmten staubreichen Strecken, Flugmotoren auf staubigen Flugplätzen und in staubhaltiger Luft in Wüstengebieten usw., wenn nicht für eine wirksame Reinigung der Ansaugluft durch sorgfältiges Filtern Sorge getragen wird.

Bei den Motoren landwirtschaftlicher Traktoren, die unter den denkbar ungünstigsten Verhältnissen bei oft sehr mangelhafter Wartung arbeiten müssen, tritt manchmal trotz Verwendung bester Werkstoffe ein derartig hoher Verschleiß auf, daß bereits nach 400 Betriebsstunden oder noch früher ein Ersatz der Zylinder notwendig werden kann. Auch macht sich die Art des Staubes, der mit der Ansaugluft in die Zylinder gelangen kann, sehr bemerkbar; so ist z. B. in Gegenden, wo Quarzsandstaub vorherrscht, der Verschleiß bedeutend größer als dort, wo Kalkböden vorhanden sind. — Gegen den übermäßigen Verschleiß durch unreine Ansaugluft hilft nur die Verwendung wirksamer und richtig bemessener Filter, durch welche sich auch in den ungünstigsten Fällen tragbare Verhältnisse schaffen lassen, vorausgesetzt, daß die Wartung der Filter richtig erfolgt.

Verunreinigungen im Schmieröl stammen häufig auch von nicht sorgfältig genug gereinigten Teilen aus der Neumontage oder nach Reparaturen. Modellsand in schlecht geputzten Gußteilen, Bohrspäne usw. gelangen ins Schmieröl und wirken stark verschleißend an den geschmierten Flächen. Auch Schleif- oder Honstaub, der sich in den Poren von Graugußzylindern festsetzt, wird allmählich durch das Schmieröl herausgespült

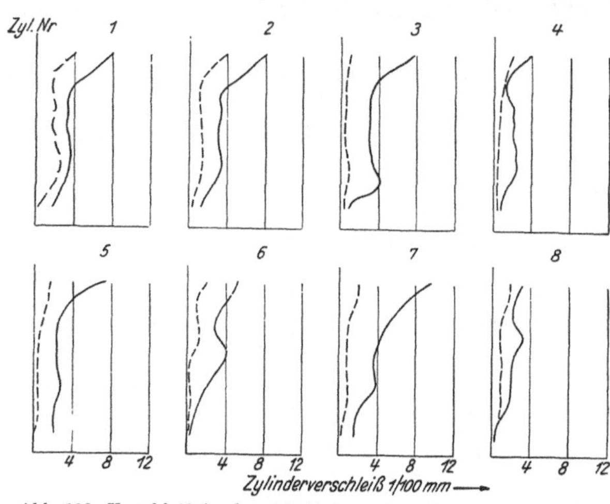

Abb. 102. Verschleiß in den 8 Zylindern eines Fahrzeug-OttoMotors bei Verwendung verschiedener Kraftstoffe (nach TAUB [15]).
- - - - - Verschleiß mit Fliegerbenzin.
——— Verschleiß mit Gemisch (Benzin-Alkohol).

und führt zu oft unerklärlich hohem Verschleiß an Zylindern und Kolbenringen. Fälle, in denen Schäden aus den eben erwähnten Ursachen auftreten, zählen durchaus nicht zu den Seltenheiten.

γ) Einfluß der Qualität des Kraftstoffs. — Auch die verwendete Kraftstoffqualität selbst nimmt Einfluß auf die Höhe des Verschleißes durch Korrosion. Abb. 102 gibt die an ein und derselben Maschine nach gleichen Laufzeiten unter gleichen Bedingungen von TAUB [15] beobachteten Verschleißgrößen wieder, u. zw. einmal nach der Verwendung von Benzin-Alkoholgemisch, im anderen Fall nach dem Betrieb mit Fliegerbenzin. TAUB führt den auffallenden Unterschied darauf zurück, daß von dem wesentlich schwerer verdampfenden Gemisch viel mehr flüssige Kraftstofftröpfchen auf die Zylinderlauffläche gelangen als von dem leichter flüchtigen Benzin, dort den Schmierölfilm zerstören und so die metallische Oberfläche für den Korrosionsangriff freilegen.

Die gleiche Wirkung hinsichtlich des Korrosionsangriffes im Zylinder wie die Unterkühlung hat auch im Kraftstoff enthaltenes Wasser; destilliertes Wasser ist dabei wesentlich harmloser als Salzwasser; der Abrieb wird in allen Fällen etwa direkt verhältig mit der Menge des Wassergehaltes im Kraftstoff erhöht, wie aus der Abb. 103 zu entnehmen ist.

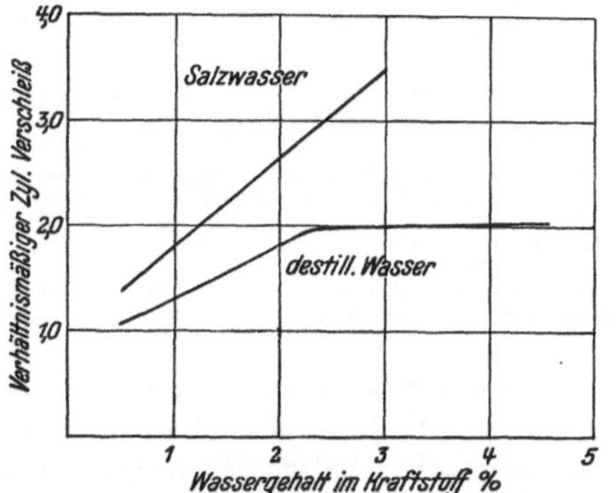

Abb. 103. Einfluß des Wassergehaltes im Kraftstoff auf den Zylinderverschleiß von Dieselmotoren.

Nach BROEZE und GRAVESTEYN [18] wirkt sich Schwefel im Kraftstoff für Dieselmotoren nur dann schädlich auf den Zylinderverschleiß aus, wenn sein Anteil höher als 1% ist (Abb. 104). Hohen Schwefelgehalt weisen aber nur hochsiedende Öle mit hoher Conradsonzahl auf, und da diese Öle zugleich einen hohen Aschengehalt besitzen, so kann nach Ansicht der genannten Forscher der bei Verwendung solcher Kraftstoffe eintretende stärkere Zylinderverschleiß zum Teil auch der Asche zugeschrieben werden.

Diese Beobachtungen scheinen allerdings nur bei günstiger Temperatur der Zylinderwandung zu gelten; bei zu starker Kühlung machen sich auch schon niedrige Schwefelgehalte im Kraftstoff sowohl am Kolbenring- (vgl. Abb. 105) als auch am Zylinderverschleiß bemerkbar.

Heute kommen Dieselschweröle mit Gehalten bis zu 5% S in den Handel. Die schädlichen Auswirkungen desselben äußern sich in folgendem:

Korrosion und dadurch erhöhter Verschleiß an den Gleitflächen durch chemische oder elektrochemische Wirkung der bei der Verbrennung gebildeten Schwefelsäure bzw. schwefeligen Säure.

Zersetzung des Schmieröls; Bildung lackartiger Stoffe im Zusammenhang mit der Ausfällung asphaltartiger Kohlenwasserstoffe.

Bildung von harten, schmirgelnden Koksablagerungen, die bei hoher Temperatur entstehen.

Als wirksame Gegenmittel gegen die starken Angriffe durch Schwefelverbindungen kommen Zusätze zum Kraftstoff und zum Schmieröl in Betracht. Derart versetzte

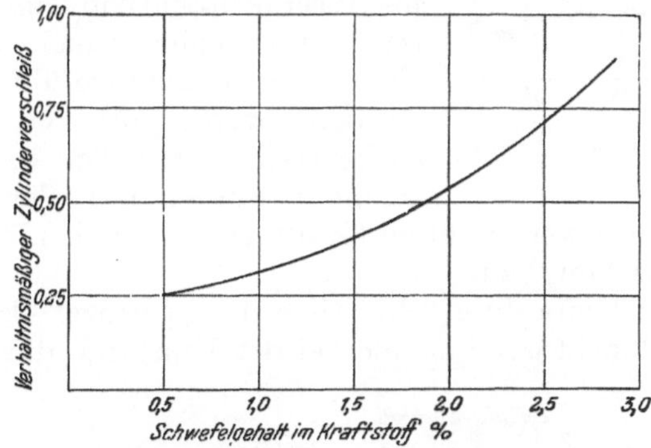

Abb. 104. Einfluß des Schwefelgehaltes im Kraftstoff auf den Zylinderverschleiß von Dieselmotoren (nach Broeze und Gravesteyn [18]).

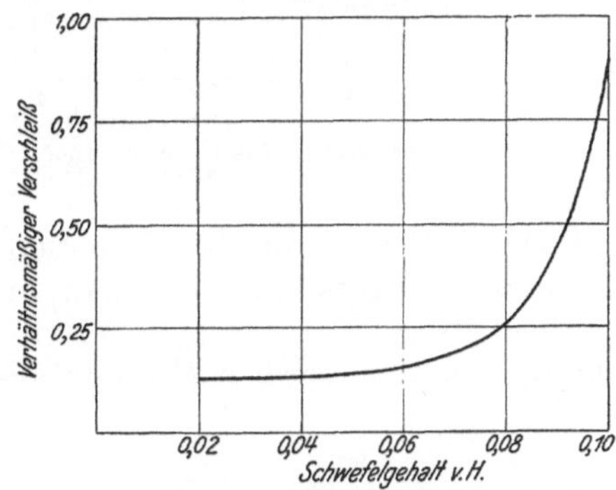

Abb. 105. Kolbenringverschleiß in Abhängigkeit vom Schwefelgehalt des Kraftstoffes. — Zylinderwandtemp. 50° (nach Ricardo]

Schmieröle sind als HD-Öle (Heavy Duty Oils) bekannt; der Zusatz (basische Stoffe wie Erdalkalierdölsulfonate, Metallsalze schwacher organischer Säuren) neutralisiert die gebildeten Säuren und hält die lackartigen Stoffe und Koksteilchen in Lösung.

Wichtig ist es aber dabei auch, die Maschine möglichst warm zu fahren, um die Temperatur des Zylinders und der Abgase so hoch zu halten, daß nirgends der Taupunkt erreicht oder unterschritten wird. Es ist auch ratsam, die Maschine nicht direkt aus dem Betrieb mit hochschwefelhaltigem Öl abzustellen, sondern vorher mit gutem Dieselöl durchzuspülen. Auch ist z. B. bei Schiffsmotoren das mit dem Manövrieren verbundene häufige Anlassen mit kalter Luft sehr schädlich, wenn hierbei nicht schwefelfreies Dieselöl verwendet wird.

Der Aschegehalt von Dieselkraftstoffen soll 0,02% keinesfalls übersteigen. Der Zylinderverschleiß wächst eindeutig mit dem Aschegehalt, doch macht dieser seinen schädlichen Einfluß auch auf die Einspritzorgane geltend: Es leiden die Gleitflächen in den Pumpen und Nadelventilen, die Sitzflächen der Ventile werden erodiert, feine Düsenbohrungen ausgewaschen und erweitert.

Silizium- und Eisenoxyde in der Asche erhöhen nach Broeze und Gravesteyn den Zylinderverschleiß, dagegen verringern ihn die Oxyde von Zink, Vanadium und Kalzium, die vermutlich den Korrosionsangriff erschweren. — Ebenso schädlich aber wie unerwünschte Beimengungen im Kraftstoff können auch ungünstige physikalische Eigenschaften, nämlich zu große Zähigkeit und zu hoch liegende Siedekurve bzw. zu hoher Gehalt an Hartasphalt oder asphaltartigen Verbindungen sein. Wenn hochsiedende asphalthaltige Öltröpfchen auf mäßig warme Wandungen treffen, so verdampfen sie nicht rückstandfrei, sondern verkoken und bilden Rückstände im Brennraum, der die Kolbenringe festsetzt und die Löcher der Einspritzdüse verlegt, so daß die Einspritzung gestört

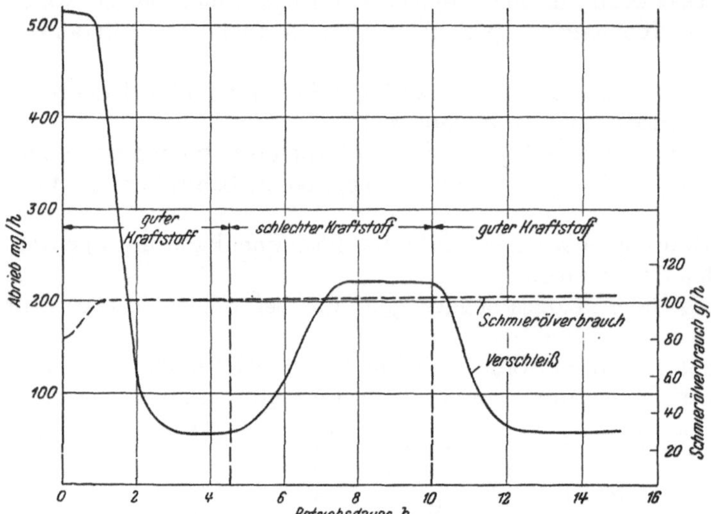

Abb. 106. Einfluß des Kraftstoffes auf den Zylinderverschleiß in einem Einspritz-Dieselmotor ($D = 204$, $S = 254$) (nach BROEZE und GRAVESTEYN [18]).

wird. Wie durch die Verwendung schlechter Kraftstoffe der Zylinderverschleiß beeinflußt wird, läßt Abb. 106 entnehmen.

Auch die heute verwendeten Antiklopfmittel wirken verschleißvermehrend. Abb. 107 gibt die Ergebnisse von Versuchen von BECK [1] wieder, die einmal mit unvermischten Kraftstoff, weiter mit klopfäquivalenten Mengen von Bleitetraäthyl und Eisenpentakarbonyl unter sonst ganz gleichen Bedingungen durchgeführt wurden, wobei die Versuchsmaschine reichlich geschmiert wurde. Der Verschleiß steigt, wie Abb. 107 erkennen läßt, vom unvermischtem Kraftstoff über den mit Bleitetraäthyl versetzten zu jenem mit Eisenkarbonyl an.

Die Lebensdauer der Zylinderbohrungen ist heute durchschnittlich noch geringer als jene der meisten übrigen Motorenteile; besonders störend ist hierbei der Umstand, daß

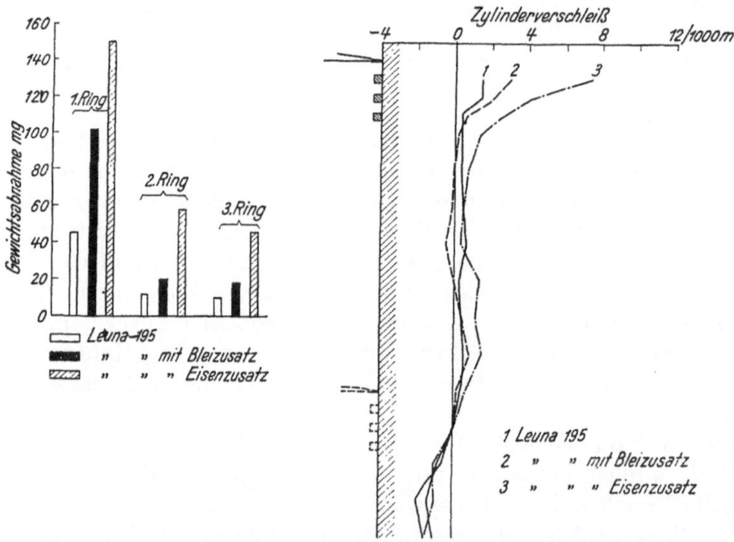

Abb. 107. Abhängigkeit des Kolbenring- und Zylinderverschleißes in Ottomotoren von der Verwendung von Antiklopfmitteln (nach BECK [1]).

sich die Lebensdauer und der Zeitpunkt der notwendig werdenden Zylinderüberholung nicht vorausbestimmen lassen; denn auch bei ganz gleichartigen Werk- und Betriebsstoffen und unter gleichen Betriebsbedingungen lassen sich in verschiedenen Maschinen gleicher Bauart nach längerer Betriebsdauer Verschleißhöhen feststellen, die sich wie 1:10 verhalten.

Aus einer sehr eingehenden Untersuchung, die in der Marineversuchsstation für Verbrennungsmotoren der USA an einer großen Zahl von Dieselmotoren verschiedener Bauarten und Abmessungen in Dauerversuchen durchgeführt wurde, ergab sich folgendes:

1. Der günstigste Zylinderverschleiß liegt nach Abb. 108a im Durchmesserbereich von 120—170 mm. — Hier dürfte einerseits die Durchschlagskraft der Brennstoffteilchen,

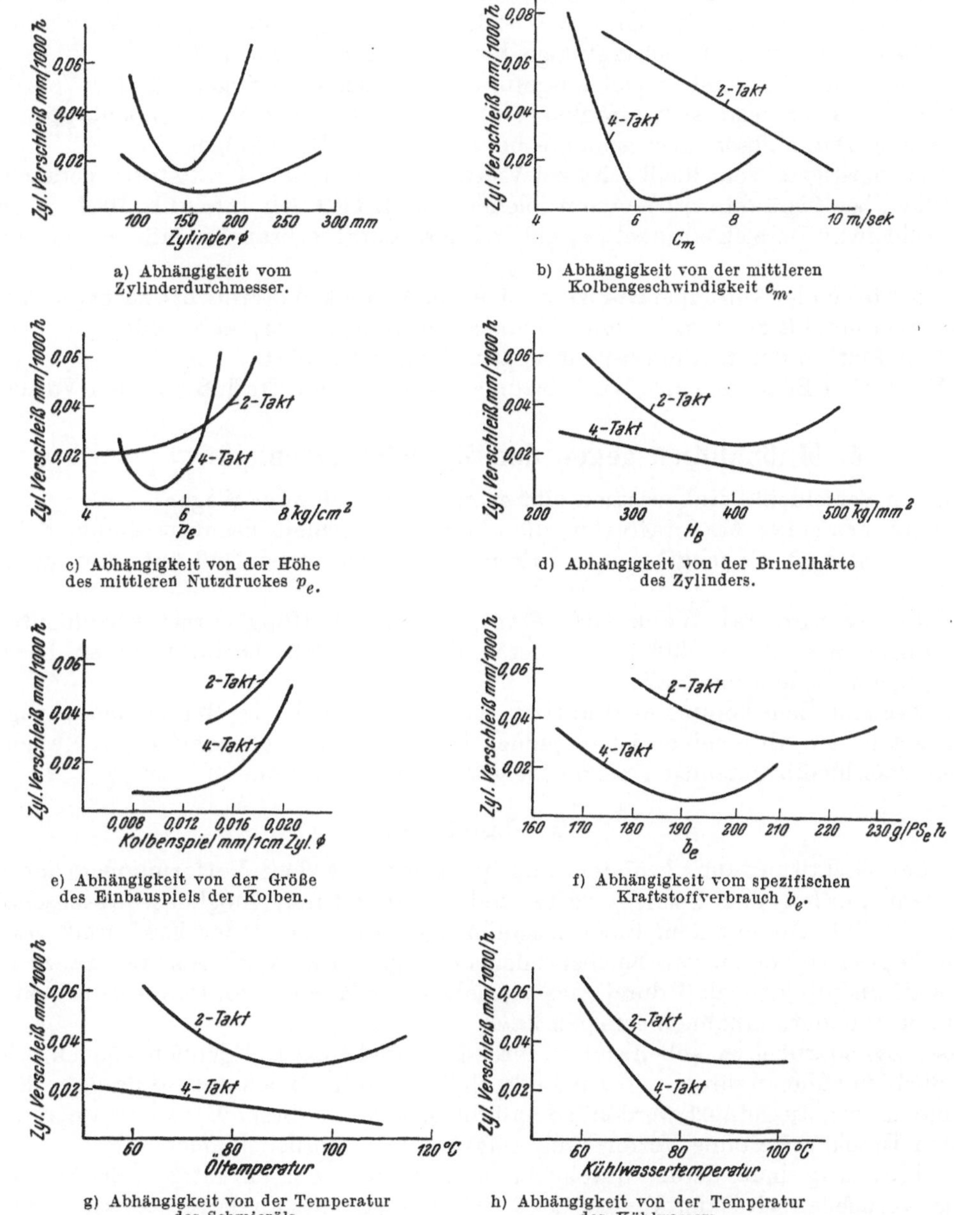

a) Abhängigkeit vom Zylinderdurchmesser.

b) Abhängigkeit von der mittleren Kolbengeschwindigkeit c_m.

c) Abhängigkeit von der Höhe des mittleren Nutzdruckes p_e.

d) Abhängigkeit von der Brinellhärte des Zylinders.

e) Abhängigkeit von der Größe des Einbauspiels der Kolben.

f) Abhängigkeit vom spezifischen Kraftstoffverbrauch b_e.

g) Abhängigkeit von der Temperatur des Schmieröls.

h) Abhängigkeit von der Temperatur des Kühlwassers.

Abb. 108. Abhängigkeit des Zylinderverschleißes in Dieselmotoren von verschiedenen Faktoren.

andererseits die Wärmebelastung der Zylinderwandung und der davon abhängige Schmierzustand an derselben eine Rolle spielen.

2. Der Einfluß der Kolbengeschwindigkeit auf den Verschleiß ist nicht gering. Sie hat bei Viertaktern ihren günstigsten Wert bei etwa 6—7 m/sek; nach den kleineren Kolbengeschwindigkeiten hin nimmt der Verschleiß sowohl bei Zwei- als auch bei Viertaktern zu.

Diese Erscheinung dürfte auf die verschiedene Ölversorgung der Zylinder zurückzuführen sein, Abb. 108b.

3. Der mittlere effektive Druck macht seinen Einfluß in dem Sinn geltend, daß bei Viertaktern mit $p_e = 5{,}5\ \text{kg/cm}^2$ ein Bestwert erreicht wird, während bei Zweitaktern der Verschleiß auch unterhalb $4{,}5\ \text{kg/cm}^2$ noch weiter abnimmt, Abb. 108c.

4. Harte Büchsen (vergütete Graugußbüchsen) mit HB = 400—500 verschleißen weniger, als weiche Büchsen mit HB = 200—260; Härtesteigerungen durch Vergüten über HB = 500 geben nur mehr geringfügige Verbesserungen, Abb. 108d.

5. Je knapper das Kolbenspiel ausgeführt wird, desto geringer ist der Verschleiß, Abb. 108e. — Hier zeigt sich offenbar der Einfluß des stärkeren Kolbenkippens und des stärkeren Durchblasens insbesondere bei niedrigeren Belastungen.

6. Der günstigste Verschleiß tritt bei Viertaktern bei einem Kraftstoffverbrauch von 193 g/PSeh, bei Zweitaktern bei einem solchen von 215 g/PSeh auf, Abb. 108f. — Dieser Bestverschleiß im Bereich eines relativ höheren Kraftstoffverbrauches läßt sich noch nicht erklären.

7. Mit steigender Öltemperatur zeigt sich bei Viertaktmotoren bis zu etwa 95°, bei Zweitaktmotoren bis zu etwa 88° ein Absinken des Verschleißes, Abb. 108g.

8. Den Einfluß der Kühlwassertemperatur zeigt Abb. 108h.

9. Verstärkte Belüftung des Kurbelraumes hatte keinen Einfluß auf den Verschleiß.

5. Maßnahmen gegen den Zylinderverschleiß.

Um den Verschleiß herabzusetzen gibt es grundsätzlich zwei Wege:

a) Konstruktive Maßnahmen, die alle den Verschleiß beeinflussenden Faktoren zwangläufig so weit als möglich ausschalten. Der Werkstoffeinfluß hat dann geringere Bedeutung.

b) Lösung von der Werkstoffseite mit der Schaffung derart verschleißwiderstandsfähiger Werkstoffe, daß alle anderen den Verschleiß beeinflussenden Faktoren von geringerer Bedeutung bleiben.

Selbstverständlich kommt es praktisch darauf hinaus, beide Möglichkeiten zugleich zu verwerten. Im allgemeinen ist es jedoch bedeutsamer und wichtiger, vor allem die äußeren Verschleißbedingungen möglichst günstig zu gestalten.

a) Gestaltung.

Bei der Gestaltung der Zylinder muß getrachtet werden, Verformungen derselben unter dem Einfluß der Betriebskräfte und -temperaturen möglichst auszuschalten.

Sind die Zylinder mit dem Block zusammengegossen, so ist der Kräftefluß von den Zylinderkopfschrauben zu den Kurbelwellenlagern genau zu verfolgen; der ganze Block ist so steif auszubilden, daß durch das Anziehen der Zylinderkopfschrauben kein Verziehen der Zylinderlaufbahnen erfolgen kann.

Nasse Zylinderbüchsen sollen sich in ihrer Längsrichtung frei dehnen können. Sitzen nasse Büchsen nahe an ihrem unteren Ende abdichtend im Block auf, so muß die Büchse steif und kräftig ausgeführt werden, so daß die großen bei dieser Bauweise auftretenden achsialen Druckkräfte ohne Verformung aufgenommen werden können.

Die Kühlung muß derart durchgebildet sein, daß ein einseitiges Erwärmen der Zylinder vermieden wird; der Verlauf des Kühlwasserstromes an den Außenseiten wassergekühlter Zylinder soll bei Neuausführungen nötigenfalls an Hand von Modellen mit durchsichtigen Außenwänden und durch Verfolgen der Kühlwasserströmung mittels Zusätzen (Sägespäne o. dgl.) genau geprüft werden.

Die Kühlung aller Zylinder soll gleichmäßig erfolgen; die Beherrschung der Kühlwassertemperatur am Ein- und Austritt ist von Wichtigkeit.

In dieser Hinsicht bringen die heute bei Fahrzeugmotoren in Verwendung stehenden Thermostaten noch keine vollkommene Lösung des Problems; von einem richtig wirkenden Thermostaten wäre zu verlangen, daß er unabhängig von der Motordrehzahl bei einer bestimmten Temperatur öffnet bzw. schließt; Abb. 109 zeigt, wie weit untersuchte Thermostaten dieser Forderung nachkommen.

Zu enge Wasserkanäle zwischen den einzelnen Zylindern behindern den Kühlwasserumlauf; auch kann an engen Durchtrittsstellen der Kernsand festbrennen und beim Putzen des Gußstückes nur unvollkommen entfernt werden; dies verschlechtert den Wärmeübergang und führt zu ungleichen Temperaturen an der Lauffläche sowie zum Verziehen des Zylinders; enge Kanäle setzen sich überdies im Betrieb auch leicht mit Kesselstein zu.

Auch das unmittelbare Zusammengießen von zwei oder mehreren Zylindern zu dem Zweck, die Baulänge der Maschine zu verkürzen, ist für das Verschleißverhalten ungünstig; denn auch diese Konstruktion bewirkt ungleichmäßige Kühlung, und hat dementsprechend ungleiche Wärmedehnungen und Verformungen der Zylinder zur Folge.

Ebenso wie bei wassergekühlten ist auch bei luftgekühlten Zylindern große Sorgfalt auf die Durchbildung der Kühlung zu verwenden; denn gerade hier kann ein Verziehen infolge einseitiger Kühlung sehr leicht eintreten. Unrichtige Anordnung der Kühlrippen und mangelhafte Führung der Kühlluft können die Ursache hierfür sein. Die Strömung der Kühlluft um die Zylinder muß ebenfalls, am besten mittels Rauchfäden, verfolgt und ausgeglichen werden [12].

Die Beeinflussung des Zylinder- und Ringverschleißes durch die achsiale Höhe der Kolbenringe wurde von WILLIAMS [13] einmal bei dauernd gleichbleibender Belastung und hoher Kühlwassertemperatur, also unter günstigen Belastungsverhältnissen, ein anderes Mal bei stark wechselnder Belastung und Kühlung, also unter ungünstigen Betriebsverhältnissen geprüft. Die Ergebnisse zeigen die Abb. 110 und 111. Beim Vergleich der beiden Abbildungen ist der verschiedene Abszissenmaßstab zu berücksichtigen.

Sehr schmale Ringe gaben dennoch unter weniger günstigen Verhältnissen übermäßig hohe Verschleißziffern; Vergrößern der achsialen Ringhöhe setzt den Verschleiß zunächst stark

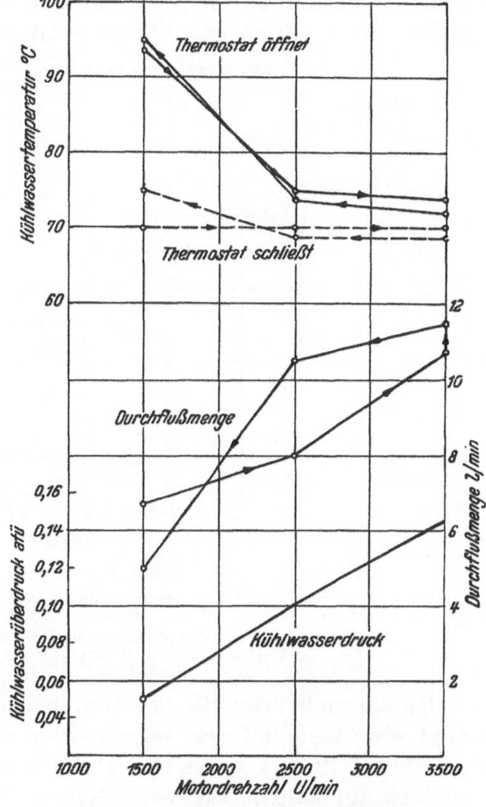

Abb. 109. Arbeitsweise geprüfter Thermostaten.

herab. bei größeren Ringhöhen wird der Einfluß einer weiteren Vergrößerung aber geringer.

Eingehende neuere Versuche des Verfassers haben die Ergebnisse der WILLIAMS'schen Versuche nicht voll bestätigt. Im allgemeinen liegt der (radiale, in mm gemessene) Verschleiß niedriger und höherer Ringe gleich hoch; nur bei axial sehr niedrigen Ringen zeigte sich ein leichtes, bei axial sehr breiten Ringen ein etwas stärkeres Ansteigen des Verschleißes. Wurde der Verschleiß aber gewichtsmäßig erfaßt, so nahm er mit der Ringhöhe in allen Fällen zu. Abweichende Ergebnisse, die manchmal zu verzeichnen sind, dürften wohl darauf zurückzuführen sein, daß die Gefügeausbildung der axial niedrigen Ringe nicht einwandfrei war. Es ist bei Einzelgußringen von geringer achsialer Höhe nämlich sehr schwierig, ein ganz einwandfreies Gefüge zu erhalten, es sei denn, die Ringe werden mit größerer axialer Höhe vergossen und dann sehr stark heruntergeschliffen, ein Verfahren, welches die Wirtschaftlichkeit der Ringherstellung allerdings in Frage stellt.

Zwischen günstigem Verschleißverhalten und den sonstigen Anforderungen an den Kolbenring wird aber ein Kompromiß hinsichtlich der Ringhöhe geschlossen werden

müssen; denn höhere Ringe bringen naturgemäß auch Nachteile mit sich. Die Vergrößerung des Ringgewichtes und der Bauhöhe des Kolbens, damit auch des Kolbengewichtes
und der Bauhöhe der ganzen Maschine sind nur bis zu einem gewissen Grade tragbar. Bei
sehr raschlaufenden Maschinen beschränkt sich die anwendbare Ringhöhe von selbst,
da die bei der Verwendung hoher Ringe entstehenden großen Massenkräfte zu rascher
Zerstörung der Nutenflanken im Kolben führen würden. Dazu kommen noch die größeren
Einlaufschwierigkeiten des axial höheren Ringes, sowie die erhöhte Ringreibungsarbeit,
die mit dem zu beobachtenden Verschleiß nicht unmittelbar zusammenhängt. Endlich
vermehren axial hohe Ringe die Neigung zum Flattern.

Auf den Wärmeübergang vom Kolben zur Zylinderwandung hat die axiale Ringhöhe keinen nennenswerten Einfluß; maßgebend für den Wärmeeinfluß ist der Übergang
von der Nutenflanke an die Ringflanke; der Wärmeübergang von der Ringlauffläche an
die Zylinderwandung ist stets wesentlich besser als jener an den Ringflanken.

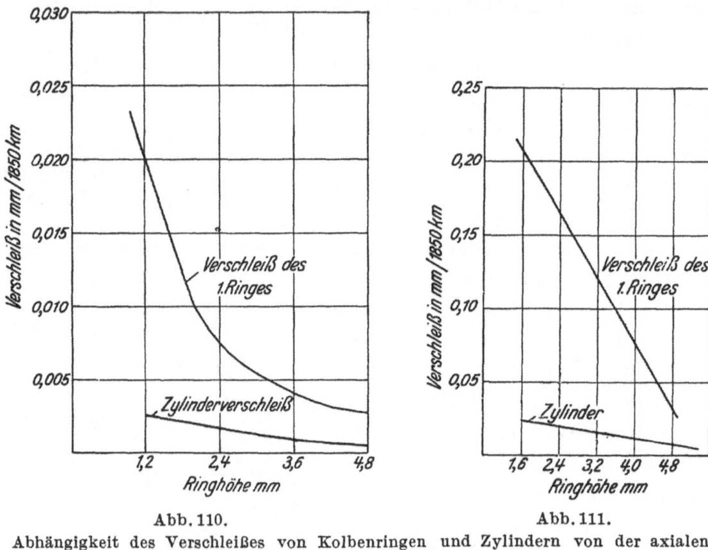

Abb. 110.   Abb. 111.
Abhängigkeit des Verschleißes von Kolbenringen und Zylindern von der axialen
Höhe der Kolbenringe (nach WILLIAMS [13])
bei gleichbleibender Belastung $n = 1600$ U/min,   bei wechselnder Belastung und
$p_e = 4\,\mathrm{kg/cm^2}$; max. Temperatur der Zylinder-   wechselnder Zylindertemperatur.
wandung 77°C.

Das Abrunden der Ringkanten, insbesondere der oberen Kanten des obersten Ringes,
bringt ein Absinken des Verschleißes von Ring und — bei axial niedrigen Ringen —
auch des Zylinders mit sich. Doch verschwindet die Abrundung infolge des Ringverschleißes allmählich; die verschleißmindernde Wirkung ist also nur vorübergehend. —
Ringe mit abgerundeten Kanten neigen dagegen stärker zum Flattern als scharfkantige.

Es ist auch noch darauf hinzuweisen, daß unsachgemäße Montage der Kolben, also
schiefe Lage im Zylinder, unsachgemäßer Einbau der Kolbenringe, so vor allem zu geringes Spiel im Stoß oder Klemmen in den Ringnuten, ebenso wie unkorrekter Einbau der
Zylinderbuchsen zu außerordentlich großem Zylinderverschleiß führen. Trotz der Selbstverständlichkeit dieser Auswirkungen ist es angebracht, besonders darauf hinzuweisen,
denn solche Fälle eines fehlerhaften Zusammenbaues werden häufig beobachtet.

Fahrzeugmotoren aller Art zeigen bekanntlich besonders im Winter auffallend höheren
Verschleiß, als in der warmen Jahreszeit; Ursachen hierfür sind die mangelnde Schmierölversorgung der Zylinder beim Anfahren mit kalter Maschine, weil das Öl zu zäh ist und
nicht in die Zylinder geschleudert werden kann, ferner die niedrige Temperatur der Zylinderwandungen, an denen sich korrodierende Verbrennungsprodukte niederschlagen. —
Um den Verschleiß möglichst einzudämmen, soll folgendes beachtet werden:

Für den Winterbetrieb soll das dünnste vom Motorhersteller zugelassene Öl Verwendung finden.

Vorwärmen des Motors durch Einfüllen von heißem Kühlwasser, Verwendung von Katalytöfen usf. ist von großem Vorteil. — Es soll betrachtet werden, den Motor bei geringer Belastung möglichst rasch auf die vorgeschriebene Betriebstemperatur zu bringen. Höheres Belasten des noch nicht ganz warm gelaufenen Motors muß jedoch vermieden werden.

Bei Ottomotoren soll der Starthelfer nur so lange als unbedingt notwendig betätigt werden, um das Abspülen des Schmierölfilms von der Zylinderwandung durch überschüssigen Brennstoff zu verhindern.

b) Werkstoffe.

Um das Verschleißverhalten von Graugußzylindern zu verbessern, wurde zunächst bei rein perlitischer Gefügeausbildung die Härte der Buchse gesteigert. Die Härte hängt aber nicht nur von der Art der Gefügebestandteile, sondern außerdem in hohem Maß von der Art der Kristallausbildung des Gefüges ab. Diese wieder ist außer von der Art der Erstarrung des Gußteiles und der Analyse auch noch durch andere Einflüsse bedingt, so daß durchaus nicht aus der Härte allein auf ein besseres Lauf- oder Verschleißverhalten geschlossen werden kann; der Herstellungsvorgang muß stets mitberücksichtigt werden.

Das bessere Verschleißverhalten härteren Gusses im Zylinder tritt vor allem dann verstärkt in Erscheinung, wenn der Verschleiß durch Fremdkörper zwischen den Laufflächen von Ringen und Zylindern hervorgerufen wird, gleichgültig, ob es sich um mit der Ansaugluft in den Zylinder gelangten Staub oder um Verunreinigungen des Schmieröls durch Asche oder Ölkohleteilchen handelt. In solchen Fällen haben sich härtere Zylinder stets bewährt. Ein Beispiel hierfür geben auch die in Abb. 112 wiedergegebenen Verschleißversuchsergebnisse an einem raschlaufenden Einzylinder-Dieselmotor mit verschiedenen Zylinderbuchsenwerkstoffen. Als weiteres Beispiel dafür seien die extremen Verhältnisse im Kohlenstaubmotor angeführt, bei denen erst die Verwendung hochharter Buchsen erträgliche Verschleißverhältnisse brachte. Bei dieser Maschinenbauart wurden zum Beispiel mit Vorteil folgende legierte Gußarten verwendet:

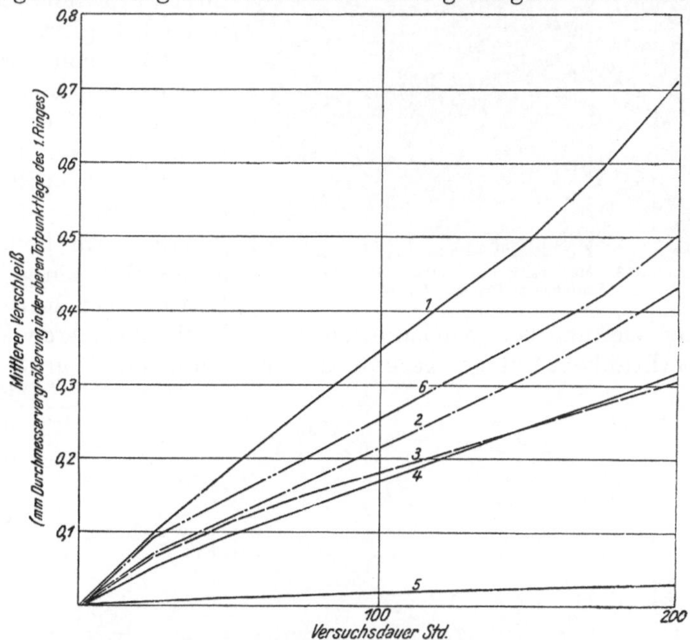

Abb. 112. Einfluß von Härte und Legierung von Zylinderwerkstoffen auf den Zylinderverschleiß.
Versuchsmotor; 1-Zylinder-Vorkammer-Dieselmotor
$D = 100$, $S = 130$, $n = 1700$.
Kühlwassertemperatur; 65° Eintritt.
75° Austritt.
Staubzusatz; 350 g Quarzstaub je m³-; Wirbelölfilter.
1... Sandgußbuchse; $H_B = 207$; unlegiert; 0,32 P.
2... Schleudergußbuchse; $H_B = 244$; legiert 0,47 Cr, 0,62 Mo; 0,39 P.
3... ,, $H_B = 296$; legiert 1,07 Cr, 0,77 P („Loded Iron").
4... ,, $H_B = 373$; wie 6, jedoch vergütet.
5... ,, hartverchromt.
6... ,, $H_B = 215$; legiert 0,42 Cr; 0,34 P.

Für Kolbenringe mit $H_B = 475$ und der Zusammensetzung:

C 2,85%   Si 1,00%   Mn 1,75%   P 0,30%   Ni 1,20%   Cr 0,55%

und für die Zylinderbüchsen mit $H_B = 450$ und der Zusammensetzung:

C 3,40%   Si 1,00%   Mn 5,40%   P 0,20%   Ni 0,10%.

Die aus dem Gußzustand mitgebrachte Härte von Graugußzylinderlaufbuchsen kann durch Härten oder Vergüten wesentlich gesteigert werden, u. zw. entweder durch Vergüten des ganzen Gußteils oder durch bloßes Oberflächenhärten der Lauffläche; Voraussetzung hierfür ist die Durchhärtbarkeit des betreffenden Gußeisens. — Um diese mit Sicherheit zu gewährleisten, werden für das Vergüten bestimmte Graugußbuchsen mit Chrom, mit Nickel oder mit Nickel und Chrom legiert.

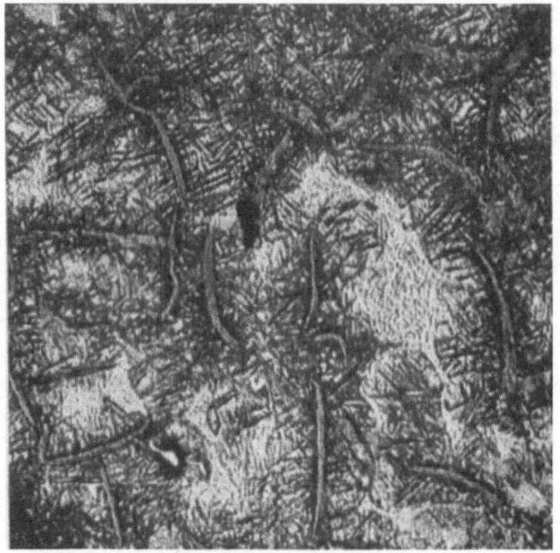

Abb. 113. Martensitisches Gefüge einer vergüteten Schleudergußbuchse. $H_B = 415$.

Durch das Härten wird das Gefüge der Buchse martensitisch (Abb. 113): die Härte erreicht etwa 500—550 kg/mm² Brinell. Durch das darauffolgende Anlassen — mindestens in der Höhe der zu erwartenden Betriebstemperatur der Buchse an ihrer wärmsten Stelle — sinkt die Härte ab, u. zw. je nach Legierung und Anlaßtemperatur auf 350 bis 500 Brinell; das Gefüge geht in ein martensitisches mit mehr oder weniger Anlassorbit über.

Das Laufverhalten martensitischer Buchsen ist ungünstiger und die Freßneigung größer, als bei perlitischen Buchsen. — Das Verschleißverhalten gegenüber reiner Abriebbeanspruchung ist günstig. Auf höhere Härte, über $HB = 380$ vergütete Buchsen geben, wenn durch entsprechende Betriebsverhältnisse die erhöhte Freßneigung nicht zur Geltung kommen kann, einen merklich geringeren Verschleiß, als solche von rein perlitischem Gefüge; gegenüber korrodierenden Angriffen sind sie empfindlicher. Die Bearbeitung von auf höhere Härte durchvergüteten Buchsen ist jedoch recht schwierig, wobei sich auch die beim Vergüten der Buchsen eintretenden Maßänderungen sehr störend bemerkbar machen.

Einfluß der Legierung (vgl. Abb. 112 und 114): Chrom und Molybdän, daneben auch Vanadin, wirken sich auf das Verschleißverhalten auch von nicht vergüteten Graugußzylinderlaufbuchsen günstig aus. Die Wirkung dürfte außer auf die Gefügeverfeinerung, die das Legieren mit diesen Elementen zur Folge hat, auch auf die Karbidbildung durch diese zurückzuführen sein. Diese Karbide zeichnen sich durch große Verschleißfestigkeit und hohe Temperaturbeständigkeit aus; daher tritt ihr Einfluß besonders bei höherer Temperatur in Erscheinung.

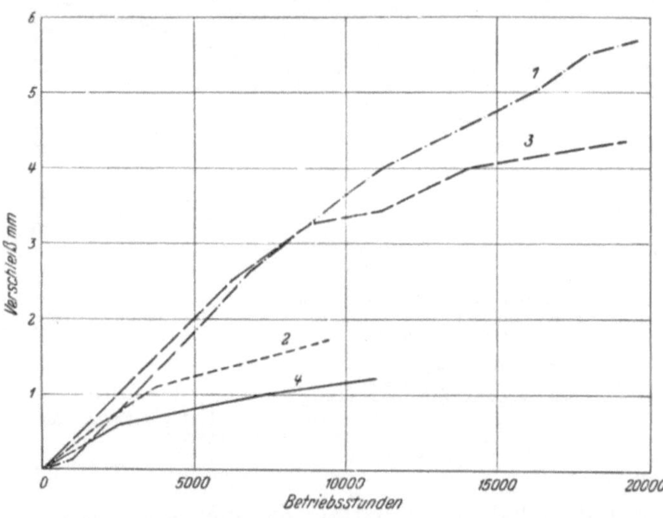

Abb. 114. Verschleiß in unlegierten und vanadinlegierten Zylinderlaufbuchsen von Zweitakt-Schiffsdieselmotoren ($D = 600, S = 1600, n = 103$).
1... MS. Schildra. Schichau-Sulzer-Motor; 1. Satz Laufbuchsen, hergestellt und eingebaut bei Schichau-Danzig. Juli 1927 — April 1930.
2... wie 1.—2. Satz Buchsen, Vanadineisen, hergestellt bei Sulzer, eingebaut in Channel Dry Docks. April 1930.
3... MS. Atlantic. Armstrong-Sulzer-Motor. — 2. Satz Laufbuchsen, hergestellt bei Sulzer, eingebaut bei Wilton, Rotterdam, August 1927 — Mai 1930.
4... MS. Kirn. Armstrong-Sulzer-Motor. 1. Satz Laufbuchsen, Vanadineisen, hergestellt bei Sulzer, eingebaut bei Armstrong, August 1930.

Nickel hat weder allein, noch in Verbindung mit Chrom eine besonders verschleißhemmende Wirkung; doch verfeinert es das Gefüge und setzt die Wandstärkenempfindlichkeit herab, wodurch einheitliche Werkstoffeigenschaften über das ganze Gußstück erzielt werden können.

Abb. 114 gibt den Verschleiß in den Zylindern großer Zweitaktschiffsdieselmotoren gleicher Bauart wieder, die z. T. mit unlegierten, z. T. mit vanadinlegierten Zylinderlaufbuchsen ausgerüstet waren; der Unterschied zwischen den beiden ist auffallend.

Von besonderem Einfluß auf den zu beobachtenden Verschleiß ist der Phosphorgehalt der Zylinderlaufbuchsen, was, wie erwähnt mit der Art der Abscheidung des harten Phosphideutektikums im Gefüge zusammen hängt; die bei höheren Phosphorgehalten netzförmige Verteilung desselben bewirkt dabei jene günstige Heterogenität des Gefüges, wie sie für Lagermetalle erwünscht ist.

Dem verbesserten Verschleißverhalten hochphosphorhaltigen Graugusses (die verbessernde Wirkung reicht bis etwa 0,8 P) sind aber etwas verschlechterte Festigkeitseigenschaften zugeordnet; insbesondere sinkt die Zähigkeit. Bei hochbeanspruchten Buchsen ist daher Vorsicht beim Steigern des Phosphorgehaltes geboten.

Von guter Verschleißfestigkeit haben sich die in England unter der Bezeichnung „Loded Iron" entwickelten Gußeisensorten erwiesen; auch diese sind im Gefüge reinperlitisch bzw. sorbitisch; bei hohen Chromgehalten von 1—3,5% wird das perlitische Gefüge durch hohe Si-Gehalte, die 3—7% erreichen können, erzwungen. Entsprechend der sehr weitgehenden Gefügeverfeinerung liegt die Härte im Gußzustand bei diesen Eisensorten bei 280 bis 300 Brinell; mit sehr gesteigertem Chromgehalt läßt sich auch noch eine Härte von 400 Brinell bei — was sehr wichtig und bemerkenswert ist — guter Bearbeitbarkeit — erreichen. Der Widerstand gegen korrodierende Angriffe steigt mit steigendem Si- und Chromgehalt. — Besonders günstig ist das Einlaufverhalten der „Loded Iron"-Sorten.

Gußeisen mit Nadelstruktur (Acicular Cast Iron). — Das charakteristische Gefüge und die dadurch gewonnenen besonderen Eigenschaften heben diese Gußeisensorte als besondere Klasse hervor; infolge ihres sehr günstigen Verschleißverhaltens haben sie sich auch bei Zylinderlaufbüchsen bewährt und sie werden sicherlich in Zukunft noch verbreitertere Anwendung finden.

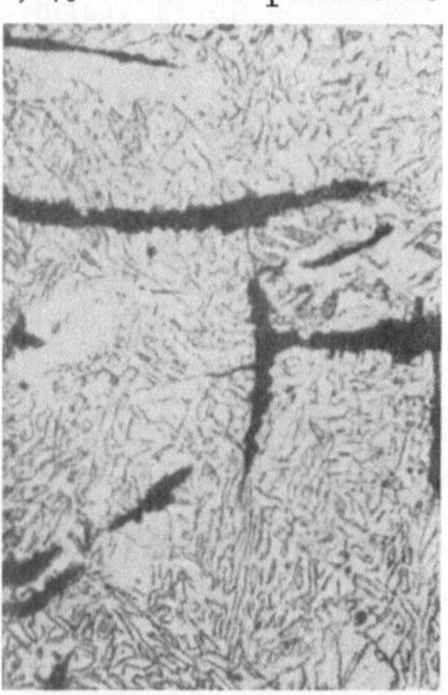

Abb. 115. Gußeisen mit Nadelstruktur.

Das Gefüge zeigt einen nadeligen Aufbau (Abb. 115), ähnlich der Martensitstruktur, stellt aber tatsächlich eine Bainitstufe (Zwischenstufe zwischen Martensit und Perlit) mit nadelförmiger Ferritausbildung dar. Im Gegensatz zum Martensit ist das Zwischenstufengefüge auch noch bei Härten von 350—400 HB gut bearbeitbar.

Das Nadelgefüge kann entweder durch geeignete Legierung und richtige Führung der Abkühlung unmittelbar im Gußzustand erreicht werden, oder es wird durch einen besonderen Vergütungsvorgang hergestellt.

Im ersteren Fall wird mit Molybdän und Nickel, oder auch mit Molybdän und Kupfer oder auch mit Molybdän allein legiert. Die an sich bei diesem Gefüge bereits günstig liegende Festigkeit kann durch Anlassen noch weiter gesteigert werden. Die Härte liegt zwischen HB = 320—420. — Bei geringen Wandstärken ist die Erzeugung des Nadelgefüges im Gußzustand schwierig und unsicher; in solchen Fällen wendet man besser die Zwischenstufenvergütung an. Diese erfolgt durch Abschreckung der auf Härttemperatur gebrachten Gußteile in einem Bad von 225—425°, in welchem sie während mehrerer Stunden verbleiben, worauf Abkühlen an Luft folgt. Damit tritt die Umwandlung des Gefüges der Grundmasse in das Zwischenstufengefüge mit Härten von 250—480 HB ein, wenn die betreffende Gußeisensorte ausreichend härtbar ist. Um letzteres zu erreichen wird mit Molybdän und gegebenenfalls überdies auch mit Chrom und Nickel legiert; damit steigt die Festigkeit auf etwa 50 kg/mm². Die Verschleißfestigkeit liegt jedoch wesentlich günstiger als bei einem nach normalem Verfahren vergüteten Gußeisen gleicher Härte; in gleicher Weise ist auch die Bearbeitbarkeit ungleich besser. Als weiterer Vorzug ist hervorzuheben, daß beim Zwischenstufenvergüten viel geringerer Verzug und geringere Maßänderung auftreten, als beim Härtungsvergüten.

Um dem Korrosionsangriff als einem der maßgebenden Verschleißfaktoren in den Zylindern zu begegnen, werden in zunehmenden Maß auch Buchsen aus austenitischem Guß verwendet, wobei die folgenden Legierungen auf Chrom-Nickel- oder Nickelbasis, z. T. auch mit erheblichem Kupferzusatz, Anwendung finden:

Nr.	Werkstoff	C_{ges}	Si	Mn	Cr	Ni	Cu	P
1	Hypocrode ..	max 3,1	1,3—2,0	0,75—1,25	4,5—5,5	12,5—14,5	4,0—6,0	max 0,3
2	Nicrosilal ..	1,6—2,2	5,0—6,0	0,5—0,8	1,8—3,0	16,0—20,0		max 0,3
3	— ..	2,5—2,75	0,75—2,0	3,75		16,5		max 0,
4	Niresist	2,0—2,5	1,75—2,75	0,7—1,5	1,5—3,0	12,0—16,0	5—8	

Diese Buchsen weisen im Gußzustand eine Härte von etwa 280—300 Brinell auf; ihre Bearbeitung ist, der Gefügeausbildung entsprechend, ziemlich schwierig. Durch Anlaßhärtung kann die Härte noch weiter gesteigert werden, so z.B. bei der unter 3 angeführten Legierung durch Warmbehandlung bei 500° auf etwa 400 Brinell.

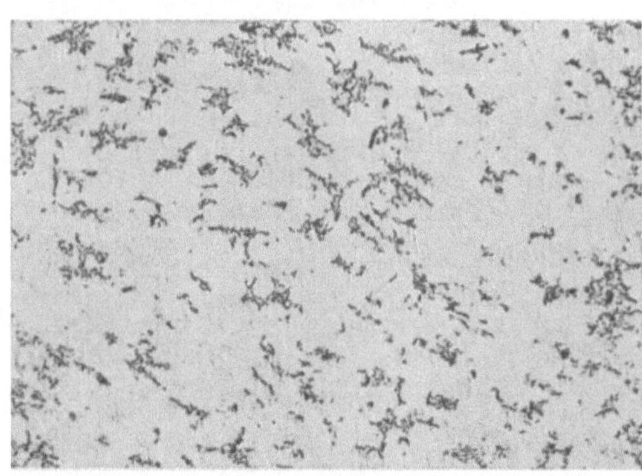 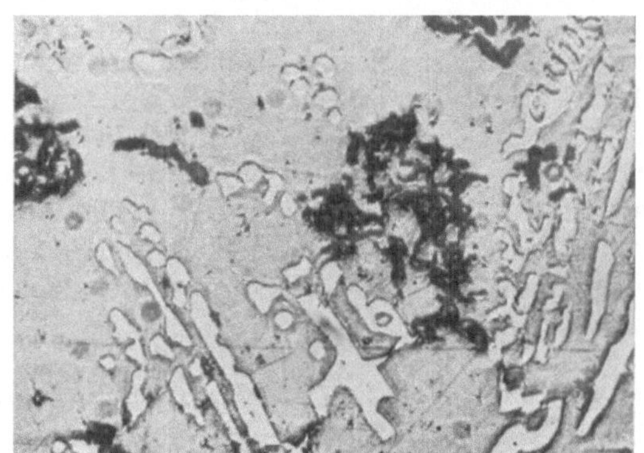

Abb. 116. ungeätzt 100 ×Abb. 117. geätzt 2% alkohol. HNO₃ 500 ×.

Gefügeausbildung in einer austenitischen Graugußbuchse.

Im Betrieb haben sich diese Buchsen, die auch gegen Korrosionsangriffe von der Kühlwasserseite her durchaus geschützt sind, recht gut bewährt; auf ihre Laufeigenschaften nimmt die Graphitausbildung bedeutenden Einfluß; ihr Verschleiß ist unter normalen Betriebsbedingungen gegenüber perlitischen Graugußbuchsen herabgesetzt; die erheblichen Mehrkosten, welche diese Buchsen verursachen und der erhebliche Aufwand an Legierungsmetallen lassen ihre Anwendung jedoch nur in besonderen Fällen gerechtfertigt erscheinen.

Aus wirtschaftlichen Gründen werden austenitische Büchsen statt auf Nickelbasis auch auf Manganbasis hergestellt; die Korrosionsbeständigkeit dieses mit etwa 12% Mn legierten Werkstoffes ist nicht ganz so hoch wie jene des nickellegierten; seine Bearbeitbarkeit schwierig.

Der als Niresist bezeichnete Werkstoff zeichnet sich durch seinen hohen Wärmeausdehnungskoeffizienten aus; trockene Buchsen aus diesem Werkstoff eignen sich deshalb zum Einbau in Leichtmetallblöcken, da die Ausdehnungskoeffizienten z. B. von Silumin und Niresist fast die gleichen sind. Auch diese Buchsen finden jedoch keine allgemeine Verwendung, denn durch geeignete bauliche und gestaltende Maßnahmen lassen sich hier auch Grauguß- oder Stahlbuchsen trotz ihrer abweichenden Wärmedehnwerte anstandslos verwenden.

Wie das Gefügebild eines austenitischen Gußeisens (Abb. 116 und 117) erkennen läßt, ist der Werkstoff, dem niedrigen Kohlenstoffgehalt entsprechend, verhältnismäßig graphitarm; im Grundgefüge finden sich viel freie Karbide, die, im zähen Austenit der Grundmasse eingebettet, die Träger der Verschleißfestigkeit dieser Zylinderwerkstoffe sind;

außerdem erreicht die oberste Laufflächenschicht dieser Werkstoffe durch Kaltverformung eine wirksame und oft recht bedeutende Härtesteigerung.

Weitere Verschleißverminderungen können auch durch Erhöhen der Härte der Laufflächen allein über die dem Gußzustand entsprechende Härte hinaus erzielt werden; hier stehen folgende Verfahren in Verwendung.

1. das Oberflächenhärten der Lauffläche
2. das Nitrieren
3. das Hartverchromen.

Durch Oberflächenhärten läßt sich an der Lauffläche, u. zw. durch Erzeugen eines martensitischen Härtungsgefüges, eine Härte von etwa 500 Brinell erzielen; die Härtung erfaßt eine etwa 0,5—1,0 mm starke Oberflächenschicht. Das Laufverhalten derart gehärteter Buchsen, wofür verschiedene Härtungsverfahren zur Verfügung stehen (Induktive oder autogene Oberflächenhärtung, Härtung nach dem Peddinghausverfahren) ist günstig. Sie sind unvergüteten guten perlitischen Buchsen dank der hohen Oberflächenhärte von über 500 Brinell im Verschleißverhalten stark überlegen.

Das Nitrieren setzt die Verwendung bestimmter, nitrierfähiger Gußsorten voraus. Die Nitrierschicht hat eine Stärke von 0,35—0,55 mm und weist eine Härte von etwa 800 Brinell auf.

Die bisher vorliegenden Erfahrungen mit nitrierten Buchsen widersprechen einander, sind aber zum Großteil günstig. Auch beim Verschleiß nitrierter Zylinder dürfte die Graphitverteilung eine Rolle spielen. Die Verschleißbeständigkeit gegenüber dem Angriff durch Abrieb ist sicherlich wesentlich höher als bei vergüteten Buchsen. Nitrierte Zylinder haben im Fahrzeugmotorenbau bereits ein weites Anwendungsgebiet gefunden.

Die Hartchromschicht hartverchromter Zylinder mit einer Härte von etwa 900—1000 Brinell weist hohen Verschleißwiderstand gegen Abrieb und hohe, fast vollkommene Korrosionsbeständigkeit auf. Für das Hartverchromen eignen sich sowohl Grauguß- als auch Stahlzylinder. Auch hartverchromte Leichtmetallzylinder brachten günstige Ergebnisse, wobei insbesondere der Vorteil ins Gewicht fällt, daß sie die Anwendung wesentlich geringerer Kolbenspiele gestatten [26]. Als Grundwerkstoff eignet sich hierzu Hydronalium und die Kolbenlegierung EC 124 am besten [27].

Voraussetzung für die Bewährung hartverchromter Zylinder ist:

absolut festes Haften der Chromschicht am Grundmaterial;

richtige Bemessung des Kolbenspiels,

richtige Schmierung der Zylinder und Verwendung geeigneter Ölsorten, eventuell mit Zusätzen von Kolloidalgraphit, um die mangelnde Ölhaftigkeit der Chromschicht auszugleichen.

Dem letzteren Mangel der Hartchromschicht trachtet man auch durch Herstellung einer porösen „Matt"-Chromschicht zu begegnen, die in ihren Vertiefungen und Poren das Öl besser halten soll. Dasselbe erreicht man durch mechanisches Aufrauhen des Hartchromspiegels (z. B. durch Behandeln im Stahlfunker), um die Ölhaftfähigkeit zu verbessern und das Einlaufen der Kolbenringe zu beschleunigen. Auch wird manchmal nur das obere, dem Verschleiß am meisten ausgesetzte Drittel des Zylinders hartverchromt, wodurch — insbesondere bei raschlaufenden Dieselmotoren — eine genügende Ölversorgung auch der oberen Zylinderbereiche gewährleistet sein soll. Diese Maßnahmen lassen sich aber in ihren Ergebnissen noch nicht überblicken; das Verchromen der Zylinder nur auf einen Teil ihrer Länge führt überdies zu beträchtlichen Herstellungsschwierigkeiten.

In der Poröshartverchromung muß wohl das zur Zeit aussichtsreichste Verfahren für eine wirksame Herabsetzung des Zylinderverschleißes gesehen werden. Bei richtig durchgeführter Verchromung ist die Bindung zwischen Chromschicht und Grundmaterial sowie zwischen den einzelnen Chromteilchen fest genug, um ein Loslösen durch die Betriebsbeanspruchungen zu verhindern. Die Chromschicht kann eine gute Endbearbeitungsgüte erhalten, ohne das die Ölaufnahmefähigkeit verloren geht. Durch das dem Verchromen vorangehende Ätzen werden die durch die Bearbeitung der Bohrung etwa gelockerten Teilchen des Grundmaterials entfernt. Um die Porosität der Chromschicht zu verbessern, wird nach dem Verchromen vielfach nochmals geätzt, wodurch etwa unter Spannung stehende Chromteilchen, die im Betrieb durch Ermüdung oder Kavitation losgelöst werden könnten, entfernt werden.

Zur Zeit sind allerdings die Verchromungsverfahren noch nicht mit solcher Treffsicherheit zu beherrschen, daß sich unter allen Umständen gleichmäßige Ergebnisse erzielen lassen; verchromte Büchsen zeigen unter ganz gleichen Betriebsbeanspruchungen Streuungen im Verschleißverhalten wie 1:8. Der Hauptgrund hierfür liegt offenbar in Unterschieden in den Eigenschaften der Chromschicht selbst. Die geringste Streuung zeigen Chromschichten, deren Porosität durch Stromumkehr erzeugt wurde; doch ist es heute noch nicht möglich, die Größe, den gegenseitigen Abstand und die Tiefe der Poren genügend genau zu beherrschen. — Ein wichtiger Zusammenhang erscheint zwischen dem Verschleißverhalten der Chromschicht und der Orientierung der Kristalle innerhalb derselben zu bestehen; der geringste Verschleiß ergab sich bei vollkommen unregelmäßiger Anordnung der Kristalle. Daneben nehmen aber alle beim Verchromen eingehaltenen Bedingungen, wie Stromdichte, Badtemperatur, Säurekonzentration, Badmischungsverhältnis usf. sehr großen Einfluß.

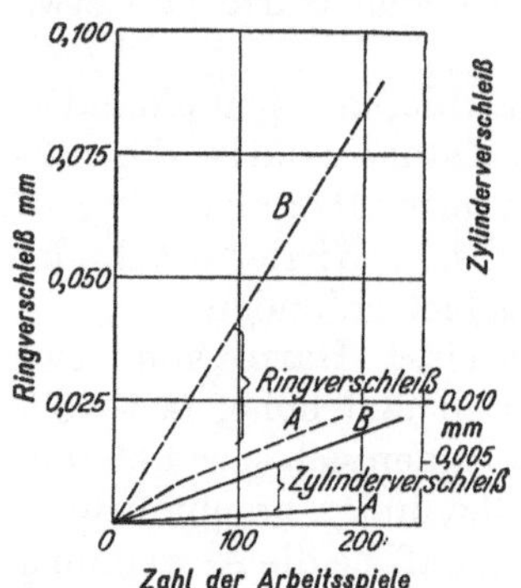

Abb. 118. Kolbenring- und Zylinderverschleiß in einem hartverchromten Graugußzylinder im Vergleich mit einem normalen Graugußzylinder. *A* hartverchromter Zylinder. *B* Graugußzylinder (C_{ges} 3,53; C_{geb} 0,83; Mn 0,90; Si 1,70; P 0,53). Die Laufzeit wurde wie folgt in regelmäßigem Wechsel in „Arbeitsspiele" unterteilt; 1 Arbeitsspiel = 5 min Leerlauf + 10 min Vollastlauf + 15 min Abkühlung.

Bei hartverchromten Leichtmetallzylindern reißt die Hartchromschicht infolge ihres vom Grundwerkstoff verschiedenen Wärmeausdehnungskoeffizienten pflastersteinartig auf, wodurch sich die Ölhaftung an der Laufschicht von selbst verbessert.

Abb. 118 gibt einen Vergleich zwischen dem Verschleiß in einem unlegierten Graugußzylinder und in einem hartverchromten Zylinder. Die große Überlegenheit des hartverchromten Zylinders erweist sich unter den verschiedensten Arbeitsbedingungen, sowohl bei stark wechselnder Belastung und bei häufigem Kaltstart als auch unter gleichbleibender Last. Bemerkenswert ist das starke Absinken auch des Kolbenringverschleißes beim Arbeiten im hartverchromten Zylinder.

Während im Fahrzeugmotor das Hartverchromen nur zögernd Fuß faßt, hat es sich im Schiffsmotorenbau bereits ein weites Anwendungsgebiet gesichert.

An einer Großzahl von Dieselmotoren durchgeführte Messungen haben gezeigt, daß sich der Verschleiß verchromter Zylinder zu jenem unverchromter guter Graugußbüchsen im Durchschnitt wie 1:4 verhält.

Im Schlepperbetrieb haben sich z. T. noch wesentlich günstigere Werte für den hartverchromten Zylinder ergeben; der gemessene Verschleiß betrug $^1/_3$ bis $^1/_{10}$ des Verschleißes im Graugußzylinder.

Stahlzylinder können zur Erhöhung der Verschleißfestigkeit an den Laufflächen einsatzgehärtet, vergütet, hartverchromt oder nitriert werden. Sinngemäß ist das Verschleißverhalten ähnlich wie jenes der gleich behandelten Graugußzylinder.

Es besteht auch die Möglichkeit, an Stelle von Graugußbüchsen billige Stahlrohre zu verchromen und als Zylinderlaufbüchsen zu verwenden.

Die in harten Zylindern verwendeten Kolbenringe werden zweckmäßig den hohen Härten besonders angepaßt. Es ergeben sich nämlich unter diesen Umständen besonders lange Einlaufzeiten für die Ringe, ja oft ist praktisch überhaupt kein Einlaufverschleiß zu beobachten. Kunstharzüberzüge, denen auch noch Schmierstoffe wie Graphit oder Aluminiumstaub oder schmirgelnde Stoffe usw. beigemengt werden können, haben sich als dünne Einlaufschichten auf den Laufflächen der Kolbenringe aufgetragen, gut bewährt. (Vgl. Abschn. 6, S. 76).

Verchromte Kolbenringe.

Sehr bemerkenswert ist es, daß bei Verwendung von an der Lauffläche hartverchromten Kolbenringen — in der Regel wird nur der 1. Ring, bei Dieselmotoren manchmal auch 2. Ring hartverchromt, während die übrigen Ringe normale Graugußringe sind — eine wesentliche Verringung des Verschleißes sowohl an sämtlichen Ringen als auch an den Zylindern erzielt werden kann. Diese Maßnahme ist so wirksam und so einfach, daß sie allgemeine Anwendung verdient. Der Zylinderverschleiß sinkt unter sonst gleichen Bedingungen durch die Anwendung verchromter Ringe auf etwa $^1/_2$—$^1/_5$ des normalen Verschleißes.

Die Stärke der Hartchromschicht am Ring soll etwa 0,1—0,15 mm betragen; die Ringkanten sind sorgfältig abzurunden, so daß die Abrundung nicht nur die Chromschicht sondern auch noch den Grundwerkstoff erfaßt. — Die Härte der Chromschicht soll bei einer Prüflast von 100 g nicht unter 775 Vickers betragen.

Solche hartverchromte Ringe eignen sich zur Verwendung in normalen Gußeisenzylindern, in vergüteten Graugußzylinderbüchsen, in gehärteten Graugußbüchsen (induktions- oder flammengehärtet) sowie in nitrierten Grauguß- oder Stahlzylindern. Ungeeignet sind sie aber zur Verwendung in hartverchromten Zylindern.

Um den Zylinderverschleiß in Kraftwagenmotoren, vor allem in Ottomotoren, wirksam zu bekämpfen, empfiehlt Taub [15, 14] die folgenden Maßnahmen:

a) Regelung der Kühlwassertemperatur mit Hilfe wirksamer Thermostaten; die Kühlwassertemperatur soll auf mindestens 62° C, besser aber auf 75° C gehalten werden.

b) Wirksame Bekämpfung des Gasdurchtrittes an den Kolbenringen.

c) Kräftige Belüftung des Kurbelraumes, um die schädlichen Folgen des Durchblasens durch die Kolbenringe zu mildern.

d) Gleichmäßige und reichliche Schmierung der Zylinderlaufflächen.

e) Regelung des Ölverbrauches der Maschine durch Kolbenringe mit entsprechender Wirksamkeit und nicht durch zu weitgehende Drosselung der Ölmenge an jenen Stellen, von welchen aus die Förderung des Öls in die Zylinder erfolgt.

f) Betrieb der Maschine mit möglichst armem Gemisch.

g) Verwendung eines Brennstoffes mit richtigen Verdampfungseigenschaften.

h) Möglichst hohe Temperatur der Zylinderwandungen.

i) Möglichst genaue, nicht willkürliche verstellbare Einstellung der Zündung.

Das günstige Verschleißverhalten bei der angegebenen reichlichen Schmierung wird damit erklärt, daß sich bei dieser innerhalb der Kolbenringdichtung stets genügend Frischöl befindet, wodurch für eine ausreichende Schmierung der Gleitflächen von Kolbenringen und Zylindern gesorgt ist; schmiert man dagegen sparsam bei geringer Abstreifwirkung der Ringe, so tritt an den Ringen kein entsprechender Ölwechsel ein und es wird dauernd das gleiche Öl innerhalb der Ringe hin- und herbewegt.

Die kräftige Belüftung des Kurbelraumes schiebt das Altern des Schmieröls hinaus. Fehlt die Belüftung, so tritt unter Umständen eine sehr rasche Verschlechterung des Öles ein, zu welcher manche Ölsorten besonders neigen; die Folge ist erhöhter Verschleiß. Manche rätselhafte Verschleißerscheinungen in Motorzylindern dürfte auf diesen Umstand zurückzuführen sein.

Bei Fahrzeugmotoren aller Art, besonders aber bei Schleppermotoren, haben sich als wichtige Zusatzeinrichtungen zur Erhöhung der Betriebssicherheit wirksame Luft- und Ölfilter erwiesen. Der Verschleiß der Zylinderlaufbuchsen und auch der Lager wird vor allem bei landwirtschaftlichen Schleppern in erster Linie durch die mit der Ansaugluft in den Motor geratene Staubmenge bedingt. Die in der Luft enthaltene Staubmengen sind besonders auf trockenen Böden sehr erheblich: Werte von etwa 2000 mg/m³ in der Höhe von 1 m über dem Boden sind durchaus nicht selten. Da der Staubgehalt der Luft mit steigender Erhebung über dem Boden nach einer Hyperbel abnimmt, ist es immer von Vorteil, wenn bei Schleppern die Ansaugluft mittels eines nach oben gerichteten, längeren Ansaugrohres höheren und damit staubfreieren Luftschichten entnommen wird. — Auch bei Triebwagenmotoren wird aus denselben Gründen die Ansaugluftleitung zum Dach des Wagens geführt.

Vielfach zu wenig beachtet wird die Frage des Schmieröls. Da in der Landwirtschaft die Betriebsstoffe vielfach nicht in der gleichen Reinheit wie z. B. an Tankstellen zur Verfügung stehen, ist das Vorhandensein von wirksamen Filtern, sowohl für das Schmieröl, als auch für den Kraftstoff eine Vorbedingung für lange Lebensdauer der Maschine. Beim Zerlegen von Schleppermotoren zeigen sich in der Ölwanne stets ziemlich bedeutende Mengen von Fremdstoffen. Es ist daher auch zweckmäßig, den Kurbelgehäuseentlüfter als Luftfilter auszuführen, da sonst durch diesen erhebliche Staubmengen in den Motor gelangen können.

Neben der Filterung von Luft, Öl und Kraftstoff ist auch die Kühlwassertemperatur von größter Bedeutung: Regelung der Kühlwassertemperatur durch Thermostaten oder Kühlerjalousien mit Kühlwasserthermometer sollen daher bei keinem Schlepper fehlen. (Vgl. hierzu auch Abschnitt III, Filter, S. 100.)

6. Oberflächenbehandlung von Kolbenringen, Laufflächenbehandlung von Zylindern.

Neue Kolbenringe laufen wegen der unvollkommenen Berührung mit der Zylinderlauffläche ungünstig und dichten nur mangelhaft ab; bis zum Erreichen des vollen Einlaufzustandes ist dadurch der Ölfilm an der Zylinderwandung gefährdet und die Freßneigung der Ringe erhöht, so daß es unzulässig erscheint, die Maschine sofort voll zu belasten.

Durch Oberflächenbehandlungsverfahren verschiedener Art trachtet man, den Einlaufvorgang abzukürzen oder den Ring mit Oberflächenschichten zu überziehen, welche rasch Hilfslaufflächen von entsprechenden Eigenschaften bilden, nach und nach abgetragen werden und allmählich den Grundwerkstoff des Ringes zum Tragen kommen lassen.

Dazu haben sich folgende Oberflächenbehandlungsverfahren herausgebildet und in der Praxis gut bewährt:

a) Oberflächen-Verschleißschichten: Die Ringe erhalten Überzüge, welche unter Verwendung eines festhaftenden und ölbeständigen Bindemittels Verschleißmittel, wie feinen Schmirgel oder geschlämmten Ton erhalten; die Schichten werden häufig nach dem Auftragen auch noch festgebrannt. Während des Einlaufens wirkt das Schleifmittel dieser Schichten als Verschleißstaub zwischen Kolbenring und Zylinderlauffläche und bewirkt einen raschen Verschleiß der Oberflächenschichten und damit ein beschleunigtes Einlaufen.

Auch gewisse Ausbildungsformen des durch Phosphatierungsverfahren auf den Ringlaufflächen niedergeschlagenen Eisen-Phosphats können ähnlich als Verschleißmittel wirken.

In gleicher Weise wirken auch Oxydüberzüge, welche durch Warmbehandlung der Ringe an deren Oberflächen erzeugt werden können; das während des Einlaufens abgeriebene Oxyd wirkt als Verschleiß- und Poliermittel. Hierher zählt z. B. das Ferrox-Verfahren.

b) Hilfstragflächen lassen sich vor allem auf günstige Weise mittels metallischer Überzüge erzeugen; bewährt haben sich das Verzinnen, Verbleien, Verkadmieren, daneben auch Verkupfern und Verzinken; ebenso wirken in ähnlicher Weise auch Kunstharz- oder Leimüberzüge mit Zusätzen von Graphit oder Aluminiumstaub u. a. m.

c) Endlich kann das Einlaufverhalten der Ringe auch dadurch gefördert werden, daß das Ölaufnahmevermögen der feingedrehten Ringlauffläche verbessert wird; dazu kann die Lauffläche in ihrer Struktur durch verschiedene Beiz- oder Ätzverfahren gelockert werden oder es können Niederschläge verschiedener chemischer Verbindungen auf der Lauffläche erfolgen; hierher zählt das Phosphatieren, das Sulfidieren und andere Oberflächenbehandlungsverfahren. Besonders wirksam werden solche Schichten, wenn sie an sich selbstschmierende Eigenschaften mitbringen; vielfach wird ihre Wirkung noch durch zusätzliche Graphitüberzüge verbessert.

Auch die Zylinderlaufbüchsen werden hin und wieder mit Einlaufschutzschichten versehen.

Bei Ottomotoren unterzieht man beispielsweise im Werk Buick der GMC die Zylinderbohrungen nach dem Schleifhonen einer etwa 5 Minuten dauernden chemischen Behandlung mit einer 95° heißen Lösung von saurem Mangankarbonat (sog. Lubritelösung). Nach Auswischen des sich bildenden grauen Überzuges erscheinen die Bohrungen samtartig schwarz. Durch Nachhonen mit Gußeisenhonleisten werden in 5—6 Zügen etwa bei der chemischen Behandlung entstandene Unebenheiten entfernt. Durch diese Behandlung soll die Lebensdauer der Zylinder jener der übrigen Verschleißteile des Motors gleich werden.

Bei Dieselmotoren werden die Zylinderbohrungen in manchen Fällen sulfidiert.

7. Instandsetzung ausgelaufener Zylinder.

Mit fortschreitendem Verschleiß im Zylinder wachsen die Gasverluste durch die Kolbenringdichtung, der Kolben beginnt zu klappern, der Ölverbrauch steigt und die Leistung sinkt ab.

Ist der Verschleiß im Zylinder endlich so weit vorgeschritten, daß der ordnungsmäßige Betrieb des Motors darunter leidet oder in Frage gestellt wird, so muß der Zylinder durch Ausbohren auf ein größeres Nennmaß wieder in Stand gesetzt werden.

Bei Fahrzeugmotoren werden im allgemeinen bis zu dieser Überholung die folgenden Abnutzungsgrenzen am Zylinderdurchmesser zugelassen:

bei Fahrzeug-Ottomotoren bis zu 0,35 mm; das Ausbohren erfolgt um 0,5 mm;

bei Fahrzeug-Dieselmotoren bis zu 0,7—0,8 mm, wodurch ein Aufbohren um 1,0 mm nötig wird.

Die zur Zeit geltenden Normen für den Kraftfahrzeug-Motorenbau sehen vor:

Bei Kraftwagenmotoren in der Regel ein viermaliges Nachschleifen der Zylinder um je 0,5 mm bis zu einer Gesamtdurchmesservergrößerung von 2,0 mm; bei Krafträdern und Motorfahrrädern ein dreimaliges Nachschleifen um je 0,5 mm bis zu einer Gesamtdurchmesservergrößerung von 1,5 mm.

Dementsprechend werden auch die Kolbenringe nur in den erwähnten Übergrößen serienmäßig hergestellt.

Die Not der Nachkriegsverhältnisse zwang jedoch vielfach dazu, mit dem Aufbohren der Zylinder noch weiter zu gehen. — Wie weit aber damit gegangen werden kann, hängt von der ursprünglichen Wandstärke der Zylinder und von ihrer Beanspruchung ab; durch zu weitgehendes Aufbohren wird die Betriebssicherheit des Motors gefährdet; daher muß man sich hier an die Angaben der Motorbaufirma halten.

Ist das höchstzulässige Maß für das Aufbohren erreicht, so kann durch das Einziehen eines Lauffutters, einer sogenannten „trockenen Buchse", die Lauffläche wieder hergestellt und die Bohrung wieder auf das ursprüngliche Maß gebracht werden. Diese Art der Wiederinstandsetzung bringt noch den Vorteil mit sich, daß für die trockenen Büchsen hochverschleißfeste Werkstoffe verwendet werden können. Im allgemeinen haben sich für diesen Zweck legierte Graugußbüchsen, vor allem Schleudergußbüchsen, gut bewährt.

Wichtig bei der Verwendung trockener Büchsen ist ein äußerst sorgfältiger Einbau derselben; vor allem aber ist darauf zu achten, daß der Wärmefluß von der Lauffläche zum Kühlmittel nicht behindert wird, denn jeder Wärmestau in der trockenen Büchse hätte unbedingt erhöhten Verschleiß zur Folge. Es ist deshalb notwendig, daß sowohl die zur Aufnahme der Büchse bestimmte Bohrung im Block als auch die Büchse selbst an ihrer Außenseite möglichst genau und glatt bearbeitet werden und daß die Büchse mit genügendem Preßsitz eingezogen wird. Allerdings darf das Übermaß für die Büchse auch nicht zu groß gewählt werden, weil sonst die Lauffläche selbst unter zu hohen Spannungen steht und die Büchse im Betrieb sich verzieht und unrund wird, was wieder verschleißfördernd wirkt. Bei den üblichen Wandstärken der trockenen Büchsen, die je nach dem Büchsendurchmesser 1,5—2,5 mm beträgt, wird das Übermaß des Büchsendurchmessers D

gegenüber der Blockbohrung mit etwa $\frac{D}{1500}$ gewählt, wodurch sich erfahrungsgemäß günstige Verschleißverhältnisse ergeben. — Die Fertigbearbeitung der Laufflächen trockener Büchsen erfolgt in der Regel nach dem Einpressen in den Block, um korrekte Lage der Bohrungen zu gewährleisten. Doch werden heute öfters auch in der Bohrung fertig bearbeitete trockene Büchsen (insbesondere solche von hoher Laufflächenhärte) eingezogen; diese Arbeit muß dann besonders sorgfältig vorgenommen werden.

Die trockenen Büchsen sollen in den zu ihrer Aufnahme bestimmten Bohrungen einrosten; zum Einpressen der Büchsen werden daher Gleitmittel verwendet, die diesen Vorgang erleichtern. Keinesfalls dürfen Schmieröl oder andere den Wärmeübergang störende Mittel verwendet werden. Dagegen hat sich das Verkupfern der Außenseiten trockener Büchsen bewährt.

Im Ausland werden hochverschleißfeste trockene Büchsen häufig bereits von Haus aus von der Motorenfabrik in den Zylindern vorgesehen.

8. Korrosion an den Außenseiten von Zylinderlaufbuchsen.

Eine Zerstörung, die u. U. sehr rasch fortschreiten und erhebliche Schäden verursachen kann, tritt an der dem Kühlwasser ausgesetzten Außenseite von Zylinderlaufbuchsen auf. Durch Korrosionsangriffe erscheinen hier tiefgreifende, rasch fortschreitende Anfressungen an kleineren oder größeren Teilen dieser Oberflächen (Abb. 119).

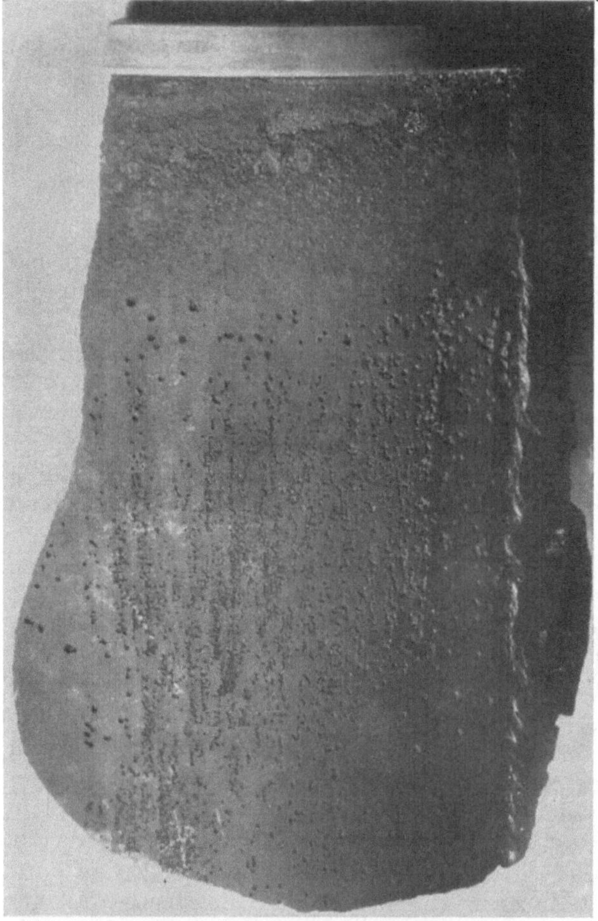

Derartige Korrosionserscheinungen zeigen sich vor allem an den Zylindern seewasser-gekühlter Maschinen; doch auch bei Verwendung von verunreinigten Flußwässern, von Brackwasser oder von manchen stark salzhaltigen Wässern, aber auch bei ganz indifferentem Kühlwasser, treten ähnliche Erscheinungen auf.

Der Korrosionsangriff erfolgt stets an jenen Stellen, das Kühlwasser tote Winkel oder stehende Wirbel bildet und wo damit Gelegenheit zum Ansetzen von Luftblasen gegeben ist. Der Angriff ist besonders stark, wenn das Kühlwasser reichlich Luft mitführt und befällt in erster Linie die heißesten Teile der Zylinderlaufbuchse.

Besteht die Möglichkeit, daß sich innerhalb des Motors ein elektrischer Stromkreis ausbildet, so kann auch darin die Ursache für diese Zerstörung gelegen sein.

Eine Abwehr dieser Zerstörungen erfolgt durch kathodischen Schutz der Zylinder. Die gefährdeten Stellen werden kathodisch polarisiert, so daß hier ein

Abb. 119. Zerstörungen durch Korrosion an der Außenseite einer seewassergekühlten Grauguß-Zylinderlaufbüchse.

Angriff nicht stattfinden kann; als Elektrolyt im Element wirkt das angreifende Kühlwasser.

Die kathodische Polarisation kann erzielt werden:

a) Durch Anlegen eines Gleichstromes aus einer äußeren Stromquelle

b) durch Berührung mit unedleren, d. h. in der Spannungsreihe niedriger gelegenen Metallen.

Die Stromdichte muß an der zu schützenden Oberfläche ein gewisses Mindestmaß erreichen, um wirksam zu sein. Für die Sicherung von Eisen in Seewasser beträgt die erforderliche Stromdichte 105. 10^{-8} A/cm²; dementsprechend ist zu wählen:

im Falle a): die Stromstärke

im Falle b): die Abmessung der Anodenfläche und ihre Entfernung von der Kathode unter Berücksichtigung des elektrischen Widerstandes des angreifenden Mittels.

Erfolgt der Schutz des Gußeisens durch Berührung mit Schutzmetallen (vor allem Zink), so ist darauf zu achten, daß die Verbindung zwischen den Kontaktstellen stets gut leitend sein muß und daß das Inlösunggehen der Anode nicht durch Bildung von Deckschichten gestört wird. Je geringer die Leitfähigkeit des Elektrolyten, desto größer muß die Oberfläche des Protektors gewählt werden, und um so näher muß diese Anode an die gefährdete Oberfläche gesetzt werden.

Durch sorgfältige Durchbildung der Kühlwasserführung im Kühlraum, Vermeiden von toten Winkeln und Wirbeln, kann die Neigung zu Korrosionsangriffen stark herabgesetzt werden.

In Fällen wo die Korrosionsangriffe an den Zylinderlaufbüchsen besonders heftig sind, hilft die Verwendung austenitischer Gußeisensorten, die praktisch vollkommen korrosionsbeständig sind. — Auch Schutzanstriche an der Außenseite normaler Graugußzylinder, unter Verwendung von Kunstharzen, vor allem von Silikatharzen, haben sich gut bewährt.

Schrifttum.

1. BECK: Zylinder- und Kolbenringverschleiß. Deutsche Kraftfahrtforschung, Heft 29. Berlin: VDI-Verlag.

2. v. SCHWARZ, M.: Dünnwandiger Grauguß und sein Abnutzungswiderstand, mit bes. Berücksichtigung der Kolbenringe. Gießerei 1936, S. 257.

3. KNITTEL: Untersuchungen über den Verschleiß von hochwertigem Grauguß und legiertem Grauguß unter Berücksichtigung der an Kolben und Zylinder von Verbrennungsmotoren gestellten Anforderungen. Gießerei 1933. S. 301.

4. SIPP, K.: Verschleiß von gußeisernen Kolbenringen in Rohölmotoren. St. u. E. 1937, S. 42.

5. ENGLISCH: Bemerkenswerte Verschleißvorgänge und Untersuchungen an Kolbenringen und Zylindern. Reibung und Verschleiß. Berlin: VDI-Verlag 1939.

6. SIPP, K.: Zur Frage der Verschleißfestigkeit des Gußeisens. ATZ 1935, S. 280.

7. WALLICHS und GREGOR: Verschleißerscheinungen verschiedener Automobilzylindergußeisen. Gießerei 1933, S. 517.

8. MOSER: Verschleiß und dessen Verminderung bei Kolben, Kolbenringen und Zylindern von Kraftfahrzeugen. Vortrag, Tagung der Arbeitsgemeinsch. deutsch. Betriebsing. Stuttgart 1939.

9. GRÄFE: Petroleum 1931.

10. HANEMANN und SCHRADER: Atlas Metallographicus. Bd. II. Verlag Bornträger, Berlin 1939.

11. RICARDO: Schnellaufende Verbrennungskraftmaschinen. Springer, Berlin 1929.

12. BERNDORFER und THOMAS: Einfaches Hilfsmittel zur Sichtbarmachung der Kühlluftströmung bei luftgekühlten Motoren. Luftwissen 1940, S. 101.

13. WILLIAMS: Cylinder Wear. The Autom. Engineer, August 1938.

14. TAUB: Motor Car Engines in England. SAE-Journal. Bd. 42, S. 229.

15. TAUB: Cylinder Bore Wear, The Autom. Engineer, 1939, S. 82.

16. POPPINGA, R.: Verschleiß und Schmierung. Berlin: VDI-Verlag 1942.

17. POPPINGA, R.: Nachweis der Schmierfilmdurchbrechung durch Messen des elektrischen Übergangswiderstandes zwischen Kolbenring und Zylinder. Deutsche Kraftfahrtforschung, Heft 54. Berlin: VDI-Verlag 1941.

18. BROEZE und GRAVESTEYN: Fuel and Wear in Diesel Engines. Motor Ship. London 19 (1938/39) S. 216.

19. BOERLAGE und GRAVESTEYN: Cylinder Wear in Diesel Engines. S. A. E. J. (Transact.) 38 (1938) S. 197.

20. LANE, P. S.: Some Experiences with Wear Testing. Trans. Amer. Foundrymens Ass. 8 (1937) S. 157.

21. BROEZE und HINZE: Diesel Engines and the Worlds Fuel Supply. — Vortrag vor der Diesel Engines Users Assoc. 1938.

22. Techn. Blätter, Folge K 13 und Z 7. — Herausgegeben von der Alfred Teves K. G., Frankfurt a. M.
23. KJOER, V. A.: Wearing Test on Materials for Cylinder Liners in Marine Engines. Transact. dän. Akad. d. techn. Wissenschaften 1950, Nr. 6. Kopenhagen: Verlag Gad.
24. EAGEN, T. E.: Das Laufverhalten von gußeisernen Zylindern für Dieselmotoren. Foundry, Cleveland 76 (1948), S. 135—39, 308—10 u. 312. — Vgl. auch Neue Gießerei 37 (1950), S. 115/16.
25. HOLFELDER, O.: Schmieröl- und Kühlkreislaufuntersuchungen an Hochleistungs-Kolben-Flugmotoren. MTZ 12 (1951), S. 92—97.
26. MAHLE, E.: Leichtmetallzylinder. MTZ 11 (1950), S. 98—102.
27. RIEKERT, P. u. W. HAMPP: Verchromte Leichtmetallzylinder. Metalloberfläche A 5 (1951), S. 33—37.

II. Kolben.

Trotz der hohen Beanspruchung der Kolben von Verbrennungskraftmaschinen sowohl durch mechanische Kräfte als auch durch Wärmebelastungen ist der Verschleiß dieses Bauteiles — von abnormalen und extremen Fällen abgesehen — sehr gering. Praktisch verschleißen Kolben unter normalen Verhältnissen, unter welchen vor allem eine geregelte und gute Schmierung, sowie gute Filterung der Ansaugluft und des Schmieröls zu verstehen sind, so gut wie gar nicht.

Ist z. B. beim Personenwagenmotor der Zylinder mit einem Verschleiß von 0,3—0,35 m nach etwa 60 000 km für das Ausschleifen reif geworden, so weist der Kolben nach dieser Laufzeit in der Regel einen maximalen Verschleiß von etwa 0,03 mm auf. Der Ersatz der Kolben wird daher in der Regel nicht durch Verschleißerscheinungen an diesem, sondern wegen des Verschleißes der Zylinder und des damit notwendig werdenden Aufbohrens derselben nötig.

Als Gründe für den niedrigen Verschleiß dieses Bauteiles sind wohl die folgenden anzunehmen:

1. der Flächendruck an den Kolbentragflächen ist nur gering.

2. der Kolben ist stets gut geschmiert, immer wesentlich besser als z. B. die Kolbenringe.

3. auch wenn schmirgelnde Teilchen in nicht zu großer Zahl im Schmieröl vorhanden sind, so betten sich diese meist in dem wesentlich weicheren Kolben ein; sie bewirken dann hohen Verschleiß im Zylinder, während der Kolben selbst vom Verschleiß verschont bleibt.

Stärker als der Kolbenschaft werden unter Umständen die Kolbenringnuten und die Bolzenbohrungen vom Verschleiß betroffen.

Auf den Verschleiß am Kolben nehmen Einfluß:

Der verwendete Kolbenwerkstoff,

die Gestaltung und die Bearbeitung,

die Betriebsverhältnisse, vor allem die Schmier- und Kühlungsbedingungen, dann aber auch die Filterung der Ansaugluft und des Schmieröls.

1. Kolbenwerkstoffe.

Kolbenwerkstoffe sollen, um den gleichzeitig auftretenden hohen thermischen und mechanischen Beanspruchungen gerecht zu werden, den folgenden Anforderungen genügen:

1. Hinreichende Festigkeit und Härte, bei allen im Betrieb vorkommenden Temperaturen;

2. Hohes Wärmeleitvermögen;

3. Geringes spezifisches Gewicht.

4. Geringe Wärmedehnung.

5. Gute Lauf- und Verschleißeigenschaften beim Zusammenarbeiten mit den verschiedenen Zylinderstoffen.

6. Gutes Verschleißverhalten gegenüber der Beanspruchung durch die Kolbenringe an den Flanken der Kolbenringnuten.

7. Wichtig ist überdies die Fähigkeit der Kolbenwerkstoffe, auch noch in Grenzfällen den auftretenden Verschleißbeanspruchungen standzuhalten. Sie müssen „Notlaufeigenschaften" haben, um auch bei trockener Reibung, wenn Schmierung oder Kühlung versagen oder wenn starkes Durchblasen durch die Kolbenringe infolge eines Versagens der letzteren eintritt, weitgehend widerstandsfähig zu bleiben.

Als Kolbenwerkstoffe kommen in Betracht:

Grauguß, Sonderstahlguß und Leichtmetallegierungen. Vorweg kann aber gesagt werden, daß es heute noch keinen Werkstoff gibt, der alle oben als notwendig oder zweckmäßig erwähnten Eigenschaften gleichzeitig in erwünschtem Maß vereinigen würde.

Eine kritische Betrachtung der Kolbenwerkstoffe in Hinblick auf ihre thermischen und festigkeitsmäßigen Aufgaben ist in Heft 10 gebracht. An dieser Stelle sollen im allgemeinen nur die Lauf- und Verschleißeigenschaften eingehender dargelegt werden.

Vergleichende Beobachtungen haben gezeigt, daß unter normalem Bedingungen der Kolbenverschleiß an den Laufflächen vom verwendeten Werkstoff praktisch unabhängig ist — vorausgesetzt natürlich, daß der Kolben werkstoffgerecht richtig ausgeführt ist. Erst bei mangelnder Schmierung treten die Lauf- und Verschleißeigenschaften des Kolbenwerkstoffes, bzw. der Werkstoffpaarung Kolben-Zylinder, stärker in den Vordergrund.

a) Grauguß.

Von allen heute verwendeten Kolbenwerkstoffen zeigt der Grauguß das günstigste Lauf- und Verschleißverhalten, die beste Warmhärte und die höchste Warmfestigkeit.

Hochwertiger Kolbengrauguß soll feinkörnig und dicht, das Gefüge soll feinperlitisch bis sorbitisch sein. Der hervorragende Verschleißwiderstand dieses Gefüges, verbunden mit dessen ausgezeichneten Laufeigenschaften, sichert dem Graugußkolben lange Lebensdauer, zumal er auch gegen das Ausschlagen der Ringnuten sehr widerstandsfähig ist.

Die Brinellhärte des Graugußkolbens soll, je nach der Wandstärke des Kolbens und der verwendeten Legierung, zwischen 170 und 220 kg/mm² liegen.

Kommt es bei Graugußkolben zum Fressen, so zeigen sich meist sehr scharfe, ziemlich tiefe, wenn auch zumeist örtlich beschränkte Riefenbildungen, welche die Zylinderlauffläche zerstören. Graugußkolben für Fahrzeugmotoren, soweit solche überhaupt noch verwendet werden, werden zumeist verzinnt, obwohl die schon an sich sehr günstigen Laufeigenschaften des Werkstoffes keine zusätzliche Oberflächenbehandlung erfordern würden; es sollen vielmehr die Gleitflächen für Überlastungsfälle unempfindlicher gemacht werden.

b) Sonderstahlguß.

Bei hoher Festigkeit und sehr günstiger Warmfestigkeit hat dieser Werkstoff auch brauchbare Laufeigenschaften, die durch eine ihm eigentümliche Gefügeausbildung, und zwar Temperkohle in einem sorbitischen Vergütungsgefüge, erzielt werden (Abb. 120).

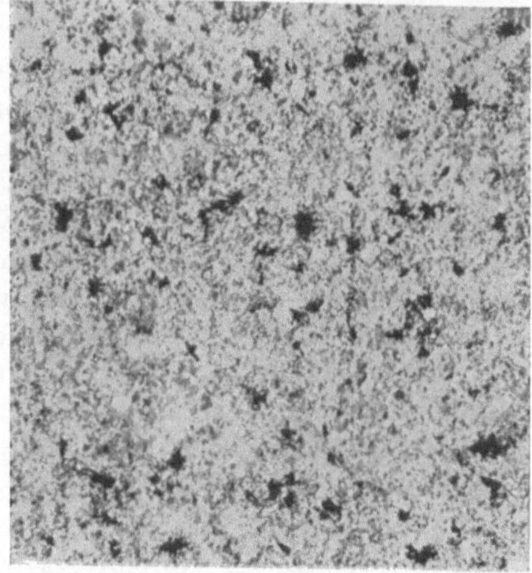

Abb. 120. Geätzt 2% Alkohol HNO₃. — 150 ×. — Stahl-Temperguß (Ford-Stahlguß) vergütet. Temperkohle in sorbitischer Grundmasse

H_B . . = 212
C_{ges} . = 1,61   P . . . 0,09
Si . . = 0,94   S . . . 0,09
Mn . . = 0,99   Cu . . 1,44

c) Leichtmetall-Legierungen.

Zur Herstellung von Leichtmetallkolben finden hauptsächlich Legierungen des Aluminiums, daneben vereinzelt auch jene des Magnesiums Verwendung.

Reinaluminium ist wegen seiner geringen Festigkeit, ungünstigen Verschleißfestigkeit und seiner Neigung zum Schmieren für die Kolbenherstellung ungeeignet. Die für die Verwendung als Kolbenwerkstoff notwendigen Eigenschaften gewinnt es aber durch Zulegieren von Kupfer oder von Silizium in höheren Anteilen, daneben durch Hinzufügen kleinerer Mengen von weiteren die Warmfestigkeit und die Verschleißfestigkeit steigenderen Legierungsmetallen.

Gegenwärtig finden die folgenden Gruppen von Aluminiumlegierungen für Leichtmetallkolben Verwendung:

1. Aluminium-Kupfer-Legierungen
2. Aluminium-Silizium-Legierungen; unter diesen wieder:
   a) eutektische
   b) übereutektische.
3. Aluminium-Silizium-Kupfer-Legierungen.

Die Übersicht Tafel I gibt eine Zusammenstellung der im Inland verbreiteten Kolbenlegierungen, die sich mit den im Ausland verwendeten praktisch decken; auch die für die Beurteilung der einzelnen Werkstoffe wichtigen Kennwerte sind in dieser Übersicht enthalten. In den Abb. 121—128 sind die Gefügebilder einiger kennzeichnender Vertreter der oben angeführten Werkstoffgruppen 1 und 2 wiedergegeben.

Das Verschleißverhalten der erwähnten Legierungsgruppen ist recht unterschiedlich. Zwar erweisen sie sich bei niedriger Belastung und einwandfreier Schmierung als ziemlich gleichwertig, doch kann schon der Einfluß verschiedener Schmiermittel sich deutlich bemerkbar machen. Bei zunehmender Gefährdung des Ölfilms, sei es durch steigende Belastung und Erwärmung der Kolben und dadurch verringertes Kolbenspiel oder durch Absinken der Ölviskosität, werden die Unterschiede jedoch beträchtlich und es schneiden dann Legierungen mit einem hohem Anteil verschleißfester Gefügeeinlagerungen ebenso wie jene, bei denen ein kräftiges Tragkristallnetz vorhanden ist, günstig ab.

Neben der Legierung nimmt auch das Herstellungsverfahren auf die Bewährung der Kolben im Betrieb Einfluß.

Leichtmetallkolben werden entweder gegossen oder gepreßt. Das Gießen erfolgt fast ausschließlich in Kokillen. Der Großteil aller heute verwendeten Leichtmetallkolben für Personenwagenmotoren oder für sonstige normale Beanspruchungen ist nach diesem Verfahren hergestellt; Kokillenguß ergibt sehr feines Korn und, bei richtig bemessenen Anschnitten und Steigern sowie zweckentsprechend abgestimmter Kokillenwandstärke, durchaus dichte Gußstücke.

Das Pressen der Kolben ergibt als Hauptvorteil günstigere Festigkeitswerte, wenigstens im Bereich niedriger Temperaturen, und vor allem größere Zähigkeit; die Verbesserung dieser Eigenschaften wird durch das beim Schmiedevorgang bewirkte Durchkneten des Werkstoffes erzielt und ist daher vom Verschmiedungsgrad abhängig. Die in der Grundmasse eingebetteten Schwermetallaluminid- und Siliziumkristalle werden durch das Schmieden zerkleinert und gerundet (Abb. 122, 125); damit steigt auch die Wärmeleitfähigkeit der Werkstoffe. Auf die Verschleißeigenschaften scheint das Schmieden ohne größeren Einfluß zu bleiben.

Zahlentafel I. Kolbenwerkstoffe.

a) Grauguß und b) Halbstahl.

Gruppe	Gattung		Zusammensetzung etwa %									Formgebung	Wärmebehandlung	Spez. Gewicht	Härte H_B kg/mm²	Wärmeleitzahl cal/cm sek °C	Wärmedehnung $\times 10^{-6}$
			C_{ges}	Si	Mn	P	Cr	Ni	Mo	Cu	V						
Gußeisen	GE 18,91	unlegiert	3,2 3,5	1,8 2,0	~0,8	0,4 0,6	—	—	—	—	—	Sandguß	ungeglüht perlitisch	7,2	180—220	~0,12	10—12
	GE 26,91	legiert	3,2 3,5	1,5 1,8	~0,5	0,4 0,6	0,3 0,5	0,6 0,9				„	geglüht ferritisch		130—170		
Halbstahl (Graphitstahl)	Ford		1,5 1,6	0,9 1,1	0,8 1,0	<0,1	0,1			1,0 1,5		„	vergütet	7,5	200—250	0,055	12

c) Leichtmetallegierungen.

Gruppe	Gattung	Cu	Si	Fe	Ni	Co	Mn	Mg	Ti	Al	Form-gebung	Wärme-behandlung	Spez. Gewicht	Härte bei 20° C H_B kg/mm²	Wärme-leitzahl cal/cm sek ° C	Wärme-dehnung $\times 10^{-6}$
Al-Cu	Hiduminium. RR 53 RR 59	2,20	1,25 0,50	1,40	1,30			1,50	0,1	Rest	gegossen gepreßt	ohne vergütet ohne vergütet	2,84	110—120 120—140 60— 90 130—140	0,36	25
	Y (KS-Y, Mahle-Y) Nüral 142, Alcoa 142 Y-alloy L 24	3,5 4,5	0,60 0,75	<0,6	1,80 2,30			1,20 1,70		,,	Kokillen-guß gepreßt	ohne vergütet ohne vergütet	2,87	90 150 100 140	0,36	24,5
	Bohnalite, Mahle 101 Nüral 122	9,0 11,0	<0,5	<1,5				0,15 0,35		,,	Kokillen-guß	ohne vergütet	2,9	110 150	0,33	20—24
Al-Si (eutektisch)	Mahle 124, KS 1275 Nüral 132 a—c Elko A Lo-Ex	0,8 2,0	11,5 14,2	<0,8	0,8 2,4			0,6 1,3		,,	Kokillen-guß gepreßt	ohne vergütet vergütet	2,7	90—105 95—115 100—130	0,32 0,34	21
Al-Si (übereutektisch)	Mahle 138, Elko B	0,7 —1,5	16,5 18,5	<0,7	0,7 1,0			0,7 1,5		,,	Kokillen-guß gepreßt	vergütet vergütet	2,68	100—110 100—110	0,28 0,30	19
	Alusil	1,0 2,0	20,0 21,0	<0,7						,,	Kokillen-guß		2,65	85—100	0,28	18
	KS 280, Elko C	1,5	21,0 22,0	<0,7	1,5	1,2	0,7	0,5		,,	Kokillen-guß	vergütet	2,70	95—115	0,26	17,5
	Mahle 244	1,0	24,0	<0,7	1,0	kleine Anteile Mn, Co, Cr u. a.		1,0		,,	Kokillen-guß	vergütet	2,65	100—110	0,25	17,5
Al-Si-Cu		4,0 8,0	5,0 9,0	0,6 0,1	1,0 0,6		0,5	0,15 0,40		,,	Kokillen-guß	vergütet	2,75	95—115	0,36	24
Mg-Zn	Elektron ZS 32		2,0			Zn 3,0		Rest						50—55	0,32	24—26
Mg Ce	Mahle 549					Ce 5,0	2,0	Rest			gepreßt		1,9	65	0,27	26

6*

Niedriger Reibungswiderstand und gute Laufeigenschaften werden im allgemeinen mit Leichtmetall-Kolbenwerkstoffen dann erreicht, wenn im Gefüge in einer weicheren, zäheren Grundmasse eine genügende Menge härterer Kristalle fein verteilt eingebettet ist.

1. Bei den Kupfer-Aluminium-Legierungen wird dieses Tragwerk durch die netzartig eingelagerten Kristalle von Kupferaluminid in einer Aluminiumgrundmasse

Gefügebilder von Leichtmetall-Kolbenlegierungen.
(Sämtliche geätzt KOH — 150 ×.)
a) Kupfer-Aluminiumlegierungen.

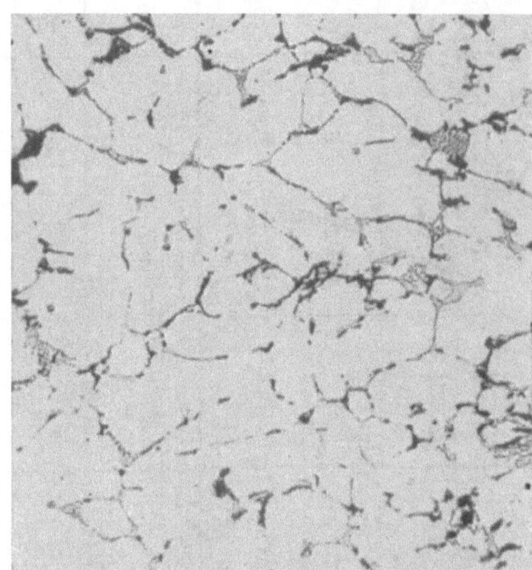

Abb. 121. Legierung Mahle—Y, gegossen. Etwa 4% Cu, 2% Ni. Weitmaschiges eutektisches Netzwerk (bestehend aus NiCu₂Al₇-Kristallen, CuAl₂- und NiAl₃-Kristallen in einer Grundmasse aus Al-Mischkristallen.

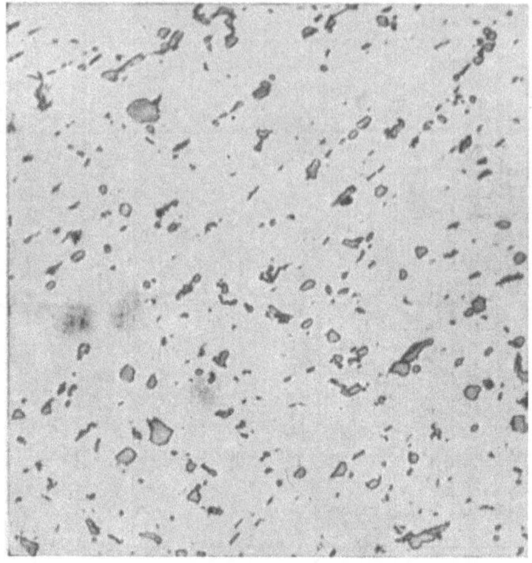

Abb. 122. Legierung Mahle—Y, gepreßt. — Etwa 4% Cu, 2% Ni. Gefügeaufbau wie in Abb. 121. Vgl. den Unterschied in der Größe der Kristalle.

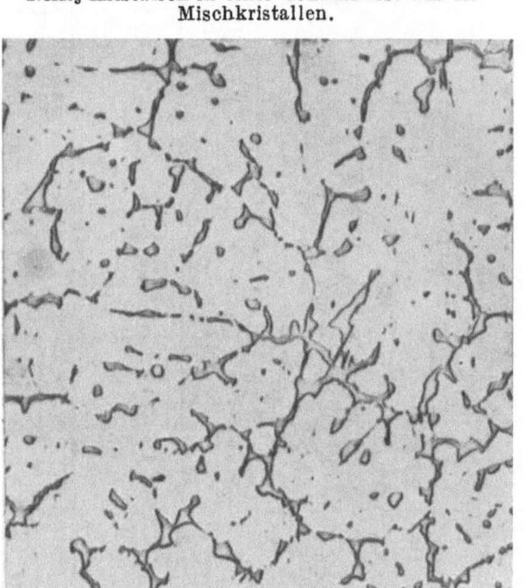

Abb. 123. Legierung Mahle 101, gegossen. Etwa 10% Cu. Eutektisches Netzwerk von CuAl₂ in einer Grundmasse aus Al-Mischkristallen; stellenweise im Netzwerk Kristallnadeln einer Fe-Cu-Al-Verbindung.

gebildet (Abb. 121—123). Je nach der Höhe des Kupferzusatzes ist die Stärke und Dichte dieses Netzes verschieden. Jene Werkstoffe dieser Gruppe, bei denen die Tragkristalle im Gefüge nur in verhältnismäßig geringer Menge vorhanden sind, neigen zum Schmieren; sie sind daher bei gleitender Reibungsbeanspruchung nur für geringere Belastungen geeignet.

Die Warmfestigkeit dieser Werkstoffgruppe liegt hoch.

Die Y-Legierung ist wegen ihres Gefügeausbaues gegen Überlastungen besonders empfindlich, denn hier ist das aus den Kupferaluminid-Kristallen gebildete Tragnetz nur verhältnismäßig locker. Bei Kolben aus diesen Werkstoffen müssen daher Überlastungen der Gleitflächen besonders sorgfältig verhindert werden.

Aus der Y-Legierung (gegossen) (Abb. 121) lassen sich nur schwer serienmäßig einwandfreie, gleichmäßige Gußteile herstellen. — Durch Vergüten tritt Versprödung und Anrißgefahr ein. Bei im Betrieb auftretenden Störungen wird der Y-Gußkolben in zahlreiche Scherben zertrümmert; das ist ein Nachteil dieses Werkstoffes.

Bei der Legierung Y gepreßt (Abb. 122) besteht diese Bruchgefahr nicht; der Hang zum Schmieren wird aber eher noch größer, als bei der gegossenen Y-Legierung.

Die Legierungen RR 53 gegossen und RR 59 gepreßt verhalten sich praktisch gleich wie die entsprechenden Y-Legierungen.

Die Legierung **Bohnalite** bzw. Mahle 101, Abb. 123 hat dank ihrem hohen Kupfergehalt ein wesentlich stärkeres Tragkristallnetz als die vorher erwähnten. Diese Legierung ist heute —wenigstens im Ausland — wegen ihrer guten Lauf- und Verschleißeigenschaften, bei zugleich guten Festigkeitseigenschaften und insbesondere ihrer sehr guten Warmfestigkeit, am weitesten verbreitet. —

2a) **Eutektische-Aluminium-Silizium-Legierungen** enthalten als Tragkristalle feinverteiltes, eutektisch ausgeschiedenes Silizium, Magnesiumsilizid und daneben je nach der Legierung auch noch einige Schwermetall-Aluminid-Kristalle eingebettet in der durch einen bestimmten Magnesium- und Kupfergehalt gehärteten Aluminium-Grundmasse (Abb. 124, 125).

Die Legierungen Mahle 124 und gleichwertige, wie KS 1275, Elko A und Nüral 132c, zeigen bereits in gegossenem Zustand gute Festigkeitswerte. Durch das Pressen wird insbesondere die Dehnung bedeutend gesteigert. Sie haben sich daher auch für größere, verwickelter gestaltete und höher beanspruchte Kolben durchgesetzt.

Gefügebilder von Leichtmetall-Kolbenlegierungen.
(Sämtliche geätzt KOH. — 150 ×.)
b) **Eutektische Aluminium-Siliziumlegierungen.**

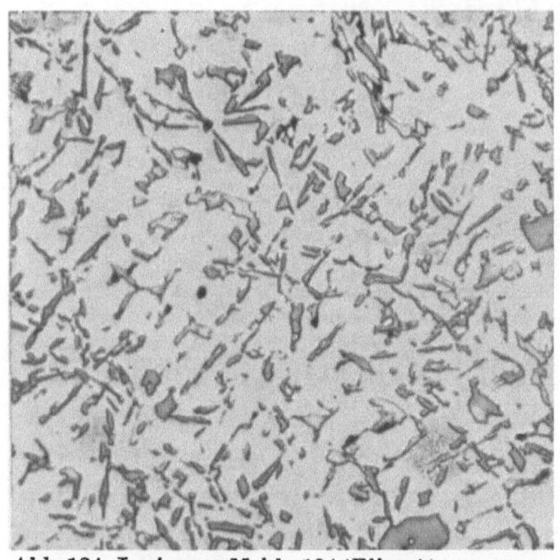

Abb. 124. Legierung Mahle 124 (Elko A), gegossen. Vereinzelte primär ausgeschiedene übereutektische Siliziumkristalle und nadelförmige eutektische Siliziumkristalle.

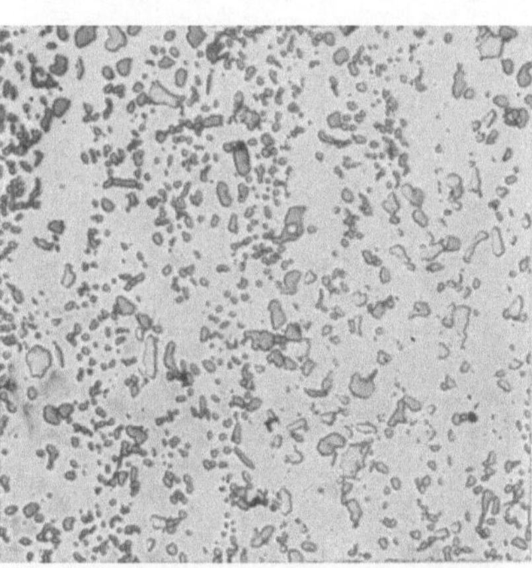

Abb. 125. Legierung Mahle 124 (Elko A), gepreßt. — Gefügeaufbau wie in Abb. 124. Vergleiche den Unterschied in der Größe der Kristalle.

Die eutektischen Si–Kristalle sollen zur Erzielung günstigen Verschleißverhaltens als größere unregelmäßig geformte Kristallite oder Nadeln ausgebildet sein; allzu feine gleichmäßige Verteilung ist weniger günstig.

2b) Noch stärker ist das tragende Kristallnetz in den **übereutektischen Aluminium-Silizium-Legierungen** ausgebildet; hier finden sich neben dem feinen Eutektikum von Aluminium und Silizium auch noch zahlreiche gröbere, voreutektisch ausgeschiedene Siliziumkristalle (Abb. 126—128). Vermehrt werden kann die Zahl der harten Tragkristalle auch noch durch Zulegieren von Schwermetallen, die sich als Kristalle von Aluminiden einlagern. — Es ist aber wichtig, daß die eingelagerten übereutektischen Kristalle nicht zu groß oder in Form von rosettenähnlichen Gebilden angeordnet sind; denn einmal haften sie um so fester in der Grundmasse, je kleiner und gleichmäßiger verteilt sie sind, zum anderen wird durch grobe Kristalle der Wärmefluß durch den Werkstoff behindert. Grobe Siliziumkristalle erschweren überdies die Bearbeitbarkeit in außerordentlichem Maß. Durch Behandeln der Schmelzen mit Phosphor (z.B. rotem Phosphor) oder noch besser mit gleichzeitig chlorabspaltenden Mitteln, wie Phosphorpentachlorid, wird eine feine Abscheidung der primären Siliziumkristalle bewirkt (Abb. 126) und die Bearbeitbarkeit verbessert.

Die Legierung KS 280 (Elko C) (gegossen) weist neben den erwähnten günstigen Eigenschaften etwas niedrigere Festigkeitswerte auf.

Ähnlich aufgebaut ist die Legierung Mahle 244; dank ihres außerordentlich hohen Siliziumgehaltes zeigt sie die geringste Wärmeausdehnung und die höchste Verschleißfestigkeit unter allen heute bekannten Aluminiumkolbenlegierungen. Sie ist allerdings ebenso wie KS 280 verhältnismäßig spröde und nicht schmiedbar.

Die Legierung Mahle 138 (Elko B) vermeidet z.T. diesen Nachteil, allerdings bei niedrigerem Si-Gehalt; sie ist gießbar und, wenn auch schwierig, preßbar und liegt in bezug

Gefügebilder von Leichtmetall-Kolbenlegierungen.
(Sämtliche geätzt KOH. — 150 ×.)
c) Übereutektische Aluminium-Siliziumlegierungen.

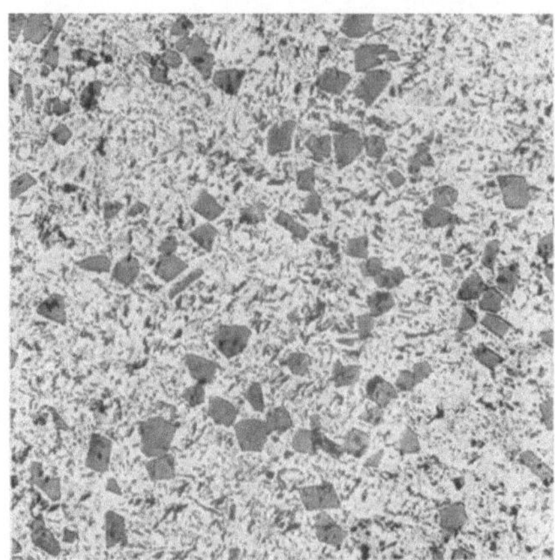

Abb.126. Legierung KS 280 (Elko C). gegossen. Etwa 21% Si. Primär abgeschiedene Silizium-Kristalle in einem Eutektikum aus Silizium-Schwermetallaluminiden und Aluminiummischkristalle.

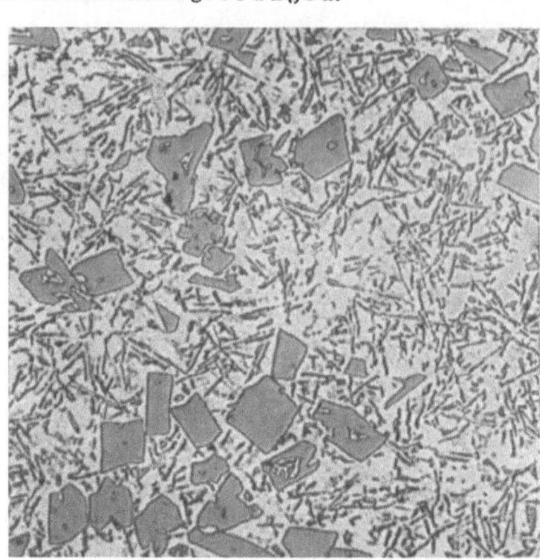

Abb.127. Legierung „Alusil". Gegossen. Etwa 20% Si. Gefügeausbildung wie bei Abb.126.

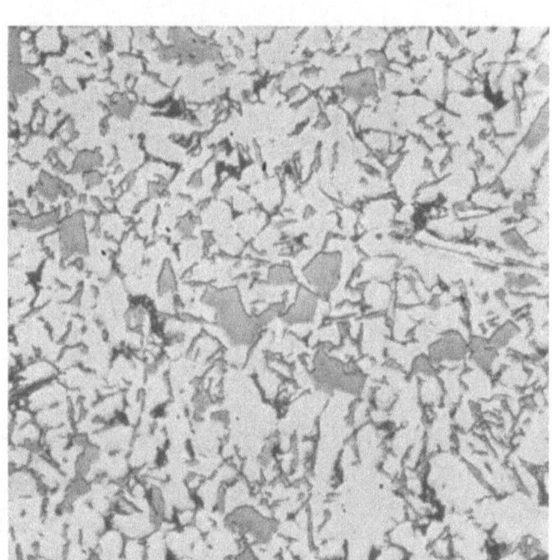

Abb. 128. Legierung EC 138 (Elko B), gegossen. — Etwa 18% Si. Gefügeausbildung wie bei Abb.126. — Entsprechend dem höheren Gehalt an Mg finden sich zahlreichere feindendritische Kristalle der Zusammensetzung Mg_2Si.

auf Wärmeleitfähigkeit wie EC 124, in bezug auf Wärmedehnung jedoch ungünstiger als KS 280. Durch das Verschmieden werden die eingelagerten gröberen, voreutektischen Siliziumkristalle zerkleinert und gleichmäßiger verteilt, wodurch die physikalischen Eigenschaften und das Verschleißverhalten gebessert werden.

3. Die Aluminium-Silizium-Kupfer-Legierungen stellen Mischlegierungen zwischen den Gruppen 1 und 2 dar. Dementsprechend liegen auch ihre Eigenschaften zwischen jenen der beiden Gruppen. Entsprechend ihrer stark schwankenden Zusammensetzung enthalten sie wechselnde Anteile von Al-Si-Eutektikum, $CuAl_2$-Al-Eutektikum und Schwermetallaluminiden als tragendes Netzwerk in der Al-Mischkristall-Grundmasse.

Kolben aus dieser Legierung finden sich vor allem häufig in den amerikanischen Armeefahrzeugen.

Im allgemeinen gilt also folgendes:

Besten Verschleißwiderstand bei geringster Neigung zum Schmieren und geringster Freßneigung geben übereutektische Aluminium-Silizium-Legierungen. Sie haben daneben den großen Vorteil geringerer Wärmedehnung, dafür den Nachteil schlechterer Wärmeleitfähigkeit. Ihre Festigkeitswerte reichen hin, die Zähigkeit ist geringer.

Für hoch wärmebelastende Kolben, vor allem für Zweitaktmotoren und luftgekühlte Maschinen, werden im allgemeinen übereutektische Aluminium-Siliziumlegierungen gewählt.

Eutektische Silizium-Aluminium-Legierungen haben etwas geringere Verschleißfestigkeit als die vorgenannten, ihr Ausdehnungskoeffizient ist ungünstiger. Die Festigkeitswerte liegen etwas höher. Die Neigung zum Schmieren ist gering. In geschmiedetem Zustand sind sie außerordentlich zäh.

Kupfer-Aluminium-Legierungen haben den Vorteil hoher Wärmeleitfähigkeit und günstiger Festigkeitswerte vor allem bei höheren Temperaturen, bei allerdings größerer Wärmedehnung; ihr Verschleißverhalten ist etwas ungünstiger, ihre Neigung zum Schmieren ist größer.

Unter normalen Bedingungen reicht die Verschleißfestigkeit der Aluminium-Kupfer-Legierungen hin. — Liegen gesteigerte Verschleißbeanspruchungen vor, so wird man besser Aluminium-Silizium-Legierungen verwenden.

Bei besonders hohen Belastungen, wie z. B. in Flugmotoren, wird man wegen der gesteigerten mechanischen Beanspruchungen geschmiedete Kolben vorziehen; aber auch für sehr leichte Kolben in Maschinen von höchsten Drehzahlen, wie in Rennwagen- und Sportmotoren, sowie in schnellaufenden Personenwagenmotoren, vor allem aber auch in hochwärmebelasteten Dieselmotoren, werden sie in steigendem Maß verwendet.

Der Zylinderverschleiß und in geringerem Maß auch der Kolbenverschleiß gestalten sich um so günstiger, mit je geringerem Einbauspiel der Kolben im Zylinder läuft. Es wird daher getrachtet, das hohe Einbauspiel von Leichtmetallkolben nicht nur zwecks Erzielung besserer Laufruhe, sondern auch aus Gründen des Verschleißes, möglichst herabzusetzen. Dies geschieht durch besondere Gestaltung des Kolbens, wie z.B. durch die im Personenkraftwagenmotor vielfach verwendeten Quer- und T-Schlitzmantelkolben sowie durch Bimetallkolben, bei denen eingegossene Stahlstreifen oder Stahlringe das Dehnungsmaß praktisch auf jenes der Stahleinlage herabsetzen.

2. Laufeigenschaften von Kolbenlegierungen.

In gleicher Weise, wie dies mit Kolbenringwerkstoffen geschah (vgl. S. 52), wurden von Moser [1] auch Kolbenwerkstoffe hinsichtlich ihres Laufverhaltens geprüft.

Die Abb. 129 und 130 zeigen beispielsweise das Reibungsverhalten einer Aluminium-Silizium-Kolbenlegierung auf Zylinderguß bzw. auf Zylinder-Chromstahl, u. zw. einmal im gegossenen und einmal im gepreßten Zustand. — Danach gibt der gepreßte Werkstoff unter den hohen beim Versuch gewählten Anpreßdrücken im Graugußzylinder größere Reibwerte, als der gegossene, im Stahlzylinder liegen die Verhältnisse umgekehrt. Diese Unterschiede verschwinden allerdings fast vollständig, wenn die Anpreßdrücke dem wirklichen Motorbetrieb entsprechend niedriger liegen, etwa zwischen 5 und 30 kg/cm². Dies gilt für den ganzen untersuchten Temperaturbereich von etwa 50 bis 200° C.

Ähnliche Schaubilder ergeben sich für alle anderen Leichtmetall-Kolbenwerkstoffe; die Unterschiede zwischen den einzelnen Legierungen sind nur gering.

Abb. 131 gibt das reine Verschleißverhalten von Kolbenwerkstoffen bei Verschleißversuchen wieder, wie sie von Koch [2] bei trockener Reibung ausgeführt wurden; als Gegenwerkstoff wurde hierbei normaler Zylindergrauguß verwendet.

Zimmer [3] gelangte zu etwas abweichenden Ergebnissen — vgl. Abb. 132 — was wohl auf die geänderten Bedingungen in der Verschleißmaschine zurückzuführen ist. Bei der Beurteilung der Ergebnisse ist zu berücksichtigen, daß in Abb. 132 nur die Anflächungsdurchmesser von kugelig begrenzten Probeteilen aufgetragen erscheinen; bei Umrechnung auf verschleißte Volumina unterscheiden sich die Werkstoffe stärker voneinander.

3. Gestaltung, Bearbeitung und Verschleiß.
a) Kolbenschaft.

Die am Kolbenschaft festzustellenden Maßänderungen betragen auch nach längerer Betriebsdauer kaum einige Hundertstel mm und sind in der Regel kein echter Verschleiß, sondern auf Verformungen zurückzuführen.

Letztere können durch eine sorgfältig durchgebildete Gestaltung und richtige Bemessung des Kolbens hintangehalten werden; der Kräftefluß vom Kolbenboden über die Verstärkungsrippen zu den Bolzenaugen und der Wärmefluß vom Boden über die Ringpartie des Kolbens zu den Kolbenringen muß sorgfältig erwogen werden. Dazu gehört auch eine genügende Steifheit der Kolbenform; steife Kolbenbolzen und kleine Augenabstände unterstützen diese Forderung.

Auch die Kühlungsverhältnisse wirken sich mittelbar auf den Schaftverschleiß aus; bei ungenügender und ungleichmäßiger Kühlung verziehen sich die Zylinder und be-

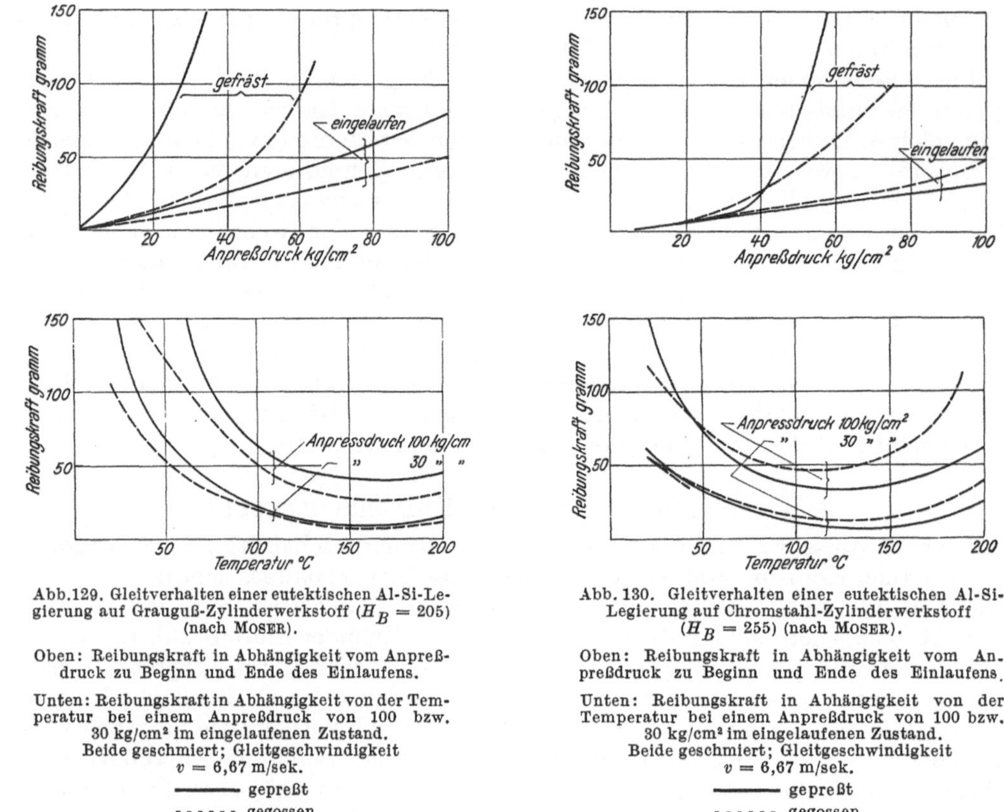

Abb. 129. Gleitverhalten einer eutektischen Al-Si-Legierung auf Grauguß-Zylinderwerkstoff (H_B = 205) (nach Moser).

Oben: Reibungskraft in Abhängigkeit vom Anpreßdruck zu Beginn und Ende des Einlaufens.

Unten: Reibungskraft in Abhängigkeit von der Temperatur bei einem Anpreßdruck von 100 bzw. 30 kg/cm² im eingelaufenen Zustand. Beide geschmiert; Gleitgeschwindigkeit v = 6,67 m/sek.

———— gepreßt
------ gegossen

Abb. 130. Gleitverhalten einer eutektischen Al-Si-Legierung auf Chromstahl-Zylinderwerkstoff (H_B = 255) (nach Moser).

Oben: Reibungskraft in Abhängigkeit vom Anpreßdruck zu Beginn und Ende des Einlaufens.

Unten: Reibungskraft in Abhängigkeit von der Temperatur bei einem Anpreßdruck von 100 bzw. 30 kg/cm² im eingelaufenen Zustand. Beide geschmiert; Gleitgeschwindigkeit v = 6,67 m/sek.

———— gepreßt
------ gegossen

einflussen das notwendigerweise knapp zu haltende Kolbenspiel ungünstig. Daher verschleißen z. B. die Kolben luftgekühlter Motoren in der Regel mehr, als jene in Motoren mit Wasserkühlung.

Starker Verschleiß tritt unter allen Umständen dann auf, wenn das Kolbenspiel zu knapp wird; dann schafft der Kolben durch Abtragen von Material sich selbst Luft. Kommt es aber durch Überhitzung des Kolbens, wie z. B. durch zu geringes Spiel, durch Überlastung oder als Folge schlechter Kühlung, durch Kühlwassermangel, Ölmangel, ungeeignetes Schmieröl oder auch durch Überbeanspruchung noch nicht voll eingelaufener Kolben usw. zum Klemmen oder schließlich gar zum Anreiben der Kolben, so sind die damit eintretenden Zerstörungen sowohl am Kolben als auch im Zylinder — zumindest bei Graugußkolben — immer so nachhaltig, daß die Zylinder neu ausgeschliffen werden müssen; gegenüber Leichtmetallkolben sind die Zylinder in dieser Hinsicht weniger empfindlich.

Bei Aluminiumkolben für aufgeladene Dieselmotoren treten in manchen Fällen bei hoher Belastung Kolbenfresser auf. Nach dem Verfahren von Zollner begegnet man diesem durch Riffeln der Kolbenlaufflächen; in den rautenförmigen kleinen Vertiefungen derselben soll sich stets etwas Öl halten, das eine Notschmierung sichert.

b) Kolbenringnuten.

Der Verschleiß in den Kolbenringnuten kann, besonders bei Leichtmetallkolben, durch rauhe Bearbeitung der Ringflanken ganz bedeutend gesteigert werden. Voraussetzung für eine lange Lebensdauer der Nutenflanken ist daher ein sehr sorgfältiges Bearbeiten der Ringflanken, die zumindest geschliffen sein sollen, bei hohen Drehzahlen und hohen Gasdrücken im Zylinder aber mit Vorteil geläppt werden.

Im Kolben müssen überdies die Nuten genau winkelrecht zur Kolbenachse liegen, die Nutenflanken müssen, die Verwendung normaler Ringe vorausgesetzt, genau planparallel und möglichst glatt bearbeitet sein. Das vorgeschriebene axiale Kolbenringspiel in den Nuten muß genau eingehalten werden. Alle diese Punkte sind um so wichtiger, je geringer die Verschleißfestigkeit des Kolbenwerkstoffes ist.

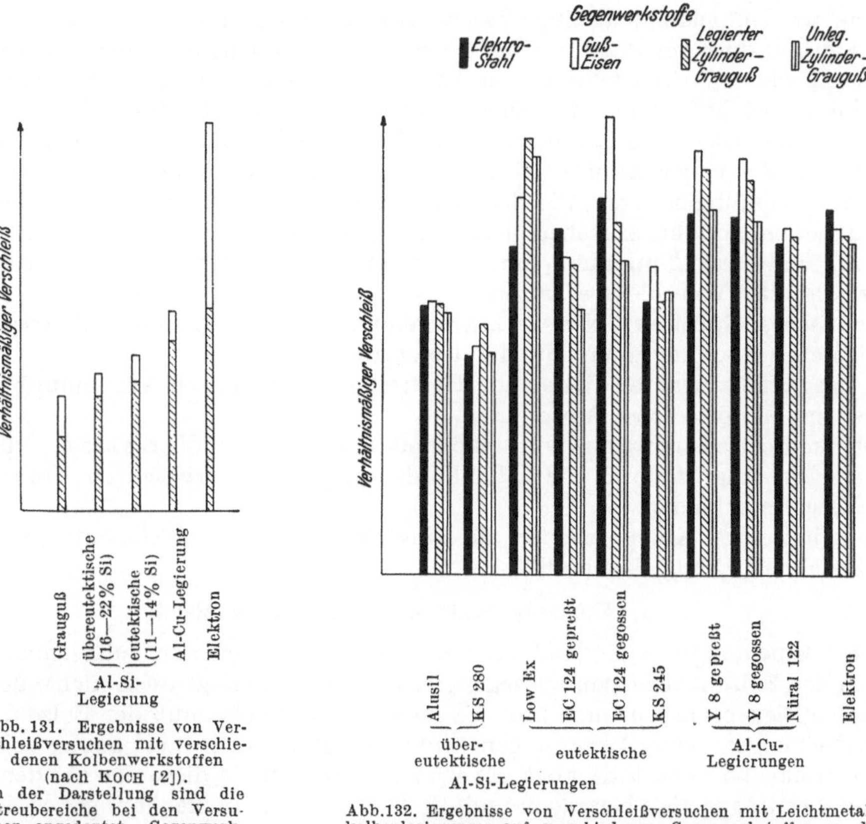

Abb. 131. Ergebnisse von Verschleißversuchen mit verschiedenen Kolbenwerkstoffen (nach Koch [2]). In der Darstellung sind die Streubereiche bei den Versuchen angedeutet. Gegenwerkstoff: Unlegierter Grauguß.

Abb. 132. Ergebnisse von Verschleißversuchen mit Leichtmetallkolbenlegierungen auf verschiedenen Gegenwerkstoffen an der Nieberding-Verschleißmaschine (nach Zimmer [3]).

Der Ringnutenverschleiß hängt auch von der Kolbenbauart ab; je höher die Temperatur in der Ringzone liegt, desto rascher schreitet er fort. So zeigen z.B. Leichtmetallkolben mit Querschlitz unterhalb der Ringpartie infolge des behinderten Wärmeabflusses höheren Nutenverschleiß als Kolben ohne Querschlitz.

Ein nicht allzu häufiger Schaden, der vornehmlich bei kurzen, gedrängt gebauten Kolbenbauarten auftritt und auf zu schwach bemessene Kolbenringstege zurückzuführen ist, ist das Brechen der Stege. Hier zeigt auch der geschmiedete Kolben keine Überlegenheit gegenüber dem gegossenen, weil die Ringnuten senkrecht zum Faserverlauf eingestochen werden müssen. Richtige konstruktive und werkstattmäßige Ausführung des Nutengrundes unter Vermeidung scharfer Kanten durch gutes Ausrunden hebt die Festigkeit der Ringstege gegenüber Wechselbeanspruchungen ganz bedeutend. Die axiale Höhe der Ringstege darf nicht zu knapp gewählt werden [5, 8].

Das Ein- oder Durchbrennen von Kolbenringstegen tritt als Folge gebrochener oder festgebrannter Kolbenringe auf, wenn dieser Mangel während längerer Zeit bestehen bleibt.

Dem größten Verschleiß ist die oberste Kolbenringnut ausgesetzt; hier sind die Gasdrücke am höchsten, ferner liegt hier auch die Temperatur am höchsten, wodurch die Warmhärte des Leichtmetalls stark abfällt und die Neigung zu Verformungen erhöht wird. Hat aber der Ring einmal vermehrtes Spiel, so wird er nicht mehr richtig geführt; als Folge davon steigt der Zylinderverschleiß, sowie der Schmieröl- und der Kraftstoffverbrauch. — Geringe axiale Höhe der Kolbenringe ist bei Motoren mit hoher Drehzahl wichtig, um das Ausschlagen der Ringnuten infolge der Massenkräfte der Ringe zu vermeiden.

Um ein übermäßiges Ausschlagen der Kolbenringnuten von Leichtmetallkolben zu verhindern, werden manchmal eingegossene R i n g t r ä g e r aus Schwermetallen verwendet. Sie sind dort am Platz, wo auf höchste Wirtschaftlichkeit Bedacht genommen werden muß, wie z. B. in Omnibus-, in Ferntransport- und Autobusbetrieben, und in gleicher Weise dort, wo erhöhte Verschleißbeanspruchungen auftreten, wie in Schleppern im Straßenbetrieb oder in der Landwirtschaft, ebenso wie bei Geländefahrzeugen aller Art.

Damit sich die eingegossenen Ringträger nicht lockern, müssen sie ungefähr die gleiche Wärmedehnung besitzen, wie das Leichtmetall; die Zahl der brauchbaren Werkstoffe ist daher beschränkt; es stehen heute für diesen Zweck zur Verfügung:

Bronzen, und zwar Aluminium- und Berylliumbronze; letztere zeigt allerdings kein ganz befriedigendes Verschleißverhalten;

Austenitisches Gußeisen „Niresist“, verwendbar für Kolben aus eutektischen und übereutektischen Aluminium- und Siliziumlegierungen.

Auch das Alfinverfahren findet zur Herstellung einer festen Verbindung zwischen Ringträger und Kolbenkörper Anwendung.

Die Oberkante des Ringträgers wird manchmal bis zur Kolbenoberkante heraufgezogen, um den starken Angriff durch die Ölkohle, die sich in den erweichten Kolbenoberteil hineinfrißt, zu unterbinden.

Bei geschmiedeten Kolben werden die Ringträger meist aufgeschrumpft, in neuester Zeit wohl auch mit Erfolg eingepreßt.

c) Kolbenbolzenlöcher und Kolbenbolzen.

Bei der Bemessung des Kolbenbolzen darf nicht nur von den zulässigen Auflagerdrücken in den Bolzenbohrungen ausgegangen werden; es genügt auch nicht, den Bolzen nur auf seine Biegebeanspruchung hin zu bemessen. Vielmehr muß der Bolzen, um Verschleißerscheinungen oder Zerstörungen hintanzuhalten, auch steif genug sein, damit Bolzenverformungen so weit als möglich vermieden werden, da diese sich auf den Kolbenschaft und die Ringpartie übertragen und die Kolbenspiele in nachteiliger Weise beeinflussen. Durch Bolzen, die durch die Betriebskräfte oval gedrückt werden, kann der Kolben in axialer Richtung aufgespalten werden.

Der Augenabstand muß knapp bemessen werden; es ist unrichtig, für das Pleuellager eine größere Breite vorzusehen, als für die Auflagerung des Bolzens in den Augen.

Für den Verschleiß in den Bolzenlöchern ist die Einhaltung eines genau vorgeschriebenen Spieles, sowie höchste Oberflächengüte der Bohrungen und der Bolzen wichtig. Die Bolzenlöcher werden deshalb meist diamantgebohrt; die Passung des Bolzens in der Bohrung hängt dabei von der Gestaltung des Kolbens und von der Beanspruchung sowie von der in der Augenpartie zu erwartenden Betriebstemperatur ab. Da diese Passung sehr empfindlich ist, werden Bolzen und Bolzenbohrungen nach dem Auswahlverfahren einander zugeordnet. — Zu großes Spiel in den Bolzenlöchern führt ebenso wie ungenügende Bearbeitungsgüte oder fehlerhafter Werkstoff zum raschen Ausschlagen der Bolzen, zu geringes Spiel dagegen kann ebenso wie fehlende oder unzureichende Schmierung ein Fressen der Bolzen in den Augen zur Folge haben.

Ausschlagen der Bolzenlöcher tritt auch dann auf, wenn die Bolzen im Bolzenlager infolge Wachsens des Lagerwerkstoffes in der Betriebswärme zum Festsitzen kommen.

Verschleiß an der Bolzenlauffläche im Pleuellager deutet entweder auf unzureichende Schmierung oder auf einen ungeeigneten Pleuelbüchsenwerkstoff hin; bleibt die Bolzenlauffläche dabei verhaltnismäßig glatt, so kann auch eine zu schwache Einsatzschicht in das zu weiche Grundmaterial des Bolzens eingedrückt werden oder die Einsatzschicht ist nicht genügend hart. Zeigen sich punkt- oder grübchenförmige Fehler an der Lauffläche, so ist die Gefügeausbildung der Einsatzschicht fehlerhaft.

d) Kolbenboden.

Der Kolbenboden ist keiner Verschleißbeanspruchung durch Abrieb unterworfen, doch werden an den Kolbenböden Zerstörungen folgender Art beobachtet:

Durchbrennungen durch den Kolbenboden in Form ausgebrannter Löcher: Durch unrichtigen Verbrennungsablauf, als Folge unzweckmäßiger Anordnung der Zündkerzen oder bei Verwendung beschädigter Zündkerzen oder falscher Kerzentypen in Ottomotoren entstehen, fallweise in Verbindung mit stärkeren Gasströmungen, Ausschmelzungen im Kolbenboden.

Risse im Kolbenboden treten vor allem bei Dieselmotoren auf: bei mechanischer oder thermischer Überlastung durch zu frühe Einspritzung, zu große Einspritzmengen, Hängenbleiben der Einspritzdüsennadel; schadhafte Brennereinsätze bei Vorkammer- und Wirbelkammermotoren. Bei unrichtiger Länge oder Lage des Brennstrahles in Dieselmotoren werden, vor allem in Vorkammerdieselmaschinen, eng begrenzte Zonen des Kolbenbodens sehr stark überhitzt, die nach dem Erkalten leicht einreißen.

Jeder Wärmestau im Kolbenboden muß durch richtige Gestaltung, vor allem durch richtig bemessene Wärmeflußquerschnitte hintangehalten werden.

Anschmorungen am Kolbenrand: Neigt der Brennstoff zum Klopfen, so ergeben sich infolge des hohen Wärmeüberganges Anbrennungen an den Kolbenbodenrändern. Auch als Folge schlecht arbeitender Zündkerzen, die zum Auftreten von Glühzündungen Anlaß geben, können Anschmorungen am Boden oder Kolbenrand auftreten.

Um Angriffe dieser Art, sowie Korrosionsangriffe u. ä., einzuschränken, muß getrachtet werden, die Temperatur im Kolbenboden möglichst zu senken. Deshalb ist u. U. das Polieren der Kolbenböden von Vorteil. Dadurch wird auch das Ansetzen von Ölkrusten erschwert, die ihrerseits beim Abbröckeln wieder Anlaß zu erhöhtem Verschleiß an Kolbenringen und Zylindern, in denen Kolbenringnuten und schließlich auch am Kolben selbst geben.

Auch zeigt es einigen Vorteil, die Kolbenböden zu vernickeln oder zu verchromen; das Aufbringen haltbarer Nickel- oder Chromüberzüge ist auch bei Leichtmetallkolben möglich. Bei den letzteren hat sich auch ein Überzug aus Aluminiumoxyd, das „Eloxieren" der Böden, bzw. der heißesten Zone der Kolben bewährt; es wird damit deren Widerstandsfähigkeit in jenen Fällen gehoben, in denen die Betriebstemperatur in diesen Kolbenteilen bis nahe an den unteren Schmelzpunkt der Kolbenlegierung steigt. Die hohe Schmelztemperatur des beim Eloxiervorgang gebildeten Aluminiumoxyds verzögert dann die Bildung von Anschmorstellen. Die Eloxalschutzschicht läßt sich aber nur ganz dünn ausführen und kann in ungünstigen Fällen vom Kraftstoffstrahl durchschlagen werden.

In einzelnen Fällen braucht der Boden von Leichtmetallkolben noch einen besonderen, stärkeren Schutz. Als solcher können sich entweder Schwermetallplatten als Brennplatten als nötig erweisen, die ihrerseits eingegossen oder eingeschraubt werden; oder es kann mit einem Kolben von guten Lauf- und Verschleißeigenschaften, z. B. einem Kolben aus einer eutektischen Al-Si-Legierung, eine Bodenplatte von besonderer Wärmebeständigkeit — etwa aus Reinaluminium oder aus Legierung Y — nach dem Verbundgußverfahren zusammengegossen werden (sog. Verbundgußkolben). Auch die Ausführung verbundgepreßter Leichtmetallkolbenböden befindet sich in Entwicklung.

4. Oberflächenbehandlung der Kolben [6. 7].

Die Endbearbeitung neuzeitlicher Kolben erfolgt nach mehreren Vordrehstufen mit zunehmendem Feinheitsgrad der Zerspanung entweder durch Naßschliff mit feinkörnigen Schleifscheiben oder durch Feinstdrehen mit Diamant oder Hartmetall. Durch den hohen Bearbeitungsgrad ist der Anfangsverschleiß während der Einlaufperiode nur sehr gering und es tritt dabei keine störende Vergrößerung des sehr eng bemessenen Einbauspieles auf. Dennoch kann es aber während des Einlaufens zu Zerstörungen der Laufflächen in Form örtlicher oder ausgedehnterer Werkstoffüberschiebungen, also zum Drücken oder Fressen der Kolben kommen, wenn die Betriebsbedingungen des Motors nicht vorsichtig gewählt werden (Abb. 133, 134). Während der Einlaufzeit muß die Motorleistung bei nicht zu niedriger Drehzahl begrenzt bleiben; Öl- und Kühlwassertemperatur müssen auf einer bestimmten Höhe gehalten werden.

Um diese Einschränkungen zu umgehen, oder ihre Zeit möglichst abzukürzen, wird das Laufverhalten der Kolben durch Oberflächenbehandlungsverfahren verbessert.

Von einem wirksamen Laufflächenschutz ist folgendes zu verlangen:

a) hohe Haftfestigkeit durch gute Verankerung im Grundwerkstoff der Kolbenlauffläche;

b) günstige Gleiteigenschaften und selbstschmierende Eigenschaften;

c) möglichst plastische Verformbarkeit ohne Verlust des inneren Zusammenhanges;

d) Widerstandsfähigkeit gegen Abrieb;

e) hohes Ölhaltevermögen;

f) Unlöslichkeit in Schmieröl und flüssigen Kraftstoffen.

Abb. 133. Freßzerstörungen der Kolbengleitfläche bei Einlauf und Überlastung (streifenartiges Fressen).

Abb. 134. Freßzerstörungen der Kolbengleitfläche bei Kraftstoffüberschwemmung und Kaltstart (pockenartige Freß-Stellen).

a) Eloxieren der Leichtmetallkolben.

Das Eloxieren verwandelt die oberste Schicht des Aluminium-Kolbens in das außerordentlich harte Aluminiumoxyd bzw. Zwischenstufen von Oxyd und Hydroxyd. Der Kolbenwerkstoff verliert damit an der Oberfläche fast vollkommen seinen metallischen Charakter. Die Oberfläche gewinnt durch das Eloxieren ein mineralisch-graues Aussehen, durch das darauffolgende Tränken mit Öl, das eine Voraussetzung für die angestrebte günstige Wirkung dieser Behandlungsart bildet, wird die Oberfläche grünlichgrau bis bräunlich gefärbt.

Die Kolben werden entweder zur Gänze eloxiert, oder die Behandlung erstreckt sich nur auf die besonders heißen Zonen des Kolbens. Die Dicke der gebildeten Eloxalschicht beträgt 0,007—0,012 mm.

Vollständiges Eloxieren mit nachfolgendem Tränken mit Öl bietet dem Leichtmetallkolben Schutz bei ungünstigen Kaltstart- und Schnellstartbedingungen, vor allem bei Motoren, die dabei leicht unter Kraftstoffüberfluß leiden. Diese Eigenschaft ist dem Umstand zuzuschreiben, daß die —entsprechend ausgebildete — Oxydschicht ölaufsaugfähig ist. Diese Ölaufnahmefähigkeit ist offenbar nicht auf eine Porosität der Schicht zurückzuführen, denn Poren sind mikroskopisch nicht nachweisbar; es scheint vielmehr die Aufnahmefähigkeit eine Eigenschaft der gebildeten Oxydkristalle selbst zu sein. Das in der Schicht gespeicherte Öl bietet, solange diese nicht abgelaufen ist, einen gewissen Schutz gegen kurzzeitige Überlastungen.

Wo aber die Eloxalschicht bei zu geringem Spiel des Kolbens unter hohen Drücken auf der Zylinderwandung arbeitet, tritt scharfes Fressen auf, der Laufspiegel des Zylinders wird durch tiefe Riefen aufgerissen. — Der Einlaufvorgang wird durch das Eloxieren nicht beschleunigt.

Nicht verwendbar ist das Eloxieren bei Kolben der Aluminium-Kupfer-Gruppe, sowie bei geschmiedeten Kolben, da bei diesen die Laufeigenschaften durch das Eloxieren beeinträchtigt werden. Ebenso ist das Verfahren für Magnesiumkolben nicht anwendbar, da dessen Oxyd keinen haftenden Überzug bildet.

b) Metallische Schutzschichten auf Kolben.

Sogenannte „Notlaufeigenschaften" können dem Kolben durch Überziehen der Laufflächen mit gewissen Metallen verliehen werden. Hierzu sind weiche Metalle von niedrigem Schmelzpunkt geeignet. Dieser Überzug kann an örtlichen Druckstellen durch plastisches Verformen ausweichen, bis der Überzug endlich schmilzt, wenn völliges Trockenlaufen schließlich zum Fressen führen will; bei örtlichem Schmelzbeginn kann die Überzugsschicht auch selbst noch schmierend wirken.

α) Verzinnen.

Das Verzinnen, ein äußerst wirksames Mittel zur Verbesserung der Notlaufeigenschaften, erfolgt bei Graugußkolben auf galvanischem Weg, bei Leichtmetallkolben entweder auch auf elektrolytischem Weg oder in haltbarerer Weise durch ein Ansiedeverfahren auf chemischem Weg. Dabei wird eine dünne Zinnschicht von etwa 0,01 mm Stärke entweder unmittelbar auf den Kolbenwerkstoff oder auf eine vorher auf der Kolbenoberfläche aufgetragene metallische Zwischenschicht aufgebracht.

Abb. 135. Schaftflächen verschieden oberflächenbehandelter Kolben aus Al-Si-Legierung nach 20 Kaltstarten bei einer Kühlmitteltemperatur von —10° bis —15°
a) unbehandelt; gefressen, Pockenbildung,
b) eloxiert; gefressen, örtlicher Angriff,
c) verzinnt; leichte Druckstelle links oben.

Beim Einlaufen lassen diese Zinnschichten schnell ein sattes Anschmiegen erreichen, und verhüten damit ein örtliches Schmieren. Die Einlaufzeit neuer Kolben wird damit auf weniger als 1 Stunde herabgedrückt.

Unter Dauerhöchstlast wird die Freßneigung sehr weitgehend vermindert; ebenso zeigt die Verzinnungsschicht beim Kaltstart große Widerstandsfähigkeit (Abb. 135).

Weiter hat die Zinnschicht den Vorteil, daß sich kleine Fremdkörperchen in ihr einbetten und damit unschädlich werden.

β) Verkadmieren.

Eine durch galvanischen Niederschlag auf die Gleitflächen von Grauguß- oder Leichtmetallkolben niedergeschlagene Kadmiumschicht zeigt etwa gleiche Notlaufeigenschaften wie eine Zinnschicht. Das Verkadmieren mancher Aluminiumlegierungen bereitet jedoch Schwierigkeiten.

γ) Verbleien.

Durch chemische Umsetzungsverfahren werden auf der Lauffläche von Leichtmetallkolben Bleischichten von geringer Stärke niedergeschlagen.

Verbleite Kolben zeigen ein ähnlich günstiges Verhalten wie verzinnte Kolben; ja in manchen Fällen zeigen sie sich den letzteren sogar überlegen.

c) Nichtmetallische Schutzschichten.

Graphitierte Kolben. Obwohl die zur Erzeugung von Schutzschichten auf den Kolben niedergeschlagenen Metallmengen gering sind — etwa 1 g für einen Kolben mittleren Durchmessers bei Fahrzeugmotorkolben — ist es oft vorteilhaft, in erster Linie nichtmetallische Schutzschichten zu verwenden, um so mehr als diese sich den vorerwähnten als gleichwertig erwiesen haben.

Zum Graphitieren wird nach einem Auflockern durch Beizen der von der Bearbeitung her genügend rauhen Kolbenoberfläche ein Gemenge von kolloidalem Graphit in einer Kunstharzlösung oder einem ähnlichen Bindemittel auf die Kolbenoberfläche aufgespritzt und dann eingebrannt. — Das Verfahren eignet sich für alle Leichtmetallegierungen und findet, da es sich ausgezeichnet bewährt hat, stets zunehmende Anwendung auch bei der Herstellung größerer Kolben.

Schrifttum.

1. MOSER: Verschleiß und dessen Vermeidung bei Kolben, Kolbenringen und Zylindern von Kraftfahrzeugen. Vortrag Tagung der Arbeitsgemeinsch. Dtsch. Betriebs-Ing. Stuttgart 1939.
2. KOCH, E.: Verschleißverhalten von Kolbenwerkstoffen. Dissertation. Aachen 1929/31.
3. ZIMMER, R.: Abnutzungsversuche an Hartmetallen, Gußeisen und Leichtmetallen auf der Abnutzungsprüfmaschine von O. Nieberding. Forschungsarbeiten über Metallkunde und Röntgenmetallographie, Folge 18. München 1935, Verlag Hansen.
4. NÜRAL: Technisches Handbuch. Aluminiumwerke Nürnberg G. m. b. H.
5. KOCH, E.: Technisches über EC-Kolben. Mahle-Komm.-Ges., Bad Cannstatt.
6. SCHWARZ, H.: Laufflächenschutz bei Leichtmetallkolben als Mittel gegen Drücken und Fressen. MTZ 1941, Heft 12, S. 409.
7. SOMMER, P.: Gleitflächen- und Bodenschutzfragen bei Kolben. Jahrb. dtsch. Luftforschung 1939.
8. Techn. Blätter. Folgen K 13, K 17. Herausgegeben von der Alfred Teves K. G. Frankfurt a. M. 1951.
9. Neues Oberflächenhärtungsverfahren für verschleißbeanspruchte Teile aus Aluminium. Materials and Metals (1950), August), S. 62—64.

III. Filter.

1. Luftfilter.

Die Höhe des Staubgehaltes in der Ansaugluft kann sehr verschiedene und unter Umständen sehr beträchtliche Werte annehmen: Bodengattung, Wind- und Witterungsverhältnisse, Jahreszeit und geographische Lage, bei Fahrzeugmotoren auch der Straßenzustand sowie die Verwendungsweise des Fahrzeugs nehmen hierauf größten Einfluß. Erfahrungsgemäß können etwa die folgenden mittleren Staubgehalte beobachtet werden:

Über 2000 mg/m³:

Im Staubwirbel hinter Fahrzeugen in sandigen Äckern und auf Wegen mit dicker Staubschicht sowie in Sandwüsten. Das Vorderfahrzeug ist in der Regel auf etwa 20 m Entfernung nicht mehr sichtbar. Für die Filterbemessung ist dieser Staubgehalt nur bei ungünstiger Lage der Luftansaugöffnung direkt im Staubwirbel zugrunde zu legen.

500—2000 mg/m³:

Bei Fahrt auf sandigem Acker oder auf Feldwegen bei dicker Staubschicht und sehr ungünstigem Wind. Es ist dies der höchste, u. zw. nur selten und nur gelegentlich praktisch vorkommende Staubgehalt vor der Ansaugstelle von Fahrzeugmotoren.

100—500 mg/m³:

Unter ähnlichen Verhältnissen wie vor, jedoch bei günstigerem Wind oder hoch gelegener Ansaugöffnung; bei stationären Motoren in besonders staubreichen Betrieben.

30—100 mg/m³:

Höchste im praktischen Betrieb bei Radfahrzeugen über längere Strecken gemessene durchschnittliche Staubdichte.

Fahrzeuge in Kolonne fahrend auf unbefestigter, staubiger Fahrbahn oder Schlepper in trockenem Acker. — Bei Motoren oder Kompressoren mit ungeschützt liegender Ansaugöffnung in Stein- und Sandbrüchen oder bei Antrieb von Dreschmaschinen.

10—30 mg/m³:

Unter günstigen Bedingungen bei Verhältnissen wie vor.; z. B. bei Einzelfahrt, bei hoch oder geschützt liegender Ansaugöffnung, bei nur zeitweiligem Betrieb.

3—10 mg/m³:

Fahrzeuge auf zwar gefestigten, aber schlechten Staubstraßen; Motoren und Kompressoren im Freien.

1—3 mg/m³:

Fahrzeuge in Einzelfahrt auf durchschnittlichen Landstraßen ohne gebundene Oberfläche. Stationäre Motoren und Kompressoren z. B. in metallverarbeitenden Betrieben mit wenig Staubanfall.

Unter 1 mg/m³:

Fahrzeuge auf besten, mit Staubbindemitteln behandelten Straßen (Teer, Beton usf.).

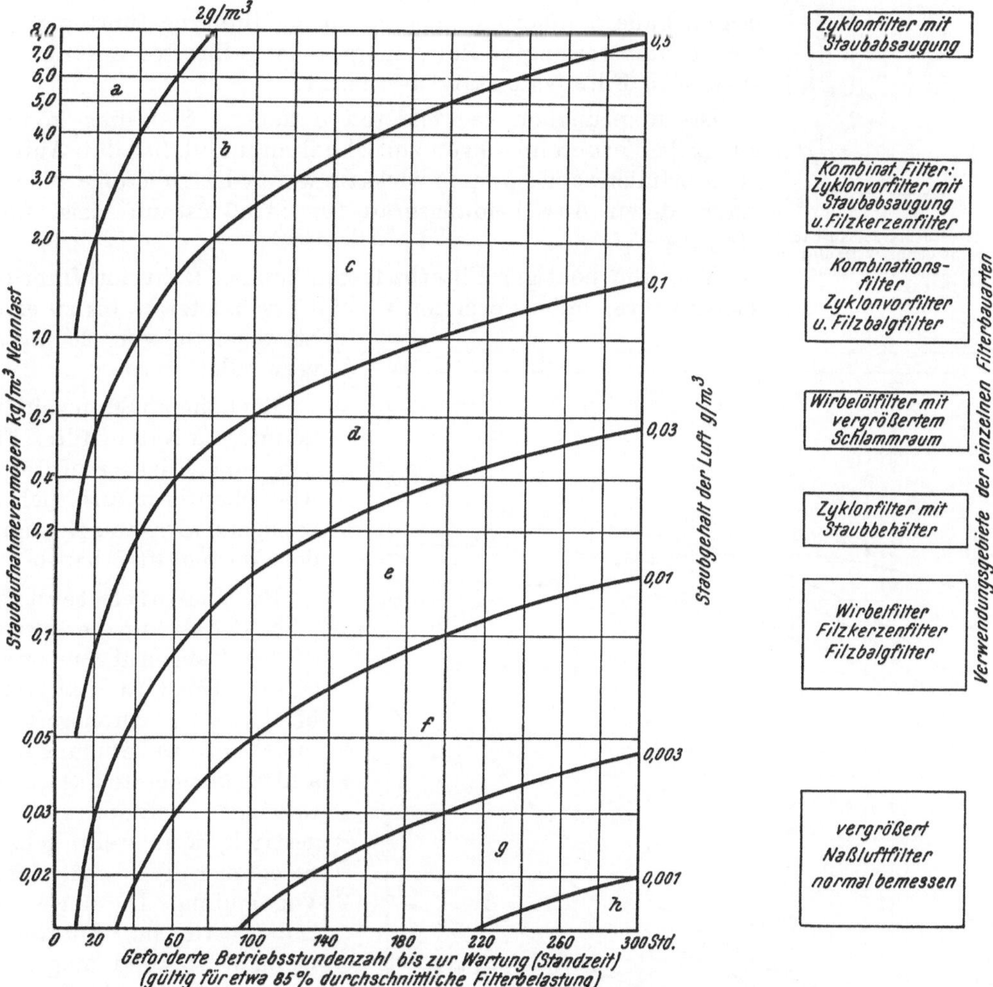

Abb. 136. Zuordnung der verschiedenen Filterbauarten in Abhängigkeit von der geforderten Standzeit und dem Staubgehalt der Ansaugluft.

Um dem Verschleiß durch mit der Ansaugluft mitgerissene Staubteilchen wirksam zu begegnen, müssen durch eingeschaltete Filter Staubkörnchen bis zu einer Größe von einigen Tausendstel mm herab abgeschieden werden.

Abb. 136 zeigt die Zuordnung der im nachfolgenden besprochenen modernen Filterbauarten in Abhängigkeit von der geforderten Verwendungszeit bis zur Reinigung und vom Staubaufnahmevermögen, wobei das Gesamtfeld nach den Staubgehalten der zur verarbeitenden Luft gemäß der oben gegebenen Übersicht in die Streifen a—h aufgeteilt ist. Die angeführte Betriebsstundenzahl gilt für eine durchschnittliche Filterbelastung von etwa 85%. Bei wesentlich geringerer Durchschnittsbelastung, z. B. bei Fahrzeugen mit Ottomotoren, werden entsprechend längere Standzeiten erreicht.

Für die Beurteilung des Wertes eines Filters ist neben der Wirksamkeit hinsichtlich der Staubabscheidung, die durch die Belastbarkeit des Filters, den Abscheidungsgrad und die Standzeit gekennzeichnet ist, auch noch die Höhe des Filterwiderstandes wichtig, da durch diesen der Füllungsgrad der Zylinder und damit die Motorleistung stark verringert werden kann.

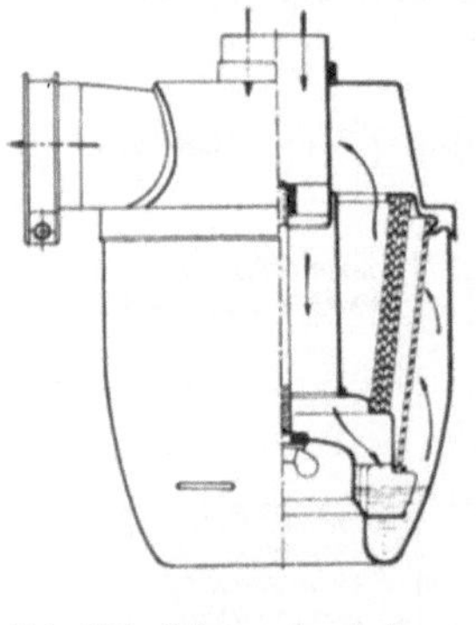

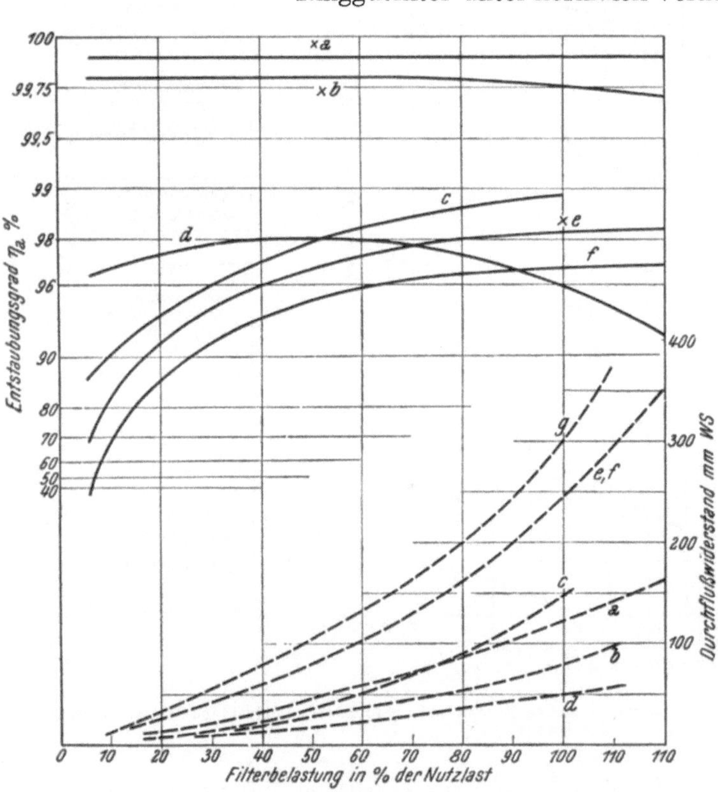

Abb. 137. Schema des Aufbaues und des Strömungsverlaufes in einem Naßluftfilter (Bauart Delbag VB).

Die Abmessungen des Luftfilters werden in erster Linie von dessen Bauart, innerhalb dieser von der ihm zugeführten Staubmenge, vom verlangten Reinheitsgrad der gefilterten Luft und vom zulässigen Filterwiderstand bestimmt.

Die ursprünglich verwendeten einfachen Siebfilter konnten nur grobe Verunreinigungen zurückhalten und daher ihre Aufgabe nicht erfüllen; ebensowenig wirksam waren die früheren Schleuderfilter, deren Ausscheidungsgrad für Straßenstaub meist unter 50% lag.

Von den heutigen Filterbauarten können Labyrinthfilter und Ringgutfilter unter normalen Verhältnissen, letztere bis zu einem Staubgehalt von 20 mg/m³, verwendet werden.

Bei höheren Staubgehalten können nur Naßluftfilter, Filzbalg- und Filzkerzenfilter sowie Ölbadfilter Anspruch auf genügend wirksame Reinigung der Ansaugluft erheben.

Bei Naßluftfiltern nach Abb. 137 strömt die Luft auf Zickzackwegen über mit einem Ölfilm benetzte Labyrinthbleche oder Drahtgeflechte mit Stahlgewebefüllung; auch andere ölbenetzte Fasern, Metallringe, verzinktes Stahlgestrick, kreuzweise gelegtes Streckmetall o. dgl. finden Verwendung. Die eingesaugte Luft wird im Filtermittel vielfach ab- und umgelenkt, wobei der Staubgehalt der Luft sich auf dem Ölfilm niederschlägt. Der Durchflußwiderstand ist gering (vgl. Kurven *d* in Abb. 138 und 139); er beträgt im sauberen, frischbenetzten Zustand und bei Vollbelastung etwa 40 mm WS., mit zunehmender Staubaufnahme kann er aber bis auf 300 mm und höher an-

Abb. 138. Abscheidungsgrad und Durchflußwiderstand von Luftfiltern (nach HUMMEL und MANN) in Abhängigkeit von der Filterbelastung, bei guter Wartung. — Filterkennlinien ermittelt mit KLINGENBERG-Vergleichsstaub; × angekreuzte Linien sind von der Wartung unabhängig; diese Filtertypen sind daher in Abb. 139 nicht aufgenommen.

a Filzkerzenfilter   *e* Zyklon mit automat. Staubabsaugung
b Filzbalgfilter   *f* Zyklon mit Staubsammelbehälter
c Wirbelölfilter   *g* Kombinationsfilter (Zyklon-Filzkerzen).
d Naßluftfilter

steigen, wenn die Wartung unzureichend ist oder falls der Einsatz unter zu ungünstigen Staubbedingungen erfolgt, die der Filter nicht beherrschen kann. — Bei normalem Straßenbetrieb ist etwa wöchentliches Nachölen mit Altöl erforderlich. Der Abscheidungsgrad kann bei frischer Ölung 98% betragen, fällt aber nach einiger Betriebszeit durch Austrocknung und insbesondere durch Staubaufnahme rasch ab; von der Belastung ist er bei reichlicher Dimensionierung nahezu unabhängig. In besonders staubanfälligen Betrieben, wie z. B. auf Baustellen, steigt der Durchflußwiderstand rasch an. Durch Aus-

waschen mit Benzin oder anderen fettlösenden Mitteln kann der Filter gereinigt werden; nach neuerlichem Benetzen mit Öl ist der Filter wieder voll verwendungsfähig. Naßluftfilter finden für Motoren Verwendung, die in nur wenig verunreinigter Luft arbeiten, wie z. B. für stationäre Maschinen in Gebäuden oder in Fahrzeugen auf ordentlichen, gepflegten Straßen, wo geringe Wartung zumutbar ist.

Die Forderung nach Verlängerung der Wartezeiten führte zur Entwicklung der Wasserbad-, Ölbad- und schließ-

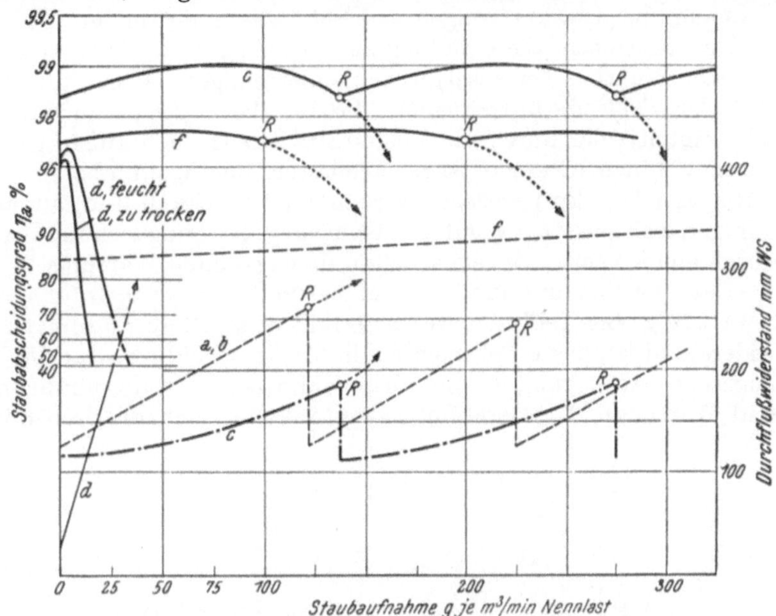

Abb. 139. Abscheidungsgrad und Durchflußwiderstand von Luftfiltern (nach HUMMEL und MANN) bei Nennlast in Abhängigkeit von der Verschmutzung (Staubaufnahme) und Wartung. R... Reinigung des Filters. Die punktierten Äste der Kennlinien gelten bei versäumter Wartung.

lich der Wirbelölluftfilter, (Kurven c in Abb. 138 und 139). — Bei dieser Filterbauart wird der Staub durch direktes Auswaschen der Luft in einer Ölvorlage ausgeschieden. — Nach Abb. 140 tritt die angesaugte Luft tangential in das Filtergehäuse ein und setzt die in diesem befindliche Ölvorlage in rotierende Bewegung. Durch innige Durchwirbelung von Luft und Öl wird der Staub gebunden; ein nachgeschalteter Einsatz aus Stahlgestrick übernimmt die Feinreinigung und Ölabscheidung. Die Standzeit dieser Filterbauart beträgt etwa das 10fache jener des Naßluftfilters und entspricht z. B. bei einem Lastkraftwagen im Baustellenbetrieb etwa 3000 km. Der Filtereinsatz ist leicht auszubauen; das Auswaschen

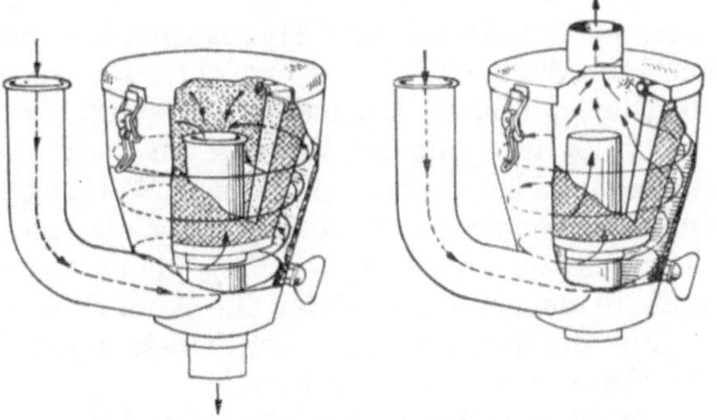

Abb. 140. Schema des Aufbaues und des Strömungsverlaufes in Wirbelölfiltern (Bauart Mahle).

und Neufüllen wird am besten gleichzeitig mit dem Ölwechsel im Motor ausgeführt.

Auf die Bemessung des Wirbelölfilters hat die Pulsation des Luftstroms Einfluß. Die Belastungsgrenze ist durch die Möglichkeit des Mitreißens von Öl in die Reinluftleitung gegeben; diese Grenze wird durch die pulsierende Bewegung nach unten verschoben. Je nach Stärke der Pulsation ist es nötig, die Filter bis zu einer um 100% größeren Luftmenge auszulegen, als sie dem tatsächlichen Luftbedarf des Motors entspricht. Der Abscheidungsgrad des Wirbelölfilters wird dagegen durch die Pulsation günstig beeinflußt.

Auch bei höherer Temperatur der Ansaugluft müssen die Filter von Haus aus größer ausgelegt werden; von 30° C an sind sie mit einem Öl höherer Viskosität zu füllen, weil sonst das durch die höhere Temperatur dünnflüssiger werdende Öl in die Ansaugleitung mitgerissen werden kann.

Wirbelölfilter eignen sich für Motoren, die zeitweilig in stark staubhaltiger Luft arbeiten, die aber in größeren Zeitabständen pünktlich gewartet werden; sie werden besonders bei Lastkraftwagen und Schleppern verwendet.

Das Bestreben, die Ölfüllung zu vermeiden und die Wartung zu vereinfachen, führte zur Konstruktion verbesserter Schleuderreiniger; es entstanden so die Zyklonfilter (Wirbler, Schleuderluftreiniger), Abb. 141, bei denen die Luft tangential in eine Schleuderzelle eintritt; der durch die Fliehkraftwirkung nach außen geschleuderte Staub gelangt durch Schlitze in einen Sammelbehälter, der leicht abzunehmen ist und wöchentlich (etwa alle 2000 km) entleert werden muß. Zyklonfilter mit automatischer Absaugung reinigen sich selbsttätig unter Ausnutzung der Saugwirkung des Auspuffgasstromes oder durch einen Ventilator; sie arbeiten dauernd ohne Wartung.

Der Ausscheidungsgrad beträgt bei Vollast etwa 98% (ohne automatische Absaugung etwa 97%). Bei Teillast unter 25% fällt er stark ab. Je höher der zulässige Durchflußwiderstand ist, desto höher ist auch der Ausscheidungsgrad im Teillastbereich; bei automatischer Absaugung ist der Ausscheidungsgrad völlig unabhängig von der Betriebszeit und Wartung. Der Durchflußwiderstand steigt quadratisch mit der Filterbelastung, ist

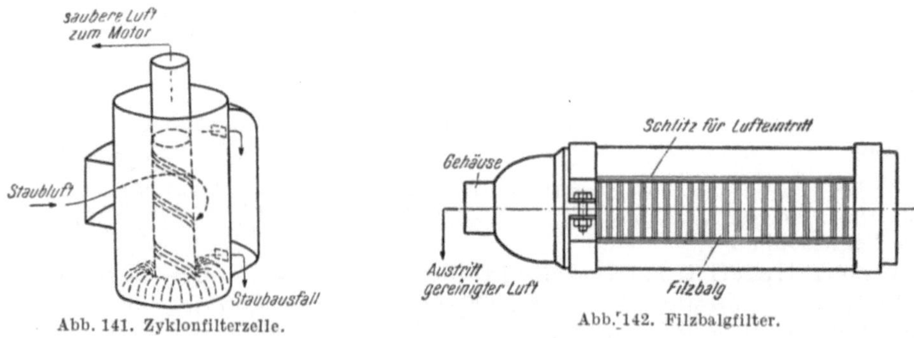

<table>
<tr><td>Abb. 141. Zyklonfilterzelle.</td><td>Abb. 142. Filzbalgfilter.</td></tr>
</table>

aber von Betriebszeit und Staubaufnahme unabhängig. Ab 100 mm WS wird bereits der höchste Abscheidungsgrad erreicht. Bei automatischer Staubaustragung müssen etwa 10% der gefilterten Luftmenge abgesaugt werden.

Zyklonfilter sind bei Motoren am Platz, die in der Regel in stark staubhaltiger Luft laufen und bei denen auf geringe Wartung oder Wartungsfreiheit Wert gelegt wird. Ohne automatische Staubabsaugung als Alleinfilter ist er nur dort zu wählen, wo die Filterbelastung dauernd über 35% bleibt, also vor allem für Dieselmotoren; er eignet sich auch besonders als Vorfilter für Kombinationsfilter.

Für durchschnittliche Verhältnisse sollen folgende Durchflußwiderstände bei Vollast des Filters zugelassen werden:

für Dieselmotoren 400—500 mm WS
für Ottomotoren 250—300 mm WS

Für Ein- und Zweizylinder-Zweitaktmotoren sollen Zyklonfilter nicht verwendet werden, da sie je nach den zufälligen Resonanzverhältnissen in der Ansaugleitung und im Filter unkontrollierbar verlaufende Wirkungsgradkurven ergeben. Eine Abstimmung der Leitungen und des Filters ist in der Regel nur für bestimmte Drehzahl- und Lastbereiche möglich.

Günstiger liegen die Verhältnisse bei Ein- und Zweizylinder-Viertaktmotoren oder bei Langsamläufern mit 4 Zylindern; aber auch bei solchen Maschinen empfiehlt sich eine Abstimmung am laufenden Motor.

Filzbalgfilter (Feinfilter mit Filzbalgen) stehen als sehr wirksame Filter in Verwendung; die Luft strömt hier durch einen ziehharmonikaartigen Filzbalg (Abb. 142) von außen nach innen. Solche Filter haben sich bei Motoren bewährt, die in stark staubhaltiger Luft arbeiten und bei denen es auf gleichbleibend hohen Ausscheidungsgrad ankommt, und wo die Ansaugstelle hinsichtlich des Staubanfalles sehr ungünstig liegt, wie z. B. bei Motorrädern. Insbesondere eignen sich auch für Maschinen, die häufig mit kleiner Last laufen, wo aber größerer Raumbedarf und zeitweilige Filterwartung in Kauf genommen werden können. Der Ausscheidungsgrad ist bei jeder Filterbelastung hoch, etwa 99%, und über lange Zeit nahezu unabhängig von der aufgenommenen Staubmenge, vgl. Abb. 138 und 139, Kurven b. — Der Durchflußwiderstand ist im neuen oder gereinigten Zustand gering; er beträgt bei Nennbelastungen unter 100 mm WS; mit zunehmender Staubaufnahme steigt er zunächst langsam, dann immer rascher an. Diese Filterbauart gestattet einfache, sehr rasche Reinigung.

Filzkerzenfilter erfüllen die höchsten Ansprüche in bezug auf Entstaubung; sie bestehen aus mehreren parallel geschalteten nahtlosen, einseitig geschlossenen Filzschläuchen, die durch eingelegte Drahtspiralen gespannt werden. — Diese Filter lassen nur Spuren von Staub durch (Kurve a, Abb. 138, 139), können aber erhebliche Staubmengen aufnehmen. Sie eignen sich für Motoren, bei denen es auf vollkommene Abscheidung der feinsten Staube ankommt, insbesondere auch für Maschinen, die häufig mit kleiner Last laufen, wo aber bei stark verstaubter Luft eine anspruchsvolle Wartung in Kauf genommen werden kann.

Der Ausscheidungsgrad liegt bei richtig bemessenem und gepflegtem Filter bei jeder Belastung, selbst bei feinstem Staub über 99,5%. Der Durchflußwiderstand steigt etwa linear mit der Filterbelastung und liegt in neuem und gereinigtem Zustand bei etwa 120 mm WS; mit zunehmender Verstaubung wächst auch der Durchflußwiderstand zuerst langsam, dann immer rascher an.

Für Sonderzwecke, wie z. B. für Schlepper in der Landwirtschaft, müssen die Filter eine außerordentliche Staubaufnahmefähigkeit mit größter Anspruchslosigkeit hinsichtlich der Wartung verbinden. Hierzu dienen Sonderbauarten von Wirbelölfiltern mit vergrößertem Öl- und Schlammraum. Feinfilter allein ergeben in solchen Fällen einen zu hohen Wartungsaufwand, während Wirbelölfilter nicht wirksam genug sind. Es kommen daher Kombinationsfilter zur Verwendung, die aus zwei hintereinander durchströmten Filtern bestehen. Der Nachteil solcher Kombinationsfilter ist ein erhöhter Durchflußwiderstand, der besonders bei Ottomotoren zu 1—2% Leistungsverlust führen kann. Unbestaubt beträgt der Durchflußwiderstand im allgemeinen nicht unter 300 mm WS bei Höchstlast, da für den Zyklon-Vorfilter allein 200 mm WS erforderlich sind; der Widerstand steigt mit zunehmender Verschmutzung zunächst langsam, dann immer rascher an. Der Ausscheidungsgrad liegt für den ganzen Lastbereich, auch für Ottomotoren, über 99%.

Abb. 138 zeigt die üblichen Filterkennlinien in Abhängigkeit von der Filterbelastung. Der Widerstand, den ein Filter der durchströmenden Luft entgegensetzt, steigt bei allen Filterbauarten mit zunehmender Durchsatzmenge, wie es die gestrichelten Linien veranschaulichen.

Entscheidend für den Wert des Filters ist in erster Linie der Verlauf der Kennlinie für den Staubabscheidungsgrad (Entstaubungsgrad oder Filterwirkungsgrad), als welchen man das Verhältnis

$$\eta_a = \frac{\text{Rohstaubmenge} - \text{Reststaubmenge}}{\text{Rohstaubmenge}} \cdot 100$$

bezeichnet. Der Wirkungsgrad soll über den wichtigsten Belastungsbereich möglichst hoch und möglichst konstant verlaufen. Bei Dieselmotoren sinkt die Filterbelastung selten unter 30%, bei Ottomotoren dagegen häufig noch bedeutend tiefer, wie z. B. im Leerlauf unter 10%.

Alle Kennlinien der Abb. 138 gelten nur für den gereinigten Zustand; lediglich bei den durch ein Kreuz gekennzeichneten Linien besteht keine Abhängigkeit von der Filterwartung. Die Kennlinie für den Naßluftfilter gilt für den frischen Zustand; schon nach wenigen Betriebstagen liegt sie infolge der Austrocknung des Filters bedeutend tiefer.

Abb. 139 veranschaulicht die Veränderungen des Durchflußwiderstandes verschiedener Filterbauarten in Abhängigkeit von der Filterverschmutzung. Die Abszissenteilung bezieht sich auf 1 m³/min Nennleistung. Für ein Filter mit größerer Nennleistung sind die Angaben für die Staubaufnahme entsprechend zu vervielfachen. Die in der Abb. 134 nicht aufgenommenen Filterbauarten sind in ihrem Verhalten von der Staubaufnahme unabhängig.

Neben dem die Filtergüte kennzeichnenden Wert η_a spielt auch die Staubspeicherfähigkeit des Filters eine Rolle, d.h. sein Vermögen, mehr oder weniger große Mengen des anfallenden Staubes in der Filterschicht zu speichern, ohne daß der Luftdurchgang zu sehr gedrosselt wird oder die Filterleistung nachläßt. Von der Staubspeicherfähigkeit hängt die Aufrechterhaltung der Entstaubungswirkung über eine längere Betriebszeit, die Gleichmäßigkeit des Filterwiderstandes und die Häufigkeit der notwendig werdenden Filterreinigung ab.

Die örtliche Anordnung des Filters am Motor erfordert besondere Aufmerksamkeit; sie ist von großem Einfluß auf die Standzeit des Filters. Je größer der Staubanfall, desto häufiger muß die Reinigung erfolgen; der Filter soll daher immer gut zugänglich sein. Der Luftfilter, bzw. seine Saugöffnung soll an solche Stellen verlegt werden, die entfernt von staubfreien Zonen liegen, sie soll gegen Spritzwasser geschützt außerhalb des Fahrwindes oder des ankommenden Kühlluftstromes und möglichst hoch über der stauberzeugenden Stelle, also über der Fahrbahn, liegen. — Beim Heckmotor liegen die Verhältnisse ungünstig, da dort der Motor dem aufgewirbelten Staub viel mehr ausgesetzt ist. In solchen Fällen empfiehlt es sich, die Luft einem Nebenraum zu entnehmen, der dabei als Grobvorreiniger wirkt. Aus dem Fahrgastraum oder dem Führerhaus sollte aber wegen der Verstaubungs- und Zugluftgefahr sowie wegen der Unterkühlung des Raumes im Winter nicht angesaugt werden.

Die Auswirkung der Luftfilterung auf den Verschleiß verschiedener Motorenteile zeigt Abb. 143; vgl. hierzu auch Abb. 101.

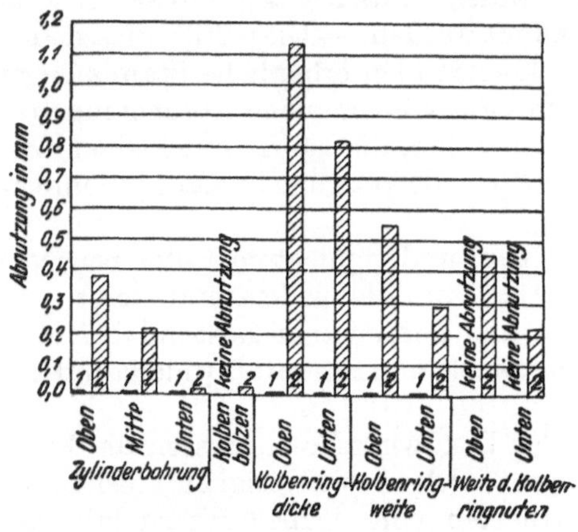

Abb. 143. Verschleiß an verschiedenen Motorbauteilen unter gleichen Betriebsverhältnissen.
1 Motor mit Luftfilter, 2 Motor ohne Luftfilter.

<h3 align="center">Schrifttum.</h3>

Luftfilter. — Werbeschrift, herausgegeben vom Filterwerk Mann u. Hummel, Ludwigsburg.

2. Flüssigkeitsfilter.

Das von der Schmierölpumpe geförderte Öl hat an allen Stellen, zu denen es geleitet wird, oder an die es absichtlich gelangt, die zweifache Aufgabe: zu schmieren und gleichzeitig zu kühlen. Es werden daher den einzelnen Schmierstellen verhältnismäßig große Ölmengen zugeführt. Nun führt aber das Öl stets Verunreinigungen mit sich, wie Verschleißteilchen, Staub, Ölkohle und dgl., die mit dem Öl ebenfalls zu den Lagerstellen gelangen; dadurch kann der Verschleiß an diesen Stellen wesentlich erhöht werden, abgesehen davon daß Ölkanäle und -bohrungen sich mit der Zeit verlegen und verstopfen können. Damit besteht Gefahr für das Auftreten von Schäden durch Heißlaufen von Lagern oder Fressen anderer gegeneinander bewegter Teile; die Betriebssicherheit der Maschinen wird dadurch gefährdet und ihre Lebensdauer verkürzt. Es muß deshalb zunächst getrachtet werden, von vorneherein möglichst keine Verunreinigungen von außen her in den Ölkreislauf gelangen zu lassen; dies macht folgende Vorsichtsmaßnahmen erforderlich:

Sauberkeit beim Lagern sowie beim Ab- und Umfüllen des Schmieröls; Verwendung von Füllsieben.

Staubdichtes Verschließen der Öleinfüllstutzen; Einbau von Entlüftungsfiltern zur Ermöglichung des Druckausgleiches zwischen Kurbelraum und Außenluft.

Reinigung der Ansaugluft durch wirksame Luftfilter (vgl. S. 96).

Die vom Schmieröl mitgeführten verschleißenden Teilchen reichern sich mit längerer Betriebsdauer bis zum nächsten Ölwechsel stetig an. Zur Entfernung dieser schädlichen mechanischen Verunreinigungen aus dem Schmieröl müssen Ölfilter eingebaut werden; dadurch wird die Lebensdauer der Maschine erhöht, sie wird unempfindlicher gegen Bedienungsfehler und die Ölfüllungsperioden werden verlängert. Damit sinken aber auch die Kosten für die Instandhaltung und für den laufenden Betrieb. Es sei hier beispielsweise erwähnt, daß aus dem Schmieröl eines mittleren Lastkraftwagenmotors im Normalbetrieb je 1000 km Fahrstrecke im Mittel etwa 1—2 g Schmutz ausgeschieden werden können.

Der Verschleiß an den geschmierten Stellen hängt dabei, soweit die Ölverunreinigungen Einfluß nehmen, nicht nur von Korngröße, Härte und Art der Schmutzteilchen ab, sondern auch von der Konzentration der Verschleißmittel im Schmieröl, wie Abb. 144 hierfür ein Beispiel gibt.

Ähnlich wie im Schmieröl können auch im Kraftstoff befindliche Verunreinigungen betriebsgefährdend und, wie z.B. in Kraftstoffpumpen, aber auch in den Zylindern, verschleißerhöhend wirken. Auch hier ist daher eine sorgfältige Filterung vorzusehen.

Zur Zeit stehen im Motorenbau folgende Bauarten von Flüssigkeitsfiltern in Verwendung (vgl. auch die folgende Übersicht):

Filterbauart		Spaltfilter	Siebfilter	Gewebe-Schlauchfilter	Filzfilter (für Flüssigkeiten mit einer Zähigkeit $<4°$ E (30 cSt))
Verwendung		Schmierölfilterung bei größeren Motoren	Schmieröl- und Kraftstoffilterung bei empfindlichen Maschinen	Schmierölfilterung meist im Nebenschluß bei kleineren und mittleren Fahrzeugmotoren	Kraftstoffilterung für Diesel- und Ottomotoren
Spalt- oder Maschenweite		Spalte; 0,06 mm 0,10 ,, 0,13 ,, 0,20 ,, 0,25 ,,	Maschenweiten; 0,06 mm 0,10 ,, 0,15 ,, 0,20 ,, Siebfilter 0,15 Maschenweite filtert feiner als Spalt 0,1 mm	Maschenweite unter 0,1 mm 2 Lagen Gewebe	Unter 0,02 mm. Nur für höchste Ansprüche zu verwenden
Schmutzkapazität	g je 100 cm² Filteroberfläche	praktisch unbegrenzt	$\sim$ 2 g	$\sim$ 2—5 g	$\sim$ 0,5—1 g
	g je 100 l/k Nennleistung	Schlammraumgröße beliebig	$\sim$ 3—6 g		2—5 g (+ Wasser)
Druckabfall bei 10° E oder 76 cSt (außer bei Filzfiltern)	neu oder gereinigt	0,2 atü (Einsatz)	0,2 atü (Einsatz)	unter 0,1 atü	10 cm Druckhöhe
	bei Erschöpfung	0,3 atü bei rechtzeitiger Reinigung des Filterpaketes durch Drehen	1—2 atü (bei reichlicher Bemessung weniger)	0,3—0,5 atü (+ ev. Drosselbohrung)	im allg. nicht über 30 cm Druckhöhe
Wartung		Filterpaket drehen, dadurch Spaltreinigung im Betrieb möglich. — Gelegentlich Schlamm ablassen	Komplettes Paket ausbauen, in Lösungsmittel spülen und ausbürsten. Pünktliche Wartung erforderlich	Neuen Schlauch einziehen oder ganzen Filter auswechseln	Filz in Lösungsmittel auswaschen (einigemal möglich); dann Filzeinsatz erneuern. Ev. Siebvorfilter!
Standzeit bis zur Erschöpfung in Betriebsstunden		praktisch unbegrenzt	Auslegung im allg. für 200 Betriebsstunden	Auslegung im allg. für 300 Betriebsstunden ($\sim$ 10 000 km)	Auslegung im allg. für 50—100 Betriebsstunden
Notwendige Filteroberfläche cm² 100 l/h Nennleistung		Oberfläche des Lamellenpakets: 5—15	Siebfläche: 100—200	Schlauchoberfläche: $\sim$ 800	Filzoberfläche: $\sim$ 500

Schlauchfilter. — Sie bestehen aus einem zylindrischen Gehäuse, in welchem sich ein aus mehrfach gewobenem Sonderstoff hergestellter Filterschlauch befindet; das eine Ende desselben ist blind verschlossen, während das andere am Auslaßnippel des Filtergehäuses angeschlossen ist. Das von der Pumpe geförderte Öl tritt frei in das Filtergehäuse, durchdringt die Wandung des durch eingelegte Drahtspiralen gespannt gehaltenen Schlauches und fließt, dessen Windungen folgend, zum Auslaßstutzen. Die z. T. mikroskopisch feinen Verunreinigungen setzen sich an der Außenseite des Filterschlauches ab.

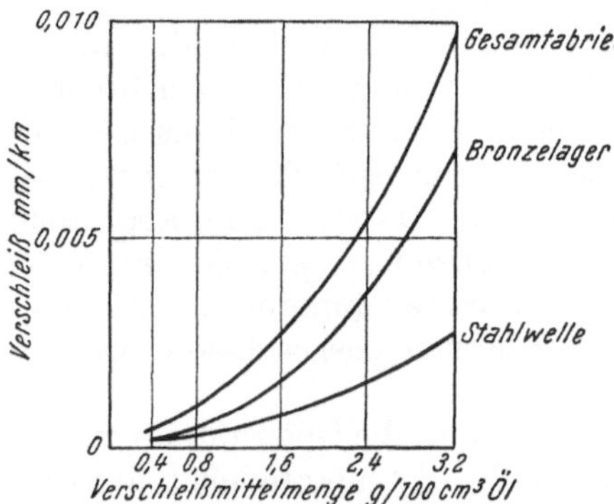

Abb. 144. Einfluß der Ölverunreinigung auf den Verschleiß in Bronzelagern bei einer Flächenpressung $p = 15$ kg/cm; Geschwindigkeit $v = 1$ m/sec (nach BROCKSTEDT).

Schlauchfilter bewähren sich besonders für leichtere Ottomotoren mit mäßiger Ölverschmutzung, z. B. in Personen- und Lastkraftwagen; der Filter erreicht hier im allgemeinen eine Standzeit von 300 Betriebsstunden, das sind etwa 10 000 km. — Der Einbau erfolgt in der Regel im Nebenstrom, seltener im Hauptstrom.

Spaltfilter. — Diese bauen sich meist säulenartig aus einer Anzahl gleicher Stahlblechlamellen auf, die durch dünne Distanzscheiben voneinander getrennt sind; die Stärke der letzteren bestimmt die Größe der Filterspalte. Die Filter können im Betrieb gereinigt werden, indem mittels parallel zum Filterpaket angeordneten, aus dünnen Blechstreifen aufgebauten Kratzern die Filterspalte durch einfaches Drehen des Filterpaketes durchgekämmt werden.

Die Spaltweiten werden wie folgt bemessen:

0,08 mm zur Reinigung des Gasöls für große Dieselmotoren

0,1 mm für die normale Schmierölreinigung bei kleineren Verbrennungskraftmaschinen.

0,2 mm für die Schmierölreinigung mittelgroßer Dieselmotoren,

0,25 mm für die Schmierölreinigung von Großmotoren, Schiffsmotoren usf.

Die Filter werden fast stets im Hauptstrom und zwar möglichst in die Druckleitung der Pumpe eingebaut.

Wo eine zusätzliche Sicherung gegen Verstopfen des Filters unbedingt gefordert wird, kann ein Umgehungsventil angeordnet werden, dessen Öffnungsdruck jedoch möglichst hoch, nicht unter 3 at, liegen muß. Bei dieser Anordnung besteht Gefahr beim Kaltstart der Maschine: Wegen des hohen Widerstandes der engen Filterspalte für das kalte Öl öffnet sich das Überströmventil beim Kaltstart meist sofort und bleibt solange offen, bis das Filterpaket von dem allmählich wärmer werdenden Öl durchspült wird. Gerade während der Anfahrperiode mit ihrem ungünstigen Reibungs- und Abnutzungsverhältnissen erhält der Motor wenig und dazu nur verschmutztes Öl, wodurch die Lagerstellen schwerer gefährdet und geschädigt werden, als in langem Vollastbetrieb. Bedeutende Motorenfirmen verzichten daher auf das Umgehungsventil.

Spaltfilter werden für die Schmieröl- und Treibölreinigung mittlerer und großer Verbrennungsmotoren eingesetzt. Sie entfernen zuverlässig Schmutzteilchen von 0,08 mm und größer bei geringem Wartungsaufwand; besondere Ausführungsformen gestatten auch volle Wartungsfreiheit.

Siebfeinfilter. — Eine Anzahl von Siebscheiben, wie eine solche beispielsweise in Abb. 145 gezeigt ist, werden auf einem Profilrohr übereinandergereiht. Die Maschenweite des Filtersiebes kann nach Bedarf verschieden gewählt werden; ein gröberes Stützsieb trägt dieses und ruht seinerseits wieder auf einer druckfest ausgebildeten Stützscheibe.

Die zu reinigende Flüssigkeit strömt von außen her auf die Außenflächen der Siebscheiben, auf denen sich der Schmutz ablagert. Durch die Siebe dringt die gereinigte Flüssigkeit entlang der Stützscheibe zum Mittelloch und fließt von hier axial durch das Profilrohr ab. Der Einbau erfolgt fast ausschließlich im Hauptstrom. Ist die Wartung in Betriebspausen nicht möglich, so können 2 parallelgeschaltete Filter vorgesehen werden, die sich im Betrieb einzeln abschalten lassen. Um bei totaler Verschmutzung eine Überlastung der Siebscheiben zu vermeiden und andererseits den Durchfluß bei abnormal hoher Verschmutzung oder beim Kaltstart nicht zu verhindern, wird am zweckmäßigsten ein Überströmventil mit einem Öffnungsdruck von 5—6 at vorgesehen. Die Maschenweite der Filtersiebe wird nach Angabe von Mann u. Hummel wie folgt gewählt:
0,06 mm für die Feinstreinigung von Flüssigkeiten mit kleiner Zähigkeit (Kraftstoffe).
0,1 mm für Kraftstoffreinigung bei Ottomotoren, bzw. Kraftstoffvorreinigung für Dieselmotoren (mit nachfolgender Reinigung in Filzfeinfiltern, deren Standzeit dadurch verlängert wird).

0,15 mm Schmierölreinigung bei besonders hohen Ansprüchen.

0,2 mm Schmierölreinigung unter normalen Bedingungen.

Maschenweiten über 0,2 mm sollen vermieden werden; statt dessen werden besser Spaltfilter verwendet.

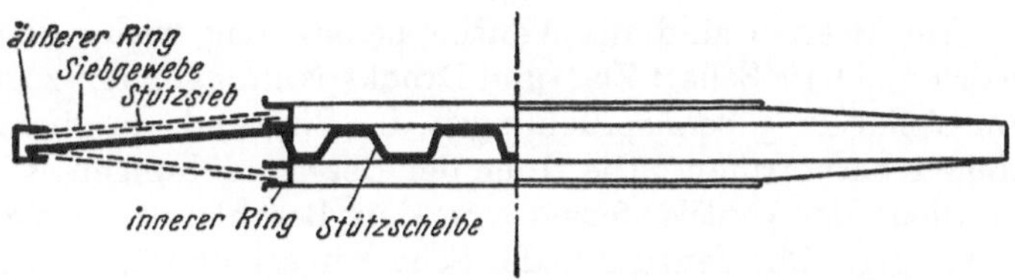

Abb. 145. Doppelkegelförmige Siebscheibe (MANN und HUMMEL).

Siebfeinfilter finden Anwendung zur Feinreinigung von Brennstoffen und Schmierölen überall dort, wo die Filterwirkung von Plattenspaltfiltern nicht ausreicht und wo pünktliche Wartung vorausgesetzt werden kann; insbesondere bei schnellaufenden Verbrennungskraftmaschinen.

Filzfeinfilter. Zur Feinreinigung wenig verschmutzter, dünnflüssiger Kraftstoffe z. B. als Benzin- und Gasölreiniger für kleinere und mittlere Verbrennungskraftmaschinen, vor allem für Dieselmotoren, eignen sich besonders die Filzfeinfilter.

Sie sind meist derart aufgebaut, daß ein zylindrischer Stützkörper aus gelochtem Blech entweder einen Filztuchmantel oder aufgereihte Filzringe trägt. Stützkörper und Filz werden durch eine zentrale Spannschraube zusammengehalten. Der zu filternde Kraftstoff fließt außen aus dem Gehäuse durch den feinporigen Filzmantel zum Mittelraum. Der Filz hält feinste Verunreinigungen bis herab zu $1\,\mu$ zurück. Zur Filterung von Dieselkraftstoffen wird die Filtergröße so bemessen, daß etwa 500 cm² Filzoberfläche für je 100 l/h Durchflußleistung entfallen. Für dünnflüssige Stoffe unter 2° E (Benzin) kann dieser Wert um 20—40% unterschritten werden. Bei kleineren Leistungen und größerem Schmutzanfall sind reichliche Zuschläge notwendig.

Rechtzeitige und regelmäßige Reinigung ist besonders wichtig; verschmutzte Einsätze können Kraftstoffmangel und damit Nachlassen der Motorleistung verursachen.

Bei sehr starkem Schmutzanfall verstopfen Filzfilter rasch; es empfiehlt sich in solchen Fällen die Vorschaltung eines Siebfeinfilters mit 0,1 mm Maschenweite, um die Standzeit zu verlängern.

Ein großer Teil aller zu beobachtenden abnormalen Verschleißerscheinungen in den Zylindern, an den Kolbenringen und an den Nutenflanken der Kolben sind auf ungenügende Filterung der Ansaugluft und des Schmieröls zurückzuführen.

Mit einem 4-Zylinder-Ottomotor wurden während 57,5 Stunden über eine Fahrstrecke von 4000 km vergleichende Verschleißversuche ohne Anwendung von Filtern, dann mit angebautem Luftfilter und schließlich ohne Luftfilter, jedoch unter Verwendung eines Ölfilters durchgeführt; die Motorbelastung betrug dabei 3/4 der Volleistung. Wird der Verschleiß im Betrieb ohne Filter gleich 100 gesetzt, so ergaben sich beim Betrieb mit Filtern die folgenden Verhältniswerte für den Verschleiß verschiedener Bauteile:

	Verschleiß in %	
	mit Luftfilter	mit Ölfilter
Zylinder	24	4
Kolbenringe . . .	34—12	18
Kolben	39	70
Ventilschäfte . . .	44	65
Ventilführungen .	27	67
Pleuellager	29	2
Wellenlager . . .	23	35

Aus diesen Angaben lassen sich Rückschlüsse auf das Zustandekommen der Verschleiß-
wirkungen ziehen.

IV. Ventile, Ventilsitze und Ventilführungen.

1. Ventile.

Im Betrieb sind die Ventile schlagartig wirkenden Dauerbeanspruchungen unterworfen, die im Schaft Zug- und Druckspannungen mit zusätzlichen Biegebeanspruchungen,
im Teller Biegebeanspruchungen, im Sitz und am oberen Schaftende Druckbeanspruchungen hervorrufen. Die Höhe der Beanspruchungen ist von der Formgebung und vom
Gewicht des Ventils, ferner von den Beschleunigungsverhältnissen der Ventilbewegung
abhängig. Der Ventilsitz, der Schaft in seiner Führung und das obere Schaftende werden
überdies auf Verschleiß beansprucht.

Zu diesen mechanischen Beanspruchungen treten, vor allem beim Auslaßventil, thermische Belastungen von beträchtlicher Höhe. Durch die hohen Betriebstemperaturen
insbesondere am Ventilsitz bzw. im Ventilteller werden die Werkstoffeigenschaften
wesentlich beeinflußt.

An Teilen des Ventiles, die den Verbrennungsgasen ausgesetzt sind, treten unter
Umständen auch heftige Korrosionsangriffe auf, die ihrerseits den Verschleiß am Sitz
stark erhöhen und weitgehende Zerstörungen am Teller zur Folge haben können.

Mehr als bei jedem Motorenbauteil wirkt sich am Ventil jeder Verschleiß in gesteigerter
Beanspruchung und in verschlechterten Arbeitsbedingungen aus, wodurch der weitere
Verschleiß in zunehmendem Maß gesteigert wird und sehr rasch zur vollständigen Zer-
störung führen kann.

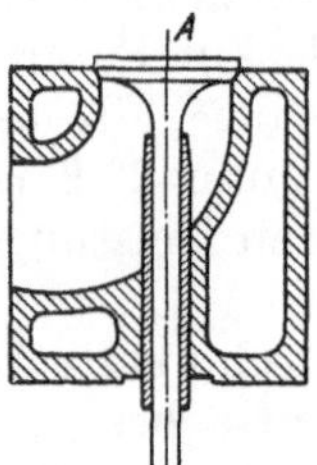

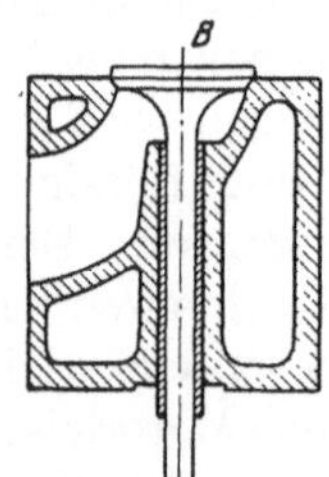

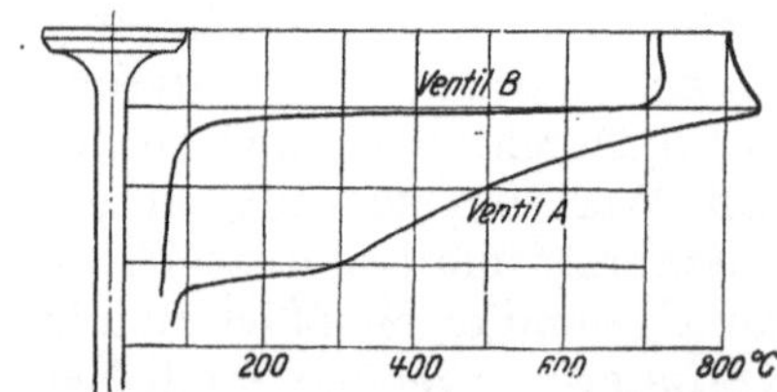

Ungefährer Temperaturverlauf im Ventilkegel

Abb. 146. Einfluß der Gestaltung von Ventilführung und Gaskanälen auf die Temperatur des Auslaßventiles.
A ungünstig, B günstig (nach BANKS).

Kurz zusammengefaßt sind an Ventile, vornehmlich an Auslaßventile, mit Rücksicht
auf ihre Wirkungsweise und Gestaltung die folgenden Anforderungen zu stellen:

1. Die Abdichtung des Zylinderraumes gegenüber dem Auslaß- bzw. Einlaßsystem
soll möglichst vollkommen sein; der gasdichte Abschluß muß auch unter den schwierigsten
Arbeitsbedingungen erhalten bleiben.

2. Die Ventilkegel, die Sitze und die benachbarten Gaskanäle einschließlich der Ventilführung sind so zu gestalten, daß der Gasdurchfluß mit möglichst geringem Widerstand
erfolgen, ferner so, daß die aufgenommene Wärme möglichst rasch fortgeleitet und abgeführt werden kann (Abb. 146). Heiße Ventile (etwa mit Höchsttemperaturen im Teller
von 800° C) werden immer kurze Lebensdauer aufweisen. Bei Ottomotoren begrenzen

sie auch die Maschinenleistung, da sie Anlaß zu Selbstzündungen und zum Klopfen geben.

3. Das Ventil und sein Antrieb sollen so gestaltet sein, daß nur geringe oder überhaupt keine Wartung notwendig ist, bevor der Zylinderkopf zur Entfernung der angesetzten Kohlerückstände abgenommen werden muß. Dies soll z.B. bei Fahrzeugmotoren im normalen Betrieb erst nach etwa 50 000 km erforderlich werden. Bei Flugzeugmotoren sollen die Ventile zwischen den normalen Überholungen, also bei hochbeanspruchten Maschinen während 350—500 Betriebsstunden keinerlei Wartung erfordern.

Wenn die Ventile im Betrieb nicht zum richtigen Aufsitzen kommen, so wird der Wärmeabfluß unterbunden, die Ventile „verbrennen"; dennoch bleibt es überraschend, wie lange öfters die Ventile auch unter solchen erschwerenden Bedingungen noch halbwegs zufriedenstellend weiterarbeiten, bis sie schließlich unbrauchbar werden.

Schäden an den Ventilen können durch ungeeignete Werkstoffe, durch Mängel der verwendeten Werkstoffe, durch falsche Verarbeitung derselben oder auch durch fehlerhafte Gestaltung des Ventiles oder dessen Antriebs hervorgerufen werden.

Am häufigsten zeigen sich an Ventilen Störungen durch ungenaues Aufsetzen auf den Sitz unter den im Betrieb herrschenden Bedingungen. Dies kann auf eine ganze Anzahl von Ursachen zurückzuführen sein, am häufigsten wohl auf Verformungen des Sitzes im Block oder im Kopf und auf Abweichungen der Achsenlage zwischen Sitz und Führung, daneben auch auf nicht im Winkel stehende Schaftenden oder nicht rechtwinklig zur Federachse liegende Enden der Ventilfedern. — Verformungen des Sitzes können bewirkt werden durch Eigenspannungen in den entsprechenden Gußstücken, die nicht vor der Fertigbearbeitung entfernt wurden, oder auch durch mangelhafte Kühlung insbesondere in der Gegend des Ventilsitzes oder der Gaskanäle.

Aber auch der Ventilkegel selbst kann unter dem Einfluß der Betriebskräfte und -temperaturen Verformungen erleiden. Es ist daher notwendig, den Teller durch seine Formgebung möglichst steif zu machen und auf den Faserverlauf im Kegel beim Schmieden zu achten. Bohrungen oder Schlitze auf der Tellerunterseite, wie sie für das Einschleifen der Ventile häufig vorgesehen werden, sind bei höher beanspruchten Ventilen aus diesem Grund zu vermeiden.

a) Ventilkegelwerkstoffe.

An Ventilwerkstoffe sind (nach AITCHINSON [7] u. a.) die folgenden Anforderungen zu stellen:

1. Beste technologische Eigenschaften bis zur höchsten vorkommenden Betriebstemperatur. Hohe Warmfestigkeit und Kerbzähigkeit sind ebenso wichtig, wie hohe Widerstandsfähigkeit gegen Dauerbeanspruchungen.

2. Hoher Widerstand gegen Verzundern und Korrosion, letztere sowohl bei niedrigen Temperaturen als auch gegenüber dem Angriff heißer Verbrennungsgase bis zu Temperaturen von etwa 870° C; gegebenenfalls auch gegenüber jenen von Kraftstoffen und Antiklopfmittelzusätzen.

3. Die kritische Temperatur härtbarer Stähle soll oberhalb der höchsten Betriebstemperatur liegen, um das Gefüge stabil zu halten und um das Lufthärten mit seinen schädlichen Folgen zu vermeiden.

4. Leichte Schmiedbarkeit und leichte Bearbeitbarkeit.

5. Der Schaft muß hinreichende Härte besitzen, um in der Ventilführung einen genügenden Verschleißwiderstand aufzuweisen.

6. Die technologischen Eigenschaften sollen sich auch durch wiederholte und langzeitige Einwirkungen der höchsten Betriebstemperatur nicht ändern.

7. Die Wärmeleitfähigkeit soll hoch liegen, um — bei günstiger Formgebung — Wärmestau und Überhitzungen zu verhindern.

8. Nach dem Schmieden soll die zur Entfernung der inneren Spannungen notwendig werdende Wärmebehandlung leicht und ohne Gefahr für das Schmiedestück durchführbar sein.

Sofern vorkommende Schäden auf der Verwendung ungeeigneter Werkstoffe beruhen, kann das Versagen in der Mehrzahl der Fälle entweder auf ungenügenden Festigkeitseigenschaften bei Betriebstemperatur oder auf zu geringen Korrosions- und Verzunderungswiderstand zurückgeführt werden.

Als Ventilbaustoffe stehen heute in Verwendung: [1, 2, 4, 5, 6, 8, 9].

1. Unlegierte Kohlenstoffstähle. Meist werden die Normstähle C 35 (St C 3561) und C 45 (St C 4561) verwendet. Diese Stähle besitzen nur verhältnismäßig geringe Warmfestigkeit und geringe Zunderbeständigkeit; sie sind daher nur für sehr niedrig beanspruchte Ventilkegel geeignet. Ihr Verschleißwiderstand ist den gegebenen Beanspruchungen gegenüber hinreichend.

2. Chromnickelstähle. Der Normstahl VCN 35, daneben bei höheren Beanspruchungen auch der Stahl VCN 45 wurde bis in letzte Zeit in einzelnen Fällen verwendet. Diese Stähle werden zur Herstellung von Ventilen auf etwa 90 kg Festigkeit vergütet. Sie sind den unlegierten Stählen etwas überlegen, doch eignen auch sie sich nur zur Herstellung von thermisch niedrig belasteten Ventilen.

3. Sparstoffarme und sparstofffreie Stähle. Ähnlich wie die vorgenannten können auch die Normstähle VC 135, 37 MnSi 5 (VMS 135), VMC 140 sowie der Stahl VS 175 verwendet werden.

4. Nickelstähle. Während früher ein 5%iger Nickelstahl für weniger hoch belastete Ventile viel verwendet wurde, wird der Stahl wegen seines hohen Nickelgehaltes heute kaum noch verwendet, da andere, bessere und überdies wirtschaftlichere Stähle zur Verfügung stehen.

5. Grauguß wird für die Auslaß-Ventilteller großer, langsamlaufender Maschinen vielfach verwendet. Vorteilhaft wird er zur Erhöhung der Gefügebeständigkeit mit Chrom und Molybdän legiert. Die Verbindung mit dem Stahlschaft des Ventiles erfolgt durch Aufschrauben und Aufschrumpfen, vielfach auch noch durch Vernieten des Schaftes. Auch wird der Stahl unmittelbar in den Teller eingegossen.

Grauguß ist bis zu Temperaturen von etwa 500° zunderbeständig; seine Warmfestigkeit liegt bis zu dieser Beanspruchung ebenso wie sein Verschleißverhalten günstig. — Im Hinblick auf die Gefügebeständigkeit darf aber die Betriebstemperatur im Graugußventilteller dauernd etwa 400° C nicht überschreiten.

6. Chromstähle, etwa von der Zusammensetzung

$$
\begin{array}{llll}
\text{C} & . . . . . & 0{,}5\text{—}0{,}6 \\
\text{Mn} & . . . . & 0{,}3 \\
\text{Si} & . . . . . & 0{,}4 \\
\text{Cr} & . . . . . & 13{,}0\text{—}16{,}0 \\
\text{hierzu noch gegebenenfalls Mo} & . . . . & 1{,}0 \\
\text{und Co} & . . . . & 1{,}0
\end{array}
$$

zeichnen sich durch gute Warmfestigkeit und gute Zähigkeit aus; Chrom als Träger der Zunderbeständigkeit macht sie bei höheren Gehalten auch für die Verwendung bis zu Temperaturen von etwa 650°, bei gleichzeitiger Legierung mit Molybdän auch bis zu Temperaturen von 750° geeignet, so daß diese Stähle sich auch für die Auslaßventile von Fahrzeugmotoren aller Art, u. zw. für Otto- und Dieselmotoren brauchbar erwiesen. Auch sie wurden aber durch die vorteilhafteren Stähle der folgenden Gruppe in den Hintergrund gedrängt.

7. Chrom-Silizium-Stähle in mehreren Abarten.

a) Der niedrig legierte Stahl Silicro 2 wird auf etwa 85—100 kg/mm² vergütet, was einer Anlaßtemperatur von etwa 750° C entspricht. Er eignet sich für höher belastete Einlaßventile und für niedrig belastete Auslaßventile.

b) Höheren Beanspruchungen wird der weit verbreitete Stahl Flieg 1545 (Silcrome 1) gerecht.

	7a) — (Silicro 2)	7b) Flieg 1545 (SAE Silcrome 1)[1]	7c) — (Simo)
C	0,40—0,50	0,40— 0,60	0,40— 0,60
Si	3,50—4,50	2,00— 4,00	2,00— 4,00
Mn	0,30—0,40	0,30— 0,50	0,40— 0,60
Cr	2,00—2,50	8,00 —12,00	8,00—11,00
Mo	—		1,00— 1,20

Die Vergütung erfolgt bei diesem Stahl ebenfalls auf 85—100 kg/mm² Festigkeit (255—285 Brinell), bei einer Anlaßtemperatur von 800° C. Angewendet wird er vor allem für die Auslaßventile, öfters auch für die Einlaßventile höher belasteter Motoren.

Der Stahl bewährt sich sehr gut, doch erfordert er aufmerksame Verarbeitung und gewissenhafte Kontrolle der fertigen Teile, um Fehler, die insbesondere beim elektrischen Stauchverfahren auftreten können, auszuscheiden.

c) der Stahl Simo unterscheidet sich von Flieg 1445 durch den höheren Mangangehalt und die Zulegierung von Molybdän. Letzteres vermindert die Anlaßsprödigkeit, insbesondere wenn der Si-Gehalt unter 3% liegt.

Diesen Chrom-Silizium-Stählen ist folgendes gemeinsam:

Hohe, durch Vergüten der Stähle erzielte Härte; gute Widerstandsfähigkeit gegenüber Schlag-Dauerbeanspruchung im Sitz.

Gutes Verschleißverhalten in der Schaftführung; die Schaftenden können durch örtliches Härten verschleißfest gemacht werden.

Guter Widerstand gegen Verzunderung, und zwar ist dieser um so günstiger, je höher der Chromgehalt liegt.

Die Kerbzähigkeit dieser Stähle liegt bei Raumtemperatur niedrig. Von 700° C aufwärts fällt ihre Warmfestigkeit rasch ab, so daß sie oberhalb dieser Temperatur nicht mehr verwendbar sind (vgl. Abb. 162).

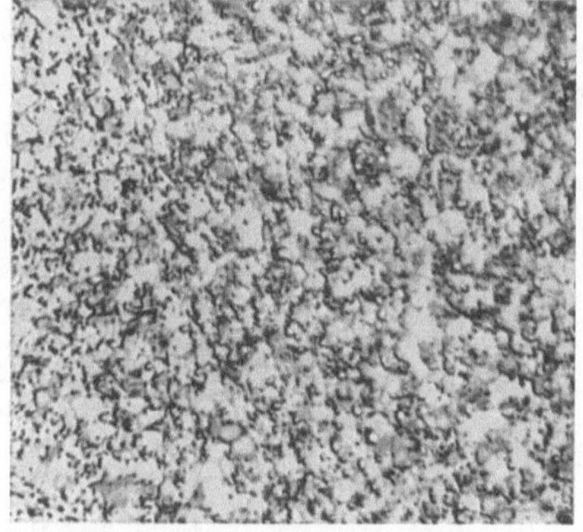

Abb. 147. Gefügebilder von Chrom-Silizium-Ventilkegelstählen, vergütet auf 90—100 kg/cm².
Geätzt 2% Alkohol HNO₃ 500 ×

a) Silicro 2. Anlaßsorbit mit eingelagerten Sonderkarbiden.   b) Silicrome 1. Anlaßsorbit mit reichlich eingelagerten Sonderkarbiden. Sehr feines Korn.

Das Gefüge dieser Stähle ist im Vergütungszustand fein martensitisch–sorbitisch (Abb. 147); überschreitet die Betriebstemperatur im Ventilkegel den Umwandlungspunkt, der allerdings durch den hohen Si-Gehalt stark in die Höhe gerückt ist, so tritt Selbsthärtung ein. Die sehr gute Zunderbeständigkeit dieser Werkstoffe bis über 800° kann jedoch wegen ihrer geringen Festigkeit bei dieser Temperatur nicht ausgenutzt werden.

Weitere Stähle, die zu dieser Gruppe gehören und die dem höheren Legierungsgehalt entsprechend gesteigerte Eigenschaften aufweisen, sind die folgenden, in zunehmendem Maß verwendeten, in den SAE-Normen aufscheinenden Sorten:

---

[1] Da im Inland außer für Fliegwerkstoffe keine Normung der Ventilkegelstähle besteht, wurden hier auch die amerikanischen SAE-Normbezeichnungen angeführt.

	7d) SAE Silcrom XB	7e) SAE Silcrom XCR
C	0,60— 0,85	0,40— 0,50
Si	1,25— 2,75	max 1,00
Mn	0,20— 0,60	„ 1,00
Cr	19,00—23,00	23,25—24,25
Ni	1,00— 2,00	4,50— 5,00
Mo	—	2,50— 5,00

d) Silcrom XB ist ein ferritischer Stahl; er kann auf 44—46 RB gehärtet werden, doch härtet er nicht so gut, wie der Stahl Silcrom 1. — Ventile aus Silcrom XB werden daher meist im normalisierten Zustand verwendet, nur das obere Schaftende wird gehärtet.

e) Der Stahl Silcrom XCR erfährt im allgemeinen nur eine Wärmebehandlung, die in einem 14 stündigen Glühen bei 760° C besteht; damit wird eine Härte von 38—42 RC am ganzen Kegel erreicht und im Gefüge tritt die σ-Phase als neuer Gefügebestandteil auf. — Das Verschmieden dieses Werkstoffes ist infolge der sehr eng einzuhaltenden Schmiedetemperaturen schwierig. Bei richtiger Behandlung ergibt dieser Stahl aber ein hervorragendes Material für Auslaßventile, der allen anderen — ausgenommen den stellitgepanzerten — in seiner Verschleißfestigkeit überlegen ist. Ausgezeichnet sind auch seine Korrosions- und Zunderbeständigkeit. Man schätzt ihn heute als den hochwertigsten Ventilstahl für Fahrzeugmotoren.

Der Ausdehnungskoeffizient dieses Stahles liegt zwischen jenem von ferritischen und den weiter unten erwähnten austenitischen Stählen. Die Kerbzähigkeit liegt niedrig, doch wird in Amerika in letzter Zeit auf diese Eigenschaft weniger Wert gelegt. — Bemerkenswert hoch liegt seine Warmhärte.

8. Chrom-Wolfram-Stähle: Eine Gruppe von Stählen mit günstigen Eigenschaften, insbesondere von hoher Warmfestigkeit und sehr hoher Verschleißfestigkeit, sind hoch mit Chrom- und Wolfram legierte Stähle. Sie kommen aber zur Zeit schon wegen des Wolframgehaltes nicht mehr in Frage; auch sind sie als martensitische Stähle Selbsthärter; überdies verschlechtert Wolfram, in höheren Mengen zulegiert, den Verzunderungswiderstand.

9. Austenitische Chrom-Nickel-Stähle. Für höchste Betriebstemperaturen eignen sich die bisher aufgezählten Stahlsorten wegen der Gefahr der Gefügeumwandlung und der Selbsthärtung nicht mehr. Für solche Fälle kommen heute ausschließlich austenitische Stähle zur Verwendung.

a) Der am weitesten verbreitete Vertreter dieser Gruppe von Ventilstählen ist der Stahl Flieg 1440. Seine Zusammensetzung ist in folgender Tabelle gegeben:

	9a) Flieg 1440 (WF 100)	9b) Flieg 1441 SAE Silcrome X 10	9c)
C	0,4— 0,55	0,4— 0,5	0,4—0,5
Si	1,2— 2,5	2,2— 3,0	1,5
Mn	0,6— 1,0	0,8— 1,5	13,0
Cr	14,0—17,0	18,0—20,0	18,0
Ni	12,0—15,0	8,0—10,0	—
W	2,0— 3,0	0,8— 1,5	—
N_2	—	—	0,25

Bei dauernder Einwirkung von Temperaturen oberhalb 800° C beginnt der Stahl stärker zu verzundern.

b) Daneben findet noch als weiterer Vertreter dieser Gruppe der Stahl Flieg 1441 dank seines niedrigeren Nickelgehaltes auch im Inland steigende Verwendung; er entspricht etwa dem SAE-Stahl X 10.

c) Zur Einsparung von Nickel wird dieses Metall in Ventilkegeln auch durch Mangan ersetzt; die Stabilisierung des Austenits wird auch durch Zulegieren von Stickstoff verbessert. Bemerkenswert ist die hohe Warmfestigkeit dieses austenitischen Stahles.

Ventilkegel aus den Stählen 9a) und 9b) werden, um Spannungsfreiheit und richtige Karbidverteilung zu erzielen, nach dem Schmieden der folgenden Wärmebehandlung unterzogen:

Abschrecken von 1000—1050° C in Wasser, hierauf Anlassen bei etwa 750° C.

Austenitische Stähle besitzen keinen Umwandlungspunkt; ihr Gefüge bleibt daher bei allen Temperaturen, die im Betrieb von Verbrennungskraftmaschinen auftreten können, praktisch unverändert. Im Austenit der erwähnten Stähle finden sich entsprechend ihrem höheren Kohlenstoffgehalt auch noch freie Karbide (Abb. 148, 149). — Das Gefüge dieser Stähle ist jedoch nicht vollkommen stabil, denn die erwähnten Karbide erfahren bei öfterer Erwärmung umso stärkere Umlagerungen und Änderungen der Ausscheidungsformen, je höher die erreichten Temperaturen sind. Gleichzeitig wächst das Korn und die Karbide wandern an die Korngrenzen, wodurch der Stahl versprödet wird. (Abb. 150, 151).

Austenitstähle sind stark kaltverformbar; diesem Umstand sowie den reichlich vorhandenen, feineingelagerten Karbiden verdanken sie, einen richtig gewählten Gegenwerk-

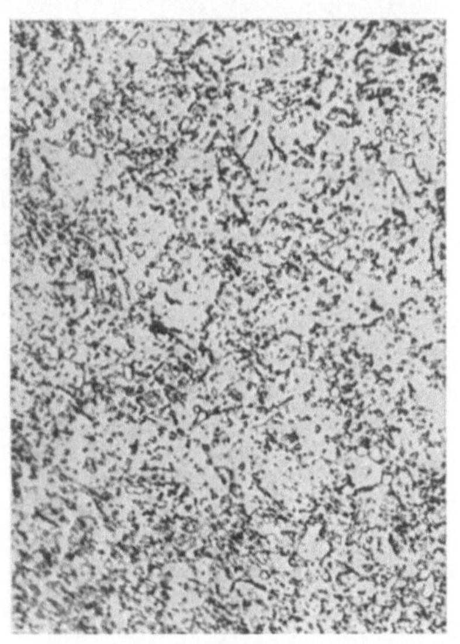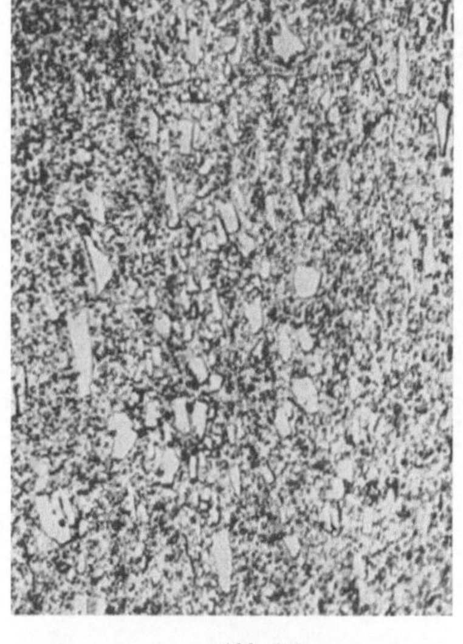

Abb. 148.   Geätzt 500 ×   Abb. 149.
Austenitischer Chrom-Nickel-Ventilkegelstahl f.
Feines, gleichmäßiges Korn; günstig   Feines Korn mit starken Karbidteilen;
ungünstig.

stoff für den Sitz vorausgesetzt, ihr gutes Verschleißverhalten gegenüber Schlagbeanspruchung. — Der hohe Chromgehalt der Stähle bewirkt hohe Zunderbeständigkeit, so daß Korrosionsangriffe bei Betriebstemperaturen unter 800° nur sehr langsam fortschreiten.

Die Korngröße wächst mit häufiger Erwärmung der Teile auf hohe Temperatur. Durch die Kornvergrößerung, die sehr bedeutend werden kann (vgl. Abb. 151), sinken allmählich die Festigkeitswerte und das Verschleißverhalten verschlechtert sich. Grobes Korn kann auch die Folge unrichtiger Schmiedetemperatur sein, so daß auch aus diesem Grunde Ventilkegel rasch zerstört werden können.

Der Austenit, durch die gemeinsame Wirkung von Nickel und Chrom stabilisiert, ist Träger der hohen Warmfestigkeit dieser Stähle. Aber auch die Karbide, die diese Stähle enthalten, dürften, durch Erschwerung des inneren Gleitens und der Kornverschiebung, die Warmfestigkeit steigern. — Gegenüber der Beanspruchung durch gleitende Reibung wird der Verschleißwiderstand durch die eingelagerten Karbide verbessert, wenn auch das Verschleißverhalten der Austenitstähle weniger günstig ist, als jenes der Gruppe der Chromsiliziumstähle. Die Härte der Austenitstähle ist verhältnismäßig niedrig, insbesondere für das obere Schaftende ist sie unzureichend.

10. Neben den aus gewalztem Stahl geschmiedeten Ventilkegeln kommen für Fahrzeugmotoren in zunehmendem Maß für kleinere Ventildurchmesser auch gegossene Ventile zur Anwendung. Ihre Zusammensetzung wird wie folgt gewählt:

C 1,0
Si 3,0
Mn 0,25
Ni 14,0
Cr 15,0

Nach einer Glühung bei 800° erkalten die Kegel an Luft und sollen dann eine Härte von 24—30 RC aufweisen. — Ihr Verschleiß- und Korrosionsverhalten ist günstig und genügt auch für hochbelastete Fahrzeug-Ottomotoren.

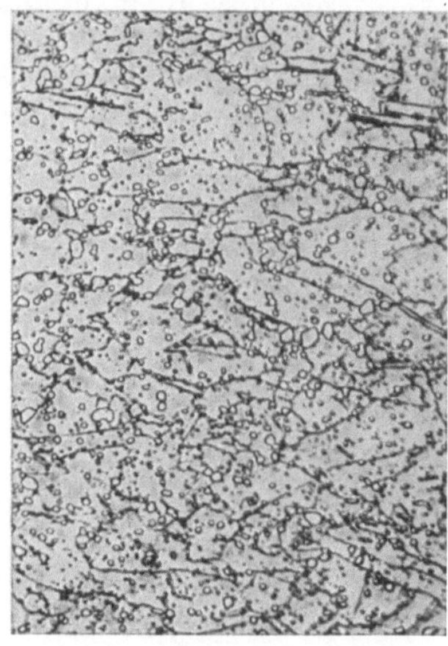

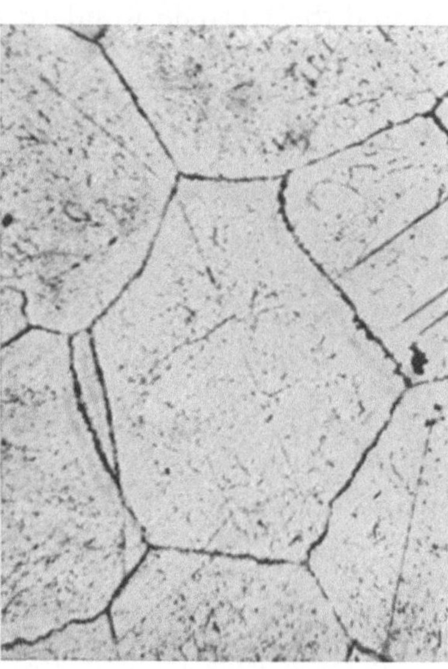

Abb. 150.   Geätzt 500 ×   Abb. 151.

Abb. 150. Austenitischer Chrom-Nickel-Ventilkegelstahl. Gefüge im Schaft; mäßige Kornvergrößerung und teilweise Karbidausscheidung an den Korngrenzen.

Geätzt 500 × a aus einem längere Zeit in Betrieb gestandenem Ventil.

Abb. 151. Starke Kornvergrößerung, das gesamte Karbid ist an die Korngrenzen gewandert.

b) Verschleißerscheinungen am Ventil und Ventilschäden.

Zur Herstellung von Ventilkegeln sollen nur ausgesuchte, fehlerfreie Stangen verwendet werden. Einschlüsse, Seigerungen, Lunkerreste und andere Fehlstellen dürfen nicht vorhanden sein, da sie im Betrieb die Ursache zu Dauerbrüchen, erhöhten Korrosionsangriffen und stärkerem Verschleiß am Sitz abgeben können; ebenso sollen die Stähle keine grobdendritische Struktur aufweisen, da diese durch die weitere Verarbeitung nicht zum Verschwinden gebracht werden kann.

Die Wahl unter den verschiedenen Ventilkegelwerkstoffen ist in erster Linie nach den zu erwartenden Temperaturbeanspruchungen zu treffen. Neben dem Verzunderungswiderstand ist vor allem die Warmfestigkeit (vgl. Abb. 162), die Lage der Warmstreckgrenze und der Warmkerbschlagzähigkeit von Bedeutung, während die Dauerstandfestigkeit nicht unmittelbar ins Gewicht fällt.

Die an den Ventilen zu beobachtenden Verschleißerscheinungen betreffen [1, 5, 10]:

1. den Ventilsitz
2. den Ventilschaft in seiner Führung
3. das obere Schaftende.

1. Verschleiß am Ventilsitz hat bei stärkerem Fortschritt unrichtiges Arbeiten des Ventiles zur Folge. Das Ventil wird undicht, was zu Verlusten an wirksamer Gas-

ladung führt; dadurch kommt es zu Leistungsverlusten, zu Störungen im Verbrennungsablauf, zum Rußen des Auspuffes und zu höheren Auspufftemperaturen.

Verschleißerscheinungen und Zerstörungen am Ventilsitz können in folgenden Formen
auftreten:

a) Einschlagen des Sitzes (Abb. 152). Durch unzureichende Warmfestigkeit bzw.
Warmhärte des Ventilkegels kommt es zu Verformungen, wobei der kältere und härter
bleibende Ventilsitz den weicheren Werkstoff des Ventiles verdrängt. Es kommt dadurch zu ungünstigeren Strömungsverhältnissen am Sitz und zu mangelhafter Abdichtung.

Auch durch zu hohe Aufsetzgeschwindigkeit des Ventilkegels auf den Sitz kann die
gleiche Erscheinung hervorgerufen werden. Geschwindigkeiten von mehr als 0,75 m/sek
sind zu vermeiden.— Im gleichen Sinn wirkt sich ein zu groß eingestelltes Ventilspiel
schädlich aus.

b) Verziehen des Ventiltellers. Dadurch wird die Biegebeanspruchung in diesem
erhöht und der Verschleiß am Sitz vermehrt. — Verformungen oder Verziehen des
Zylinderblockes bzw. des Zylin-
derkopfes können zu ähnlichen
Schäden am Ventil führen.

Zum Verziehen des Ventil-
tellers können Anlaß geben:

Auslösung von Spannungen
im Ventil;

Gefügeänderungen im Werk-
stoff, die hervorgerufen werden
können:

    durch Anlaßwirkungen,
durch Selbsthärtung, durch
Umlagerung einzelner Ge-

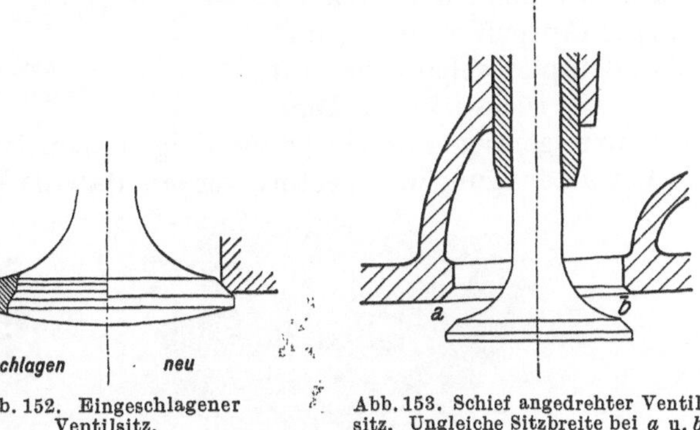

Abb. 152. Eingeschlagener Ventilsitz.

Abb. 153. Schief angedrehter Ventilsitz. Ungleiche Sitzbreite bei *a* u. *b*.

fügebestandteile, oder durch Kornwachstum unter der Einwirkung der Betriebstemperatur.

Ungenaues Zentrieren von Ventilführung und Ventilsitz; fallen deren Achsen nicht
    genau zentrisch zusammen, so klemmt das Ventil und kann nicht rundum am
    Sitz abdichten.

Ungleiche Sitzbreite (Abb. 153) führt ebenfalls zu undichtem Sitz und zum Verziehen von Kegel und Schaft.

c) Durchziehen des Ventiles durch den Sitz tritt als Folge zu geringer Warmfestigkeit des verwendeten Werkstoffes auf; es kann auch durch Überhitzung des Ventils
infolge schadhaft gewordenen Ventilsitzes oder durch gestörten Verbrennungsablauf
zustande kommen (vgl. f).

d) Grübchenbildungen am Sitz, nach Abb. 154, sind die Folge von Korrosionsangriffen,
meist eingeleitet durch die Wirkung des Kraftstoffes oder des Schmieröls; das Auftreten
der Grübchenbildungen wird aber stark begünstigt durch ungeeignete Werkstoffpaarungen
von Ventil und Gegensitz.

e) Ausbrennungen am Ventilsitz (Abb. 155) treten auf, wenn örtliche Undichtheiten
am Sitz den Durchtritt von Gasen bei geschlossenem Ventil gestatten; durch die Einwirkung der Stichflamme kommt es an diesen Stellen zum Fortschmelzen des Werkstoffes.

Zu solchen Erscheinungen können führen:

Verzogene Ventilteller oder verzogene Ventilsitze im Zylinderblock oder Kopf; (vgl. b;)
verunreinigte Ventilsitze, Ablagerungen von Verbrennungsprodukten, Ölrückstände; zu
geringes Ventilspiel am oberen Schaftende, wodurch das Ventil nicht zum vollständigen
Schließen kommen kann.

f) Überhitzungen und starke Verzunderungen und Verbrennungen der Ventile können
auch durch unrichtigen Ablauf der Verbrennung verursacht werden.

Bei Ottomotoren kann zu mageres Gemisch, ferner zu späte Einstellung des Zündzeitpunktes, die z. B. auch durch ein Hängenbleiben der automatischen Zündpunktverstellung verursacht sein kann, ein starkes Nachbrennen im Auspuffhub bewirken. Aber auch zu frühe Einstellung der Zündung kann, ebenso wie der Betrieb mit klopfendem Motor oder bei Selbstentzündungen des Gemisches an Glühstellen, zu Überhitzungen und Zerstörungen an den Ventilen führen.

Bei Einspritzmotoren und Dieselmotoren haben falsche Einstellung des Einspritzpunktes, falscher Einspritzdruck, verkokte oder verlegte Düsen ähnliche Schäden an den Ventilen zur Folge.

Ebenso können aber auch verlegte Auspuffleitungen und Schalldämpfer schädliche, auf die Ventile rückwirkende Temperatursteigerungen im Motor zur Folge haben; endlich können durch lahme Ventilfedern die Ventilbewegungen so gestört werden, daß die Ventile überhaupt nicht exakt schließen

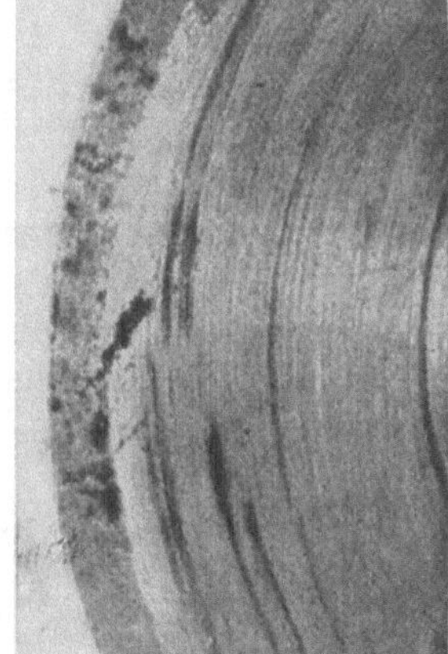

Abb. 154 a.   Abb. 154 b.
Grübchenbildung am Ventilsitz und in der Hohlkehle.

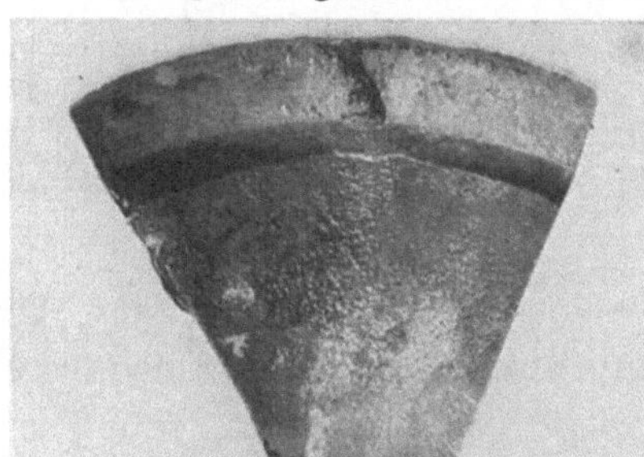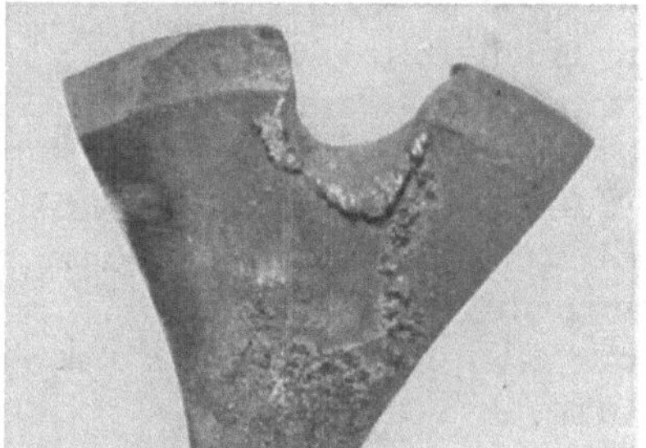

Abb. 155. Ausbrennungen am Ventilsitz.

oder zum Flattern oder Schwirren kommen, wodurch ebenfalls Überhitzungen und Zerstörungen der Ventilsitze eingeleitet werden können.

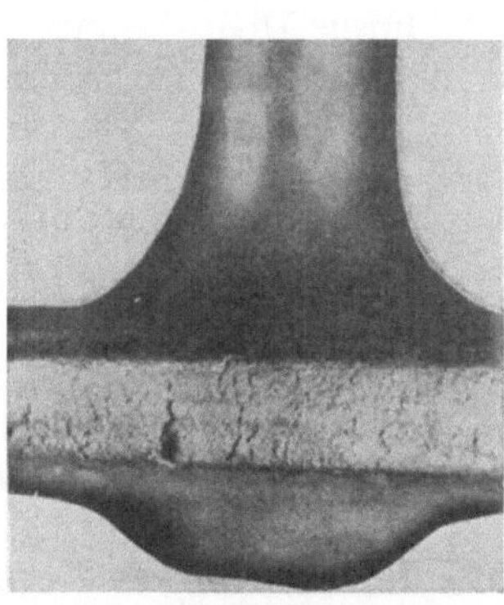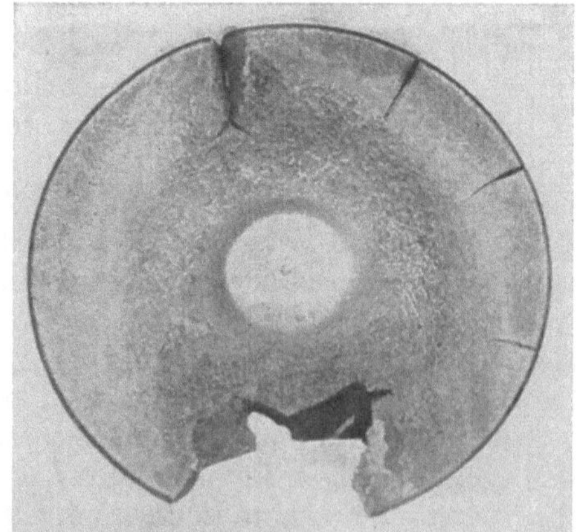

Abb. 156 a.   Abb. 156 b.
Abb. 156. Risse am Tellerrand.
Risse am Rohling infolge unrichtigen   Im Betrieb erweiterte Risse in geseigertem
Ausschmiedens.   Werkstoff.

g) Risse am Tellerrand (Abb. 156) können als Folge von fehlerhaftem, rissigem Ausgangsmaterial für die Ventilkegelherstellung, von unrichtigem Schmieden, wie z. B.

Anwendung eines zu hohen Verschmiedungsgrades, Schmieden bei unrichtiger Temperatur usw. auftreten. Sie können ferner zustande kommen: Als Härterisse bei jenen Stählen, die Umwandlungspunkte innerhalb der Betriebstemperatur haben, als Schleifrisse, als Spannungs-Korrosionsrisse oder auch als Korrosions-Ermüdungsrisse.

h) Risse im Teller treten auf: als Folge unrichtiger Herstellungsweise oder auch unrichtiger Konstruktion. Abb. 157 zeigt z. B. ein gerissenes Tulpenventil, bei dem es infolge von Materialanhäufungen zum Wärmestau im Teller kam.

2. Durch Verschleiß am Ventilschaft vergrößert sich das Spiel in der Führung, wodurch das Ventil zum unrichtigen Aufsitzen auf seinen Sitz kommt. Zur möglichsten Herabminderung des Verschleißes wird der Ventilschaft feinstgeschliffen oder besser nach dem Superfinishverfahren fertig bearbeitet.

Der Verschleiß in der Führung wird gefördert durch:

unrichtige Werkstoffpaarung von Ventilkegel und Ventilführung,

Abb. 157. Riß in der Hohlkehle eines Tulpenventiles infolge Wärmestaues.

unrichtige Wahl des Spieles in der Führung,

ungenügende Kühlung in der Führung,

ungleichmäßige Massenverteilung am Ventilkegel, wie z. B. bei Einlaßventilen mit Schirm,

ungünstig gewählte Ausbildung des Ventilantriebes.

Die beiden letzteren Fehler führen zu einseitigem Verschleiß des Schaftes (Abb. 158).

3. Verschleiß am oberen Schaftende kommt vor allem bei zu geringer Härte desselben zu störender Auswirkung; es kann dann zum Aufstauchen des Ventilschaftes oder auch zum Fressen an der Druckfläche kommen.

c) Formgebung und Verschleiß.

Verschleiß und Lebensdauer des Ventils hängen in sehr hohem Maß von seiner Formbeständigkeit bei Betriebstemperatur ab. Für diese

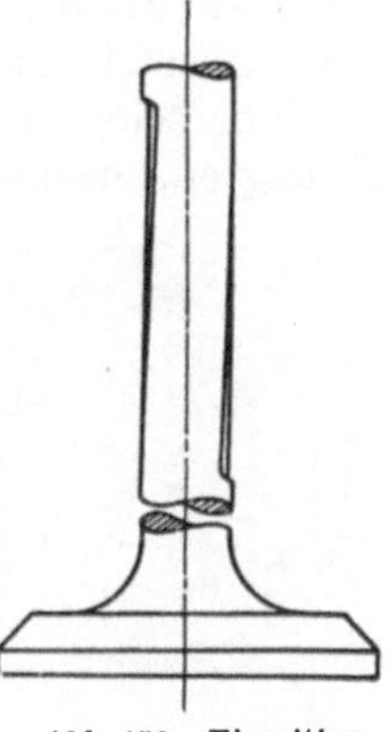

Abb. 158. Einseitiger Verschleiß am Ventilschaft.

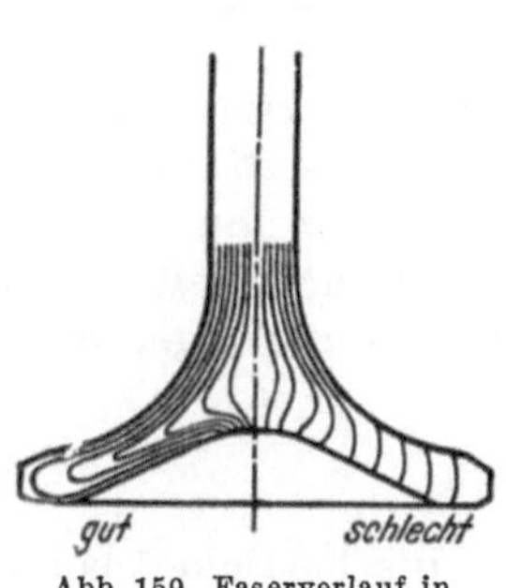

Abb. 159. Faserverlauf in Ventilkegeln.

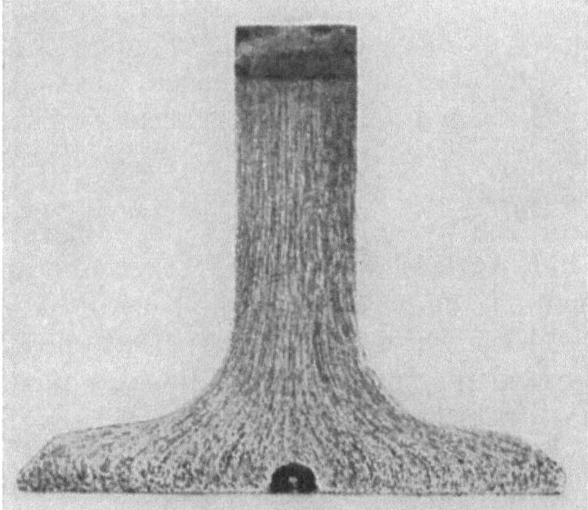

Abb. 160. Unrichtiger Faserverlauf; die Bearbeitungszugabe am Rohling war zu groß, besonders auf der Unterseite und am äußeren Tellerrand.

ist ebenso wie für die Gestaltfestigkeit des Tellers und dessen Korrosionsverhalten, der Faserverlauf im Ventilkegel bestimmend. Der Herstellungsgang des Ventilkegels muß vollkommene Symmetrie des Faserverlaufes zur Ventilachse nach allen Richtungen gewährleisten. Nach jedem der in der neuzeitlichen Ventilkegelerzeugung gebräuchlichen Verfahren — als welche zu nennen wären: das Schmiedestauchverfahren, das elektrische Stauchverfahren und das Strangpreßverfahren (Extrusion) — können gute Kegel mit richtigem Faserverlauf hergestellt werden, wenn auch nicht alle Stähle sich für jedes der erwähnten Verfahren in gleich guter Weise eignen. Wichtig ist es, daß der im Schmiedevorgang erzeugte Faserverlauf sich der Fertigform des Ventilkegels möglichst genau anpaßt; durch die Fertigbearbeitung sollen die Fasern möglichst wenig durchschnitten werden. Die Abb. 159 und 160 geben Beispiele für richtigen und falschen Faserverlauf in Ventilen.

Daneben spielt auch die Oberflächenbearbeitung eine große Rolle. Korrosionsangriffe können umso schwerer einsetzen, je glatter die Oberflächen sind; zur Herabsetzung von Abnutzungserscheinungen aller Art werden daher die Ventile möglichst hochglanzpoliert.

d) Korrosionsangriffe am Ventil.

Die Beständigkeit der Ventilwerkstoffe gegen Korrosionsangriffe bei hohen Temperaturen wird durch ihre Fähigkeit bestimmt, eine festhaftende dichte Oxydschicht zu bilden, die den darunter liegenden Werkstoff vor weiteren Angriffen schützt. Für die Bildung solcher Schutzschichten kommt hauptsächlich das Legieren mit Silizium und Chrom in Frage; die größte Wirksamkeit fällt dem Chrom zu, das überdies die Warmfestigkeit etwas steigert, während Silizium diese herabsetzt. — Nickel hat keinen Einfluß auf die Korrosionsbeständigkeit, während der Kohlenstoff besonders durch die Bildung von Korngrenzenzementit die Korrosionsbeständigkeit verschlechtern kann.

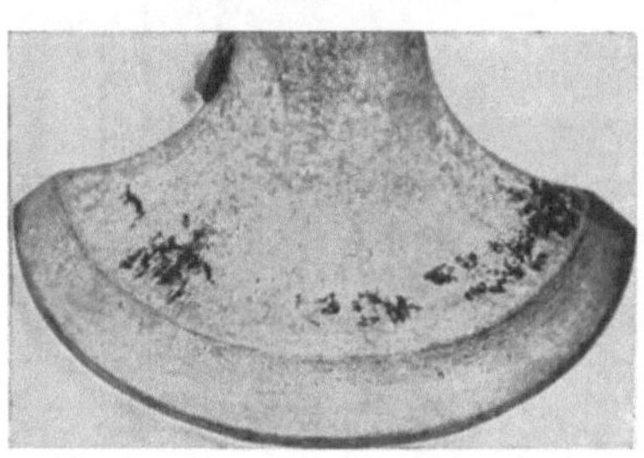

Abb. 161. Korrosionserscheinungen an der Telleroberseite infolge unrichtigen Faserverlaufs im Teller.

Ventilkegelwerkstoffe, die sich für höhere Beanspruchungen eignen sollen, streben daher sämtlich in ihrer Zusammensetzung eine erhöhte Zunderbeständigkeit an.

Bleihaltige, dem Brennstoff zugesetzte Antiklopfmittel, wie z. B. Bleitetraäthyl, wirken bei Temperaturen oberhalb von etwa 750° C sehr stark korrosionsfördernd, was zu starken Angriffen an den Auslaßventilen führt, (Abb. 161). Der Vorgang bei diesem Angriff dürfte nach BANKS [4] derart erfolgen, daß sich bleihaltige Verbrennungsprodukte an den Ventilen ansetzen; unterhalb 700—750° C sind diese Produkte leicht zerreibbar, so daß sie keinen schädigenden Einfluß haben. Oberhalb von etwa 750—800° schmelzen sie aber und brennen an den Ventilkegeloberflächen fest. Durch katalytische Wirkung führen sie zu beschleunigtem Korrosionsverschleiß. — Gegenüber diesen Angriffen verhalten sich die austenitischen Chrom-Nickelstähle günstiger, als die Chromsiliziumstähle.

Wo am Ventilkegel besonders hohe Korrosionsangriffe zu erwarten sind, wie dies z. B. an den Auslaßventilen von Holzgasmotoren der Fall ist, hat sich auch das Hartverchromen des Ventilkegels, soweit er den korrodierenden Angriffen ausgesetzt ist, bewährt. — Auch werden Ventilsitze und zuweilen auch die Tellerunterseiten besonders gegen die Angriffe durch gebleite Benzine mit korrosionsfesten Panzerungen oder Überzügen geschützt (vgl. Abb. 163, 164) [10].

e) Künstliche Kühlung von Ventilen.

Wie bei allen anderen, fällt auch bei austenitischen Stählen die Festigkeit bei höheren Temperaturen stark ab (vgl. Abb. 162), so daß auch bei diesen durch den erwähnten Umstand eine Grenze für die zulässige Höhe der Betriebstemperatur gesetzt ist. Wo sehr ungünstige Betriebsverhältnisse vorliegen, reichen daher auch die austenitischen Stähle heute nicht mehr aus. In diesem Fall wird die Wärmeabfuhr aus dem heißesten Teil des

Ventiles, dem Teller, zu dem immer wesentlich kälteren Schaft und weiter zu der stets gut zu kühlenden Schaftführung durch Einfüllen eines Kühlmittels in das hohl hergestellte Ventil auf außerordentlich wirksame Weise verbessert [4]. Die Ventile werden hierbei entweder als Hohlschaftventile (Abb. 163, 164a) oder, bei noch höherer Beanspruchung als Hohltellerventile (Abb. 164b) ausgeführt. Als Kühlmittel wird heute fast nur metallisches Natrium benutzt, welches den Hohlraum im Ventilkegel zu etwa $^3/_5$ ausfüllt. Dem bei etwa 97° C schmelzenden Natrium bleibt damit die freie Beweglichkeit im Hohlraum gesichert; durch die Ventilbewegung wird das Natrium heftig hin- und hergeschleudert, nimmt große Wärmemengen aus dem heißen Ventilteller auf und gibt sie am kühleren Schaft wieder ab. Der Siedepunkt des Natriums liegt — bei Atmosphärendruck — erst bei 882,9° C, welche Temperatur im Ventilkegel aber schon aus Gründen der Werkstoffestigkeit nicht erreicht werden darf. Höhere Dampfdrücke im Innern der Hohlventile können daher nicht eintreten.

In neuester Zeit hat sich zur Füllung von Hohlventilen auch eine spezifisch sehr leichte, auch bei Raumtemperatur flüssige Natrium-Quecksilberlegierung bewährt.

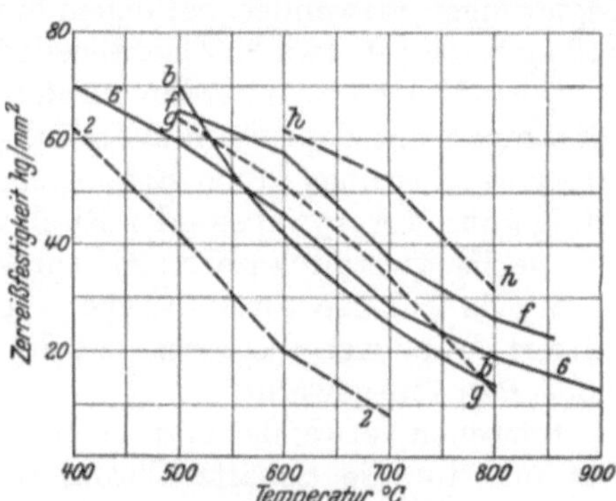

Abb. 162. Warmfestigkeit verschiedener Ventilkegelstähle bei 20 min Zerreißdauer.

Nr.	Stahl	C	Si	Mn	Cr	Ni	W	N₂
2	VCN 45 .	0,45	—	—	1,0	4,50	—	—
6	,, . .	0,60	—	—	16,0	—	—	—
b	Flieg 1545	0,52	3,86	0,33	11,5	—	—	—
f	Flieg 1440	0,56	1,68	0,52	15,5	13,3	2,02	—
g	Flieg 1441	0,52	2,51	1,15	18,7	9,4	1,19	—
h	—	0,46	1,50	13,0	17,7	—	—	0,25

f) Erhöhen des Widerstandes an den verschleißbeanspruchten Stellen des Ventils.

Bei besonders hoher Beanspruchung müssen die auf Verschleiß beanspruchten Teile des Ventilkegels künstlich geschützt werden. Dies ist vor allem bei Kegeln

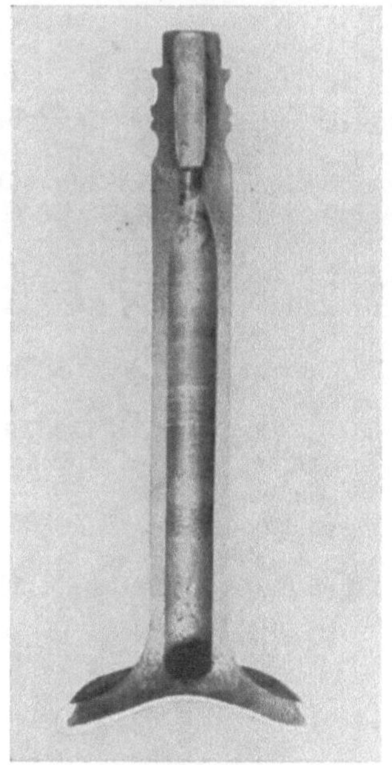

Abb. 163. Hohlschaftventil. — Sitz und Tellerunterseite gepanzert.

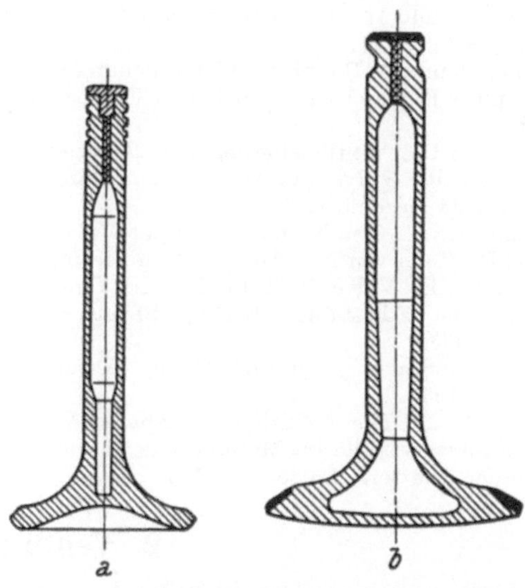

Abb. 164. a) Hohlschaftventil. — b) Hohltellerventil mit gepanzertem Sitz und Schaftende.

aus austenitischen Stählen wichtig, der an sich ein ungünstigeres Verschleißverhalten zeigen.

1. Für die Ventilsitze verwendet man Panzerungen mit Hartmetallen [10]. Für diesen Zweck eignen sich Stellite, das sind fast eisenfreie Co–Cr–W-Legierungen mit etwa 65% Co, 25% Cr, 3,5% W und 1,3% C.

Daneben werden auch, mit Rücksicht auf die schwierige Beschaffung von Kobalt, Legierungen verwendet, bei denen ein Teil des Kobaltgehaltes durch Eisen ersetzt ist, so daß ersterer auf etwa 35% herabgedrückt wird.

Diese Hartmetalle werden durch autogenes Schweißen aufgetragen, wobei sie sehr gute Bindungen mit dem Grundmaterial eingehen. Die Ausführung derartiger Panzerungen erfordert allerdings große Erfahrung und ausgezeichnete Werkmannsarbeit, sollen Mißerfolge durch Abspringen oder Rissigwerden der Panzerungen vermieden werden.

Die Hartmetallpanzerungen am Ventilsitz sollen Härten von etwa 45 RC aufweisen.

2. Die Schäfte austenitischer Ventile werden zur Verminderung des Verschleißes nitriert, wozu sich diese Stähle sehr gut eignen. Die Stärke der Nitrierschicht wird zu 0,05—0,08 mm gewählt.

Bisweilen verwendet man auch Verbundventile mit Tellern aus austenitischem Stahl, während für die Schäfte Chrom-Silizium-Stähle mit gegebenenfalls etwas geänderter Zusammensetzung (etwa 0,3 C, 3,5 Si, 1,0 Mn, 7,5 Cr, 1,8 Ni, 0,6 Mo) gewählt werden.

3. Die oberen Schaftenden werden entweder ebenfalls mit Hartmetall von höherem C-Gehalt und einer Härte von etwa 56 RC gepanzert (vgl. Abb. 164b), oder es werden hier Schnellstahlenden oder Enden aus anderen härtbaren Stählen angeschweißt und dann auf 63—65 CR gehärtet; oder endlich werden in die entsprechend ausgebildeten Schaftenden eigene Druckstücke eingepreßt.

Für die Herstellung von Druckstücken stehen härtbare (meist unlegierte oder hochchromlegierte Werkzeugstähle) oder auch Einsatzstähle in Verwendung. Die aus härtbaren Stählen hergestellten Druckstücke wurden früher vielfach als Ganzes durchgehärtet. Solche Druckstücke neigen aber auch nach sehr sorgfältigem Entspannen zum Abspringen längs der Hohlkehle unterhalb des Drucktellers; daher zieht man lediglich ein Härten der Druckflächen nach einem Oberflächenhärtverfahren vor. Der übrige Teil der Druckstücke bleibt dann zäh, aber von höherer Festigkeit, als bei den auch in einzelnen Fällen zur Verwendung kommenden Einsatzstählen.

Schrifttum.

1. SCHMIDT, E. und H. MANN: Werkstoffe für Auslaßventile von Flugmotoren. Luftfahrtforschung Bd. 13 (1936), S. 71.
2. MUSATTI, J. und A. REGGIORI: Untersuchungen an Stählen für Explosionsmotoren und ihre kennzeichnenden Eigenschaften bei hohen Temperaturen. Metallurgia Italiana Bd. 26 (1934), Nr. 7 bis 10.
3. ROTHMANN: Die Ventilsteuerung von Fahrzeugmotoren. ATZ. 1939, S. 457.
4. BANKS, FR. R.: Valve and Valve seat Technique for Automobile and Aero Engines. I. A. E.-Journal 1938 Dezember, S. 32.
5. COLWELL, A. T.: The Trend in Poppet Valves. S. A. E.-Journal 1939, Bd. 45, Nr. 1.
6. WOOD, E.: Tellerventile. Aircraft Engineering, September 1938.
7. AITCHINSON, L.: Valve Steels for Internal Combustion Engines. Engineer Bd. 129 (1919), S. 641.
8. RAPATZ: Die Edelstähle. Berlin: Springer 1934. HOUDREMONT: Sonderstahlkunde. Berlin: Springer 1935.
9. Werkstoffhandbuch Stahl und Eisen. Abschnitt Q 1: Ventilkegelstähle. Düsseldorf: Verlag Stahleisen 1937.
10. SAGE, S. A. J.: The Stelliting of Exhaust Valves and Valve Seats. Metallurgia 1939, S. 211.
11. FLÜCHT-LUTZ: Ventile im Motorenbau. Berlin: Verlag H. Flücht 1941.
12. Technische Blätter. Folge V 1—V 5. Herausgegeben von der Alfred Teves K. G. Frankfurt 1951/52.

<h2>2. Ventilsitze.</h2>

Eine Stelle mit unter Umständen sehr bedeutendem Verschleiß ist der Gegensitz des Ventiles; ist dieser, wie es bei Motoren kleinerer Abmessungen fast durchwegs der Fall ist, unmittelbar im Zylinderblock oder im Zylinderkopf gelegen, so kann ein wertvolles Gußstück lediglich durch den Verschleiß an dieser Stelle vorzeitig unbrauchbar werden.

Auf den Verschleiß am Ventilsitz nehmen Einfluß:

1. Die Höhe der Schlagbeanspruchung.

2. Die Temperaturen des Sitzes am Ventil einerseits, des Gegensitzes selbst andererseits.

3. Die Größe des Ventilspieles und die Aufsetzgeschwindigkeit des Ventiles beim Schließen.

4. Die Ventilfederkraft.

5. Der Charakter des Kraftstoffes, bei Ottomotoren der Zustand des Gemisches.

6. Die Werkstoffpaarung Ventilkegel-Gegensitz.

Ist der Gegensitz für das Ventil im Block oder Zylinderkopf so weit ausgeschlagen, ausgebrannt oder so tief nachgefräst, das ein weiteres Nacharbeiten nicht mehr möglich ist, so kann durch das Einsetzen eines Ventilsitzringes die volle Verwendungsfähigkeit des Teiles wieder erreicht werden.

Nicht verwendbar sind aber Ventilsitzringe dann, wenn die Ventilsitze gerissen sind, wie dies häufig in den schmalen Stegen zwischen Einlaß- und Auslaßventil vorkommt; in gerissenen Sitzen werden sich eingepreßte Sitzringe stets lockern. — Aus Raumgründen können Ventilsitzringe bei Motoren kleinster Abmessungen kaum verwendet werden.

Ventilsitze sehr hoch belasteter Maschinen werden vielfach von vornherein mit besonders eingesetzten Sitzringen ausgerüstet; ist dies nicht der Fall, so sollte hier ebenso wie bei niedriger belasteten Motoren die Möglichkeit des Einsetzens solcher Ringe bereits in der Gestaltung wenigstens für das Auslaßventil vorgesehen werden. Bei Leichtmetallköpfen oder -blöcken ist die Anwendung von Sitzringen selbstverständlich.

Bei Verwendung von Sitzringen ist bei der Gestaltung Folgendes zu berücksichtigen:

Genügende Wandstärken in der Nähe des Ventilsitzes; jedoch Vermeidung von Materialanhäufungen. Gute, rundum gleichmäßige Kühlung der an den Ventilsitz angrenzenden Teile des Blockes, bzw. des Zylinderkopfes.

Die letztere Forderung ist unter allen Umständen für längere Lebensdauer von Ventil und Gegensitz wichtig; sie gewinnt aber besonders an Bedeutung, wenn es sich um einen eingesetzten Sitzring handelt, da dieser nur unter der genannten Voraussetzung dauernd festsitzen und ohne Verformung bleiben wird.

Wichtig ist ferner eine möglichst vollkommene Bearbeitung sowohl der Mantel- als auch der Stirnfläche des Sitzringes, wie auch der zur Aufnahme des Sitzringes bestimmten Bohrung, denn nur dann erfolgt ein unbehinderter Abfluß der aufgenommenen Wärme zum Kühlmittel.

Es ist weiter sorgfältig darauf zu achten, daß Sitzring und Ventilführung genau gleichachsig liegen, sollen diese Teile und auch das Ventil selbst entsprechende Lebensdauer erreichen.

Nach dem Einsetzen der Ventilsitzringe wird die Zylinderkopfunterseite bzw. die Blockoberseite manchmal planüberschliffen. Dies ist jedoch nicht unbedingt nötig; vielfach wird gerade bei sehr hoch beanspruchten Maschinen, wie z. B. bei Flugmotoren die Stirnseite des Sitzringes etwas zurückgesetzt, um den Sitzring besser zu schützen. (Vgl. Abb. 169f u. h.) Keinesfalls darf aber der Sitzring über die Fläche des Kopfes bzw. des Blocks vorstehen.

Über den Einfluß der Werkstoffpaarung Ventil-Gegensitz auf den zu erwartenden Verschleiß von Ventil- und Sitz hat WILLIAMS [1] ausführliche Versuchsergebnisse veröffentlicht.

Aus diesen geht hervor, daß beim Zusammenarbeiten mit austenitischen Ventilkegelstählen sich legierter oder vergüteter Grauguß von höherer Härte, bei höheren Temperaturen vergüteter Schnelldrehstahl gut bewähren; von den Nichteisenlegierungen zeigen geschmiedete Aluminiumbronze, Berylliumbronze und Monelmetall sich als sehr verschleißfest.

Abb. 165 zeigt auszugsweise das Ergebnis dieser Verschleißbeobachtungen an verschiedenen Ventilsitzringwerkstoffen bei Zusammenarbeit mit austenitischem Ventilstahl;

Abb. 166 zeigt das Verhalten eines Graugußringes bei der Beanspruchung durch verschiedene Ventilkegelstähle unter sonst gleichen Verhältnissen.

Der am Sitz auftretende Verschleiß hängt naturgemäß ausschlaggebend von den Temperaturverhältnissen ab; die verschiedenartigen Einflüsse überlagern sich hier so,

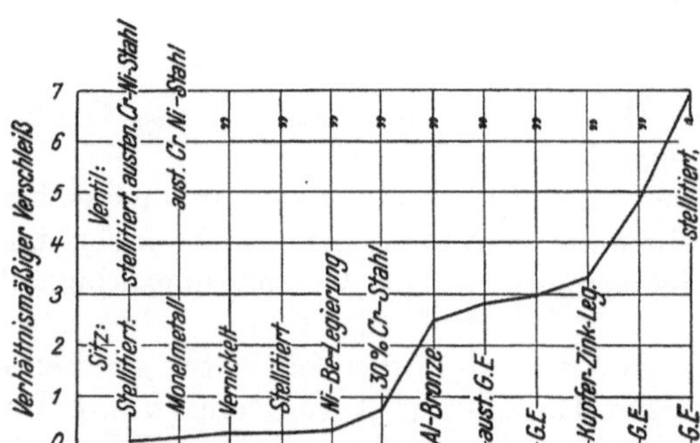

Abb. 165. Verschleiß verschiedener Ventilsitzringwerkstoffe unter gleichen Betriebsbedingungen beim Zusammenarbeiten mit einem Ventilkegel aus austenitischem Chromnickelstahl, zum Teil mit stellitiertem Sitz (nach WILLIAMS).

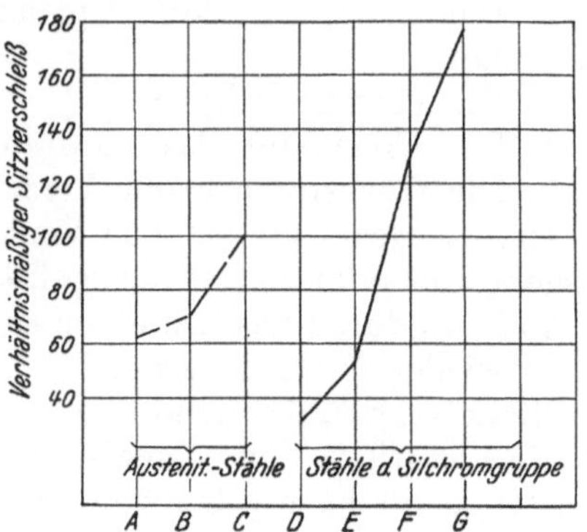

Abb. 166. Verschleiß eines Graugußventilsitzringes bei Zusammenarbeit mit verschiedenen Ventilkegelwerkstoffen.

daß bei hohen Temperaturen infolge des Abfalles der Ventil-Werkstoffestigkeit unter Umständen ein Absinken des Verschleißes am Sitzring beobachtet werden kann (Abb. 167).

Daneben wirkt sich auf den Verschleiß auch die Qualität des verwendeten Kraftstoffes, die Art des Gemisches und schließlich auch die Höhe der Ventilfederkraft aus.

Sehr stark beeinflußt wird der Verschleiß am Ventilsitzring überdies durch das eingestellte Ventilspiel und die Nockenform, da von diesen Umständen die Höhe der Schlagbeanspruchung abhängt Abb. 168 gibt ein Beispiel hierfür.

Analyse	Sitzring	Ventilkegel						
		A	B	C	D	E	F	G
C_{ges}	3,33	0,11	0,36	0,41	0,45	0,43	0,46	0,60
C_{geb}	0,60	—	—	—	—	—	—	—
Si	2,00	1,75	1,00	0,92	2,55	3,65	2,64	1,50
Mn	0,60	.	.	0,79	.	.	.	0,30
P	0,45	.	.	.	.	.	.	.
Cr	0,30	21,5	21,7	14,0	9,4	2,72	7,20	6,00
Ni	—	9,00	6,6	14,7	0,50	0,10	0,29	—
Mo	—	—	—	—	—	—	—	—
W	—	—	3,0	2,07	—	—	—	—
Härte H_B	232	221	308	245	283	341	320	339

(nach WILLIAMS).

Je nach dem Werkstoff von Sitzring und Zylinderkopf bzw. -block und der Höhe der im Sitzring zu erwartenden Beanspruchung wird die Art der Befestigung der Sitzringe

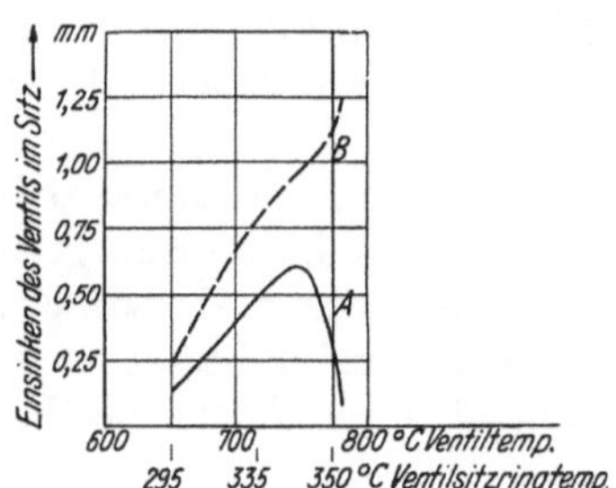

Abb. 167. Verschleiß am Ventilsitzring, abhängig von Ventil- und Sitztemperatur.
Werkstoffe:
Sitzring . . . . . legierter Grauguß
Ventilkegel . . . A: austenitischer Chromnickelstahl,
Ventilkegel . . . B: austenitischer Chromnickelstahl, Sitz stellitiert.

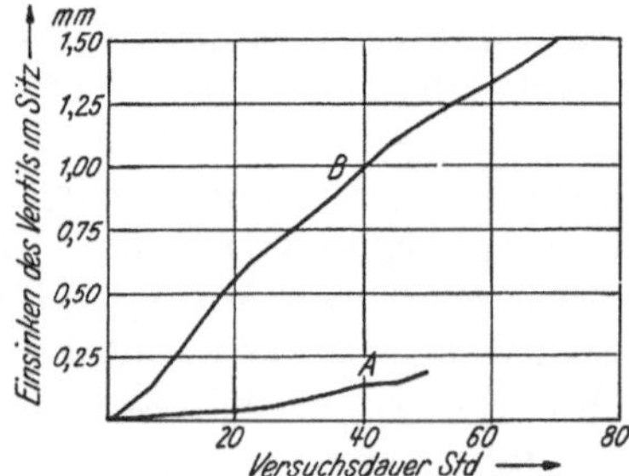

Abb. 168. Verschleiß am Ventilsitzring, abhängig vom Ventilspiel.
Werkstoffe:
Ventilkegel . . . austenitischer Chromnickelstahl,
Sitzring . . . . . legierter Grauguß.

Ventilspiel	Geschwindigkeit bei Aufsetzen des Ventils
mm	m/sek
A . . . 0,15	0,35
B . . . 0,50	0,70

verschieden ausgeführt (Abb. 169). Wichtig ist es vor allem, daß der Wärmeabfluß aus dem Sitzring unter keinen Umständen behindert wird.

Höher beanspruchte Ringe größeren Durchmessers, endlich auch in Leichtmetall eingesetzte Ringe werden durch ihre besondere Gestaltung gegen Herausfallen gesichert.

Wo es sich um die Wiederinstandsetzung von stark ausgeschlagenen Sitzen in Grauguß handelt, werden meist wieder Graugußringe eingesetzt. Man wählt hierzu einen etwas

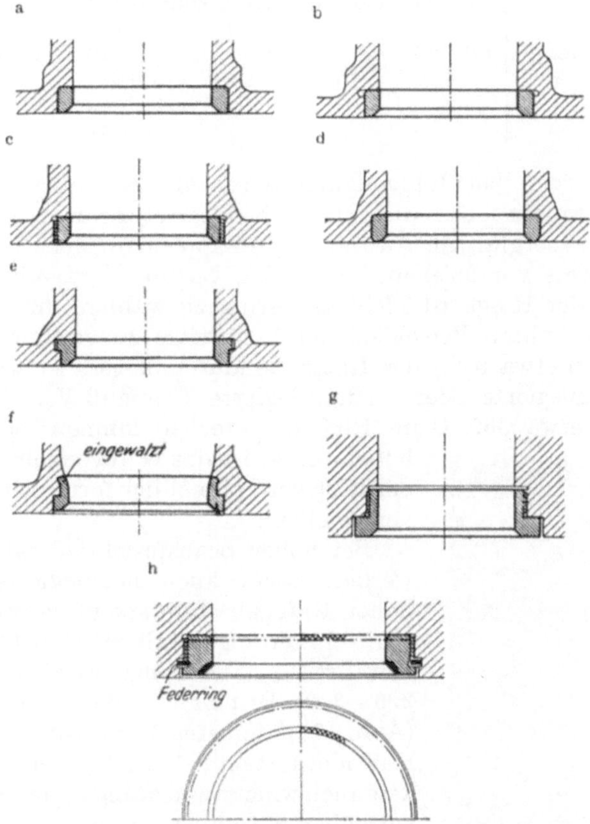

Abb. 169. Verschiedene Ausführungsformen von Ventilsitzringen.

a) Zylindrischer Sitzring, eingepreßt oder eingeschrumpft (für Grauguß- oder wassergekühlte Leichtmetallblöcke). Der Ausrundungsradius im Bohrungsgrund muß kleiner sein als der Abrundungsradius am Ring.

b) Eingepreßter oder eingeschrumpfter Sitzring wie a. — Die Hinterdrehung im Bohrungsgrund verhindert Aufsitzen des Ringes an der Kante.

c) Sitzring eingeschraubt oder eingeschraubt und eingeschrumpft. — Wärmeübergang ungünstiger als beim glatten eingeschrumpften Ring.

d) Wie a; gegen Lockern gesichert durch Vernieten der Ränder des Gußstückes an der Unterseite.

e) Abgesetzter Ring; beim Einpressen federt die Verstärkung des Ringes in die im Grund entsprechend erweiterte Bohrung. Wärmeübergang verschlechtert.

f) Eingepreßter und dann eingewalzter Stahlring. — Zylinderkopfmaterial steht zum Schutz des Sitzringes vor.

g) Eingeschraubter und eingeschrumpfter Sitzring in Leichtmetall.

h) Eingeschraubter Ring mit sägeförmiger Verzahnung zur Sicherung gegen Lösen. — Stahlring in Leichtmetallkopf.

höher legierten, feinkörnigen dichten Grauguß, vor allem auch Schleuderguß. Vielfach werden diese Ringe auch auf höhere Härte, etwa auf 34—36 RC vergütet. Solche Sitzringe werden mit 1% Cr und 1% Mo, in manchen Fällen auch höher mit 3% Cr und 5% Mo legiert; auch Ringe mit etwa 0,6% Va haben sich gut bewährt. Der P-Gehalt beträgt 0,2—0,7%.

Bei Dieselmotoren bewährten sich auch Hartgußringe folgender Zusammensetzung:

Verwendung	C	Si	Mn	Cr	Mo	Wärmebehandlung	Härte RC
Für Fahrzeugmotoren	2,5	2,5	0,9	1,0	1,0	Glühen 920°, Ofen erkalten	30
	2,0	1,4	0,5	3,0	5,0	keine (Gußzustand)	60
	1,3	0,5	0,5	3,5	6,5	Glühen 815°, Ofen erkalten auf 550°	42
für ortsfeste Motoren	1,0	2,5	0,6	4,0	8,5	Glühen 910°, Ofen erkalten auf 650°, Wiederhitzen 760°, Luft erkalten	35

Graugußringe werden bei Fahrzeugmotoren häufig nur eingepreßt oder nach Tiefkühlung der Ringe wohl auch in die entsprechend angewärmten Köpfe eingeschrumpft. (Abb. 169a u. b). Bei sorgfältiger Ausführung entsprechen solche Ringe unter allen Umständen und sind stets vorzuziehen, da sie den besten Wärmeübergang gewährleisten. Die achsiale Höhe der Ringe ist nicht zu gering zu wählen, um ein Welligwerden des Ringes und damit erhöhten Verschleiß der Ventilsitze zu verhindern. Die Einhaltung eines Übermaßes von etwa 0,4% des Ringaußendurchmessers ist wichtig. Es sei darauf hingewiesen, daß unlegierte oder niedrig legierte Grauguß-Ventilsitzringe nur bis zu Temperaturen von etwa 350° C im Ring entsprechen können; steigt die Temperatur

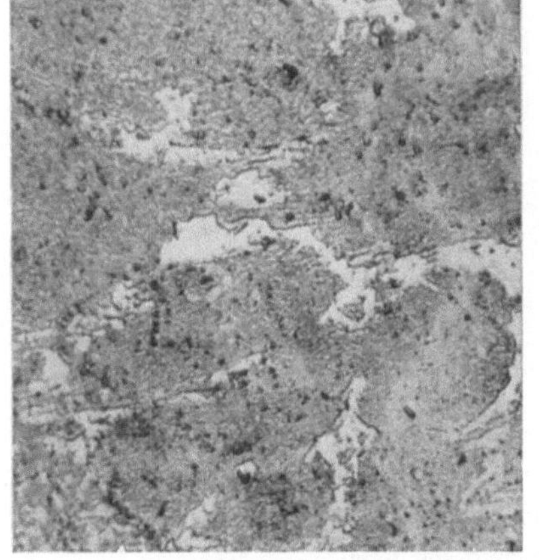

Abb. 170.   Geätzt 2 %   alkohol. HNO₃-500 ×
Gefüge   eines   hochchromlegierten   Stahlguß-
ventilsitzringes.
C 1,98   P   0,04
Si 0,38   S   0,028
Mn 0,30   Cr   28,0

höher an, so ist das Gefüge nicht genügend beständig; der Ring wird allmählich ferritisch und wird dann stark verschleißen.

Bei höher beanspruchten Fahrzeug-Dieselmotoren werden daher auch hochlegierte Stahlgußringe von hoher Gefügebeständigkeit verwendet; so hat sich z. B. ein Stahlguß mit 2% C, 0,4% Si und 30% Cr gut bewährt. — Die Ringe werden auf eine Härte von 320—340 Brinell vergütet. Die Gefügeausbildung (Abb. 170) (feinster Martensit mit viel eingelagerten Karbiden) macht den Ring bei entsprechender Zähigkeit auch widerstandsfähig gegen Schlagbeanspruchung bei höheren Temperaturen.

In Leichtmetallköpfen kommen entsprechend dem größeren Ausdehnungskoeffizienten Sitzringwerkstoffe höherer Wärmedehnung zur Verwendung, um ein Lockerwerden bei steigender Temperatur zu verhindern. Da die Temperatur des Sitzringes stets höher liegt, als jene des Zylinderkopfes, kann der Ausdehnungskoeffizient des ersteren stets etwas niedriger sein, ohne daß aus diesem Grund ein Lockerwerden zu befürchten ist. Bewährt haben sich hier die verschiedenen Werkstoffe nach Tafel I.

Die Sitzringe werden hier meist eingeschraubt und eingeschrumpft, u. U. durch eingelegte Federringe oder durch Verzahnungen am Umfang gegen Lockern gesichert (Abb. 169g und h). Sehr bewährt haben sich eingewalzte Sitzringe nach Abb. 169f.

Bei sehr gut gekühlten Leichtmetallköpfen können auch eingeschrumpfte Graugußringe trotz ihres geringen Wärmedehnungsbeiwertes ($11—12 \cdot 10^{-6}$ gegenüber etwa $22 \cdot 10^{-6}$ bei Leichtmetall-Legierungen) mit Vorteil Verwendung finden; das Schrumpfmaß für die Ringe ist jedoch in diesem Fall gegenüber den in Graugußköpfen eingebauten zu verdoppeln.

In Leichtmetallköpfen von Flugmotoren finden die genormten Stähle Flieg 1445 und 1446, ferner auch austenitische Chrom–Nickel-Stähle und der Chrom–Nickel–Mangan-Stahl NMC nach Tafel I Verwendung.

Sofern Ventile mit stellitierten Sitzen vorgesehen werden, kommen auch vielfach mit Hartmetall gepanzerte Sitzringe zum Einbau (Abb. 169h), wobei als Grundwerkstoff meist austenitische Chromnickelstähle, seltener der Stahl NMC gewählt werden; doch haben sich in solchen Fällen auch ungepanzerte Sitzringe aus den gleichen Stählen bewährt.

Tafel I. Ventilsitzringwerkstoffe für Leichtmetallköpfe.

Werkstoff	Zusammensetzung etwa %							Ausdehnungs-koeffizient $\times 10^{-6}$	Härte H_B
	C	Ni	Cr	Cu	Al	Be	Fe		
Aluminiumbronze geschmiedet	—	—	—	90	10	—	—	16—19	230
Berylliumbronze	—	—	—	97,5	—	2,5	—	18,7	330
Monelmetall	0,2	68	—	28	—	—	2,5	14	150
Niresist-Gußeisen	3	14	4	5	—	—	Rest	18.4	—

Werkstoff	C	Ni	Cr	Mn	Si	W		Ausdehnungs-koeffizient $\times 10^{-6}$	Härte H_B
Flieg 1445 (für Einlaßventile)	0,25 0,40	—	1,0 2,0	17 19	0,5	—		....	>180
Flieg 1446 (für Auslaßventile)	1,8 2,2	—	11 13	0,5	0,35	—		....	<277
Aust. CrNi-Stahl	0,40 0,55	4	12	4,5	—	—		19,0	225
Aust. CrNi-Stahl Flieg 1440 .	0,40 0,55	12 15	14 17	0,6 1,0	1,2 2,5	2,0 3,0		19,2	225
Cr-Ni-Mn-Stahl NMC	0,6	12	3,5	5,0	—	—		22,3	195

Schrifttum.

1. WILLIAMS: Investigation of the Factors Influencing Wear of Valve Seats in Internal Combustion Engines. Inst. of Aut. Engineers, April Journal 1937 Nr. 7, Vol. V.
2. WILLIAMS: Valve Seat Wear. The Autom. Engineer 1934, S. 219.
3. SCHMIDT-MANN: Werkstoffe für Auslaßventile von Flugmotoren. Luftfahrtforschung 1936, S. 71.
4. BANKS: Valve and Valve Seat Technique for Automobile and Aero Engines. IAE Journal, Dezember 1938.
5. Molybdän. — Stähle, Gußeisen, Legierungen. Climax Molybdenum Co., Zürich 1951.

3. Ventilführungen.

In den Bohrungen der Ventilführungen kommt es zu praktisch trockener, gleitender Reibung zwischen Ventilschaft und Buchse unter erhöhten, manchmal nicht unerheblichen, ungleichmäßigen Temperaturen. Die auf die Führungsfläche wirkenden Kräfte treten zum Teil auch schlagartig auf.

Der Ventilschaft verschleißt in der Führung, in welcher meist nur sehr unvollkommene oder auch gar keine Schmierung erfolgt. Der Verschleiß beider Teile und die Aufteilung des Verschleißes auf den Schaft einerseits, auf die Führung andererseits wird durch die hier gewählte Werkstoffpaarung stark beeinflußt.

Häufig erfolgt die Abnutzung der Ventilführung mehr oder weniger einseitig (Vgl. Abb. 158).

Das infolge des Verschleißes in der Führung nur mehr ungenügend geführte Ventil kommt zu unrichtigem Aufsetzen auf seinen Sitz, der dadurch seinerseits ebenfalls verstärkt verschleißt und womit die Abdichtung des Ventils sich verschlechtert. Die Wärmeabfuhr aus dem Ventilkegel, die zum größten Teil den Weg über den Schaft zur Ventilführung und von dort zum Kühlmittel nehmen muß, wird infolge des vergrößerten Spiels verschlechtert und seine Temperatur steigt, sehr zum Nachteil für die Lebensdauer des Ventils, immer höher an.

Wichtig für die Verminderung des Ventilführungs- bzw. des Ventilschaftsverschleißes ist folgendes:

a) Die Innenbohrung der Führung sowie die Lauffläche des Ventilschaftes müssen möglichst glatt und sauber bearbeitet sein, um hier den Einlaufverschleiß möglichst gering zu halten. Die Bohrung in der Führung wird häufig geräumt. Es scheint dies aber durchaus nicht die günstigste Bearbeitungsart zu sein; insbesondere in Amerika wird Honen oder Schleifen der Bohrung vorgezogen.

b) Wichtig ist vollkommene Gleichachsigkeit von Führungsbohrung und Ventilsitz; jede Nacharbeit am Ventilsitz muß so ausgeführt werden, daß Gewähr für die Erfüllung dieser Forderungen gegeben ist.

c) Das Spiel des Ventils in der Führung soll vom Anfang an möglichst gering gehalten werden; es soll bei Einlaßventilen 0,2—0,8%, bei Auslaßventilen 0,7—1,4% des Schaftdurchmessers betragen. Geringes Spiel fördert die Wärmeabfuhr aus dem Ventil und setzt den Verschleiß in der Führung bedeutend herab.

d) die Ventilführung soll so lang als möglich gehalten werden; die Kühlung der Führung soll gleichmäßig von allen Seiten und so ausgiebig als möglich erfolgen.

Mit den üblichen Ventilstählen arbeiten die in der folgenden Übersicht Tafel II gegebenen Werkstoffe für die Führungen günstig zusammen:

Tafel II.

Nr.	Führungs-Werkstoff	Ventilwerkstoff					Austen. Cr-Ni-Stahl	
		Unleg. Kohlenstoffstahl	CrNi Stahl VCN 45	Ni-Stahl	Cr-Stahl	Cr-Si Stahl	verg.	nitriert
1	Grauguß unlegiert	G, L*	G, L	G, L*	G, L*	G, L*		
2	Grauguß legiert — unverg.		G, L*	G, L*	G, L*	G, L.*		
	Grauguß legiert — vergütet		'		G, L*	G, L.*		G, L*
3	Rotguß GBz 14	G, L	G, L	G, L	G, L	G, L		
4	Al-Bronze				G, L	G, L	G, L	
5	Be-Bronze							L
6	Al-Ni-Bronze					G	G	
7	Kuprodur				G, L	G, L	G, L	
8	Monel-Metall						G, L	G, L.
9	Aust. Gußeisen Niresist				L	L		L

G . . . . . . in Graugußzylinderköpfen oder -blöcken zu verwenden.
L . . . . . . in Leichtmetallzylinderköpfen oder -blöcken zu verwenden.
Die leeren Felder entsprechen nicht gebräuchlichen Werkstoffpaarungen.
* Bei wassergekühlten Maschinen.

Die einzelnen in der Übersicht Tafel II angeführten Führungswerkstoffe haben die folgenden in der Tafel III verzeichneten Zusammensetzungen und Eigenschaften:

Tafel III.

Nr.	Führungswerkstoff	C_{ges}	C_{geb}	Si	Mn	P	Cr	Ni	Mo	Al	Be	Cu	Sn	Brinell-Härte H_B	Wärmeausdehnung $\times 10^{-6}$
1	Grauguß unlegiert	3,30 / 3,40	0,50 / 0,70	—	0,50 / 0,70	0,15 / 0,25	<0,20	—	—	—	—	—	—	220—260	11
2	Grauguß legiert	3,20 / 3,40	0,60 / 0,80	—	0,50 / 0,75	1,90 / 0,30	0,40 / 0,50	—	0,60 / 0,80	—	—	—	—	230—260 bis 400*	11
3	Rotguß GBz 14	—	—	—	—	—	—	—	—	—	—	86	14	90	17,6—19,1
4	Al-Bronze	—	—	—	—	—	—	—	—	10	—	90	—	170	16—19
5	Be-Bronze	—	—	—	—	—	—	—	—	—	2,5	97,5	—	500	18
6	Al-Ni-Bronze	—	—	—	—	—	—	6	—	11	—	77	Fe	220	16
7	Kuprodur	—	—	0,7	—	—	—	2	—	—	—	97	0,3	180	16—17
8	Monel-Metall	0,2	—	—	—	—	—	68	—	—	—	28	—	125	14
9	Aust. Gußeisen Niresist	3	—	1,2	0,8	—	4	14	—	—	—	5	—	—	18,4

* Vergütet.

Erfahrungsgemäß arbeiten harte Ventilschäfte und Ventilführungen höherer Härte am günstigsten zusammen; doch ist die Härte allein für den Verschleiß nicht maßgebend, sondern Gefügeausbildung und Korrosionswiderstand des Werkstoffes sind ebenso bedeutsam.

In Fahrzeugmotoren finden wohl meist Graugußführungen Verwendung. Bewährt haben sich vor allem im Einzelgußverfahren hergestellte Teile von hoher Dichte und feinem Korn. Bei Graugußventilführungen hat sich das Phosphatieren der Bohrung zur Verschleißminderung als vorteilhaft erwiesen.

Wo größere Neigung zum Verreiben in der Ventilführung besteht, dort bewähren sich auch vergütete Graugußführungen höherer Härte (bis zu 400 Brinell). Chrom-Molybdänlegierte Gußeisensorten haben sich gegenüber den unlegierten überlegen gezeigt.

Auch nitrierte Gußeisenführungen haben Vorteile gebracht; zu ihrer Herstellung wird ein mit Chrom- und Aluminium legierter Guß verwendet. Die Härte der etwa 0,2—0,25 mm starken Nitrierschicht erreicht 700—900 Brinell. Die Lebensdauer solcher Führungen soll etwa 6—10 mal so groß sein wie jene normaler Graugußführungen. Wegen der höheren Kosten wird sich aber die Anwendung nitrierter Führungen auf Sonderfälle beschränken müssen.

Gute Erfolge sind auch mit Ventilführungen aus Sintermetallen zu verzeichnen; diese ergeben infolge ihrer hohen Ölaufnahmefähigkeit gute selbstschmierende Eigenschaften und verschleißen bei richtiger Wahl der Zusammensetzung nur sehr wenig. Sie haben den Vorteil, daß sich ihre günstigen Eigenschaften ohne jede Verwendung von Sparmetallen erzielen lassen.

V. Gleitlager.

Der Verschleiß und die Betriebssicherheit von Lagern aller Art wird durch eine Summe von Einflüssen des Werkstoffes, der Gestaltung und der Schmierung bestimmt.

Überragend wichtig ist vor allem die Schmierung. Für einen störungsfreien, verschleißlosen Betrieb des Lagers ist das Zustandekommen reiner Flüssigkeitsreibung durch richtigen Zwangumlauf des Schmieröls im Lager unter den jeweils herrschenden Betriebsbedingungen Voraussetzung. Sobald der flüssige Schmierfilm nicht mehr ausschließlich die Bewegungsvorgänge im Lager statisch und dynamisch beherrscht, gewinnen überdies die an Lager- und Wellenlauffläche durch Adhäsion haftenden Schmierölschichten entsprechenden Einfluß auf den weiteren Lauf des Lagers. Diesen Schichten kommt offenbar eine ausgesprochene Schutzwirkung zu; die Größe dieser Schutzwirkung ist hierbei streng werkstoffgebunden und wird durch das „Ölhaftvermögen" des Werkstoffes gekennzeichnet.

Jede Kraftübertragung zwischen gleitenden Flächen ist mit einem Energieaufwand verbunden, sie ist rein kinematisch niemals denkbar. Dieser Energieaufwand darf bei Lagern nicht im Werkstoff selbst, sondern muß vielmehr in dem zwischen die gleitenden Teile geschalteten Tragstoff, der als Reibungsträger fungiert, aufgenommen werden. Die Eigenschaften des Schmiermittels spielen demnach hier eine ausschlaggebende Rolle. Von großer Bedeutung ist offenbar auch die Eigentümlichkeit mancher Schmiermittel, bei hohem Druck die Zähigkeit zu erhöhen.

Solange im Gleitlager reine Flüssigkeitsreibung herrscht, tritt praktisch überhaupt kein Verschleiß auf. Voraussetzung für diesen Zustand ist eine bestimmte Größe des bei der Verlagerung des Zapfens sich einstellenden engsten Spaltes zwischen Lager und Welle in Abhängigkeit von den Lagerabmessungen, der Zapfengeschwindigkeit und der Zähigkeit des verwendeten Öls; ferner darf der Ölfilm nicht schon durch reine Flüssigkeitsreibung überhitzt und zerstört werden.

Die Größe des engsten Spaltes läßt sich nach HEIDEBROECK [8] für das übliche zylindrische halbumschlossene Lager aus

$$f(\alpha_0) = \alpha_0^3 \cdot \cos \alpha_0 = K \frac{\eta \cdot u \cdot r_1^2}{c^2 \cdot P/b} \tag{1}$$

errechnen. Darin bedeuten (Abb. 171):

K einen für das Lager konstanten Beiwert

η die Zähigkeit des Öls

r_1 den Zapfenhalbmesser

r_2 den Schalenhalbmesser

u die Zapfenumfangsgeschwindigkeit

P die äußere Belastung

b die Lagerbreite

c die Schmiegungszahl $= \dfrac{1}{2} \cdot \dfrac{r_1 \cdot r_2 - r_1^2}{r_2}$

Die Bedeutung von α_0 ist ebenfalls der Abb. 171 zu entnehmen.
Für übliche Lagerspiele ist

$$c = \frac{\delta}{2} = \frac{r_2 - r_1}{2} \tag{2}$$

Ist daraus α_0 bekannt, so ergibt sich für das Maß des engsten Spaltes

$$h_0 = \delta\,(1 - \cos \alpha_0) \tag{3}$$

Je kleiner demnach α_0, desto kleiner wird auch h_0. Bei sehr vielen Lagern ist nun α_0 sehr klein, so daß $h_0 \approx 0{,}001$ mm wird; diese Lage des Zapfens im Lager kann durch bestimmte Wahl jeder einzelnen Größe in Gl. (1) herbeigeführt werden, so z. B.:

1. als Folge von großer Belastung P bei kleinen Werten der Geschwindigkeit u

2. von großer Geschwindigkeit u und gleichzeitig großer Schmiegungszahl c, d.h. also großem Lagerspiel.

Große Belastung P kann auch durch entsprechend klein gewählte Schmiegungszahl c ausgeglichen werden; diesen Ausweg, das Lagerspiel gering zu machen, muß man vielfach bei Lagern wählen, bei denen wegen des geringen Lagerdurchmessers trotz hoher Drehzahl noch keine genügend hohe Geschwindigkeit entsteht, um die erforderlich werdenden hohen Öldrücke von 500 at und darüber zu erzeugen.

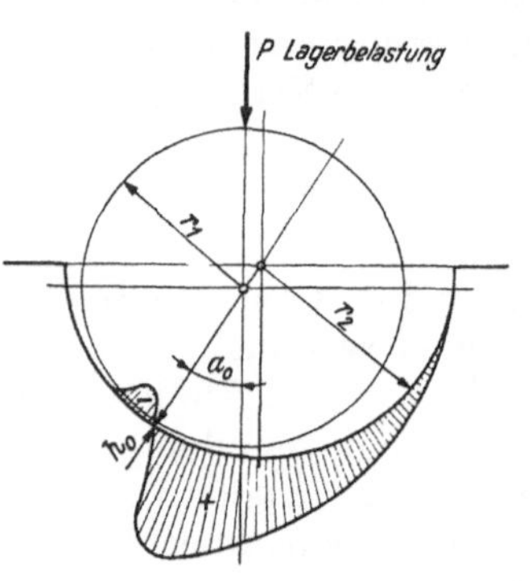

Abb. 171. Drucksteigerung in der Schmierschicht bei halbumschließendem Querlager (nach FALZ [1]).

Die Anwendung geringer Lagerspiele (etwa kleiner als 0,05 bis herab zu wenigen Tausendstel Millimetern) setzt aber für Lager und Welle höchste Güte der Oberflächenbearbeitung voraus; denn sind die Unebenheiten der Oberflächen etwa von gleicher Größenordnung wie die Weite des Lagerspaltes h_0 an der engsten Stelle, so nähern sich die Vorsprünge derart, daß die glatte Hauptströmung des Öls im Spalt gestört wird und sich in ungleichmäßige Einzelströmungen auflöst; d.h. es tritt Grenzreibung ein.

Damit ist, da bei weiterer Annäherung der vorspringenden Oberflächenteilchen sehr hohe Druckbeanspruchungen und sehr hohes Schergefälle auftreten (vgl. S. 4 u. f.), die Einleitung des Verschleißes gegeben; sowohl die Scherbeanspruchungen an den Oberflächenteilchen als auch das Überschreiten der Quetschgrenze kann dann zu Zerstörungen am Lager führen.

Durch die hydrodynamische Lagertheorie allein ist es nicht möglich, die Vorgänge im Gebiet der Grenzreibung zu klären. Nun arbeitet aber der Zapfen im Lager — zumindest in der Gegend des engsten Spaltes — in diesem Gebiet; denn bei hochbelasteten Lagern muß der Öldruck auf 500 kg/cm² und auch noch darüber gesteigert werden, wobei das engste Lagerspiel etwa Werte von $1\,\mu = 0{,}001$ mm erreicht.

Es treten unter solchen Verhältnissen die physikalisch-chemischen Grunderscheinungen des Schmierungsvorganges in den Vordergrund; dieser wird nicht nur durch die hydrodynamische Drucksteigerung im Schmieröl infolge der bekannten Keilwirkung beeinflußt, sondern auch durch die physikalischen Beziehungen zwischen Lagerwerkstoff und Schmierstoff einerseits, durch jene zwischen Wellenwerkstoff und Schmiermittel gleichzeitig andererseits, worauf bereits auf S. 8 u. f. hingewiesen wurde.

Im sichelförmigen Schmierspalt des Gleitlagers herrscht ein variables Geschwindigkeitsgefälle; an den Stellen, an welchen sich der Spalt in der Bewegungsrichtung verengt, entsteht ein positiver, an Stellen, wo er sich erweitert, ein negativer hydrodynamischer Druck (Sog). Da eine Flüssigkeit im allgemeinen keinen nennenswerten Sog ertragen kann, werden sich an diesen Stellen mikroskopisch kleine Hohlräume (Bläschen) bilden, die erfahrungsgemäß von starken Korrosionserscheinungen begleitet sind (Kavitation) und damit zur Zerstörung der Lagerlauffläche führen. — Der positive Druck kann sich dagegen voll ausbilden und ist der Träger der Lagerbelastung. Die Tragfähigkeit des Lagers ist dabei gegeben durch

$$\text{Tragfähigkeit} = \text{hydrodynamischer Druck} \cdot \text{Lagerfläche}$$

Je nach der Gattung des verwendeten Schmieröls ist der Charakter des Druckverlaufes verschieden, wie dies z. B. in Abb. 172 veranschaulicht ist. Durch die Verwendung strukturviskoser Öle läßt sich eine wesentlich ausgeglichenere Druckkurve erzielen, als bei Verwendung reinviskoser Öle; damit läßt sich auch der Kavitationsangriff herabsetzen [12].

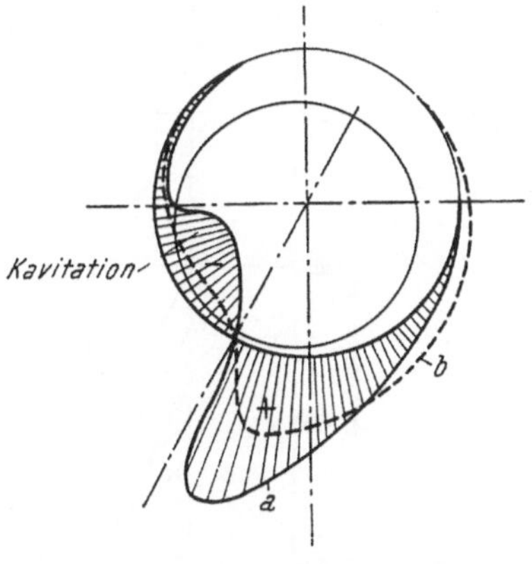

Je weiter sich die Verhältnisse vom Gebiet reiner Flüssigkeitsreibung entfernen — sei es durch Absinken der Umfangsgeschwindigkeit, sei es durch Abbau des tragenden Schmierfilms aus anderen Gründen, wie z. B. durch ansteigende Temperatur, die von einer bereits trocken laufenden Stelle des Lagers ausgehen oder durch Ölmangel verursacht sein kann — umso rascher steigt die Reibungsziffer bis auf jene Höhe an, die der trockenen Reibung entspricht. Sobald dieser Zustand angenähert erreicht ist, spielen die Notlaufeigenschaften des Lagerwerkstoffes, die ihrerseits wieder von dessen Gefügeaufbau und Struktur beeinflußt werden, eine entscheidende Rolle. Bei den Weißmetallen und anderen weichen Lagerwerkstoffen können dann die zuerst zur metallischen Berührung kommenden Stellen, die vorerst den ganzen Druck aufnehmen, unter diesem nachgeben, wodurch die tragende Fläche vergrößert und entlastet wird und sich unter Umständen wieder ein tragender Schmierfilm ausbilden kann. — Wesentlich ungünstiger verhalten sich die harten Lagerwerkstoffe, bei denen die überlasteten Stellen durch Schubkräfte abgetragen werden müssen; die dabei entwickelte Wärme beschleunigt den Fortschritt des Zerstörungsvorganges. Liegt der Schmelzpunkt des Lagermetalles niedrig, so kann es dabei zum Auslaufen des Lagers kommen (vgl. Abb. 173). Bei großem Härteunterschied zwischen Lager und Welle wird dabei häufig nur der weichere Teil beschädigt, insbesondere wenn die Temperaturen nicht allzu hoch ansteigen. Bei bestimmten Werkstoffpaarungen besteht aber sehr große Neigung, bei trockener Reibung miteinander zu verschweißen; hierzu zählen z. B. die Paarungen Stahl — Kupfer, Stahl — Aluminium u. a. Die Lager fressen dann, wodurch es zur Zerstörung des Wellenzapfens kommt.

Allgemein unterscheidet man zwischen gut- und schlechtlaufenden Werkstoffpaarungen. Erstere sind dadurch gekennzeichnet, daß die Lagerlaufflächen sich im Betrieb von selbst glätten, u. U. eine hohe Politur annehmen, vorausgesetzt, daß das Schmieröl rein, d. h. frei von härteren Fremdkörperchen ist. Bei schlechtlaufenden Lagerwerkstoffen nimmt dagegen die Rauhigkeit im Betrieb zu, wenn die Betriebsbedingungen nicht außerordent-

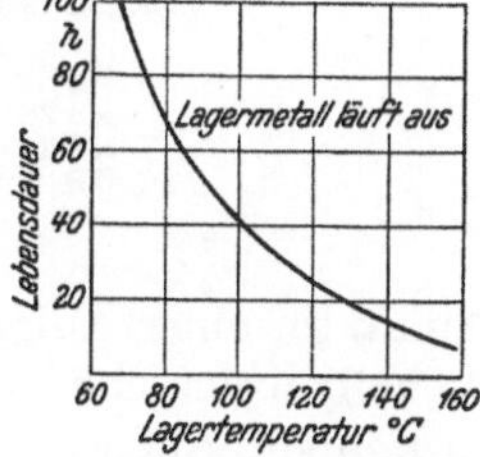

Abb. 172. Verlauf des Schmieröldrucks im Lager bei Verwendung von Schmierölen verschiedener Viskosität (nach INNSTÄTTER) [12].
a Druckverlauf bei reinviskosem Öl,
b Druckverlauf bei strukturviskosem Öl.

Abb. 173. Abhängigkeit der Lebensdauer von Weißmetalllagern auf Sn-Grundlage von der Lagertemperatur.

lich günstig sind; die Aufrauhung kann dabei bis zum völligen Unbrauchbarwerden des Lagers gehen.

Das aus hochbelasteten Lagern abfließende Schmieröl ist stets mit Gasblasen durchsetzt, auch dann, wenn völlig luftfreies Öl dem Lager zugeführt und jeder Luftzutritt zum Lager verhindert wird. Diese Gasbildung deutet darauf hin, daß durch örtliche Überhitzungen im Lager stets ein Teil des Öls vergast wird: Es kommt an einzelnen Stellen des Lagers, und zwar in mikroskopisch kleinen Bezirken, zu halbflüssiger Reibung bei gleichzeitig auftretenden sehr hohen Temperaturen und zu Verschweißungen zwischen kleinsten Partikelchen der Oberflächen. — Die Neigung zum Verschweißen ist bei den verschiedenen Werkstoffen wie erwähnt sehr verschieden: Eine große Rolle spielt aber dabei vermutlich die Festigkeit der gebildeten Schweißverbindungen und Legierungen zwischen den Bestandteilen von Lager- und Zapfenwerkstoff: Ist diese nur niedrig, so besteht kein

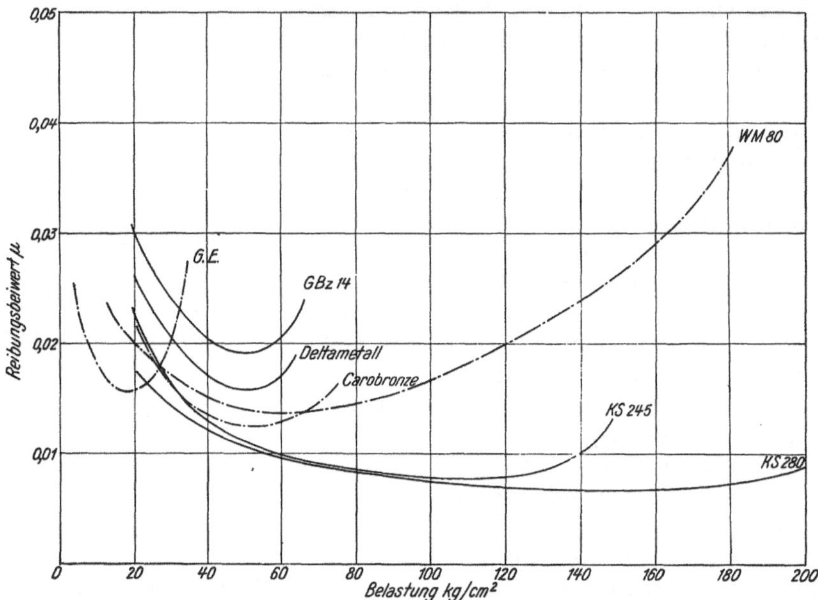

Abb. 174. Reibungsbeiwerte verschiedener Lagerwerkstoffe abhängig von der spezifischen Belastung (nach HEIDEBROEK [8]).
Gleitgeschwindigkeit = 26 m/sek,   Gegenwerkstoff: Stahl geschliffen,   Zustand: geschmiert, Werkstoffe:

WM 80 nach DIN 1703,   GBz 14 nach DIN 1705,
KS 280 siehe Zahlentafel V,   Deltametall,
KS 245 siehe Zahlentafel V,   Carobronze (Zahlentafel VI, Nr. 4).
GE Sondergraguß für Lagerzwecke,

Anlaß zu einer Aufrauhung der Gleitflächen; es kann vielmehr allmählich eine Glättung derselben vor sich gehen. Sind die Schweißverbindungen dagegen von hoher Festigkeit, so können größere Partikelchen aus den Oberflächen herausgerissen werden, womit ein Aufrauhen verbunden ist [13].

Die Größe der im Lager zur Vernichtung gelangenden Energiemenge sowie die Wärmeabfuhrverhältnisse bestimmen die Höhe der Lagertemperatur, die eine wesentliche Bewertungsgrundlage für das Lager darstellt und dessen Lebensdauer beeinflußt. Richtige Beherrschung der im Lager entstehenden Reibungswärme unter Berücksichtigung des stark unterschiedlichen Verhaltens der verschiedenen Lagerwerkstoffe (vgl. Abb. 174) gewährleistet erst ein befriedigendes Arbeiten des Lagers. — Die richtige Beurteilung der Verhältnisse wird dann besonders wichtig, wenn in bestehenden Konstruktionen geänderte Lagerwerkstoffe zur Verwendung kommen sollen. Neben allen anderen, die Wärmeabfuhr bestimmenden Umständen ist auch das Wärmeleitvermögen des Lagerwerkstoffes zu berücksichtigen (vgl. Abb. 175). Bis zu einem gewissen Grad kann gute Wärmeleitfähigkeit auch fehlende Notlaufeigenschaften wettmachen, was zum Beispiel für die unvollkommen geschmierten Lager von langsamlaufenden Großmaschinen zutrifft. Bei neueren Bauarten ist die Wärmeleitfähigkeit deshalb weniger interessant, da bei hochbeanspruchten Lagern fast ausschließlich Verbundgußlager mit sehr dünnen Gleitmetallschichten Verwendung finden. Wichtiger ist dort vielmehr das Wärmeleitvermögen des zur Herstellung des Stützkörpers Verwendung findenden Werkstoffes; doch spielt auch hier jeder kleine Spalt an der äußeren Auflagefläche der Stützschale bei der Wärmeabfuhr aus dieser eine bedeutend größere Rolle, als etwa eine etwas geringere Wärmeleitfähigkeit derselben.

Ebenso ist die Eintrittstemperatur des Schmieröls in das Lager von großer Bedeutung, woraus die Wichtigkeit einer zureichenden Ölkühlung hervorgeht (Abb. 176).

Der Hauptanteil der entwickelten Reibungswärme — es entstehen bei hohen Gleitgeschwindigkeiten auch schon durch die Flüssigkeitsreibung allein beträchtliche Wärmemengen — wird stets durch das im Lager ordnungsgemäß umlaufende Schmieröl abgeleitet. Auf anderen Wegen, auf denen eine Wärmeabfuhr erfolgen kann (Wärmeleitung der Welle, des Lagergehäuses) können bei Lagern mit hohen Umlaufgeschwindigkeiten nur verhältnismäßig geringe Wärmemengen abgeleitet werden.

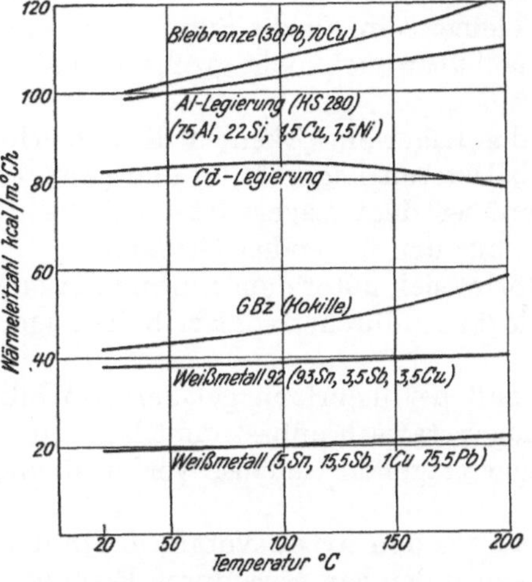

Abb. 175. Wärmeleitfähigkeit verschiedener Lagerwerkstoffe. (Vgl. [4]).

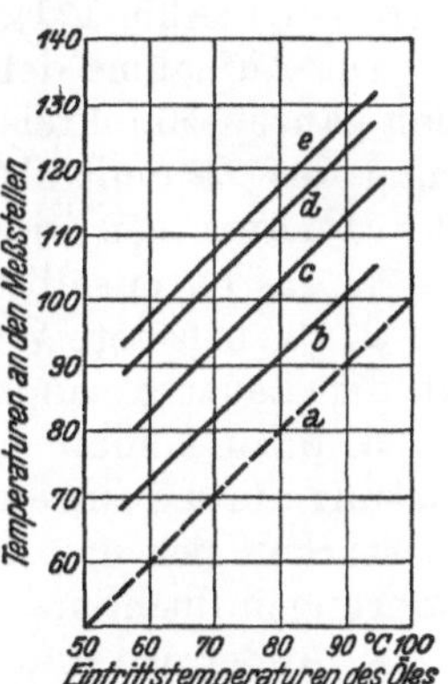

Abb. 176. Schmieröltemperaturen an verschiedenen Lagerstellen eines Fahrzeug-Dieselmotors (6 Zylinder, Hubvolumen 2 l, $n = 3000$), a Öleintritt in die Maschine, b Eintritt ins 1. Hauptlager, c 2. Hauptlager, d Eintritt ins 1. Pleuellager, e im Pleuellager. Umlaufende Ölmenge 17,2 kg/min. (nach WILLIAMS und SPIERS [10]).

1. Verschleißursachen.

Der in den Lagern von Verbrennungskraftmaschinen auftretende Verschleiß hängt ab:

a) Von der Lagerbeanspruchung,
b) von der Lagergestaltung,
c) von den verwendeten Werkstoffen für Lager und Welle,
d) von der Schmierung.

Für geringen Verschleiß und damit für eine lange Lebensdauer sind daher die folgenden Faktoren ausschlaggebend:

1. Richtige Bemessung und Gestaltung des Lagers; hierzu gehören auch
   a) höchste Oberflächengüte der Lager- und Wellenzapfenlaufflächen,
   b) korrekte Lage der Wellenzapfen in den Lagern.
2. Verwendung eines geeigneten Schmiermittels und richtige Verteilung desselben im Lager.
3. Günstige Wärmeabfuhr aus dem Lager und Beschränkung der Lagertemperatur;
4. Fernhalten von Verunreinigungen.

In keinem Verbrennungskraftmaschinenlager sind die für ein ideales Lager allgemein gültigen Voraussetzungen vollkommen erfüllt; es sind weder die Wellen oder die Lagerbohrungen von genau mathematisch kreisrunder Zylinderform, noch stimmen die Belastungsverhältnisse mit jenen des idealen Lagers überein.

Vielfach ist die Lagerbelastung auch nicht ruhend oder stetig wechselnd, sondern wirkt stoßweise und erschwert dadurch die Arbeitsbedingungen für das Lager.

Diese Abweichungen zu kennen und zu beherrschen ist Aufgabe des Gestalters und des Werkstoffmannes, um so möglichste Annäherung an das vollkommene Lager zu erreichen; denn nur dann ist neben hoher Betriebssicherheit auch geringe Abnutzung und günstiger Wirkungsgrad zu erzielen.

Richtige Bemessung des Lagers setzt voraus, daß die zulässige Lagerbelastung in keiner Weise überschritten wird; d.h., daß die zulässige Biegebeanspruchung und Verformung des Zapfens einerseits, die zulässige Druck- und Stauchfestigkeit des Lagerausgusses andererseits nicht überschritten werden darf. Ferner darf die sich im Betrieb einstellende Schmierschichtdicke nicht kleiner sein, als die Summe der Unebenheiten der Oberflächen von Zapfen und Lager; sie soll aber auch nicht größer sein als $^1/_4$ des ideellen Lagerspieles $2 (r_2 - r_1)$ (Abb. 171).

Die Aufnahme der auf das Lager einwirkenden Kräfte erfolgt nicht gleichmäßig über den ganzen Halbkreis der belasteten Lagerhälfte, und zwar, abgesehen von der Verlagerung des Zapfmittels gegenüber dem Lagermittel bei der Drehung der Welle infolge des dynamischen Öldrucks, aus den folgenden Gründen:

1. das Lager selbst verformt sich unter dem Einfluß dieser Kräfte;

2. die belastete Welle biegt sich durch, so daß sich die Lagerzapfenachsen etwas schräg zu den Lagerachsen stellen.

3. dazu kommt noch, daß bei mehrfach gelagerten Wellen die Verteilung der Belastung auf die einzelnen Lager statisch unbestimmt ist, und zwar in umso höheren Maß, je stärker sich das die Lager tragende Gehäuse verformt und je ungenauer die Lagerbohrungen fluchten.

4. Außer den unmittelbar aus den Arbeitsvorgängen in der Maschine sich ergebenden Lagerkräften können auch von außen her, etwa durch Erschütterungen, Beanspruchungen in den Lagern wachgerufen werden, die Verschleiß und Zerstörungserscheinungen in diesen zur Folge haben können; dies tritt besonders bei Fahrzeugmotoren aller Art in Erscheinung.

Wie erwähnt, zeigen Lager praktisch keinen Verschleiß, solange reine Flüssigkeitsreibung herrscht (S. 8ff.). Aber abgesehen davon, daß in der Nähe des engsten Spaltes in hochbelasteten Lagern das Gebiet der Grenzreibung erreicht wird, treten in jeder Verbrennungskraftmaschine einige besondere Betriebsumstände auf, durch welche die reine Flüssigkeitsreibung in den Lagern gestört oder unterbunden wird und die Abnutzungsverhältnisse in den Lagern in hohem Maß beeinflußt werden. Dies sind:

a) das Anfahren;

b) voneinander unterschiedliche Beharrungszustände bei verschiedenen Betriebsverhältnissen und insbesondere die Übergänge von einem Beharrungszustand zum anderen;

c) Unterbrechungen und Stillstände.

Außer diesen, die Lager gefährdenden und deren Verschleiß begünstigenden Betriebsverhältnissen ist es auch noch die stoßweise Beanspruchung, die die Lebensdauer bestimmter Lager bedeutend herabsetzen kann.

Die Zerstörungen in den Lagern kommen demnach in folgender Weise zustande:

1. Mechanischer Verschleiß durch das Gleiten metallischer Flächen aufeinander ohne Zwischenschaltung eines tragenden Schmierfilms.

2. Mechanischer Verschleiß durch feste Teilchen, meist Abnutzungsprodukte und Verunreinigungen, die das Schmieröl zwischen die aufeinander gleitenden Flächen schwemmt.

3. Brüchigwerden der Lagerflächen, Rissigwerden und Ausbröckeln der Ausgüsse.

Zu 1: Unzureichende Schmierung verhindert das Zustandekommen reiner Flüssigkeitsreibung im Lager. So kommt es auch unter den oben erwähnten besonderen Verhältnissen zum Verschleiß durch Abrieb ohne Dazwischenschalten eines tragenden Schmierfilms zwischen die Gleitflächen. Ursache für diesen mechanischen Verschleiß ist in erster Linie der unter den geschilderten Umständen auftretende Ölmangel im Lager; z.B. kann beim

Anfahren die dort noch vorhandene geringe Ölmenge seitlich aus dem Lager herausgedrückt worden sein, ehe genügend Öl nachströmt. Das vorhandene Öl wird überhitzt und kann dann infolge seiner niederen Zähigkeit keinen Tragfilm mehr ausbilden. Der Zustand der Grenzreibung — worunter aber keinesfalls jener der trockenen oder halbtrockenen Reibung zu verstehen ist — erscheint damit erreicht.

Ist aber einmal ein Schmierfilm entstanden, so kann es noch immer durch Verformungen des Lagers oder des Zapfens zu metallischer Berührung an den Laufflächen kommen, ebenso dann, wenn die Achsen von Lager und Zapfen nicht parallel zueinander liegen.

Neben diesen Abnutzungen treten zuweilen auch plastische Verformungen der Lagerschalen oder im Lagerausguß ein. Infolge von örtlichen Schubkräften, welche die Festigkeit des Lagermetalls bei der herrschenden Betriebstemperatur übersteigen, kommt es zu Verschiebungen desselben. Dickere Ausgüsse werden hiervon im allgemeinen stärker betroffen, als schwächere. Wo die Haftfähigkeit des Ausgusses an der Grundschale größer ist, als seine Schubfestigkeit, werden bei dünnen Ausgüssen die Schubkräfte näher an der Entstehungsstelle aufgenommen und die Formänderungen dadurch behindert, wodurch das vorteilhaftere Verhalten dünner Lagerausgüsse erklärt erscheint (vgl. auch S. 137).

Zu 2: Besondere Wichtigkeit kommt dem Verschleiß durch im Schmieröl mitgeführte feste Teilchen zu. Meist kommen als solche der Abrieb aus verschiedenen Verschleißstellen an bewegten Teilen des Motors, bisweilen auch von scheuernden Stellen, sowie Verunreinigungen in Betracht, die mit der Ansaugluft oder mit dem Kraftstoff in den Motor und in den Schmierölkreislauf gelangen.

Die Größe dieses Verschleißes hängt von der Reinheit des zu den Lagern gelangenden Öles und von der Stärke des Schmierölfilms im Lager ab. Auch die Eigenschaften des Lagermetalles an sich spielen hierbei eine Rolle: so haben manche Weißmetalle und ebenso auch Zinklagerlegierungen die Eigenschaft, Fremdteile in sich einzubetten und damit unschädlich zu machen. Allerdings können solche Teilchen, wenn sie sehr hart sind, die Wellen stark angreifen.

Schutz des Lagers vor Staub und Verunreinigungen ist für den geringen Verschleiß des richtig gestalteten und bemessenen Lagers von größter Wichtigkeit. Daher ist für eine wirksame Ölfilterung zu sorgen. Diese soll stets auf der Druckseite der Schmierölpumpe erfolgen und zwar vor dem Eintritt des Öls in die erste Lagerstelle. — Nähere Angaben über die Ausführung von Schmierölfiltern sind auf S. 100 gemacht worden.

Bei größeren Motoren sind die Filter, sofern sie nicht von einer Bauart sind, die eine Reinigung im Betrieb gestattet, als umschaltbare Doppelfilter auszubilden. Bei kleineren und mittleren Fahrzeugmotoren erfolgt die Filterreinigung meist bei stillstehender Maschine.

Bei Metalltuchfiltern soll die Filterfläche nach Falz zu

$$F_f \geqq \frac{Q}{0{,}05} \text{ bis } \frac{Q}{0{,}1} \text{ cm}^2$$

bemessen werden, wenn Q die zu filternde Ölmenge in l/min bedeutet.

Der Behälter für das Schmieröl oder die Sammelstelle für dasselbe soll genügend groß bemessen werden, um den im Öl schwebenden Schmutzteilchen Gelegenheit zum Absetzen zu geben. Der Sauganschluß für die Ölpumpe und der Zufluß für das verschmutzte Öl sind an entgegengesetzte Enden des Behälters zu legen. Erfahrungsgemäß soll das Schmieröl bei Fahrzeugmotoren nicht mehr als 2,5 bis 3 mal je Minute, bei großen langsamlaufenden Motoren jedoch nicht mehr als 8 mal je Stunde umgewälzt werden.

Zu 3: Endlich kann auch Verschleiß durch Ermüdung der Lagerlaufflächen eintreten, die sich ihrerseits durch Rissigwerden und Ausbröckeln des Lagerausgusses äußert. Dieses Zermürben des Lagerwerkstoffes ist die Folge eines starken Wechsels der Lagerkräfte nach Größe und Richtung; es setzt dort am stärksten ein, wo hohe Lagerdrücke vorliegen und die Beanspruchung stoßweise auftritt. Die über den Schmierfilm auf das Lagermetall übertragenen Stöße erzeugen dort Wechselbeanspruchungen und damit Verformungen, die zu Dauerbrüchen führen. Es gehört zu den schwierigsten, vor allem im Bau

raschlaufender Dieselmotoren vorkommenden Aufgaben, dieses Brüchigwerden der Lagerwerkstoffe zu vermeiden; denn sehr häufig gehen Lager, bei denen es gelungen ist, die
Abnutzungserscheinungen an der Lauffläche sehr klein zu halten, nach verhältnismäßig
geringer Betriebsstundenzahl durch Rissigwerden und Ausbröckeln der Ausgüsse, d. h.
also durch mangelnde Widerstandsfähigkeit gegen Dauerschlagbeanspruchung zugrunde
und das Lager hat damit seine Tragfähigkeit verloren. Am schnellsten erliegen dieser
Zermürbung die Pleuellager von Dieselmaschinen, bei denen die stoßweise Beanspruchung
am stärksten ausgeprägt ist.

2. Lagerwerkstoffe.

Erfahrungsgemäß sollen in Gleitlagern stets zwei Werkstoffe von verschiedener Härte
und von verschiedener Schmiegsamkeit zusammenarbeiten; physikalisch begründen läßt
sich diese Tatsache heute noch nicht, doch spielen jedenfalls die folgenden Werkstoffeigenschaften hierbei eine Rolle:

Die Beschaffenheit der Oberflächenstruktur, ob kristallin oder amorph.

Die Zug- und Druck-Wechselfestigkeit der Oberfläche und der unmittelbar unter derselben gelegenen Schichten.

Die Scherfestigkeit der Oberflächenteilchen.

Die Höhe der adsorptiven Wirkung an den Oberflächen.

Die Schmiegungsfähigkeit, d. h. eine Werkstoffeigenschaft, die zwischen Elastizität
und Plastizität liegt und wie sie den bekannten hochwertigen Gleitmetallen durchwegs
als kennzeichnend eigen ist.

Von Lagerwerkstoffen für den Motorenbau müssen die folgenden Eigenschaften verlangt werden:

1. Hoher Verformungswiderstand; die Quetschgrenze muß so hoch liegen, daß bei
Betriebsbeanspruchung genügend Sicherheit gegen bleibende Formänderungen besteht.

2. Gute Formänderungsfähigkeit und hohe Zähigkeit.

3. Gute dynamische und statische Festigkeitseigenschaften, und zwar auch bei Betriebstemperatur; eine besondere Rolle spielt dabei auch die Härte und die Höhe der
Biegewechselfestigkeit.

4. Korrosionsbeständigkeit gegenüber den im Schmieröl vorkommenden Seifen und
Säuren, ferner gegenüber Wasser und Kraftstoffen und deren Gemengen.

5. Gute Ölhaftfähigkeit (gute Ölbenetzbarkeit).

6. Gute Lauf- und Notlaufeigenschaften.

7. Gute Laufspiegelbildung, gutes Einlaufvermögen.

8. Gute Wärmeleitfähigkeit und nicht zu hohe Wärmedehnung.

9. Geringe Reibung.

10. Gute Gießbarkeit, bzw. Preß- und Schmiedbarkeit.

11. Gute Bearbeitbarkeit.

12. Gute Bindefähigkeit mit dem Werkstoff der Stützschale bei Lagerausgußmetallen
oder plattierten Lagern.

13. Einbettungsvermögen für scharfe harte Teilchen, ohne Gefahr für die Welle.

Das Einlaufvermögen eines Lagermetalles ist gekennzeichnet durch sein Verhalten
während der ersten Laufzeit; ist der Temperaturanstieg bei konstanter Umfangsgeschwindigkeit und Belastung allmählich und ohne Sprünge und Unstetigkeiten und verläuft
die Temperaturkurve nach kurzer Zeit parallel zur Zeitachse, so kann von gutem Einlaufvermögen gesprochen werden. — Eine zutreffende Umschreibung des Begriffes „Verschleißfestigkeit" besteht zur Zeit für Lagermetalle noch nicht, so daß Untersuchungen
nach dieser Richtung nur als Vergleichsmessungen durchgeführt werden können.

Werden Lager gleicher Abmessungen und gleicher Bearbeitung unter gleichen Betriebsbedingungen d. h. mit gleicher Drehzahl, gleicher Belastung und gleicher Schmierung
betrieben, so stellen sich in den Lagern Temperaturen ein, deren Höhe eindeutig von der
Werkstoffpaarung, also vom Lager- und vom Wellenwerkstoff, bestimmt wird; je niedriger

diese Temperatur liegt, desto geeigneter ist im allgemeinen die Paarung und eine umso höhere Lebensdauer des Lagers ist zu erwarten.

Auch der Verschleiß im Lager und am Wellenzapfen hängt von der Paarung der Werkstoffe ab; eindeutige und vergleichbare Versuchsergebnisse liegen aber nach dieser Richtung zur Zeit nicht vor.

Es hat sich in der Praxis in vielen Fällen gezeigt, daß im Gefüge von Lagerwerkstoffen neben härteren Gefügebestandteilen, die ausreichende mechanische Eigenschaften aufweisen, auch weichere Anteile vorhanden sein sollen, welche die Träger der Laufspiegelbildung und der Notlaufeigenschaften sind. Da zwischen den beiden Gefügebestandteilen tiefreichende Eigenschaftsunterschiede bestehen, sind die mechanischen Eigenschaften der Lagerwerkstoffe auch vom Mengenverhältnis der beiden Komponenten abhängig; die Gleiteigenschaften werden dazu auch noch von der gegenseitigen Anordnung der Gefügebestandteile beeinflußt.

Dieser Aufbau ist bei weicheren Lagerwerkstoffen offenbar von Bedeutung, bei denen der Härtesprung zur Welle groß ist. Doch ergeben sich daraus keine allgemein gültigen Richtlinien für die Auswahl der Lagerlegierungen, ebensowenig wie etwa aus ihrer Härte allein. — Bei harten Lagerwerkstoffen, wo sich der Härtesprung dem Wert 1 nähert, verliert die Heterogenität der Gefügeausbildung an Bedeutung, da es hier zu eigentlichen Einlaufvorgängen nicht mehr kommt. (Siehe auch Abschnitt über Bronzelager, S. 146).

Auch die Ölhaftfähigkeit ist eine Folge der Heterogenität des Lagerwerkstoffes; sie ist nicht auf einen Gefügebestandteil allein, sondern auf das Zusammenwirken aller zurückzuführen. Sie ist umso größer, je feiner das Korn und das Gefüge sind. Es spielen hier die VAN DER WAAL'schen Kräfte eine Rolle, unter denen Anziehungspotentiale verstanden werden, die zwischen Molekülen, also zwischen valenzmäßig abgesättigten Systemen, wirksam sind. An dieser Erscheinung ist aber nicht die ganze Lageroberfläche in gleicher Weise beteiligt, vielmehr spielen hier besonders ausgezeichnete Bezirke, sogenannte aktive Zentren, eine besondere Rolle. In Erweiterung der VAN DER WAAL'schen Theorie kommt nach SCHWAB und PIETZSCH den „aktiven Zentren", als welche Kristallkanten, Korngrenzen und in den Kristallen vorhandene Störstellen anzusehen sind, eine erhöhte Wirksamkeit zu. Wird der Werkstoff z.B. durch Walzen oder Ziehen verformt, so daß sich ein Netz von Gleitlinien über die Kristalle ausbreitet, so haften die Ölmoleküle fester an der Oberfläche. So verhält sich hinsichtlich der Ölhaftfähigkeit eine gezogene Bronze besser als eine solche, deren Gefüge durch Gleitlinien nicht gestört ist. Aus demselben Grund verhalten sich auch geschmiedete Bronzen besser als der gleiche Werkstoff im gegossenen Zustand, und im letzteren wirkt sich wieder ein etwa vorhandenes dendritisches Gefüge auf die Ölhaftfähigkeit günstig aus.

Gleich wie im Lagerwerkstoff ist auch die Art der Ausbildung des Gefüges im Stahl des Wellenzapfens von Wichtigkeit. Bei gehärteten Zapfen ist z.B. das Vorhandensein eines martensitischen oder troostitischen Gefüges von wesentlicher Bedeutung; zumindest ist nicht nur die Härte allein für die erwünschten Gleiteigenschaften hinreichend. Dennoch aber ist ein größerer Härtesprung zwischen Lagermetall und Wellenwerkstoff eine notwendige Voraussetzung für ein günstig zu betreibendes Lager.

Als Basismetalle für Lagerlegierungen eignen sich vor allem Zinn, Kadmium, Blei Kupfer, Aluminium und Zink.

Nach BOLLENRATH [4] ergibt sich unter Berücksichtigung des Verhaltens in der Wärme eine Gruppierung der gebräuchlichen Lagermetallegierungen nach Tabelle I.

Grundsätzlich kann gesagt werden, daß die Dauerhaltbarkeit fast aller Lagerwerkstoffe mit steigender Temperatur ebenso wie ihre Härte ziemlich stark abnimmt. Dies ist bei höheren spezifischen Flächendrücken zu beachten, besonders dann, wenn diese stoßweise auftreten. — Erwünscht ist ein möglichst geringer Härteabfall des Lagerwerkstoffes bei steigender Temperatur. Die einzelnen Lagerwerkstoffe verhalten sich hier sehr unterschiedlich (Abb. 177, 178, 180, 181, 188 und 189).

Tabelle I.

Lagermetall-gruppe	Härteabfall bei steigender Temperatur		Höchsthärte kg/mm²
	rasch	langsam	
weich	Weißmetall Basis Pb Weißmetall Basis Pb-Sn Weißmetall Basis Sn	Bleibronzen weiche Al-Legierungen	unter 35
mittelhart	Cd-Legierungen	Kupfer-Blei-Bronzen Al-Legierungen	35—50
hart	Zn-Legierungen	harte Bronzen harte Al-Legierungen Grauguß	über 50

Die heute gebräuchlichen Lagermetalle eignen sich auf Grund ihrer technologischen Eigenschaften bei Raumtemperatur und unter erhöhten Temperaturen etwa für die in Tabelle II angegebenen Anwendungsgebiete:

Tabelle II.

	Lagerwerkstoff		Anwendungsgebiet
1	Weißmetall auf Blei-Zinn-Grundlage oder Zinn-Grundlage (WM 10 — WM 70 u. WM 80)		Mittlere Beanspruchungen bei nicht zu hohen Lagertemperaturen Ungeeignet für die Lager sehr schnellaufender und hochbelasteter Verbrennungskraftmaschinen.
2	Weißmetall auf Zinngrundlage mit 80—95% Zinn		Für höhere Belastungen, wenn Lagertemperaturen niedrig bleiben; nicht geeignet für die Lagerung raschlaufender Dieselmotoren.
3	Lagermetall auf Kadmium-Grundlage		Geeignet für hohe Belastungen, widerstandsfähiger als Gruppe 2, doch muß Lagertemperatur niedrig bleiben.
4	Bleibronzen auf Grundlage Kupfer-Blei		Geeignet für höchste Beanspruchungen bei höheren Temperaturen. Empfindlich gegen Kantenpressung.
5	Leichtmetallager auf Aluminiumgrundlage	hart	Auch bei höheren Temperaturen geeignet. Sehr empfindlich gegen Kantenpressung. Keine Notlaufeigenschaften.
6		weich	Mittlere Beanspruchungen bei mittleren Lagertemperaturen. Unempfindlich gegen Kantenpressungen. Notlaufeigenschaften gering.
7	Zinklegierungen		Niedrige bis mittlere, nicht stoßweise Beanspruchungen bei niedrigen Lagertemperaturen.
8	Grauguß		Niedrige Beanspruchungen. Empfindlich gegen Kantenpressungen. Notlaufeigenschaften gering.

a) Weißmetallager.

Die große Gruppe der Weißmetalle umfaßt recht verschiedenartige Legierungen, in denen entweder Zinn oder Blei den Hauptanteil bilden. Dazwischen finden sich Übergänge mit wechselnden Zinn- und Bleigehalten (vgl. Zahlentafel I und II).

Durch ihre innerhalb bestimmter Belastungsgrenzen hervorragenden Laufeigenschaften und wegen ihrer leichten Verarbeitbarkeit haben sie sich seit langer Zeit ein weites Anwendungsgebiet gesichert; daher zählen auch die Weißmetalle zu den am weitesten durchforschten von allen Lagermetallen. Allerdings sind die Grenzen für ihre Verwendungsfähigkeit in den Triebwerkslagern moderner Verbrennungskraftmaschinen, vor allem im Fahrzeugdiesel- und im Flugmotor, durch die stetig steigenden mechanischen und thermischen Beanspruchungen heute schon überschritten. Im Fahrzeug-Ottomotor werden sie aber noch vielfach verwendet.

Die für das Inland früher vorgeschlagenen Normen (DIN 1703, Neuentwurf) sahen die folgenden Weißmetallegierungen für Gleitlager und Gleitflächen vor:

Zahlentafel I. Weißmetall auf Zinn- und Zinn-Blei-Basis.

Benennung	Kurzzeichen	Analyse				Verunreinigungen höchstens %
		Sn	Sb	Cu	Pb	
Weißmetall 80 F [1]	WM 80 F	80	11	9	$<0,5$	Fe $<0,10$
„ 80	WM 80	80	12	6	2	Zn $<0,05$
						Al $<0,05$
						Zus $< 0,15$
Weißmetall 20	WM 20	20	14,5	1,5	64	Fe $<0,10$
						Zn $<0,05$
						Al $<0,05$
„ 10	WM 10	10	15,5	1,0	73,5	Zus $< 0,15$
„ 5	WM 5	5	15,5	1,0	78,5	As $< 0,15$

Das Ausland verwendet darüber hinaus auch noch hochzinnhaltige bleifreie Legierungen mit Zinngehalten zwischen 80 und 93% und von 60%.

Legierung	Sn	Sb	Cu	Pb	Fe	As	Bi
SAE 10	90	4—5	4—5	$<0,35$	$<0,08$	$<0,10$	$<0,08$
—	88,7	7—8	3—3,5	,,	,,	,,	,,
SAE 11	86	6—7,5	5—6,5	,,	,,	,,	,,
SAE 12	59,5	9,5—11,5	2,25—3,75	26	,,	,,	,,

Zink oder Aluminium dürfen in diesen Weißmetallen nicht enthalten sein.

Die Höhe des Zinnanteiles ist für das praktische Verhalten des Lagermetalles erfahrungsgemäß ausschlaggebend: nach unten hin ergibt sich die Grenze für denselben dadurch, daß bei höheren Antimon- und Kupfergehalten die Legierungen spröde und brüchig werden. Ein kleiner Bleigehalt ist in dieser Legierungsgruppe solange nicht schädlich, als die Lagertemperatur im Betrieb nicht über 180° ansteigt; bei höheren Temperaturen bildet sich jedoch ein ternäres Pb-Sb-Sn-Eutektikum, das zu Kristallseigerungen und damit zu rascherem Verschleiß Anlaß gibt:

Der Bleigehalt führt zu früherem Schmelzbeginn der Legierung und zur Verschlechterung der Eigenschaften in der Wärme. Bei mehr als 2% Pb-Gehalt nimmt die Neigung zu Schrumpfungsrissen stark zu, wodurch besonders unter Schlagbeanspruchung rasche Zerstörung erfolgen kann.

Auch andere Beimengungen, wie Eisen, Zink, Arsen, Wismut u. a., wirken sich schon in sehr kleinen Mengen schädlich auf die Lebensdauer der Lager aus.

Wegen der bestehenden Knappheit an Zinn und der hohen Devisenbelastung dieses Metalls sind auch die in der auf Seite 134 folgenden Zahlentafel II angeführten zinnarmen und zinnfreien Legierungen nach DIN 1703 U von Interesse.

Zur Verbesserung des Verschleißwiderstandes sowie zur Erhöhung des Widerstandes gegen Schlagbeanspruchung wurden Weißmetalle auf Bleibasis auch mit Nickel, Kadmium und Arsen legiert. Ein Beispiel hierfür gibt das sogenannte Thermitlagermetall [5], welches neben 72—78,5% Pb und 5—7% Sn noch enthält: 14—16% Sb, 0,8—1,2% Cu, bis 1,5% Ni, 0,7—1,5% Cd und 0,3—0,8 As.

---

[1] Die Legierung 80 F soll nur dann verwendet werden, wenn Bleifreiheit unbedingt erforderlich ist.

Zahlentafel II. Austauschwerkstoffe für Weißmetalle.

Benennung	Kurzzeichen nach DIN 1708 U	Austausch für	Analyse							
			Pb	Sb	Sn	Cd	Cu	Ni	Zn	Al
Zinnarme Bleilagermetalle	LgPbSn 10	WM 80	67 75	13,5 18	9,8 10	max 2	max 2,7	max 1,25	— —	— —
	LgPbSn 5	WM 80	73 80	14 17	5 8,5	max 1,5	max 1,5	max 1,0	— —	— —
	LgPbSn $<$5	WM 20 (WM 42)	71,3 79,7	14 20	1,5 4,5	max 1,5	max 4,0	max 2,0	— —	— —
Zinnfreie Bleilagermetalle m. Antimonzusatz	LgPbSb	WM 20 (WM 42)	77,3 84	16 20	— —	— —	max 1,5	max 1,8	— —	— —
Zinnfreie Bleilagermetalle m. Alkalizusatz	LgPb	WM 80	98 99	Ca 0,5 Na 0,5	— —	— —	— —	— —	— —	— —
Zinnfreie Zinklagermetalle	LgZn	WM 5	— —	— —	— —	— —	2,0 5,0	— —	90 95	2,5 5

Von allen bisher zur Verfügung stehenden Lagermetallen kommen den Weißmetallen, vor allen den hochzinnhaltigen, die besten Laufeigenschaften zu. Sie sind unempfindlich und besitzen — selbst gegen weiche Wellen — das beste Einlaufvermögen. Sie lassen sich leicht einschaben, was die Lagerherstellung sehr erleichtert.

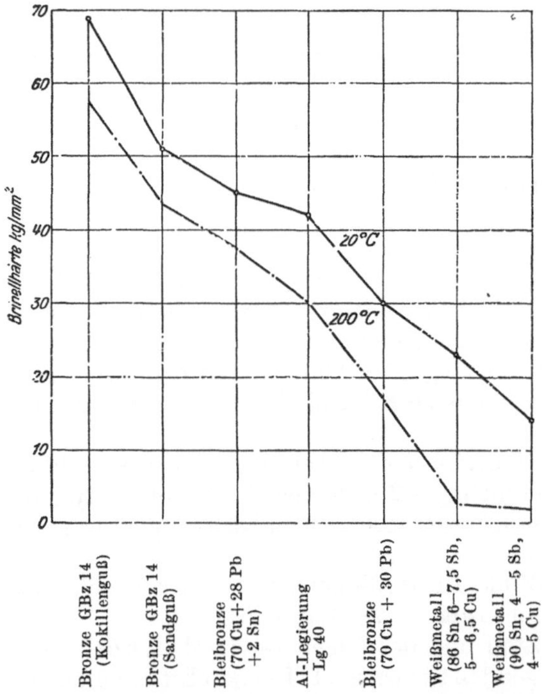

Abb. 177. Härte verschiedener Lagermetalle bei 20 und 200° C.

Bei ihrer Verwendung ist das Einhalten eines genauen Lagerspieles wichtig, um großen Verschleiß im Lager oder Zerstörungen durch starke Schlagbeanspruchungen, gegen welche Weißmetall empfindlich ist, zu vermeiden. Im allgemeinen bemißt man das Lagerspiel für Zinn- bzw. Blei-Zinn-Weißmetalle mit etwa 0,05% des Zapfendurchmessers.

Weißmetallager sollen wegen ihres raschen Härteabfalls bei steigender Temperatur nicht mit Temperaturen von über 80° C betrieben werden (vgl. Abb. 177, 178, 180).

Die Wärmeleitfähigkeit der Weißmetalle liegt niedrig (vgl. Abb. 175); dies ist zwar bei dünnen Ausgußstärken ohne Bedeutung, kann aber bei stärkeren Ausgüssen wichtig werden.

Den Einfluß der Zusammensetzung der Weißmetalle auf Härte und Warmhärte zeigen die Abb. 179, 180 und 181. Ausführliche Angaben über die Festigkeitseigenschaften der Weißmetalle siehe auch [5].

Die vorzeitige Zerstörung von Weißmetallagerausgüssen ist vielfach auf Herstellungsfehler zurückzuführen. Häufig sind zu beobachten:

Lunker, Seigerungen, Schwindungsrisse; Grobkörnigkeit; Bindungsfehler mit der Grundschale; Verunreinigungen der Schmelze. — Bei hochbeanspruchten Lagern empfiehlt sich daher die Röntgendurchleuchtung zur Sichtbarmachung von Poren, Lunkern Rissen und Bindungsfehlern.

Wird das Lager oberhalb seiner Zeit- und Dauerfestigkeit mechanisch beansprucht, so kommt es zu charakteristischen netzförmigen Ermüdungsbrüchen. Auf deren Zustande-

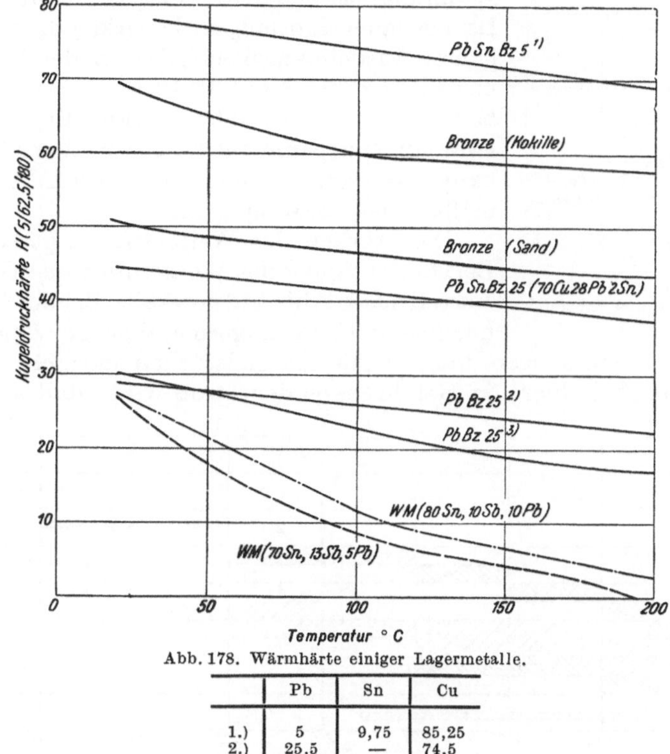

Abb. 178. Wärmhärte einiger Lagermetalle.

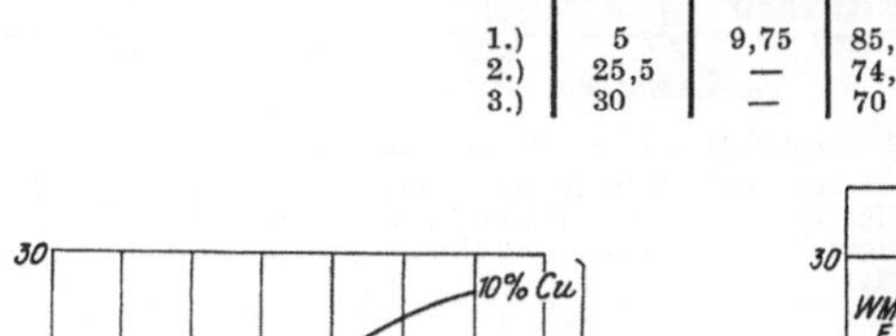

	Pb	Sn	Cu
1.)	5	9,75	85,25
2.)	25,5	—	74,5
3.)	30	—	70

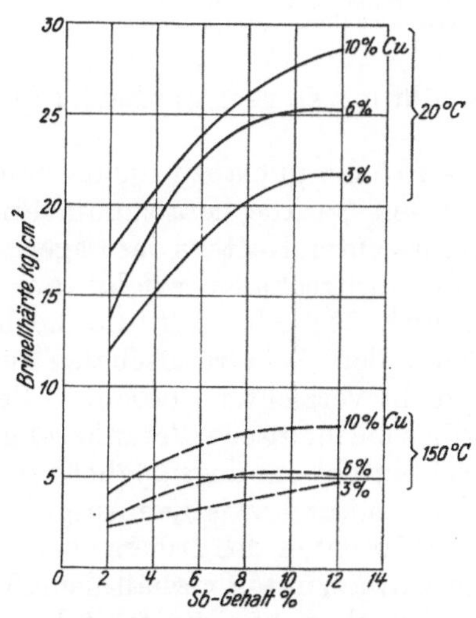

Abb. 179. Weißmetalle auf Zinnbasis. — Einfluß von Legierungsmetallen auf die Härte.
Prüfung; 20° C . . . . H_B 10/250/80
150° C . . . . . H_B 10/62,5/180
(nach GÖLER und PFISTER). (Vgl. [5]).

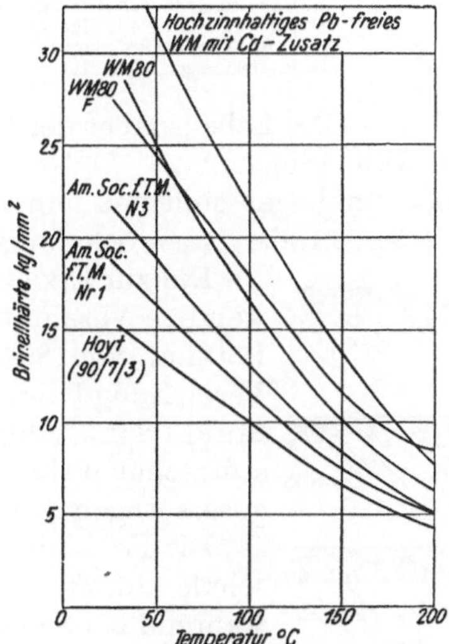

Abb. 180. Warmhärte hochzinnhaltiger Weißmetalle (nach GÖLER und SACHS, HARTMANN und BASIL). (Vgl. [5]).

kommen haben aber nicht nur die dynamischen Festigkeitseigenschaften des Ausgusses, sondern in hohem Maß auch die Herstellungsbedingungen und die Ausgußstärke Einfluß.

Je dünner die Schicht ist, desto stärker stützend wirkt die Lagerschale auf das Lagermetall, um so höher kann das Lager belastet werden, vgl. Abb. 185. — Auch der Eigenspannungszustand in der Ausgußschicht nimmt auf dessen Lebensdauer Einfluß; so bewirken die stark unterschiedlichen Ausdehnungskoeffizienten der Werkstoffe (Weißmetall 24.10^{-6}, Stahl 12.10^{-6}, Bronze 17.10^{-6}), daß es beim Abkühlen zu sehr starken Eigenspannungen und zwar zu Zugspannungen in der Ausgußschicht kommen kann, insbesondere dann, wenn die Abkühlung ungleichmäßig oder einseitig erfolgt.

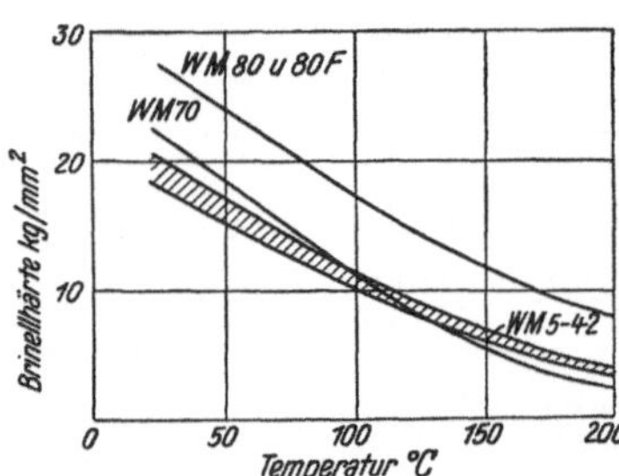

Abb. 181. Warmhärte von Blei—Zinn-Weißmetallen (nach GÖLER und SACHS).

Die Stärken des Weißmetallausgusses werden unter Berücksichtigung des Werkstoffes der Grundschalen mit Vorteil nach Abb. 182 gewählt. Bei der Verwendung von hochbleihaltigen Lagermetallen in Lagern mit hohen spezifischen Flächenpressungen müssen die Ausgußstärken möglichst gering gemacht werden, da anderenfalls hier die Gefahr besonders groß wird, daß der Ausguß weg

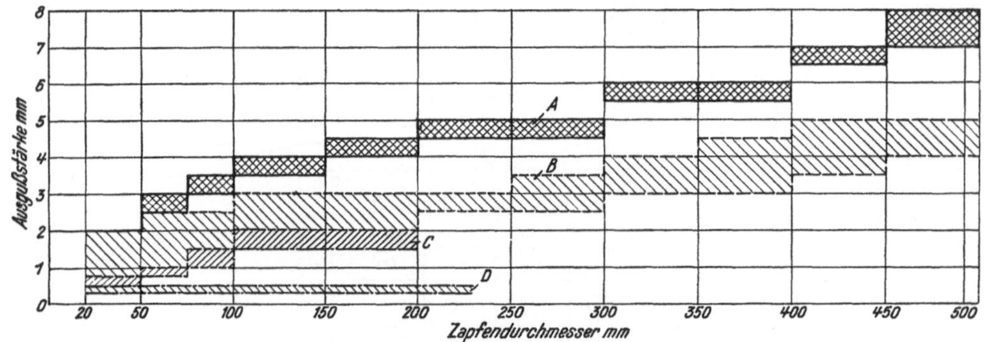

Abb. 182. Ausgußstärken für Weißmetall-Lager.
A Gußeisengrundschalen mit Schwalbenschwanznuten,
B Stahlguß- oder Stahlgrundschalen ohne Schwalbenschwanznuten,
C Rotguß- oder Bronzegrundschalen ohne Schwalbenschwanznuten,
D Bleibronzegrundschalen.

gequetscht wird. — Die Lebensdauer der Lager fällt mit stärker werdender Ausgußschicht stark ab (vgl. Abb. 186).

Alle Kanten im Lager sind mit mindestens $r = 0,5$ gut abzurunden, um die Gefahr von Rissen, Brüchen oder Ausbröckelungen an den Kanten herabzumindern.

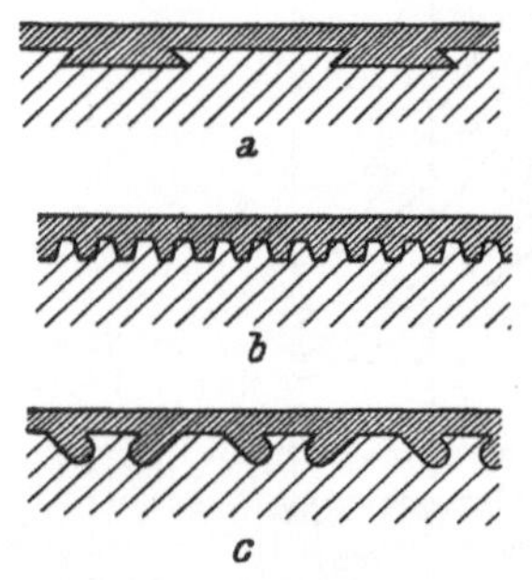

Abb. 183. Ausführungsformen für die Verankerung von Lagerausgüssen.

Die zur Erzielung eines guten Haftens des Lagermetalles notwendige Verzinnung der Stützschalen erfolgt am besten mit Lötzinn von 80% Sn und 20% Pb. Auf die hochzinnhaltige Verzinnung kann, insbesondere bei Grundschalen aus Gußeisen, Stahl oder Stahlguß, nicht verzichtet werden. — Bei Graugußstützschalen sind überdies mechanische Verankerungen des Ausgusses wegen der schlechten Verzinnungsmöglichkeit nötig.

Die Form der Verklammerung zwischen Ausguß und Grundschale nimmt auf die Lebensdauer des Lagers ebenfalls Einfluß; während bei Schwalbenschwanznuten verhältnismäßig große unverklammerte Flächen bestehen bleiben, fehlt bei der Ausführung mit abgeflachtem Spitzgewinde die Unterschneidung und damit die mechanische Verankerung. Eine Nutenform nach Abb. 183c vereinigt die Vorteile der beiden vorerwähnten Ausführungsformen und vermeidet Schäden, die bei Verankerungen nach a und b auftreten können.

Das Ausgießen kann in verbesserter Form durch Druckgießen oder Ausschleudern erfolgen; im ersteren Fall können die Ausgüsse gleich genau auf Maß vorgenommen werden. Die Laufeigenschaften solcher im Genauguß hergestellter Lagerausgüsse mit zinn- oder bleireichen Lagermetallen sind nach neueren Untersuchungen jenen feingebohrter Lagerausgüsse nicht nur gleichwertig, sondern übertreffen sie dank der Gefügeausbildung in der Oberfläche noch vielfach.

Dünnwandige Präzisionslager. An Stelle starkwandiger Stahlstützschalen mit Weißmetall- oder Bleibronzeausguß finden in zunehmendem Maß besonders für Otto-Fahrzeugmotoren auch dünne Lagerschalen von etwa 2,0—2,5 mm Stärke, bestehend aus 1,6—2,0 mm starken Stahlstützschalen mit Ausguß, Verwendung. Die Herstellung erfolgt durch maschinelles Aufgießen des Lagermetalls auf verzinnte und erwärmte Stahlbänder (Bandverfahren); die Stärke der Lagermetallschicht wird mit 0,4—0,5 mm bemessen.

Das Gefüge ist bei dünnwandigen, rasch abgeschreckten und ebenso erstarrten Lagerausgüssen bedeutend feiner, als bei langsamer Erstarrung, wie die Abb. 184a und b

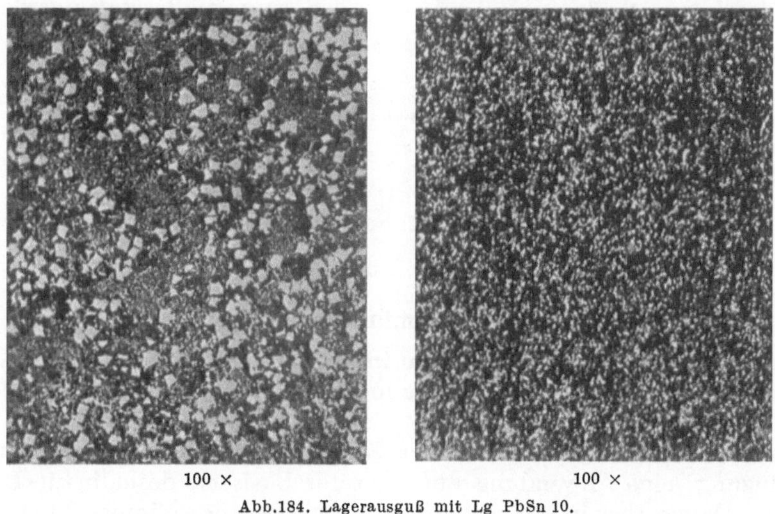

Abb.184. Lagerausguß mit Lg PbSn 10.

a starker Ausguß   b dünner Ausguß

erkennen lassen; in beiden Fällen handelt es sich hier um die Legierung LgPbSn 10. Die harte Sb-Sn-Verbindung bildet bei nach üblichen Verfahren ausgegossenen Lagern gröbere, im Schliffbild Abb. 184a quadratisch erscheinende Kristalle (heller Gefügebestandteil); im Bandverfahren fallen die Kristalle fein und unregelmäßig aus, wobei die Korngröße der feinen Ausscheidungen etwa 0,002—0,003 mm beträgt. Große, spröde und kantige Sb-Sn-Kristalle tragen aber bei höherer Dauerschlagbeanspruchung infolge ihrer Kerbwirkung zur Zerstörung des Ausgusses bei und setzen dementsprechend die Lebensdauer des Lagers herab (Abb. 185).

Nach CONELLY [11] steigt mit abnehmender Korngröße der harten Sb-Sn-Verbindungen die Grenzbelastung und gleichzeitig fällt damit der Verschleiß, wie dies auch Abb. 185 zeigt; die Kurven sind hier allerdings nur bis zur üblichen Korngröße von etwa 0,02 mm durchgezeichnet, doch ist hierbei der Bestwert, wie die Abbildung entnehmen läßt, noch nicht erreicht. — Die Dauerfestigkeit weicher Metalle, die festhaftend auf harten Stützschalen aufgetragen sind, steigt infolge der stützenden Wirkung der letzteren mit abnehmender Schichtstärke stark an; im gleichen Sinn wächst auch die Lebensdauer der Lager (Abb. 186).

Dünnwandige Präzisionslager mit Stahlstützschalen müssen mit höchster Genauigkeit auf Fertigmaß bearbeitet werden; nach der Bearbeitung erhalten sie meist einen dünnen Kupferüberzug als Korrosionsschutz.

Die Montage der Lager erfolgt durch einfaches Einlegen, ein Nacharbeiten durch Einschaben darf nicht vorgenommen werden; allerdings muß auch die Bearbeitung der Lagersitze mit höchster Genauigkeit vorausgesetzt werden. Die die Lagerschale aufnehmende Bohrung muß die Lagerschale mit bestimmter Vorspannung festhalten, ohne sie zu verformen; sitzen die dünnwandigen Schalen im Betrieb nicht absolut fest, so brechen sie nach verhältnismäßig kurzer Laufzeit.

Auch muß die Abstützung der Schale vollkommen starr sein, weil die dünnwandige Schale keinerlei Biegemomente aufnehmen kann.

Schwierigkeiten ergeben sich, wenn die Bindung des Lagermetalles mit der Stahlblechschale nicht einwandfrei ist oder wenn die Gestaltung des die Schale aufnehmenden Teiles nicht starr genug erfolgt.

Für den Ausguß derartiger Präzisionsschalen eignen sich nicht nur Weißmetalle, sondern auch die im folgenden erwähnten Cd-Legierungen, Bleibronzen u. a. — Al-Legierungen werden mit Erfolg in dünnen Schichten aufplattiert oder auch nach dem Alfin-Verfahren aufgegossen.

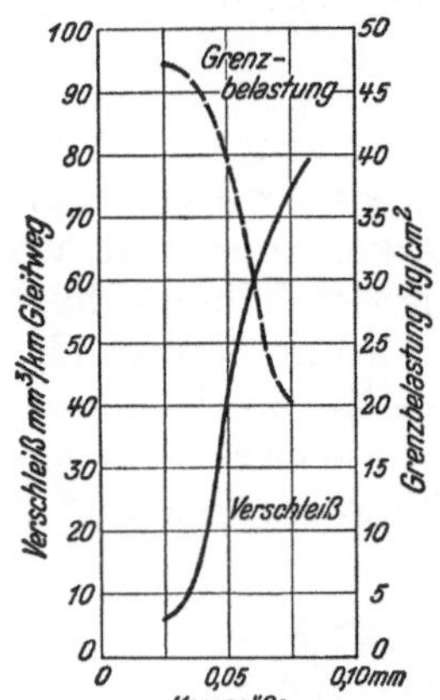

Abb. 185. Abhängigkeit des Verschleißes bzw. der zulässigen Grenzbelastung von der Gefügefeinheit von Weißmetall-Lagerausgüssen (10% Sn) (nach GARRE).

Abb. 186. Erhöhung der Lebensdauer von Weißmetall-Lagern mit abnehmender Stärke des Lagerausgusses (nach GARRE).

b) Kadmiumlager.

Eine weitere Gruppe von Weißmetallen im weiteren Sinne wurde mit Kadmium als Basismetall entwickelt. Diese umfassen die in Zahlentafel III angeführten 3 Legierungsgruppen.

Kadmium steht als Nebenprodukt der Zinkgewinnung nur in beschränkten Mengen zur Verfügung; eine Anwendung auf breiterer Basis ist deshalb für Lagerausgüsse nicht möglich. Da sie aber in ihrem Verhalten zwischen den Zinnweißmetallen und den Bleibronzen stehen, haben sie sich für bestimmte Anwendungsgebiete als besonders geeignet erwiesen.

Ähnlich wie reines Zinn und reines Blei besitzt auch reines Kadmium gewisse Laufeigenschaften; für höhere Beanspruchungen muß es aber legiert werden, wobei bei diesem Metall schon sehr kleine Zusatzmengen, vgl. Zahlentafel III, genügen.

Voraussetzung für ein günstiges Verhalten der Kadmium-Legierungen ist wie bei allen Lagermetallen das Vorhandensein harter Tragkristalle in der Grundmasse; dies sind im Falle der Kadmium–Kupfer-Legierung die harten Cd_3Cu-Kristalle in einem durch Magnesium bzw. Silber gehärteten Kadmium–Kupfer-Eutektikum; bei der Kadmium–Nickel-Legierung dagegen sind es Cd_7Ni-Kristalle, die im Kadmium–Nickel-Eutektikum eingelagert erscheinen. — Bei der Legierung 2a ist der Kupferanteil allerdings so gering, daß sie einer festen Lösung von Ag in Cd fast gleichkommt und daher frei von harten Bestandteilen ist.

Kadmiumlegierungen scheinen von heißem, insbesondere von säurehaltigem Öl stärker angegriffen zu werden, als andere Lagermetalle; vor allem erweist sich die Legierung Cd 1 in dieser Hinsicht als empfindlicher, ebenso gegenüber atmosphärischen und Feuchtigkeitsangriffen. Schutzschichten aus Indium setzen die Korrosionsgefahr herab.

Zahlentafel III.

Legierung	Cd	Cu	Mg	Ni	Ag
Cd 1	97,5	1,5	1,0	—	—
Cd 2	97,5	2,0	—	—	0,5
Cd 2a	97,5	0,25	—	—	2,25
Cd 3	97	—	—	3,0	—
Cd 3a	98,5	—	—	1,35	—

Kadmiumlegierungen gehören zu den weichen Lagermetallen. Sie haben die wertvollen Eigenschaften der Zinnweißmetalle, also niedrige Reibungswerte, gute Einlauffähigkeit und Unempfindlichkeit gegen Störungen in der Schmierung des Lagers und sind auch ziemlich unempfindlich gegen Kantenpressungen; auch greifen sie die Wellen in keiner Weise an. Überlegen zeigen sie sich gegenüber den Zinnweißmetallen in bezug auf die Belastbarkeit bei gleichbleibender sowie auch bei stoßweiser Belastung. Die Werkstoffkennziffern bei höheren Temperaturen, wie die Wärmeleitfähigkeit, die Zugfestigkeit und die Wechselbiegefestigkeit liegen hier höher. Ebenso wirkt sich der höhere Schmelzpunkt günstig aus. Nicht unerwähnt darf auch das bessere Haftvermögen an Stahlgrundschalen bleiben, das die Lebensdauer des Lagers stark beeinflussen kann.

Die Cd–Ni-Lagermetalle haben gegenüber jenen auf Cd–Ag-Basis den Vorteil, daß sie auf Stützschalen aus Stahl oder anderen Metallen ohne besondere Zwischenschichten aufgetragen werden können; Cd–Ag-Legierungen verlangen dagegen eine Verzinnung.

Der Verschleiß ist sowohl bei flüssiger Reibung als auch bei Grenzschmierung wesentlich geringer als jener der Zinnweißmetallager. Die zulässige Lagertemperatur liegt höher.

Den Bleibronzen gegenüber sind die Kadmiumlegierungen hinsichtlich der Belastbarkeit, vor allem bei stoßweiser Belastung, ebenso wie hinsichtlich der Verschleißfestigkeit unterlegen. Dagegen ist der Angriff auf die Wellen bei den Bleibronzen stärker, so daß diese im allgemeinen gehärtete Wellen verlangen, während Kadmiumlegierungen — gleich wie die Zinnweißmetalle — ebenso günstig auch auf vergüteten oder auf Gußwellen laufen.

Das Lagerspiel soll bei Kadmiumlagern größer sein, als bei Zinn-Weißmetallen, aber geringer als bei Bleibronzen.

c) Bleibronzelager.

Für hohe, insbesondere auch stoßweise Beanspruchungen, gewannen Lagerlegierungen auf Kupferbasis die größte Bedeutung. Gute Laufeigenschaften konnten jedoch bei der Verwendung von Cu als Basismetall nur durch die Zugabe von Pb in den verschiedenen Bleibronzen erzielt werden; Pb ist in Cu praktisch unlöslich und bildet keine Mischkristalle, führt daher, was wichtig ist, zu keiner Härtesteigerung des Kupfers.

Der zur Zeit vorliegende Normblattentwurf DIN E 1716 sieht zunächst drei Gruppen binärer Legierungen und zwar mit 10—20% Pb, bzw. 20—30 Pb, bzw. über 30 Pb, ferner die gleichen Gruppen mit Zusätzen dritter Metalle in Höchstmengen bis zu 2% vor.

Diese Gruppen kommen fast ausschließlich für Verbundgußlager in Betracht, d. h. die Legierungen sind zu weich, um als Vollschalen verwendet werden zu können. Sie werden daher in Stützschalen aus Flußstahl, Bronze, Rotguß od. dgl. eingebracht.

Die ternären Bleizinnbronzen mit 4—22% Blei und 5—11% Zinn dienen dagegen meist zur Herstellung von Vollagern.

Unter den Blei-Sonderbronzen mit für den Hersteller freigestellten Zusätzen von Zinn, Nickel, Zink usw. befinden sich Legierungen, die ebenso wie die der Gruppe der Bleizinnbronzen verwendet werden. Ihre Einlauf- und Notlaufeigenschaften sind aber im allgemeinen nicht mehr ganz befriedigend, so daß auch sie meist nur als Stützschalen Verwendung finden. Oft wird hier als Gleitmetallausguß auch Weißmetall, zumeist auf Bleibasis, in möglichst dünner Schicht (0,5—0,8 mm stark) eingegossen, bzw. eingeschleudert.

Die gebräuchlichen Legierungen schwanken in ihrer Zusammensetzung je nach dem Verwendungszweck in sehr weiten Grenzen. Die nachstehende Übersicht, Zahlentafel IV, gibt einige in Deutschland und in England häufig verwendete Bleibronzen wieder (nach KÜHNEL [5]):

Zahlentafel IV. Bleibronze-Lagerwerkstoffe.

Nr.	Gruppe	Herkunft	ähnlich oder entsprechend DIN E 1716 Sorte	Analyse				
				Cu	Pb	Sn	Ni	Zn
1	Blei–Zinn-Bronzen	deutsch	PbSnBz 5	80	8	12		
2		„	PbSnBz 13	80	12	8		
3		„	PbSnBz 20	75—79	17—20	4—5		
4	Blei-Zweistoffbronze mit	deutsch	PbBz 25A	66—69	27—29	0,5—1		
5	Zusatz bis 2 %	englisch	PbBz 25/25A	74	25	1,2		
6	Blei–Sonderbronze mit	deutsch	PbSoBz 25	65	25	2	6	2
7	mehr als 3 Bestandteilen	„	PbSoBz 25	70	23	5	2	
8		englisch	PbSnBz 13	80	10	10		
9	Blei-Zinn-Bronze	„	PbSnBz 13	77	15	8		
10		„	—	85	10	5		

In Amerika geht man mit dem Bleigehalt noch höher, läßt dabei aber das Zinn vollständig fort, wie nachstehende Beispiele, Zahlentafel IVa, zeigen:

Zahlentafel IVa. Amerikanische Bleibronze-Lagerwerkstoffe.

Cu	Pb	Sn	Ni	Bi	Zr	Si
53	45	—	2	–		
57,5	40	—	1,2	1,3		
—	35	—	—	—	63,5	1,5

Abb. 187 faßt einige physikalische Eigenschaften von Bleibronzen zusammen. Ihre Härte (Abb. 188) hängt außer von der Legierung auch in sehr hohem Maß von den Herstellungsverfahren des Lagerausgusses ab.

Die Erstarrung der praktisch zur Verwendung kommenden Bleibronzen erfolgt derart, daß sich in einem primär erstarrten Kupfernetz eine hochbleihaltige Schmelze mit 92,5%Pb einbettet. Im Verlauf der weiteren Abkühlung scheiden sich die in der Schmelze restlich gelösten 7,5% Blei ebenfalls ab. Diese Ausscheidung ist bei 326° C beendet. Unterhalb dieser Temperatur liegen Blei und Kupfer getrennt nebeneinander vor und bilden so wieder das für Lagermetalle kennzeichnende heterogene Gemisch von harten und weichen Kristallen. Die Gefügeausbildung wird auch hier sehr stark durch die Abkühlungsgeschwindigkeit bestimmt: Bei langsamer Abkühlung innerhalb des sehr weiten Erstarrungsintervalls (Schmelzpunkt Kupfer 1083°, Blei 326°) hat das Blei Zeit, zu verhältnismäßig größeren Einschlüssen zusammenzulaufen; bei rascher Abkühlung hingegen bleibt es wesentlich feiner verteilt. Bei langsamer Abkühlung ist überdies eine Schwereseigerung infolge des großen Unterschiedes des spezifischen Gewichtes der beiden Legierungsbestandteile nicht zu vermeiden.

Aus den vorliegenden Betriebserfahrungen hat sich ergeben, daß außer der chemischen Zusammensetzung die Verteilung des Bleis in der Grundmasse einen entscheidenden Einfluß auf die Laufeigenschaften ausübt.

Bei Lagern mit Ausguß wird die Haltbarkeit der Bindung verschlechtert, wenn in der Nähe der Oberfläche der Stützschale größere Bleiansammlungen vorhanden sind. Ferner soll die Kupfergrundmasse nicht mit größeren Bleidendriten durchzogen sein, weil dadurch die Gefahr gegeben ist, daß im Betrieb größere, allseits von Blei umschlossene Kupferteilchen ausbrechen können. Am günstigsten sind Ausgüsse mit feinglobularem oder feindendritischem Aufbau. Gröbere Bleiseigerungen, Lunker oder Schrumpfrisse führen ebenfalls zu rascher Zerstörung der Lager.

Erfahrungsgemäß muß, um die als am günstigsten erkannte feine Verteilung des Bleis zu erreichen, das Schmelzintervall um 950° C beim Erstarren schnell durchlaufen werden. Andererseits ist zur Erzielung einer guten Bindung zwischen Ausguß und Stützschale eine Schalentemperatur von 700—900° C notwendig. Beide Forderungen miteinander zu vereinigen, ist nicht gut möglich, denn eine gute Bindung verlangt hohe Schalentemperatur und möglichst langes Verweilen im flüssigen Zustand, während mit Rücksicht auf feine Bleiverteilung niedrige Gießtemperatur und rasche Abkühlung erwünscht sind. Die verschiedenen in der Praxis eingeführten Gießverfahren stellen daher Kompromisse zwischen diesen Forderungen dar.

Zusätze zu den Bleibronzen verändern schon in geringen Mengen das Verhalten der Legierungen sehr stark:

Zinn wird bei Formgußstücken bis zu etwa 12% zugesetzt und bewirkt durch Lösungshärtung im Kupfer eine Erhöhung der Härte und der Festigkeit, setzt aber damit die Laufeigenschaften herab; daher wird der Zinngehalt bei den zu Lagerausgüssen bestimmten Legierungen selten über 2% gesteigert.

Nickel geht im Kupfer in Lösung, steigert die Festigkeitseigenschaften, die Härte jedoch nur zusammen mit Sn oder Mn. Verformungswiderstand und Warmhärte werden erhöht, das Einlaufverhalten und die Notlaufeigenschaften jedoch verschlechtert. Der Nickelzusatz wirkt aber gefügeverfeinernd. Wegen der

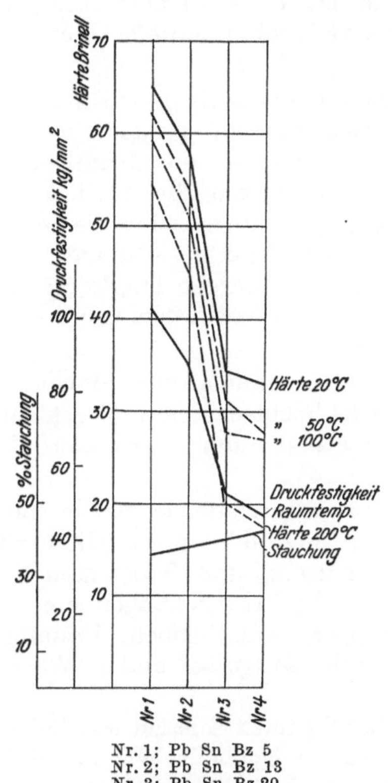

Nr. 1; Pb Sn Bz 5
Nr. 2; Pb Sn Bz 13
Nr. 3; Pb Sn Bz 20
Nr. 4; Pb Bz 25 A

Abb. 187. Physikalische Eigenschaften verschiedener Bleibronzen.

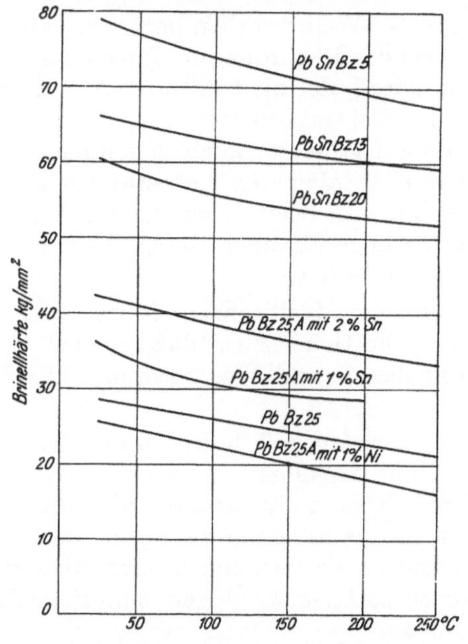

Abb. 188. Warmhärte von Bleibronzen.

Beeinträchtigung der Laufeigenschaften sollte Nickel nur für Stützschalen zulegiert werden.

Mangan wird als Austauschwerkstoff für Sn verwendet; es wirkt etwa ebenso stark härtend wie dieses. Ebenso wie Phosphor wirkt es desoxydierend und ist diesem vorzuziehen, da Phosphorüberschüsse die Eigenschaften der Bronze noch stärker beeinträchtigen, als Manganüberschüsse.

Die Härte der Bleibronzen ist bei gleichbleibender Zusammensetzung von der Gefügeausbildung abhängig; je feiner das Gefüge, desto höher die Härte.

Den Einfluß der Legierung auf Härte und Warmhärte geben Abb. 187 u. 188 für einige Fälle wieder. — Bei Raumtemperatur liegt die Härte von binären oder fast binären Legierungen mit Bleigehalten über 20% zwischen 18 und 35 kg/mm² (Brinell), bei steigenden Zusätzen von härtenden Bestandteilen auch bis zu 50 kg/mm². Wenn diese Legierungen für den Austausch von hochzinnhaltigen Lagermetallen bestimmt sind, soll ihre Härte keinesfalls höher als 32 kg/mm² gewählt werden; dieser Wert ist mit binären (oder fast binären)

Legierungen von 24—30% Pb sicher zu erreichen. — Liegt die Härte der Bleibronze unter 28 kg/mm² so ist die Verwendung vergüteter, nicht gehärteter Wellen noch vielfach möglich, doch sollen die Zapfen sauber geläppt sein; besser ist aber allgemein die Verwendung oberflächengehärteter Zapfen (autogen gehärtet, im Einsatz gehärtet oder nitriert). Nicht zu umgehen sind oberflächengehärtete Zapfen dann, wenn binäre Bleibronzen mit Härten über 34 kg/mm² und Mehrstoff-Bleibronzen mit Härten bis zu 70 kg/mm² und darüber verwendet werden. — Diese letzteren Legierungen laufen schwer ein und haben wie andere Bronzen, ungünstiges Notlaufverhalten; ihre Gleiteigenschaften sind jedoch besser.

Ein bedeutender Vorteil der weichen, (praktisch) binären Bleibronzen gegenüber Weißmetallen ist der geringe Abfall der Härte im praktisch vorkommenden Temperaturbereich, wodurch sich eine annähernd gleichbleibende Widerstandsfähigkeit gegenüber der Lagerbelastung beim Anfahren und im Betrieb unter Höchstlast ergibt. Der Härteabfall betrifft hierbei nur den Bleianteil in der Bronze, so daß bei steigenden Temperaturen der erforderliche heterogene Lagermetallaufbau aus Gefügebestandteilen verschiedener Härte in verstärktem Maß aufscheint.

Während bei Weißmetallen harte und spröde Kristalle in die Grundmasse eingebettet sind, ist es bei der Bleibronze ein feines Kupfernetz, also ein nicht spröder, sondern zäher Gefügebestandteil, der als tragender Anteil wirkt, in welchen das die Gleiteigenschaften vermittelnde Blei eingebettet ist. Diesem Aufbau verdanken die Bleibronzen ihre günstige Dauerfestigkeit; auch gegenüber Schlagbeanspruchungen sind sie infolge der hohen Plastizität aller Gefügebestandteile sehr widerstandsfähig, während die Weißmetalle unter diesen Beanspruchungen infolge ihrer spröden kantigen Tragkristalle — insbesondere bei ungenügender Gefügefeinheit — leicht durch Kerbwirkungen vorzeitigen Zerstörungen unterliegen.

Auch bei den Bleibronzen führt aber eine Gefügefeinung zur Steigerung der dynamischen Festigkeit, so daß es bei dynamisch hochbelasteten Maschinen, wie bei Fahrzeugdiesel- und Flugmotoren, auf feine Gefügeausbildung ganz außerordentlich ankommt.

Der Bleibronzeausguß haftet umso fester an der Stützschale, je glatter die anzugießende Fläche derselben ist; es empfiehlt sich daher, diese fein zu schlichten oder gar zu schleifen. Ebenso ist größte Sorgfalt auf Bearbeitung und Maßgenauigkeit der Außenseite der Stützschale zu legen, denn schon geringe Abweichungen können zum Klemmen und zu Verformungen oder auch zum Klappern Anlaß geben. Dadurch kann es im Betrieb zu Lagerstörungen, zum Brüchigwerden des Ausgusses und zu Wärmestauungen kommen.

Als Passung für den Einbau vollkommen fertig bearbeiteter Schalen soll Schiebesitz, für Schalen, deren Lauffläche nachträglich im Gehäuse fertiggebohrt wird, Haftsitz verwendet werden; jede engere Passung führt, selbst bei starkwandigen Schalen, zu schädlichen Formänderungen beim Zusammenbau.

Weiche Bleibronzen sollen nicht eingeschabt werden, da hierbei die Bleikristalle leicht aus der Oberfläche herausgerissen werden, womit das Einlaufverhalten des Lagers stark verschlechtert wird.

Bleibronzelager erfordern gegenüber Weißmetallagern ein wesentlich vergrößertes Lagerspiel; während dieses bei ersteren mit nur etwa 0,05% des Wellendurchmessers genügt, muß es bei Bleibronzelagern auf etwa das doppelte vergrößert werden; bei größeren Fahrzeug- und Flugzeugmotoren rechnet man mit 0,15% des Wellendurchmessers. Zur Vermeidung von Lagerschäden muß dieses große Lagerspiel unbedingt eingehalten werden. — Gering ist das Einbettungsvermögen der Bleibronzen für Fremdkörperchen; sorgfältigste Ölfilterung gewinnt daher erhöhte Wichtigkeit. Gegenüber Korrosionsangriffen sind Bleibronzen etwas empfindlicher als Weißmetalle; insbesondere verursachen oxydische Ölanteile Korrosionserscheinungen. Wirksame Gegenmittel sind Oxydationshemmstoffe, Lackbildner oder Schutzschichten.

d) Leichtmetallager.

Leichtmetall-Lagerwerkstoffe können auf Aluminium- oder auf Magnesiumbasis hergestellt werden. Erstere zeigen bei höheren Temperaturen geringeren Härteabfall als die letztgenannten (Abb. 189).

α) Aluminiumlagermetalle.

Zahlreich sind die von verschiedenen Herstellern entwickelten Leichtmetallagerlegierungen; doch hat sich bisher weder im Bereich niedrigerer noch in jenem höherer mechanischer und thermischer Beanspruchungen eine bestimmte Legierungsgruppe eindeutig überlegen durchsetzen können. Die Entwicklung ist hier noch in vollem Fluß.

Bei thermisch und mechanisch niedrig belasteten Lagern ergeben sich mit Leichtmetallen keine Schwierigkeiten. Bronzebüchsen können in solchen Fällen meist ohne weiteres durch Leichtmetallbüchsen ersetzt werden.

Die Verwendung für höher beanspruchte Lager bietet dagegen manche gestalterische und herstellungstechnische Schwierigkeit; die bisher gewonnenen Erfahrungen geben aber Aussichten für eine weitere erfolgreiche Entwicklung.

Als Nachteil der Leichtmetallagerwerkstoffe tritt ihre große Wärmedehnung insbesondere dann störend in Erscheinung, wenn sie in Stahl- oder Graugußgehäusen eingebaut werden; es kann dann zu Stauchungen der in der Wärmedehnung behinderten Büchsen oder Lagerschalen kommen, wodurch sich das Lagerspiel in schädlicher Weise verringern und der feste Sitz der Leichtmetallager in den Gehäusen verloren gehen kann. Beim Einbau in Leichtmetallgehäuse oder in andere Körper von hoher Wärmedehnung werden solche Störungen vermieden.

Bei der Verwendung von Aluminiumlegierungen für Lagerzwecke ist vor allem zu beachten, daß sie sehr empfindlich gegen Verunreinigungen des Schmiermittels sind, und zwar um so empfindlicher, je härter die betreffende Legierung ist. Solche Verunreinigungen wie Sand, Eisenteilchen oder -späne, Staub usw. setzen sich in der Laufläche fest, vielfach ohne sich einzubetten und bewirken in stärkerem Maß Riefenbildungen an der Welle, als dies etwa bei Weißmetallen oder Kupferlegierungen der Fall ist.

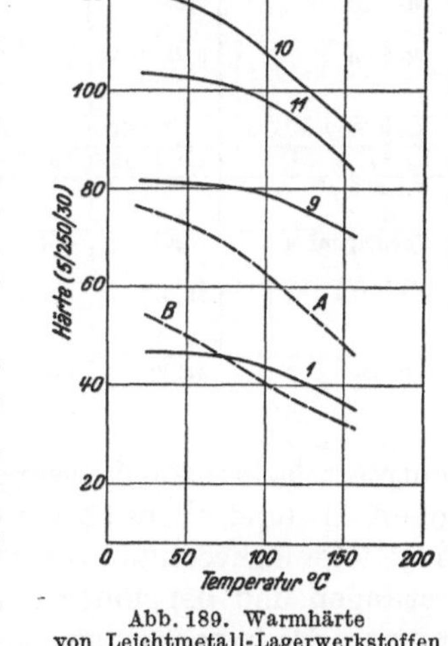

Abb. 189. Warmhärte von Leichtmetall-Lagerwerkstoffen

——— Werkstoff auf Al-Grundlage
· · · · · Werkstoff auf Mg-Grundlage

Nr.	1	9	10	11	A	B
Cu	—	4,70	4,5	1,5	—	—
Si	—	0,23	24	21	—	1,3
Mg	—	0,13	0,7	0,5	22,5	Rest
Mn	—	0,55	0,8	0,7	—	—
Fe	—	0,40	—	—	—	—
Ni	—	0,08	1,5	1,5	—	—
Sonstiges .	6.5 Sb	0,15 Ti 0,9 Zn	—	1,2 Cu	0,5 Zn	—
Al	Rest	Rest	Rest	Rest	77	0,8
$\alpha \times 10^{-6}$ (20—150°) .	24,2	24,6	19.6	18,2	25,1	25,8

Wichtig ist ferner reichliche Schmierung; bei mangelhafter Schmierung versagen Aluminiumlegierungen leichter als andere Lagerwerkstoffe.

Leichtmetallegierungen auf Al-Basis werden in weiche, mittelharte und harte Legierungen unterschieden. Beispiele einiger weiter verbreiteter Legierungen zeigt die Zahlentafel V.

1. Weiche Legierungen mit $H_B \sim 40$ weisen nur niedrige Festigkeitswerte auf; wegen der niedrig liegenden Quetschgrenze kommt es unter höheren Belastungen zu plastischen Verformungen und daher sind sie zur Herstellung von Vollschalen oder -büchsen nicht geeignet. Wohl aber sind sie gute Lagermetalle in Verbindung mit Stützschalen aus Leichtmetallegierungen von hoher Festigkeit, wie sie weiter unten in der Gruppe der harten Lagermetalle erwähnt sind.

Die weichen Lagerlegierungen weisen auch nur geringe Warmstauchfestigkeit auf und können deshalb bei höheren Flächenbelastungen und Zapfengeschwindigkeiten nur in

Zahlentafel V. Gleitlagerlegierungen auf Al-Basis.

Nr.	Bezeichnung	Analyse %								Zustand	H_B kg/mm² bei Raumtemperatur	Verwendung als
		Si	Sb	Fe	Mn	Cu	Mg	Al	Sonstiges			
1	KS 13		6					94	—	gepreßt, gegossen	30—45	Lagerausguß, Plattierung
2	Lg 34			6				94	—	,,	30—45	,,
3	Lg 40			6			0,5	93,5	—	,,	45	Vollschalen
4	Borotal F 17 A			2				Rest	⪌ 3 Pb, 0,1 Graphit	,,	30	,,
5	KS 411 B		1,0	1,2	1,2				0,5 Cr; 0,5 Ni; 0,3 Ti	,,	40—50	Vollschalen Ausguß Plattierung
6	Quarzal 2					2		98	—	,,	40—55	Vollschalen
7	Quarzal 5					5		95	—	,,	65—75	,,
8	Quarzal 15					15		85		,,	~ 100	,,
9	Alva 36	0,25						Rest	2,7 Pb	gegossen gepreßt	30—50 40—60	
10	Lg 83 A	0,22	3,25	3,6	3,4		0,38	,,	5,0 Zn; 1,0 Pb	,,	55	Vollschalen Lagerausguß Plattierung
11	Rolls Royce AC 9		2,0		1,5			,,	5,0 Sn; 3,5 Ni	,,	60	,,
12	Lg 67		15	5				80		,,	50—60	Vollschalen
13	KS 630 A					1,5		Rest	2,0 Zn; 1,0 Pb 3,5 Cd	,,	35	Lagerausguß, Plattierung
14	Neomagnal A	0,2		0,4	0,6	4,5	0,1	,,	0,1 Ni; 1,2 Pb 0,1 Zn; 3,3 Cd	,,	160—180	Vollschale, Stützschale
15	KS 1275	13,0	—	0,8		1,0	1,0	,,	1,0 Ni	,,	115	Vollschalen und -Buchsen Stützschalen
16	KS 280	21,0		0,7		1,5	0,5	,,	0,7 Mn; 1,5; Ni 1,2 Co	gegossen	125	Stützschalen

Leichtmetallgehäusen Verwendung finden; in Stahl- oder Graugußgehäusen sind die
weichen Al- (und ebenso auch die weichen Mg-) legierungen wegen des unterschiedlichen
Wärmedehnungsverhaltens nur bedingt anwendbar; sie können hier für größere Flächenbelastungen und bei höheren Gleitgeschwindigkeiten nur als lose Büchsen zum Einbau
kommen. Als feste Büchsen sind sie in Stahl- und Graugußgehäusen mit dünnwandigen
Nabenenden nur bis zu Temperaturen von etwa 100° C, und nur bei geringen Lasten und
Drehzahlen verwendbar.

Kantenpressungen sind bei diesen gut verformbaren Legierungen weniger gefährlich.

Die Legierungen 1—4 der Zahlentafel V sind durch jene Struktur gekennzeichnet,
bei welcher harte Tragkristalle (hier die Aluminide des Sb bzw. der Schwermetalle) in einer
weichen Grundmasse eingebettet erscheinen. Es hat sich aber gezeigt, daß bei diesen
Al-Legierungen die Verankerung der Tragkristalle in der Grundmasse vielfach zu wenig
innig ist, um den in der Lauffläche auftretenden Dauerbeanspruchungen gerecht zu
werden. Es kommt bei höheren Beanspruchungen zu Ausbröckelungen der Tragkristalle,
die ihrerseits dann als störende Fremdkörperchen wirken und zu erhöhter Riefenbildung
und zu stärkerem Verschleiß, besonders an den Zapfen, führen.

Die Schwermetallaluminide scheiden sich in umso feinerer Form ab, je geringer der
Gehalt am betreffenden Schwermetall ist; außerdem wirken Zusätze von Nickel und
Titan verfeinernd. Diese fein verteilten Aluminide haften besser in einer mäßig gehärteten Grundmasse. — So erklärt sich der Aufbau der Leg. KS 411 B, die sich in der Praxis
in Kurbellagern und Hauptlagern von Fahrzeug-Ottomotoren bewährte.

2. Zwischen die weichen und die später erwähnten harten Legierungen schieben sich
Legierungen mittlerer Härte ein, mit H_B zwischen etwa 50 und 80, die in ihren
Eigenschaften ebenfalls zwischen den genannten Gruppen liegen. — Die Härtung der
Grundmasse erfolgt durch Zusätze von Cu, Zn oder Mg durch Mischkristallbildung. Mit
steigender Härte nimmt der Verformungswiderstand und die Warmstauchfestigkeit zu,
gleichzeitig wächst aber auch die Empfindlichkeit gegen Kantenpressungen. Diese Legierungen, für welche unter Nr. 6—9 der Tafel V einige Beispiele gegeben sind, werden auch
zur Herstellung von Vollschalen verwendet; sie sind z. T. gut einschabbar, erfordern aber
im allgemeinen eine sehr sorgfältige Bearbeitung der Laufflächen.

Durch die Härtung der Grundmasse werden die an sich schlechten Laufeigenschaften des Reinaluminiums paralysiert. Mit großem Vorteil verwendet man nun derartige Al-Legierungen mit mäßig gehärteter Grundmasse, denen zur Verbesserung der Lauf- und Notlaufeigenschaften weiche Metalle zulegiert werden, die mit Al keine Mischkristalle bilden, wie Sn, Cd oder Pb. — Hierher zählen die Legierungen 10, 11 und 13, die sich sehr gut bewähren. Die künftige Entwicklung der Al-Lagerlegierungen dürfte in dieser Richtung liegen.

3. Harte Legierungen werden durch höhere Zusätze von Cu, Mg oder Si zum Aluminium geschaffen, wozu noch geringere Mengen von Schwermetallen der Eisengruppe kommen können.

In diesen Legierungen finden sich die Aluminide der Schwermetalle sowie die voreutektisch oder eutektisch ausgeschiedenen Si-Kristalle als Tragkristalle in einer durch Mischkristallbildung gehärteten Grundmasse. Erfahrungsgemäß erfolgt die Ausscheidung der Tragkristalle in der Grundmasse in feinerer und damit vorteilhafterer Verteilung, wenn nicht nur ein, sondern womöglich mehrere Zusatzmetalle verwandter Art in kleinen Mengen (bis höchstens je etwa 2%) nebeneinander verwendet werden.

Harte Al-Lager zeigen schlechtes Einlaufverhalten; sie sind gegen Kantenpressungen sehr empfindlich: wo eine starre Lagerung der Zapfen und frei von Verformungen bleibende Ausbildung derselben nicht erfolgen kann, sollen deshalb die Zapfenlaufflächen ballig geschliffen werden. Durch Einschaben können diese Legierungen nicht zu befriedigendem Laufen gebracht werden; die Bohrungen sollen diamant- oder widiagedreht sein oder müssen sehr sorgfältig gerieben werden; nur dann besteht Gewähr dafür, daß kein Fressen erfolgt. Das Notlaufverfahren dieser Legierungen ist unbefriedigend.

Harte Legierungen sollen nur für solche hoch belastete Lager verwendet werden, bei denen Kantenpressungen mit Sicherheit ausgeschlossen sind und für die eine gute Schmierung gesichert ist.

Die Legierung KS 1275 (vgl. S. 80, 81) hat sich für die Lagerung aller Nebenantriebe in Verbrennungskraftmaschinen, vor allem auch für Kolbenbolzenbüchsen, gut bewährt, allerdings unter der Voraussetzung guter Schmierung; für die Kolbenbolzenbüchsen von gemischgeschmierten Ottomotoren sind sie nicht verwendbar.

Die Legierungen 15 und 16 der Tafel V werden auch als Stützschalen für weiche Legierungen verwendet; insbesondere die übereutektische Legierung KS 280 bietet hier wegen ihrer hohen Festigkeit und dem niedrigen Ausdehnungskoeffizienten Vorteile.

4. Zweimetall-Lager werden verwendet, um die Vorteile der weichen und der harten Leichtmetall-Lagerlegierungen auszunützen und gleichzeitig ihre Nachteile auszuschalten. Es war naheliegend, die weichen Aluminiumlegierungen mit einer Legierung hoher Festigkeit durch bekannte Verfahren, wie Gießen oder Pressen (Plattieren) zu einem Doppelmetall so zu verschweißen, daß eine harte Lagerschale mit einem weichen Lauffutter entsteht.

Die Stützschalen werden aus Al-Legierungen von hoher Härte und geringer Wärmedehnung gewählt. Um den weichen Lagerwerkstoff selbst wirksam zu stützen und vor Verformung zu sichern, ist es zweckmäßig, die Wandstärke des Ausgusses in der Längenmitte der Schale, also dort, wo hohe Öldrücke herrschen, möglichst dünn auszuführen; nahe an den Lagerenden, wo eine Versteifung des Lagerwerkstoffes durch den stützenden Werkstoff weniger wichtig ist, da hier nur geringere Öldrücke herrschen, wird der Ausguß stärker gemacht. Damit ist auch die Möglichkeit gegeben, daß der an den Rändern stärkere weiche Ausguß unter etwa auftretenden Kantenpressungen sich weitergehend verformen kann.

Die Herstellung einer guten innigen Verbindung zwischen Ausguß und Leichtmetall-Stützschale nach dem Verbundgußverfahren bereitet fertigungstechnisch mancherlei Schwierigkeiten. — Doch ist es möglich, weiche Al-Lagerlegierungen auf Stahlstützschalen in einwandfreier Weise aufzuplattieren. Verwendet werden hierzu u. a. die Legierungen 1—3, 9, 10 und 13 der Tafel V. Solche plattierte Lagerschalen haben als

Pleuel- und Kurbelwellenlager in Ottomotoren ziemlich ausgedehnte Verwendung gefunden.

Auf Stahlstützschalen kann ein dünner Leichtmetall-Ausguß auch nach dem Alfin-Verfahren zu einwandfreier Bindung gebracht werden.

Der Verschleiß aller Leichtmetallegierungen in den Lagern ist gering, jedenfalls wesentlich geringer als jener der Weißmetalle. Auch die Abnutzung an den Lagerzapfen ist bei guten Al-Legierungen nur unbedeutend, doch sollen auch in weichen Leichtmetall-lagern nur gehärtete Wellenzapfen laufen; für harte Lagermetalle ist dies eine unerläß-liche Voraussetzung. Kommen Al-Lagerlegierungen zum Fressen, so sind die an den Wellenzapfen zu beobachtenden Störungen meistens allerdings recht beträchtlich.

β) Magnesiumlagermetalle.

Auch Magnesiumlegierungen werden seit einigen Jahren an geringer belasteten Lager-stellen mit Erfolg angewendet. So läßt man stellenweise Nebenwellen unmittelbar in Elektrongußgehäusen laufen. Hochwertige Lagerwerkstoffe auf Mg-Basis wurden aber bisher noch nicht geschaffen. Die höhere Eigenhärte des Magnesiums (etwa $33\,\mathrm{kg/mm^2}$) gegenüber jener des Aluminiums (etwa $20\,\mathrm{kg/mm^2}$) bietet hier Schwierigkeiten, so daß sich Mg-Legierungen bisher nur in leichtbelasteten Lagern bewährt haben. Es hat sich bei diesen Werkstoffen sauberste Bearbeitung der Wellen- und der Lagerlaufflächen sowie gute Schmierung für einen störungsfreien Betrieb als notwendig erwiesen.

e) Bronzelager.

Bronzen sind infolge ihrer hohen Festigkeit und Härte zwar imstande, hohe Be-lastungen zu ertragen, doch ist — im Vergleich mit den weichen Lagermetallen — ihre Fähigkeit zur Laufspiegelbildung nur gering, d. h. sie besitzen schlechtes Einlaufver-mögen; ihr Formänderungsvermögen ist sehr niedrig, daher ihre Empfindlichkeit gegen Kantenpressungen recht hoch.

Vorteilhaft ist der geringe Härteabfall der Bronzen mit steigender Lagertemperatur (vgl. Abb. 177, 178).

Anwendungsgebiet für Bronzelager sind vor allem hoch belastete Lagerstellen, bei denen sehr hohe Lagerdrücke die Verwendung weicher Lagermetalle, wie z. B. der Weiß-metalle, aus Festigkeitsgründen sowie wegen ihrer leichten Verformbarkeit ausschließen (vgl. Zahlentafel VI).

Zahlentafel VI. Lagerbronzen.

Nr.	Bezeichnung	Zusammensetzung %							Zustand	Härte H_B 10/1000/30	Wärme-dehnung $\times 10^{-6}$	Verwendung
		Cu	Sn	Pb	Sb	Fe	Zn	Sonstiges				
1	GBz 14 . . . DIN 1705 . .	Rest	14	(ev. 1)	<0,2	0,2	Rest	—	Sandguß Schleuderguß	90—100 105—125	17	Sehr hoch bean-spruchte Lager
2	GBz 10 . . .	90	10	—	—	—	—	—	Sandguß Schleuderguß	80— 95 90—110	17	Sehr hoch bean-spruchte Lager
3	Rg 5 . . . . DIN 1705 . .	85	5	3	—	—	7	—	Sandguß Schleuderguß	60— 70 75— 85	19	Als Austausch für GBz 14 bei Vergießen in Schleuderg. od. Kokille
4	Phorphorbronze	Rest	7—9	—	—	—	—	0,3 P	gepreßt	110—150	17	Höchstbean-spruchte Lager mit schwingen-der oder drehen-der Bewegung
5	Kuprodur-Sonderbronze	,,	—	—	—	—	—	2 Ni, 0,7 Si	,,	160—210	16	Höchstbean-spruchte Schwinglager
6	Aluminium-Mehrstoffbronze	,,	—	—	—	2	—	10 Al, 1 Ni, 2 Mn	,,	140—170	19	Kühlgehende Gleitlager
7	Sonderbronze (Sondermessing)	58	—	—	—	0,5	Rest	1,5 Al, 2,2 Mn 0,5 Si	,,	140—170	20	Lager mittl. Be-lastung, max. Temperatur 70°
8	Manganbronze (Sondermessing)	Rest	—	—	—	1	40	2 Mn, 1 Al 2 Ni	,,	130—170	20	Niedrig bean-spruchte Lager

Für die Verwendung gegossener Bronzen setzt die Herabsetzung des Zinngehaltes auf 12% und darunter, wie dies bei GBz 12 bzw. GBz 10 der Fall ist — insbesondere bei Sandguß — einwandfreies Schmelzen und Gießen voraus; wichtig ist es auch, Seigerungen zu vermeiden, wenn der Werkstoff entsprechen soll.

Das Vergießen der Bronzen kann im Sandguß-, im Schleudergußverfahren oder in Kokillen erfolgen, wodurch die Festigkeitswerte der Bronzen verschieden beeinflußt werden. Geringe Nickelzusätze werden öfters zur Erhöhung der Zähigkeit gegeben.

An Stelle der hochzinnhaltigen Legierungen GBz 14 und GBz 12 haben sich Knetlegierungen mit 7—9% Sn, mit Phosphorüberschüssen von 0,2—0,4%, ausgezeichnet bewährt, (Carobronze, Nidabronze, usw.); diese werden insbesondere zur Herstellung von Rohren für die Lagerbuchsenherstellung verwendet. Die Erzeugung erfolgt durch Warmpressen oder Kaltziehen vorgegossener Rohrluppen; nach der Schlußglühung erhalten die Rohre noch einige Züge, wodurch ihre Festigkeit und Härte auf verschiedene Höhe gebracht werden kann.

Derselbe Werkstoff wird auch zu Stangen und Profilen gezogen und findet auch in dieser Form zur Herstellung von Lagerbuchsen Verwendung.

Hochwertige zinnfreie Bronzen sind mit Ni, für niedrigere Beanspruchungen auch mit Al legiert. In die Klasse der Sondermessinge gehören dagegen jene als Sonderbronzen bezeichneten Legierungen, die mit höheren Anteilen an Zn und geringeren an Mn, Fe und Ni legiert sind und die sich für mäßiger beanspruchte Lager eignen. — Alle diese Legierungen werden in geschmiedetem oder gepreßtem Zustand, oder auch kaltgewalzt oder gezogen verwendet. Ihre Verschleißeigenschaften sind ähnlich wie jene der Zinnbronzen.

Bei Bronzen ist die Beziehung zwischen Gefügeausbildung und Lauf- und Gleiteigenschaften nicht eindeutig geklärt. Die bei anderen Lagerwerkstoffen als günstig und notwendig erkannte Heterogenität des Gefügeaufbaues ist offenbar nicht durchwegs erforderlich, insbesondere dann nicht, wenn nur geringe Neigung zum Fressen mit dem Gegenwerkstoff besteht.

Weichere Bronzen, etwa von 100 Brinell abwärts, verlangen aber auch hier den ausgesprochenen heterogenen Aufbau.

Bei Bronzen von höherer Härte, etwa im Bereich von 100—180 kg/mm², wird der Härtesprung zwischen Welle und Lagerwerkstoff schon geringer; die Ausbildung des Gefügeaufbaues verliert hier an Bedeutung, Einlaufvorgänge finden kaum noch statt. In diesem Bereich finden sich sowohl heterogen als homogen aufgebaute Bronzen, doch sind hier die ersteren entschieden noch mit Vorteil zu verwenden. Steigt die Härte des Lagerwerkstoffes noch höher, d. h. nähert sich der Härtesprung dem Wert 1, so tritt die Bedeutung des Gefügeaufbaues in den Hintergrund. Unter der Voraussetzung bester und sorgfältigster Oberflächenbearbeitung und einwandfreier Schmierverhältnisse kann man damit zu praktisch verschleißlosen Lagerungen gelangen.

Die Härte allein reicht allerdings zur Beurteilung der Lagerbronzen nicht aus; wichtig ist unter allen Umständen die als spezifische Werkstoffeigenschaft aufzufassende Neigung der Werkstoffpaarung, gegenseitig anzureiben oder zu fressen; so zeichnen sich die Zinnbronzen beim Arbeiten auf den üblichen Wellenwerkstoffen durch ihre geringe Freßneigung aus, während diese beispielsweise bei den Aluminiumbronzen bedeutend größer ist. Noch höher ist diese Neigung bei den Messingen.

Sehr weiche Bronzen ($H_B < 90$) können mit weichen Wellen zusammenarbeiten; dagegen soll die Oberfläche der in härteren Bronzelagern laufenden Stahlwellen so hart als möglich sein; Einsatzhärtung, autogene Härtung oder Nitrieren ist hier am Platze. Dazu ist hohe Oberflächengüte, erzielt durch Schleifen und womöglich nachfolgendes Läppen, unbedingt anzustreben.

Die Laufflächen von Bronzebüchsen sind auf der Feindrehbank mit Diamanten oder Widiaschneiden zu drehen. Wenn die Art der Lagerung dies nicht zuläßt, so sind besser

Weißmetall–Bronze-Verbundgußlager anzuwenden, die durch Schaben einwandfrei zum Tragen gebracht werden können.

Auch Bronzelager kommen als dünnwandige Lager mit Stahlstützschalen in Form sog. Dreistoff-Verbund-Gleitlager für Pleuel und Wellenlager von Fahrzeugmotoren zur Anwendung. Die eigentliche Lagerschale besteht aus 1,2—2,0 mm starkem Bandstahl, der einseitig einen Bronzeaufguß erhält; schließlich wird noch auf elektrolytischem Weg eine Gleitschicht aus Blei und Iridium aufgetragen. Die Lager lassen sich in Dieselmotoren einwandfrei bis zu 625 kg/cm² belasten; die Notlaufeigenschaften sind günstig, der Verschleiß insbesondere auch mit nitrierten und autogen gehärteten Wellen gering, so daß sich Laufzeiten in Fahrzeugen von mehr als 180 000 km erreichen lassen.

f) Zinklagermetalle.

Für niedriger und nicht stoßweise beanspruchte Gleitlager lassen sich Zinklegierungen nach DIN 1703 U verwenden; Zinklagermetalle sind meist mit Al und Cu legiert und enthalten daneben Zusätze von Mg, Li und andere.

Die guten Festigkeitseigenschaften dieser Legierungen gestatten es, Vollagerschalen sowohl in Sandguß als auch in Schleuderguß herzustellen; ebenso kann ihre Erzeugung auch aus gepreßten Werkstoffen erfolgen.

Auch das Ausgießen von Stahlstützschalen mit Zinklegierungen ist sowohl im Kokillenguß- als auch im Schleuderverfahren möglich.

Der Ausdehnungskoeffizient der Zinklagerlegierungen liegt mit 27 bis $30 \cdot 10^{-6}$ sehr hoch; die Wärmeleitzahl mit 79 bis 85 kcal/m² ° C ist bemerkenswert.

Zinklagerlegierungen können das zinnarme WM 5 ersetzen; sie eignen sich zur Zusammenarbeit mit ungehärteten Wellen (St 50.11 und St 60.11). Das Lagerspiel soll mit 0,1—0,12 % des Wellendurchmessers angenommen werden.

Der Verschleiß der Zinklagermetalle ist etwas günstiger als jener der Weißmetalle; hingegen zeigt sich ihnen gegenüber z. B. Phosphorbronze stark überlegen, wie die Zahlentafel VII erkennen läßt.

Zahlentafel VII.

Verschleißmessungen.

Werkstoff	Verschleiß 10^{-3} mm
G Zn Al 4 Cu 1	18,5
Zn Al 4 Cu 1	13,0
G Zn Al 10 Cu 1	7,0
Zn Al 10 Cu 1	10,5
Phosphorbronze	0,5
WM 80 F	27,0
WM 10	34,0

Gleitgeschwindigkeit 0,1 m/sec
Öltemperatur 70° C
(nach Versuchen von Schmidt).

Hinsichtlich des Wellenangriffes verhalten sich die Zinklegierungen ähnlich günstig wie die Weißmetalle; der Phosphorbronze gegenüber ist der Wellenverschleiß hier viel geringer. Die Notlaufeigenschaften der Zinklagermetalle sind befriedigend, ihre Freßneigung gering. Hohe Einlauffähigkeit und Plastizität bei genügender Festigkeit geben den Zinklegierungen eine Stellung zwischen den schmiegsamen Weißmetallen einerseits und den festen Bronzen und Al-Legierungen andererseits.

g) Messinglager.

Die als Messinge bezeichneten Kupfer-Zinklegierungen werden als Sondermessinge mit Zusätzen von Fe, Ni, Mn, Sn, Al und Si für mittelmäßig oder niedrig belastete Lagerstellen verwendet. (Vgl. auch Zahlentafel VI, Nr. 7 u. 8). Sie kommen für die Lagerbuchsenherstellung in Form gezogener Rohre und Stangen in Betracht; ihre Brinellhärte kann durch Kaltzug bis zu 120 bis 180 kg/mm² gesteigert werden, ihre Streckgrenze liegt jedoch niedriger als jene der gezogenen Zinnbronzen mit 80 % Sn.

Die Freßneigung der Messinge ist ziemlich hoch, die anwendbaren Lagerdrücke sind daher beschränkt.

Bronze- und Messingbüchsen werden auch vielfach in Bimetallausführung verwendet; Stahlrohre mit Innenplattierungen aus geeigneten Bronzen oder Messingen sind den Vollbüchsen vielfach überlegen.

h) Gußeisenlager.

Für Tragschalen, teilweise auch für Vollschalen oder Buchsen, können bei geringeren Drücken und kleinen bis mittleren Gleitgeschwindigkeiten die weichen, graphitreichen Gußeisensorten Ge 12.91 und Ge 14.91 verwendet werden. Bei höheren Drücken bis 10 kg/cm² kann Ge 18.91 feinbearbeitet, bei noch höheren Drücken Ge 26.91 mit geschliffener und gehonter Lauffläche angewendet werden. — Als Gegenwerkstoffe sind einsatzgehärteter Stahl oder Kunstharzpreßstoff mit Textileinlagen geeignet.

Für das Verhalten gußeiserner Lager ist die Gefügeausbildung von hoher Bedeutung: Neben reichem, kräftigem Fadengraphit sind reinperlitisches Gefüge und hohe Dichte, d. h. Porenfreiheit erforderlich. Ein solches Gußeisen ist, wenn die Lagerflächen geschliffen und poliert werden, der Bronze GBz 14 überlegen und kann an vielen Stellen statt dieser verwendet werden. Einwandfreie Schmierung ist für den ungestörten Betrieb der Lager unerläßlich; die Notlaufeigenschaften von Grauguß sind mangelhaft, die Empfindlichkeit gegen Kantenpressungen sehr hoch.

i) Sintermetalle.

Für Lager aller Art, die nicht stoßweise belastet sind, vor allem auch zur Herstellung von öllosen Lagern, also von Lagern, die im Betrieb nicht geschmiert zu werden brauchen, eignen sich Sinterlegierungen auf Kupfer- oder Eisenbasis. Diese Sinterwerkstoffe sind porös und werden nach Fertigstellung der Lager vor dem Einbau mit Öl getränkt. Sie sind dort mit Vorteil anzuwenden, wo die Schmierung schwierig ist, wie z.B. in Wasserpumpen u. a. — Der Verschleiß dieser, allerdings nicht hoch zu belastenden Lager ist auch nach jahrelangem Betrieb gering.

k) Kunstharz-Preßstofflager.

Wenn auch Lager auf Kunstharzbasis heute im Motorenbau selten verwendet werden so kommen sie ihrer besonderen Eigenschaften wegen für Hilfsantriebe sehr wohl in Betracht und werden für bestimmte Lagerungen auch im Motor selbst ihr Anwendungsgebiet finden. Ungeeignet sind sie für hochbeanspruchte Lager.

Für Gleitlager werden hauptsächlich Phenol-Kresolharze mit Textilschnitzel- und Textilgewebebahneinlagen verwendet. Lager mit geschichteter Anordnung der Harzträger, rund gewickelt und nachgepreßt, sind jenen mit regelloser Anordnung der Einlagen in ihrem Laufverhalten überlegen. Für höhere Beanspruchungen sollen in Formen einbaufertig gepreßte Lager verwendet werden.

Im Bereich der Grenzreibung, d. i. bei $u < 2$ m/sek und $p \geq 10$ kg/cm², weisen die Preßstofflager eine besondere Überlegenheit gegenüber metallischen Gleitlagern auf. Die Belastungen werden aber nur dann dauernd gut aufgenommen, wenn die Buchsen ihrer ganzen Länge nach gut aufliegen und keiner Biegebeanspruchung ausgesetzt sind. Erheblich gesteigert wird die Tragfähigkeit, wenn die Lager allseitig, einschließlich der Stirnflächen, fest eingespannt werden.

Die Lagertemperatur darf im Dauerbetrieb 80—90° C nicht überschreiten. Durch genaue Bearbeitung, gute Wärmeableitung, reichliche Schmierung und gegebenenfalls gute Kühlung muß die Lagertemperatur herabgesetzt werden.

Gegen Kantenpressungen sind Kunstharz-Preßstofflager sehr empfindlich; daher sind kurze Lager und kräftige Zapfen zu verwenden. Um Heißlaufen zu verhindern, sollen die Lagerlängen 0,7 bis höchstens 1,0 D betragen.

Die Wärmedehnung der Kunstharzpreßstoffe mit $20—30 \times 10^{-6}$ ist hoch. Die Wärmeleitzahl liegt sehr niedrig. Aus diesen Gründen ist großes Lagerspiel erforderlich: dieses ist mit 0,3—0,4% des Zapfendurchmessers zu bemessen.

Die Welle soll möglichst hart, also oberflächengehärtet, riefenfrei und sauber geschliffen oder besser noch poliert sein. Keinesfalls darf die Härte der Wellen niedriger als 200 Brinell liegen.

Die Einlaufzeit von Kunstharzlagern ist ziemlich lange; die Belastung soll während des Einlaufens nur allmählich gesteigert, die Temperatur hierbei beobachtet werden.

Die Gleiteigenschaften sind, solange reine Flüssigkeitsreibung im Lager herrscht, gleich jenen guter Metallager; auch der Reibungsbeiwert liegt innerhalb der dort zu beobachtenden Größenordnung. — Durch das gute Haften des Ölfilms und die hohe Ölaufnahme der Lagerflächen sind gute Notlaufeigenschaften gegeben. Mit aussetzender Schmierung nehmen aber Lagerreibung und -temperatur rasch zu, wobei der Preßstoff, da er mit Schmieröl durchtränkt ist, keinerlei Neigung zum Fressen zeigt. Die hohe Wärmeentwicklung führt zu einer langsamen Verkohlung der Lauffläche, wobei ein beißender Brandgeruch auftritt. Die abgeriebene Kohleschicht führt endlich bei längerem Betrieb unter diesen unzulässigen Verhältnissen zum Festklemmen der Welle im Lager. Ist das Lager nur mäßig angekohlt, so kann es durch Nachdrehen oder Ausschaben wieder gebrauchsfähig gemacht werden. Die Welle erleidet in solchen Fällen in der Regel keinerlei Schaden.

Wertvoll ist die große Unempfindlichkeit der Kunstharzlager gegen eingedrungene Verunreinigungen des Schmiermittels. Staub, Späne u. dgl. drücken sich in die Preßstoffe ein; Schäden treten dadurch nicht auf, insbesondere dann nicht, wenn gehärtete Wellen verwendet werden.

Im Gegensatz zu Metallagern zeigen Preßstofflager anfangs größeren Einlaufverschleiß, dann aber, nach beendetem Einlaufen, bleibt der Verschleiß gering. Hinsichtlich des Verschleißverhaltens sind formgepreßte Lager mit regellos verpreßten Baumwollschnitzeln solchen, die aus Hartgewebeplatten herausgearbeitet sind, überlegen.

3. Störungen in Gleitlagern.

Eine Anzahl von Störungen und Schäden am Motor können in den Lagern selbst oder von diesen ausgehend an anderen Stellen auftreten.

In den Lagern selbst ist das Auslaufen (Ausschmelzen) des Lagermetalls oder das Auftreten von Verreibungen auf nachstehende Ursachen zurückzuführen:

Schmierölmangel. — Verunreinigtes oder ungeeignetes Schmieröl.

Unrichtiges Lagerspiel.

Unrichtige Abstützung des Lagers; Verspannen der Kurbelwelle.

Weiche Lagerzapfen (bei Lagerwerkstoffen, die harte Zapfen erfordern).

Unvorsichtiges Belasten des Lagers bei kaltem Schmieröl.

Ausbrechen der Lagermetallschicht ist in der Regel zurückzuführen auf:

Schlechte Bindung des Ausgusses mit der Grundschale.

Schlechte Auflage der Lagerschalen im Lagerkörper, entweder zu locker oder verspannt; diese Fehler lassen sich durch Prüfung der Rückseiten der Lagerschalen an den dort auftretenden Marken erkennen.

Überlastung des Lagers durch zu hohe Drehzahlen oder durch zu hohe, insbesondere auch schlagartige Lagerdrücke.

Gestaltungsfehler: schlecht versteifte Motorgehäuse; schlecht ausgewuchtete oder zu schwache Kurbelwellen; schwache Lagerdeckel; überdehnte oder zu hoch beanspruchte Lagerschrauben; schwache Pleuelstangen oder Pleuellagerdeckel; falsch angeordnete Nuten oder Schmierlöcher.

Ausführungsfehler: Gußfehler, Fremdeinschlüsse, Schmiede- oder Preßfalten, Risse.

Ungeeignetes Lagermetall.

Korrosionserscheinungen im Lager werden verursacht durch die in den Schmierölen infolge von Oxydationsvorgängen bei der Alterung entstehenden Ölsäuren, ferner durch die aus der Verbrennung stammenden und ins Öl gelangenden Säuren.

Um diese Erscheinungen zu vermeiden, ist die Verwendung voll geeigneter Öle, womöglich solcher mit korrosionsverhütenden Zusätzen, dauernde Überwachung des Öles und rechtzeitiger Ölwechsel notwendig.

Als Folge verschlissener oder schadhafter Lager können auftreten:

Überölen der Zylinder, Verrußen der Zündkerzen, Festsetzen der Kolbenringe.
Erhöhter Zylinderverschleiß.
Erhöhter Verschleiß an Wellen- und Kurbelzapfen.
Erhöhter Kraftstoffverbrauch.
Bruch der Kurbelwellen.

Schrifttum.

1. FALZ: Schmiertechnik. Berlin: Springer.
2. HEYER: Beiträge zur Gleitlagerfrage in schnellaufenden Verbrennungskraftmaschinen. ATZ 1930, S. 250.
3. MANN: — Beiträge zur Gleitlagerfrage in schnellaufenden Verbrennungskraftmaschinen. ATZ 1936, S. 290.
4. BOLLENRATH, BURGARDT und SCHMIDT: Beiträge zur Technologie und Metallurgie von Lagermetallen. Jahrb. Deutsch. Luftfahrtforschung 1937, II, S. 226.
5. KÜHNEL: Werkstoffe für Gleitlager. Berlin: Springer. 1939,
6. HANFFSTAENGEL: Z. f. Metallkunde. Bd. 15, S. 107.
7. BUSKE: Gestaltungsrichtlinien für die Anwendung von Leichtmetallagern. Aluminium 1940, S. 293 (mit ausführlichen Literaturangaben).
8. HEIDEBROEK: Neuere Probleme der Forschung und Konstruktion von Gleitlagern. Vortrag, Hauptversammlung d. VDI, Dresden 1939.
9. HEIDEBROEK: Verschleiß und Gleitlager. Reibung und Verschleiß. Berlin: VDI-Verlag 1939.
10. WILLIAMS, C. G. und J. SPIERS: Temperaturen in Lagern von Verbrennungsmotoren. London: Engineer Bd. 165 (1938), S. 505/506 und 548/549.
11. CONELLY: The influence of a High Lead Bearing Metal. Trans. A. S. M. E. Bd. 62 (1940), S. 309 bis 318.
12. INNSTÄTTER, H.: Strukturviskosität als Ursache des Schmierwertes. Technik 1946, Bd. 1, S. 46.
13. THOMA, H.: Eine mikrothermische Theorie der Lagerwerkstoffe. Z. f. techn. Physik 1943, Nr. 4, S. 78.

VI. Wälzlager.

Im Wälzlager findet im allgemeinen nicht ein reines Abrollen der beiden zusammenarbeitenden Lagerteile statt, sondern zu der durch elastische Formänderungen beherrschten Rollreibung tritt eine zusätzliche Gleitreibung hinzu.

Bei richtiger Bemessung und einwandfreier Schmierung und Wartung sollte in diesen Lagern praktisch überhaupt kein Verschleiß zu beobachten sein. Wo aber dennoch Verschleißerscheinungen auftreten, lassen sie sich auf mechanische, physikalische und chemische Vorgänge zurückführen; ihre Ursachen können die folgenden sein:

1. Fehlerhafte, den vorliegenden Beanspruchungen nicht Rechnung tragende Bemessung der Lager und daher Oberflächenermüdung durch mechanische Überbeanspruchungen.
2. Einbaufehler.
3. Ungeeignete Schmierung oder ungenügende, fehlerhafte Wartung (Verunreinigung).
4. Werkstoffehler.
5. Herstellungsfehler.
6. Gestaltungs- oder Ausführungsfehler.

Lebensdauer und Verschleiß eines Wälzlagers hängen in hohem Maß von der Güte des Werkstoffs und von dessen richtiger Behandlung ab.

Für die Herstellung von Wälzlagern werden heute ausschließlich Kugellagerstähle in der folgenden Zusammensetzung verwendet:

Verwendung	C	Si	Mn	Cr
Laufringe in Kugel- und Rollenlagern	0,95—1,05	0,30	0,30	1,40—1,65
Kugeln und Rollen bis 20 ⌀				0,50—1,00
bis 60 ⌀	0,95—1,15	0,30	0,30	1,00—1,40
über 60 ⌀				1,40—1,60

Maßgebend für die Wahl dieses Chrom-Kohlenstoffstahles sind die durch Chrom als Legierungselement erreichten Verbesserungen der physikalischen Eigenschaften. Chrom bewirkt eine wesentliche Steigerung der Härte, die sowohl auf dem spezifischen Einfluß dieses Elementes als auch auf seiner Wirkung auf die im Stahl gebildeten Karbide beruht. Von sehr großer Bedeutung ist die wesentliche Erhöhung der Elastizitätsgrenze, denn diese gestattet sehr hohe zulässige Belastungen, ohne daß es zu bleibenden Formänderungen an den Teilen kommt. Dieser Umstand in Verbindung mit der stark kornverfeinernden Wirkung des Chroms und der wesentlichen Verfeinerung der Karbide durch dieses Legierungselement bedingt offenbar auch die starke Erhöhung des Verschleißwiderstandes des Kugellagerstahles auf ein Vielfaches der Verschleißfestigkeit des reinen Kohlenstoffstahles. Wichtig ist hier für das Verschleißverhalten aber auch die Art der Karbideinlagerung in der Grundmasse. Durch richtige Warmverarbeitung und richtige Wärmebehandlung ist ihre möglichst gleichmäßige Verteilung anzustreben, so daß sie als feine harte Kügelchen im martensitischen Grundgefüge erscheinen (Abb. 190).

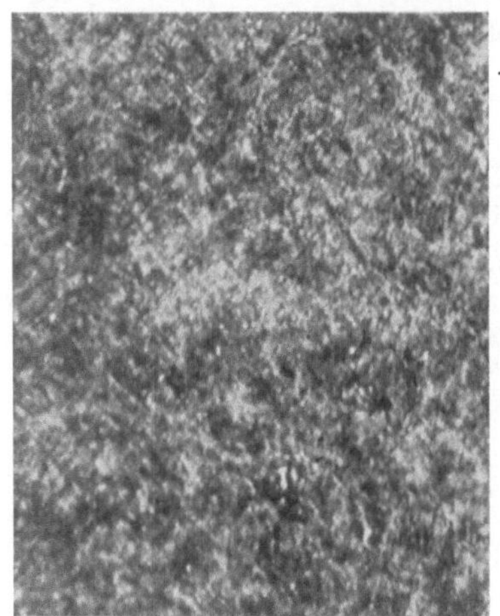

Geätzt 2% alkoh. HNO₃ 500 ×
Abb. 190. Vergütungsgefüge eines Kugellagerstahls. Feinverteilte Karbide in feinem Martensit.

Die Werkstoffgüte wird gekennzeichnet durch Analyse, Herstellungs-(Erschmelzungs)-art, Reinheitsgrad und Gefügeausbildung, weiters durch Härte und Zähigkeit des Werkstoffes.

Diese einzelnen Gütekennzeichen stehen allerdings in gewissen Wechselbeziehungen zueinander. Ganz allgemein kann gesagt werden: je höher die rein örtliche Beanspruchung eines Teiles ansteigt, um so wichtiger wird die Forderung höchster Güte für den Werkstoff. Besonders wichtig ist größte Homogenität: Art, Größe und Anordnung der Schlackeneinschlüsse, etwaige Seigerungen usw. spielen bei größeren, gleichmäßig belasteten Querschnitten nur eine geringere Rolle; bei hoher Punktbelastung, wie sie in Wälzlagern auftritt, gewinnen sie aber ausschlaggebende Wichtigkeit für die Lebensdauer der Teile.

Auch bei sorgfältigster Schmelzbehandlung enthält jeder Stahl Schlackeneinschlüsse, doch zeigen diese Schlacken gemäß ihrer Zusammensetzung durchaus verschiedenen Einfluß auf die Güte des Stahles. Hinsichtlich der Erschmelzungsart sind saure Stähle infolge der größeren Duktilität ihrer Schlacken widerstandsfähiger gegen hohe Punktbeanspruchungen als solche aus basischen Öfen.

Höchste Härte des verwendeten Stahles entspricht keineswegs auch gleichzeitig dem Zustand höchster Verschleißfestigkeit; die praktisch noch anwendbare Härte findet ihre Grenze vielmehr in der Bedingung, daß dem Werkstoff noch ein genügendes Maß von Zähigkeit belassen werden muß, um die durch die normalen Betriebsbeanspruchungen auftretenden elastischen Formänderungen ohne Gefahr ertragen zu können. Bei sauren Stählen ist dies noch bei einer Härte von 650 Brinell ($\sim$ 63 RC) in hinreichendem Maß der Fall; bei Stählen aus dem basischen S.M.-Ofen und aus dem basischen Elektroofen muß man dagegen auf 60—61 RC anlassen, um ein genügendes Maß an Zähigkeit zu erzielen. Hieraus ergibt sich für die sauren Stähle scheinbar eine gewisse Überlegenheit, denn die statische Belastbarkeit eines Wälzlagers steigt mit der 4. Potenz der (Brinell-)Härte des Werkstoffes; die dynamische Tragfähigkeit schwankt dagegen im Bereich von 600 bis 700 Brinell (entsprechend 59—66 RC) nur in geringem Maß, so daß im Betrieb praktisch kein bemerkenswerter Unterschied zwischen den Stählen aus basischen und sauren Öfen festzustellen ist.

Als Ursache für Schäden oder Verschleißerscheinungen in Wälzlagern können indes nur in vereinzelten Fällen Werkstoff- oder Herstellungsfehler angenommen werden; vielmehr kommen in erster Linie ungewöhnliche Betriebsbedingungen und fehlerhafte Wartung, vor allem aber Einbaufehler in Betracht.

Die wichtigste, aber nicht häufigste, Erscheinung ist die sogenannte Schälung, das ist die durch die Werkstoffbeanspruchung eintretende Ermüdung; sie zeigt sich zuerst im Ablösen einer dünnen Schicht an einer örtlich begrenzten Stelle innerhalb der Laufspur; bald verbreitet sich jedoch dieser Werkstoffeinbruch und erstreckt sich schließlich über die ganze Belastungszone im Bereich der Laufspur. — Diese Ermüdungserscheinungen können auch vor Erreichen der rechnungsmäßigen Lebensdauer des Lagers eintreten, wenn durch Bearbeitungs- oder Einbaufehler erhöhte Zusatzbelastungen entstehen. Besonders schädlich ist Kantenbelastung, welche durch nicht gleichachsige Lage der Sitzflächen hervorgerufen wird, weiters axiales oder radiales Verklemmen der Lager.

Laufringe von Zylinderrollenlagern können gegenseitig verschoben werden, ohne daß eine Vergrößerung des Spieles eintritt; werden aber die Rollen verkantet auf der Laufbahn verschoben, so ergeben sich Beschädigungen der letzteren, die im Betrieb zu fortschreitenden Ausbröckelungen führen müssen.

Eine andere Ursache für vorzeitige Werkstoffermüdung liegt im Eindringen von Fremdkörpern; alle Gehäuse sind daher vor dem Einbau der Lager sorgfältig zu reinigen und zu entgraten und das Eindringen von Spänen zu verhüten.

Verschleiß in den Lagern tritt nicht durch Schälung oder Ausbröckelung in den Oberflächen, sondern durch dauernde schmirgelnde Wirkung von Staub oder anderen feinen Fremdkörperchen auf. Verschleiß ist außer am vergrößerten Spiel, auch am matten Aussehen der Laufspur erkennbar.

Verschleißfördernd wirkt auch Rost, der sich bei mangelndem Schutz der Lager auf den Laufflächen bildet und, mit Öl oder Fett vermengt, schmirgelnd wirkt, sobald er sich von den Flächen ablöst; Rost als Verschleißursache läßt sich durch die Hinterlassung mehr oder weniger tiefer Narben auf den Flächen, auf denen er entstanden ist, erkennen.

Bei lose sitzenden Laufringen bildet sich Reibrost, der ebenfalls ein gefährliches Verschleißmittel darstellt; solange diese Laufringe sich im Gehäuse oder auf der Welle nicht drehen, ist er ungefährlich; sobald aber die Ringe wandern, tritt infolge der schmirgelnden Wirkung des Reibrostes nach kurzer Zeit bereits starker Verschleiß der Sitzflächen auf.

Verschleiß kann auch durch ungenügende Schmierwirkung infolge zu hoher Belastung oder Verwendung eines ungeeigneten Schmiermittels entstehen; vor allem zeigt sich dieser Einfluß an solchen Stellen des Lagers, welche gleitender Reibung ausgesetzt sind, wie z. B. an Bordflächen und Rollenseitenflächen.

Eine eigentümliche Art von Zerstörungen tritt an den Laufringen von Wälzlagern dort auf, wo eingebaute Lager durch längere Zeit unbenutzt stehen oder ruhend belastet sind, wobei kleine Erschütterungen an der betreffenden Maschine auftreten können (wie z. B. am Transport) und ebenso auch dort, wo in Wälzlagern gelagerte Wellen im Betrieb nur um sehr kleine Winkel schwingen. Die Schäden erscheinen auch dann, wenn die Lager nur sehr niedrig belastet sind, wiewohl sie bei höherer Belastung natürlich auffälliger werden. Je nachdem, ob es sich um Kugel- oder Rollenlager handelt, finden sich in diesen Fällen in den Laufringen Eindrücke, die den Kugelabdrücken bei der Brinellprüfung ähneln, oder furchenförmige Walzeneindrücke. Die Erscheinung ist eine ausgesprochene Verschleißerscheinung. In der Nähe der Eindrücke finden sich stets Ablagerungen feinen oxydierten Metallstaubes, die allerdings in dem Fall, wenn das Lager nach der Stillstandsperiode wieder in Umlauf kommt, sich mit dem Schmierfett im Lager vermengen und dann nicht weiter auffallen. Es handelt sich hier aber um einen ausgeprägten Fall von Reiboxydation, ähnlich wie beim Passungsverschleiß.

In vereinzelten Fällen treten in Rollenlagern Riffelbildungen auf, das sind periodisch am Laufflächenumfang sich wiederholende Veränderungen oder Zerstörungen an der Oberfläche, die ähnlich wie Rattermarken aussehen, mit diesen aber nichts zu tun haben. Ihre Entstehungsursache ist noch ungeklärt; möglicherweise handelt es sich um die Wirkung von Reibungsschwingungen.

Schrifttum.

1. Jürgensmeyer, W.: Einbau und Wartung der Wälzlager. Werkstattbücher Heft 29. Berlin: Springer 1939.
2. Diergarten, H.: Reibung und Verschleiß bei Wälzlagern. Reibung und Verschleiß. Berlin: VDI-Verlag 1939.
3. Almen, J. O.: False Brinelling. Autom. Ind. Bd. 77 (1937), S. 226.
4. Schmaltz, G.: Technische Oberflächenkunde. Berlin: Springer 1934.

VII. Kurbelwellen.

Neben den Kolben samt Ringen und den Zylindern ist es der dritte Hauptteil des Motors, die Kurbelwelle, dessen Lebensdauer möglichst weit gesteigert und dessen Verschleiß daher möglichst gering gehalten werden muß. An den dem Verschleiß ausgesetzten Lagerstellen ist dementsprechend neben guter Laufeigenschaft auch hoher Verschleißwiderstand zu verlangen.

Der Werkstoff für die Kurbelwelle wird zunächst nach den vorliegenden statischen und dynamischen Beanspruchungen zu wählen sein; die an den Lagerstellen erforderliche Härte richtet sich aber nach den Beanspruchungen im Lager, also nach dem Lagerdruck und dessen zeitlichen Verlauf und der Drehzahl; je höher die Lagerbeanspruchung, desto härter muß der Lagerzapfen sein. Ebenso verlangen harte Lager stets auch harte Wellenzapfen; die Wahl des Wellenwerkstoffs und seine Behandlung richtet sich demnach auch nach dem Werkstoff der Lagerschale.

Wo die Härte der Lagerzapfen im Hinblick auf die Lagerbeanspruchung oder den gewählten Lagerwerkstoff nicht hinreicht, dort wird die Lebensdauer der Wellen- und Pleuellager stark herabgesetzt; die Zapfen werden bald unrund, das Lagerspiel vergrößert sich, wodurch der Ölverlust in den Lagern und der Ölverbrauch der Maschine rasch ansteigt und die Tragfähigkeit des Lagers herabgesetzt wird; der Öldruck sinkt in unzulässiger Weise und schließlich wird durch diese eingetretenen Veränderungen der Betrieb der Maschine gefährdet.

Voraussetzung für geringen Wellenverschleiß ist neben der zutreffenden Werkstoffwahl eine steife, genügend kräftige Ausführung der Welle und starre, unnachgiebige Lagerung derselben. Kräftige, gut verrippte Motorgehäuse ergeben stets niedrigeren Wellenverschleiß als nachgiebige, zu schwach konstruierte Gehäuse. Auch ein Verziehen der Blöcke unter dem Einfluß der Betriebswärme wirkt sich infolge der ungünstigen Beeinflussung der Lagerung in stärkerem Verschleiß aus. Insbesondere bei der Verwendung von Leichtmetallblöcken ist den erwähnten Umständen besondere Aufmerksamkeit zu widmen.

Wichtig und von großem Einfluß auf den Verschleiß ist sorgfältiges Auswuchten der Wellen und genauestes Auswinkeln der Pleuelstangen; jede geringe Abweichung, die hier bestehen bleibt, führt zu erhöhtem Verschleiß.

Das Verschleißbild der Zylinder gibt vielfach auch einen Hinweis für die Laufruhe der Welle. Zeigen sich starke Abnützungen in der Richtung der Welle, also in Längsrichtung des Blocks, so deutet dies darauf hin, daß die Welle im Betrieb schwingt bzw. sich durchbiegt; Pleuelstangen und Kolben führen in diesem Fall unrichtige, taumelnde Bewegungen aus und es genügt bei der Überholung nicht, die Neulagerung der Welle einwandfrei auszuführen, vielmehr muß auch die Welle selbst überprüft werden.

Solche Unwuchten der Kurbelwelle können durch Beschädigungen im ausgebauten Zustand vorkommen, oder es können auch Verdrehungen der Welle durch plötzliches Blockieren des Motors, durch starkes Fressen der Kolben, durch abgerissene und in den Brennraum gefallene Ventile eingetreten sein. — Ebenso ist zu großes axiales Spiel der Welle, ferner ein ungenau ausgewuchtetes Schwungrad schädlich.

Verschleißfördernde Durchbiegungen der Welle können auch durch stärkeren Verschleiß an einem oder mehreren Hauptlagern oder durch schlechtes Fluchten derselben zustande kommen. Durch die Biegeverformungen der Welle werden Schwingungen und Erschütterungen wachgerufen, die nicht nur einen raschen Verschleiß der Kurbelwellenzapfen, sondern auch der Lager, der Kolbenbolzen und deren Lager, in fortgeschrittenem Zustand auch der Kolben und Ringe, sowie der Zylinder zur Folge hat.

Ist die Lagerung der Welle einwandfrei, so ist der Verschleiß an allen Lagerstellen im allgemeinen bei gleicher Lagerbelastung gleich groß; ungleicher Verschleiß deutet unter solchen Umständen immer auf Einbau- oder Ausführungsfehler oder auf Fehler in der Schmierung hin.

Wellen mit je einem Lager zwischen zwei Zylindern zeigen im allgemeinen gleiche Lebensdauer wie solche, die zwischen je zwei Zylindern einmal gelagert sind, vorausgesetzt, daß die Welle genügend steif ausgeführt und kräftig bemessen ist. Zeigen sich stärkere Verschleißerscheinungen oder insbesondere ein konisches Ablaufen der Zapfen, so ist dies ein Zeichen für stärkere Verformungen unter dem Einfluß der Betriebskräfte oder auch für ungenaue Lagerung der Welle.

Das anfängliche Lagerspiel wird bei Personenwagen-Ottomotoren mit 0,025—0,04 mm, bei Lastwagen-Ottomotoren mit 0,06—0,09 mm bemessen; bei Fahrzeug-Dieselmotoren gibt man ein Lagerspiel von etwa 0,01—0,012 mm je 10 mm Wellenzapfendurchmesser; selbstverständlich sind diese Angaben nur durchschnittliche Anhaltswerte, die bei den verschiedenen Motorenbauarten mehr oder weniger abweichen und überdies auch vom verwendeten Lagerwerkstoff abhängen. — Für Unrundheit und konischen Verschleiß werden im allgemeinen etwa 0,04—0,08 mm zugelassen; stärkere Vergrößerung des Lagerspieles erfordert Nacharbeit. Hierbei werden die Zapfendurchmesser meist um 0,25 mm nachgeschliffen; wenn auch von diesem Maß häufig abgewichen wird, so ist es doch unter allen Umständen wünschenswert, daß alle Lagerstellen auf den gleichen Durchmesser nachgearbeitet werden.

Bei Überholungen und insbesondere nach dem Nachschleifen von Kurbelwellen sind die Ölbohrungen in den Wellen von Rückständen und Schleifstaub gut zu reinigen, da sonst diese im Betrieb losgespülten Ablagerungen sehr störende neuerliche Verschleißerscheinungen auslösen können. Besonders ist hierauf dann zu achten, wenn in den hohlgebohrten Wellen größere Räume vorhanden sind, in denen sich derartige Verunreinigungen ansammeln können und wo keine Röhrchen für die Ölführung eingezogen sind.

Kurbelwellen-Werkstoffe. Je nach der erforderlichen Festigkeit und Härte werden die Kurbelwellenwerkstoffe unter den vorhandenen Normstählen zu wählen sein.

Bis zu einer Brinellhärte von etwa 205 kg/mm² (d. i. einer Festigkeit von 70 kg/mm²) reichen unvergütete Wellen hin; werden Brinellhärten von 205—400 kg/mm², Festigkeiten von 70—140 kg/mm² entsprechend, verlangt, so finden vergütete Wellen Verwendung.

Für die Kurbelwellen langsamlaufender Verbrennungskraftmaschinen mit niedrigen Lagerbeanspruchungen genügen unvergütete Kohlenstoffstähle nach DIN 16.11 vom Stahl St 42.11 aufwärts. Mit steigendem Kohlenstoffgehalt steigt auch der Verschleißwiderstand dieser Stähle. Nun gibt die Norm 16.11 zwar einen Anhalt für diesen Kohlenstoffgehalt, der aber für die Abnahme dieser Stähle nicht bindend ist und daher auch nicht immer eingehalten wird; dementsprechend sind stärkere Streuungen im Verschleißverhalten möglich.

Eindeutig ist der Zusammenhang zwischen Kohlenstoffgehalt und Festigkeit bzw. Härte bei den unlegierten Vergütungsstählen nach DIN 16.61; im Betrieb ist daher auch das Verschleißverhalten dieser Stähle im allgemeinen gleichmäßiger.

Der Stahl C 45 (StC 45.61), auf mittlere Werte vergütet, eignet sich wohl in fast allen Fällen für Anforderungen, wie sie z. B. im Kraftwagenmotorenbau gestellt werden; versagt ein guter unlegierter Kohlenstoffstahl, so ist daran entweder die Konstruktion oder die Verarbeitung des Werkstoffes schuld.

Für Schnellstläufer, sowie bei sehr hohen Lagerbeanspruchungen kommen vergütete Stähle zwischen 70 und 130 kg/mm² und auch darüber hinaus zur Verwendung. Wird entsprechend den gesteigerten Beanspruchungen eine höhere Festigkeit erforderlich, so

werden vielfach zweckmäßig legierte Werkstoffe nach DIN E 1665 bzw. E 1660 und,
soweit zur Zeit zulässig, nach DIN 1663 und 1662 oder nach Flieg-Norm 1456 und 1470
gewählt, die auch bei hoher Vergütefestigkeit gute Zähigkeitswerte aufweisen. Hochlegierte Stähle werden aber vermieden, da ihre Gestaltfestigkeit nicht wesentlich höher
liegt, als jene niedrig legierter oder unlegierter Stähle.

Die niedrigeren Legierungszusätze bei den vorerwähnten Normstählen haben in vielen
Fällen nicht den Zweck, die Festigkeit der Kurbelwellen zu steigern vielmehr gestatten
sie es, mit größerer Sicherheit ein möglichst gleichmäßiges Material bei guter Durchvergütung zu erzielen.

Während ferner bei der Verwendung von unlegierten Stählen der Verschleiß der Wellen
mit zunehmendem Kohlenstoffgehalt und zunehmender Härte abnimmt, macht sich bei
legierten Wellen auch der Einfluß verhältnismäßig geringer Legierungszusätze bemerkbar.
Besonders günstig erwies sich das Verschleißverhalten der Chrom-Molybdän-Stähle,
ähnlich auch von Chrom- und Chrom-Nickel-Stählen; auch die sparstofffreien Mangan-
und Siliziumstähle zeigen sich den unlegierten Stählen gleicher Vergütefestigkeit etwas
überlegen.

Bei allen Vergütungsstählen ist das Verschleißverhalten stark von der richtigen Art
der Vergütung beeinflußt. Daneben ist aber auch der Verschmiedungsgrad und die Art
der Schmiedung der Kurbelwelle, ferner der Reinheitsgrad des Stahles nach Art, Größe
und Zahl der Schlackeneinschlüsse und insbesondere die Freiheit von Sandadern wichtig
für die Bewährung gegenüber den Verschleißbeanspruchungen an den Lagerstellen. Zu
vermeiden sind Stähle mit ausgesprochener Faser- oder Zeilenstruktur.

Gegossene Wellen. aus Temperguß oder Grauguß weisen stets ein bemerkenswert vorteilhaftes Verschleißverhalten auf; die besonderen Laufeigenschaften des Gußeisens, welche dieses den eingelagerten Graphitlamellen verdankt, gestalten auch bei
verhältnismäßig niedrigen Härten die Verschleißverhältnisse günstig, so daß Brinellhärten von 180—250 auch bei höher beanspruchten Lagern hinreichen. — Sollen Gußwellen auf höhere Härten vergütet werden, so sind je nach dem Querschnitt der Welle
zweckmäßig legierte Gußeisensorten zu verwenden.

Sofern durch günstige und werkstoffgerechte Gestaltung die Beanspruchungen in der
Welle richtig beherrscht werden, wird Wert darauf zu legen sein, die Laufflächen der
Zapfen auf derart hohe Härten zu bringen, daß der Verschleiß hier möglichst herabgesetzt wird; die übrige Welle bleibt dagegen weich, wodurch ihr als ganzer Bauteil
höhere Zähigkeit gewahrt bleibt.

Für diese örtliche Erhöhung der Oberflächenhärte kommen die folgenden Vorfahren
in Betracht.

1. die Einsatzhärtung; 2. die Nitrierhärtung; 3. die örtliche Abschreckhärtung;
4. das Hartverchromen.

In allen Fällen muß die Stärke der harten Schicht und die Härte des zähen Kernes
so gewählt werden, daß ein Durchdrücken der harten Schicht bei den betriebsmäßigen
Beanspruchungen nicht erfolgen kann.

1. Einsatzgehärtete Wellen. Verhältnismäßig einfach gestaltet sich die Einsatzhärtung kleiner Wellen, wie z.B. von Kurbelwellen für Motorradmotoren; sie ist daher
vor allem für diese am Platz. Schwieriger wird diese Art der Härtung bei größeren Wellen,
sowie auch dann, wenn infolge hoher Druckbeanspruchungen in den Lagerstellen die
Stärke der Einsatzschicht größer bemessen werden muß.

Daher werden größere Wellen kaum aus Einsatzstählen angefertigt, es sei denn, daß
die Lagerung der Wellen in Rollenlagern erfolgt und die Rollen zur Verminderung des
Baugewichtes und der Lagerabmessungen, wie z.B. bei Flugmotoren, direkt auf der
Welle laufen. Dagegen finden Einsatzstähle bei zusammengebauten Kurbelwellen für
die Herstellung der Kurbel- und Wellenzapfen Verwendung.

Wichtig für das Verschleißverhalten einsatzgehärteter Zapfen ist die Gefügeausbildung in der Randschicht. Grobkörnigkeit und grobes Zementitnetz infolge zu hoher

Einsatztemperatur müssen vermieden werden; es ist deshalb nötig, Einsatztemperatur, Einsatzzeit und Wirkung des Einsatzmittels sorgfältig aufeinander abzustimmen und den Erfordernissen des Werkstoffes anzupassen; auch ist die Einsatzbehandlung so zu führen;

daß der Übergang von der Einsatzschicht zum zähen Kern möglichst allmählich stattfindet, da es im Gegenfall zu Abblätterungen der Einsatzschicht kommen kann. Abb. 191 zeigt den Verlauf der Härte von der Oberfläche zur Mitte in einem einsatzgehärteten Wellenzapfen.

Bei der Einsatzhärtung muß getrachtet werden, ein Verziehen der Wellen soweit als möglich zu vermeiden; es sind daher besondere Vorrichtungen zu verwenden, die das Verziehen verhindern und womöglich Ölhärter zu verwenden, die an sich wenig zum Verziehen neigen. — Das Kaltrichten von verzogenen Wellen ist gefährlich, weil beim Nacharbeiten ein Auslösen der durch das Richten in die Wellen gebrachten Spannungen erfolgen kann; überdies können auch an den einsatzgehärteten Stellen beim Richten Anrisse eintreten, die zum Bruch der Welle im Betrieb führen können.

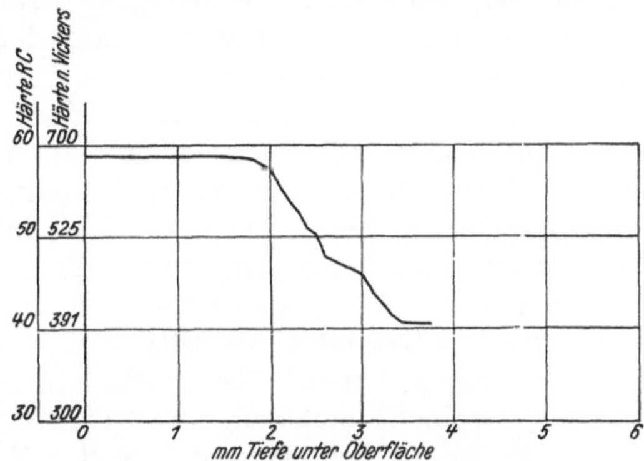

Abb. 191. Radialer Verlauf der Härte in der Einsatzschicht und im Übergang zum zähen Kern einer einsatzgehärteten Kurbelwelle.
Grundwerkstoff; Chromnickelwolframstahl. Festigkeit des zähen Kerns; 142 kg/mm². Stärke der Einsatzschicht: 2 mm.

Größere Wellen dürfen nur an den Lagerstellen einsatzgehärtet werden; die Hohlkehlen der Zapfen und die Kurbelwangen müssen dagegen, um ihre volle Zähigkeit zu behalten, weich bleiben.

Die den Verschleiß mitbestimmende Härte der Einsatzschicht ist von der Legierung des verwendeten Einsatzstahles praktisch unabhängig, doch wird die Verschleißfestigkeit der Einsatzschichten bei chrom- und chrommolybdänlegierten Stählen gegenüber unlegierten Stählen noch erhöht. Im übrigen hängt die Wahl des Werkstoffes von jenen Anforderungen ab, die an den zähen Kern der Welle zu stellen sind.

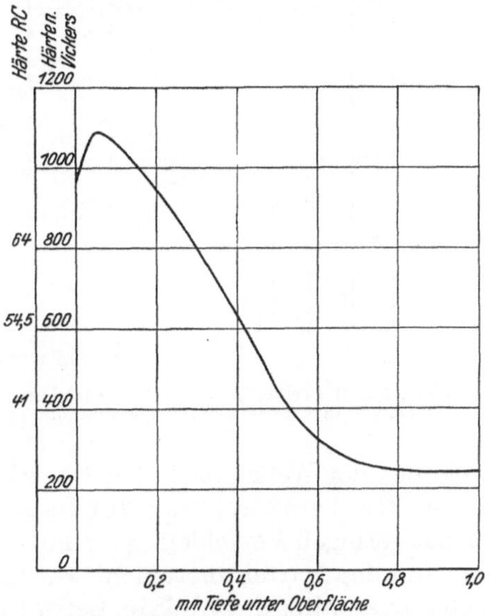

2. Nitrierhärtung. Die Nitrierhärtung hat gegenüber der Einsatzhärtung den Vorteil, daß das Werkstück bei der Wärmebehandlung geringeren Temperaturen ausgesetzt wird; die Gefahr einer Kornvergröberung besteht daher nicht. — Das Nitrieren, also eine Oberflächenhärtung durch Stickstoffaufnahme, ist bei jeder Eisen–Kohlenstofflegierung möglich; doch eignen sich für die Nitrierhärtung vorzugsweise besonders legierte Stähle, bei denen durch die Legierung die Ausbildung der Nitrierschicht, ihre Härte und Zähigkeit, sowie auch ihre Stärke günstig beeinflußt werden. Die Nitrierschicht bleibt unter allen Umständen verhältnismäßig dünn; ihre Stärke übersteigt meist nicht 0,8 mm.

Abb. 192. Radialer Verlauf der Härte in der Nitrierschicht einer nitrierten Kurbelwelle.
Grundwerkstoff; Nitrierstahl; Festigkeit im Kern; 82 kg/mm². Stärke der Nitrierschicht (im Bruch gemessen) 0,55 mm.

Den Verlauf der Härte nach der Mitte eines nitriergehärteten Zapfens hin gibt Abb. 192.

Nitriergehärtete Wellen haben sich bei sehr hohen Verschleißbeanspruchungen, wie z. B. in sehr staubigen Betrieben (landwirtschaftlicher Schlepper), ebenso wie auch im Flugmotor bewährt.

3. Örtliche Abschreckhärtung. Bei der örtlichen Oberflächenhärtung wird die Oberflächenschicht des zu härtenden Zapfens mittels Gasbrenners oder durch induktive Erhitzung auf Härtetemperatur gebracht und hierauf mit Wasser oder einem anderen Kühlmittel, das durch eine geeignete Brause auf die erhitzte Oberfläche gespritzt wird, abgeschreckt. (Autogene Härtung nach dem Verfahren von Griesogen, Doppelduro- und Toccohärtung, Peddinghausverfahren, Induktionshärtung). Für eine Härtung nach diesen Verfahren ist grundsätzlich jeder Vergütungsstahl mit mehr als 0,45 C und auch jeder härtbare Grauguß geeignet. Unter den Vergütungsstählen sind vor allem die Chrom–Molybdän-Stähle, daneben für geringere Beanspruchung aber auch die unlegierten Kohlenstoffstähle besonders brauchbar, letztere deshalb, weil sie auch bei langen Anwärmezeiten nur wenig empfindlich sind.

Die Härtetiefe ist, abgesehen von der Legierung und vom Abschreckmittel, auch durch die Anwärmzeit zu beeinflussen.

Um günstige Verschleißeigenschaften zu erzielen, ist es erforderlich, daß die Härteschicht feinkörnig ist und feinmartensitisches Gefüge zeigt, welches allmählich in das Vergütungsgefüge der Welle übergeht. Den Übergang der Härte von der harten Außenzone zum zähen Vergütungsgefüge einer doppeldurogehärteten Welle zeigt Abb. 193.

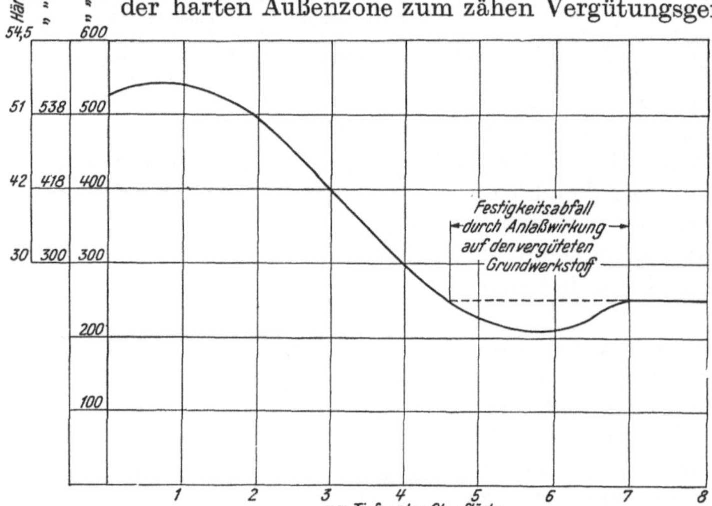

Abb. 193. Radialer Verlauf der Härte in der Härtezone einer doppeltdurogehärteten Welle. Werkstoff: Chrom–Molybdän-Vergütungsstahl VCMO 165. Festigkeit 87 kg/mm².

Die Gefahr des Verziehens ist bei der Anwendung dieses Verfahrens gering, wenn die Umlaufgeschwindigkeit der Welle während der Anwärmezeit genügend groß gewählt und die Welle hierbei sorgfältig gelagert wurde. Die Härtung erfolgt zweckmäßigerweise im vorgeschliffenen Zustand, so daß etwa beim Härten auftretende geringe Verzüge durch das Fertigschleifen ausgeglichen werden können. — Wichtig ist ein gutes Entspannen der Wellen nach dem Oberflächenhärten der Zapfen, z. B. durch Auskochen in Öl.

4. Hartverchromen der Lagerzapfen. Kurbelwellen können zur Erzielung möglichst geringen Verschleißes an den Lagerstellen hartverchromt werden, wobei ein inniges Haften der Hartchromschicht am Grundwerkstoff Voraussetzung für ein günstiges Verschleißverhalten der Welle im Betrieb ist. Gußeisen, unlegierte und hochlegierte Vergütungs-Stähle lassen sich schwerer hartverchromen, als leichtlegierte Stähle und Einsatzstähle. Grundbedingung für das Gelingen der Hartverchromung ist eine saubere, völlig fettfreie, glattpolierte Oberfläche ohne Poren und Risse und vollständige Spannungsfreiheit der Welle. Die Haftfähigkeit der Hartchromteilchen untereinander sowie am Grundwerkstoff ist geringer als bei verhütteten Metallen; trotz ihrer hohen Härte — technisch brauchbare Hartchromschichten weisen Brinellhärten von 850—1150 Brinell auf — lassen sie jedoch weniger hohe Arbeitsdrücke zu, als verhüttete Werkstoffe von bedeutend geringerer Härte.

Das Verchromen erfolgt entweder derart, daß die Welle nur wenig unter Maß geschliffen und dann mit geringen Schichtstärken, etwa 0,02—0,05 mm, auf Maß verchromt wird, d. h. es entfällt jede Nachbearbeitung nach dem Hartverchromen; oder das Vorschleifen der Welle erfolgt mit größerem Untermaß und es werden stärkere

Chromschichten aufgetragen, worauf schließlich die Welle nach dem Hartverchromen fertig geschliffen wird.

Der Grundwerkstoff der Welle muß, wenn höhere Lagerdrücke beherrscht werden sollen, von entsprechend hoher Festigkeit gewählt werden, damit die Hartchromschicht nicht durchgedrückt wird. Hartverchromte Wellen ermöglichen die Anwendung harter, verschleißfester Lagerwerkstoffe. Durch Hartverchromen können auch bereits abgenutzte Wellen nach entsprechendem Rundschleifen der Zapfen wieder auf Maß gebracht werden.

Werden oberflächengehärtete Wellen nachgeschliffen, so muß die verhältnismäßig geringe Stärke der harten Schicht berücksichtigt werden; das Nachschleifen ist nur in beschränktem Maß möglich, um diese nicht teilweise oder ganz zu zerstören, was zu ungleichmäßigem oder sehr starkem Verschleiß im weiteren Betrieb führen würde.

Schrifttum.

Vgl. u. a. MAYER-SIDD, E., CARL FÜSS: Die Grundlagen fachgerechter Kraftfahrzeug-Ausbesserung. 1. Bd.: Der Motor. Stuttgart: Francksche Verlagsbuchhandlung.

VIII. Zahnräder.

An Zahnrädern lassen sich im allgemeinen die folgenden Verschleißerscheinungen beobachten:

1. Abnutzungen an den Zahnflanken durch Abrieb,
2. Grübchenbildung in der Nähe des Teilkreises an den Zahnflanken.

Die Beanspruchung der Zahnflanken erfolgt durch gleitende und rollende Reibung zugleich; nahe am Zahnkopf und ebenso nahe am Fuß überwiegt die Gleitabnutzung. Diese hinterläßt beim Stirnrad an den beanspruchten Flanken Verschleißspuren, die als Linien und Riefen in Richtung der Zahnhöhe sowie als Verschmieren der zerstörten Oberfläche zu erkennen sind.

In der Nähe des Teilkreises sind diese Linien in Richtung der Zahnhöhe nicht vorhanden; dagegen zeigen sich hier, wo die Wälzbewegung vorherrscht, Verschleißspuren in der Form von Streifen, die dazu senkrecht verlaufen.

Die Ursachen des Verschleißes an Zahnrädern, können liegen:

1. In unrichtiger Bemessung oder falscher Anordnung;
2. in mangelhafter Werkstattausführung, oder in fehlerhaftem oder falsch gewähltem Werkstoff;
3. in unkorrektem Einbau: ungenaues Ausrichten der Wellen, unrichtiger Achsabstand, mangelhafter Lagerung usw.;
4. in den im einzelnen Fall vorliegenden Arbeitsbedingungen, die insbesondere die folgenden ungünstigen, verschleißfördernden Verhältnisse schaffen:

a) Überlastung durch unvorhergesehene Beanspruchungen, wie Stöße, Schwingungen, Erschütterungen, kritische Drehzahlen.

b) Versagen der Schmierung, unzureichende Schmierung, ungeeignetes Schmieröl (verdünntes Schmieröl, Wasser im Öl usw.).

c) Anwesenheit fremder Verschleißteilchen im Öl.

Alle genannten Unregelmäßigkeiten führen zu einem meist örtlich übermäßig hohen Anstieg der zwischen den Zähnen wirkenden Kräfte oder zu unrichtiger Wirkungsrichtung derselben.

Normaler Zahnverschleiß liegt dann vor, wenn es sich lediglich um ein Glätten oder Polieren der arbeitenden Teile der Zahnflanken durch allmähliches Abtrennen kleinster Teilchen während verhältnismäßig langer Zeiträume handelt und der Verschleiß unter Aufrechterhaltung dieses Zustandes fortschreitet.

Steigt die Zahnbelastung bis über die für den betreffenden Werkstoff zulässige Grenze an, so kann es zu Grübchenbildungen an den Zahnflanken kommen; die Ursachen für das Zustandekommen dieser Zerstörungsform wurden auf S. 12 bereits erwähnt.

Grübchenbildung ist die am häufigsten auftretende Form des Zahnradverschleißes; es sind hier 2 verschiedene Arten zu unterscheiden:

a) Grübchenbildungen während des Einlaufvorganges, wie sie bei Beginn des Zusammenarbeitens der Räder — auch nach Neulagerung der Zahnradwellen — aufscheinen, die aber mit fortschreitendem Einlaufzustand allmählich wieder verschwinden. Die Stärke, in welcher während dieser Periode Grübchenbildungen auftreten, hängt von der Genauigkeit der Zahnformen und von der Vollkommenheit der Oberflächenbearbeitung ab. Sie klingt allmählich ab und hört endlich ganz auf, sobald alle vorstehenden Erhebungen der Oberflächen abgetragen und ausgeglichen sind.

b) Zerstörende Grübchenbildung tritt bei Überbeanspruchung des Werkstoffes auf. Sie kann also in einer absolut zu hohen Beanspruchung begründet sein, sie kann aber auch — bei fehlerhaftem Werkstoff oder sehr unvorteilhafter Oberflächenbearbeitung — bereits bei wesentlich niedrigeren Beanspruchungen auftreten, die unter einwandfreien Verhältnissen ohne weiteres zulässig wären.

Bei Zahnrädern, an denen sich Grübchenbildungen vorfinden, zeigen sich an den schadhaft gewordenen Flanken unter dem Mikroskop nach Abb. 194 zahlreiche feine Risse, die den Werkstoffzusammenhang lockern und schließlich, allmählich fortschreitend, zum Herausbrechen ganzer Oberflächenteilchen führen können.

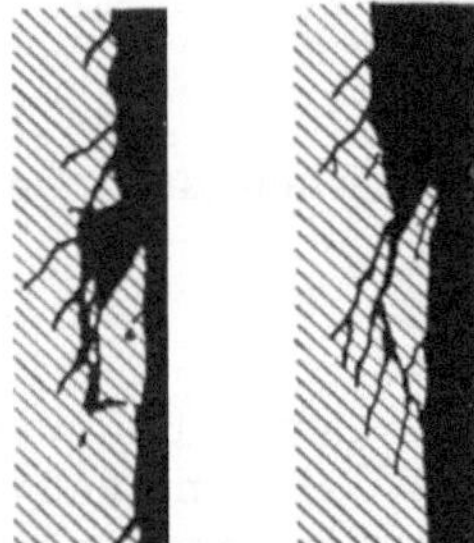

Abb. 194. Grübchenbildung an Zahnrädern. Ausgangsstellen sind die feinverästelten Anrisse (nach AENGENYNDT).

Das Fortschreiten dieser Risse erfolgt in ähnlicher Weise, wie dies bei Dauerbrüchen allgemein der Fall ist; darauf weisen auch die halbmondförmigen Rastlinien hin, die bei größeren derartigen Grübchen zu beobachten sind.

Die Anwesenheit von Schmieröl oder einer anderen Flüssigkeit scheint aber für das Zustandekommen der Grübchenbildung Voraussetzung zu sein. — Bei trocken laufenden Zahnrädern zeigen sich lediglich feine Rißbildungen, ohne daß es zur Grübchenbildung kommt.

Räder aus Einsatzstählen weisen gegenüber der erwähnten Beanspruchung bei guter Schmierung sehr hohen Widerstand auf, wobei die Belastung bis zu einem Kennwert

$$c = \frac{P}{bt} = 700 \text{ kg/cm}^2$$

($P =$ Zahndruck, $b =$ Zahnbreite, $t =$ Teilung)

gesteigert werden kann. Unlegierter Einsatzstahl verhält sich in dieser Hinsicht praktisch ebenso günstig wie hochlegierter Einsatzstahl. — Wesentlich stärker verschleißen Räder aus Vergütungsstählen, auch wenn die Vergütung bis zu Festigkeiten von etwa 180 kg/mm² gesteigert wird.

Abb. 195 gibt einen Vergleich der Verschleißeigenschaften von Zahnrädern aus Einsatzstählen und solchen aus Vergütungsstählen bei gleicher Beanspruchung. Während bei den ersteren der Verschleiß nur wenig mehr als verhältig mit der Belastung ansteigt und selbst bei $c = 700$ kg/cm² noch nicht erheblich ist, ist bei den letzteren schon von $c = 350$ bis 400 kg/cm² aufwärts der Verschleißanstieg sehr stark, d. h. es kommt zu früh einsetzendem und rasch fortschreitendem Verschleiß.

Durch eine Oberflächenhärtung können allerdings auch Räder aus Vergütungsstählen nahezu gleich verschleißfest gemacht werden, wie solche aus Einsatzstählen; dies geschieht durch eine oberflächliche Zyanhärtung (Salzbadhärtung). Die Stärke der im Zyanbad aufgekohlten Schicht braucht in diesem Fall 0,1 mm nicht zu überschreiten, da ein Durchdrücken der harten Schicht infolge der hohen Festigkeit des Grundmaterials nicht zu befürchten ist. Naturgemäß müssen solche zyangehärtete Räder vor der Zyanhärtung fertig bearbeitet sein, da ein Bearbeiten der dünnen Härteschicht nicht mehr möglich ist. — Abb. 196 zeigt die Verbesserung des Verschleißverhaltens von Zahnrädern aus Vergütungsstählen durch die Zyanhärtung gegenüber den normal vergüteten unter gleichen Beanspruchungsverhältnissen.

Es ist jedoch zu vermeiden, einsatzgehärtete und zyangehärtete Räder aufeinander arbeiten zu lassen. In solchen Fällen zeigen sich an ersteren immer übermäßig starke Grübchenbildungen, selbst bei Belastungen, unter welchen solche Räder sonst im allgemeinen gut entsprechen.

Wird der Abrieb durch verschleißende Teilchen verursacht, die zwischen die Zahnflanken gelangen, so kann der Verschleiß an diesen ungemein rasch fortschreiten. Aussehen der Flanken und Höhe des Verschleißes hängen dann stark von der Härte der Zahnflanken ab.

Außer den bereits erwähnten sind noch folgende Verschleißerscheinungen an Zahnrädern zu beobachten:

a) Absplittern oder Ausbrechen größerer Oberflächenteile, hervorgerufen durch übermäßig hohe, vorzugsweise stoßartige Belastung. Der Fehler tritt häufig dann an gehär-

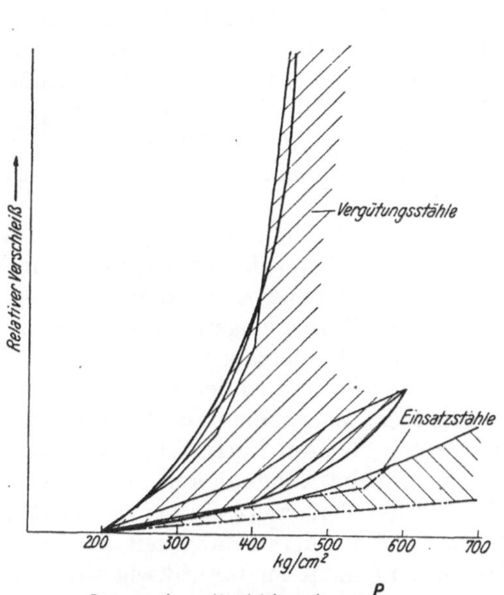

Abb. 195. Vergleich des Verschleißes (Gewichtsverlust) von Zahnrädern aus Einsatzstählen und Vergütungsstählen (nach ULRICH).

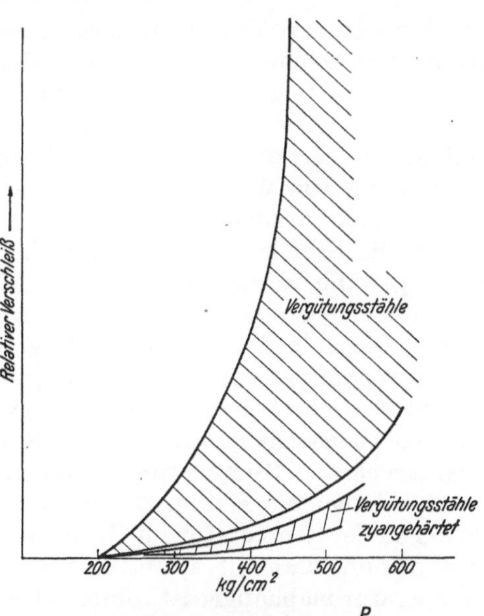

Abb. 196. Verbesserung des Verschleißwiderstandes von Zahnrädern aus Vergütungsstahl durch Zyanhärtung (nach ULRICH).

teten Rädern auf, wenn die Härtespannungen nicht sorgfältig durch Entspannen oder Anlassen der gehärteten Räder entfernt wurden.

b) Riefen und Schorfen sind Erscheinungen, welche die schwerste und bedenklichste Form starken Verschleißes kennzeichnen. Sie sind Formen eines gesteigerten Abriebverschleißes, sind also begleitet von übermäßigen Kaltverformungen und der beginnenden Verschweißung einzelner Oberflächenteilchen. Die Ursache für einen derart gesteigerten Verschleiß kann in einen oder in mehreren der im folgenden aufgezählten Faktoren zu suchen sein: Übermäßige Zahndrücke, übermäßige Gleitgeschwindigkeiten, ungünstige, rauhe Oberflächenbearbeitung, Fremdteilchen im Öl oder Versagen der Schmierung.

Arbeiten die Zahnräder längere Zeit hindurch unter den ungünstigen Bedingungen, die das Schorfen bewirken, oder steigt die Belastung oder die Gleitgeschwindigkeit noch weiter an, so kommt es zum Fressen.

c) Bei stärker verformungsfähigen Werkstoffen stellt sich u. U. unter der Einwirkung übermäßig hoch ansteigender Zahndrücke eine beträchtliche plastische Verformung ein, ohne daß es zu einem Abbröckeln oder Absplittern von Teilchen aus den Oberflächen kommt; der Werkstoff wird dann gegen die Stirnflächen und Seiten der Zähne herausgedrückt. Tritt diese Erscheinung auf, so ist — vorausgesetzt daß Achsabstand und ge-

genseitige Lager der Zahnradwellen zutreffen, — der Werkstoff für die vorliegende Beanspruchung unrichtig gewählt.

Schrifttum.

1. Aengeneyndt, J.: Verschleißerscheinungen an Zahnrädern. Reibung und Verschleiß, S. 110. Berlin: VDI-Verlag 1939.
.2. Ulrich, M.: Schaltverschleiß bei Zahnrädern aus verschiedenen und verschieden behandelten Stählen. Fachvorträge auf der 74. Hauptversammlung des VDI. Darmstadt: VDI-Verlag 1939.
3. Rideont, T. R.: Why Gear Teeth Wear. The Machinist 1938, S. 425.
4. Schmaltz, G.: Technische Oberflächenkunde. Berlin: Springer 1934.

IX. Schmieröl und Verschleiß.

Wie schon erwähnt, hängen Schmierung und Verschleiß auf das allerengste zusammen. Außer der Schmierölmenge, die in die Verschleißparung gelangt und der Art der Ölzuführung, die neben der Gestaltung der Verschleißflächen den hier zur Beherrschung der vorliegenden Beanspruchungsverhältnisse erforderlichen Schmierzustand erzwingen soll, spielt auch die Qualität des Schmieröls eine sehr wichtige Rolle; der gesamte Verschleiß in einem Motor kann durch die Wahl des Schmieröls um ein Vielfaches gesteigert oder gesenkt werden.

Da die Schmierung des Motors in der Regel mit einem Einheitsöl erfolgt, muß das Öl so gewählt werden, daß es auch noch an den Stellen höchster Beanspruchung seine Aufgabe erfüllen kann; dies ist, sofern Temperaturbeanspruchungen in Frage kommen, in der Regel in den Zylindern, bzw. an den Kolben und Kolbenringen, soweit Druckbeanspruchungen ausschlaggebend sind, in der Pleuel- und Wellenlagern der Fall.

Im Betrieb verändert das Schmieröl seine Eigenschaften; diese Änderungen sind zum Teil vorübergehender Natur, wie z.B. die Abhängigkeit der Zähigkeit und Haftfähigkeit von Druck und Temperatur. — Neben dem Verhalten bei höheren Betriebstemperaturen ist dabei auch der Einfluß der Kälte von Wichtigkeit. Da die Abhängigkeit der Ölzähigkeit von der Temperatur im Hinblick auf den auftretenden Verschleiß eine unerwünschte Erscheinung darstellt, strebt man die Erzeugung von Ölen an, deren Zähigkeit möglichst temperaturunabhängig ist, die also bei höherer Temperatur nicht zu dünnflüssig sind, bei niedriger Temperatur aber ein gutes Fließvermögen aufweisen.

Die Temperatur übt überdies einen wichtigen Einfluß auf die Haftfähigkeit, also auf die Haftkräfte zwischen Metalloberfläche und Schmiermittel, aus. Bei steigender Temperatur wird schließlich eine kritische Grenze erreicht, oberhalb welcher das Schmiermittel auf der Metallfläche keinen Schmierölfilm mehr aufrecht erhalten kann; mit dem Erreichen dieses Zustandes muß der Verschleiß naturgemäß außerordentlich ansteigen, wobei es gleichgültig ist, ob die Wärme dem Schmieröl, wie im Zylinder, von außen zugeführt wird oder, wie in den Lagern, durch die innere Reibung im Öl selbst entsteht. Für jede Kombination von Metall und Schmiermittel gibt es offenbar eine derartig kritische Grenztemperatur, oberhalb welcher eine Schmierung unmöglich wird. Über den Einfluß der noch unterhalb der erwähnten kritischen liegenden Temperaturen auf die Adsorptionsschicht des Schmiermittels in der Nähe der Metalloberfläche ist noch wenig bekannt. — Ebenso fehlen auch noch Erkenntnisse über die Größe der Haftfähigkeit bei sehr niedrigen Öltemperaturen, wie sie etwa beim Kaltstart oder beim Anlassen mit Druckluft auftreten können.

Andere Änderungen des Schmieröls sind jedoch bleibender Natur. Denn im Betrieb wird das Öl nicht nur hohen Temperaturen und hohen Drücken, sondern auch verschiedenen chemischen Angriffen ausgesetzt; die innige Berührung mit Luft durch die Bildung großer Oberflächen und die innige Vermengung mit ihr im Ölumlauf, ferner die Berührung und Vermengung mit Verbrennungsprodukten, organischen und anorganischen Säuren führen zum Kracken, zur Oxydation und Polymerisation des Öls und bewirken, zusammen mit der Verschmutzung durch Ruß, Ölkohleteilchen, Asche, Staub und Abriebteilchen, Veränderungen, die als „Ölalterung" bezeichnet werden; mit diesen verschlechtern sich ständig die Schmiereigenschaften: Es kommt zu vermehrter Rückstand- und Schlammbildung und der zunehmende Säuregehalt des Öls führt zu steigenden Korrosionsangriffen an den ölbenetzten Stellen; schließlich kommt es, wenn nicht rechtzeitig eingegriffen wird, zu einem vollständigen Zusammenbruch des Öls.

Durch das Absinken der Schmierfähigkeit und durch die erhöhte Neigung zu Rückstandbildungen, besonders an den heißen Teilen, durch Verlegen der Ölzu- und -ablaufbohrungen, ferner unterstützt durch Korrosionsvorgänge, kommt es zu starken Verschleißerhöhungen an den zu schmierenden Teilen. Je geringer die Anfälligkeit des Öls gegenüber den die Verschlechterung der Schmiereigenschaften und den Zerfall begünstigenden Einflüssen ist, desto geringer bleibt auf die Dauer gesehen der Verschleiß.

In diesem Sinn ging auch die Entwicklung der heute zur Verfügung stehenden hochwertigen Schmierölsorten vor sich. An Stelle der früher üblichen Raffinationsverfahren mit Schwefelsäure traten andere Erzeugungsprozesse, wie z.B. das Solventverfahren, bei dem während der Destillation geeignete Lösungsmittel zugesetzt werden, welche die zu rascher Oxydation neigenden Kohlenwasserstoffgruppen entfernen; die auf diese Weise gewonnenen Schmieröle sind unter der Bezeichnung „Solvent oils" bekannt geworden.

Die fortwährend gesteigerten Anforderungen, welche besonders der Fahrzeugdieselmotor stellt, machten es notwendig, Öle zu schaffen, welche das Entstehen von harz- und lackartigen Ablagerungen verhindern, die übermäßige Schlammbildung vermeiden und zu keinen Korrosionsangriffen, vor allem an Bleibronzelagern, Anlaß geben. Diese Verbesserungen wurden durch bestimmte Zusätze (additives) zu den Schmierölen erreicht.

Solche Zusätze bezwecken zunächst die Verhinderung der Öloxydation (oxydation inhibitors); sie reduzieren die Oxydationsneigung und setzen die Schlamm-, Harz- und Lackbildung und damit die Neigung zum Verstopfen der Ölkanäle und den dadurch bedingten Ölmangel an Lagerstellen, das Festsetzen der Ringe und Hängenbleiben der Ventile weitgehend herab. Andere Zusätze, die als „detergents" bezeichnet werden, verhindern weniger die vorzeitige Oxydation des Öls, vielmehr verhüten sie durch ihre lösende und zerteilende Wirkung die Anhäufung und Zusammenballung der im Schmieröl vorhandenen Oxydationsprodukte, der Schmutzteilchen und des Wassers zu einem Schlamm; auch die Rußablagerungen im Verbrennungsraum und an den Ringen bleiben feinverteilt und werden daher leicht fortgeschwemmt, so daß sie nicht zusammenbacken können.

Die Säurebildung in Öl selbst sowie die aus der Verbrennung aufgenommenen Säuren werden durch eigene korrosionsverhütende Zusätze (anticorrodents) dadurch unschädlich gemacht, daß sie auf den korrosionsanfälligen Stellen, wie z.B. auf Bleibronzelager-Laufflächen, eine Schmutzschicht niederschlagen.

In den SAE-Normen erscheinen die Schmieröle für Fahrzeugmotoren entsprechend den in diesen zu erwartenden Beanspruchungen in 3 Gruppen eingeteilt:

1. Normale Öle (Regular Type Oils): Hierher zählen alle rein mineralischen, nach modernen Raffinationsverfahren (Solventverfahren) hergestellten Motorenöle, wie sie in allen Fahrzeugmotoren unter leichten Bedingungen verwendet werden können.

2. Hochwertige Öle (Premium Type Oils): Es sind dies nach modernen Raffinationsmethoden erzeugte Öle mit Zusätzen zur Verhinderung der Oxydation und zur Vermeidung von Lagerkorrosion; sie sollen bei allen Motoren verwendet werden, die unter schwierigen Arbeitsbedingungen laufen und die mit guten Ölfiltern ausgestattet sind; hierher zählen: alle modernen Motoren für Personen- und Lastkraftwagen, Autobusse, Traktoren usw., bei höherer Beanspruchung, z.B. im Berggelände.

3. Hochleistungsöle (HD-Öle, Heavy Duty Oils): Es sind dies Öle der Gruppe 2, versetzt mit besonderen, die Verteilung der Rückstände bewirkenden Zusätzen (detergents). Sie sind dort am Platz, wo besonders schwere Arbeitsbedingungen vorliegen oder

wo es sich um besonders hoch ausgelastete Motoren handelt, oder wo sehr schlechte, insbesondere auch hochschwefelhaltige Kraftstoffe verwendet werden.

Näheres über Schmieröle bringt Heft 1 dieses Werkes.

Schrifttum.

POPPINGA, R.: Verschleiß und Schmierung, insbesondere von Kolbenringen und Zylindern. Berlin: VDI-Verlag 1942.

Zweiter Teil

Verbrauch von Betriebsmitteln.

A. Kraftstoffverbrauch.

I. Einleitung.

Bei jeder Verbrennungskraftmaschine entspricht einem bestimmten Belastungszustand (Drehmoment, Drehzahl) ein ganz bestimmter Kraftstoffverbrauch. Solange alle Teile der Maschine klaglos und absichtsgemäß zusammenarbeiten und die Maschine richtig gewartet und bedient wird, bleibt dieser Verbrauch, die Verwendung des gleichen Kraftstoffes vorausgesetzt, unverändert.

Der Kraftstoffverbrauch ist ein empfindlicher Anzeiger für den Zustand des Motors; es ist daher für die Überwachung einer Verbrennungskraftmaschine zweckmäßig, den Kraftstoffverbrauch bei den verschiedenen Belastungen dauernd zu überwachen. Dies ist nicht nur von Bedeutung für die laufende Ermittlung der unmittelbaren Wirtschaftlichkeit der Anlage, sondern liegt auch in erster Linie im Sinne einer zweckmäßigen Instandhaltung und damit auch der Lebensdauer der Maschine.

II. Kraftstoffverbrauchsmessungen.

1. Allgemeines.

Für die wirtschaftliche Beurteilung einer Verbrennungskraftmaschine kommt vor allem der auf die Einheit der Nutzleistung N_e bezogene Kraftstoffnutzverbrauch b_e (g/PS$_e$h) in Betracht.

Zur gründlicheren Beurteilung des Arbeitsverfahrens der Maschine kann dieser Wert dagegen nicht herangezogen werden, da derselbe außer von der Güte der Umsetzung der mit dem Kraftstoff in die Maschine eingebrachten Wärmeenergie in Leistung auch vom mechanischen Verhalten der Maschine, also von ihrer Bauart und Ausführung, stark beeinflußt wird. Für die Gesamtbeurteilung der Maschine ist daher neben b_e die Angabe des auf die Innenleistung N_i bezogenen inneren oder indizierten Kraftstoffverbrauches b_i von Bedeutung. Zwischen beiden besteht mit η_m als mechanischem Wirkungsgrad die Beziehung

$$b_e = \frac{b_i}{\eta_m}.$$

Unter der dem Kraftstoffnutzverbrauch b_e zugrunde zu legenden Nutzleistung N_e ist die am Abtriebselement (Kupplung, Riemenscheibe usw.) abgegebene Leistung abzüglich aller dahinter abgezweigten etwaigen Hilfsmaschinenleistungen N_h zu verstehen [7]. Abzuziehen sind also z. B. der Leistungsbedarf für die Verdichtung und Förderung der Spül-, Auflade- und Einblaseluft, wenn die hierfür vorhandenen Hilfsmaschinen nicht mit dem Motor gekuppelt sind oder ihr Antrieb nicht durch Maschinen erfolgt, die mit der Abwärme des Motors betrieben werden.

Die Nutzleistung N_e rechnet sich daher:

α) bei direkt gekuppeltem elektrischen Stromerzeuger zu

$$N_e = \frac{N_{el}}{\eta_{el}},$$

wenn N_{el} die aus den Anzeigen der elektrischen Meßinstrumente ermittelte Leistung, η_{el} der Wirkungsgrad des Stromerzeugers ist.

Sind Hilfsmaschinen vorhanden, so ist

$$N_e = \frac{N_{el}}{\eta_{el}} - N_h, \quad \text{bzw.} \quad N_e = \frac{N_{el} - N_h}{\eta_{el}}, \quad \text{bzw.} \quad N_e = \frac{N_{el}}{\eta_{el_1}} - \frac{N_h}{\eta_{el_2}}$$

je nachdem, ob die Hilfsmaschinen fremd angetrieben, elektrisch über den Hauptstromerzeuger angetrieben, oder elektrisch durch Hilfsstromerzeuger angetrieben werden.

In sinngemäßer Weise ist der Leistungsbedarf z.B. für Spülung und Aufladung zu bestimmen, wenn die Entnahme dieser Luftmengen aus fremdgespeisten Leitungen erfolgt.

β) Erfolgt der Antrieb des Stromerzeugers mittels Riementriebes, so ist

$$N_e = \frac{N_{el}}{\eta_{el} \cdot \eta_r},$$

worin η_r den Wirkungsgrad des Riementriebes bedeutet.

Bei der elektrischen Leistungsmessung arbeiten die Stromerzeuger auf regelbare Widerstände, bei größeren Leistungen meist auf Wasserwiderstände. Es empfielt sich, die elektrischen Leistungsmessungen mit geeichten Zählern und überdies mit Präzisionsinstrumenten nach der Zwei-Wattmeter-Methode vorzunehmen. Arbeitet die Maschine während der Messung auf das Netz, so muß die Ablesung an den Leistungszählern, falls keine selbstschreibenden Zähler verwendet werden, in kurzen Zeitabständen, etwa alle 10 Minuten, jene an den Präzisionsinstrumenten aber mindestens alle 2 Minuten erfolgen.

γ) Wird die Leistung mittels Pronyschem Zaun, Wasserwirbelbremse, Windflügelbremse oder Pendeldynamo bestimmt, so wird das von der Maschine erzeugte Drehmoment direkt gemessen und die Leistung daraus errechnet:

$$N_e = \frac{n}{716,2} \cdot M_d = \frac{n}{716,2} \cdot G \cdot l,$$

worin n die Maschinendrehzahl und G das Bremsgewicht am Hebelarm von der Länge l bedeutet. Meist wird der Hebelarm der Drehmoment messenden Bremsen 716,2 mm lang ausgeführt, so daß sich obige Formel zu $N_e = \frac{n \cdot G}{1000}$ vereinfacht.

Vom Pronyschen Zaum wird die Arbeit des Motors in Reibungswärme umgesetzt, die durch entsprechende Kühlung der Bremstrommel abgeführt werden muß. Da sich die Reibungsziffer dauernd ändert, bleibt der Zaum meist nicht ruhig stehen, die Leistung schwankt. Diese Art der Abbremsung ist nur für verhältnismäßig kleine Leistungen brauchbar.

Windflügelbremsen geben gut konstant bleibende Belastung, wenn die Zu- und Abströmung der Luft vom Flügel ungehindert erfolgen kann. Besondere Vorkehrungen zur Abfuhr der Wärme sind nicht nötig.

Meist wird der mit dem Windflügel gekuppelte Motor pendelnd gelagert und das vom Motor ausgeübte Drehmoment an diesem pendelnden Rahmen gemessen. Diese Art der Bremsung eignet sich für Motoren mit hohen Drehzahlen.

Wasserwirbelbremsen vernichten die Leistung durch Flüssigkeitsreibung, vermittels welcher das pendelnde Gehäuse mitgenommen wird. An diesem wird das Drehmoment bestimmt. Voraussetzung für ruhiges Stehen der Bremsen ist konstanter Wasserdruck in der Zuflußleitung; das Wasser für die Bremsen ist deshalb am besten einem Hochbehälter zu entnehmen, dessen Wasserspiegel mit Hilfe eines Überlaufes dauernd in gleicher Höhe gehalten wird; die Wirksamkeit des Überlaufes muß am Überlaufrohr zu prüfen sein.

Pendeldynamos sind in Bezug auf Genauigkeit und Einfachheit der Bedienung allen anderen Bremseinrichtungen überlegen, jedoch teuer in der Anschaffung.

Bei Wasserwirbelbremsen kann die Leistung mit hoher Genauigkeit auch aus der durchfließenden Wassermenge und dem Temperaturunterschied zwischen Ein- und Austritt des Wassers, bei Pendeldynamos aus der elektrisch gemessenen Leistung des Stromerzeugers und dem Wirkungsgrad desselben errechnet werden. Die an die umgebende Luft durch Leitung und Strahlung abgegebene Wärme ist meist zu vernachlässigen.

Ist die der Kraftstoffverbrauchsmessung zugrunde gelegte Leistung N_e bei der Temperatur t °C und beim Luftdruck p mm QS gemessen worden, so ist sie zum Zweck des Vergleiches mit anderen Messungen nach einer der weiter unten folgenden empirischen Formeln für die Motorleistung in geänderter Atmosphäre auf Normalbedingungen umzurechnen. (Siehe auch Heft 4.)

Denn mit jeder Änderung des atmosphärischen Zustandes ändert sich das vom Motor angesaugte (oder ihn vom Lader zugeführte) Luftladungsgewicht und damit auch die im Zylinder verbrennbare Kraftstoffmenge. Da die letztere nicht immer der geänderten Luftladung entsprechend eingestellt wird, ergeben sich für die Abhängigkeit der Leistung die beiden folgenden von einander zu unterscheidenden Fälle:

a) eine Leistungsabhängigkeit, bei welcher die verbrannte Kraftstoffmenge als bestimmte Funktion der Luftladung (z.B. gleichbleibendes Luft-Kraftstoffverhältnis, d.h. $\lambda_v = $ konst.) erscheint,

b) eine solche, die sich auf Grund der Kraftstoffzumessung und der Umwandlung des Kraftstoffes ergibt.

Eine für alle Fälle zutreffende und verbindliche Umrechnungsformel gibt es zur Zeit noch nicht; im Gebrauch stehen die folgenden empirischen und halbempirischen Formeln, welche die oben erwähnte Bedingung a als zutreffend voraussetzen:

$$1. \qquad N_e = N_{e0} \cdot \frac{\gamma}{\gamma_0} = N_{e0} \cdot \frac{p}{p_0} \cdot \frac{T_0}{T}, \qquad (1)$$

d.h. die Nutzleistung ist proportional der Außenluftwichte. — Normalbedingungen: $p_0 = 760$ mm QS, $t_0 = 15°$ ($T_0 = 288°$).

2. Die brit. Stand. Specific. Nr. 649 gibt an:

Bei einer Änderung des Luftdruckes um $1''$ (25,4 mm) QS ändert sich die Leistung um 4 % im gleichen Sinn,

bei Änderung der Lufttemperatur um 10° F (5,65° C) um 2 % im entgegengesetzten Sinn. — Normalbedingungen: $p_0 = 29,5''$ (749 mm) QS,

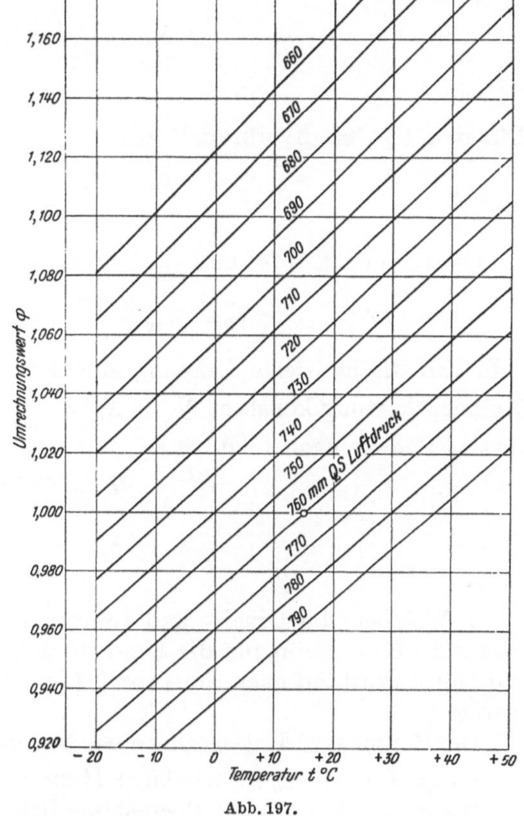

Abb. 197.

$t_0 = 85°$ F (29,4° C); Teildruck des Wasserdampfes $p_{H_2O} = 0,6''$ (15 mm) QS. Nach dieser Regel ist die Abhängigkeit der Leistung vom Druck etwas stärker und von der Temperatur etwas geringer als nach (1).

3. Vielfach wird nach folgender Formel umgerechnet:

$$N_{e0} = \frac{p_0}{p} \sqrt{\frac{T}{T_0}} \cdot N_e = \varphi \cdot N_e. \qquad (3)$$

Werden wie üblich die Normalbedingungen wie bie (1) angenommen, so ergeben sich für φ Werte, die aus dem Schaubild Abb. 197 abgelesen werden können. — Die Formel (3) gilt mit genügender Genauigkeit jedoch nur für verhältnismäßig geringe Abweichungen von Druck und Temperatur gegenüber dem Normalzustand.

Der Kraftstoffverbrauch, der bei der umgerechneten Nutzleistung N_{e0} zu erwarten ist, läßt sich jedoch nicht ohne weiteres angeben. Hierfür wäre der Ansatz

$$b_{e0} = b_e \cdot \frac{b_{i0}}{b_i} \cdot \frac{\eta_m}{\eta_{m0}} \qquad (3a)$$

streng gültig. Darin beziehen sich die Größen mit dem Weiser 0 auf den Normalzustand, jene ohne Weiser auf den während der Messung herrschenden Zustand. Nun ändert sich der innere Kraftstoffverbrauch b_i bei Ottomotoren in Abhängigkeit vom Außendruck nur sehr wenig, bei Dieselmotoren erst in größeren Höhen in fühlbarer Weise, so daß angenommen werden kann:

$$b_{i0} = b_i$$

und

$$b_{e0} = b_e \cdot \frac{\eta_m}{\eta_{m0}}. \tag{3b}$$

4. Nach einer auch in die Regeln der IEC (Internationalen Elektrotechn. Kommission) aufgenommene Formel wird

$$N_e = \frac{N_{e0}}{\eta_{m0}}\left(\frac{p}{p_0}\sqrt{\frac{T_0}{T}} + \eta_{m0} - 1\right), \tag{4}$$

wobei

$$\eta_{m0} = \frac{N_{e\,0}}{N_{i\,0}}.$$

Für den Kraftstoffverbrauch gilt:

$$b_e = b_{e0}\,\frac{\eta_{m0}}{1 - (1 - \eta_{m0})\dfrac{p_0}{p}\cdot\sqrt{\dfrac{T}{T_0}}}. \tag{4a}$$

Die Gleichungen (4) und (4a) gehen von der Voraussetzung aus, daß

$$N_i = N_{i0}\frac{p}{p_0}\sqrt{\frac{T_0}{T}} = N_{i0} \cdot k \;\; \text{mit}\;\; k = \frac{p}{p_0}\sqrt{\frac{T_0}{T}},$$

d.h. daß die indizierte Leistung eine Funktion des Außenzustandes ist, ferner daß die Reibungsleistung konstant $N_r = N_{r0} = \dfrac{N_{e0}}{\eta_{m0}}(1 - \eta_{m0})$ und daß schließlich $b_i = b_{i0}$. Aus diesen Bedingungen folgt:

$$N_e = \frac{N_{e0}}{\eta_{m0}}(k + \eta_{m0} - 1) \tag{4b}$$

$$b_e = \frac{b_{e0} \cdot \eta_{m0}}{1 - (1 - \eta_{m0})\dfrac{1}{k}}. \tag{4c}$$

5. Weichen die Druck- und Temperaturverhältnisse in stärkerem Maß vom Normalzustand ab, so kann für die Umrechnung der Leistung selbstansaugender Ottomotoren auf Normalzustand nach SCHMIDT [1] und LAUER und RICHTER [2] wie folgt vorgegangen werden:

Die Reibungsverlustleistung einer Verbrennungskraftmaschine, deren Größe

$N_r = N_i(1 - \eta_m)$ in beliebiger Höhe bzw.

$N_{r0} = N_{i0}(1 - \eta_{m0})$ in Meereshöhe beträgt,

läßt sich zerlegen:

a) in einen vom Außendruck unabhängigen Anteil

$$N_{r_m} = \beta \cdot N_{r0} = \beta(1 - \eta_{m0})N_{i0}$$

b) in einen vom Außendruck p_a (in beliebiger Höhe) bzw. p_{a0} (in Meereshöhe) abhängigen Anteil

$$(N_{r0} - N_{r_m}) \cdot \frac{p_a}{p_{a0}}.$$

Die gesamte Reibungsleistung wird daher

$$N_r = N_{r_m} + (N_{r0} - N_{r_m})\frac{p_a}{p_{a0}} = N_{r0}\left[\beta + (1 - \beta)\frac{p_a}{p_{a0}}\right]. \tag{5}$$

Der Einfluß des Außenzustandes auf die Innenleistung kann durch folgenden Ansatz wiedergegeben werden:

$$N_i = N_{i0} \cdot \frac{p_a}{p_{a0}}\left(\frac{T_{a0}}{T_a}\right)^n = \frac{N_{e0}}{\eta_{m0}} \cdot \frac{p_a}{p_{a0}}\left(\frac{T_{a0}}{T_a}\right)^n. \tag{5a}$$

Aus (5) und (5a) folgt

$$N_e = N_i - N_r = \frac{N_{e0}}{\eta_{m0}} \cdot \frac{p_a}{p_{a0}} \left[\left(\frac{T_{a0}}{T_a}\right)^n - (1 - \eta_{m0})\left(1 - \beta + \beta \frac{p_{a0}}{p_a}\right)\right]. \qquad (5\text{b})$$

Nach RICHTER kann angenommen werden:

$$\frac{N_{rm}}{N_{r0}} = \beta \sim 0,5; \quad n = 0,5 \text{ bis } 1,0 \text{ im Mittel } 0,75.$$

Nach dem Einsetzen dieser Werte ergibt sich

$$N_e = \frac{N_{e0}}{\eta_{m0}} \cdot \frac{p_a}{p_{a0}} \left[\left(\frac{T_{a0}}{T_a}\right)^{0,75} - \frac{1 - \eta_{m0}}{2}\left(1 + \frac{p_{a0}}{p_a}\right)\right] \qquad (5\text{c})$$

womit sich Meßwerte innerhalb weiter Grenzen gut darstellen lassen.

Unter Verwendung der Gleichung (3b) ergibt sich weiter für den bezogenen Verbrauch:

$$b_e = b_{e0} \frac{\eta_{m0}}{1 - \left(\frac{T_a}{T_{a0}}\right)^n (1 - \eta_{m0})\left(1 - \beta + \beta \cdot \frac{p_{a0}}{p_a}\right)} \qquad (6)$$

bzw. nach Einsetzen der oben von RICHTER angegebenen Werte für β und n:

$$b_e = b_{e0} \frac{\eta_{m0}}{1 - \frac{1}{2}\left(\frac{T_a}{T_{a0}}\right)^{0,75}(1 - \eta_{m0})\left(1 - \frac{p_{a0}}{p_a}\right)} \qquad (6\text{a})$$

Nach FADINGER [3] ist β jedoch keine Konstante; vom gradlinigen Verlauf der Reibungsleistung in Abhängigkeit vom Druckverhältnis $\frac{p_{a0}}{p_a}$ treten stets mehr oder weniger große Abweichungen auf, so daß der Versuch, den Wert β nur aus einigen Werten der Reibungsleistung in Bodennähe und in geringen Höhen zu ermitteln, zu beträchtlichen Fehlern führen kann. Ebenso erscheint es nicht zulässig, aus vorliegenden Kraftstoffverbrauchsmessungen in verschiedenen Höhen durch Auflösen der Gleichung (6) den Wert β ermitteln zu wollen. — Die Anwendung der Gleichung (6) setzt voraus, daß sowohl die Gesamtreibungsleistung als auch deren druckunabhängiger ebenso wie der druckabhängige Anteil und der Verlauf der Reibungsleistung über der Höhe weitgehend bestimmt werden; Bauart des Motors, Arbeitsverfahren und Brennraumgestaltung nehmen unter anderem Einfluß auf Größe und Aufteilung der Reibungsleistung.

Für neuere Ottoflugmotorenbauarten kann nach FADINGER der Wert β zwischen 0,65 und 0,85, der Exponent der Temperaturabhängigkeit mit $n = 0,7$ angenommen werden.

Die weiter oben für die Umrechnung von Leistung und Verbrauch angegebenen Formeln (4) und (4a) ergeben sich aus (5b) und (6) mit $\eta_m = \eta_{m0}$, $\beta = 1$ und $n = 0,5$; Gleichung (4a) ergibt aber erfahrungsgemäß zu hohe Werte für den Kraftstoffverbrauch, insbesondere für große Höhen.

ZINNER [13] formt die Gleichungen (5b) und (6) noch unter der Annahme um, daß der mit dem Druck p und daher mit der Leistung veränderliche Anteil der Reibungsleistung N_{r2} angenähert mit der indizierten Leistung proportional gesetzt werden kann; d. h. $N_{r2} = N_i \cdot \alpha$; zwischen den Faktoren α und β erhält man dann die Beziehung

$$\alpha = (1 - \beta)(1 - \eta_{m0}).$$

Mit $k = \frac{p}{p_0}\left(\frac{T_0}{T}\right)^n$ ergibt sich

$$N_e = N_{e0}\left[\frac{1 - \alpha}{\eta_{m0}} \cdot k - \left(\frac{1 - \alpha}{\eta_{m0}} - 1\right)\right] \qquad (7)$$

$$b_e = b_{e0} \frac{k \cdot \frac{\eta_{m0}}{1 - \alpha}}{k - \left[1 - \frac{\eta_{m0}}{1 - \alpha}\right]}. \qquad (7\text{a})$$

Für Dieselmotoren mittlerer Größe und mittlerer Schnelläufigkeit wird angegeben: $\alpha = 0,07$. — Auch für $\beta = 0,65$ und $\eta_{m0} = 0,8$ wird $\alpha = 0,07$.

Der in der Luft enthaltene Wasserdampf (nicht die kondensierten Nebeltröpfchen) setzt die Sauerstoffkonzentration und daher die Leistung des Motors herab. Unter dem Druck p ist daher der um den Partialdruck des Wasserdampfes verminderte (barometrische) Gesamtdruck einzusetzen. Bei Lufttemperaturen unter 20° kann der Einfluß der Luftfeuchtigkeit im allgemeinen vernachlässigt werden.

Abb. 198 faßt die Abhängigkeit von Leistung und spezifischem Kraftstoffverbrauch von Luftdruck, Temperatur und Feuchtigkeitsgehalt nach Gleichung 7 und 7a zusammen, wobei $\eta_{m_0} = 0,8$, $\alpha = 0,07$ und $n = 0,8$ zugrunde gelegt wurden; als Normalzustand wurden dabei eingesetzt: Seehöhe o, $t = 15°$ und 80% Sättigung, das ist ein Teildruck der trockenen Luft von $p = 760 - 10 = 750$ mm QS.

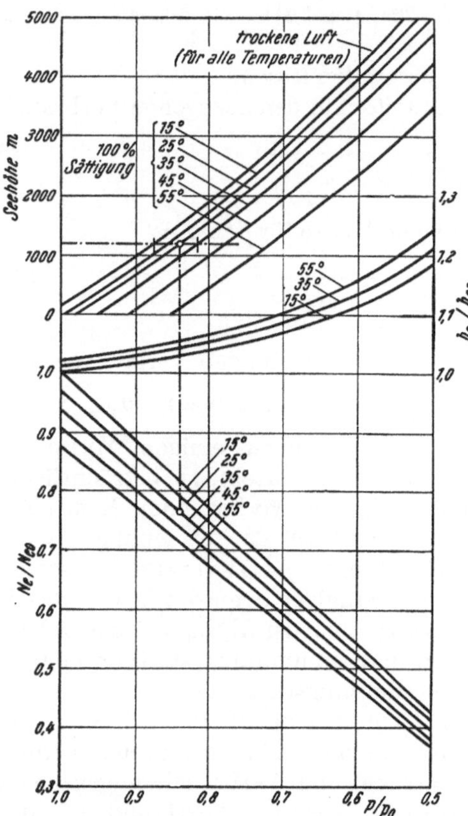

Abb. 198. Leistung und spezifischer Kraftstoffverbrauch in Abhängigkeit von Druck, Temperatur und Feuchtigkeitsgehalt (nach ZINNER [17]).
$\eta_m = 0,8$　$\alpha = 0,07$　$n = 0,8$
Bezugswerte: $H = 0$　$t = 15°$　80% Feuchtigkeit
Eingezeichnetes Beispiel
$H = 1200$ m　$t = 35°$　50% Feuchtigkeit (interpoliert).

Handelt es sich um die Umrechnung von Teillastverbräuchen, so können ebenfalls die Gleichungen 4a, 6a oder 7a angewendet werden; der umgerechnete Verbrauch ist stets der umgerechneten Leistung zuzuordnen und dabei der der Teillast N'_{e_0} entsprechende mechanische Wirkungsgrad η'_{m_0} einzusetzen.

Aus den oben aufgestellten Beziehungen ergibt sich allgemein:

$$\eta_m = \frac{N_e}{N_e + N_{r1} + N_{r2}}$$

und mit $N_{r2} = \alpha\,N_i = \dfrac{\alpha \cdot N_e}{\eta_m} : \eta_m = \dfrac{1 - \alpha}{\dfrac{N_{r1}}{N_e} + 1}.$

Im Gebiet kleiner Belastungen (unterhalb $p_e = 3\text{—}4$) wird die Umrechnung auf Grund der getroffenen Annahmen unsicher. Daher wird in der Praxis vielfach so vorgegangen, daß für Teillasten auf die Umrechnung verzichtet und für gleiche absolute Leistung der gleiche Verbrauch eingesetzt wird.

Die oben angeführten Umrechnungsformeln haben Gültigkeit, wenn die Leistungsgrenze des Motors durch den Luftüberschuß bedingt ist; bei größeren Dieselmotoren aber, die stets mit reichlichem Luftüberschuß gefahren werden, kann auch die thermische Belastung als Leistungsgrenze maßgebend sein: Dann ist bei Normalhöhe die Grenze des zulässigen Luftüberschusses noch nicht erreicht, der Einfluß des Atmosphärendruckes auf die Leistung daher nur gering, jener der Temperatur mit Rücksicht auf die thermisch gegebene Belastungsgrenze aber größer, als es die Umrechnungsformeln (4), (5b) und (7) erscheinen lassen. Überdies ist bei größeren Dieselmotoren auch der Höchstdruck im Zylinder begrenzt; mit abnehmendem Luftdruck würde aber auch der maximale Zünddruck sinken. Es kann deshalb meist ohne weiteres das Verdichtungsverhältnis erhöht oder der Zündpunkt vorverlegt werden, wodurch der indizierte Verbrauch verbessert werden kann; diesem kommt die Gleichung (1) entgegen, die deshalb für größere Diselmotoren in etwas größerem Bereich gilt. Die Umrechnung des Verbrauches muß dagegen immer nach Gleichung (4a,) (6a) oder (7a) geschehen.

Bei Berücksichtigung der Leistungsabhängigkeit vom Außenzustand muß also unterschieden werden, ob der Luftüberschuß für die tatsächliche und für die Bezugshöhe mit

Rücksicht auf den Verbrennungsvorgang gleich gehalten oder ob er mit Rücksicht auf andere Faktoren verändert wird. Für den ersteren Fall geben diejenigen Umrechnungsformeln die tatsächlichen Verhältnisse am besten wieder, bei denen der Außenzustand selbst, die Abhängigkeit des Liefergrades von diesem und die mit der Belastung veränderlichen Reibungsleistung berücksichtigt werden. Der Einfluß des Außenzustandes auf den spezifischen Kraftstoffverbrauch ist aber immer viel geringer als auf die Leistung.

Betrachtet man in den auf verschiedene Außenzustände bezogenen Verbrauchskurven Punkte gleichen Luftüberschusses, so liegt der Verbrauch für den Punkt geringerer Außenluftwichte deswegen höher, weil für die der letzteren entsprechende kleinere Leistung der mechanische Wirkungsgrad niedriger ist. Faßt man Punkte gleicher absoluter Leistung ins Auge, dann ist der höhere Verbrauch bei niedrigerer Außenluftwichte auf den mit geringerem Luftüberschuß in der Regel ansteigenden indizierten Kraftstoffverbrauch zurückzuführen.

Die Ermittlung des Kraftstoffverbrauchs einer Maschine zur Bestimmung ihres Nutzwirkungsgrades muß bei möglichst gleichbleibender Belastung erfolgen. Lastschwankungen haben stets Änderungen der Verbrauchswerte zur Folge und zwar werden bei schwankender Last stets höhere Werte gemessen, als sie dem Mittelwert der Leistung während der Meßperiode nach der Regelverbrauchskurve entsprechen würden.

Zur Ermittlung genauer Verbrauchswerte muß die Maschine vor Beginn der Kraftstoffmessungen den Beharrungszustand erreicht haben. Dieser ist durch das Gleichbleiben der Temperaturen des Schmieröls, des Kühlwassers und des Auspuffs, gegebenenfalls auch der Ladung im Saugrohr bei gleichbleibender Belastung gegeben.

Der Beharrungszustand tritt je nach Größe der Maschine kaum vor $\frac{1}{4}$- bis $\frac{1}{2}$-stündigem Lauf unter ungeänderten Bedingungen ein; bei großen Maschinen kann dies bis zu mehreren Stunden dauern. Befindet sich die Maschine noch nicht im Beharrungszustand, so ergeben sich, wenn die Verbrauchskurve in steigender Belastungsrichtung aufgenommen wird, im allgemeinen zu hohe, bei Aufnahme in fallender Richtung hingegen im allgemeinen zu niedrige Verbrauchswerte; die Abweichungen von den Regelverbräuchen werden um so größer, je weiter der Wärmezustand der Maschine, also die Temperaturen der Maschinenteile, des Kühlwassers und des Schmieröls von jenen abweichen, welche die Maschine im regelmäßigen Betrieb im jeweils zu messenden Zustand erreicht.

Die Dauer der Kraftstoffmessung soll nicht zu kurz bemessen werden. Die Genauigkeit der Messung hängt davon ab, wie weit die Belastung konstant gehalten werden kann, wie genau die Zeitbestimmung erfolgt und mit welcher Genauigkeit das Kraftstoffgewicht ermittelt wird.

Die während der Meßzeit verbrauchte Kraftstoffmenge wird auf den stündlichen Verbrauch B_h und dieser Wert durch weitere Division durch die Leistung N_e oder N_i in die bezogenen Verbrauchswerte b_e bzw. b_i umgerechnet.

Wird eine den ganzen Last- oder Drehzahlbereich der Maschine umfassende Kraftstoffverbrauchskurve aufgenommen, so empfiehlt es sich, nach jeder Einzelmessung die gefundenen Werte in ein Diagramm über N bzw. n einzutragen, wodurch etwaige Meßfehler durch Unstetigkeiten in den so gewonnenen Kurven gleich erkannt werden. Ratsam ist es auch, stets je 2 Messungen unmittelbar nacheinander unter unveränderlichen Bedingungen durchzuführen. Eine weitere Überprüfung der Meßergebnisse kann auch durch Wiederholung der ganzen Meßreihe in umgekehrter Reihenfolge erfolgen und sollte stets vorgenommen werden. Gleichzeitig mit der Kraftstoffverbrauchsmessung ist auch der Schmierölverbrauch zu messen, insbesondere dort, wo der Schmierölverbrauch für die Zylinder willkürlich beeinflußt werden kann, denn ein erhöhter Schmierölverbrauch kann wesentliche Verringerungen des Kraftstoffverbrauchs durch Verbrennen von Schmieröl zur Folge haben.

2. Verbrauchsmessungen mit flüssigen Kraftstoffen.

Für Prüfstandsverbrauchsmessungen mit flüssigen Kraftstoffen sollen alle Querschnitte für die Kraftstofffortleitung, also Rohre und deren Verbindungen, Durchgangshähne und Ventile, ferner auch die Querschnitte in den Meßgefäßen selbst reichlich bemessen werden. Es lassen sich so erfahrungsgemäß Fehlmessungen, Undichtheiten und Kraftstoffverluste leichter vermeiden. Der Meßbehälter soll so hoch aufgestellt werden, daß der Kraftstoff dem Motor mit genügendem Gefälle zufließt. Ist eine Förderpumpe vorhanden, so kann diese den Kraftstoff auch aus einem tiefer stehenden Behälter saugen und dem Motor zuführen, doch erhöht diese Anordnung erfahrungsgemäß, besonders bei leicht flüchtigen Kraftstoffen, die Zahl der Fehlerquellen. Der Druck in der Kraftstoffzuleitung soll dem des praktischen Motorbetriebs möglichst genau entsprechen.

Bei Vergasermotoren muß die Vergaseranordnung der endgültig gewählten Ausführung entsprechen. Zwischen Betrieb mit Fallbenzin und der Zuführung des Kraftstoffes mittels Förderpumpe können merkbare Unterschiede in bezug auf Klopfen, Leistung und Verbrauch bestehen.

Verbrauchsmessungen mit flüssigen Kraftstoffen können auf verschiedene Weise durchgeführt werden, und zwar:

α) durch Messen der während einer bestimmten Zeit verbrauchten Kraftstoffmenge;

β) durch Messen der Zeit, während welcher eine bestimmte Kraftstoffmenge verbraucht wird;

γ) durch unmittelbare Bestimmung des Verbrauches je Zeiteinheit.

In allen Fällen kann der Verbrauch an Kraftstoff entweder dem Gewicht oder dem Volumen nach gemessen werden.

a) Gewichtsmessung.

Die Gewichtsmessung kann nach folgendem Verfahren durchgeführt werden:

α) Die Entnahme des Kraftstoffes erfolgt bei dem Verfahren nach Abb. 199 aus einem auf einer Waage angeordneten Behälter. Die Messung beginnt, sobald die Zunge auf der Waagenskala einspielt. Nach Abheben jenes Gewichtes G von der Waage, welches der während der Messung zu verbrauchenden Kraftstoffmenge entspricht, wird der

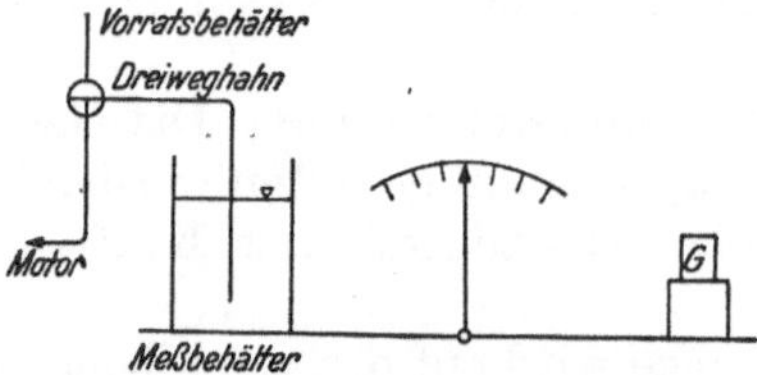

Abb. 199. Kraftstoff-Gewichtsmessung aus offenem Behälter.

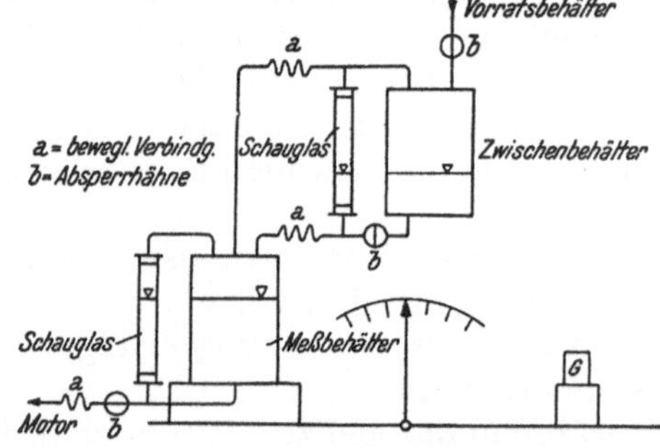

Abb. 200. Kraftstoff-Gewichtsmessung aus geschlossenem Behälter.

Augenblick des abermaligen Durchgehens des Zeigers durch die Nullstellung der Waagenskala beobachtet und die Zeit zwischen den beiden Durchgängen mit der Stoppuhr bestimmt. Der Zeitpunkt des Durchschwingens der Waage durch den Nullpunkt muß möglichst genau erfaßt werden; die Waage muß daher genügend empfindlich sein; Schwingungen sind durch Öldämpfer oder ähnliche Einrichtungen abzudämpfen.

Die Anordnung nach Abb. 199 mit offenem Gefäß hat den Vorteil, daß Fehler durch Bewegungen von Schlauch- oder anderen Verbindungen ausgeschaltet sind. Die zwischen dem Motor und dem Meßbehälter bestehende Verbindung ist höchstens durch Flüssigkeitsreibung beeinflußt, die in fast allen Fällen vernachlässigt werden kann. Nur bei sehr zähen Brennstoffen ist diese Anordnung weniger zweckmäßig.

β) Soll das Brennstoffmeßgefäß verschlossen sein, so muß für einen Luftausgleich im geschlossenen Behälter gesorgt werden. Die Verbindung des Behälters mit der Rohrleitung muß dann nach Abb. 200 durch Schläuche erfolgen. Diese müssen sehr leicht biegsam sein. Die Verbindungsstellen aller Schläuche müssen parallel zu einander liegen; die Schlauchstücke selbst sind so lang auszuführen, daß die erforderliche Beweglichkeit der Teile gewährleistet ist.

Etwa vom Motor ins Meßgefäß zurückfließender Kraftstoffüberschuß darf durch seinen Strahldruck die Messung nicht beeinflussen.

γ) Zu den Verfahren mit Gewichtsmessung zählt auch das Abreißverfahren nach Abb. 201, bei welchem in das fest aufgestellte Meßgefäß eine nach unten in eine schlanke Spitze auslaufende, fest mit dem Gefäß verbundene Nadel eintaucht. Das Abreißverfahren eignet sich vor allem zu Verbrauchsmessungen mit schwerflüchtigen Dieselkraftstoffen. Die Messung beginnt, sobald die Nadelspitze von der absinkenden Oberfläche des Brennstoffes abreißt; hierauf wird eine abgewogene Brennstoffmenge in das Gefäß eingefüllt und die Zeit bis zum neuerlichen Abreißen des Flüssigkeitsspiegels an der Nadelspitze gemessen. Auch dieses Verfahren gibt, wenn die abgewogene Brennstoffmenge nicht zu klein ist, die Messung also nicht zu kurz dauert — sehr genaue Werte. Voraussetzung ist jedoch, daß der Flüssigkeitsspiegel im Gefäß im Augenblick des Abreißens von der Meßnadel, also zu Beginn und zu Ende der Messung, genügend rasch absinkt. Ist dies nicht der Fall, so können durch Hängenbleiben von Tröpfchen an der Nadelspitze, vor allem bei Verwendung zäher Kraftstoffe, größere Fehler entstehen. Da

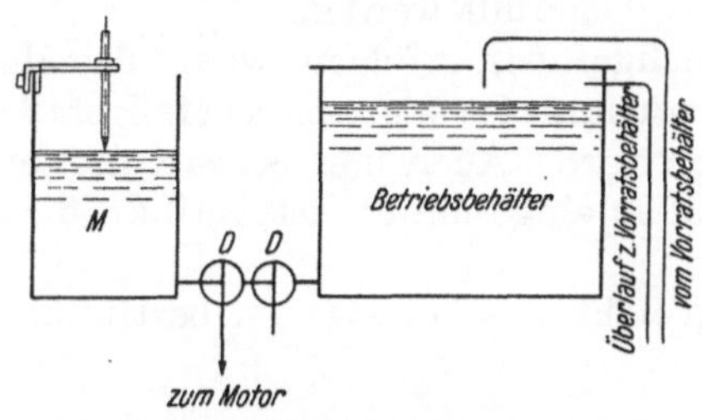

Abb. 201. Kraftstoffverbrauchsmessung nach dem Abreißverfahren.

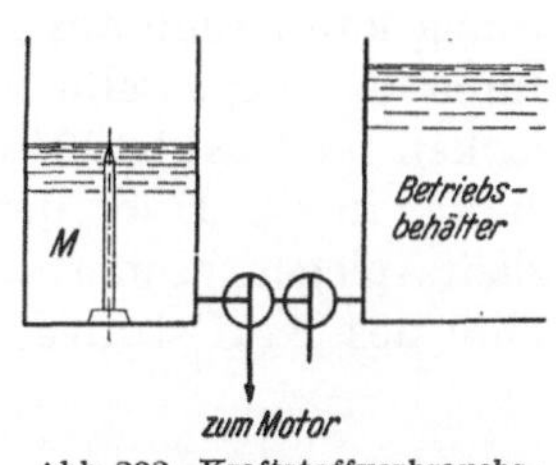

Abb. 202. Kraftstoffverbrauchsmessung mit auftauchender Spitze.

manchmal die Messung durch Luftbläschen gestört wird, die an der Nadelspitze hängen bleiben, wird neben der Abreißmethode auch vielfach jene der auftauchenden Nadelspitze verwendet, bei welcher die Messung in dem Augenblick beginnt, in dem nach Abb. 202 eine auftauchende Nadelspitze durch den Oberflächenspiegel im Meßgefäß durchtritt. Dieses Verfahren setzt allerdings genaue Beobachtung voraus, insbesondere bei dunklen, nicht durchscheinenden und trüben Kraftstoffen. Die Meßnadel muß in Fällen, in denen ein Neigen des Kraftstoffbehälters während der Messung möglich ist, genau in der Mitte des Meßgefäßes angeordnet sein.

Nach einem anderen Verfahren wird der Durchtritt des Flüssigkeitsspiegels durch einen markierten, abgeschnürten Teil eines Meßgefäßes aus Glas als Meßpunkt gestoppt, hierauf eine abgewogene Kraftstoffmenge nachgefüllt und die Messung beim neuerlichen Durchtritt des Flüssigkeitsspiegels beendet.

Wird die Messung nicht im Betriebsbehälter, sondern aus einem besonderen Meßgefäß vorgenommen, so muß für eine verläßliche Absperrung der Verbindungsleitung zwischen den beiden Behältern gesorgt werden, damit kein Überströmen von einem Behälter zum anderen erfolgen kann. Absperrhähne sind hier im allgemeinen verläßlicher als Absperrventile. Es empfiehlt sich, wie in Abb. 201 und 202 angedeutet, in der Verbindungsleitung zwischen Kraftstoffbehälter und Meßgefäß einen zweiten Dreiweghahn mit einem Austritt ins Freie mitzuschalten. Dadurch lassen sich Undichtheiten einer der beiden Absperrstellen während der Messung leicht erkennen.

b) Volumetrische Messungen.

Bei Verfahren, die das Kraftstoffvolumen messen, erfolgt die Entnahme des Brennstoffes aus geeichten Gefäßen.

Alle volumetrischen Verfahren ergeben Ungenauigkeiten infolge der Wärmedehnungen sowohl der Gefäße als auch der Kraftstoffe. Innerhalb der normalen Schwankungen der Raumtemperatur können diese allerdings vernachlässigt werden.

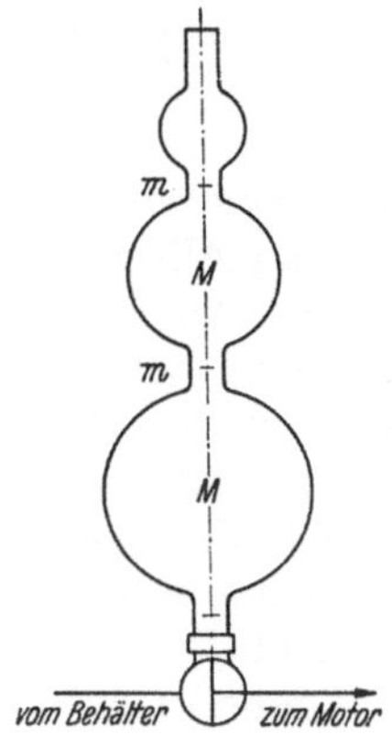

Man verwendet Glasgefäße etwa nach Abb. 203. Diese eignen sich besonders auch für Messungen mit leicht flüchtigen Kraftstoffen. Die Beginn und Ende der Messung begrenzenden Marken liegen in den eingeschnürten Teilen des Gefäßes, an welchen der Flüssigkeitsspiegel mit größerer Geschwindigkeit absinkt, so daß ein genaues Erfassen der Zeitpunkte möglich wird. — Derartige Meßgefäße eignen sich auch für Verbrauchsbestimmungen im Fahrzeug während der Fahrt. Dazu können sie mittels einer von der Batterie betriebenen Membranpumpe gefüllt werden.

Abb. 203. Kraftstoff-Volumsmessung mit Glasgefäß.

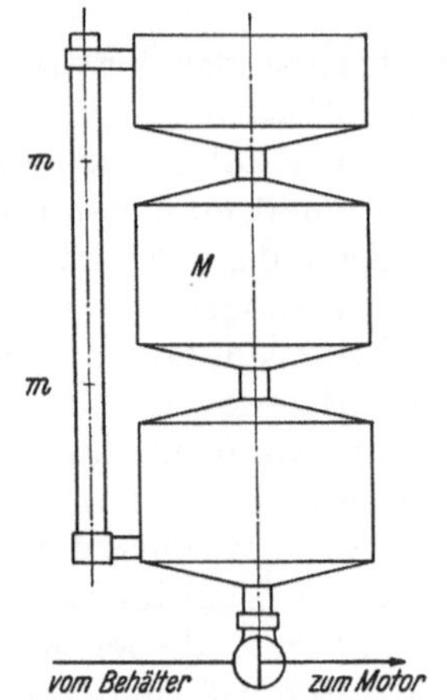

Abb. 204. Kraftstoff-Volumsmessung mit Blechgefäß.

Die Messung kann auch aus geeichten Blechgefäßen erfolgen, wobei das Meßvolumen entweder durch fest eingestellte Meßspitzen bestimmt ist oder an das Meßgefäß ein Schauglas mit Marken nach Abb. 204 angeschlossen wird. Auch hier ist es von Vorteil, wenn der Meßbehälter in der Höhe der Meßmarken so eingeschnürt ist, daß an diesen Stellen der Flüssigkeitsspiegel rasch absinkt.

Die Dichte des Kraftstoffes ist mittels geeichter Aräometer zu bestimmen.

c) Unmittelbare Messung des Verbrauches je Zeiteinheit.

Der Verbrauch je Zeiteinheit kann in Düsenmeßgeräten bestimmt werden. Die Geräte müssen für einen Kraftstoff von bestimmter Dichte geeicht werden; die Anzeigen sind daher temperaturabhängig Ihre Anzeigeempfindlichkeit genügt nicht für Messungen hoher Genauigkeit, doch eignen sie sich gut für die laufende Verbrauchsüberwachung im Betrieb.

Vereinzelt wurden auch selbsttätig arbeitende und aufschreibende Meßgeräte zur Brennstoffverbrauchsmessung entwickelt und erfolgreich eingesetzt.

d) Allgemeines.

Wichtig ist es, die während der Messung durch Leckverluste anfallende Kraftstoffmenge richtig zu erfassen. Sie ist vom gemessenen Verbrauch in Abzug zu bringen, wenn der tatsächliche Verbrauch der Maschine bestimmt werden soll, also auch dann, wenn durch die Verbrauchsmessung der Zustand der Maschine zu überprüfen ist. Bei der Bestimmung des wirtschaftlichen Verbrauches ist die durch Leckverluste verlorengegangene Kraftstoffmenge jedoch nur dann in Abzug zu bringen, wenn es möglich ist, im normalen Betrieb diesen Kraftstoff in geeigneter und wieder verwendbarer Form aufzufangen.

Der Verbrauch an flüssigen Kraftstoffen wird im allgemeinen, insbesondere für die Aufstellung von Vergleichswerten, auf einen unteren Heizwert des Kraftstoffes von 10 000 kcal/kg umgerechnet. Die Angabe des Verbrauches in kcal/PSh, wie sie mehrfach vorgeschlagen wurde, hat sich bei flüssigen Kraftstoffen bisher nicht durchgesetzt. Im metrischen Maßsystem erfolgt die Angabe des Stundenverbrauches B_h in kg/h, jene der bezogenen Verbräuche b_e und b_i in g/PSh.

Im englischen Maßsystem werden die Verbrauchsangaben für B_h in lb. p.h., für den bezogenen Verbrauch in lb. p. HPh. gemacht. — Für die Umrechnung gilt.

$$1 \text{ lb} = 0{,}4536 \text{ kg}$$
$$1 \text{ HP} = 76 \text{ mkg/sek} = 1{,}0135 \text{ PS}$$
$$1 \text{ lb. p. HPh} = 447{,}4 \text{ g/PSh, bzw.}$$
$$100 \text{ g/PSh} = 0{,}2235 \text{ lb/HPh.}$$

Erfolgt die Angabe in Wärmeeinheiten, so ist für die Umrechnung zu setzen:
$$1 \text{ BTU} = 0{,}252 \text{ kcal.}$$

3. Verbrauchsmessungen mit gasförmigen Kraftstoffen.

Der Verbrauch von gasförmigen Kraftstoffen kann dem Gewicht oder dem Rauminhalt nach gemessen werden. Im letzteren Fall, der meist vorgezogen wird, wird der Gasverbrauch auf Nm^3 umgerechnet und ergibt, mit dem ebenfalls darauf bezogenen unteren Heizwert des Gases vervielfacht, den Wärmeverbrauch des Motors.

Um den während der Messung im allgemeinen vom Normalzustand abweichenden Gaszustand zu berücksichtigen, sind gleichzeitig mit jeder Gasmengenmessung auch Druck- und Temperaturmessungen durchzuführen.

Die Umrechnung der bei der Temperatur t° C und beim Druck p mm QS gemessenen Gasmenge $V m^3$ in V_0 Nm^3 erfolgt nach der Formel

$$V_0 = V \cdot \frac{273\,(p - p_s)}{(273 + t)\,760} Nm^3 . \tag{8}$$

Darin ist p_s die Dampfspannung des im Gas enthaltenen Wasserdampfes.

Diese Umrechnung ist jedoch nicht ganz richtig; es wird damit nicht berücksichtigt, ob der betreffende Motor mit hohem oder geringem Luftüberschuß arbeitet. Motoren mit guter Luftausnutzung werden von jeder Änderung des Luftdruckes und der Ansauglufttemperatur merklich beeinflußt, während dies bei solchen Motoren, die gezwungenermaßen mit hohem Luftüberschuß arbeiten müssen, in viel geringerem Maß der Fall ist.

Im allgemeinen wird der Verbrauch bei der Verwendung gasförmiger Kraftstoffe als Stundenverbrauch W_h in kcal/h oder als bezogener Verbrauch w_e oder w_i in kcal/PSh angegeben; der Grund für diesen von den Angaben bei der Verwendung flüssiger Kraftstoffe in der Praxis abweichenden Gebrauch liegt darin, daß der Heizwert der üblichen flüssigen Kraftstoffe — außer bei Alkohol — nur wenig von 10 000 kcal/kg abweicht und daher die Angabe des Verbrauchs allein schon eine Beurteilung des Wirkungsgrades ermöglicht, während die Heizwerte der verschiedenen gasförmigen Kraftstoffe sehr beträchtlich auseinandergehen und die mengenmäßigen Verbrauchsangaben allein demnach dazu nicht genügen.

Die Gasmengen können mit Gasmesser, Gasometerglocken oder mit Durchflußgeräten, wie Düse, Staurand, Venturirohr oder Staurohr gemessen werden.

Bei Verwendung dieser Geräte sind die bestehenden Regeln [6] zu berücksichtigen.

Gasuhren (Drehkolbengasmesser) sind nur zur Messung verhältnismäßig kleiner Gasmengen geeignet; sie sind empfindlich gegen Verschmutzung, bei Verwendung innerhalb ihres Meßbereiches jedoch sehr genau. Düsen, Stauränder und Venturirohre hingegen sind gegen Verschmutzung recht unempfindlich; Stauränder zeichnen sich gegenüber den beiden anderen Durchflußmeßgeräten durch ihren einfacheren Einbau aus.

Staurohre messen nur die Gasgeschwindigkeit in einem bestimmten Punkt des Leitungsquerschnittes; werden sie daher bei Verbrauchsmessungen benützt, so ist der ganze Leitungsquerschnitt auf seine Geschwindigkeitsverteilung hin abzutasten, die mittlere Gasgeschwindigkeit zu bestimmen und dann das Rohr an jener Stelle des Querschnittes fest einzubauen, an welcher die der mittleren Gasgeschwindigkeit entsprechende Geschwindigkeit festgestellt wurde.

Um genaue Meßergebnisse zu erhalten ist es erforderlich, daß vor und nach dem Meßgerät gerade Rohrstücke von bestimmter Mindestlänge anschließen.

Fehlerhaft werden die Anzeigen aller genannten Meßeinrichtungen, wenn der Druck in der Gasleitung, in welcher die Messung erfolgt, schwankt oder pulsiert; zwischen Meßgerät und Motor ist daher in allen Fällen ein genügend großer Beruhigungsbehälter einzuschalten.

Die Ablesungen an den Gasmeßgeräten werden außer zu Beginn und Ende der Messung auch während der ganzen Dauer derselben in Zeitabständen von 3—5 Min. vorgenommen, und zwar am besten in den Halbzeiten zwischen den Ablesungen zur Leistungsmessung; dadurch ergibt sich eine gute Kontrolle über den Verlauf des Meßversuches.

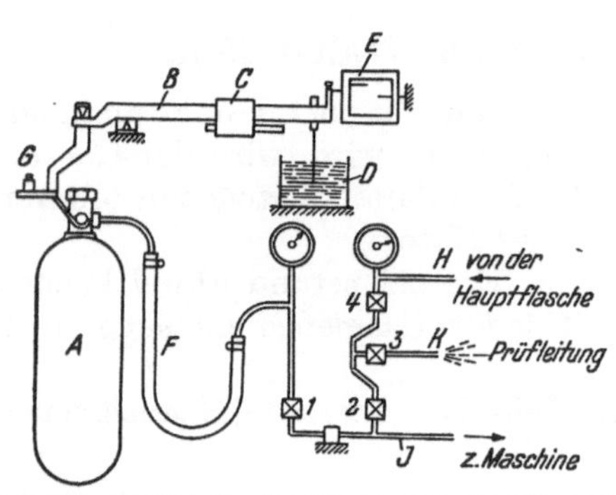

Abb. 205. Kraftstoffverbrauchsmessung für Flüssiggas.
A Meßflasche (Inhalt max. 10 kg Treibgas)
B Balkenwaage
C Laufgewicht zum Ausgleich des Flaschen- und Füllgewichtes
D Öldämpfer
E Optische Vergrößerung der Nullstellung
F Biegsamer Schlauch
G Waagschale zur Aufnahme der Differenzgewichte für die Messung
H Leitung von der Hauptflasche zur Meßflasche
J Leitung zur Maschine
K Prüfleitung
1—4 Ventile

Bei Verbrauchsmessungen an Motoren für Flüssiggas kann die Messung entweder in der flüssigen Phase oder in der Gasphase des Kraftstoffes erfolgen. Das letztere Verfahren ist trotz seiner scheinbaren Einfachheit in bezug auf die Meßapparatur nicht zweckmäßig, denn die Druck- und Temperaturabhängigkeit und die Abhängigkeit vom jeweiligen spezifischen Gewicht des Gases erschwert die Messungen. Es ist daher besser, den Kraftstoff in der flüssigen Phase zu messen.

Eine bewährte Meßanordnung, wie sie beim Betrieb mit Flüssiggas in der wissenschaftlich-technischen Abteilung des Benzolverbandes in Bochum verwendet wurde, zeigt Abb. 205. Bei dieser Anordnung sind während der Messung die Ventile 1 und 3 geöffnet, 2 und 4 geschlossen. Das Ventil 3 hat den Zweck, Fehlmessungen infolge etwa auftretender Undichtheiten der Ventile 2 und 4 zu vermeiden bzw. diese Fehler aufzuzeigen. Das Laufgewicht C dient zum Ausgleich des Flaschengewichtes und des Füllgewichtes der Flasche, nicht aber für die Messung selbst.

Die Messung beginnt beim Durchschwingen des Zeigers durch die Nullstellung; hierauf wird das Differenzgewicht der Messung durch Auflegen von Gewichten auf die mit der Flasche festverbundene Waagschale ausgeglichen. Die Messung endet beim abermaligen Durchschwingen des Zeigers durch die Nullstellung.

4. Verbrauchsmessungen mit festen Kraftstoffen.

Handelt es sich um feste Kraftstoffe, die unmittelbar im Motor verbrannt werden, z. B. im Kohlenstaubmotor, so erfolgt die Verbrauchsmessung durch Wägung.

Etwas schwieriger gestalten sich genaue Verbrauchsmessungen dann, wenn feste Kraftstoffe zur Verwertung im Motor vergast werden. Hier ist die Verbrauchsmessung entweder in der festen oder in der Gasphase möglich. In der letzteren erfolgt sie stets dann, wenn das Gas in einem Zwischenbehälter gespeichert wird.

Der feste Kraftstoff kann unmittelbar gemessen werden, wenn der Betrieb des Gaserzeugers mit dem zugehörigen Motor gekoppelt ist und von dessen Betriebszustand abhängt. Die Verbrauchsmessung setzt Eintritt des Beharrungszustandes sowohl am Motor wie auch am Gaserzeuger voraus. Die Meßzeiten müssen bedeutend länger gewählt werden, als bei der Messung des Verbrauchs von flüssigen Kraftstoffen. Zu Beginn und Ende der Messung muß der Gaserzeuger auf gleichen Zustand hinsichtlich Füllung und Feuerlage gebracht werden.

Bei der Heizwertangabe des festen Kraftstoffes ist auch dessen Feuchtigkeitsgehalt zu beachten. Ist H_u kcal/kg der untere Heizwert des trockenen Kraftstoffes und f der

Wassergehalt in %, so ist der Heizwert des feuchten Brennstoffes

$$H_{uf} = H_u \, (1 - 0{,}01f) - 6f$$

Von dem beim Entaschen oder Entschlacken anfallenden unverbrannten Brennstoff kann nur derjenige Teil vom Verbrauch abgezogen werden, der sich in einfacher Weise aussondern und im Gaserzeuger wieder verwenden läßt; nicht abgezogen werden kann Kraftstoffstaub, der sich im Reiniger oder in den Leitungen ablagert.

III. Mechanischer Wirkungsgrad und Verbrauch.

Geringer innerer Verbrauch muß nicht zwangläufig auch einen günstigen Nutzverbrauch zur Folge haben, da dieser durch das mechanische Verhalten der Maschine, also durch ihren Gesamtaufbau, durch die Güte der Werkstattausführung und des Zusammenbaues und durch ihren augenblicklichen mechanischen Zustand mitbestimmt wird.

Den Einfluß verschiedener mechanischer Wirkungsgrade auf den Verlauf der Kraftstoffverbrauchskurven zeigt Abb. 206. Der Abbildung liegen Mitteldrucke für die mechanische Verlustarbeit $p_r = p_i - p_e = 1{,}0$ bzw. $1{,}5$ bzw. $2{,}0$ kg/cm² zugrunde. Der innere Verbrauch bei gleichem inneren Mitteldruck ist in allen 3 Fällen der gleiche. Bei dem angenommenen Verlauf der b_i-Kurven ändert sich mit dem mechanischen Wirkungsgrad auch der Charakter der b_e-Kurven; das Verbrauchsminimum rückt mit sinkendem mechanischen Wirkungsgrad immer weiter nach links, also in den Bereich niedrigeren Nutzdruckes und der Verlauf der Kurve beiderseits des Minimums wird immer steiler, d.h. das Gebiet günstigen Verbrauches wird immer enger. Den Stundenverbrauchskurven dieses Bildes liegt in allen drei Fällen eine Vollastnutzleistung von 100 PS$_e$ zugrunde.

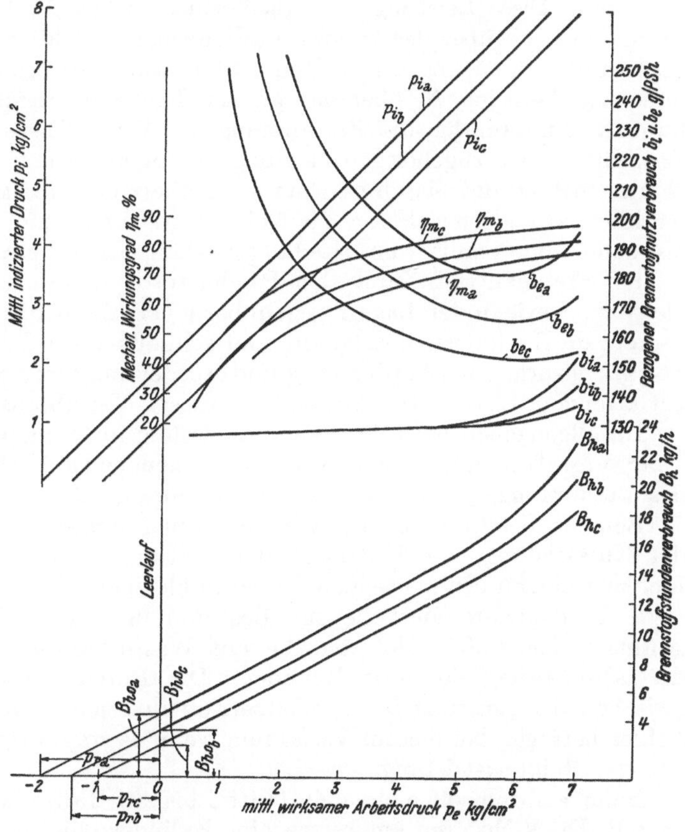

Abb. 206. Änderung der Kennlinien mit dem mechanischen Wirkungsgrad.

Zur Bestimmung des inneren Verbrauches b_i muß die von der Maschine während der Leistungsmessung aufgebrachte Innenleistung N_i bestimmt werden, am besten, wo es möglich ist, durch Indizieren. Da die einzelnen Zylinder einer Mehrzylindermaschine im allgemeinen nicht gleichmäßig belastet sind, ist es hierzu nötig, sämtliche Zylinder und zwar möglichst gleichzeitig zu indizieren.

Auch das p_i-Meter von Geiger kann zur Bestimmung der inneren Leistung verwendet werden, wobei sinngemäß wie beim Indizieren vorgegangen werden muß. Seine Anwendung beschränkt sich aber, ebenso wie jene des Federindikators, auf Motoren mit niederen Drehzahlen und größerem Hubraum.

Annähernd läßt sich der mechanische Wirkungsgrad von Dieselmotoren nach ROM-
BERG [8] auch aus den Stundenverbräuchen der Maschine ermitteln, indem man die
über dem Mitteldruck aufgetragene Kurve der gemessenen Stundenverbräuche nach
Abb. 206 bis zur Abszissenachse verlängert, wo sie den Mitteldruck der Verlustarbeit p_r
abschneidet. Damit wird

$$\eta_m = \frac{p_e}{p_e + p_r}.$$

Dort wo ein Indizieren mittels Feder- oder piezoelektrischen Indikators (z. B. Bauart
Dr. STAIGER und MOHILO) unmöglich oder nur mit verwickelten Meßeinrichtungen möglich ist, wie z. B. bei Fahrzeugmotoren und anderen ähnlichen schnellaufenden Maschinen,
kann der mechanische Wirkungsgrad nach folgenden Verfahren bestimmt werden:

1. Im Schleppversuch: Mit einer als Motor geschalteten Pendeldynamo wird die
Verbrennungskraftmaschine, jeweils unmittelbar nach der abgeschlossenen Verbrauchsmessung für jeden einzelnen Betriebszustand, angetrieben und die Antriebsleistung
gemessen. Diese Leistung wird als Verlustleistung N_v für die betreffende Drehzahl angenommen und über der Drehzahl aufgetragen. Addiert man sie zu der bei der vorher-
gegangenen Bremsung ermittelten Nutzleistung, so erhält man dadurch annähernd die
indizierte Leistung N_i über den ganzen Drehzahlbereich. Bei diesem Verfahren ist es
unbedingt notwendig, die Bestimmung der Verlustleistung N_v jeweils unmittelbar nach
Beendigung der zugehörigen Messung der Nutzleistung vorzunehmen, d. h. solange der
Wärmezustand der Maschine noch angenähert derselbe geblieben ist. Ändert sich dieser
merklich, so ändern sich u. a. die Kolben- und Lagerspiele und die Zähigkeit des Schmieröls, somit die Schmier- und Reibungsverhältnisse sehr rasch und bedeutend.

Bei Fremdantrieb durch den Pendelmotor ändern sich die Drücke auf die Kolben-
gleitbahn sowie in den Lagern gegenüber jenen, die bei Eigenbetrieb des Motors auftreten,
weiters die Ladungswechselarbeit und schließlich wird beim Fremdantrieb der Wärme-
übergangsverlust bei Verdichtung und Ausdehnung mitgemessen, so daß mit vollkommen
zutreffenden Werten bei Anwendung dieses Verfahrens nicht gerechnet werden kann.

Im allgemeinen wird die Reibungsleistung im Schleppversuch zu groß gemessen und
zwar vergrößert sich der Fehler mit zunehmender Drehzahl und zunehmender Zerklüftung
des Brennraumes; er ist bei Viertaktmotoren größer als bei Zweitaktmotoren.

Bei der Bestimmung der Verlustleistung müssen, ebenso wie bei der Bestimmung
der Nutzleistung, alle Hilfsmaschinen mitlaufen. Es sind also Pumpen, Ventilatoren,
Lichtmaschinen usw. in beiden Fällen in gleicher Weise zu betreiben.

2. Eine andere Methode zur Bestimmung der Reibungsleistung, insbesondere angewendet bei großen Motoren, die mit Wasserbremsen abgebremst werden, besteht in
der Abschaltung einzelner Zylinder. Die Reibungsleistung wird dabei als Differenz
zwischen der Leistung im Normalbetrieb und jener im Abschaltbetrieb bestimmt; die
Fehler betragen bei diesem Verfahren, wenn es sorgfältig durchgeführt wird, weniger als
5 % der Reibungsleistung.

Beim Versuch sollen etwa ein Drittel bis zur Hälfte der Zylinder abgeschaltet werden,
so z. B. bei V-Motoren am besten eine Zylinderreihe, bei doppeltwirkenden Motoren die
eine Kolbenseite usf.

Für den mit allen Zylindern arbeitenden Motor gilt

$$N_e = N_i - N_r.$$

Wird nun eine Zylindergruppe abgeschaltet, so ist

$$N_{e1} = N_{i1} - N_{r1} - N'_{r2}$$
$$N_{e2} = N_{i2} - N_{r2} - N'_{r1},$$

wobei der Zeiger 1 für die Gruppe 1, der Zeiger 2 entsprechend für die Gruppe 2 der
arbeitenden Zylinder gilt; Gruppe 1 + Gruppe 2 ergeben dem Gesamtmotor. Der Strich
weiser kennzeichnet die jeweils nicht arbeitende Zylindergruppe.

Nimmt man an:

$$N_i = N_{i\,1} + N_{i\,2}$$
$$N_r = N_{r\,1} + N_{r\,2}$$
$$N'_r = N'_{r1} + N'_{r2}$$

so folgt für die Reibungsleistung des geschleppten Motors

$$N'_{r2} = N_e - (N_{e1} + N_{e2}) \,.$$

Aus diesem gefundenen Wert N'_r kann die Reibungsleistung N_r unter Verwendung von Berichtigungswerten genauer ermittelt werden (vgl. hierzu [16]); ihre Höhe gibt die nachstehende Tabelle wieder.

Berichtigungswerte Δp bei Schleppversuchen für Mittel- und Großmotoren [16]:

Triebwerk . . . . $\Delta p_T \sim 0{,}10$

Einspritzpumpe im Schleppversuch abgehoben . $\Delta p_K \sim \dfrac{b'_e \cdot p_e}{1000}\ (0{,}02 - 0{,}03)$

$\qquad$ leer mitlaufend . . . . $\Delta p'_K \quad 0{,}80 - 0{,}85\ \Delta p_K$

Wärmeverlust . . . . $\Delta p_W \sim 0{,}5 - 0{,}2$

Gaswechselarbeit für Zweitaktmotoren . . . . $\Delta p_G \sim 0$

$\qquad$ „ $\qquad$ „ Viertaktmotoren . . . . $\Delta p_G \sim 0{,}05 - 0{,}10$

Hilfsmaschinen für Zweitaktmotoren . . . . . $\Delta p_{HM} \sim 0$

$\qquad$ „ $\qquad$ „ Viertaktmotoren . . . . . . $\Delta p_{HM} = 0$

Es wird: $N_r = N'_r + \Delta N_T + \Delta N_K - \Delta N_W - \Delta N_G \pm \Delta N_{HM}$ bzw. nach Einsetzen der entsprechenden spezifischen Arbeitsdrücke an Stelle der Leistungen:

$$p_r = p'_r + \Delta p_T + \Delta p_K - \Delta p_W - \Delta p_G \pm \Delta p_{HM} \,.$$

Der Versuch ist wie folgt durchzuführen:

a) Motor warm fahren; Leistung bei unveränderlicher Drehzahl ermitteln, dabei Einspritzpumpe auf unveränderliche Füllung feststellen; Einfluß des Reglers und der Spiele im Reguliergestänge der Einspritzpumpe sorgfältig ausschalten.

b) Motorbelastung teilweise verringern, Kraftstoffzufuhr für einen Teil der Zylinder abschalten; Meßdrehzahl durch Belastungsänderung genau einstellen und N_{e1} ermitteln.

c) Wiederholung des Versuches bei vertauschten Zylindergruppen; N_{e2} ermitteln.

Das Verfahren ist nicht anwendbar bei mit Abgasturbogebläsen aufgeladenen Motoren.

3. Nach Frey [4] kann der mechanische Wirkungsgrad auch aus den während einer Verbrauchskurvenaufnahme unmittelbar gemessenen Werten unter Zuhilfenahme der weiter unten angegebenen Formeln ungefähr errechnet werden. Diese würden unter den folgenden Voraussetzungen streng richtige Ergebnisse liefern:

a) daß die Verlustarbeit je Umdrehung unabhängig vom Nutzdruck ist, und

b) sich mit der Drehzahl nicht ändert.

Zur Verlustarbeit zählen hierbei: Die Summe der Reibungsarbeiten, wie Kolben- und Kolbenringreibung, Lagerreibung, Leistungsbedarf der Steuerung, die Ladungswechselarbeit, Luft- und Ölwirbelung, ferner der Leistungsbedarf der Hilfsmaschinen, wie Wasserpumpen, Ölpumpen, Lichtmaschine, Magnetzünder, Einspritzpumpen usw.

c) daß b_i für den ganzen Leistungsbereich gleich ist; eine Annahme, die jedoch nicht zutrifft.

Aus Vollast- und Leerlaufmessungen ergibt sich bei unveränderter Drehzahl:

$$\eta_m = 1 - \frac{B_{h0}}{B_h} \,.$$

Der so errechnete Wirkungsgrad gilt nur für jene Leistung, bei welcher der Kraftstoffstundenverbrauch B_h gemessen wurde; B_{h0} ist dabei der Leerlaufstundenverbrauch der Maschine.

Aus einer Vollast- und einer Teillastmessung errechnet sich der mechanische Wirkungsgrad bei gleichbleibender Drehzahl.

$$\eta_m = \frac{N_e \left(1 - \dfrac{B'_h}{B_h} \right)}{N_e - N'_e} = \frac{N_e - N'_e \, \dfrac{b'_e}{b_e}}{N_e - N'_e}$$

Darin bedeuten:

N_e Vollastleistung in PS

$N_e{}'$ Teillastleistung in PS

B_h stündlicher Verbrauch bei Vollast in kg/h.

$B_h{}'$ stündlicher Verbrauch bei der Teillast N_e' in kg/h.

b_e bezogener Kraftstoffnutzverbrauch in g/PSh bei Vollast N_e

$b_e{}'$ bezogener Kraftstoffnutzverbrauch in g/PSh bei der Teillast N_e'.

Aus Voll- und Teillastverbrauchsmessungen bei veränderter Drehzahl kann ungefähr gerechnet werden:

$$\eta_m = \frac{N_t \cdot \dfrac{n'}{n} - N_e{}' \dfrac{b_e{}'}{b_e}}{N_e \cdot \dfrac{n'}{n} - N_e{}'} \,.$$

Außer den oben angeführten Bezeichnungen ist n die Vollastdrehzahl und n' die Teillastdrehzahl bei der Leistung N_e'.

Der zu erwartende Teillastverbrauch kann nach FREY [4] nach folgenden Formeln eingeschätzt werden:

$$B_h{}' = b_e{}' \cdot N_e{}' = b_e \cdot \eta_m \left[N_e{}' + \left(\frac{N_e}{\eta_m} - N_e \right) \cdot \frac{n'}{n} \right]$$

bzw.

$$b_e{}' = b_e \cdot \eta_m + b_e (1 - \eta_m) \frac{N_e{}'}{N_e} \cdot \frac{n'}{n} \,.$$

Wegen des Nichtzutreffens der Voraussetzung c sind die errechneten η_m-Werte und daher auch die errechneten b_0-Werte recht ungenau.

Wird der mechanische Wirkungsgrad im Zuge der Verbrauchsmessungen sofort errechnet, so lassen sich Fehlmessungen durch Unstetigkeiten in den aufgetragenen Kurven leicht feststellen, auch können Störungen am Motor, wie z. B. klemmende Kolben leicht erkannt werden. Bei regelmäßiger Ermittlung des mechanischen Wirkungsgrades erhält man für bestimmte Motorenbaumuster Erfahrungswerte, die eine gute Vorausschätzung der zu erwartenden Teillastverbrauchswerte gestatten.

Erfahrungsgemäß erreicht der mechanische Wirkungsgrad für Fahrzeug- und Einbaumotoren ungefähr die in der folgenden Tabelle angegebenen Werte:

Motorengattung	n U/min	η_m %
Viertakt-Dieselmotoren . .	1000—2000	86—72
Viertakt-Ottomotoren . .	1000—2000	82—70
Viertakt-Ottomotoren . .	2000—4000	78—66
Zweitakt-Dieselmotoren . .	700—2000	87—72
Zweitakt-Ottomotoren . .	3000—5500	80—68

Die kleineren Werte des mechanischen Wirkungsgrades entsprechen den höheren Drehzahlen und sind auch für Bootsmotoren mit ihrer vollen Ausrüstung, also mit Kühlwasser und Lenzpumpe, Lichtmaschine, Zündmagnet, Kraftstofförderpumpe, Wendegetriebe usw. einzusetzen. Der mechanische Wirkungsgrad von Zweitaktmaschinen ist im allgemeinen nicht ungünstiger als jener von Viertaktmotoren gleicher Zylinderabmessung und gleicher Drehzahl, trotz der zum Antrieb des Spülluftgebläses aufzuwendenden Leistung, da diese im allgemeinen nicht größer ist, als die der Gaswechselarbeit entsprechende Leistung bei Viertaktmotoren.

Für Mittel- und Großdieselmotoren wurden gewisse innerhalb verhältnismäßig enger Grenzen liegende Gesetzmäßigkeiten für die mechanischen Verluste ermittelt [15]; danach geben die Abb. 207 und 208 die Abhängigkeit der Höhe des Reibungsdruckes von der Motorengröße wieder, wobei für die letztere das Produkt Bohrung mal Hub als kennzeichnend zugrunde gelegt wurde; aus den Werten der p_r-Kurven wurde der mechanische Wirkungsgrad jeweils für verschiedene Werte von p_e errechnet. — Mit zunehmender Motorengröße nimmt demnach der Reibungsdruck ab; er ist bei Zweitaktmotoren durchwegs etwas größer als bei Viertaktmotoren. Von der Belastung des Motors ist er bei gleichbleibender Drehzahl nur in geringem Maß abhängig, dagegen steigt er mit zunehmender Kolbengeschwindigkeit mehr als linear an. Abweichend davon verhalten sich Zweitaktmotoren mit fremdangetriebenen Spülluftgebläse, bei denen sich infolge der bei geänderter Motorendrehzahl praktisch unverändert bleibenden Gebläseleistung ein Mindestwert für p_r etwa im meistverwendeten Arbeitsgebiet des Motors ergibt.

Da das mechanische Verhalten fabriksneuer, noch nicht eingelaufener Motoren stets ungünstiger ist, als nach Erreichen des vollen Einlaufzustandes und nach längerer Lauf-

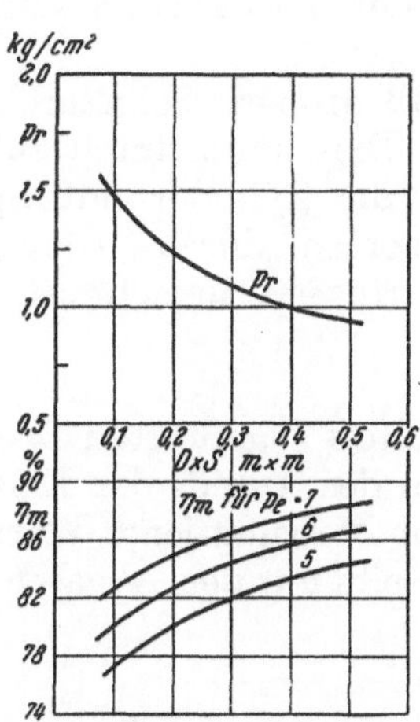

Abb. 207. Viertaktmotoren ohne Aufladung. — Mittelwert für den Reibungsdruck p_r bei Normalleistung (nach PETERSEN [15]) und daraus errechnete Werte η_m für verschiedene Werte von p_e. (Die p_r-Werte und damit die η_m-Werte streuen um ±9% um die Mittelwerte).

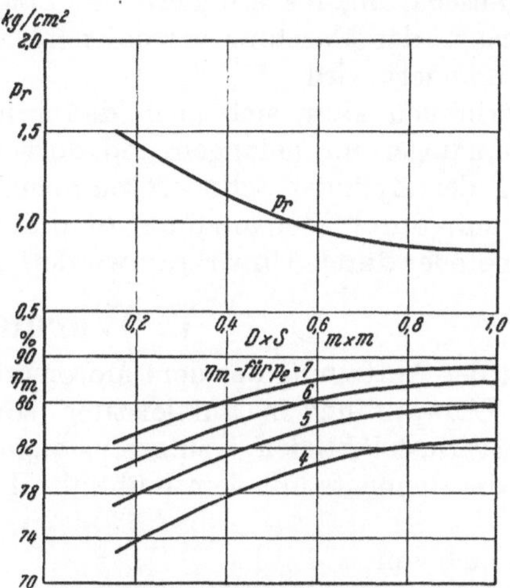

Abb. 208. Zweitaktmotoren ohne Aufladung (einfach- und doppelt wirkend). — Mittelwerte für den Reibungsdruck p_r bei Normalleistung (nach PETERSEN [15]) und daraus errechnete Werte η_m für verschiedene Werte von p_e. (Die p_r-Werte und damit die η_m-Werte streuen um ± 12% um die Mittelwerte.

zeit, liegt auch der Verbrauch bei der neuen Maschine stets höher. Darin liegt auch der Grund für die Festlegung eines Spielraums von 10% (manchmal auch 5%) der von den Herstellerwerken gemachten Gewährsangaben für den Verbrauch. Der gewährleistete Verbrauch wird im allgemeinen erst nach Einlaufen der Maschine erreicht werden, der Spielraum schützt das Lieferwerk bei vor dem Einlaufen vorgenommenen Abnahmeversuchen. Je sorgfältiger die Werkstattausführung und der Zusammenbau der Maschine erfolgt, je genauer die Bearbeitung aller gleitenden Flächen, je sorgfältiger die Passungen an diesen Stellen eingehalten sind und je günstiger deren Schmierung erfolgt, desto mehr nähert sich der mechanische Wirkungsgrad und damit auch der Verbrauch der neuen Maschine jenem der vollständig eingelaufenen, desto kleiner kann auch der Spielraum in dem gewährleisteten Verbrauch festgelegt werden.

IV. Einfluß der Eigenschaften der Betriebsstoffe auf den Verbrauch.

Die bei der Verbrauchsmessung festgestellten Verbrauchswerte gelten auch nach ihrer Umrechnung auf einen Bezugsheizwert naturgemäß nur für jenen Kraftstoff, mit welchem die Messung durchgeführt wurde.

Werden die Verbrauchswerte an ein- und derselben Maschine mit verschiedenen Kraftstoffen bestimmt, so verhalten sich die Ergebnisse nicht immer einfach umgekehrt wie die unteren Heizwerte der Kraftstoffe. Es trifft dies zwar für gleichartige Kraftstoffe von ähnlichen Eigenschaften in hinreichendem Maße zu; fehlen aber diese Voraussetzungen, so können sich wesentliche Unterschiede ergeben.

Auf die jeweilige Höhe des Verbrauches haben insbesondere Einfluß: Zündwilligkeit, Verdampfbarkeit und Zähigkeit, bzw. Oberflächenspannung sowie der chemische Aufbau des Kraftstoffes. (Siehe Heft 1.) Weichen die Kraftstoffeigenschaften voneinander wesentlich ab und muß die Einstellung des Motors dem Kraftstoff angepaßt werden, so sind bei Gegenüberstellung der Ergebnisse von Verbrauchsmessungen auch die geänderten Bedingungen, unter welchen die Messungen vorgenommen wurden, mitanzugeben, um einwandfreie Vergleiche zu ermöglichen.

Auch das Schmieröl beeinflußt mittelbar die Verbrauchswerte; denn abhängig von seinen Eigenschaften, insbesondere der Zähigkeit bei Betriebstemperatur, ist der Reibungsverlust in der Maschine verschieden hoch, so daß der mechanische Wirkungsgrad merklich verändert wird.

Der Verbrauch kann sich auch dadurch ändern, daß größere Schmierölmengen in den Verbrennungsraum gelangen und dort verbrennen. Dies kann durch zu reichliche Einstellung der Zylinder-Schmierölpumpen oder, wenn die Zylinder mit Spritzöl geschmiert sind, durch Verwendung zu dünnflüssiger Ölsorten, durch „Ölpumpen" der Kolbenringe oder durch Unwirksamwerden der Ölabstreifringe verursacht sein.

V. Wärmebilanzen.

Die Art der Aufteilung der dem Motor mit dem Kraftstoff zugeführten Energiemenge und deren Umwandlung in Nutzleistung, sowie die Höhe des Anteils der Einzelverluste am Gesamtverlust läßt sich, wenigstens angenähert, durch Messung jener Wärmemengen ermitteln, die einerseits mit dem Kühlmittel und andererseits mit den Abgasen abgeführt werden.

Die Summe von

       Wärmewert der Nutzleistung

       Innere Energie der Abgase

       Wärmeabgabe an Kühlwasser und Schmieröl

       Wärmewert der Reibungsverluste

gibt annähernd die gesamte dem Motor zugeführte Wärme wieder. Im Restglied, dem Unterschied der Summe der oben aufgezählten Einzelbeträge und der Kraftstoffwärme, sind die im einzelnen kaum meßbaren Leitungs- und Strahlungsverluste der Maschine, die Verluste durch unvollständige Verbrennung und die kinetische Energie der Auspuffgase enthalten. Der Verlust durch unvollständige Verbrennung läßt sich durch Abgasanalysen feststellen.

Bei der Beurteilung solcher Wärmebilanzen ist zu beachten, daß die Kolben- und Kolbenringreibung, die als mechanischer Verlust gemessen wird, in Reibungswärme umgewandelt wird, die zum Großteil im Kühlwasser abgeführt wird; dasselbe gilt für andere Reibungsverluste, die als Reibungswärme entweder direkt in das Kühlwasser oder auf dem Umweg über das Schmieröl abgeführt werden und daher in der Wärmebilanz doppelt aufscheinen können.

Die genaue Bestimmung der Leistungsverluste durch mechanische Reibung und den Gaswechselvorgang ist nur möglich, wenn die Maschine einwandfrei indiziert werden kann. Die Verlustleistung N_v ist die Differenz der aus den Indikatordiagrammen ermittelten inneren Leistung N_i und der gleichzeitig gemessenen Nutzleistung N_e;

$$N_v = N_i - N_e = N_e \frac{1 - \eta_m}{\eta_m}.$$

Wenn nicht indiziert werden kann, wird die Reibungsverlustleistung nach einem der im Abschnitt III angegebenen Näherungsverfahren ermittelt.

Die Einzelwerte der Wärmebilanz sind stark drehzahlabhängig. Bei Maschinen mit veränderlichen Drehzahlen werden daher Wärmebilanzen häufig in Abhängigkeit von der Drehzahl dargestellt.

VI. Durchführung und Auswertung von Kraftstoffverbrauchs-messungen.

1. Ortsfeste Motoren.

Bei ortsfesten Motoren erfolgt die Abbremsung zum Zweck von Verbrauchsmessungen zunächst bei Volleistung, bei kleineren Motoren wie z. B. solchen für gewerbliche Zwecke, meist ausschließlich bei dieser. Sind, wie bei größeren Maschinen, nebem dem Vollastverbrauch auch andere Verbrauchswerte gewährleistet, wie beispielsweise jene für ¾ und ½-Last, so erfolgt die Bremsung auch bei diesen Leistungen, und zwar je nach dem Antrieb, um den es sich bei der betreffenden Anlage handelt, bei jener Drehzahl, die durch den Regler eingestellt wird, oder bei der Nenndrehzahl nach deren Einstellung an der Drehzahlverstellung.

Die Verbräuche werden nach Abb. 209 als bezogene Nutzverbräuche b_e über dem Belastungsgrad, der Nutzleistung N_e oder über dem Nutzdruck p_e aufgetragen. Das Minimum der Kurve der bezogenen Nutzverbräuche soll in der Nähe jener Belastung liegen, bei welcher die Maschine am häufigsten zu arbeiten hat, wobei allerdings auch die zu erwartende Maschinenhöchstleistung wegen des dort auftretenden hohen absoluten Verbrauchs zu berücksichtigen ist.

Über derselben Abszisse wird meist auch der Kraftstoffstundenverbrauch B_h eingetragen. Von Interesse

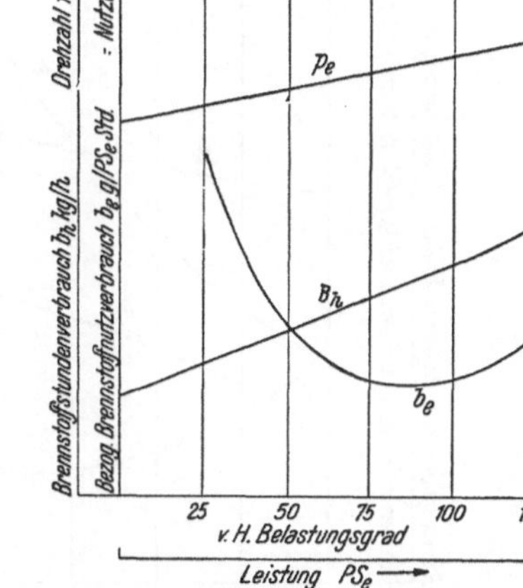

Abb. 209. Kennliniendarstellung für ortsfeste Motoren.

für die Beurteilung der Maschine ist auch die Angabe des Leerlauf-Stundenverbrauches auf Grund einer im Beharrungszustand bei Leerlauf vorgenommenen Verbrauchsmessung.

2. Schiffsmotoren.

Das wesentlichste Merkmal des Schiffsmotors ist, im Gegensatz zum Fahrzeug-, Flugzeug- und stationären Motor, der große Drehzahlbereich, in dem der Motor arbeiten muß. Ausnahmen hiervon macht der Betrieb mit Verstellpropeller, der sich jedoch noch nicht in solchem Umfang eingeführt hat, als daß er hier besonders erwähnt werden muß, sowie der Schlepper- und der U-Bootsmotor, der zeitweise unter Betriebsbedingungen arbeitet, die ein Mittelding zwischen Propeller- und stationärem Betrieb darstellen.

Im allgemeinen sind daher für unmittelbar oder über ein Getriebe auf die Propellerwelle arbeitende Schiffsmotoren Leistung und Drehzahl, gegebenenfalls unter Berücksichtigung des Übersetzungsverhältnisses, durch das Propellergesetz verbunden; jeder Drehzahl ist damit eindeutig eine ganz bestimmte Leistung zugeordnet. Größte und kleinste Betriebsdrehzahl verhalten sich etwa wie 3:1; dadurch werden an den Verbrennungsvorgang im Zylinder und, sofern vorhanden, an das Aufladesystem ganz bestimmte Anforderungen gestellt. Hauptbetriebszahl und -belastung liegen fast nie bei Höchstdrehzahl und Höchstbelastung, vielmehr in den meisten Fällen bei etwa 75% der Belastung und 91% der Drehzahl, in Sonderfällen, z. B. beim U-Bootsmotor sogar bei weniger als 50% der Vollast.

Für die Bestimmung der Verbrauchskurve wird am Prüfstand zunächst die Volleistung bei der zugehörigen Nenndrehzahl n_{100} abgebremst; die bei den Teil- und Überlastmessungen einzuhaltenden Drehzahlen betragen nun:

$$\text{für } \tfrac{3}{4}\text{-Last}: \quad n_{75} = \sqrt[3]{0{,}75} \cdot n_{100} = 0{,}91 \cdot n_{100}$$

$$\text{,,} \quad \tfrac{1}{2}\text{- ,,} : \quad n_{50} = \sqrt[3]{0{,}50} \cdot n_{100} = 0{,}794 \cdot n_{100}$$

$$\text{,,} \quad \tfrac{1}{4}\text{- ,,} : \quad n_{25} = \sqrt[3]{0{,}25} \cdot n_{100} = 0{,}630 \cdot n_{100}$$

$$\text{,, } 110\% \text{ ,,} : \quad n_{100} = \sqrt[3]{1{,}10} \cdot n_{100} = 1{,}032 \cdot n_{100}$$

$$\text{,, } 120\% \text{ ,,} : \quad n_{100} = \sqrt[3]{1{,}20} \cdot n_{100} = 1{,}063 \cdot n_{100} \, .$$

Die Darstellung des Verbrauches erfolgt am besten derart, daß nach Abb. 210 auf der Abszisse die Maschinendrehzahl, auf der Ordinate neben dem auf die Wellenleistung bezogenen Kraftstoffverbrauch und dem Kraftstoffstundenverbrauch auch die Wellenleistung selbst aufgetragen wird.

Auch die Darstellung der Verbrauchskurven über dem Belastungsgrad oder über der Nutzleistung als Abszisse ist gebräuchlich; die veränderliche Drehzahl erscheint aber in dieser Darstellung nach Abb. 211 als Funktion der von ihr abhängigen Leistung.

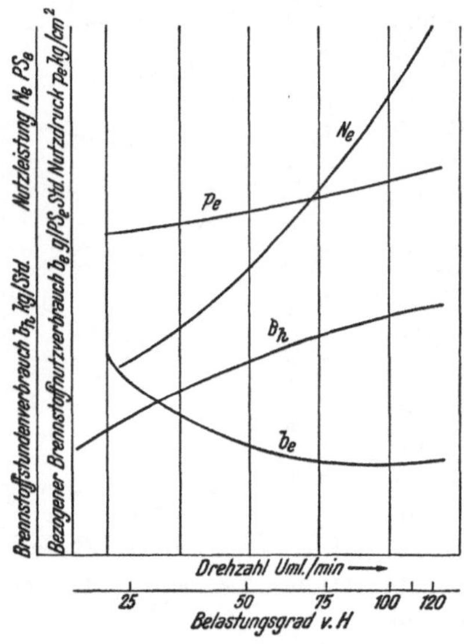

Abb. 210. Kennliniendarstellung für Schiffsmotoren.

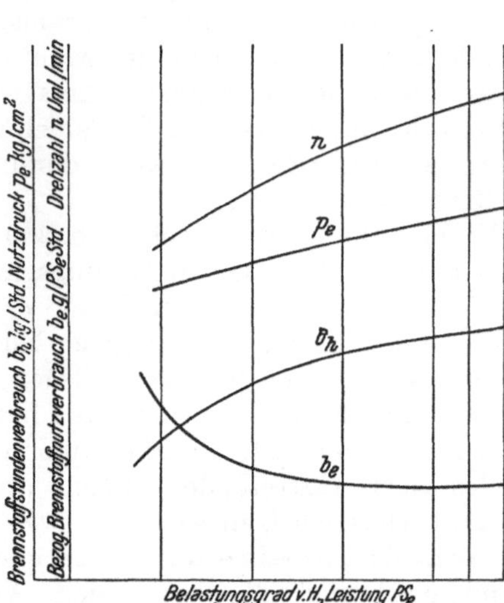

Abb. 211. Kennliniendarstellung für Schiffsmotoren.

Wenn Schiffswendegetriebe vorgesehen sind, der Motor daher im Betrieb auch zum Leerlauf kommt, ist der Leerlauf-Stundenverbrauch anzugeben.

3. Fahrzeugmotoren.

Für Kraftfahrzeugmotoren ist die Angabe der Motorkennlinien in der Art, wie sie für ortsfeste Maschinen üblich ist, nicht zweckmäßig, denn im Gegensatz zur ortsfesten Maschine umfaßt hier der Betriebsbereich einen weiten Drehzahlbereich und alle Belastungsgrade. Im Leistungs-Drehzahl-Schaubild werden daher die Betriebszustände der Fahrzeugmotoren durch eine Fläche wiedergegeben, die einerseits durch die Höchstdrehzahl, andererseits durch die Höchstleistung begrenzt wird. Diese positive Betriebsfläche wäre, um den Bereich der Betriebszustände vollständig zu erfassen, durch eine negative Leistungsfläche zu ergänzen, deren Betriebszustände dann erscheinen, wenn der Motor vom Fahrzeug mitgenommen wird und als Bremse wirkt. Abb. 212 zeigt schematisch diese Verhältnisse für einen Ottomotor [9]. (Vgl. hierzu auch [18]).

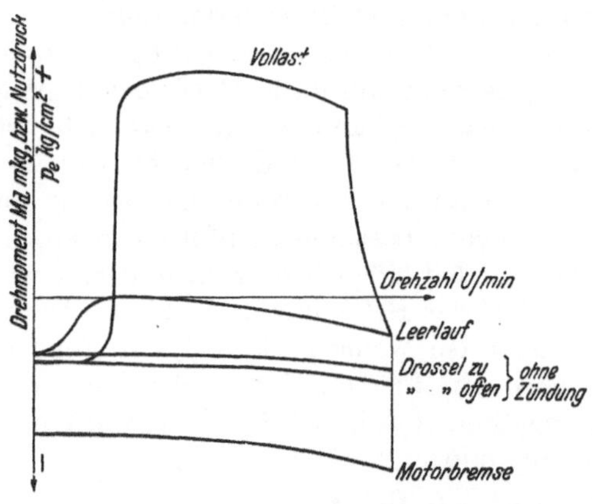

Abb. 212. Betriebskennfeld eines Fahrzeug-Ottomotors.

Durch Angabe der Kraftstoffverbräuche bei Höchstdrehzahl allein in Abhängigkeit von der Belastung wird das gesamte Leistungsfeld daher ebensowenig gekennzeichnet, wie durch Angabe von Höchstleistung und zugehörigem Verbrauch über den Drehzahlen.

Im Fahrbetrieb gelangt man nur selten an diese Grenzen des Betriebsfeldes, so daß über das zu erwartende Betriebsverhalten diese Grenzwerte allein keinen genügenden Aufschluß geben.

Wird für Fahrzeugmotoren nur ein Verbrauchswert angegeben, so sollte dies stets der bezogene Verbrauch bei Nennleistung und Nenndrehzahl sein; vielfach aber wird statt dessen der niedrigste Verbrauch im Betriebsfeld angeführt.

Die klarste und vollständigste Kennzeichnung des Betriebsverhaltens erfolgt in einer vom Hubraum unabhängigen Darstellung derart, daß innerhalb der Betriebsfläche die Kraftstoffverbräuche für mehrere Drehzahlen oder über den Drehzahlen für mehrere Belastungsstufen angegeben werden. Diese Darstellungsweise ist vor allem für Fahrzeug-Dieselmotoren vorteilhaft. Die Betriebszustände sind durch Drehzahl und Leistung als Hauptbestimmungsgrößen gekennzeichnet; daher liegt es nahe, diese beiden als Koordinaten für die Darstellung zu wählen. Da aber die Leistung selbst eine Funktion der Drehzahl ist, erscheint es zweckmäßig, das Drehmoment M_d oder den Nutzdruck p als Ordinate über der Drehzahl als Abszisse aufzutragen. Es besteht dabei die Beziehung:

$$p_e = 1{,}255 \frac{M_d}{V_H} \text{kg/cm}^2 \text{ (für Viertaktmaschinen),}$$

bzw.

$$p_e = 0{,}628 \frac{M_d}{V_H} \text{kg/cm}^2 \text{ (für Zweitaktmaschinen)}$$

wenn M_d in mkg und V_H in l eingesetzt wird.

In diesem Drehzahl-Drehmoment-Schaubild können überdies nach Abb. 213 die Hyperbeln gleicher Leistung eingetragen werden.

In die durch die äußeren Begrenzungslinien abgegrenzte Betriebszustandsfläche sind nun die Kraftstoffverbräuche in übersichtlicher Form einzutragen. Es wäre möglich, dies

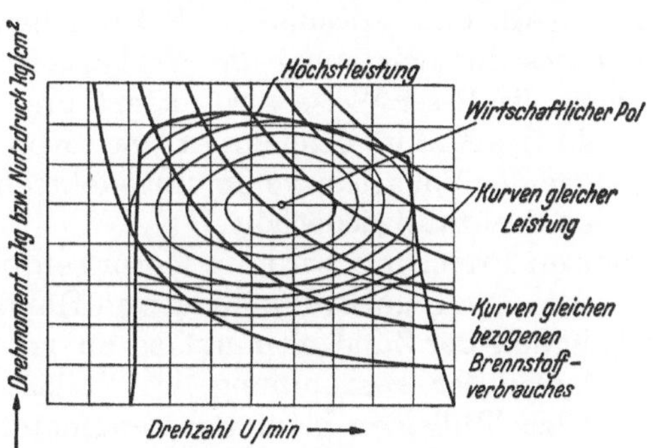

Abb. 213. Kennliniendarstellung für Fahrzeugmotoren.

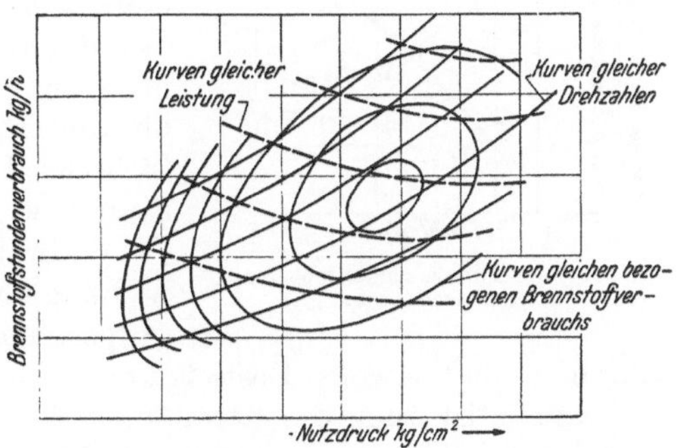

Abb. 214. Kennliniendarstellung für Fahrzeugmotoren.

in räumlicher Darstellungsweise zu tun, wenn der Kraftstoffverbrauch als 3. Koordinate gewählt wird, doch läßt sich die räumliche Darstellung durch Projektion der Höhenlinien gleichen Verbrauches, also durch eine Schichtenliniendarstellung, umgehen. Es ergeben sich damit Schaubilder entsprechend Abb. 213. Klar tritt in dieser Darstellungsweise das Verbrauchsminimum der Maschine hervor; dieser Punkt wird auch als „wirtschaftlicher Pol" der Maschine bezeichnet [3].

In solchen Schaubildern spiegeln sich auch deutlich verschiedenartige Betriebseinflüsse wider; Unstetigkeiten im Verlauf der Kurven, Verlagerungen des Kleinstwertes des Verbrauchs nach den Grenzlinien der Leistungsfläche hin lassen — je nach dem Charakter der Abweichungen — auf bestimmte Störungen am Motor schließen.

Die Darstellung mit dem mittleren Nutzdruck p_e als Ordinate erweist sich auch dann als sehr vorteilhaft, wenn verschiedene Motoren miteinander verglichen werden sollen;

unter Umständen ist es dann zweckmäßig, an Stelle der Drehzahl die mittlere Kolbengeschwindigkeit als Abszisse zu wählen.

In ähnlicher Weise werden in Leistungs-Drehzahl-Diagrammen mitunter die stündlichen Verbrauchsmengen in einer Schichtenliniendarstellung eingetragen. Diese Darstellungsweise ist jedoch unzweckmäßig, da einerseits die Leistung selbst wieder drehzahlabhängig ist, andererseits der Stundenverbrauch wieder von der Leistung abhängt. Das gewonnene Bild wird daher wenig klar.

Abb. 214 gibt eine weitere häufig gebrauchte, aber ebenfalls unzweckmäßige Darstellung der Betriebszustände von Fahrzeugmotoren wieder. Hier erscheint als Abszisse der mittlere Nutzdruck, als Ordinate hingegen der stündliche Kraftstoffverbrauch, während Drehzahlen und Leistungen als Hilfsliniennetz im Schaubild eingetragen werden [10].

Die folgenden Ausführungen gelten nur für Verbrauchsmessungen an Fahrzeugmotoren am Prüfstand. Verbrauchsmessungen im Fahrzeug sind nach anderen Gesichtspunkten vorzunehmen, auf die hier nicht eingegangen werden soll.

Bei der Bestimmung des Verbrauchs von Fahrzeugmotoren beginnt man im allgemeinen mit der Vollast. Dazu wird die Vergaserdrossel auf volle Öffnung bzw. die Einspritzpumpe auf Vollförderung gestellt und gleichzeitig durch Einstellen der Bremse die Drehzahl bis zur unteren Grenze des zu untersuchenden Bereichs herabgemindert. Nach dem Erreichen des Beharrungszustandes wird mit der Messung begonnen; diese soll sich, soferne nur Leistung und Drehzahl bestimmt werden, über mindestens 3 Minuten, für eine Kraftstoff- und Luftverbrauchsmessung jedoch mindestens über 5 Minuten je Meßpunkt erstrecken. Durch Verlängerung der Meßdauer wird die Genauigkeit der Messungen erhöht. Hierauf wird durch entsprechendes Regeln der Bremse die Drehzahl stufenweise um je 200—250 U/min gesteigert und jedesmal nach Erreichen des Beharrungszustandes die Leistungs- und Verbrauchsmessung vorgenommen. In dieser Weise wird fortgefahren, bis die Höchstdrehzahl des Motors erreicht ist. Zur Kontrolle wird die Aufnahme der Vollastkurve im umgekehrten Sinn, also mit fallender Drehzahl wiederholt.

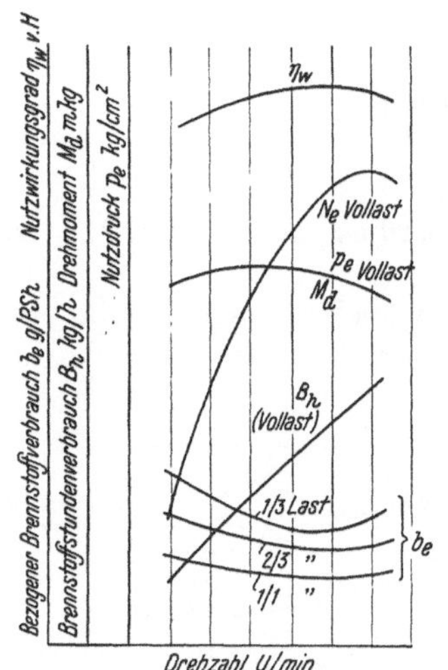

Abb. 215. Kennliniendarstellung für Fahrzeugmotoren.

Während der ganzen Bremsung wird am Motor selbst nichts geändert; falls die Zündpunktverstellung von Hand vorgesehen ist, ist lediglich der Zündzeitpunkt so zu verschieben, daß jeweils Bestleistung erzielt wird. Außer der Bestimmung des Vollastverbrauchs ist auch die Ermittlung des Verbrauchs bei Teillasten beim Fahrzeugmotor wichtig, da derselbe ja während des größten Teils seiner Betriebszeit mit Teillasten betrieben wird. Zu diesem Zweck wird zunächst bei jener Drehzahl, bei welcher die Vollastbremsung die erreichbare Höchstleistung ergab und die als ¹/₁-Last angesehen wird, die Bremslast auf Teilbeträge derselben, meist auf ¾, ½ und ¼ dieser Leistung (manchmal auch auf ²/₃ und ¹/₃) durch Drosseln bzw. Zurückstellen der Pumpen vermindert. Unter Beibehaltung der für eine bestimmte Teillast, also z. B. für ¾-Last, ermittelten Drossel- oder Pumpeneinstellung wird nun durch Regeln der Bremse die Drehzahl in gleichen Stufen, wie früher bei der Vollastmessung angegeben, geändert und es werden damit die Teillastkurven aufgenommen. Auch während dieser Messungen wird am Motor — außer gegebenenfalls der Zündpunktverstellung — nichts verändert. Auf diese Weise ergeben sich, wenn die Leistungen und die Verbrauchswerte über den Drehzahlen als Abszisse aufgetragen werden, Schaubilder nach Abb. 215.

Die folgende Übersicht über Mittelwerte aus Prüfergebnissen einer größeren Zahl neuzeitlicher, raschlaufender Verbrennungskraftmaschinen ermöglicht Vergleiche der mit den verschiedenen Arbeitsverfahren erzielten Energieausnutzung.

Verfahren und Kraftstoff	Nutzverbrauch in kcal/PSh bei			
	¹/₁ Last	¾ Last	½ Last	¼ Last
		(gleichbleibende Drehzahl)		
Ottomotor, Benzin (Lastkraftwagen, Viertakt)	2700	2700	3200	6800
Glühkopfmotor, Traktoren-Treibstoff	2500	2500	3000	4500
Hesselmanmotor, Gasöl	2200	2200	2600	3800
Dieselmotor, Gasöl	1900	1900	2220	3200

Von allen motorischen Arbeitsverfahren arbeitet demnach das Dieselverfahren mit dem höchsten Wirkungsgrad. Wie die Zahlen erkennen lassen, beträgt der Verbrauch des Dieselmotors bei Vollast ungefähr 70% vom Verbrauch des normal verdichtenden Otto-

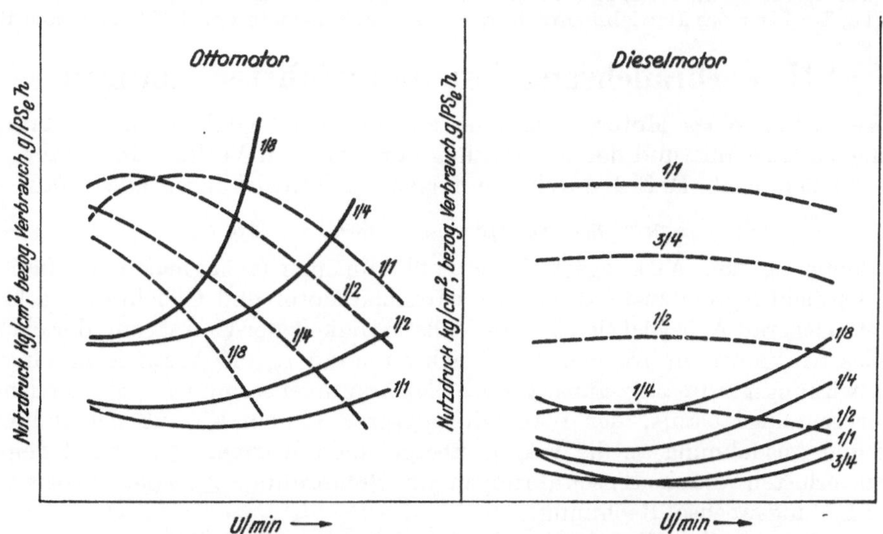

Abb. 216. Kennzeichnender Verlauf von Nutzdruck und Nutzverbrauch.
Links: Vergaser-Ottomotor beim Drosseln auf ¹/₁, ½, ¼ und ¹/₈ des Saugrohrquerschnitts.
Rechts: Dieselmotor beim Verändern der Einspritzmenge auf ¹/₁, ¾, ½ und ¼ der Vollasteinspritzung.
. . . . . Nutzdruck   ——— bezogener Verbrauch

motors, 85% vom Verbrauch des Hesselmanmotors und 75% vom Verbrauch des Glühkopfmotors.

Bei Teilbelastungen ist der Unterschied zwischen dem Dieselmotor und den anderen erwähnten Motorarten noch erheblich größer. In Abb. 216 sind schematisch kennzeichnende Verbrauchs- und Nutzdruckkurven für Diesel- und Ottomotoren gegenübergestellt, aus denen die Einflüsse der Eigenheiten der Verfahren und der Regelung auf den Verbrauch bei verschiedenen Belastungen zu entnehmen sind.

Schrifttum.

1. Schmidt, F. A. F.: Verbrennungsmotoren. Berlin: Springer 1939.
2. Lauer und Richter: Einfluß der Höhe auf den Kraftstoffverbrauch. ATZ. 1941. S. 129.
3. Schwaiger: Kraftstoff und Motor. Kraftstoff 1939. S. 41.
4. Frey: Ermittlung des mechanischen Wirkungsgrades aus Verbrauchsmessungen. ATZ. 1940. S.89.
5. Riekert und Ernst: Untersuchungen an Fahrzeugdieselmotoren. Deutsche Kraftfahrforschung. Heft 4. Berlin 1938.
6. Regeln für Abnahme und Leistungsversuche an Verdichtern. DIN 1945. VDI-Verlag Berlin 1934.
7. Regeln für Abnahmeversuche an Verbrennungsmotoren und Gaserzeugern einschließlich ihrer Abwärmeverwerter. VDI-Verlag Berlin 1930.
8. Romberg: Versuche an einem kompressorlosen Dieselmotor. Dieselfachheft III. VDI-Verlag Berlin 1927.
9. Jante: Über die zweckmäßige Darstellung von Kennlinien-Diagrammen für Fahrzeugmotoren. ATZ. 1936. S. 326.
10. Drucker: Der Brennstoffverbrauch von Fahrzeugmotoren. ATZ. 1938. S. 399.

11. Buschmann: Taschenbuch für den Auto-Ingenieur. Frankh, Stuttgart 1938.
12. Kamm-Schmidt: Das Versuchs- und Meßwesen auf dem Gebiet des Kraftfahrzeugs. Berlin: Springer 1938.
13. Zinner, K.: Die Umrechnung der Leistung von Verbrennungsmotoren. MTZ. 11 (1950) S. 109 bis 114.
14. Untersuchungen eines Triebwagen-Dieselmotors für große Höhen. — Motorzugförderung. Beiheft 1 der MTZ. Franckh-Verlag Stuttgart 1950.
15. Petersen, H.: Die mechanischen Verluste bei Mittel- und Großdieselmotoren. MTZ. 11 (1950) S. 118—121.
16. Petersen H. u. A. Stoll: Bestimmung der mechanischen Verluste bei Mittel- und Großdieselmotoren. MTZ. 11 (1950) S. 122—125.
17. Zanke, P.: Einfluß des Zustandes der Außenluft auf Leistung und Brennstoffverbrauch von Verbrennungsmotoren. ATZ. 41 (1938). — ATZ.-Konstruktionstafeln 29/30.
18. Richter, L.: Über das Betriebskennfeld der Verbrennungsmotoren. MTZ. 11 (1950) S. 151.

VII. Verbrauchsangaben ausgeführter Motoren.

Die Kennlinien eines Motors entstehen aus der Abhängigkeit des Verbrauchs der vollkommenen Maschine und der Auswirkung der einzelnen Verluste im Motor.

Diese können nach Heft 2 durch die folgenden Teilwirkungsgrade erfaßt werden:

$$\eta_i = \eta_{va} \cdot \eta_u \cdot \eta_{gl} \cdot \eta_w - \triangle \eta_{st} - \triangle \eta_l \, .$$

Darin bedeutet η_{va} den Wirkungsgrad der vollkommenen (angeglichenen) Maschine mit gleichem Verdichtungsendzustand wie der wirkliche Motor und Gleichraumverbrennung. Der Umsetzungsgrad η_u berücksichtigt die Vollständigkeit der Umsetzung der chemischen Energie des Kraftstoffs in Wärme, der Gleichraumgrad η_{gl} die Auswirkung eines gegenüber der wirkungsgradmäßig günstigsten Gleichraumverbrennung verschiedenen zeitlichen Verbrennungsablaufs, der Wandwirkungsgrad η_w den Einfluß der während Verdichtung und Ausdehnung an die Wände übergehende Wärme. $\triangle \eta_{st}$ trägt den inneren Strömungsverlusten durch Einschnürungen im Brennraum, $\triangle \eta_l$ den Arbeitsverlusten durch den Ladungswechsel Rechnung.

Grundsätzlich ist über die Abhängigkeit der einzelnen Teilwirkungsgrade vom Nutzdruck bei gleicher Drehzahl folgendes zu sagen:

Der Wirkungsgrad der vollkommenen Maschine η_{va} wurde im Heft 2 eingehend behandelt. Er nimmt mit dem Verdichtungsverhältnis ε und mit dem Luftüberschuß zu. Die Abhängigkeit vom Luftüberschuß bewirkt eine Abnahme von η_{va} mit zunehmendem Innendruck der Dieselmaschine.

Der Umsetzungsgrad η_u liegt bei Dieselmotoren bis zur Rauchgrenze nahe an 1,0 und nimmt erst an derselben ab. Bei Ottomotoren liegt der Umsetzungsgrad beim theoretischen Mischungsverhältnis im allgemeinen bereits wesentlich unter 1,0. Er kann nach Heft 2 durch die Abgasanalyse bestimmt werden.

Der Gleichraumgrad η_{gl} nimmt bei Dieselmotoren im allgemeinen mit zunehmender Belastung wegen der längeren Einspritzdauer und der längeren Durchbrennzeit des kraftstoffreicheren Gemisches ab. Bei größeren Belastungen erfolgt vielfach ein zusätzlicher Abfall infolge unvollkommener Mischung und daher schleichender Verbrennung des zuletzt eingebrachten Kraftstoffes. Der Gleichraumgrad von Ottomotoren liegt wegen der besseren Mischung von Kraftstoff im allgemeinen hoch.

Der Wandwirkungsgrad η_w hängt wesentlich von dem Bewegungszustand der Gase im Verbrennungsraum ab. Er nimmt mit zunehmender Energie der inneren Strömungen in der Maschine und mit zunehmender verhältnismäßiger Wandoberfläche ab, da der Wärmeübergang dadurch erhöht wird. Verbrennungsverfahren, welche mit starken Wirbelungen durch eingeschnürte Brennräume arbeiten, haben im allgemeinen kleinere Wandwirkungsgrade als Verfahren mit geringen inneren Strömungen. Im Sinn zunehmender Wandwirkungsgrade liegen die Verbrennungsverfahren bei Dieselmotoren daher in folgender Reihung: Vorkammer, Luftspeicher, Wirbelkammer, direkte Einspritzung. Mit der Drehzahl nimmt dieser Wandwirkungsgrad zu.

Gleichraumgrad η_{gl} und Wandwirkungsgrad η_w können durch thermodynamische Auswertung genauer Druckdiagramme nach den im Heft 2 angegebenen Verfahren ermittelt werden.

Die inneren Strömungsverluste in der Maschine entstehen während der Verdichtung und Ausdehnung durch Umwandlung von mechanischer Arbeit bzw. Energie des Gases in kinetische Energie, die zum größten Teil für die Arbeitsleistung verloren geht. Ihre Ermittlung ist im Heft 2 gezeigt. Der Wirkungsgradabfall $\triangle \eta_{sl}$ infolge der inneren Strömungsverluste hängt wesentlich vom Arbeitsverfahren ab. Große innere Strömungsenergie begünstigt im allgemeinen die Mischung von Kraftstoff und Luft, verursacht jedoch merkbare Wirkungsgradverluste durch die inneren Strömungsverluste und durch den hohen Wärmeübergang an die Wände. Bei direkter Einspritzung und bei Ottomotoren entstehen nahezu keine inneren Strömungsverluste. Bei Wirbelkammer- und Luftspeichermaschinen sind sie meist klein, bei Vorkammermaschinen im allgemeinen von merkbarem Einfluß auf den Wirkungsgrad. Bei der Entwicklung von Diesel-Ver-

brennungsverfahren muß angestrebt werden, gute Mischung und damit kleine Luftüberschußzahlen, sowie hohe Innendrücke an der Rauchgrenze mit möglichst kleinen inneren Strömungsarbeiten zu erzielen.

Die Ladungswechselverluste $\triangle \eta$ sind von den Strömungsverhältnissen im Ansaug- und Auspuffsystem, den Ventilabmessungen und Steuerzeiten abhängig. Sie nehmen mit der Belastung im allgemeinen nur wenig, mit der Drehzahl wesentlich stärker zu.

Abb. 217a zeigt den Einfluß der Teilwirkungsgrade für einen neuzeitlichen Fahrzeugdieselmotor (Wirbelkammermotor) [1]. Die inneren Verluste in der Maschine wirken sich in ihrer Gesamtheit im

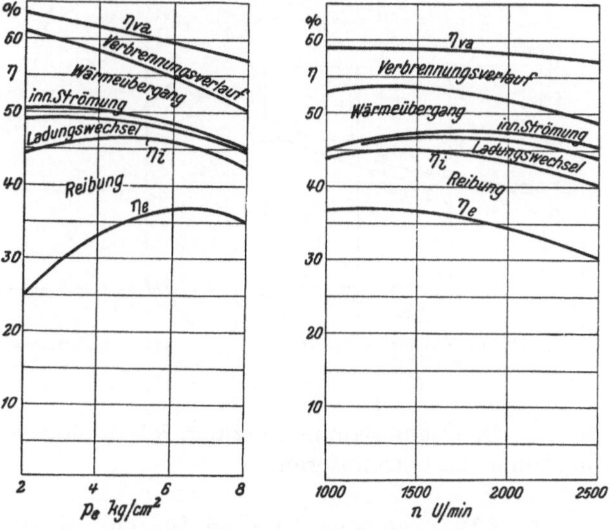

Abb. 217a. Energieverteilung bei $n = 1600$ U/min.

Abb. 217b. Energieverteilung bei $p_e = 6{,}7$ kg/cm².

6 Zyl.-Wirbelkammer; $D = 105$ mm, $S = 140$ mm, 120 PS bei 2400 U/min. $\varepsilon = 18{,}5$.

allgemeinen so aus, daß der Innenwirkungsgrad sich innerhalb des mittleren Bereiches des Nutzdruckes mit diesem nur wenig verändert. Bei kleinen Nutzdrücken fällt er wegen des starken Anstiegs des verhältnismäßigen Wand-, inneren Strömungs- und Ladungswechselverlustes, bei großen Werten von p_e infolge der schleppenden Verbrennung, also des sinkenden Gleichraumgrades und der unvollkommenen Energieumsetzung bei sinkendem Umsetzungsgrad.

Für den gleichen Fahrzeugmotor zeigt Abb. 217b den Einfluß der Teilwirkungsgrade bei konstantem Nutzdruck von der Drehzahl. Auffallend ist das starke Ansteigen des Wandwirkungsgrades mit der Drehzahl infolge der verringerten Zeit, die für den Wärmeübergang zur Verfügung steht. Dem Anstieg des Wandwirkungsgrades steht eine Verkleinerung des Gleichraumgrades und eine Vergrößerung der Strömungsverluste und der Ladungswechselverluste gegenüber.

Aus dem Verlauf des Innenwirkungsgrades und der in Abb. 206 grundsätzlich dargestellten Abhängigkeit des mechanischen Wirkungsgrades vom Nutzdruck folgt ein Verlauf der Nutzwirkungsgradkurve nach Abb. 217a u. 217b, wo alle Verluste des untersuchten Fahrzeugmotors dargestellt sind.

Bei gleichbleibender Belastung nehmen die mechanischen Verluste nach ULLMANN [2] mit der Drehzahl zu. Aus den in Abb. 218 dargestellten Versuchsergebnissen an einer

Fahrzeugmaschine [1] ist der Anstieg des Mitteldrucks der Reibungsleistung zu entnehmen.

Der Innen- und der Nutzverbrauch ist umgekehrt verhältig den entsprechenden Wirkungsgraden. Es ist

$$b_e = \frac{632}{\eta_e \cdot H_u}\ \text{kg/PSh},\quad b_i = \frac{632}{\eta_i\,H_u}\ \text{kg/PSh}.$$

Der Zusammenhang zwischen den Wirkungsgrad- und den Verbrauchskurven, die im folgenden ausschließlich dargestellt werden, ist dadurch hergestellt. Abweichungen vom normalen Verbrauch können durch Fehler in der Maschine entstehen. Meist sind dies Fehler im Einspritzsystem, wie nachtropfende oder verkokte Düsen, unrichtiger Einspritzdruck, zeitlich unrichtige Lage der Einspritzung bei Dieselmotoren; un-

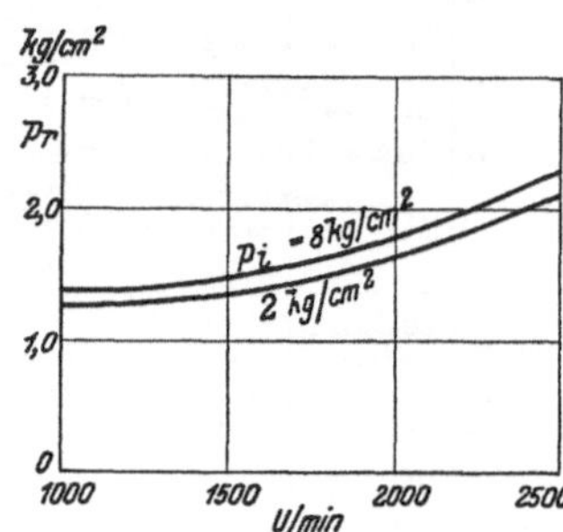

Abb. 218. Mitteldruck der Triebwerksreibung.

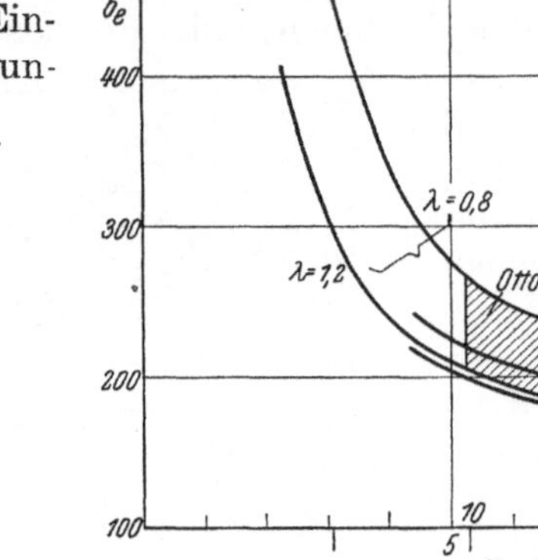

Abb. 219. Thermodynamische Grenzen für die Verbesserung des Verbrauchs von Verbrennungskraftmaschinen (nach SCHMIDT).

richtige Gemischzusammensetzung, falsch eingestellter Zündzeitpunkt und klopfende Verbrennung bei Ottomotoren.

Abb. 219 zeigt jene Grenzen für den Kraftstoffverbrauch, die nach heutigen Erkenntnissen bei Diesel- und Ottomotoren erreicht werden können.

Die folgenden Schaubilder und Tabellen, welche die Verbrauchsangaben einer größeren Anzahl von nach den verschiedenen Verfahren arbeitenden Motoren, nach Verwendungszwecken geordnet, wiedergegeben, sollen zeigen, wie weit diesen Grenzen nahegekommen wurde. Hierbei sind einheitlich die nachstehenden Bezeichnungen verwendet:

N_e	Nutzleistung in PS_e	p_e	Mittlerer wirksamer Arbeitsdruck (Nutzdruck) in kg/cm²
N_i	Innere Leistung in PS_i	p_i	Mittlerer Innendruck (indizierter Druck) in kg/cm²
b_e	Bezogener Kraftstoffverbrauch (Kraftstoffnutzverbrauch) in $\text{g/PS}_e\text{h}$	M_d	Drehmoment in mkg
b_i	Innerer oder indizierter Kraftstoffverbrauch in $\text{g/PS}_i\text{h}$	c_m	Mittlere Kolbengeschwindigkeit in m/sec
		D	Zylinderdurchmesser in mm
		S	Hub in mm
w_e	Bezogener Kraftstoffverbrauch (Kraftstoffnutzverbrauch) in $\text{kcal/PS}_e\text{h}$	V_H	Gesamthubraum in l
w_i	Innerer oder indizierter Wärmeverbrauch in $\text{kcal/PS}_i\text{h}$	V_h	Zylinderhubraum in l
		ε	Verdichtungsverhältnis
B_h	Kraftstoffstundenverbrauch in kg/h	t_A	Auspufftemperatur in ° C.
W_h	Wärmestundenverbrauch in kcal/h	p_c	Verdichtungsenddruck in kg/cm²
η_m	Mechanischer Wirkungsgrad in %	p_z	Zündhöchstdruck in kg/cm².

1. Dieselmotoren.

Vom langsamlaufenden, nach dem Einblaseverfahren arbeitenden Dieselmotor für ortsfeste und Schiffsanlagen ging die Entwicklung zum verdichterlosen Dieselmotor. Erst mit dessen Schöpfung und Durchbildung zur Betriebsreife war dem Dieselmotor das Gebiet des Schnelläufers, vor allem des kleinen raschlaufenden Motors, erschlossen und damit sein Vordringen auf allen Anwendungsgebieten ermöglicht, die für den Einsatz von Verbrennungskraftmaschinen überhaupt offen stehen.

Für die Gemischbildung der verdichterlosen Dieselmotoren wurden mehrere Verfahren entwickelt, die sich in folgenden Gruppen zusammenfassen lassen:

 a) Vorkammermotoren

 b) Wirbelkammer- und Wälzkammermotoren

 c) Luftspeichermotoren

 d) Motoren mit direkter Einspritzung (Strahlverfahren).

a) Raschlaufende Dieselmotoren für Kraftfahrzeuge.

(Einschließlich Motoren für Schlepper, Bootsmotoren, Einbaumotoren.)

α) Viertaktmotoren.

Auf dem Gebiet des raschlaufenden kleinen Dieselmotors für die oben erwähnten Verwendungszwecke herrscht zur Zeit hinsichtlich der angewandten Verbrennungsverfahren keine einheitliche Ausrichtung. Je nach den Ursprungsländern der Maschinen, mitbeeinflußt von der in diesen bestehenden Lage der Kraftstoffversorgung, wird das eine oder das andere Verfahren bevorzugt.

Aus den Abb. 220—223, welche die Nennleistungsverbrauchswerte von etwa 350 erfaßten Maschinen in verschiedenen Abhängigkeiten wiedergeben, geht hervor, daß zwischen dem Verbrauch einerseits und der mittleren Kolbengeschwindigkeit sowie der Literleistung andererseits kein Zusammenhang besteht. Ein gewisser Zusammenhang läßt sich aber zwischen Hubraum und Vollastverbrauch erkennen: je kleiner der Zylinderinhalt, desto höher liegt im allgemeinen der Verbrauch. Aus den genannten Abbildungen läßt sich ferner entnehmen, daß die Vorkammermaschinen bei Nennleistung durchschnittlich die höchsten, die nach dem Strahlverfahren arbeitenden Maschinen im allgemeinen die niedrigsten Verbräuche aufweisen; dazwischen liegen die Maschinen mit anderen Unterteilungen des Verbrennungsraumes. Bei Motoren von hoher Drehzahl und Kolbengeschwindigkeit überwiegt das Wirbelkammerverfahren, bei Motoren von großem Hubraum der geteilte Brennraum im allgemeinen und bei Motoren von großer Literleistung die Wirbelkammer- und die Strahleinspritzung.

In den Abb. 224 bis 251 sind Verbrauchs- und Leistungsschaubilder sowie Wärmebilanzen einer Reihe von Fahrzeugdieselmotoren, nach steigendem Zylinderhubraum geordnet, gegeben. Die einzelnen Verbrennungsverfahren sind grundsätzlich in Heft 2 und in Schaubildern von ausgeführten Motoren in Heft 11 dargestellt. Entsprechend den verschiedenen Verbrennungsverfahren werden in Fahrzeugmotoren etwa die folgenden Nutzdrücke bei Dauerleistung (Nennleistung) zugelassen:

Vorkammermotoren 6—7,9 kg/cm²

Wirbel- und Wälzkammermotoren 6,5—7,2 kg/cm²

Luftspeichermotoren 6,5—7,0 kg/cm²

im Strahlverfahren 6,5—7,0 kg/cm².

Der Nutzdruck erreicht im allgemeinen bei mittleren Drehzahlen seinen Höchstwert und fällt von dort meist sowohl gegen niedrigere Drehzahlen, als auch gegen den höheren Drehzahlbereich hin ab. Dieser Abfall nach den niedrigen Drehzahlen ist besonders deutlich bei Wirbelkammermotoren, während Vorkammermaschinen diese Erscheinung in geringerem Maß aufweisen.

Einem größeren Höchstwert des Nutzdruckes entspricht nicht immer auch eine größere Literleistung, auch wenn gleiche Drehzahlbereiche der miteinander verglichenen Ma-

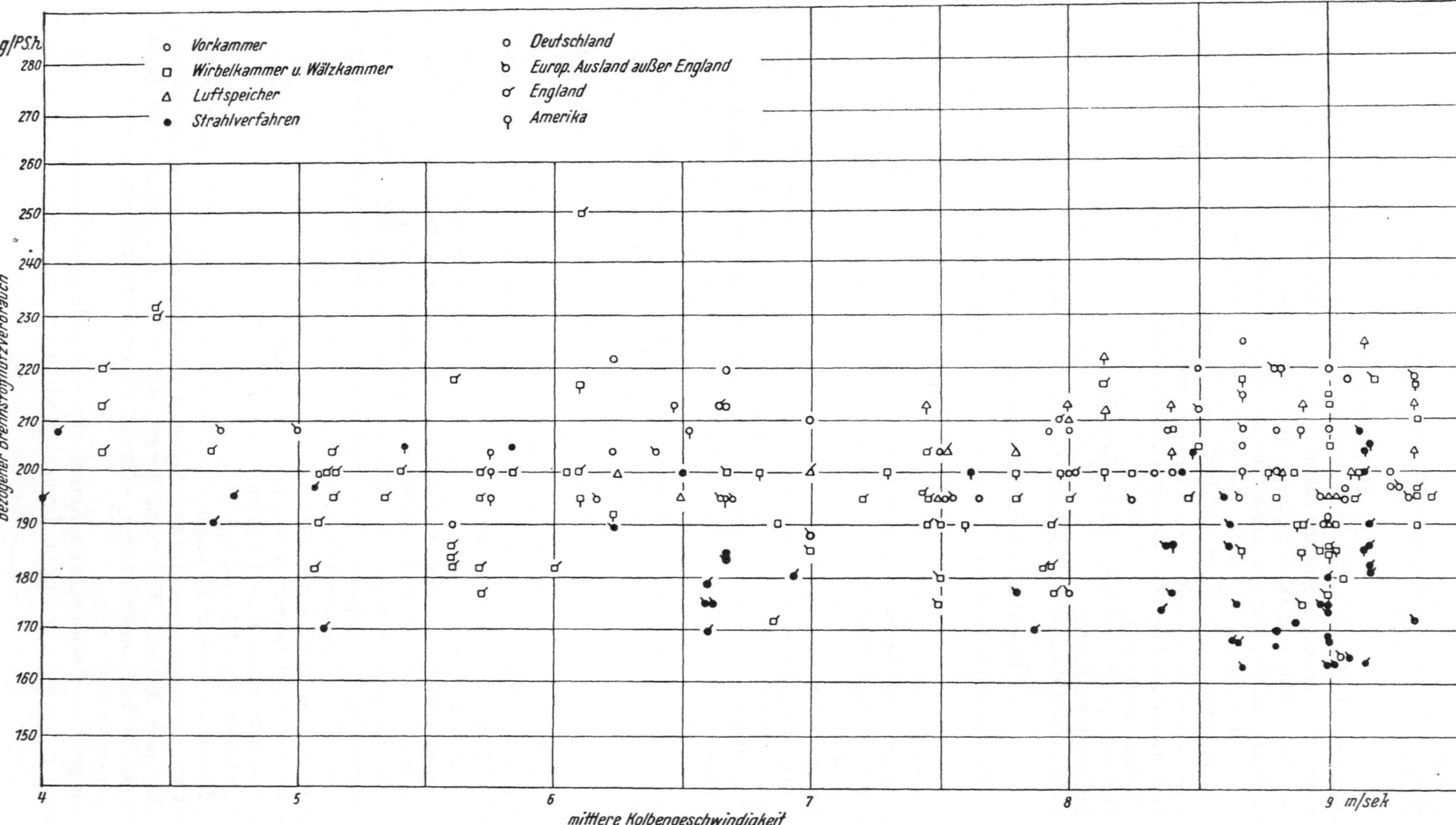

Abb. 220. Kraftstoffverbrauch abhängig von der mittleren Kolbengeschwindigkeit (Stand 1945).

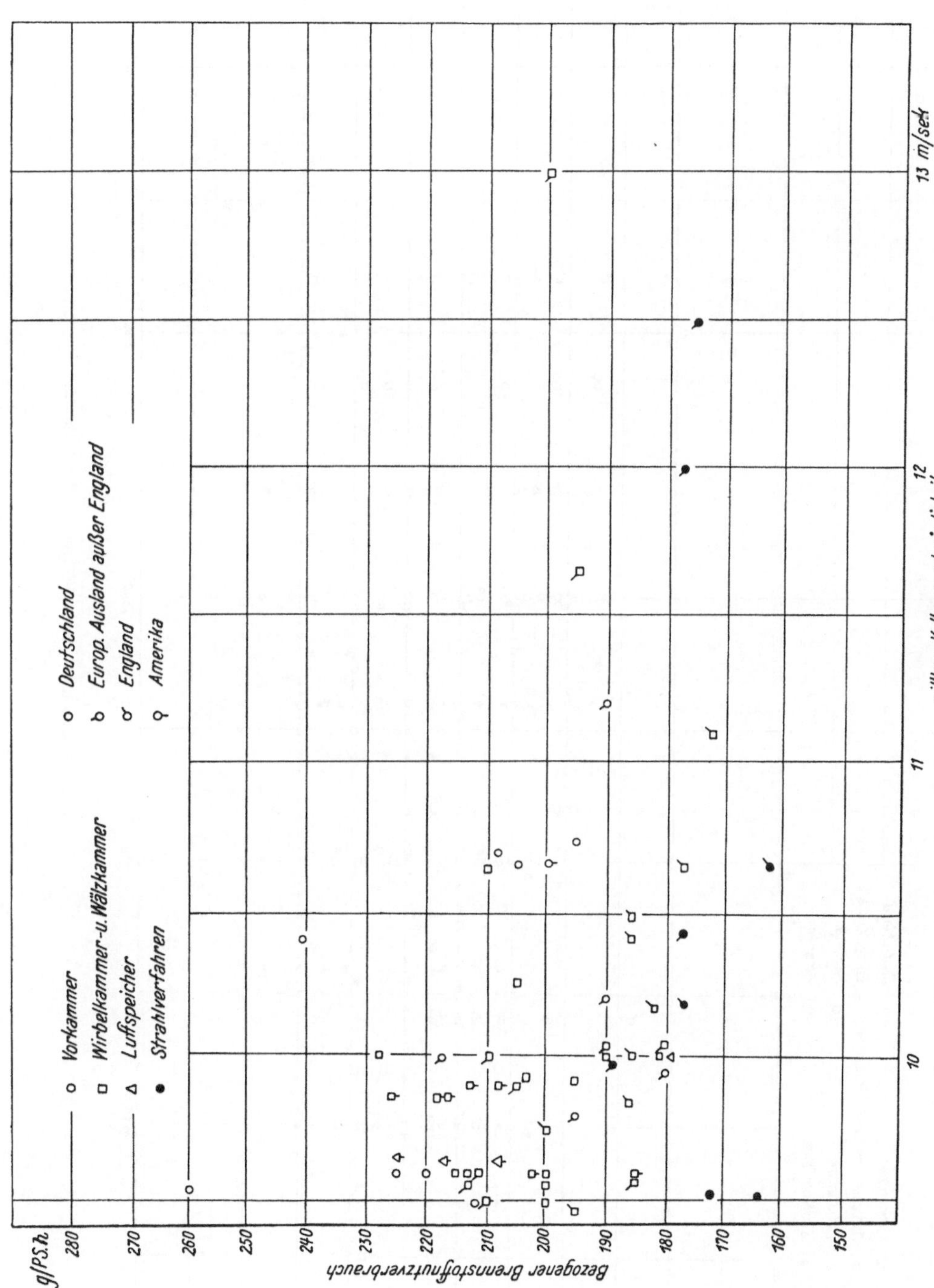

Abb. 220a. Kraftstoffverbrauch abhängig von der mittleren Kolbengeschwindigkeit (Stand 1945). Fortsetzung von S. 192.

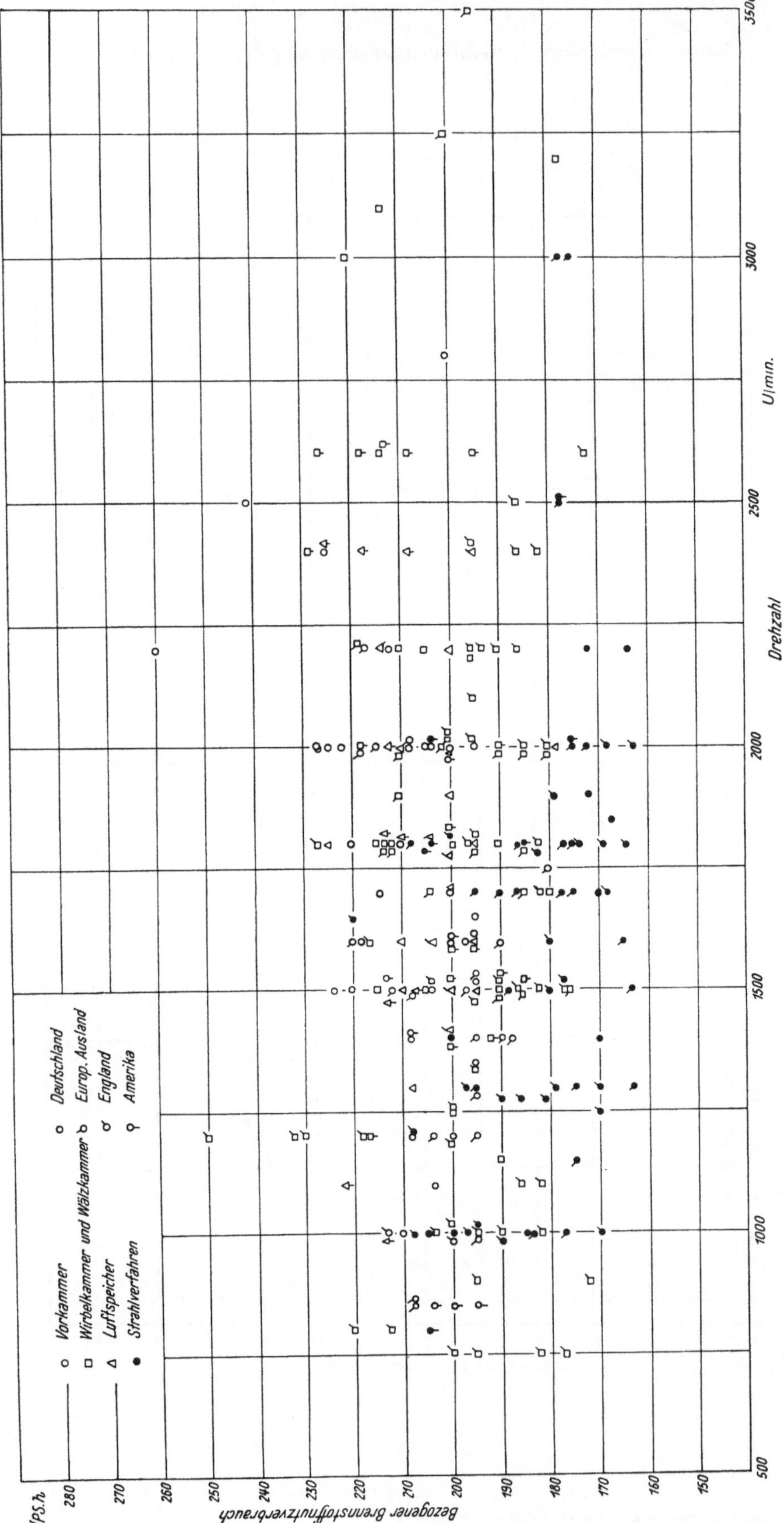

Abb. 221. Kraftstoffverbrauch abhängig von der Drehzahl.

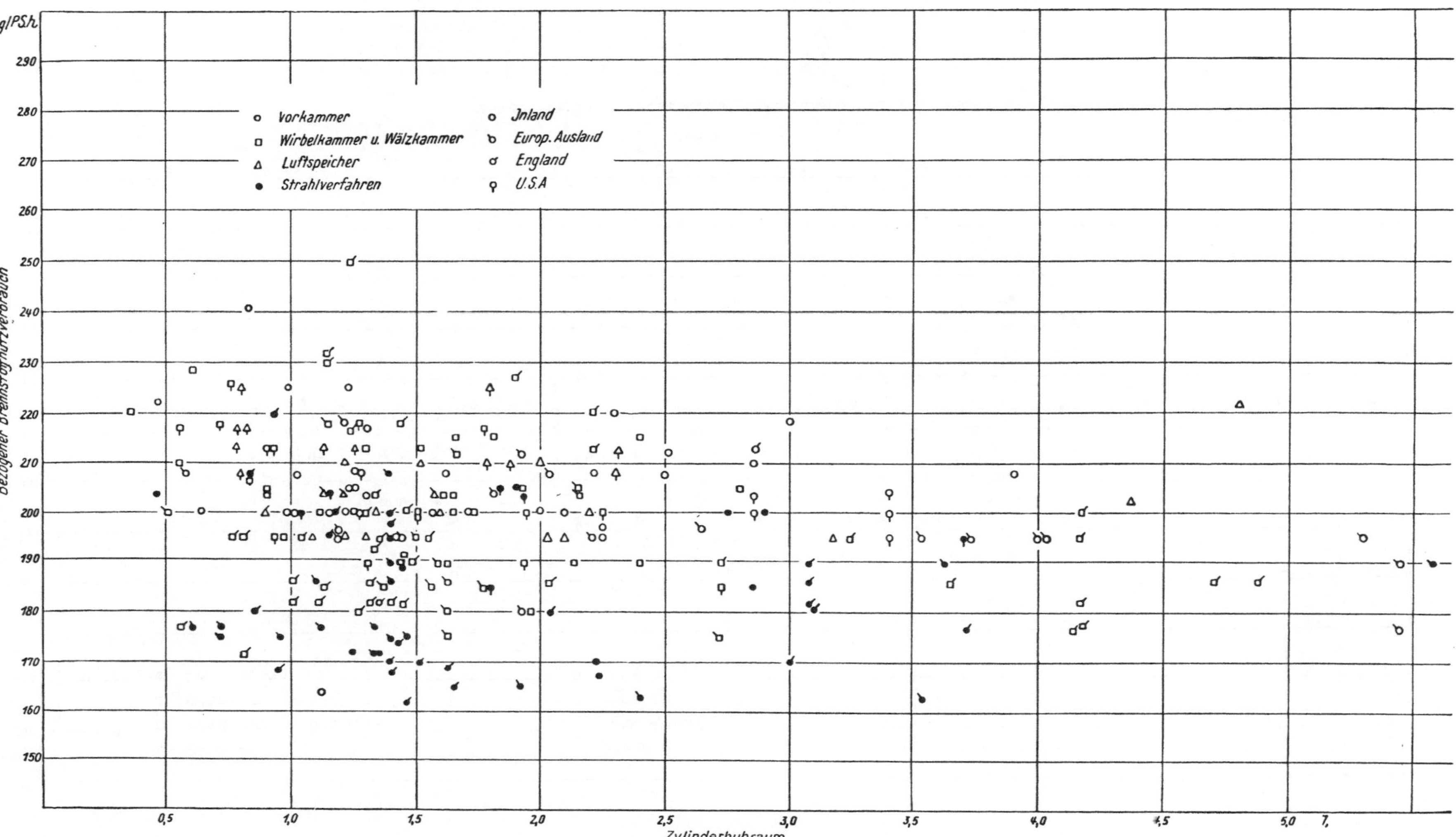

Abb. 222. Kraftstoffverbrauch abhängig vom Zylinderhubraum (Stand 1945).

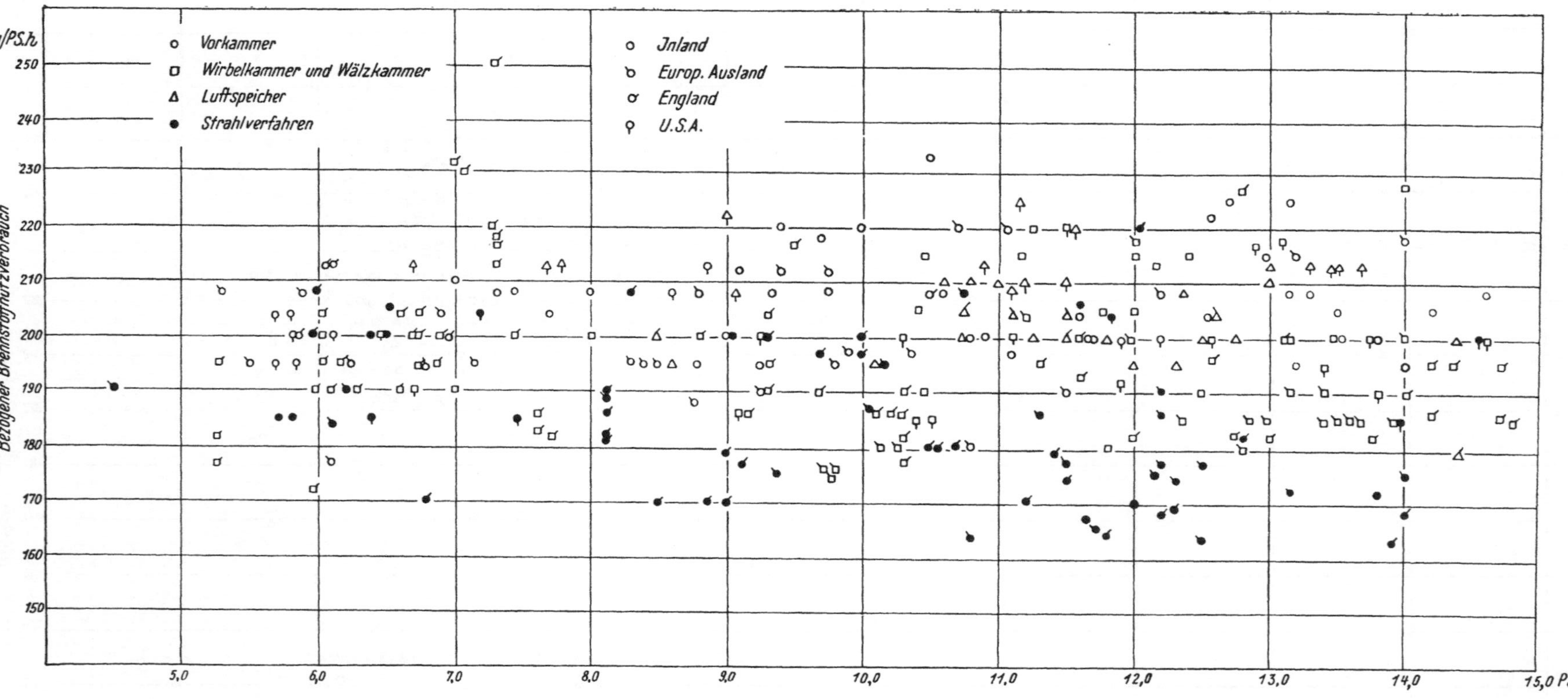

Abb. 223. Kraftstoffverbrauch abhängig von der Literleistung (Stand 1945).

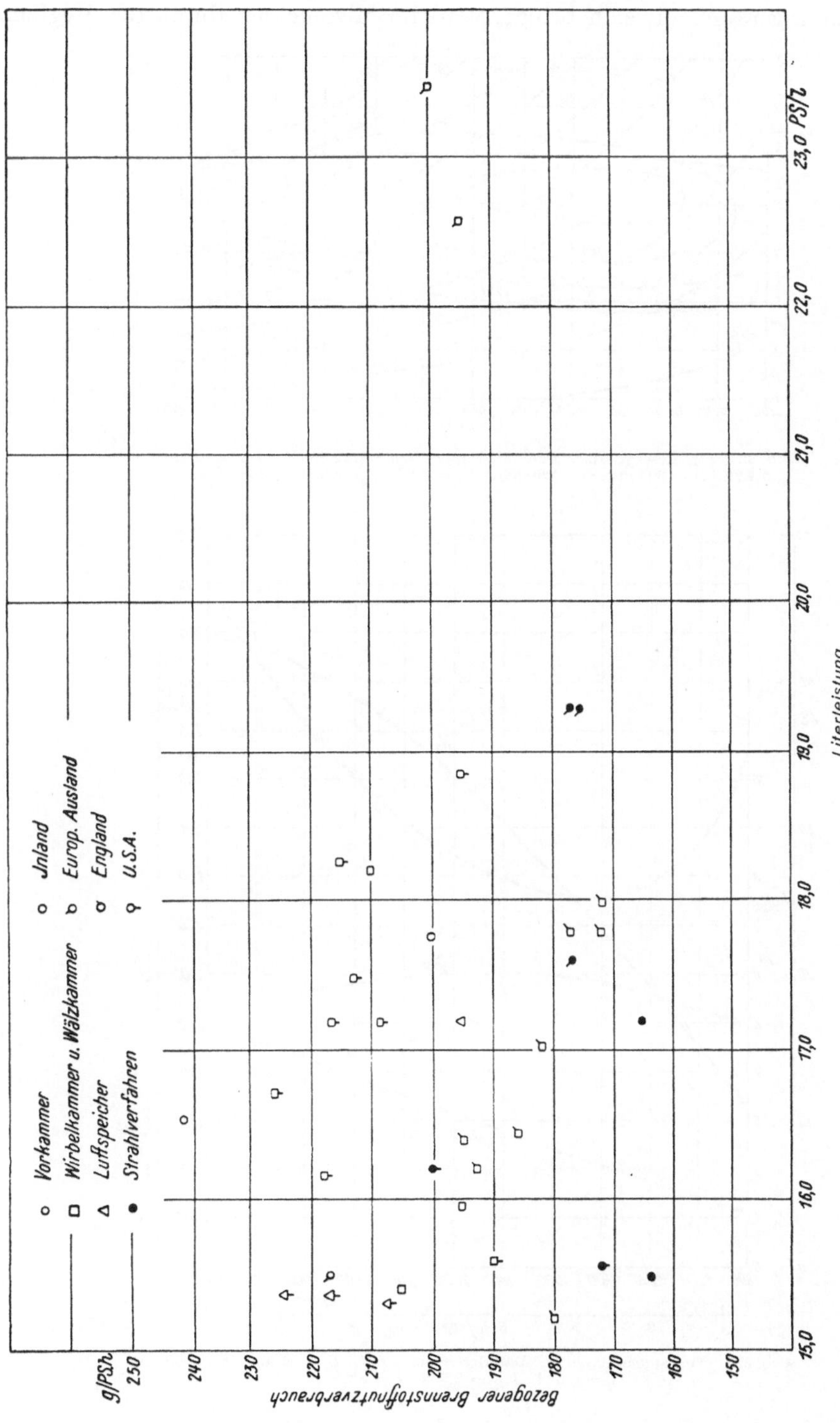

Abb. 223a. Kraftstoffverbrauch abhängig von der Literleistung (Stand 1945). Fortsetzung von S. 196.

schinen vorausgesetzt werden, denn der Nutzdruck kann im Gebiet höherer Drehzahlen verschieden stark abfallen.

Der Arbeitsverlust, den die höhere Gemischbildungsarbeit bei Maschinen mit unterteiltem Verbrennungsraum mit sich bringt, wird im allgemeinen durch die Möglichkeit,

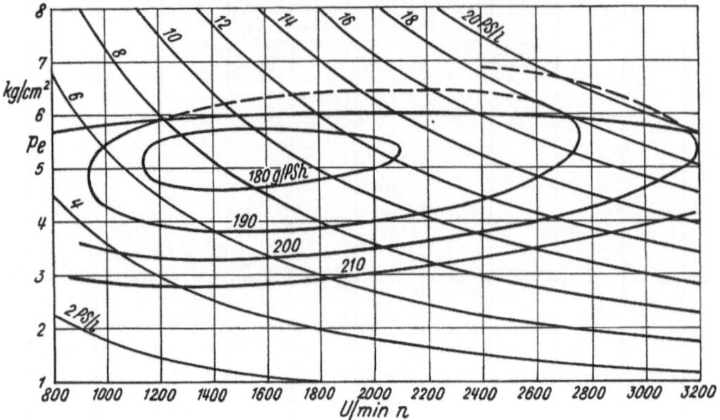

Abb. 224. Strahleinspritzmaschine mit Doppelwirbelraum im Kolben (Saurer)
6 Zyl., $D = 80$ mm, $S = 120$ mm, $V_n = 0.6\,1$, $V_H = 3.62\,1$, $\varepsilon = 18.5$.

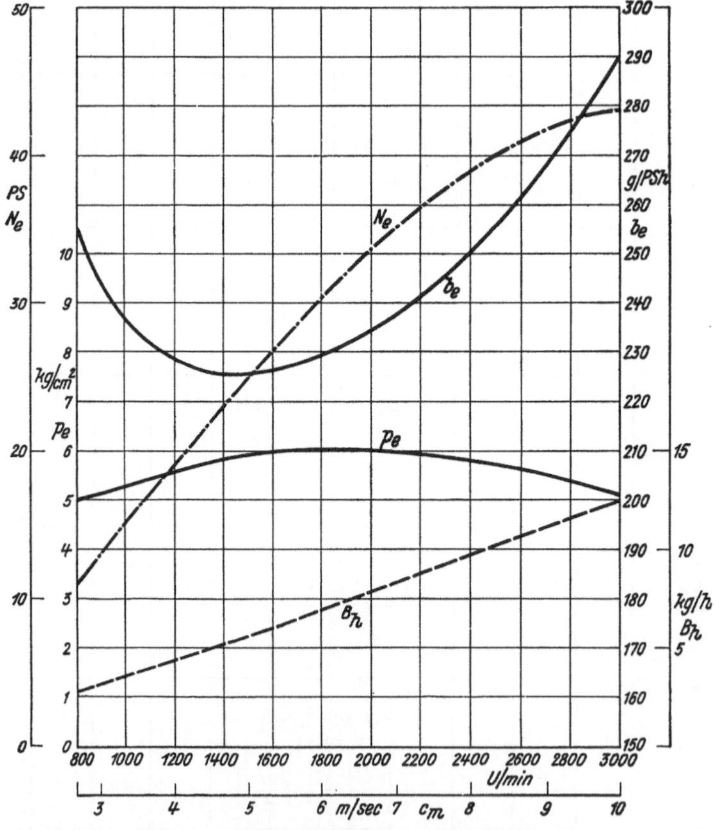

Abb. 225. Vorkammermaschine (Daimler-Benz) 4 Zyl., $D = 90$ mm, $S = 100$ mm,
$V_h = 0.63\,1$, $V_H = 2.54\,1$, $\varepsilon = 22.5$.

mit geringerem Luftüberschuß verbrennen zu können, wettgemacht. Trotz geringerem Wirkungsgrad steigt daher mit zunehmender Verwirbelung die Höchstleistung der Maschine.

Während das Strahlverfahren bei Betrieb an der Rauchgrenze Luftüberschußzahlen zwischen 1,4 und 1,7 verlangt, erfolgt die Verbrennung in Vorkammer- und Wirbelkammermaschinen noch bei Luftüberschußzahlen von 1,2 bis 1,4 rauchlos. Dementsprechend lassen sich als Höchstwerte an der Rauchgrenze folgende Nutzdrücke erreichen: Bei Motoren mit direkter Einspritzung: $p_e = 6,7—7,0$ kg/cm²; bei Vorkammer- und Wirbelkammermotoren $p_e = 7,5—8,3$ kg/cm².

Die Mindestverbrauchswerte liegen bei allen Verfahren mit unterteiltem Verbrennungsraum zwischen ungefähr 165 und 195 g/PSeh und zwar bei Wirbelkammermotoren im allgemeinen an der unteren Grenze, bei Luftspeichermotoren in der Mitte, bei Vorkammermotoren im allgemeinen an der oberen Grenze dieses Gebietes. Bei neuzeitlichen Strahlverfahren liegt dagegen der Mindestverbrauch meist niedriger, es werden hier Verbrauchsziffern bis herab zu 158 g/PSeh gemessen (Abb. 229).

Bei der Einstellung der Maschine sucht man den niedrigsten Verbrauch in die Nähe jener Drehzahl zu legen, mit welcher die Maschine voraussichtlich am häufigsten betrieben wird, das ist im Fahrzeug ungefähr $^2/_3$ der Höchstdrehzahl. Die durch den Pumpenanschlag begrenzte Höchstleistung der Maschine wird so eingestellt, daß sie etwas unterhalb der Rauchgrenze liegt (Abb. 231).

Einige aus RIEKERT und ERNST „Untersuchungen an Fahrzeugdieselmotoren" [11] entnommene Abbildungen 227, 235, 236, 241, 247 veranschaulichen die

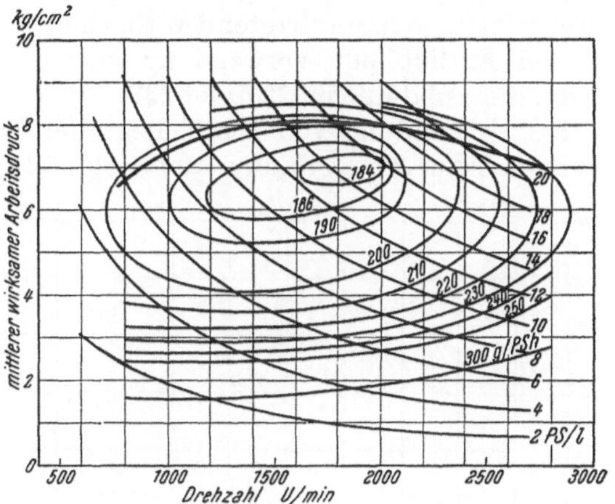

Abb. 226. Vorkammermotor (Daimler-Benz) 6 Zyl.
$D = 90$ mm, $S = 140$ mm, $V_h = 0,76$ l, $V_H = 4,58$ l $\varepsilon = 18$.

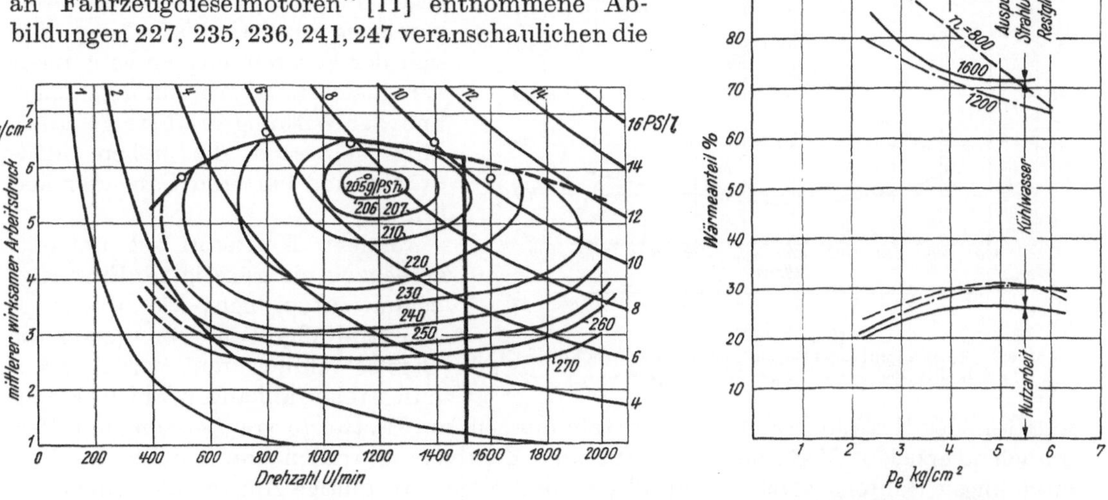

Abb. 227.

Abb. 228. Wärmebilanz.

Abb. 227 und 228. Luftspeichermotor (Südd. Bremse) 4 Zyl., $D = 103$ mm, $S = 130$ mm, $V_h = 1.08$ l, $V_H = 4,32$ l, $\varepsilon = 17,5$.

Ergebnisse von Untersuchungen, die sich über den ganzen Drehzahl- und Leistungsbereich einer Anzahl von nach verschiedenen Verbrennungsverfahren arbeitenden Fahrzeugdieselmotoren erstreckten; die Prüfung dieser Motoren wurde nach einheitlichen Grundsätzen durchgeführt. Die Meßergebnisse sind einheitlich in $p_e — n$-Schaubildern dargestellt; das durch den Pumpenanschlag bestimmte höchste Drehmoment des Motors bzw. der diesem entsprechende höchste erreichbare p_e-Wert ist in diesen Bildern als obere

Begrenzungskurve des Leistungsfeldes eingetragen. Die rechte Begrenzung des Leistungsfeldes ist durch die zulässige Höchstdrehzahl der Motoren festgelegt.

Ein Vergleich der Schaubilder zeigt, daß mit abnehmendem Hubraum die Literleistungen der Motoren ansteigen. Bei Motoren mit kleinem Hubraum ist die Leistungsgrenze durch die Forderung nach einwandfreier Verbrennung, bei großem Zylinderinhalt durch die Höhe der auftretenden thermischen Beanspruchungen gegeben.

Den Einfluß der Verwendung verschiedener Kraftstoffe auf die Verbrauchsbilder zeigen die Abbildungen 237 und 238.

Bei Verwendung von Teeröl liegt der Verbrauch etwas höher als mit Gasöl und die Verbrauchskurven verlaufen ungleichmäßiger; doch zeigen sich grundsätzlich in den Schaubildern bei der Verwendung der verschiedenen Kraftstoffe keine wesentlichen Unterschiede.

Liegen die Eigenschaften der Kraftstoffe weiter auseinander, als dies in den vorerwähnten Beispielen der Fall ist, so können allerdings auch die Verbrauchswerte und Leistungen in viel weiteren Grenzen voneinander abweichen. Insbesondere kann die Gemischbildung und ein einwandfreier Ablauf des Verbrennungsvorganges durch eine zu hohe Cetenzahl und den dadurch bewirkten kleinen Zündverzug im Motor ungünstig beeinflußt werden. Größere Zündverzüge bewirken dagegen manchmal eine bessere Aufbereitung des Gemisches, so daß sich der Verbrennungsvorgang mehr der Gleichraumverbrennung nähert und der Wirkungsgrad steigt, allerdings verursacht dies höhere Zünddrücke und härteren Gang der Maschine.

Jedem Kraftstoff ist dementsprechend ein günstigster Einspritzbeginn zuzuordnen; wie überhaupt alle Einflußgrößen, von denen die Gemischbildung und der Verbrennungsablauf abhängen, auf die Eigenschaften des Kraftstoffes abgestimmt sein müssen, um Bestwerte von Leistung und Verbrauch zu erzielen. Verbrennungsablauf und Zündverzug werden von der Art des Verbrennungsverfahrens stark beeinflußt, so daß allgemein gültige Angaben hier nicht gemacht werden können.

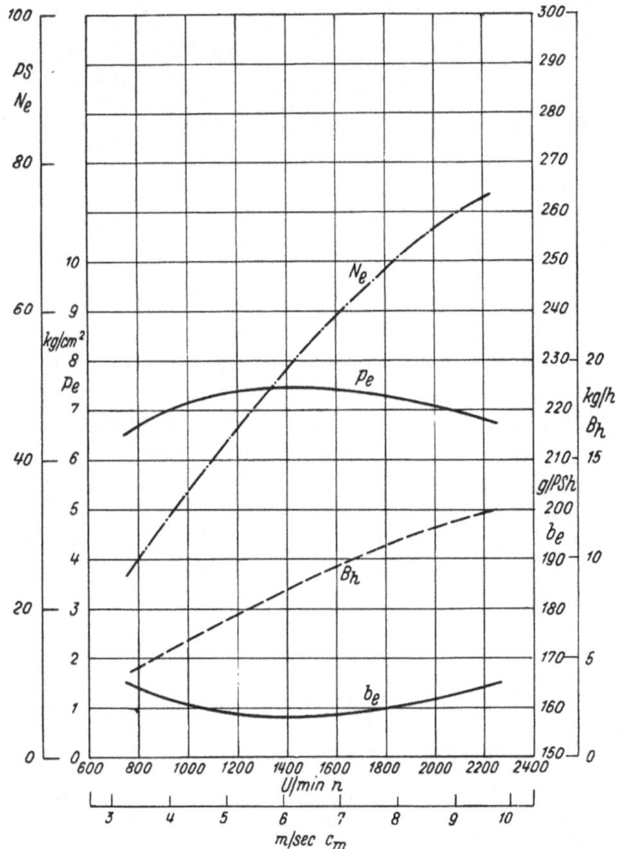

Abb. 229. Strahleinspritzmaschine mit Kugelbrennraum im Kolben (MAN)
4 Zyl., $D = 105$, $S = 130$, $V_h = 1.125\,l$, $V_H = 4.5\,l$, $\varepsilon = 18$.

Die für einzelne Fahrzeugmotoren aufgestellten Wärmebilanzen (Abb. 228, 233, 243a, 249) zeigen stark unterschiedliche Werte des Nutzwirkungsgrades, obwohl dieser nur in geringem Maß vom gewählten Verbrennungsverfahren abhängt. Dies liegt an der ständig in Fluß befindlichen Entwicklung der Fahrzeugmotoren in Richtung auf sparsamen Verbrauch. Neuzeitliche Motoren mit unmittelbarer Einspritzung erreichen Bestwerte des Nutzwirkungsgrades bis zu 40 v. H. (vgl. z. B. Abb. 229).

Der Kühlwasserwärmeanteil fällt mit zunehmender Belastung und meist auch mit zunehmender Drehzahl ab; bei jenen Verfahren aber, die mit sehr heftiger Wirbelung des

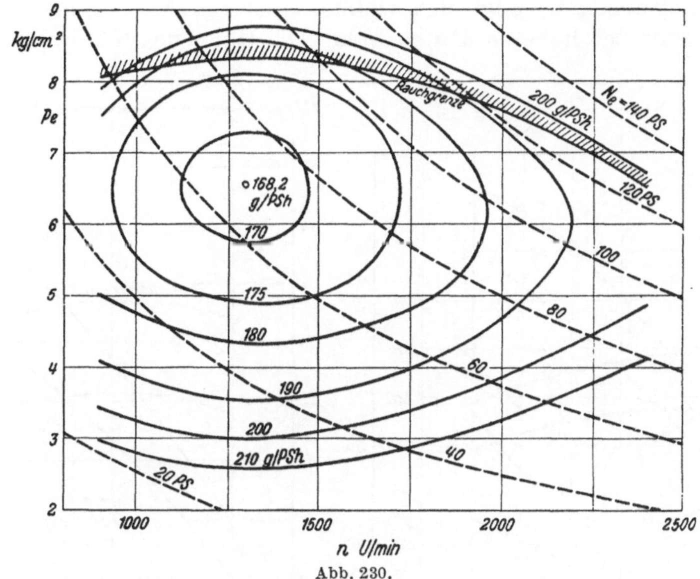

Abb. 230.

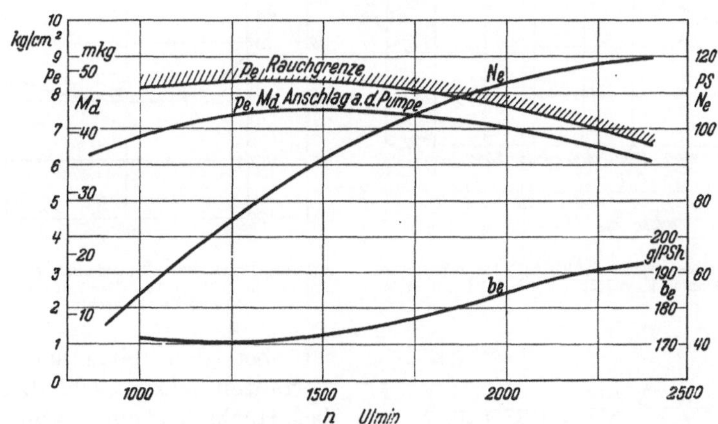

Abb. 231. Vollastkennlinien.

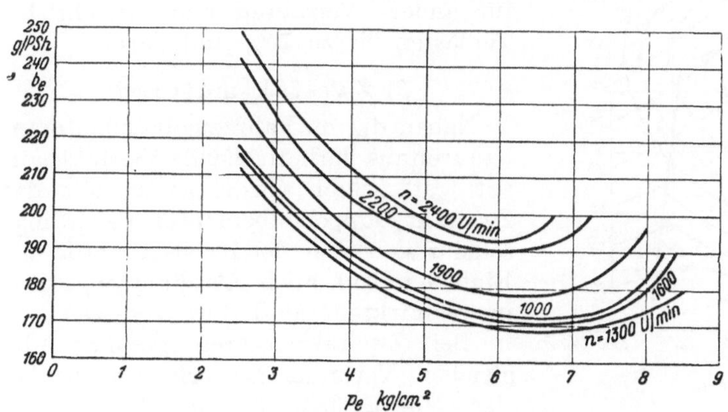

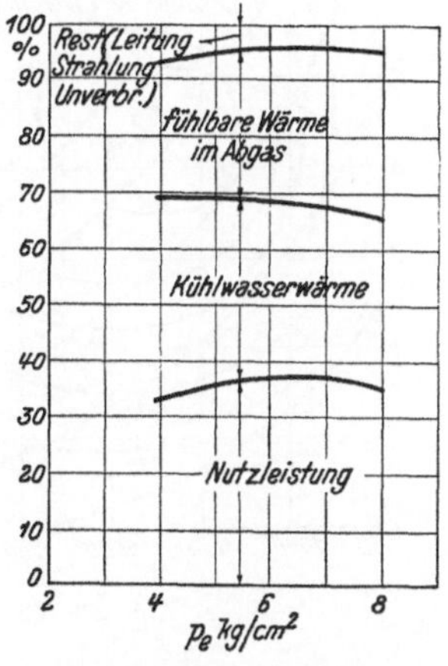

Abb. 232. Kraftstoffverbrauchskurven.   Abb. 233. Wärmebilanz bei
                                                          n = 1600 U/min.

Abb. 230 bis 233. Wirbelkammermotor (Deutz) 6 Zyl., $D = 105$ mm, $S = 140$ mm,
$V_h = 1{,}21$, $V_H = 7{,}26$, $\varepsilon = 18{,}5$.

Brennrauminhaltes arbeiten, zeigt sich vielfach auch ein Anstieg des verhältnismäßigen
Kühlwasserverlustes bei höheren Drehzahlen. Die Höhe des Kühlwasserwärmeverlustes

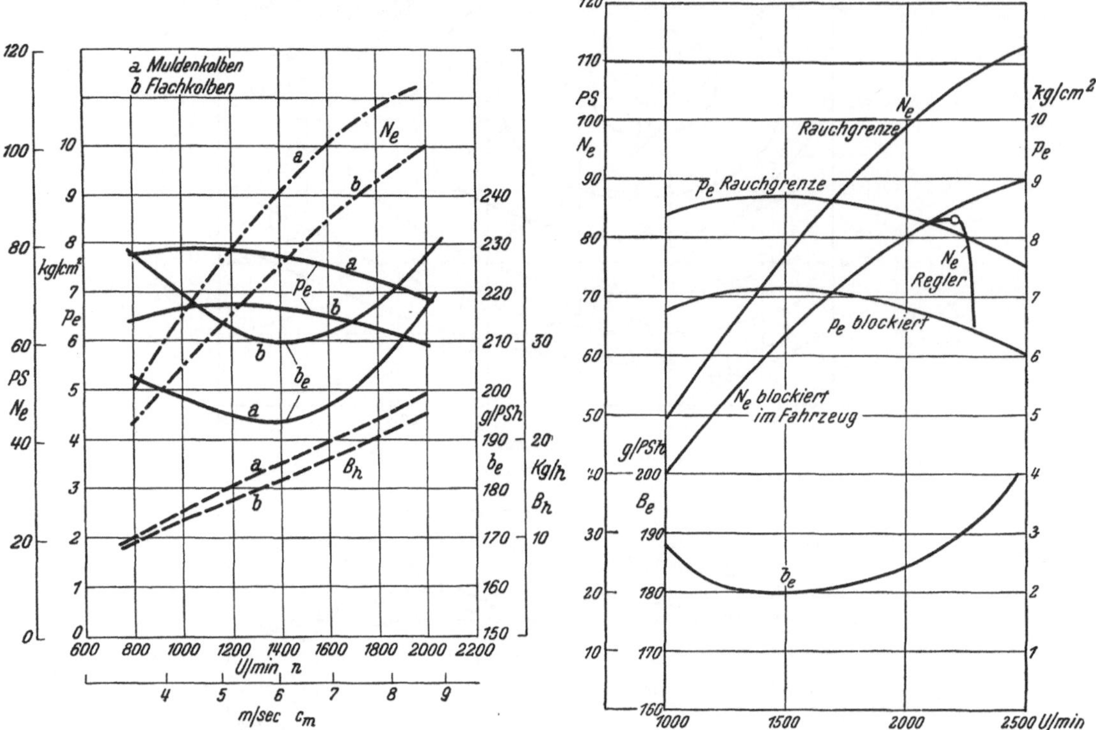

Abb. 234. Vorkammermaschine (Büssing-NAG) 6 Zyl.,
$D = 110$ mm, $S = 130$ mm, $V_h = 1,23\,l$, $V_H = 741\,l$, $\varepsilon = 17,5$.

Abb. 235. Vorkammer-Dieselmotor (Steyr) 4 Zyl., $D = 110$ mm,
$S = 140$ mm, $V = 1,33\,l$, $V = 5,32\,l$, $\varepsilon = 21$ (mit Wasserpumpe
und Lichtmaschine, ohne Lüfter).

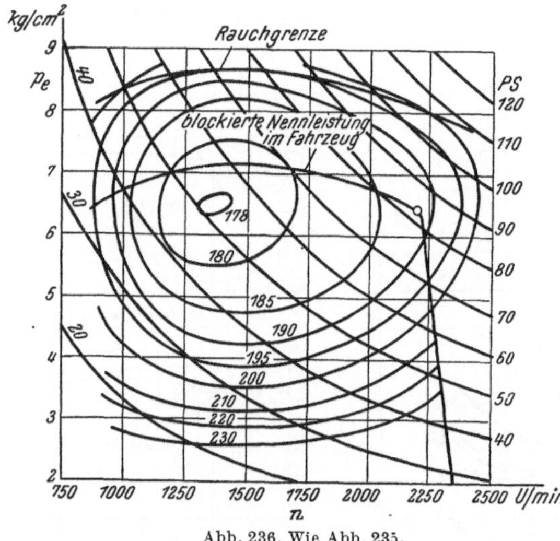

Abb. 236. Wie Abb. 235.

ist bei den einzelnen Verbrennungsverfahren sehr verschieden. Er schwankt
bei Höchstleistung, abhängig von der
Drehzahl, zwischen 23 und 35% für das
Strahlverfahren, zwischen 30 und 45 v.H.
für andere Verfahren und erreicht bei
Teillasten bis zu 70% und darüber.

β) Zweitaktmotoren.

Neben die im Fahrzeugdieselmotoren-
bau weitaus vorherrschende Viertaktbauart trat schon vor längerer Zeit der
Zweitakt-Doppelkolbenmotor; neuerdings
scheint sich aber der Zweitaktmotor mit
Einfachkolben auch als Fahrzeugmotor
in verstärktem Maß durchzusetzen.

Bei Zweitaktmotoren kommen die
gleichen Verbrennungsverfahren wie bei
der Viertaktbauart zur Anwendung.
Strahlverfahren, Vorkammer und Wirbelkammer finden sich hier nebeneinander. Die
Verbrauchsziffern stimmen mit jenen der Viertaktmaschinen gleicher Leistung und Drehzahl ungefähr überein.

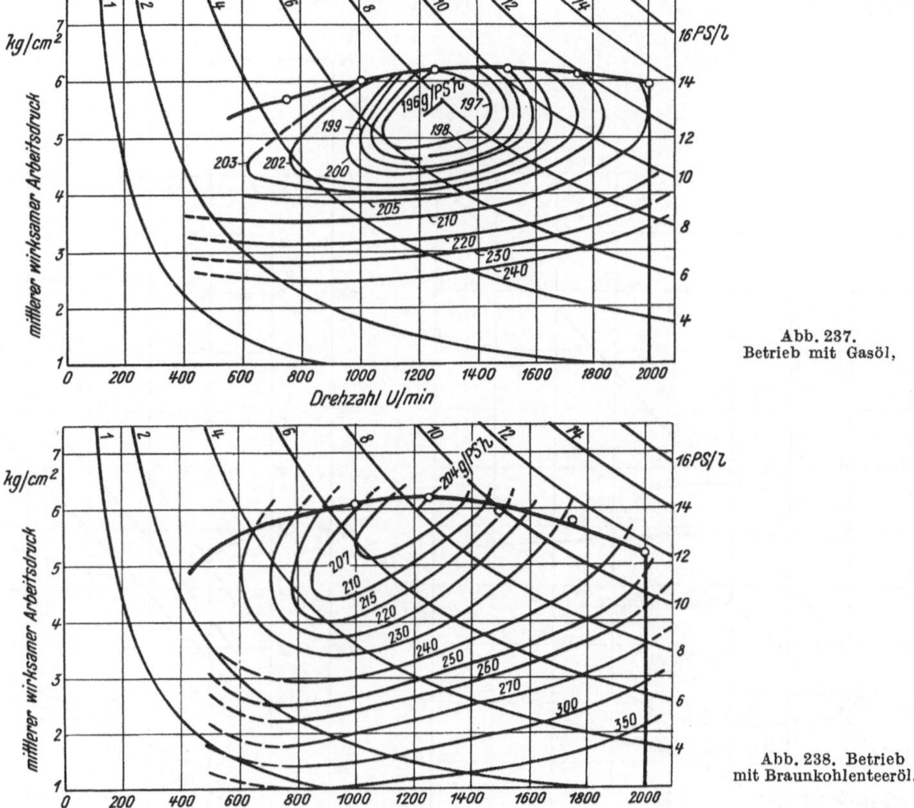

Abb. 237.
Betrieb mit Gasöl,

Abb. 238. Betrieb
mit Braunkohlenteeröl.

Abb. 237 und 238. Vorkammermaschine (Büssing NAG) 4 Zyl., $D = 110$ mm, $S = 130$ mm, $V_h = 1{,}23\,l$, $V_H = 4{,}92\,l$, $\varepsilon = 16{,}5$.

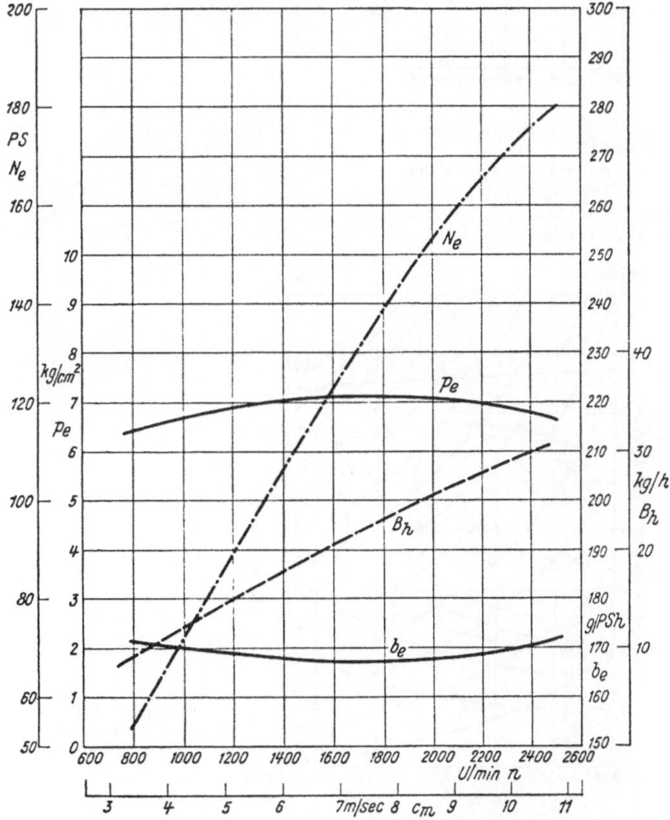

Abb. 239. Strahleinspritzmaschine mit Kugelbrennraum im Kolben (MAN)
8 Zyl. V, $D = 110$ mm, $S = 130$ mm, $V_h = 1{,}236\,l$, $V_H = 9{,}91\,l$, $\varepsilon = 18$.

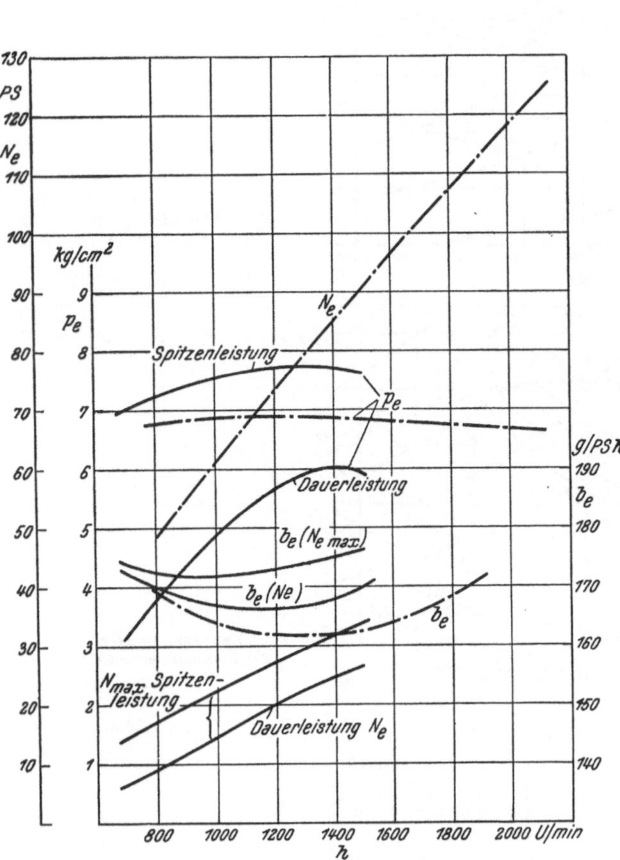

Abb. 240. Strahleinspritzmotor mit Kugelbrennerraum
im Kolben (MAN).

—·—·— 6 Zyl., $D = 110$ mm, $S = 140$ mm, $V_h = 1,33$ l,
$V_H = 7,983$ l, $\varepsilon = 17$ (Lastwagen).

——— 4 Zyl., $D = 88$ mm, $S = 110$ mm, $V_h = 0,67$ l,
$V_H = 2,68$ l, $\varepsilon = 12$ (Ackerschlepper).

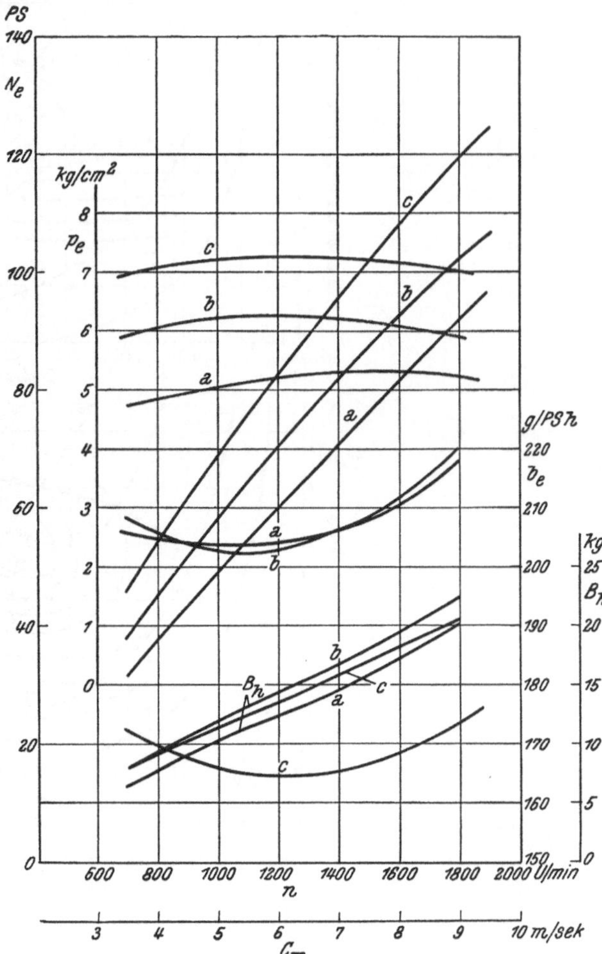

Abb. 241. Fahrzeugdieselmotor (Saurer) mit verschiedenen
Verbrennungsverfahren, 6 Zyl., $D = 110$ mm, $S = 150$ mm,
$V_h = 1,425$ l, $V_H = 8,55$ l.

a) Luftspeicher (Außenspeicher, Acroverfahren),
b) Luftspeicher (Kreuzstrom),
c) Strahleinspritzung (Doppelwirbelraum im Kolben).

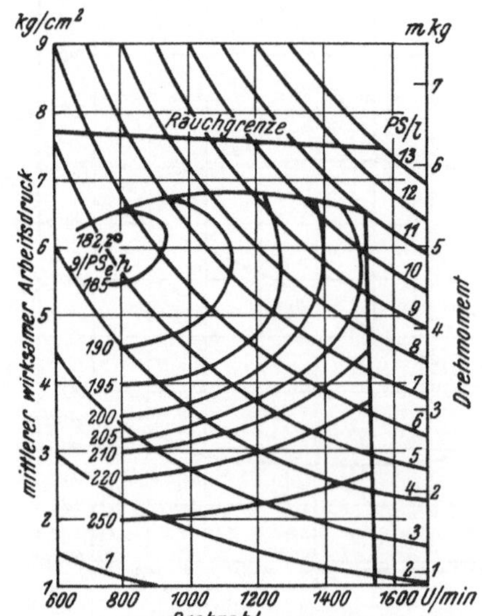

Abb. 242. Vorkammer-Dieselmotor
liegend. (Jenbach) 1 Zyl.,
$D = 115$, $S = 145$, $V = 1,53$ l
(Nach RICHTER).

Abb. 253 u. 254 zeigt die Meßergebnisse an einer älteren Gegenkolbenmaschine mit Gleichstromspülung und Schlitzsteuerung. Bemerkenswert ist der hohe Nutzdruck von 6,8 kg/cm² und die günstige Lage des Verbrauchskleinstwertes von 174 g/PS im Betriebsfeld, beides Zeichen dafür, daß das mechanische Verhalten der Maschine

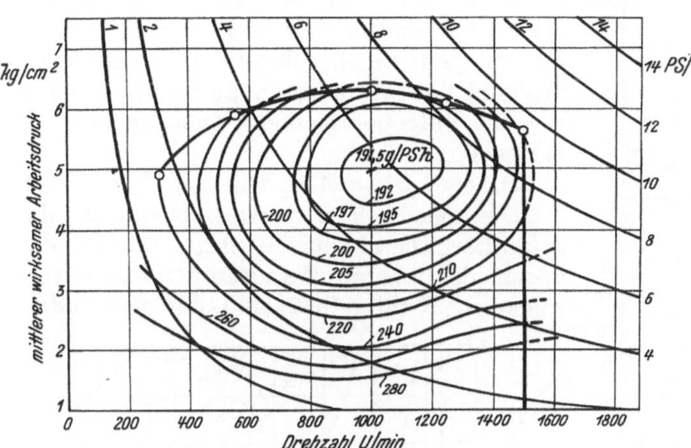

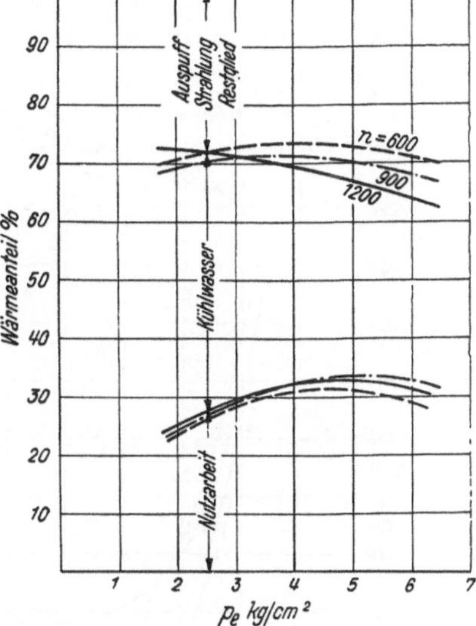

Abb. 243. Betrieb mit Gasöl.   Abb. 243a. Wärmebilanz Betrieb mit Gasöl.

Abb. 243 und 243a. Vorkammermaschine (Deutz)
6 Zyl., $D = 120$ mm, $S = 170$ mm, $V_h = 1,92\,l$, $V_H = 11,54\,l$, $\varepsilon = 18$.

sehr vorteilhaft ist, gleichzeitig aber ein Beweis für die günstige Wirkung der verwendeten Gleichstromspülung, die bei der Gegenkolbenbauart in vollkommener Weise verwirklicht erscheint.

Besonders niedrig ist hier der Wärmeverlust an das Kühlwasser; er beträgt bei Vollast und $n = 1500$ nur 21,5% (vgl. Abb. 254).

Die Gleichstromspülung wird auch bei einigen anderen neueren Zweitakt-Fahrzeugdieselmotoren beibehalten; der Vorzug wird dabei aber vielfach der Ventil-Zweitakt-

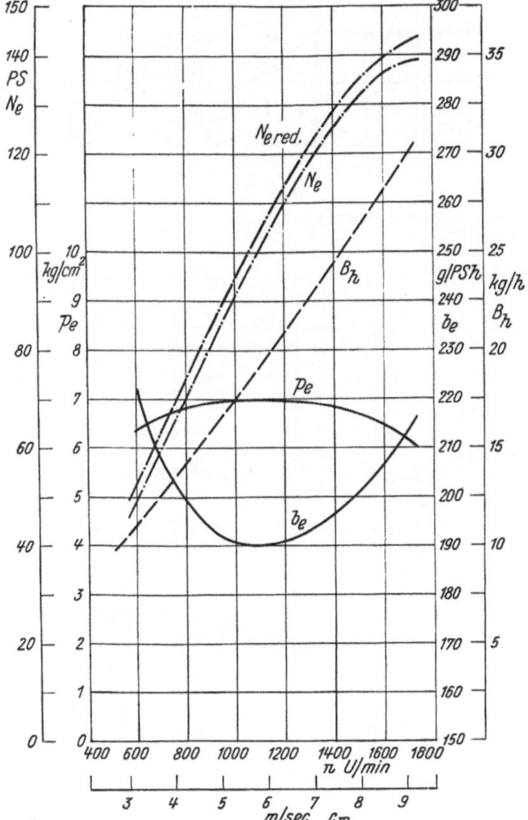

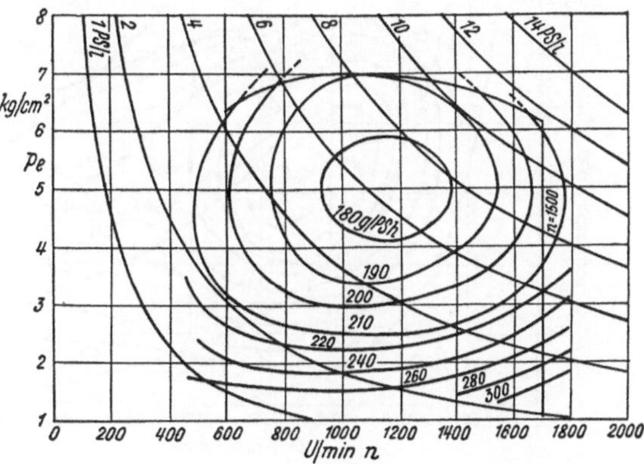

Abb. 244.   Abb. 245.

Abb. 244 und 245. Wirbelkammermotor (Skoda) 6 Zyl., $D = 125$ mm, $S = 160$ mm, $V_h = 1,97\,l$, $V_H = 11,82\,l$.

maschine mit vom Kolben gesteuerten Spülschlitzen und im Zylinderkopf gelegenen Auslaßventilen gegeben. Diese Bauart vermeidet die Nachteile des Gegenkolbenmotors; sie ist im Triebwerk einfacher und daher billiger und hat überdies den Vorteil, daß die Schwierigkeiten, welche die, die Auslaßschlitze steuernden Kolben infolge ihrer höheren Wärmebelastungen verursachen, vermieden werden. In den Auslaßventilen, für die eine reiche Entwicklungserfahrung aus dem Viertaktmotorenbau vorliegt, lassen sich die aufgenommenen Wärmemengen beherrschen.

Luftgekühlte Motoren.

Der spezifische Kraftstoffverbrauch luftgekühlter Dieselmotoren liegt infolge der durch die höheren Wandtemperaturen verringerten Kühlverluste und der verminder-

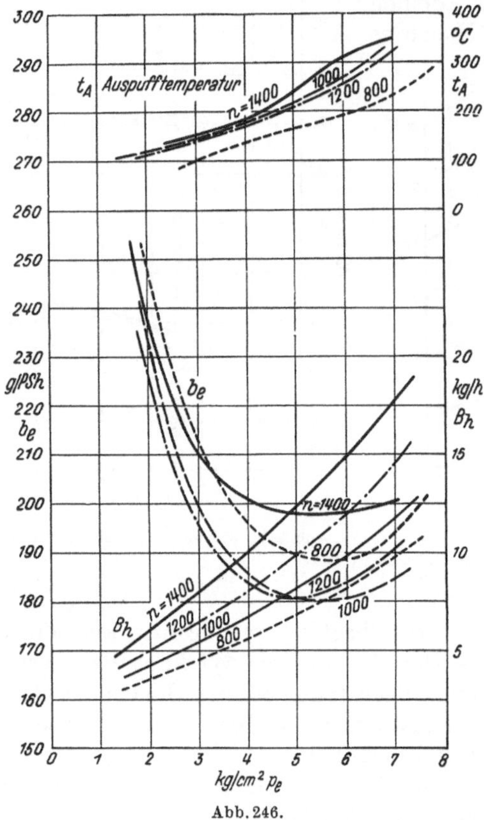

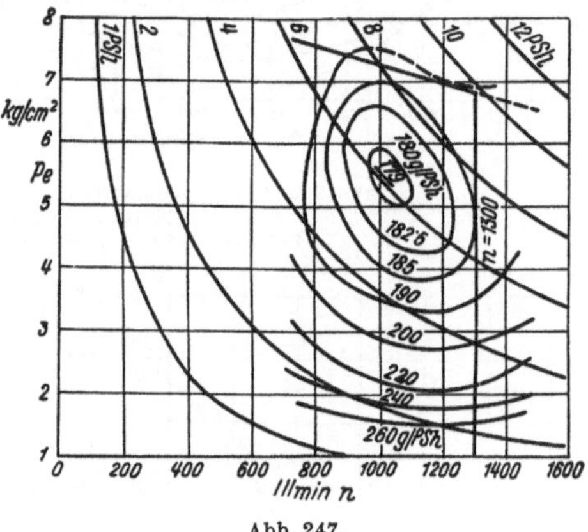

Abb. 246.   Abb. 247.

Abb. 246 und 247. Luftspeichermaschine (Henschel-Lanova),
4 Zyl., $D = 120$ mm, $S = 180$ mm, $V_h = 2,04\,l$, $V_H = 8,16\,l$, $\varepsilon = 12,5$.

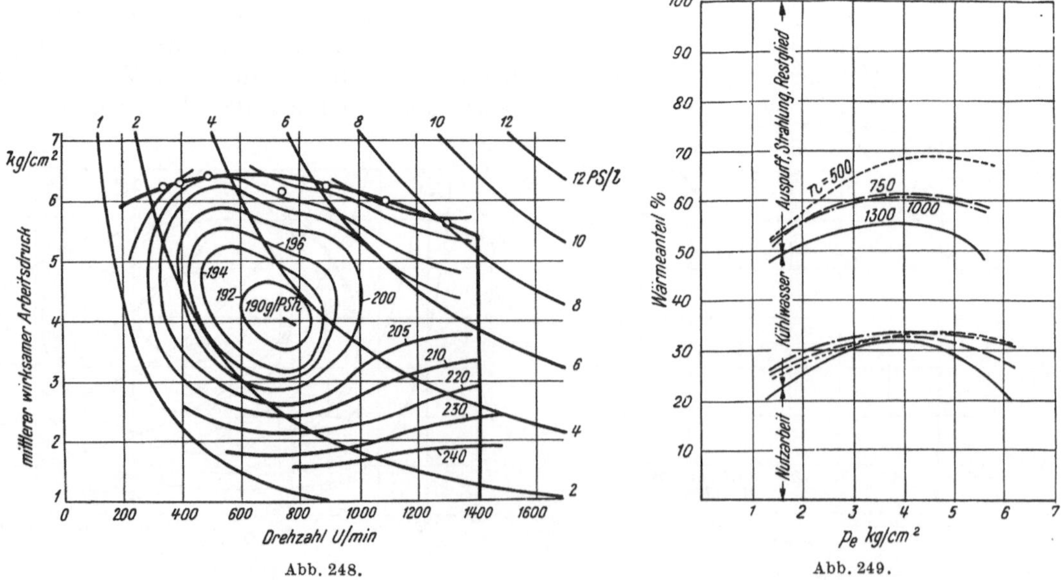

Abb. 248.   Abb. 249.

Abb. 248 und 249. Strahleinspritzmaschine (MAN) 6 Zyl., $D = 120$ mm, $S = 180$ mm, $V_h = 2,04\,l$, $V_H = 12,22\,l$, $\varepsilon = 14$.

ten Ölviskosität trotz der durch die Aufheizung der Ladung bedingten niedrigeren Literleistung um etwa 5 % unterhalb jenes bei Wasserkühlung, vorausgesetzt daß

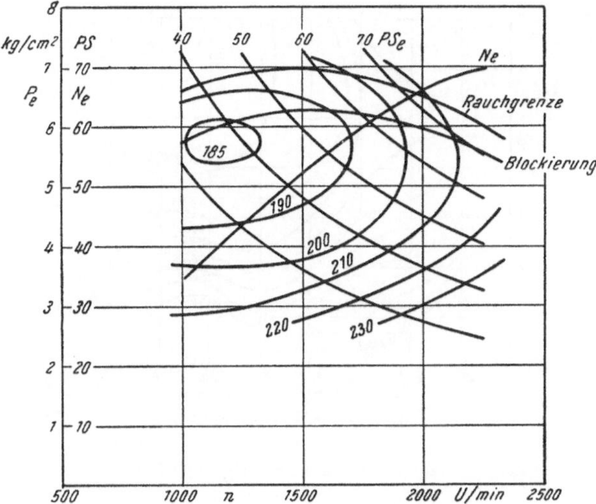

Abb. 250. Wirbelkammermotor, luftgekühlt. (Deutz). 4 Zyl., $D=110$ mm, $S=130$ mm, $V_h=1,235$ l, $V_H=4,94$ l.

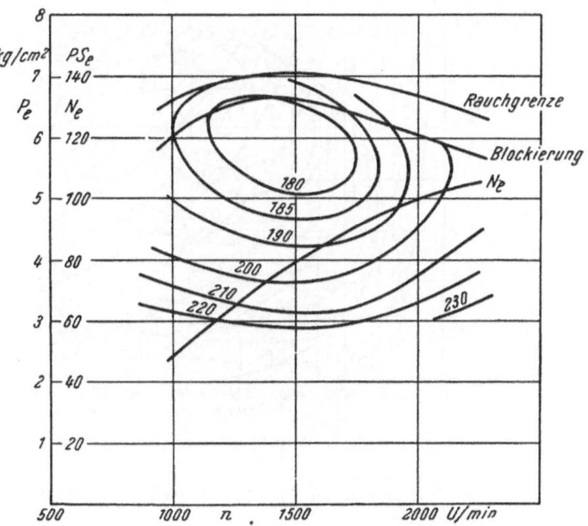

Abb. 251. Wirbelkammermotor, luftgekühlt (Deutz). 6 Zyl., $D=110$ mm, $S=130$ mm, $V_h=1,235$ l, $V_H=7,41$ l.

das Kühlgebläse keinen höheren Leistungsbedarf als die Wasserpumpe und der Ventilator aufweist, was bei Verwendung raschlaufender Axialgebläse möglich ist. Der Leistungsbedarf des Kühlgebläses soll demnach 8 % der Motorleistung nicht übersteigen.

Auch die Möglichkeit, bei Luftkühlung die Wandtemperaturen bei Teilbelastung höher halten zu können, ist von Vorteil; die bei Wasserkühlung gegebene Höchsttemperatur von etwa 85° kann überschritten werden, das Temperaturgefälle zwischen Zylinderwand und Kühlmittel wird bei Luftkühlung um etwa 80° größer; erzeugte und abgeführte Wärme stehen in direktem Verhältnis zur Motordrehzahl, da sich auch die Kühlluftmenge mit dieser ändert, wodurch sich hohe Gleichmäßigkeit der Zylinderwandtemperatur ergibt. Bei richtiger Wahl der Verhältnisse läßt sich damit der Verschleiß im Zylinder günstig beeinflussen.

Die Abb. 250—252 geben Beispiele für den Kraftstoffverbrauch luftgekühlter Fahrzeug-Dieselmotoren.

Die Abb. 255 und 256 geben die Meßergebnisse an einem Vertreter dieser Bauart wieder. Der Verlauf der p_e-Kurve über der Drehzahl ist auffallend flach. Das erreichte p_e von 5,8 ist für die Normalbauart nach

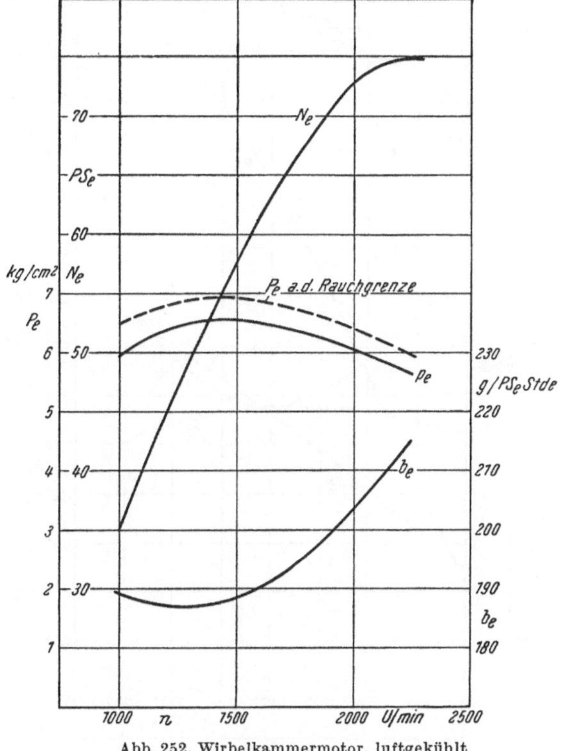

Abb. 252. Wirbelkammermotor, luftgekühlt (Deutz) 4 Zyl., $D = 110$ mm, $S = 140$ mm, $V_h = 1,33$ l, $V_H = 5,32$ l,

Abb. 255 niedriger als bei Viertakt-Vorkammermotoren; bei der Sonderbauart nach Abb. 256 erreicht es etwa den gleich hohen Wert wie bei diesen. Die zugehörigen Ver-

brauchswerte lassen aber erkennen, daß die Zweitaktmaschine hierbei näher an der
Leistungsgrenze liegt, als der Viertaktmotor mit gleichem Nutzdruck.

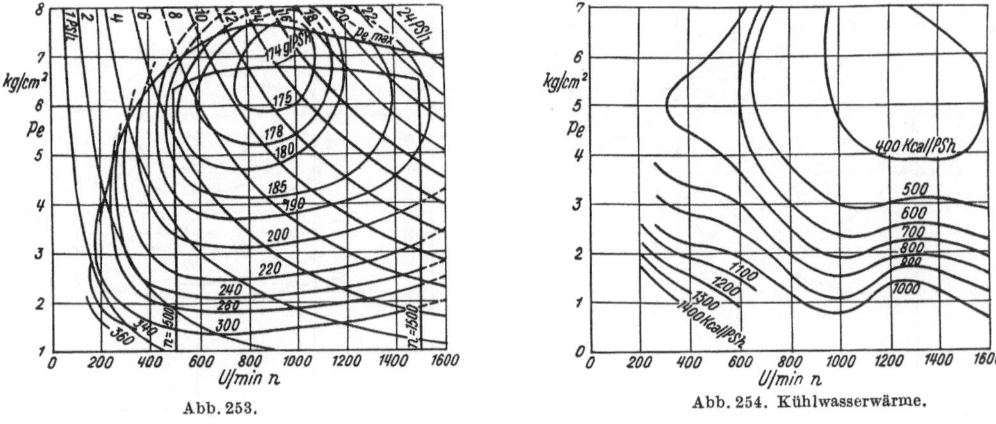

Abb. 253.   Abb. 254. Kühlwasserwärme.

Abb. 253 und 254. Gegenkolben-Zweitaktmotor (Junkers). 2 Zyl., $D = 80$ mm, $S = 2 \times 150$, $V_H = 3,0\,l$.

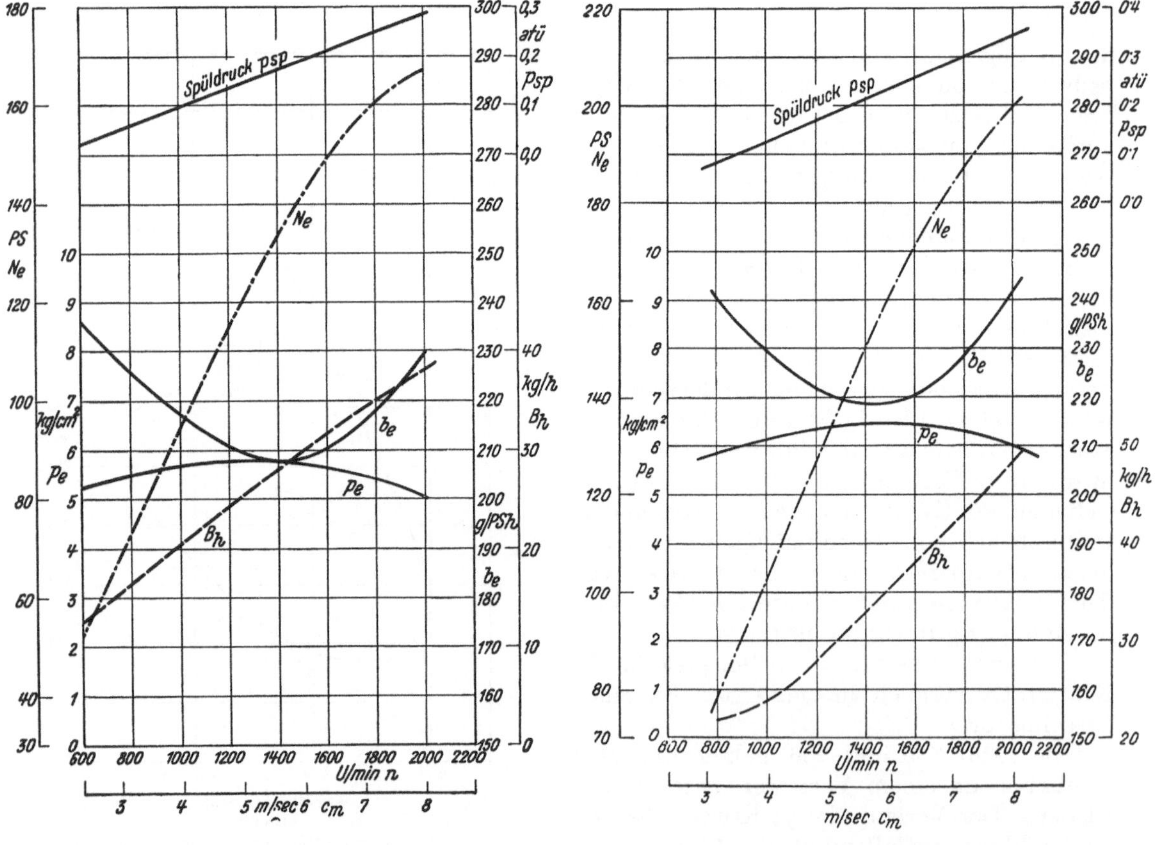

Abb. 255. Normalbauart.   Abb. 256. Sonderbauart.

Abb. 255 und 256. Zweitakt-Vorkammermaschine (Krupp) mit Gleichstromspülung und ventilgesteuertem Auspuff.
8 Zyl., V, $D = 100$ mm, $S = 120$ mm, $V_h = 0,95\,l$, $V_H = 7,57\,l$.

Die nachfolgende Übersicht enthält einige weitere Verbrauchsangaben über neuere Zweitakt-Fahrzeug- bzw. -Einbau-Dieselmotoren:

Bauart	Foden Elworth Works England	Harnischfeger P & H-Motor USA	Krauß-Maffei Deutschland	Gräf und Stift Österreich	Marshall England	Jenbacher Werke Österreich	Schneider B & W Frankreich
Zyl.-Zahl.	6	4	4	4 — 6	2	2	12
Zyl.-Anordn.		R	$V\ 90°$	$V\ 90°$	R	R	$V\ 40°$
D mm	85	114	120	120	133	150	150
S mm	120	139,5	130	140	152	170	250
V_H l	4,09	5,7	5,88	6,33 — 9,50	4,26	6,0	52,8
ε			16,5	16	16	16,5	
N_e	126	100	145	125 — 180	50	1000	600
p_e	6,9	4,94	5,0	4,4	4,2	5,0	5,11
b_e	185	200	177	176	182	175	175
c_m	8,0	7,44	9,52	9,3	6,3	8,5	8,33
bei n	2000	1600	2200	2000	1250	1500	1000
$p_{e\,max}$	7,45	6,58	5,2	4,97 — 5,16	4,5	5,1	
bei n	1500	900	1600	1250	950	1100	
$b_{e\,min}$	176	196	158	165	173	165	
bei p_e	4,24	5,01	4,0			5,1	
n	1300	1450	1250			1400	
Spülung	2 Auslaßventile je Zyl.	1 Auslaßventil je Zyl.	reine Schlitzsteuerung (Schnürle)				1 Auslaßventil je Zyl.
Spülgebläse	Roots	Roots	Kreisel	Roots	Roots	Roots	Roots
Verbrennungsverfahren	Kadenacy	Dir. Einspritzung	Dir. Einspritzung	Dir. Einspritzung		Dir. Einspritzung	Dir. Einspritzung

b) Raschlaufende Dieselmotoren für Schienenfahrzeuge.

Im Eisenbahnbetrieb hat sich der Dieselmotor mehrfache Anwendungsgebiete gesichert: Als Triebwagenmotor bewährt er sich im Fernschnellverkehr auf Hauptverkehrslinien und im Nahverkehr, als Lokomotivmotor im Verschubdienst. Zögernder erfolgte das Vordringen des Dieselmotors als Lokomotivmotor größerer Leistung für die Förderung schwerer Personen- oder Güterzüge, hat sich aber auch hier vor allem in den USA mit durchschlagendem Erfolg ein großes Gebiet gesichert; er wird dafür, je nach der Lage der Kraftstoff- und Wasserversorgung, in manchen Ländern noch stärker als bisher zum Einsatz kommen.

Die Kraftübertragung erfolgt bei kleinen Leistungen mittels mechanischer Getriebe, von etwa 200 PS aufwärts dieselelektrisch, wobei der Motor mit praktisch gleichbleibender Drehzahl läuft, oder diesel-hydraulisch mittels Flüssigkeitsgetriebe.

α) Triebwagenmotoren.

Für den Einbau in Eisenbahntriebwagen wurden ursprünglich starke Kraftwagenmotoren oder anderen Zwecken dienende Motoren verwendet und stehen Dieselmotoren dieser Bauart hier wohl auch heute noch mehrfach im Dienst, während Ottomotoren als Antriebsmaschinen für Triebwagen, vor allem wegen der Feuergefährlichkeit des Kraftstoffes, dann aber auch wegen ihres ungünstigeren Verbrauchs, so gut wie gänzlich verschwunden sind. Im Laufe der Zeit wurden Sonderbauarten von Dieselmotoren entwickelt, die dem Triebwagenbetrieb in besonderem Maße Rechnung tragen.

Im allgemeinen ist das Verhältnis von Dauerleistung zu Höchstleistung für Triebwagenmotoren größer als für andere Fahrzeugmotoren; lediglich bei der Verwendung von Kraftfahrzeugen auf den Autobahnen ergeben sich auch für normale Fahrzeugmotoren ähnliche Beanspruchungen. Gekennzeichnet sind diese Betriebsbedingungen dadurch, daß die durchschnittliche Drehzahl nahe der Höchstdrehzahl und das durchschnittliche Drehmoment dauernd nahe der Höchstgrenze liegt.

Die Nennleistung der Triebwagenmotoren wird daher meist so ausgelegt, das diese mit verhältnismäßig niedrigem Nutzdruck arbeiten, d. h. sie werden mit größerer Leistungsreserve ausgeführt als Kraftwagenmotoren. Hinsichtlich der absoluten Höhe der Nutzleistung liegen die Triebwagenmotoren, da die zu fördernden Gewichte und die einzuhaltenden Geschwindigkeiten wesentlich größer sind als bei Straßenfahrzeugen, ganz beträchtlich höher als die Motoren der letzteren. — Die Leistung der für den Sonderzweck entwickelten

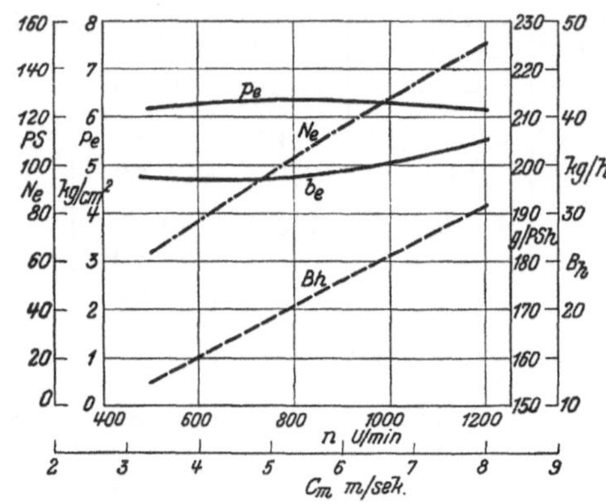

Abb. 257. Vollastkennlinien.

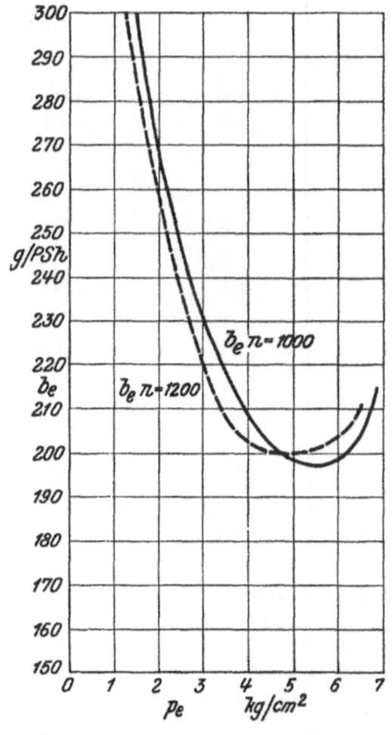

Abb. 258. Kraftstoffverbrauchskurven.

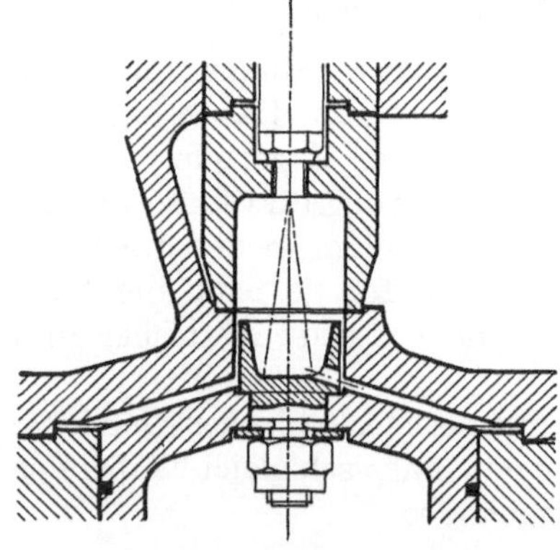

Abb. 259. Verbrennungsraum.

Abb. 257 bis 259. Lokomotivmotor (Orenstein u. Koppel), 6 Zyl. $D = 140$ mm, $S = 200$ mm, $V_h = 3.07$, $V_H = 18.4$, $\varepsilon = 17$.

Triebwagenmotoren liegt zwischen 300 und 800 PS. Wo größere Leistungen erforderlich werden, wie für Schnelltriebwagenzüge von hoher Geschwindigkeit, werden mehrere Gruppen zu einer Einheit vereint.

Triebwagenmotoren sind durchwegs Raschläufer und werden in Leichtbauweise ausgeführt. Weitaus bevorzugt erscheint der Viertaktmotor; zur Leistungssteigerung und mit Rücksicht auf den Platzbedarf werden Triebwagen in der Regel aufgeladen. — Triebwagenmotoren kleinerer Leistung werden auch luftgekühlt ausgeführt.

Der im Fahrbetrieb vorkommende häufige Wechsel von Steigungen und Gefällen sowie von Beschleunigungen und Verzögerungen verlangt von Triebwagenmotoren hohe Betriebssicherheit in einem weiten Drehzahl- und Belastungsbereich und günstiges Leerlaufverhalten; es ergeben sich damit sehr hohe Anforderungen an die Beherrschung des Verbrennungsvorganges und — mit Rücksicht auf die Art des Betriebes und die Wartungsmöglichkeiten — auch an die Unempfindlichkeit des Motors. Aus diesem Grund, sowie wegen der Forderung, weitgehend unabhängig von der Gattung des Kraftstoffes zu sein, verwenden die meisten Motoren unterteilte Verbrennungsräume. Vorkammer und Wirbelkammer herrschen vor; im Ausland wird — wohl durch die Brennstofflage bedingt — daneben aber auch die unmittelbare Einspritzung angewendet.

Die Bilder 260 bis 273 geben die Meßergebnisse an einer Reihe neuer Triebwagenmotoren wieder.

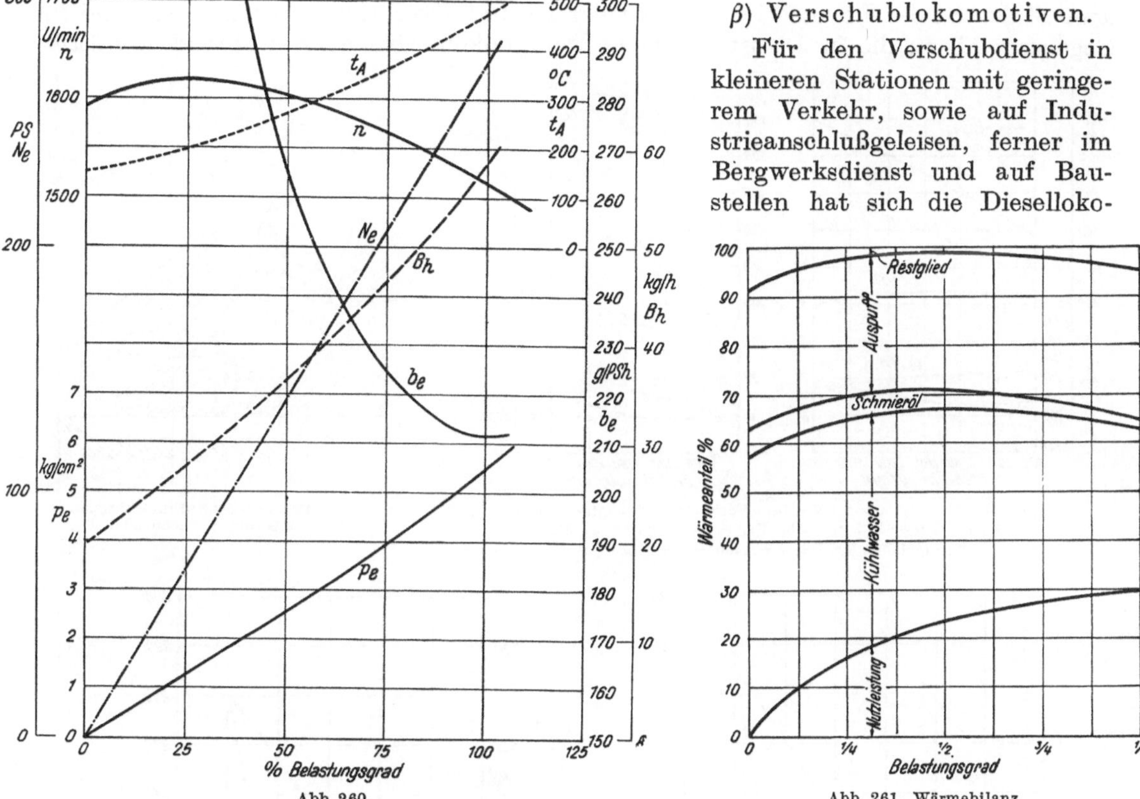

Abb. 260.

Abb. 261. Wärmebilanz.

Abb. 260 und 261. Triebwagenmotor. Viertakt, Vorkammer (DWK) 12 Zyl. Boxer, $D = 130$ mm, $S = 190$ mm, $V_h = 2,521$, $V_H = 30,241$, $\varepsilon = 17,4$.

β) **Verschublokomotiven.**

Für den Verschubdienst in kleineren Stationen mit geringerem Verkehr, sowie auf Industrieanschlußgeleisen, ferner im Bergwerksdienst und auf Baustellen hat sich die Dieselloko-

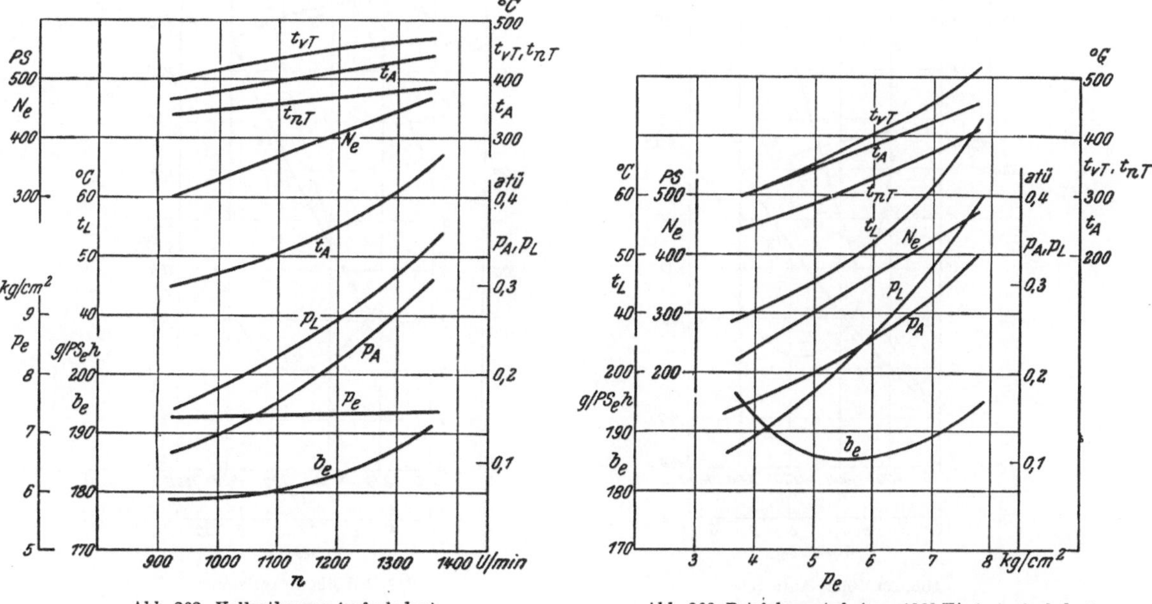

Abb. 262. Vollastkurven (aufgeladen).

Abb. 263. Betriebswerte bei $n = 1360$ U/min (aufgeladen) Vorkammer-Dieselmotor.

Abb. 262 u. 263. Vorkammer-Dieselmotor. (SIMMERING). 12 Zyl., $D = 150$ mm, $S = 190$ mm, $V_h = 3,351$, $V_H = 40,21$.

motive gut durchgesetzt. Der Hauptvorteil solcher Motorlokomotiven liegt außer in der Wirtschaftlichkeit des Dieselmotors vor allem in dem Umstand, daß mit

14*

dem Stillstand der Lokomotiven auch jeder Kraftstoffverbrauch fortfällt, während im Gegensatz hierzu die in Dienst stehende Dampflokomotive auch während der Still-

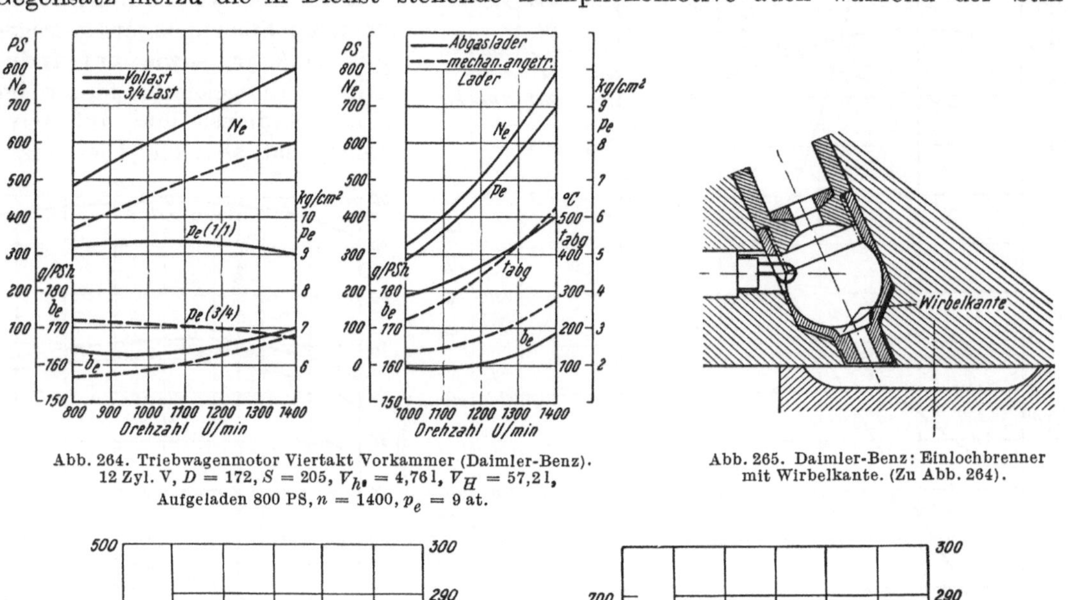

Abb. 264. Triebwagenmotor Viertakt Vorkammer (Daimler-Benz).
12 Zyl. V, $D = 172$, $S = 205$, $V_{h_0} = 4{,}76\,l$, $V_H = 57{,}21$,
Aufgeladen 800 PS, $n = 1400$, $p_e = 9$ at.

Abb. 265. Daimler-Benz: Einlochbrenner
mit Wirbelkante. (Zu Abb. 264).

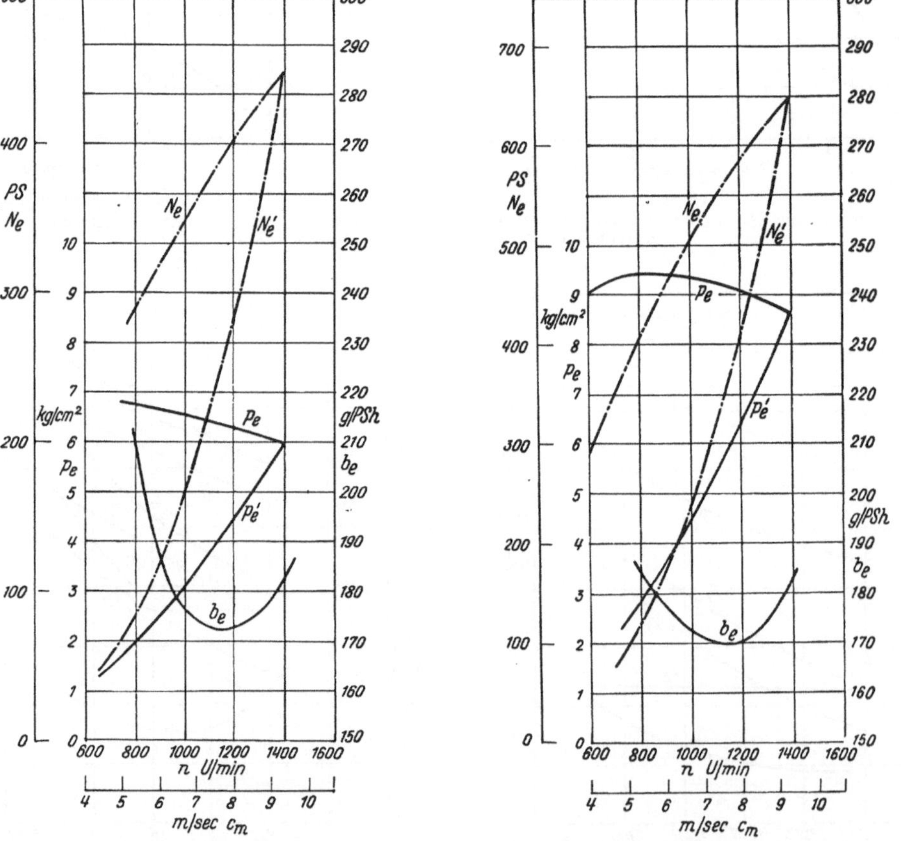

Abb. 266. Ohne Aufladung.

Abb. 267. Mit Büchi-Aufladung.

(p_e' und N_e' entsprechen der Abbremsung nach der Propellerkurve).

standzeiten stets unter Feuer gehalten werden muß. Der Dieselmotor ist überdies jederzeit und fast augenblicklich betriebsbereit, während bei Dampflokomotiven mit erheblichen Anheizzeiten zu rechnen ist.

Die Abb. 257 und 258 zeigen die Verbrauchs- und Leistungsschaubilder eines Antriebsmotors für Verschublokomotiven. Der Motor läuft im Betrieb mit Drehzahlen von 500 bis 1200 U/min. Das gewählte Verbrennungsverfahren Abb. 259 gestattet das Anfahren auch bei kalter Witterung ohne besondere Hilfsmittel.

Im Betrieb wird der Nutzdruck bei höchster Leistung durch Pumpenanschlag auf 5,5 kg/cm² eingestellt, so daß die thermische Belastung der Maschine verhältnismäßig niedrig bleibt.

γ) Lokomotivmotoren.

In Europa werden, dem Stand der Entwicklung entsprechend, überwiegend Viertaktmotoren mit Abgasturboaufladung verwendet, in den USA herrscht dagegen der Zweitaktmotor vor. Die Gesamtleistung der zu einer Einheit vereinigten Gruppen bewegt sich zwischen 1000 und 5400 PS bei Güterzuglokomotiven und zwischen 1800 und 6000 PS bei Personen- und Schnellzuglokomotiven.

Der Vorteil des Dieselmotorantriebs gegenüber dem Dampfbetrieb liegt in folgendem: Verbesserung der Fahrzeiten; Senkung der Betriebskosten bis zu 50 %; Senkung der Unterhaltungskosten. Erhöhte Betriebsbereitschaft, wesentliche Verringerung der Wartungs- und Vorbereitungskosten. Vereinfachte Bedienung unter wechselnden Witterungsbedingungen und Streckenverhältnissen. Verbesserte Fahreigenschaften

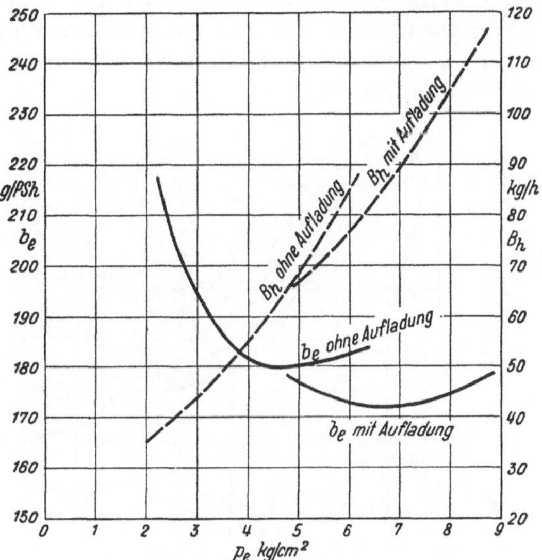

Abb. 268.

Abb. 266 bis 268. Triebwagenmotor. — Viertakt, Vorkammer (Maybach) 12 Zyl., V, $D = 160$ mm, $S = 200$ mm, $V_h = 402\,\mathrm{l}$, $V_H = 42{,}24\,\mathrm{l}$, $\varepsilon = 16$.

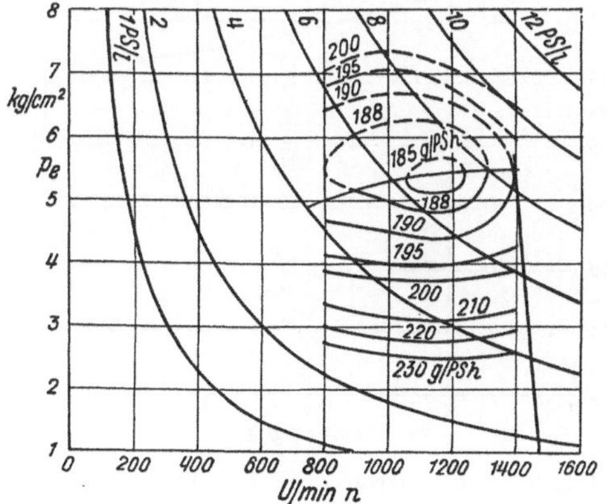

Abb. 269. Kennlinienfeld.

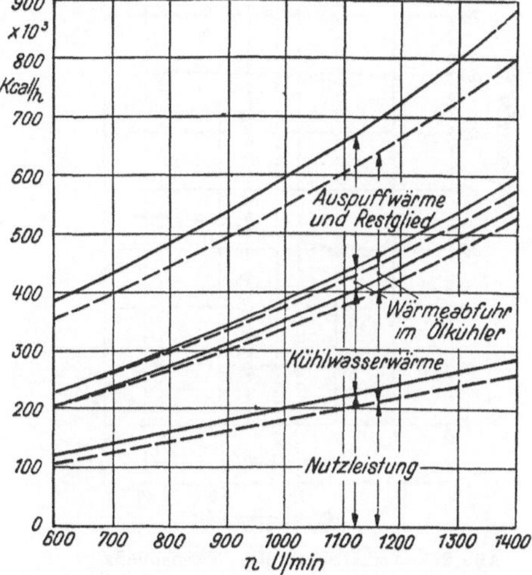

Abb. 270. Wärmebilanz ——— $p_e = 5{,}5$ kg/cm²
- - - - $p_e = 5{,}0$ kg/cm²

Abb. 269 u. 270. Triebwagenmotor. — Viertakt, Vorkammer (Deutz) 12 Zyl., V, $D = 160$, $S = 220$, $V_h = 4{,}42\,\mathrm{l}$. $V_H = 53\,\mathrm{l}$, $\varepsilon = 19$.

durch niedrig liegenden Schwerpunkt; hohes Anzugsmoment. Sauberer Betrieb. Im Schnellzugsdienst ergeben sich in den USA für einzelne Lokomotiven jährliche Streckenleistungen von über 600 000 km, für Güterzuglokomotiven von über 325 000 km.

Die Meßergebnisse an einem Lokomotiv-Dieselmotor größerer Leistung, aufgeladen nach Büchi, sind in den Abb. 274 bis 276 dargestellt.

c) Ortsfeste Motoren.

Sofern Motoren mit im allgemeinen dauernd gleicher, vom Geschwindigkeitsregler selbsttätig ohne äußeren Eingriff beeinflußter Drehzahl betrieben werden, sollen sie hier als „Dieselmotoren für ortsfeste Anlagen" zusammengefaßt werden.

Von geringen Leistungen von wenigen Pferdestärken an bis zum Großmotor von vielen tausend PS, vom Notstrommaschinensatz und der kleinen Eigenzentrale bis zur elektrischen Großzentrale, hier vielfach als Kraftreserve oder zur Deckung der Spitzenlast eingesetzt, ferner in Kleingewerbeanlagen, in der Landwirtschaft, in Baumaschinen, für Hilfsantriebe aller Art im Schiffbau stehen im allgemeinen für den jeweiligen Verwendungszweck zwar besonders entwickelte, in ihren Grundformen aber übereinstimmende Dieselmotoren in Verwendung.

Im Gebiet kleiner und mittlerer Leistungen bestehen hierbei Zweitakt und Viertakt nebeneinander, ohne daß die eine oder die andere Bauart entscheidende Vorteile zeigt. Oberhalb einer Leistung von etwa 250 PS je Zylinder herrscht der Zweitakt, unterhalb

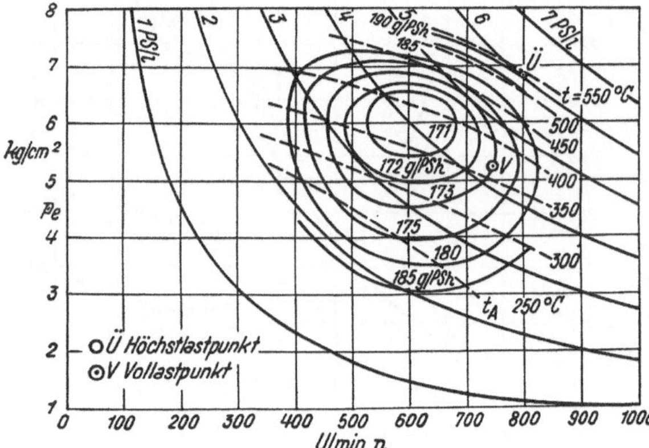

Abb. 271. Kennlinienfeld.

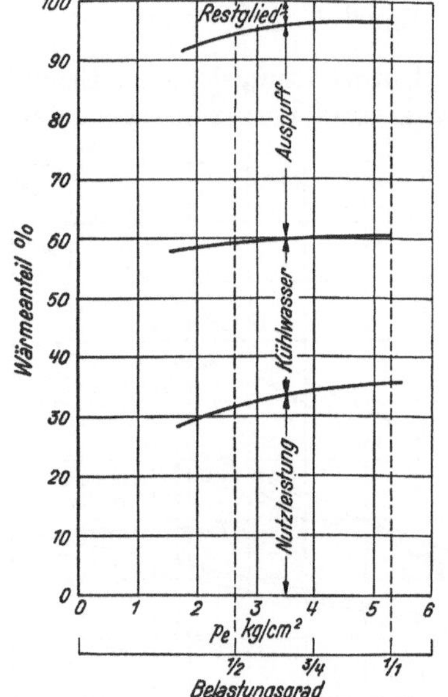

Abb. 272. Verhältnismäßige Wärmebilanz bei n = 750 U/min.

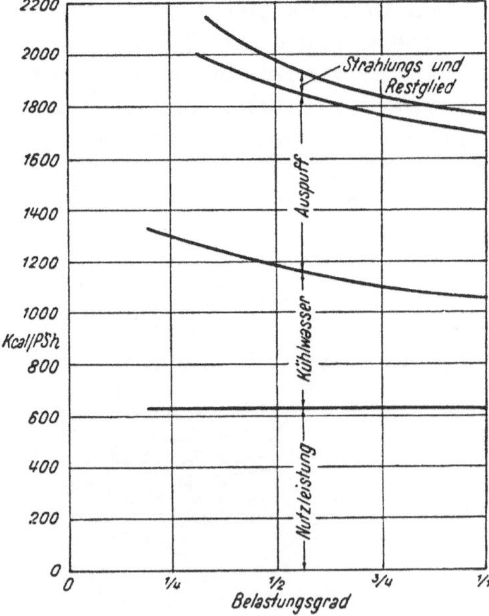

Abb. 273. Wärmeverbrauch bei $n = 750$ U/min.

Abb. 271 bis 273. Triebwagenmotor. — Viertakt, Vorkammer (Ganz-Jendrassik) 8 Zyl.; $D=216$, $S=310$, $V_h=11{,}316\,\mathrm{l}$, $V_H=90{,}9\,\mathrm{l}$.

desselben der Viertakt vor. Doppeltwirkende Viertaktmotoren mit Leistungen von 1100 PS je Zylinder stellen die oberste Grenze für diese selten angewendeten Bauart dar. Einfachwirkende Zweitakt-Dieselmotoren werden für Höchstleistungen von etwa 700 PS je Zylinder ausgeführt; darüber liegt das Gebiet des doppeltwirkenden Zweitaktmotors. Der Aufbau und die Konstruktion ortsfester Motoren wird in Heft 12 eingehend behandelt.

Zur Beurteilung der Wirtschaftlichkeit des Betriebes ortsfester Dieselmotoren ist der Verlauf der Verbrauchskurve über den ganzen Belastungsbereich vom Leerlauf bis zur höchsten zulässigen Überlast von Bedeutung. Abb. 277 gibt die Bereiche der verhältnismäßigen Stundenverbrauchswerte einer großen Zahl ortsfester Dieselmotoren der verschiedensten Nennleistungen und Drehzahlen abhängig vom Belastungsgrad, in Bruchteilen des Vollastverbrauches ausgedrückt, wieder. Die Streubereiche erscheinen in dieser

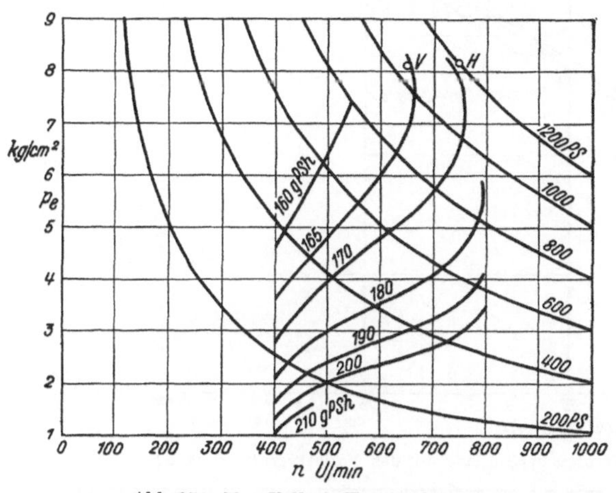

Abb. 274. V = Vollast, H = Höchstlast.

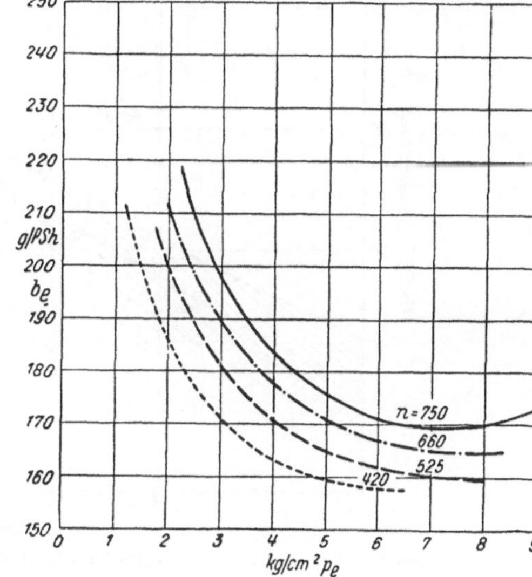

Abb. 275.

Abb. 274 und 275. Lokomotivmotor Viertakt. Direkte Einspritzung. Mit BÜCHI-Aufladung (Sulzer).
8 Zyl., D = 280 mm, S = 360 mm, V_h = 22,11, V_H = 176,81.

Darstellungsweise verhältnismäßig eng, was darauf hindeutet, daß bei modernen Maschinen allgemein die Verbrennung über den ganzen Lastbereich hin fast gleich günstig erfolgt und daß die Reibungsverlustleistung der Maschinen sich mit dem Belastungsgrad nur verhältnismäßig wenig ändert. Errechnet man sich aus diesem Schaubild nach dem Verfahren von ROMBERG (Seite 145) den mechanischen Wirkungsgrad, so liegt dieser im allgemeinen für Zweitaktmotoren etwas günstiger als für Viertaktmaschinen, doch überschneiden sich die Streugebiete; es ist dabei auch zu berücksichtigen, daß ins Gebiet der Zweitaktmaschinen vielfach solche von sehr großer Leistung mit an sich günstigeren mechanischen Wirkungsgraden fallen, als diese etwa kleinen Schnelläufern zukommen. Abb. 278 gibt die Drehzahlen und Vollast-Verbrauchswerte einer größeren Zahl von 6-Zylindermotoren europäischer und amerikanischer Herkunft von verschiedenem Hubraum wieder.

Die Nennleistung der Motoren wird im ortsfesten Betrieb meist derart festgelegt, daß eine hinreichende Leistungsreserve vor

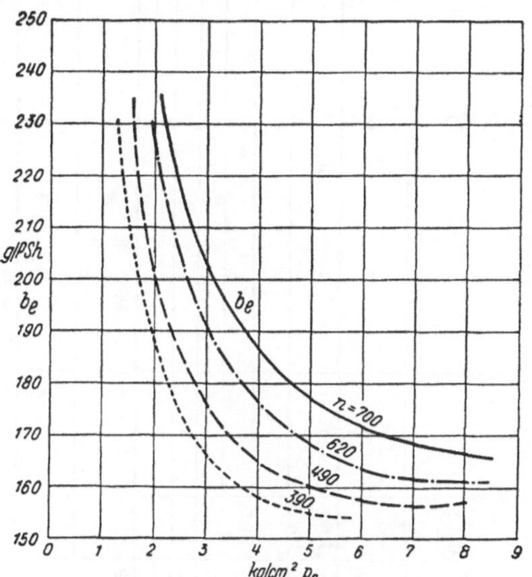

Abb. 276. Lokomotivmotor. Viertakt. Direkte Einspritzung. Mit BÜCHI-Aufladung (Sulzer) 12 Zyl., D = 310 mm
S = 390 mm, V_h = 29,41, V_H = 353 l.

handen bleibt; eine 10%ige Überlast soll von der Maschine im allgemeinen noch während einer Stunde anstandslos ertragen werden. Bei kleinen Schnelläufern und bestimmten, hinsichtlich der Belastungsverhältnisse ganz klar liegenden Fällen wird diese Überlastbarkeit mit 5% bemessen oder überhaupt nicht zugelassen.

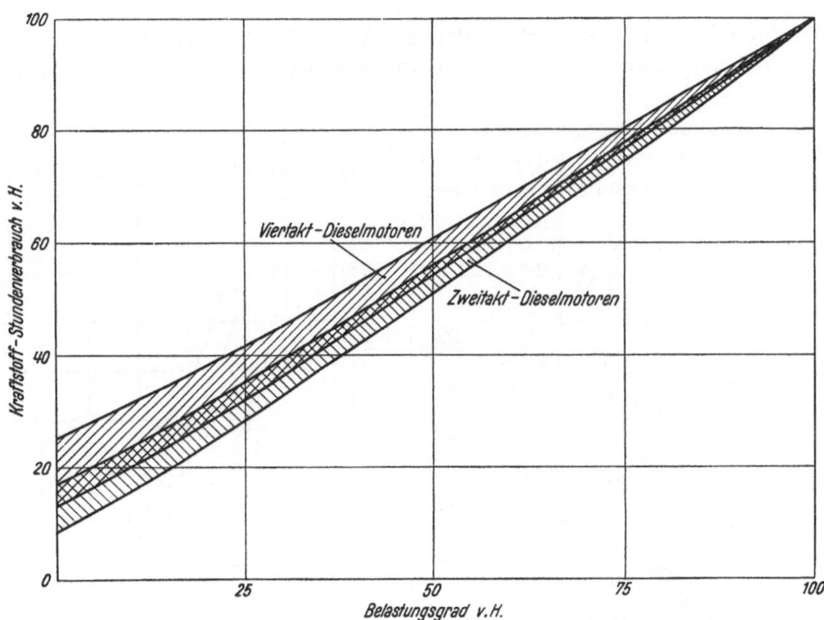

Abb. 277. Kraftstoffverbrauch ortsfester Diesel-Motoren bei Teillast, auf den Vollastverbrauch bezogen.

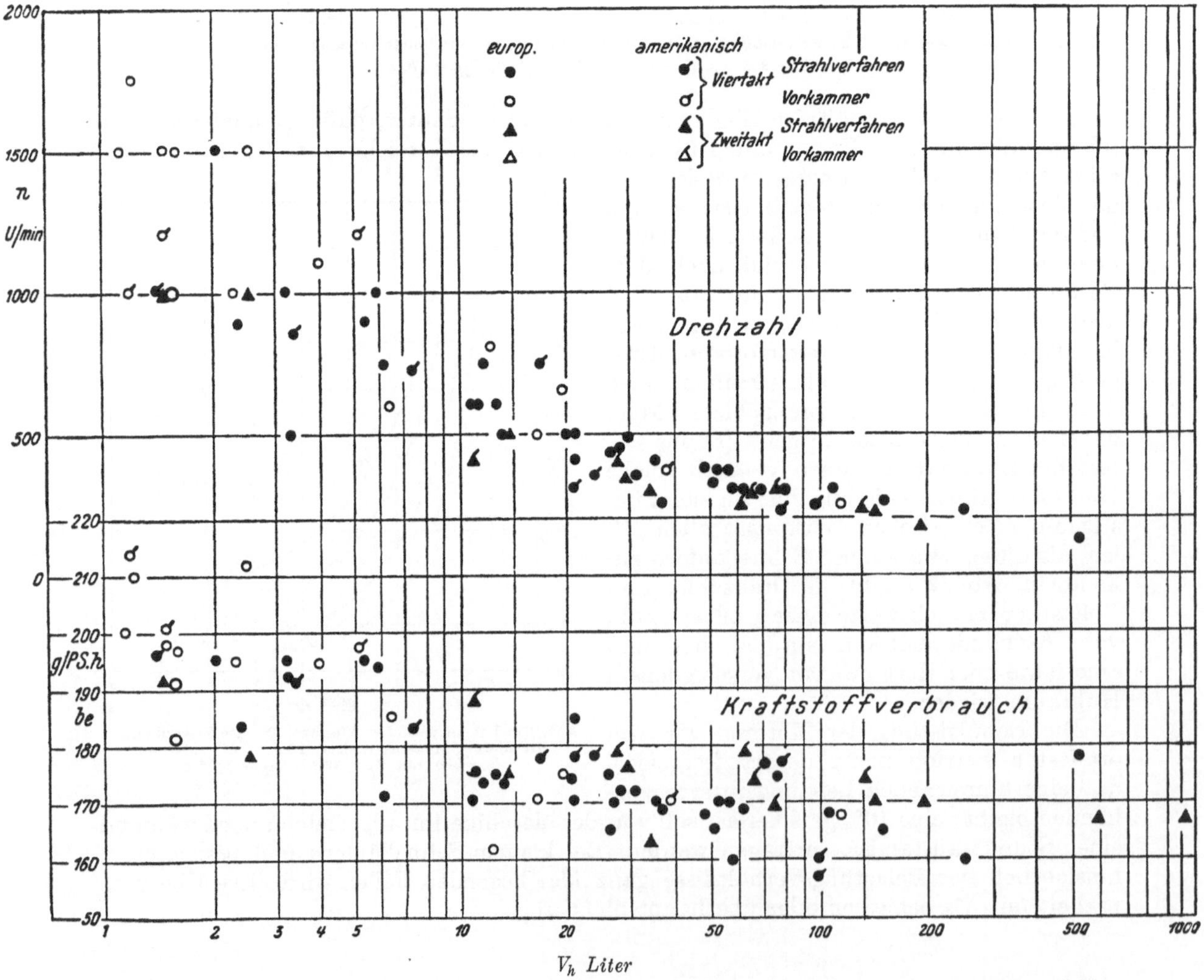

Abb. 278. Brennstoffverbrauch und Drehzahl bei Nennleistung von ortsfesten 6-Zylinder-Diesel-Motoren verschiedener Größe.

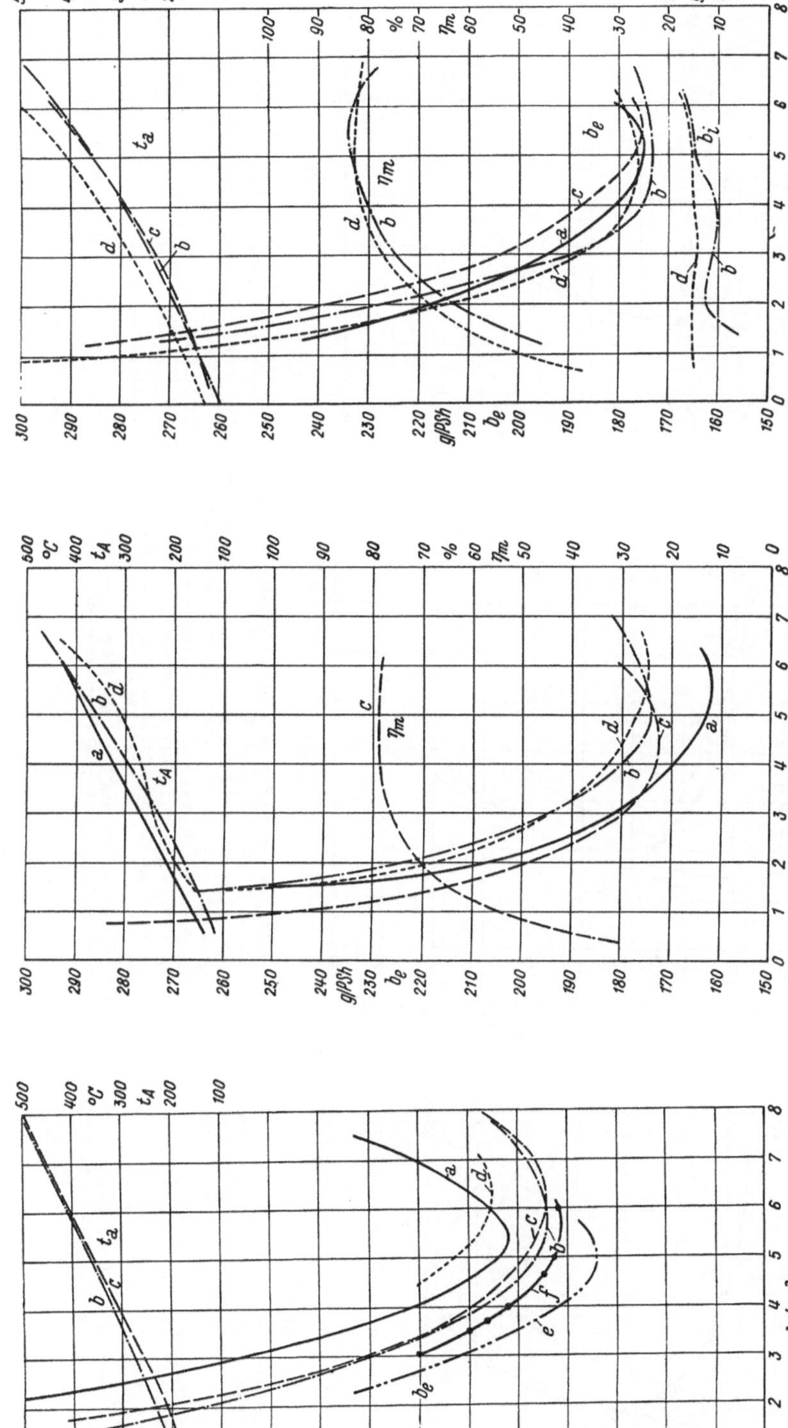

Abb. 279. Kraftstoffverbrauch und Auspufftemperatur ortsfester Viertaktmotoren.

a) Wirbelkammer (Oberhänsli) 1 Zyl., $D=100$ mm, $S=150$ mm, $V_H = 1,18$ l, $\varepsilon = 13,7$; 15 PS bei 1800 U/min.
b) Wälzkammer (Güldner) 1 Zyl., $D = 115$ mm, $S = 150$ mm, $V_H = 1,56$ l; 18 PS bei 1500 U/min.
c) Wälzkammer (Güldner) 1 Zyl., (liegend) $D = 120$ mm, $S = 145$ mm, $V_H = 1,64$ l; 19 PS bei 1500 U/min.
d) Strahlverfahren mit 2 offenen Einlochdüsen (Pokorny und Wittekind) 2 Zyl., $D = 138$ mm, $S = 195$ mm, $V_h = 2,91$ l, $V_H = 5,82$ l, $\varepsilon = 15$; 38 PS bei 1000 U/min.
e) Vorkammer (Simmering-Graz-Pauker) 2 Zyl., $D = 125$ mm, $S = 150$ mm, $V_h = 1,84$ l, $V_H = 3,68$ l; 35 PS_e bei $h = 1500$ U/min.
f) Vorkammer (Jenbacher Werke) 1 Zyl., $D = 115$ mm, $S = 145$ mm, $V_h = 1,53$ l; 12 PS bei $h = 1000$ U/min. (Vgl. Abb. 242).

Abb. 280. Kraftstoffverbrauch, Auspufftemperatur und mechan. Wirkungsgrad ortsfester Viertaktmotoren.

a) Wirbelkammer (Brotherhood-Ricardo) 8 Zyl., $D=214$ mm, $S = 342,5$ mm, $V_h = 12,25$ l, $V_H = 98,11$ l; 500 PS bei 800 U/min.
b) Strahlverfahren (DWK) 6 Zyl., $D = 210$ mm, $S=320$ mm, $V_h = 11,09$ l, $V_H = 66,54$ l, $\varepsilon = 13,25$; 200 PS bei 500 U/min.
c) Strahlverfahren (Skoda) 3 Zyl., $D = 215$ mm, $S=300$ mm, $V_h = 10,9$ l, $V_H = 32,71$, $\varepsilon = 13$; 112 PS bei 600 U/min.
d) Strahlverfahren (DWK) 4 Zyl., $D = 215$ mm, $S=360$ mm, $V_h = 13,07$ l, $V_H = 52,28$ l; 165 PS bei 500 U/min.

Abb. 281. Kraftstoffverbrauch, Auspufftemperatur und mechan. Wirkungsgrad ortsfester Viertaktmotoren.

a) Strahlverfahren (Deutz) 6 Zyl., $D = 220$ mm, $S = 280$ mm, $V_h = 10,65$ l, $V_H = 63,81$, $\varepsilon = 15,6$; 230 PS bei 600 U/min.
b) Strahlverfahren (DWK) 6 Zyl., $D = 225$ mm, $S = 300$ mm, $V_h = 11,92$ l, $V_H = 71,52$ l, $\varepsilon = 15,2$; 325 PS bei 750 U/min.
c) Strahlverfahren (DWK) 6 Zyl., $D = 265$ mm, $S = 350$ mm, $V_h = 19,31$, $V_H = 115,81$, $\varepsilon = 14,34$; 450 PS bei 650 U/min.
d) Strahlverfahren (Skoda) 4 Zyl., $D = 270$ mm, $S = 360$ mm, $V_h = 20,61$, $V_H = 82,31$, $\varepsilon = 13$; 250 Ps bei 500 U/min.

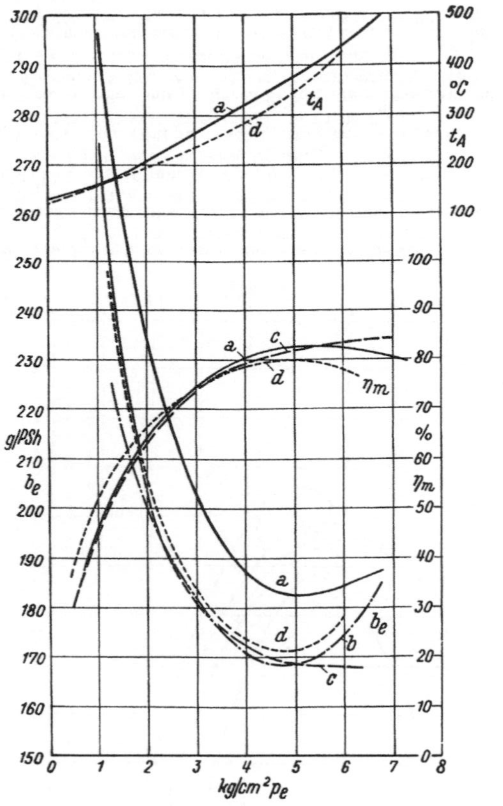

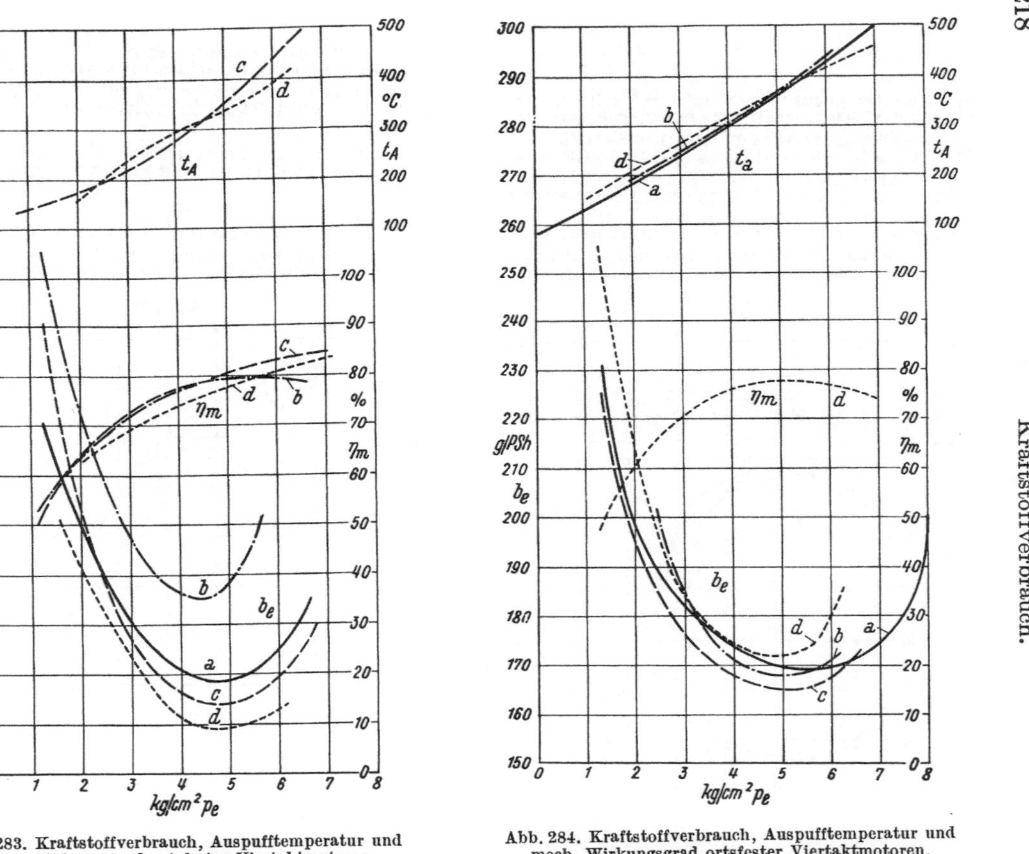

Abb. 282. Kraftstoffverbrauch, Auspufftemperatur und mech. Wirkungsgrad ortsfester Viertaktmotoren.

a) Strahlverfahren (Skoda) 6 Zyl., $D = 270$ mm, $S = 360$ mm, $V_h = 20{,}6$ l, $V_H = 123{,}6$ l, $\varepsilon = 13$; 335 PS bei 400 U/min.
b) Strahlverfahren (Deutz) 6 Zyl., $D = 270$ mm, $S = 360$ mm. $V_h = 20{,}6$ l, $V_H = 123{,}6$ l, $\varepsilon = 12{,}4$; 375 PS bei 500 U/min.
c) Strahlverfahren (Deutz) 3 Zyl., $D = 280$ mm, $S = 450$ mm, $V_h = 27{,}7$ l, $V_H = 83{,}1$ l; 120 PS bei 250 U/min.
d) Strahlverfahren (Skoda) 8 Zyl., $D = 305$ mm, $S = 420$ mm, $V_h = 30{,}7$ l, $V_H = 246$ l, $\varepsilon = 13$; 500 PS bei 350 U/min.

Abb. 283. Kraftstoffverbrauch, Auspufftemperatur und mech. Wirkungsgrad ortsfester Viertaktmotoren.

a) Strahlverfahren (Deutz) 6 Zyl., $D = 320$ mm, $S = 450$ mm, $V_h = 36{,}2$ l, $V_H = 217$ l, $\varepsilon = 12{,}4$ l; 525 PS bei 400 U/min.
b) Strahlverfahren (MAN) 2 Zyl., $D = 345$ mm, $S = 490$ mm, $V_h = 46$ l, $V_H = 92$ l; 120 PS bei 215 U/min.
c) Strahlverfahren (Krupp) 6 Zyl., $D = 365$ mm, $S = 500$ mm, $V_h = 52{,}3$ l, $V_H = 314$ l, $\varepsilon = 13{,}5$; 640 PS bei 330 U/min.
d) Strahlverfahren (Wumag) 8 Zyl., $D = 365$ mm, $S = 550$ mm, $V_h = 57{,}4$ l, $V_H = 460$ l; 830 PS bei 300 U/min.

Abb. 284. Kraftstoffverbrauch, Auspufftemperatur und mech. Wirkungsgrad ortsfester Viertaktmotoren.

a) Strahlverfahren Hesselman (Aktiebolaget Bofors) 4 Zyl., $D = 380$ mm, $S = 540$ mm, $V_h = 61{,}2$ l, $V_H = 245$ l; 300 PS bei 220 U/min.
b) Strahlverfahren (DWK) 4 Zyl., $D = 385$ mm, $S = 520$ mm, $V_h = 60{,}6$ l, $V_H = 242{,}4$ l, $\varepsilon = 13{,}2$; 630 PS bei 300 U/min.
c) Strahlverfahren (Deutz) 6 Zyl., $D = 420$ mm, $S = 660$ mm, $V_h = 91{,}5$ l, $V_H = 549$ l, $\varepsilon = 14$; 900 PS bei 275 U/min.
d) Strahlverfahren mit offener Düse (Skoda) 8 Zyl., $D = 425$ mm, $S = 600$ mm, $V_h = 85{,}14$ l, $V_H = 681$ l, $\varepsilon = 13$; 1000 PS bei 250 U/min.

α) Viertaktmotoren.

Während ursprünglich der Langsamläufer allein gebaut wurde, wird heute in allen Anwendungsgebieten der Schnelläufer in dauernd zunehmendem Maß eingesetzt. Soweit es sich hierbei um Kleinmotoren handelt, deren Bauart mit jenen der Fahrzeugmotoren übereinstimmt, sei auf die in diesem Abschnitt gegebenen Angaben verwiesen. Bei kleineren Motoren, etwa bis zu einem Zylinderhubraum von 2 l, herrscht der unterteilte Brennraum vor; je größer das Hubvolumen, desto eindeutiger überwiegt aber das Strahlverfahren, welches auch hier die günstigeren Verbrauchswerte ergibt. Nur vereinzelte Bauarten arbeiten auch bei größeren Zylindereinheiten, etwa bis zu einem Hubraum von 115 l, nach dem Vorkammerverfahren.

Die Abb. 279 bis 286 geben die Verbrauchskurven einer Reihe von ortsfesten Viertaktmaschinen verschiedener Größe wieder. Kenngrößen und Leistungsangaben zu den untersuchten Maschinen sind unter die Abbildungen gesetzt. Die Abb. 287 bis 290 zeigen die Wärmebilanzen einiger ortsfester Viertaktmotoren.

Soweit unterteilte Verbrennungsräume zur Anwendung kommen, erweisen sich die Verbrauchszahlen — gleiche Zylinderabmessungen und Drehzahlen vorausgesetzt — vom gewählten Verfahren nur wenig abhängig. Unter den nach dem Strahlverfahren arbeitenden Maschinen zeigen die mit offenen Düsen etwas höhere Verbrauchswerte, als jene mit geschlossenen Düsen. Ältere Bauarten weisen meist höhere Verbrauchswerte auf (z. B. Abb. 283b und Abb. 285b).

Der bezogene Verbrauch erreicht im allgemeinen zwischen $^3/_4$- und Vollast seinen Mindestwert. Werden aber Motoren für Sonderzwecke derart verwendet, daß Belastung und Drehzahl dauernd fast gleich hoch bleiben, so wird getrachtet, das Minimum der Verbrauchskurve dieser Betriebsbelastung zuzuordnen.

β) Zweitaktmotoren.

Im gesamten Dieselmotorenbau ist eine Verschiebung vom Viertakt zum Zweitakt unverkennbar; da der letztere neuerdings zunehmend auch mit hohen Kolbengeschwindigkeiten arbeitet, muß der Viertakt, um sein Feld zu behaupten, seine Hubraumleistung durch Aufladung erhöhen.

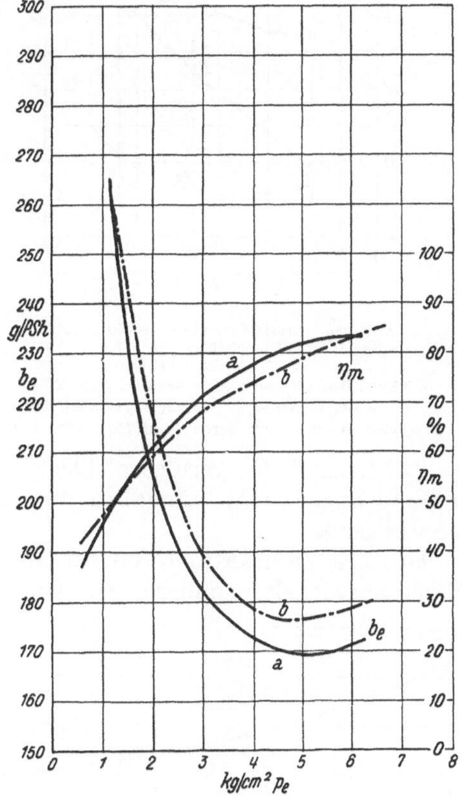

Abb. 285. Kraftstoffverbrauch und mech. Wirkungsgrad ortsfester Viertaktmotoren.
a) Strahlverfahren (Krupp) 4 Zyl., $D = 460$ mm, $S = 630$ mm, $V_h = 104,6$ l, $V_H = 418$ l; 550 PS bei 215 U/min.
b) Lufteinspritzung (Krupp) 4 Zyl., $D = 500$ mm, $S = 700$ mm, $V_h = 138$ l, $V_H = 550$ l; 480 PS bei 155 U/min.

Für den Zweitaktmotor ergibt sich eine dem nicht aufgeladenen Viertaktmotor überlegene Hubraumausnutzung insbesondere dann, wenn, wie bei Großmotoren, aus Gründen der Lebensdauer und Betriebssicherheit mit mäßigen mittleren Kolbengeschwindigkeiten gearbeitet wird. Wird gleichzeitig die spezifische Leistung niedrig gehalten, so bleibt auch der Gesamtaufbau des Zweitaktmotors recht einfach. Bei höheren Kolbengeschwindigkeiten und starker Unterteilung des Brennraumes treten dagegen die Vorteile des Viertaktes stärker in Erscheinung: hier ist der Ladungswechsel vollkommener, die Wärmebelastung des Arbeitskolbens je Arbeitsspiel wird kleiner und kann daher je Arbeitshub höher getrieben werden, die Aufladung gestaltet sich einfacher. Für Höchstleistungsmotoren wird daher zur Zeit noch der Viertaktmotor bevorzugt.

Während bei Viertaktmotoren die Steuerung des Arbeitsvorganges in fast allen Fällen grundsätzlich auf gleiche Weise erfolgt, ist dies bei Zweitaktmotoren nicht der Fall. Diese unterscheiden sich weitgehend hinsichtlich der Steuerung des Spülvorganges und der Spülluftverdichtung.

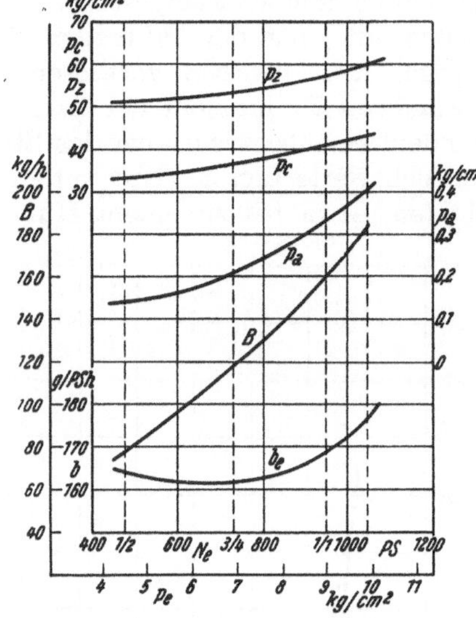

Abb. 286. Ortsfester Viertakt-Dieselmotor, aufgeladen mit mechan. angetriebenem Auf-ladegebläse. (SULZER).

8 Zyl., $D = 290$ mmm, $S = 360$ mm, $V_h = 23,81$, $V_H = 190,41$, $\varepsilon = 12$, $N_e = 950$, $PS_h = 500$ U/min. Versuchstemp. 21—29° C, Berometerst. 720,2—722,4 mm.

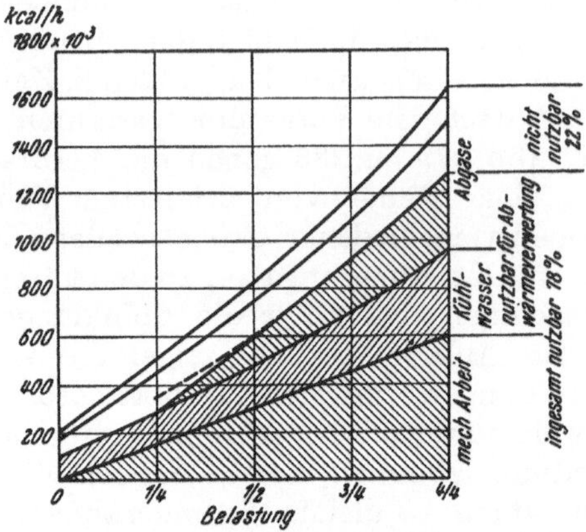

Abb. 287. Wärmeverteilung und nutzbare Wärme für Abwärmeverwertung zum Motor nach Abb. 286 (Umlaufkühlung und Abgasverwerter; Auspuffrohr isoliert).

Für Raschläufer geringerer Leistung wird auch heute noch vielfach die Kurbelkasten-spülung angewendet. Angaben über solche Motoren werden in einem besonderen Ab-schnitt gemacht.

Größere Zweitaktmotoren für ortsfeste Anlagen wurden meist nicht gesondert für diese entwickelt, sondern es wurden Schiffsmotoren der ortsfesten Verwendung

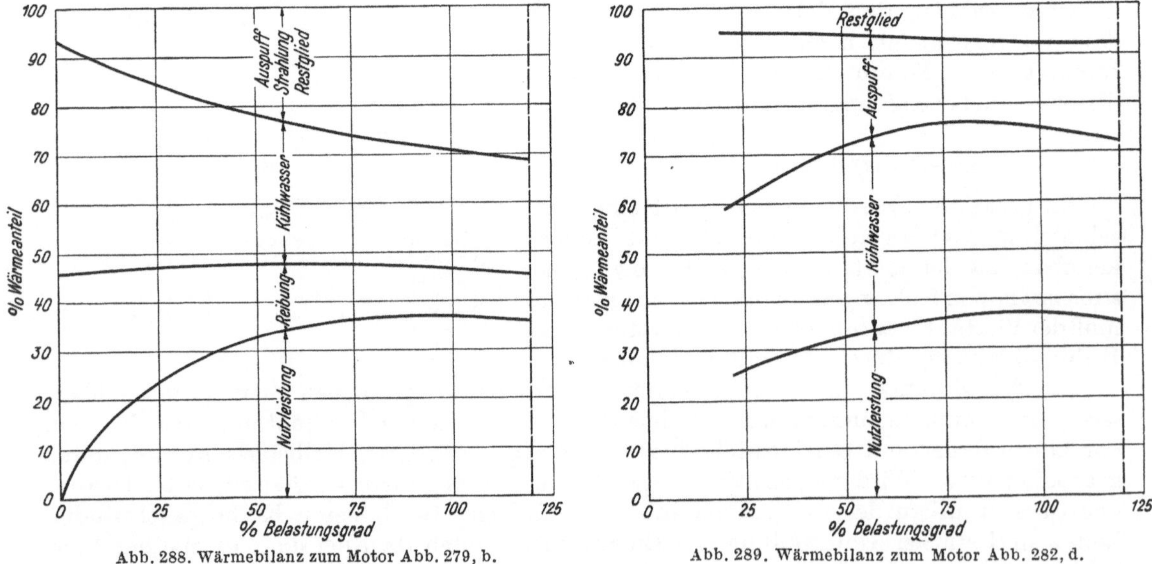

Abb. 288. Wärmebilanz zum Motor Abb. 279, b.   Abb. 289. Wärmebilanz zum Motor Abb. 282, d.

angepaßt. Je nach der Größe der Motoren findet man hier bis rund 700 PS Zylinder-leistung einfachwirkende Motoren als Tauchkolben und Kreuzkopfmaschinen, bei größeren Leistungen doppelt wirkende Motoren.

Die Verbrauchswerte der Zweitaktmotoren reihen sich praktisch vollkommen in jene der Viertaktmaschinen ein, wie aus Abb. 278 zu entnehmen ist.

Die Abb. 291 gibt Kennlinien für eine einfachwirkende Tauchkolbenmaschine. Die Spülung erfolgt durch Spülschlitze und im Zylinderkopf angeordnete Auslaßventile als Gleichstromspülung.

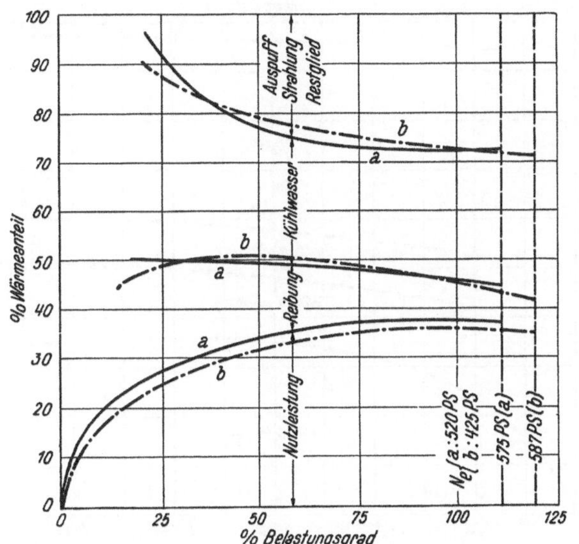

Abb. 290. Wärmebilanz der Motoren. Abb. 285.

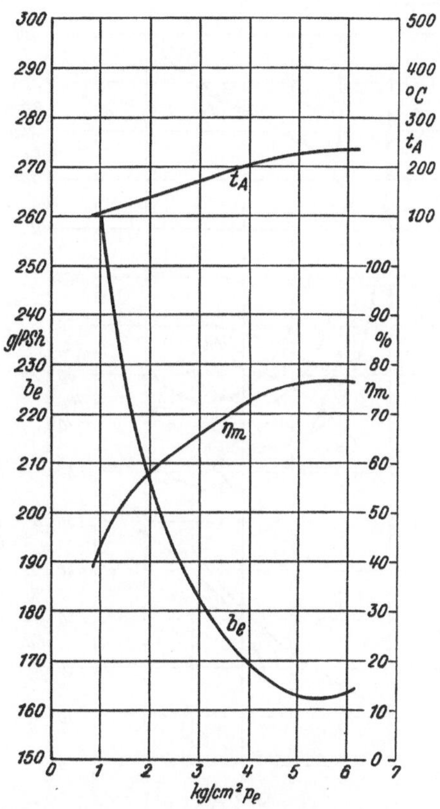

Abb. 291. Kraftstoffverbrauch, Auspufftemperatur und mech. Wirkungsgrad einer ortsfesten, einfachwirkenden, Zweitakt-Tauchkolbenmaschine (Möller und Jochumson) 4 Zyl., $D = 290$ mm, $S = 500$ mm, $V_h = 33\,l$, $V_H = 132\,l$; 450 PS bei 300 U/min.

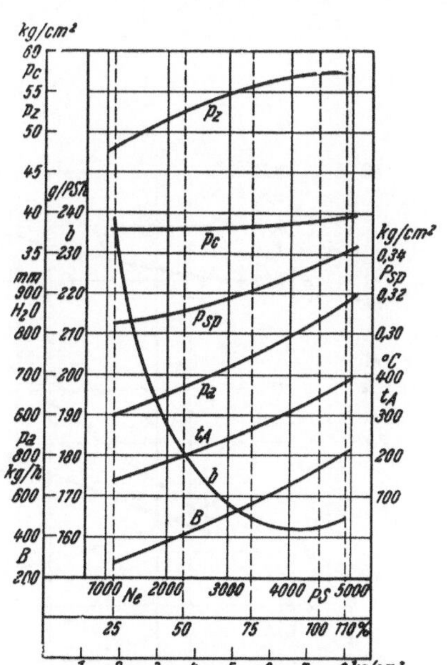

Abb. 292. Ortsfester einfachwirk. Zweitakt-Dieselmotor, Tauchkolben (SULZER). 12 Zyl., $D = 480$ mm, $S = 700$ mm, $V_h = 126{,}5\,l$, $V_H = 1518\,l$, $\varepsilon = 13$.
$N_e = 4500$ PS, Seehöhe 400 m, $n = 273$.
$N_e = 4250$ PS, Seehöhe 1000 m, $n = 273$.

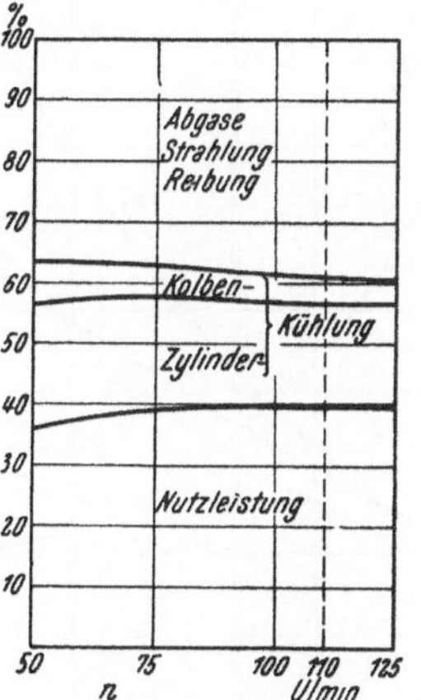

Abb. 293. Wärmebilanz zum Motor Abb. 292.

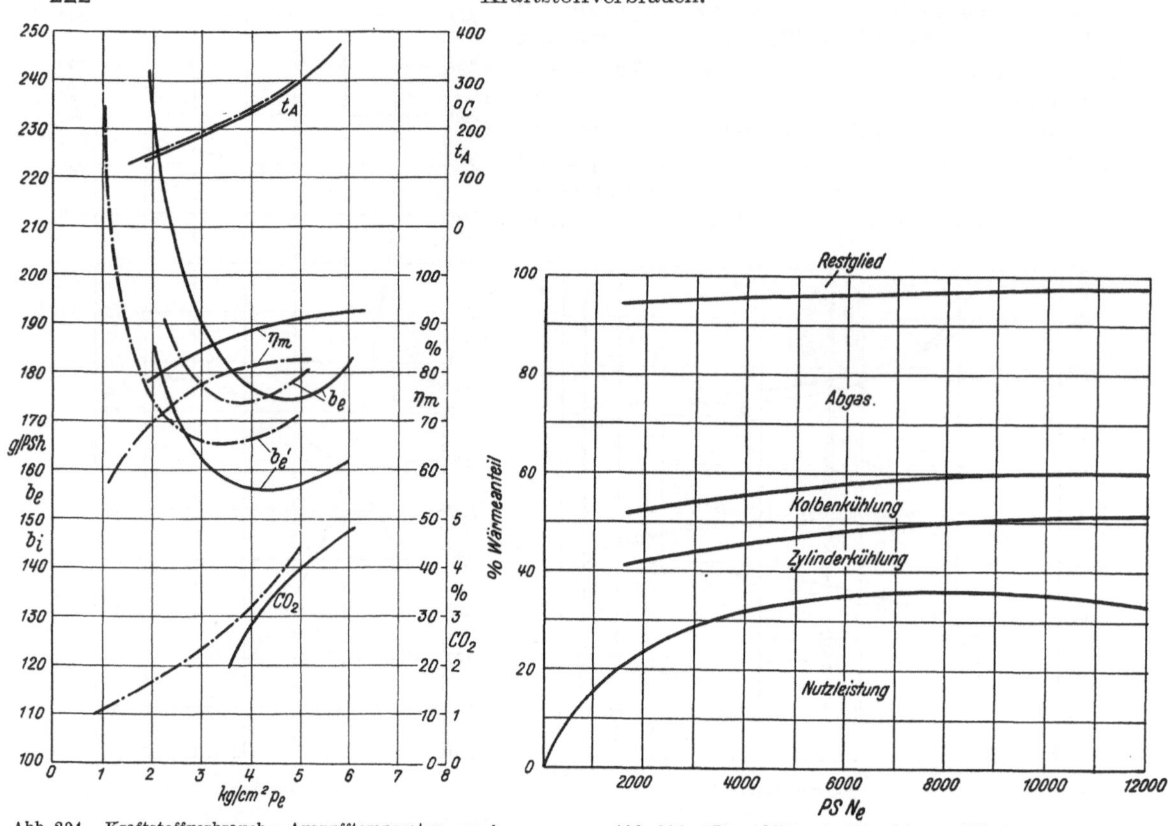

Abb. 294. Kraftstoffverbrauch, Auspufftemperatur, mech.
Wirkungsgrad und CO_2-Gehalt der Abgase von doppelt-
wirkenden ortsfesten Zweitaktmotoren (MAN).
b_e; Nutzverbrauch, b_e'; Verbrauch ohne Hilfsantriebe,

a —————— Strahlverfahren, 10 Zyl., $D = 600$ mm, $S = 900$ mm,
       $V_h = 254$ l, $V_H = 2540$ l; 10 000 PS bei 214 U/min.,
b —·—·— Lufteinblasung 9 Zyl., $D = 860$ mm, $S = 1500$ mm,
       $V_h = 1736$ l, $V_H = 15\,620$ l; 15 000 PS bei 94 U/min.

Abb. 295. Wärmebilanz zur Maschine a, Abb. 294.

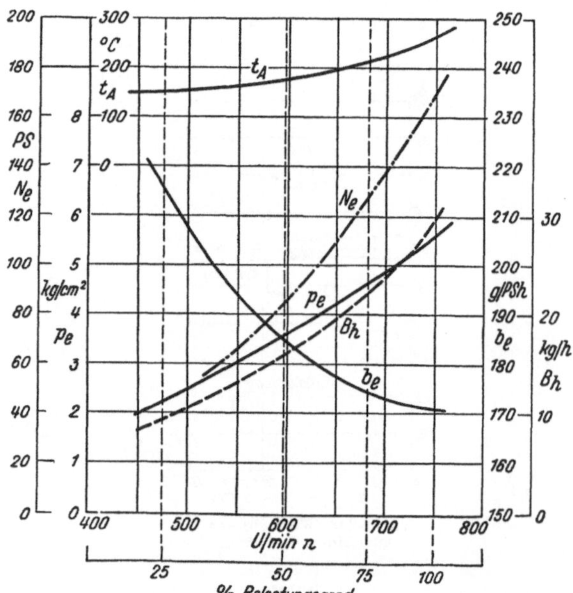

Abb. 296. Viertakt-Schiffsdieselmotor (DWK) 6 Zyl., Strahlverfahren,
Tauchkolben. $D = 180$ mm, $S = 240$ mm, $V_h = 6,11$, $V_H = 36,61$.

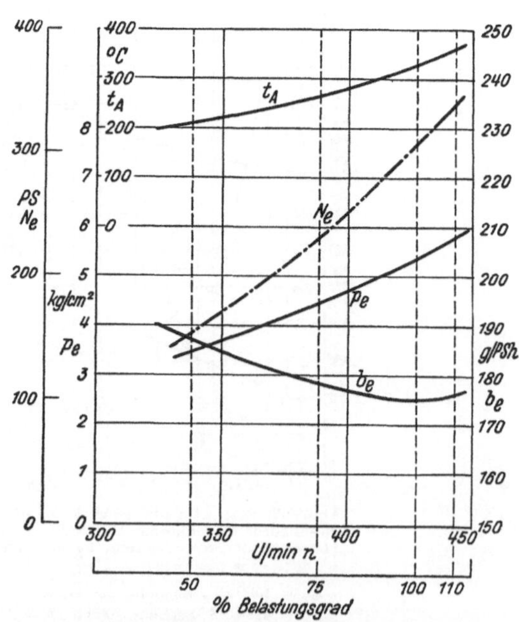

Abb. 297. Viertakt-Schiffsdieselmotor (Wumag) 8 Zyl., Strahlverfahren, Tauchkolben. $D = 245$ mm, $S = 320$ mm,
$V_h = 15,051$, $V_H = 120,41$.

Der Verbrauch dieser Maschine wird bei einem mechanischen Vollastwirkungsgrad von 76% mit 163 g/PSh angegeben. Das würde einem b_i für Vollast ($re = 5{,}11$) von knapp 124 g/PSh entsprechen. Der Nutzverbrauch liegt bis zu einer Überlast von 20% praktisch unverändert wie bei Vollast.

Abb. 305 gibt das Kennlinienfeld einer Zweitaktmaschine neuerer Bauart mit Schnürle-Umkehrspülung und direkt angetriebenem Schleudergebläse. Der Motor wird auch zum Schiffsantrieb verwendet.

Die Abb. 294 zeigt Verbrauchswerte sowie Temperaturen und CO_2-Gehalte der Abgase großer doppeltwirkender Zweitaktmotoren, und zwar sowohl für eine Maschine mit Lufteinblasung als auch für eine nach dem Strahlverfahren arbeitende Maschine. Beide arbeiten mit MAN-Umkehrspülung. Die Nutzverbrauchswerte dieser älteren Maschinen liegen etwas höher als bei Maschinen neuerer Bauart. Abb. 295 zeigt die Wärmebilanz einer dieser Maschinen.

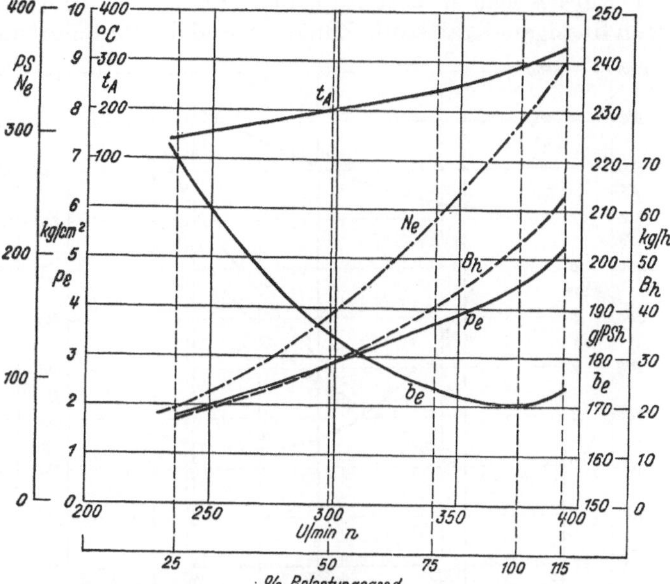

Abb. 298. Viertakt-Schiffsdieselmotor (DWK) 6 Zyl., Strahlverfahren, Tauchkolben. $D = 290$ mm, $S = 420$ mm, $V_h = 27{,}71$, $V_H = 166{,}51$.

d) Schiffsdieselmotoren.

Als Schiffsantriebsmaschine hat sich der Dieselmotor für Fahrzeuge aller Art weitgehend durchgesetzt. Neben dem langsamlaufenden Großmotor in der Hochseeschifffahrt wird für kleinere Leistungen der schnellaufende Dieselmotor verwendet.

Mehr noch als in anderen Anwendungsgebieten steht im Schiffsbetrieb die Forderung nach Betriebssicherheit an der Spitze. In dieser Richtung ist es erwiesen, daß der Dieselmotor in den bisher entwickelten Sonderbauarten den Anforderungen des Seebetriebes voll entspricht. Die laufenden Instandsetzungsarbeiten lassen sich bei Dieselmotoren in kürzerer Zeit ausführen, als die Instandsetzung der Kesselanlagen bei Schiffen mit Dampfbetrieb.

Durch ihre stete Betriebsbereitschaft bietet die Dieselmaschine dem Schiff auch noch zusätzliche Sicherheit, wie z. B. in dem Fall, wo das auf offener Reede liegende Schiff durch das plötzliche Aufkommen von Schlechtwetter oder andere Umstände zu raschem Verlassen des Ankerplatzes gezwungen wird. Selbst während

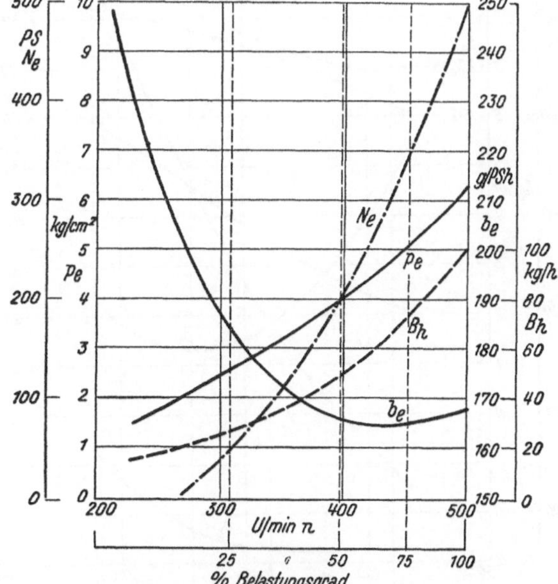

Abb. 299. Viertakt-U-Bootsmotor (Vickers) 6 Zyl. Strahlverfahren, Tauchkolben, $D = 324$ mm, $S = 343$ mm, $V_h = 28{,}31$, $V_H = 169{,}81$.

Reparaturzeiten wird sich bei Schiffen mit zwei Hauptantriebsmaschinen die stete Betriebsbereitschaft wenigstens der einen sichern lassen, während bei Dampfmaschinen unter diesen Umständen mit sehr erheblichen Anheizzeiten zu rechnen ist.

Ein besonderer Vorteil für den Dieselmotor im Schiffsbetrieb liegt in der Verwendung von flüssigem Kraftstoff. Zunächst sind die für Schiffsmotoren in Frage kommenden Kraftstoffe bei richtiger Handhabung und Lagerung weniger feuergefährlich als Steinkohlen. Zudem lassen sie sich weit günstiger und mit weit weniger Platzaufwand lagern, als feste Kraftstoffe. Besonders vorteilhaft gestaltet sich ferner die Übernahme flüssiger Kraftstoffe auf Schiffen, da diese in sauberer und einfacher Weise durch Überpumpen oder mit natürlichem Gefälle erfolgt und den übrigen Schiffbetrieb weit weniger stört als die Kohlenübernahme. Die Ersparnis an Löhnen bei der Übernahme flüssiger Kraftstoffe ist gegenüber der Kohlenübernahme oft sehr erheblich. Überdies ist der gewichtsmäßige Kohlenverbrauch beim Dampfschiff mit kohlegefeuerten Kesseln bei gleicher Antriebsleistung wesentlich höher, als beim Motorschiff, so daß bei ersterem bei gleichen gewichtsmäßigen Vorräten die Kohlenübernahme weit öfter erfolgen muß, als die Ölübernahme bei letzterem. Ferner hinterläßt die Verbrennung im Dieselmotor keine nennenswerten Rückstände, wogegen bei Kohlenfeuerung das dauernde Reinigen der Feuerungen und das Überbordbringen der Schlacken und Asche erheblichen Arbeitsaufwand bedingen.

Die letztgenannten Vorteile hat der Dieselmotor allerdings mit ölgefeuerten Dampfkesseln gemein. Diesen gegenüber aber fällt der weitaus geringere Kraftstoffverbrauch des Dieselmotors ins Gewicht, darüber hinaus noch der Entfall der eigentlichen Kesselarbeiten sowie die Schwierigkeiten der Speisewasserversorgung.

Im Schiffsbetrieb — und hier wieder vor allem in der Hochsee-

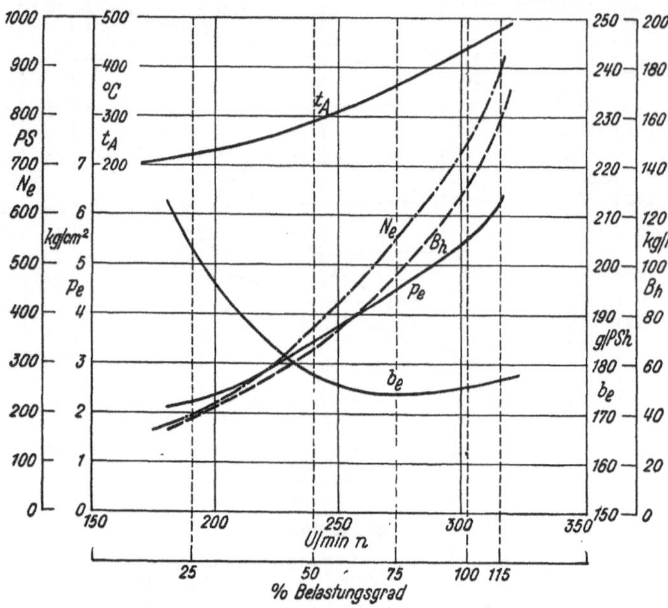

Abb. 300. Viertakt-Schiffsdieselmotor (DWK) 6 Zyl. Strahlverfahren, Tauchkolben, $D = 385$ mm, $S = 580$ mm, $V_h = 67,5\,l$, $V_H = 405\,l$.

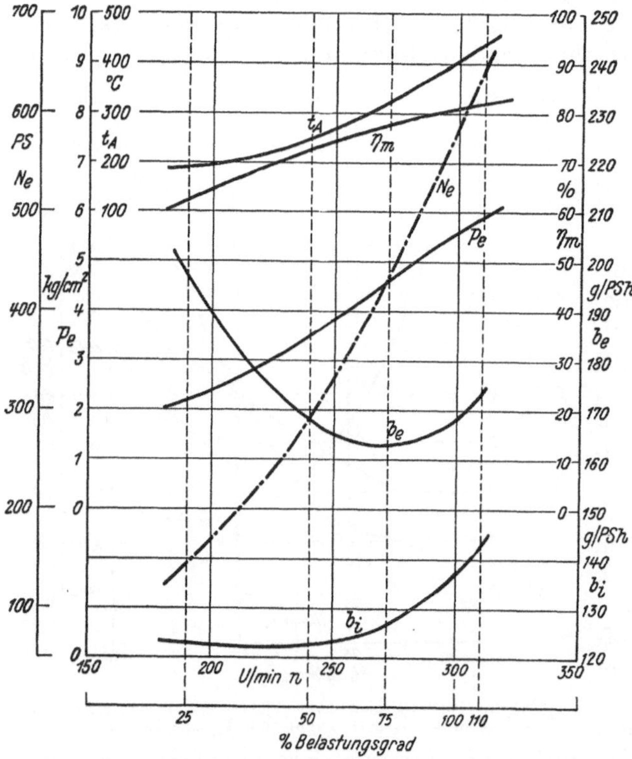

Abb. 301. Viertakt-Schiffsdieselmotor (Krupp) 6 Zyl. Tauchkolben $D = 365$ mm, $S = 500$ mm, $V_h = 52,3\,l$, $V_H = 314\,l$.

fahrt mit ihren langen Fahrzeiten von Ölstation zu Ölstation — gewinnt der tatsächlich erzielte Verbrauch erhöhte Bedeutung und jedes Gramm bezogenen Mehrverbrauchs fällt

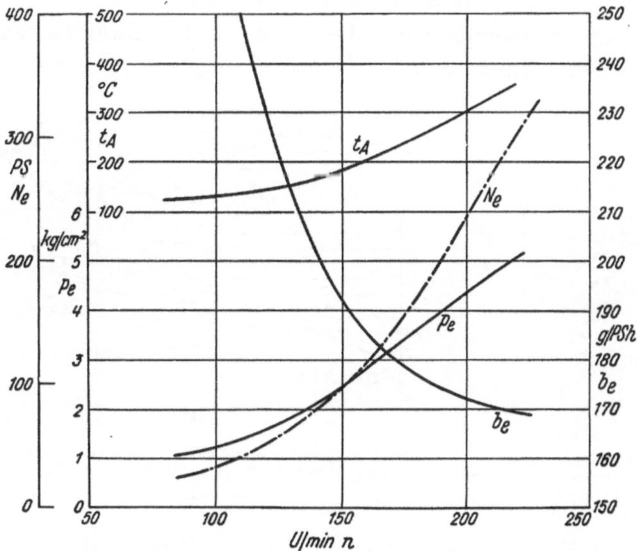

Abb. 302. Viertakt-Schiffsdieselmotor (Aktiebolaget Bofors) 4 Zyl. Strahlverfahren nach Hesselman. $D = 380$ mm, $S = 540$ mm, $V_h = 61,2\,l$, $V_H = 245\,l$.
(Vgl. Abb. 284 Kurve a.)

bei den meist recht bedeutenden Maschinenleistungen und langen Fahrzeiten ins Gewicht. Deshalb ist die dauernde Überwachung des Verbrauchs gerade bei größeren Schiffsmotoren von besonderer Wichtigkeit. — In steigendem Maße werden auch billige Kesselheizöle (Schweröle, Bunkeröl C) als Dieselkraftstoffe verwendet.

α) Viertaktmotoren.

Einfachwirkende Viertakt-Schiffsdieselmotoren der großen Schiffahrt arbeiten bei Nennleistung im allgemeinen mit einem p_e von rund 5,5 kg/cm². Die Einstellung erfolgt derart, daß das Verbrauchsminimum bei der Nennleistung erreicht wird, da mit dieser, vor allem in der Hochsee- und großen Küstenfahrt, während des allergrößten Teils der Betriebszeit gefahren wird.

Die Abb. 296 bis 301 geben Kennlinien von Raschläufern, die Abb. 302 und 303 jene von Langsamläufern. Der Vollastverbrauch von Viertakt-Schiffsdieselmotoren liegt im allgemeinen bei etwa 165 bis 180 g/PSh für Raschläufer und bei etwa 155—165 g/PSh für Langsamläufer.

Abb. 322a—c zeigt die Meßergebnisse an einem mit Doppelaufladung versehenen U-Bootsmotor. Für derartige Sonderverwendungen herrscht auch heute der Vier-

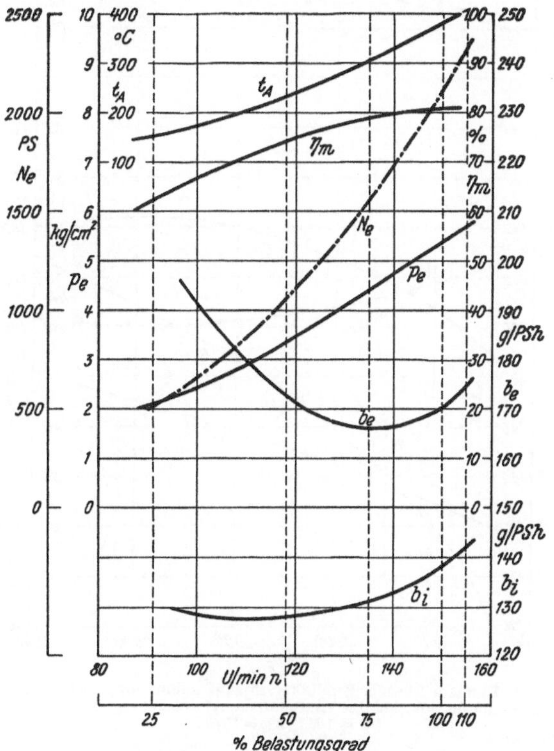

Abb. 303. Umsteuerbarer Viertakt-Schiffsdieselmotor (Krupp), 8 Zyl., Strahlverfahren ölgekühlter Tauchkolben. $D = 600$ mm, $S = 1050$ mm, $V_h = 297\,l$, $V_H = 2377\,l$.

taktmotor vor, während er sonst als Schiffsantriebsmotor immer mehr vom Zweitakt verdrängt wird.

β) Zweitaktmotoren.

Als Schiffsantriebsmaschinen größerer Leistung werden Zweitaktmaschinen entweder einfachwirkend mit einem Nutzdruck bei Nennleistung von $p_e = 4{,}5$ bis $5{,}0$ kg/cm² oder

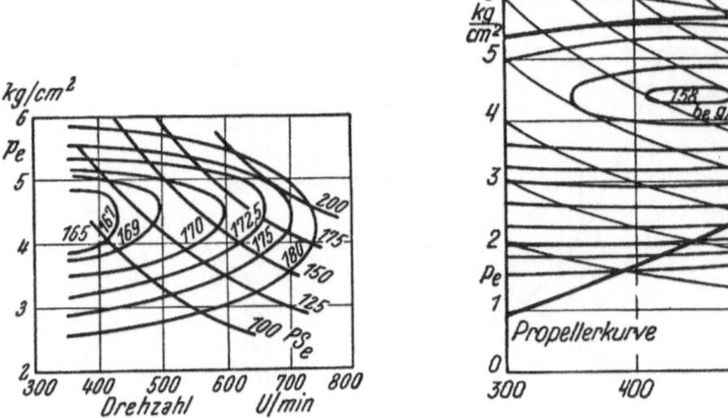

Abb. 304. Zweitakt-Dieselmotor. Schlitzsteuerung, Umkehrspülung, Drehschieber-Spülluftgebläse. Direkte Einspritzung (MODAG) 5 Zyl., $D = 160$ mm, $S = 270$ mm, $V_h = 5{,}42$ l, $V_H = 27{,}1$ l, $N_e = 170$ PS, $n = 600$.

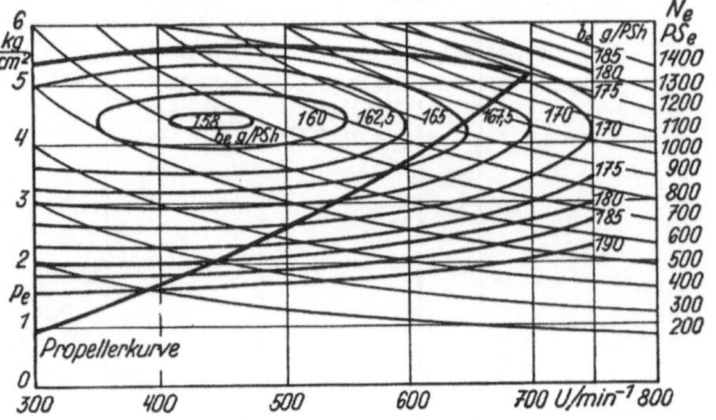

Abb. 305. Kennlinienfeld einer Zweitaktmaschine mit Umkehrspülung (Deutz) 12 Zyl. V, $D = 220$ mm, $S = 330$ mm, $V_h = 12{,}54$ l, $V_H = 150{,}52$ l; 1200 PS bei 700 U/min.

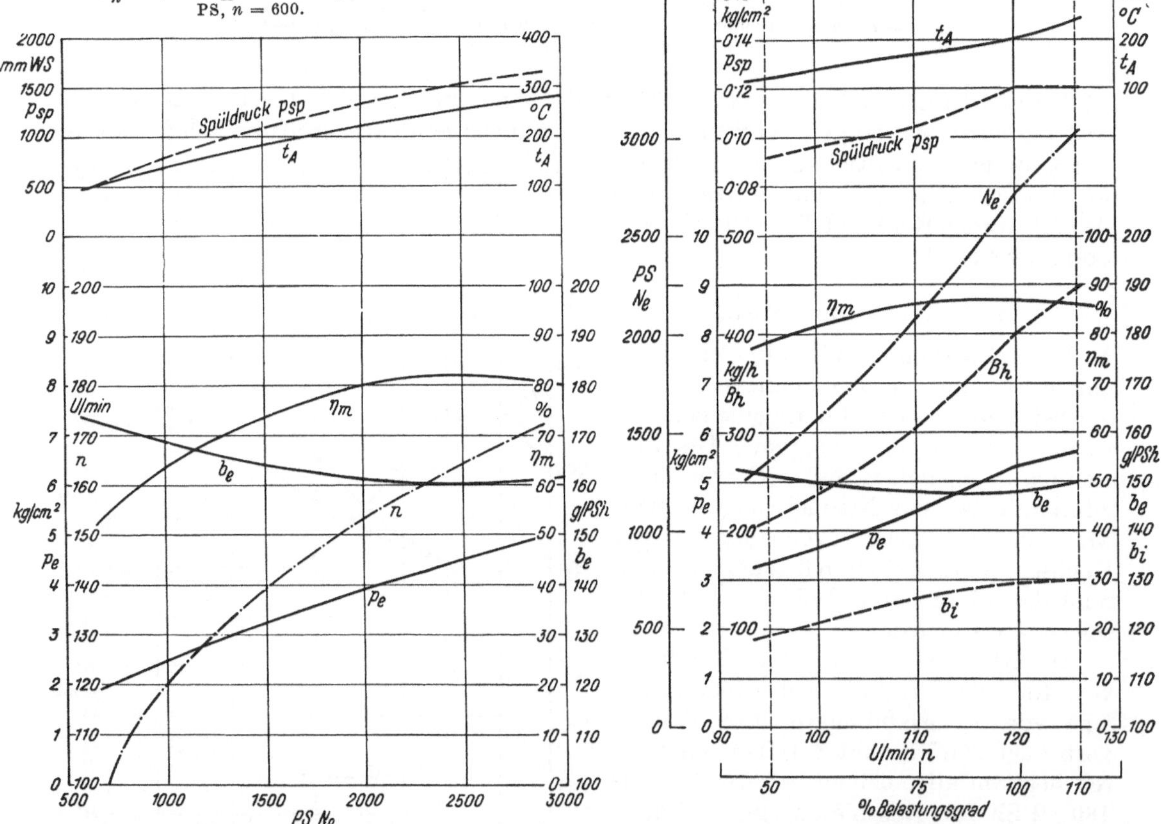

Abb. 306. Einfachwirkender Zweitakt-Schiffs-Dieselmotor (MAN), 8 Zyl. Strahlverfahren, ölgekühlter Tauchkolben, $D = 520$ mm, $S = 900$ mm, $V_h = 191$ l, $V_H = 1529$ l.

Abb. 307. Einfachwirkender Zweitakt-Schiffs-Dieselmotor (Armstrong-Sulzer), 6 Zyl. Strahlverfahren, elektrisch fremdangetriebenes Spülluftgebläse, $D = 600$ mm, $S = 1130$ mm, $V_h = 320$ l, $V_H = 1920$ l.

doppeltwirkend mit einem Nutzdruck von ungefähr 4,75 kg/cm² an der Kolbenoberseite ausgeführt, während auf der Unterseite der Nutzdruck um ungefähr 10% kleiner ist. —

Für die im Jahre 1949 und 1950 in allen Ländern der Welt fertiggestellten Motorschiffe verteilen sich die Bauarten der Hauptantriebsmotoren auf die führenden Motortypen wie folgt:

Bauart	Anteil v. H. nach Anzahl	Leistung	Bemerkung
Einfachwirkender Zweitakt . .	53,2	47,1	
Doppelkolben-Zweitakt	26,5	30,2	} vor allem
Doppeltwirkender Zweitakt . .	7,8	14,2	} in England
Viertakt (fast nur aufgeladen) .	12,5	8,5	

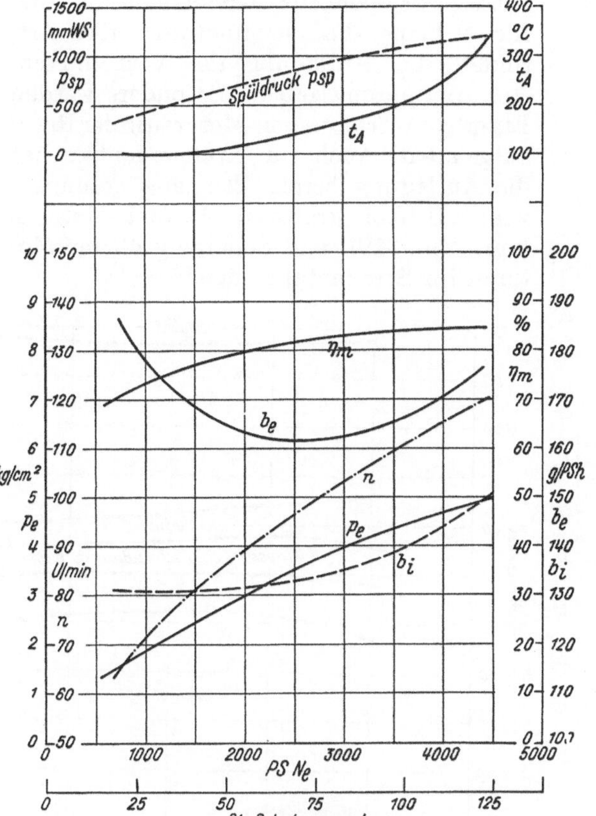

Abb. 308.

Mehr als 80% aller zur Zeit in Dienst stehenden Motorschiffe sind mit einfach wirkenden Zweitakt-Motoren als Hauptantriebs-Maschinen ausgerüstet.

Beispiele für Verbrauchs- und Betriebskennlinien, sowie von Wärmebilanzen einfachwirkender Zweitakt-

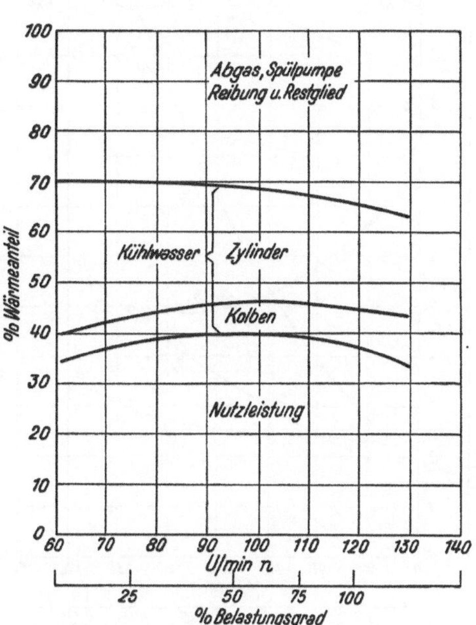

Abb. 309. Wärmebilanz.

Abb. 308 und 309. Einfachwirkender Zweitakt-Schiffsdieselmotor (Krupp) 8 Zyl. Kraftstoffeinspritzung nach ARCHOULOFF; Querspülung mit Absaugschlitzen, $D = 650$ mm, $S = 1250$ mm, $V_h = 415\,l$, $V_H = 3320\,l$.

maschinen geben die Abbildungen: Abb. 306 bis 313 für Langsamläufer, Abb. 314 für eine rascher laufende Maschine, Abb. 305 für einen Raschläufer kleiner Leistung.

Kennlinien doppeltwirkender Zweitaktmaschinen sind in den Abb. 315 und 316 wiedergegeben. Diese Bauart hat ihre Vorrangstellung in der Leistungsklasse von über 1000 PS/Zylinder.

Der Nutzverbrauch liegt bei Nennleistung zwischen 150 und 175 g/PSh. Die bezogenen Teillastverbräuche weichen im Schiffsbetrieb nur verhältnismäßig wenig vom Vollastverbrauch ab; die Unterschiede zwischen Volleistung und Viertelleistung betragen kaum 20 g/PSh, in manchen Fällen verlaufen die Verbrauchskurven noch wesentlich flacher, wie z.B. in den in Abb. 306, 307 und 312 dargestellten Fällen.

Die Überlastbarkeit der Maschinen ist meist sehr beträchtlich; so konnte bei der in Abb. 310 und 311 ausgewerteten Maschine mit 25% und selbst 35% Überlast unter der Rauchgrenze gefahren werden.

Der mechanische Wirkungsgrad liegt einschließlich der für die Spülpumpen aufgewendeten Leistung durchwegs hoch. Er erreicht bei einfachwirkenden Maschinen für kurzhubige Schnelläufer 80—82%, für langhubige Motoren 83—88%. Bei doppeltwirkenden Motoren wird $\eta_m = 83$—85% angegeben.

e) Aufgeladene Viertakt-Dieselmotoren.

Zur Leistungssteigerung wird von der Aufladung von Dieselmotoren in jenen Fällen Gebrauch gemacht, wo entweder an Gewicht besonders gespart werden muß oder wo der Platz für die Unterbringung der Maschine beschränkt ist. Im Schiffsbetrieb, hier wieder vor allem für U-Bootsmotoren, und für Schienen-Fahrzeugmotoren aller Art, findet die Aufladung ihr vornehmlichstes Anwendungsgebiet. Besonders werden Eisenbahn-Triebwagen-Motoren in der Regel aufgeladen. Auch im Kraftwagenbau hat die Aufladung bereits Eingang gefunden, wie z. B. bei größeren Autobus-Motoren (vgl. Abb. 319) und anderen größeren Motoren für Straßenfahrzeuge.

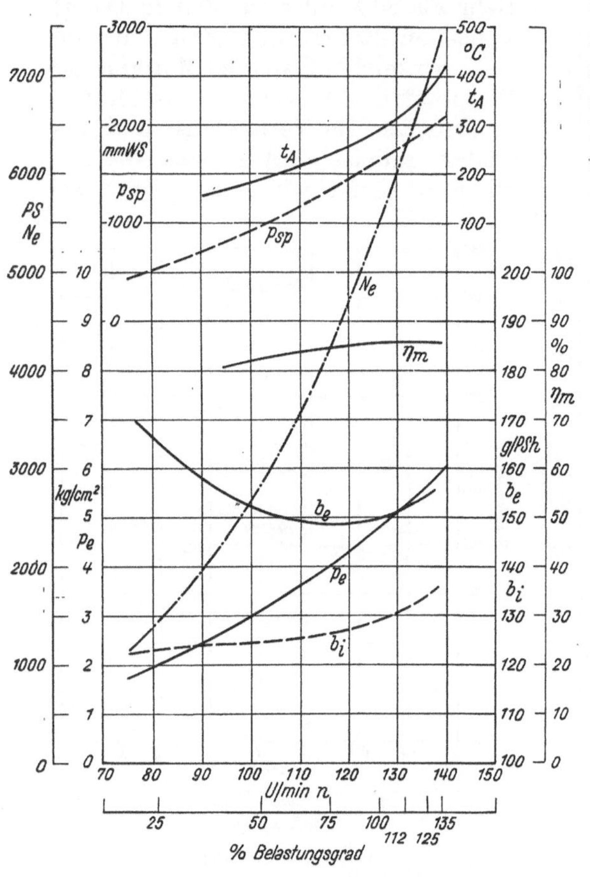

Abb. 310.

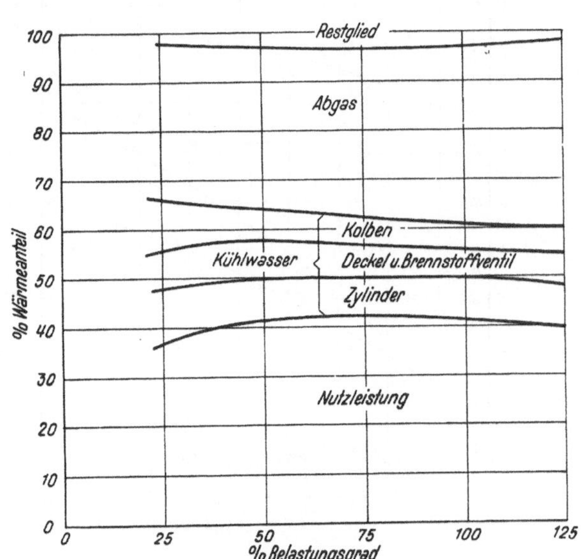

Abb. 311. Wärmebilanz.

Abb. 310 und 311. Einfachwirkender Zweitakt-Schiffsdieselmotor (Sulzer) 8 Zyl. Schmieröl- und Kühlwasserpumpen fremdangetrieben; $D = 720$ mm, $S = 1250$ mm. $V_h = 509\,l$, $V_H = 4070\,l$. $(H_u = 10\,138$ kcal/kg.)

Der Viertakt-Motor größerer Leistung — von etwa 300 PS je Zylinder aufwärts — kann im allgemeinen nur durch Aufladung gegenüber dem Zweitakt-Motor wettbewerbfähig bleiben. Hinsichtlich des Kraftstoff-Verbrauchs ist aber der Viertakt-Motor mit Abgasturbo-Aufladung dem Zweitakt-Motor gleicher Abmessung und Leistung in der Regel überlegen. Denn der letztere zeigt — außer für den Gegenkolben-Motor — immer einen höheren Kühlwasserverlust; ferner ist aber auch der mechanische Wirkungsgrad des aufgeladenen Viertakt-Motors in der Regel günstiger als jener des Zweitakt-Motors, wenn bei diesem die Antriebsleistung für das Spülluft-Gebläse berücksichtigt wird.

Die Aufladung kann entweder mit mechanisch unmittelbar vom Motor oder fremd angetriebenem Gebläse erfolgen, oder es kann das Gebläse mittelbar vom Motor durch eine Abgasturbine angetrieben werden.

Dem geänderten Anfangszustand der Frischladung entsprechend wird das Verdichtungsverhältnis beim aufgeladenen Motor, sofern das sichere Anfahren der kalten Maschine es gestattet, meist etwas herabgesetzt, damit bei höchster Aufladung die Höchstdrücke der nicht aufgeladenen Maschine nicht wesentlich überschritten werden. Neben der Leistungserhöhung, die dem größeren im Zylinder arbeitenden Luftgewicht entspricht, wird ein weiterer Leistungsgewinn durch die Spülung des Verbrennungsraumes erzielt, welche den Gaswechselvorgang beim Auflademotor kennzeichnet und die durch ein Übergreifen der Ventil-Steuerzeiten ermöglicht wird.

Der innere Verbrauch der aufgeladenen Maschine liegt im allgemeinen nicht ungünstiger als bei der nicht aufgeladenen Maschine. Bei gleichem Mitteldruck wird er im Gegenteil durch den größeren Luftüberschuß wesentlich herabgesetzt. Mit steigendem Aufladegrad steigt der mechanische Wirkungsgrad (vgl. Abb. 318), da die Reibungsverluste sich durch die Aufladung nur in geringem Maße erhöhen: Der mechanische

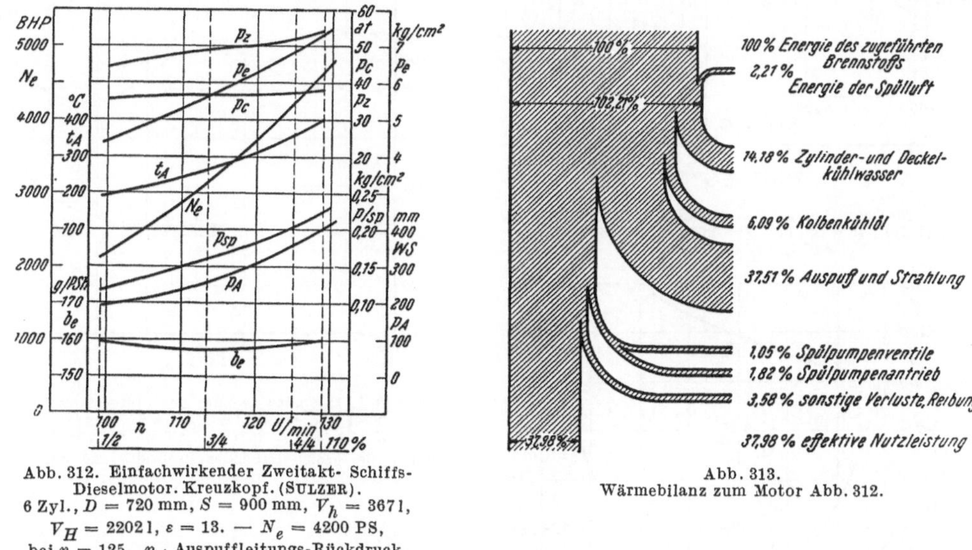

Abb. 312. Einfachwirkender Zweitakt- Schiffs-Dieselmotor. Kreuzkopf. (SULZER).
6 Zyl., $D = 720$ mm, $S = 900$ mm, $V_h = 3671$, $V_H = 22021$, $\varepsilon = 13$. — $N_e = 4200$ PS, bei $n = 125$. p_A Auspuffleitungs-Rückdruck.

Abb. 313.
Wärmebilanz zum Motor Abb. 312.

Wirkungsgrad liegt daher bei Aufladevolleistung meist merklich günstiger als bei Nennleistung ohne Aufladung.

Wird die Antriebsleistung für das Aufladegebläse von Abgasturbinen geliefert, so liegt der Nutzverbrauch günstiger als beim mechanisch angetriebenen Gebläse.

Für die verschiedenen Anwendungsgebiete geben die folgenden Abbildungen einige Beispiele wieder:

Die Abb. 262, 263, 264, 267, 274 bis 276 und 319 zeigen Kennlinien aufgeladener Triebwagenmotoren und Lokomotivmotoren. Die Aufladung erfolgt hier mit Abgasturbogebläsen nach dem Büchiverfahren.

Die Abb. 317 und 318 zeigen die Kennlinien aufgeladener ortsfester Motoren mittlerer Größe, die Abb. 320 bis 321 jene von mittleren und größeren Schiffsmotoren. Abb. 322 jene eines mit Doppelaufladung ausgerüsteten U-Bootsmotors.

Bei dieser Doppelaufladung handelt es sich um ein Aufladesystem, das aus einem Abgasturbolader mit nachgeschaltetem Kapselgebläse besteht; zwischen beiden ist ein Drehschieber angeordnet, der bei normaler Marschfahrt den Betrieb mit Abgasturbine allein gestattet, so daß das Kapselgebläse nur bei Fahrt mit hoher Leistung benutzt werden kann. Die Abb. 322d zeigt das für einen Motor mit Abgasturboaufladung charakteristische Verbrauchsdiagramm mit einem ausgesprochenen Minimum bei mittleren Drehzahlen und hohem p_e im Gegensatz zur Aufladung mit Kapselgebläse, wobei das Verbrauchsminimum in der Regel bei sehr kleinen Drehzahlen außerhalb des eigentlichen Betriebsfeldes liegt.

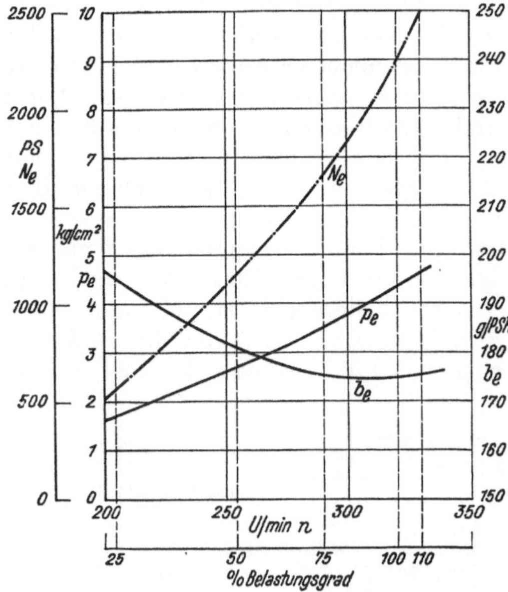

Abb. 314. Einfachwirkender Zweitakt-Schiffsdieselmotor (Sulzer) 12 Zyl., Tauchkolben, $D = 360$ mm, $S = 600$ mm, $V_h = 61\,1$, $V_H = 732\,1$.

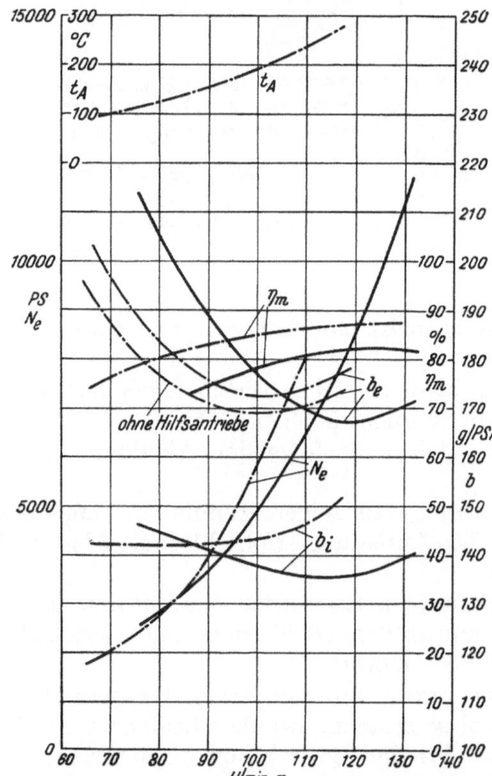

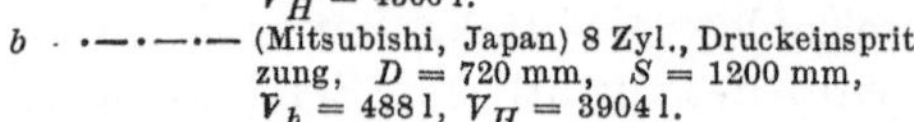

Abb. 316. Doppeltwirkende Zweitaktmotoren
a ————— (Shinko, Japan) 8 Zyl., Strahlverfahren. $D = 760$ mm, $S = 1200$ mm, $V_h = 545\,1$, $V_H = 4360\,1$.
b ·—·—·— (Mitsubishi, Japan) 8 Zyl., Druckeinspritzung, $D = 720$ mm, $S = 1200$ mm, $V_h = 488\,1$, $V_H = 3904\,1$.

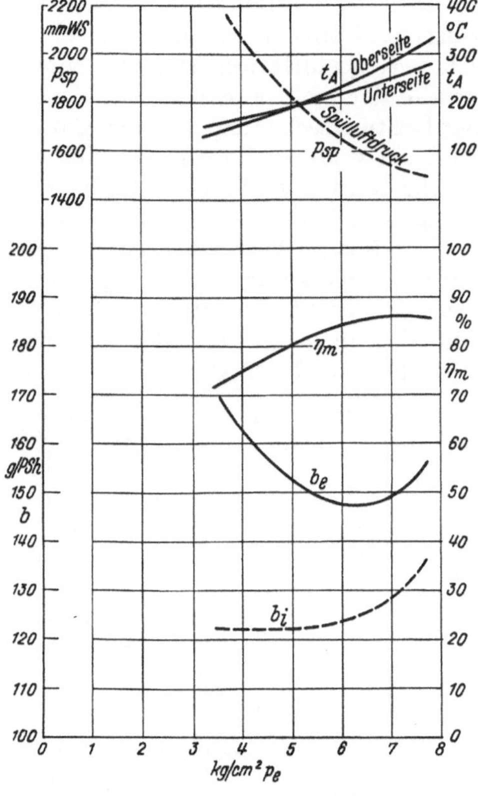

Abb. 315. Doppeltwirkender Zweitakt-Schiffsdieselmotor (Burmeister und Wain) 6 Zyl., $D = 620$ mm, $S = 1400$ mm. $V_h = 422{,}5\,1$, $V_H = 2535\,1$. 7000 PS bei 105 U/min. (Messungen bei gleichbleibender Drehzahl und abnehmendem Spülluftdruck.)

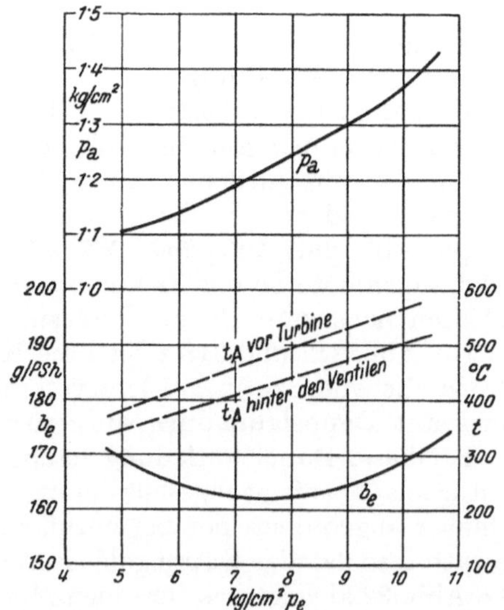

Abb. 317. Aufgeladener Viertakt-Dieselmotor (MAN) 10 Zyl., Abgasturbogebläse nach Büchi; $D = 310$ mm, $S = 345$ mm, $V_h = 26{,}9\,1$, $V_H = 269\,1$; $\varepsilon = 13{,}5$. 1150 PS nicht aufgeladen, 1750 PS aufgeladen bei 700 U/min.

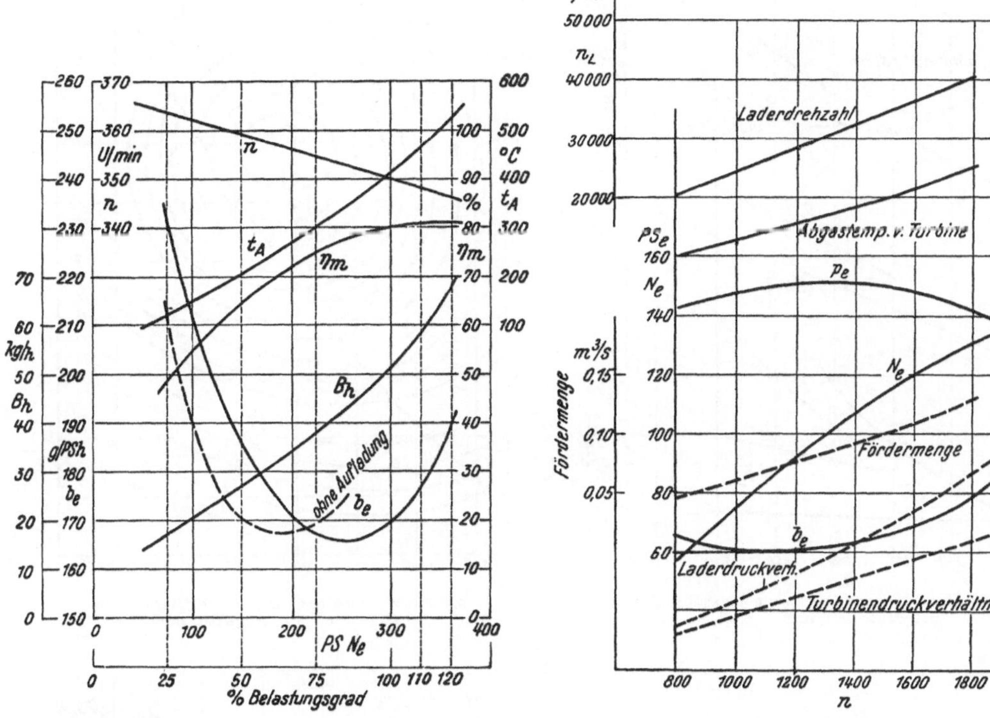

Abb. 318. Viertakt-Dieselmotor (Krupp) 4 Zyl., aufgeladen mit Kapselgebläse. Strahlverfahren: $D = 295$ mm, $S = 420$ mm, $V_h = 28,8$ l, $V_{H} = 115$ l.

Abb. 319. Doppelwirbel-Dieselmotor, dir. Einspritzung (Saurer). 6 Zyl., $D = 110$ mm, $S = 140$ mm, $V_h = 1,33$ l, $V_H = 7,98$ l. Aufgeladen mit Büchi-BBC-Abgasturbogebläse.

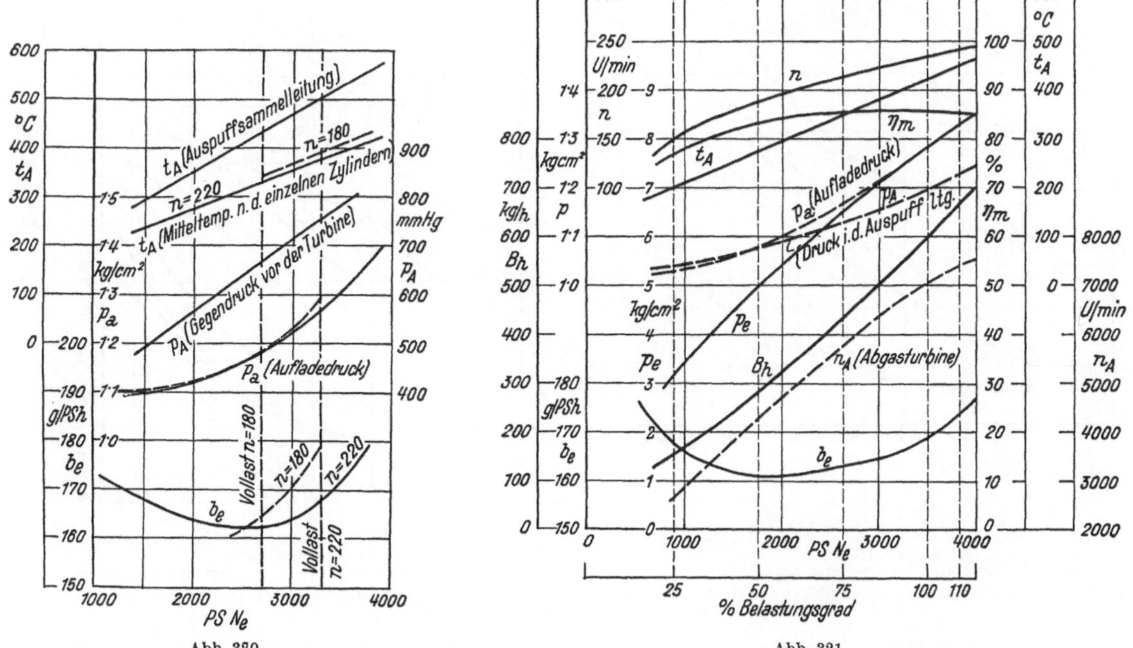

Abb. 320.

Abb. 321.

Aufgeladener Viertakt-Schiffs-Dieselmotor (Krupp) 6 Zyl., Abgasturbogebläse nach Büchi; $D = 570$ mm, $S = 750$ mm, $V_h = 191,5$ l, $V_H = 1720$ l.

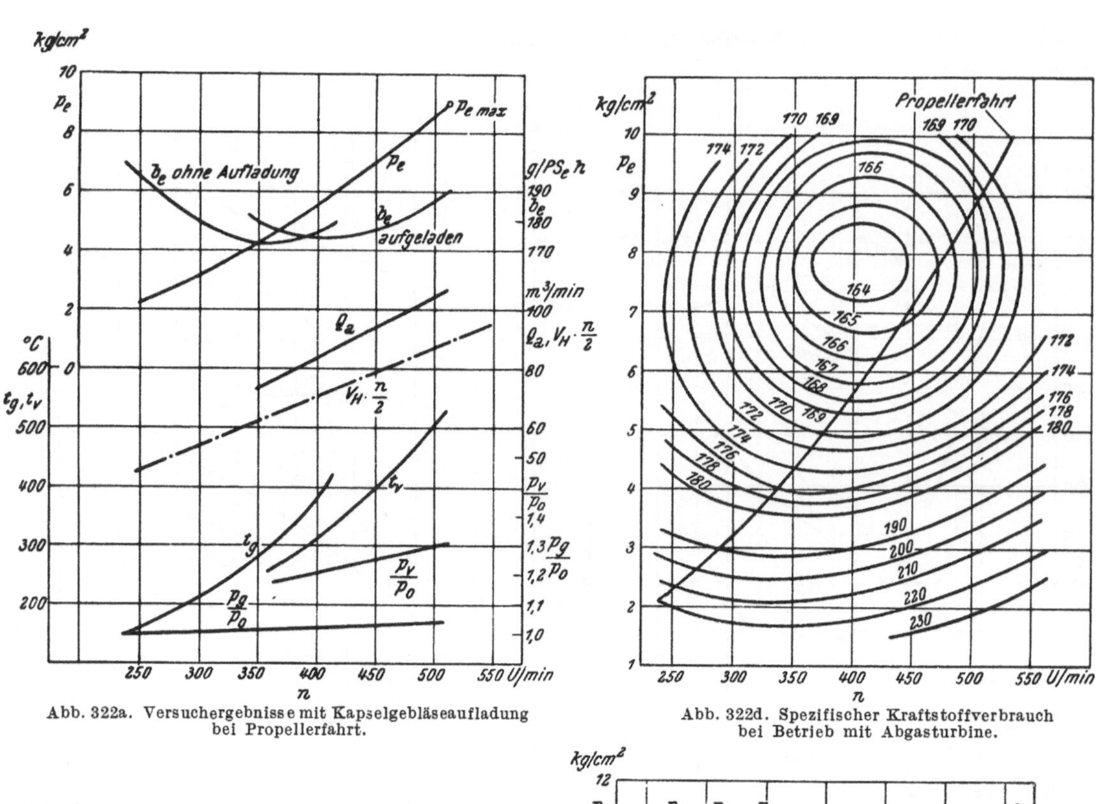

Abb. 322a. Versuchergebnisse mit Kapselgebläseaufladung bei Propellerfahrt.

Abb. 322d. Spezifischer Kraftstoffverbrauch bei Betrieb mit Abgasturbine.

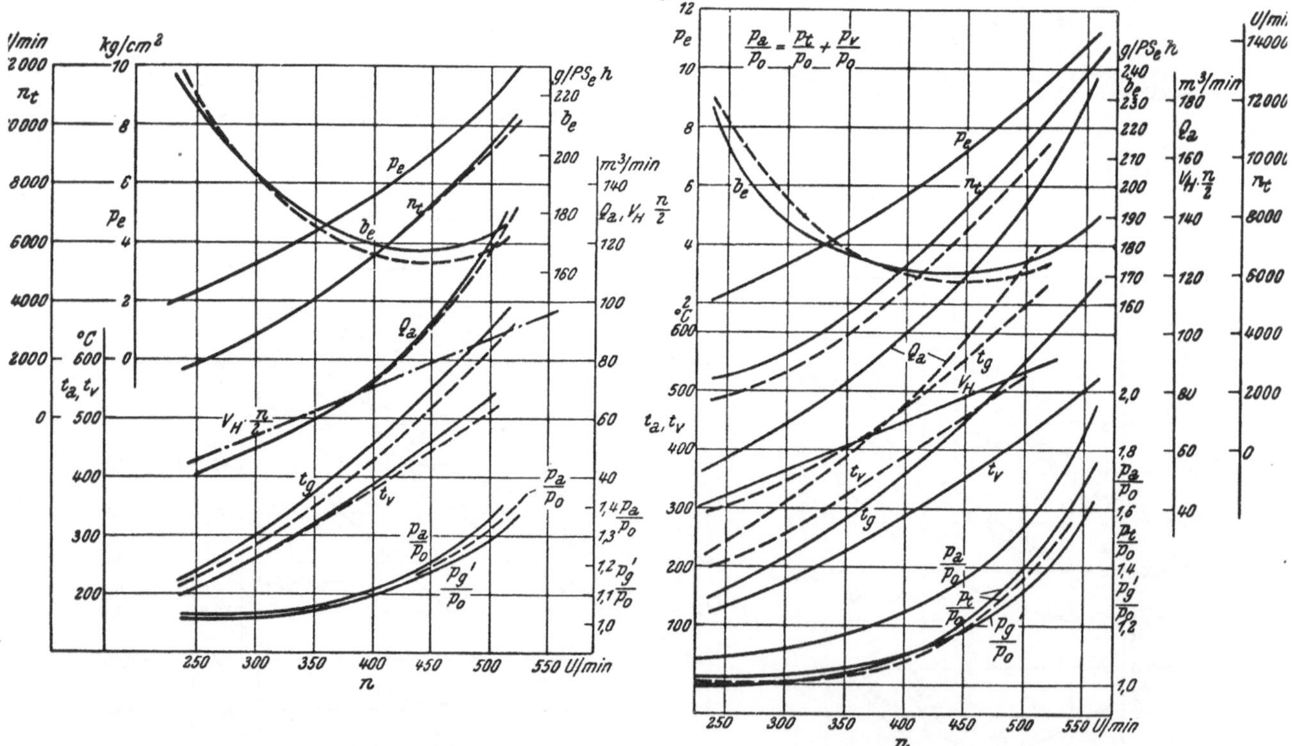

Abb. 322b. Versuchsergebnisse mit Abgasturboaufladung bei Propellerfahrt.
——— ohne Luftkühlung   — — — mit Luftkühlung.

Abb. 322c. Versuchsergebnisse mit Doppelaufladung bei Propellerfahrt.
——— Doppelaufladung   — — — Abgasturboaufladung.

Abb. 322a—d. Viertakt-Dieselmotor (U-Bootsmotor); dir. Einspritzung (Krupp). Doppelaufladung mit Kapselgebläse und Abgasturbogebläse. Tauchkolben 6 Zyl, $D = 400$ $S = 460$ $V_h = 57,8\,l$ $V_H = 347\,l$

Zu Abb. 322a—c:

Q_a	vom Gebläse angesaugte Luftmenge	m³/Min
$V_H \cdot \frac{n}{2}$	Hubvolumen des Viertaktmotors	m³/Min
t_g	Abgastemperatur ohne Aufladung	°C
t_v	Abgastemperatur mit Aufladung	°C
p_a/p_0	Verhältnis des Druckes in der Ladeluftleitung zum äußeren Luftdruck (= $p_t/p_0 + p_v/p_0$)	

p_g/p_0 Verhältnis des Drucks in der Abgasleitung zum äußeren Luftdruck

p_g'/p_0 Verhältnis des Drucks in der Abgasleitung vor der Turbine zum äußeren Luftdruck

p_t/p_0 Verhältnis des Ladeluftdrucks hinter dem Abgasturbolader zum äußeren Luftdruck

p_t/p_0 Verhältnis der Drucksteigerung durch das Kapselgebläse zum äußeren Luftdruck

Das Problem besteht darin, durch entsprechende Einsteuerung der Einlaß- und Auslaß-ventile und Abstimmung der Aufladegruppen das Verbrauchsminimum so zu legen, daß die Propellerkurve durch dieses oder wenigstens nahe an ihm verläuft.

Die folgende Tabelle gibt eine Übersicht über den mit den verschiedenen Aufladever-fahren am Motor Abb. 228 erreichbaren p_e in Abhängigkeit von der Motordrehzahl.

Motordrehzahl und Verfahren	250	300	350	400	450	500	550
Doppelaufladung	9,8	10,3	10,8	11,05	11,2	10,0	10,6
Aufladung mit Kapselgebläse	8,25	9,0	9,55	9,7	9,6	9,2	8,8
Abgasturbo- | mit | Ladeluft-	7,2	8,45	9,4	10,0	10,2	10,05	9,6
aufladung | ohne | kühlung	6,6	7,85	8,75	9,2	9,35	9,2	8,8
Ohne Aufladung	5,5	6,0	9,25	6,3	6,25	6,05	5,7

In der Abb. 318 ist zur Verbrauchskurve des aufgeladenen Motors auch jene der unauf-geladenen Maschine eingetragen; durch die Aufladung steigt in diesem Fall die Leistung von 225 auf 300 PS, also um 33,3%, wobei der Aufladedruck bei Vollast 0,29 atü beträgt. Die Vollastverbräuche liegen in beiden Fällen gleich hoch, allerdings bei $p_e = 7,5$ kg/cm² für den Auflademotor gegenüber $p_e = 5,6$ kg/cm² für den Normalmotor. Der Mindest-verbrauch liegt für den Auflademotor um etwa 2 g/PSh günstiger.

Bemerkenswert ist die große Überlastbarkeit aufgeladener Motoren; insbesondere trifft dies für Abgasturboaufladung zu, bei der die Gebläsedrehzahl mit steigender Be-lastung ebenfalls ansteigt und damit der Aufladedruck erhöht wird.

Für einen MAN-Dieselmotor mit Hochaufladung (6 Zyl., $D = 300$, $S = 450$, $V_h = 31,8\,l$, $V_H = 190,8\,l$, aufgeladen mit Abgasturbogebläse (Turbine 5 Stufen, Verdichter 10 Stufen) wird angegeben: $N_e = 1360$ PS bei $n = 428$ und $p_e = 15$ at; $b_e = 141,5$ g/PS$_e$ Stde. (aufgenommene Verdichterleistung 350 PS bei $n = 15\,000$; Ladedruck 1,15 atü, $t_A = 510°$). Mit diesem Verbrauch erscheint die in Abb. 219 angegebene Grenze für den Verbrauch bereits erreicht.

f) Zweitaktdieselmotoren mit Kurbelkastenspülpumpe.

Zweitaktmotoren mit Kurbelkastenspülpumpe wurden wegen ihrer einfachen Bauart, ungeachtet des niedrigen erreichbaren Nutzdruckes, für kleinere Leistungen sehr häufig verwendet. Sie wurden durch den schnellaufenden Viertaktmotor in neuerer Zeit aus ihren Anwendungs-gebieten zum Teil verdrängt, fin-den aber als gewerbliche Antriebs-maschinen und als Schiffsmaschinen noch heute Verwendung.

Abb. 323 gibt die mittleren inne-ren Verbrauchswerte derartiger Ma-schinen und die zugehörigen Dreh-zahlbereiche über den für diese Bau-art in Frage kommenden Zylinder-größen wieder. Der mittlere Nutz-druck liegt für ältere Bauarten bei $p_e = 3,0$ kg/cm² für einfache Kolben und bei $p_e = 3,5$ kg/cm² für Stufenkol-ben. Da aber die mechanischen Reibungsverluste bei diesen Motoren infolge des Wegfallens aller Steue-rungsantriebe auch noch im Ver-hältnis zu diesen p_e-Werten gering bleiben, können günstige Nutzverbrauchswerte erzielt werden; so hat z. B. ein Vierzylindermotor mit Stufenkolben und direkter Ein-

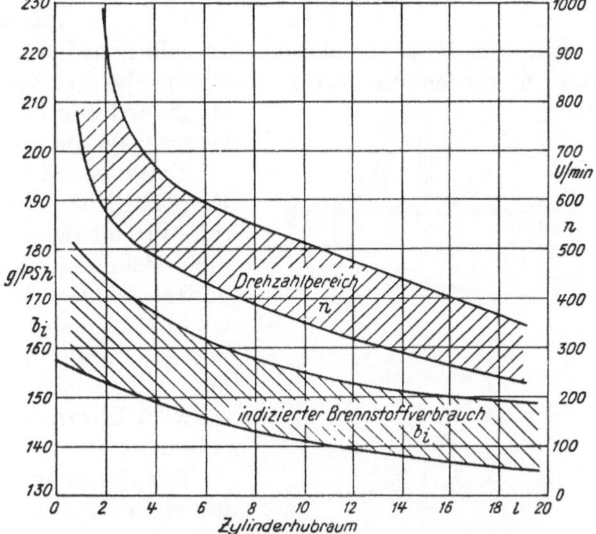

Abb. 323. Indizierter Kraftstoffverbrauch von Zweitaktdieselmotoren mit Kurbelkastenspülung.

spritzung bei $p_e = 3,5$ kg/cm² einen Nutzverbrauch von etwa 180 g/PSh (vgl. Abb. 324). Für einen Vierzylindermotor gleicher Art wie in Abb. 324 beschrieben, wird die Vollast-Wärmebilanz wie folgt angegeben:

Nutzleistung . . .	632 kcal/h	36,2%
Reibung und Spül- pumpenarbeit . .	163 ,,	9,2%
Kühlwasserwärme .	440 ,,	25,2%
Auspuff, Strahlung, Leitung, Restglied	515 ,,	29,4%
Summe:	1750 kcal/h	100,0%

Der mechanische Wirkungsgrad dieser Maschine übersteigt 80%.

Auch die Bauart mit Kurbelkammer-Vorverdichtung wurde neuerdings vervollkommnet. Für einen Einzylinder-Motor neuerer Bauart (ZANKER) wird angegeben: $D = 100$, $S = 130$, $V_h = 1,022\,1$; $\varepsilon = 25,1$ theoret. ($\varepsilon' = 18,4$ tats.); Strahleinspritzung mit kegeligem Verbrennungsraum. $N_e = 14,5$ PS bei $n = 1500$, $p_e = 4,25$, $b_e = 185$ g/PSh $b_{e\,min} = 162$ g/PSh bei $N_e = 10$ PS, $n = 1200$, $p_e = 3,76$.

2. Niederdruckmotoren.

Durch das von K. J. E. HESSELMANN ausgearbeitete Niederdruckverfahren für den Betrieb schnellaufender Öleinspritzmotoren wird angestrebt, die Verwendung schwerflüchtiger Kraftstoffe in Fahrzeug- und ähnlichen Motoren dadurch zu erleichtern, daß die hohen Verdichtungs- und Verbrennungsdrücke des Dieselverfahrens vermieden werden. Mit Verdichtungsverhältnissen von etwa 5,5—6 werden die Verbrennungsdrücke im Zylinder bei diesem Verfahren nicht höher als im Ottomotor. Die Bauweise solcher Motoren ist daher leichter als die von Dieselmotoren.

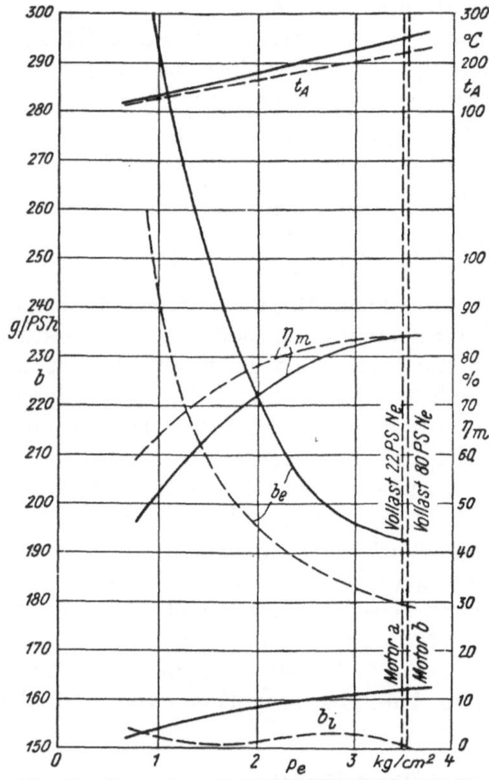

Abb. 324. Kennlinien von Zweitakt-Dieselmotoren mit Kurbelkastenspülung. Querspülung mit Stufenkolben.
a ———— 2 Zyl. $D = 110$ mm, $S = 150$ mm, $V_h = 2,85\,1$,
$V_H = 2,85\,1$, $\varepsilon = 16$, $n = 1000$ U/min.
b — — — — 4 Zyl. $D = 130$ mm, $S = 190$ mm, $V_h = 2,53\,1$,
$V_H = 10,12\,1$, $\varepsilon = 16$, $n = 1000$ U/min.

Trotz der etwas größeren baulichen und betrieblichen Empfindlichkeit dieser Motorengattung und ihrer geringeren Wirtschaftlichkeit hat sie sich vor allem in den skandinavischen Ländern sowie in den Vereinigten Staaten verbreitet. Niederdruckmotoren haben sich dort ein ausgedehntes Anwendungsgebiet in Lastkraftwagen, Schleppern, Autobussen, ferner auch als Triebwagenmotor und Bootsmotoren gesichert und werden bis zu Zylinderinhalten von etwa 8 Litern bei Zylinderleistungen von etwa 40 PS gebaut.

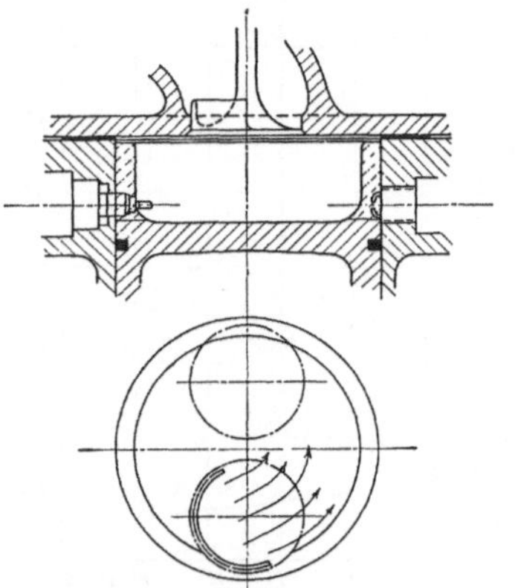

Abb. 325. Hesselmann-Brennraum älterer Bauart.

Zur Zündung verwendet das Verfahren Zündkerzen der üblichen Bauart. Es arbeitet mit direkter Einspritzung, vermeidet aber hohe Einspritzdrücke; diese betragen etwa 60 at. Zur Verteilung des Kraftstoffs erhält die angesaugte Frischluft durch einseitiges Abschirmen des Einlaßventiles eine kreisende Bewegung. In den kreisenden Luftstrom wird gegen Ende des Verdichtungshubes der Kraftstoff allmählich in fein verteiltem Zustand derart eingeführt, daß insbesondere der an der Zündkerze vorbeistreichende Teil der Luft mit Kraftstoff genügend gesättigt ist, um leicht zu zünden. Beginn und Ende der Einspritzung müssen gegenüber dem Zeitpunkt des Funkenüber-schlages an der Kerze so abgestimmt werden, daß das Vorbeistreichen der Kraftstoffwolke an der Kerze und der Funkenübertritt zeit-lich übereinstimmen. Ändert sich die Kraft-stoffmenge entsprechend den Betriebs-bedingungen, so muß auch Menge und Dreh-geschwindigkeit der Luft geändert werden. Um ein innerhalb der Zündgrenze liegendes Mischungsverhältnis in der Wolke zu erhal-ten, wird mit abnehmender Kraftstoffmenge die Ansaugleitung gedrosselt.

Bei steigender Belastung wird ein immer größerer Anteil des Kraftstoffes auch in den restlichen Teil der im Zylinder kreisenden Luft, der nicht unmittelbar am Funken der Zündkerze vorbeistreicht, eingespritzt. Bei Vollast beginnt die Einspritzung etwa 50—60° KW vor dem oberem Totpunkt und endet 25—30° KW nach diesem.

Um das Auftreffen der eingespritzten Kraftstofftröpfchen auf die gekühlten Zy-linderwandungen zu verhindern, besitzt der Kolben einen hoch emporgezogenen Kragen.

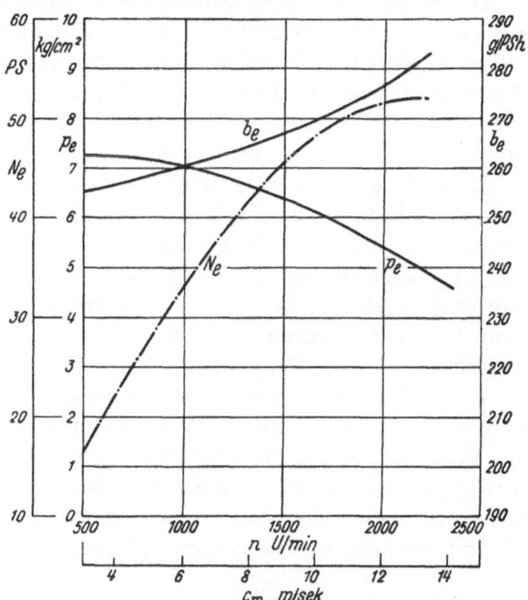

Abb. 326. Kennlinien des Motors Abb. 325 4 Zyl.; $D = 110$ mm, $S = 180$ mm, $V_h = 1,71\,l$, $V_H = 6,84\,l$.

Einspritzdüse und Zündkerze ragen bei einer früheren Bauart (Abb. 325) durch Schlitze dieses Kragens in das Innere des zylindrischen Verbrennungsraumes; der eingebrachte Kraftstoff trifft auf den heißen Kolbenkragen auf, wodurch das Wegwaschen des Schmier-öls von den Zylinderwandungen vermieden wird. Die Einspritzdüse liefert zwei Strahlen, die beide etwa nach waagerecht liegenden Sehnen im Verbrennungsraum verlaufen. Die Zündkerze liegt in ihrem Schlitz gegen das direkte Auftreffen von Kraftstofftröpfchen geschützt. Die Zündung im Leerlauf wird da-durch unterstützt, daß eine Kante des Kolben-

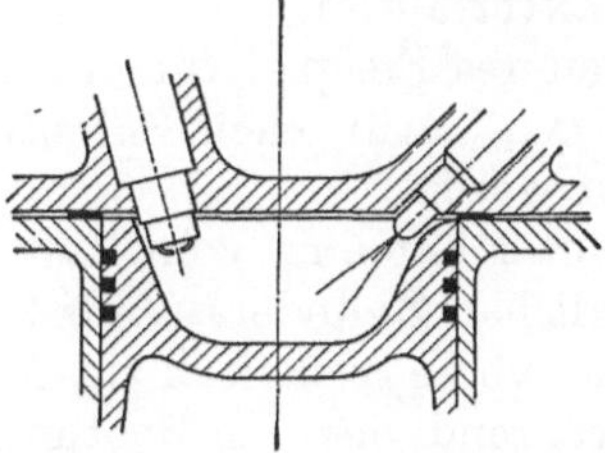

Abb. 328.

Abb. 327.

Abb. 327 und 328. Kennlinien und Brennraum eines Niederdruck-Fahrzeugmotors (Waukesha-Hesselman, USA) 6 Zyl.; $D = 105$ mm, $S = 136$ mm, $V_h = 1,18\,l$, $V_H = 7,07\,l$, $\varepsilon = 7,5$.

schlitzes an der Kerze zugeschärft ist, wodurch dort ein örtlicher kräftiger Wirbel in der krei-senden Luft entsteht. Abb. 326 zeigt Leistungs- und Verbrauchskurven eines solchen Motors.

Abb. 327 gibt die Verbrauchskurven eines Waukesha-Hesselman-Motors mit abgeän-dertem Verbrennungsraum nach Abb. 328 wieder. Die Lage von Düse und Kerze ist hier

so gewählt, daß die Schlitze im Kolbenkragen fortfallen. Der Kolben baut hierdurch
kürzer, die Kolbenringe können, da der Kolben kühler bleibt, höher sitzen. Dadurch
kann das Verdichtungsverhältnis erhöht und der Verbrauch gesenkt werden.

In bezug auf die Qualität des Kraftstoffes ist der Hesselman-Niederdruckmotor in
weiten Grenzen unempfindlich. Die hohe örtliche Temperatur des elektrischen Zünd-
funkens genügt auch zur Zündung von thermisch stabileren Kraftstoffen, so daß sich der
Motor praktisch mit jedem einspritzfähigen Kohlenwasserstoff betreiben läßt. Der mittlere Nutzdruck der Maschine kann hoch angesetzt werden. Bei einem $p_e = 7\ \mathrm{kg/cm^2}$
für die Nennleistung ergibt sich noch eine hinreichende Leistungsreserve für die Maschine.

Entsprechend dem niedrigeren Verdichtungsverhältnis und der nicht vollkommenen
Gemischbildung liegt der innere Verbrauch von Niederdruckmotoren mit 180—195 g/PSh
wesentlich höher als jener von Dieselmotoren; der hohe mechanische Wirkungsgrad,
der sich aber durch die Beschränkung der Höchstdrücke erreichen läßt (Niederdruckmotoren erreichen bei Vollast mechanische Wirkungsgrade bis zu 87%), ergibt trotz-
dem beachtlich günstige Nutzverbrauchsziffern. Der Nutzverbrauch bei Vollast liegt
zwischen 205 und 230 g/PSh.

Eine Weiterentwicklung des Hesselman-Verfahrens stellt das Texaco-Verfahren vor;
es erweist sich als äußerst kraftstoffunempfindlich und gestattet bei klopffreiem Betrieb
die Verwendung von Kraftstoffen mit einem
Siedebereich von 40 bis 320° mit jeder Ok-
tan- und Cetenzahl, bei in weiten Grenzen
veränderlichem Verdichtungsverhältnis und

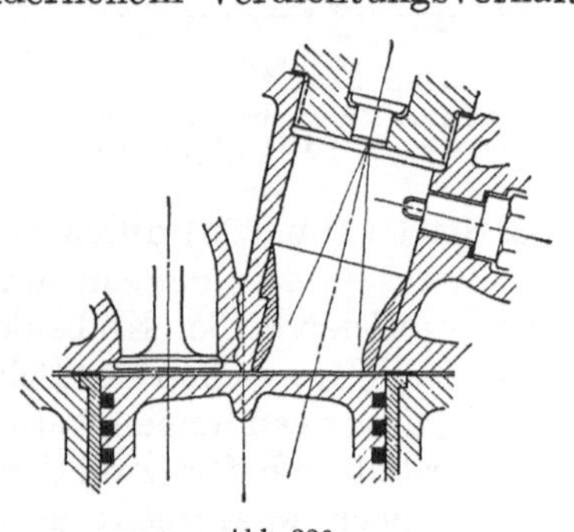

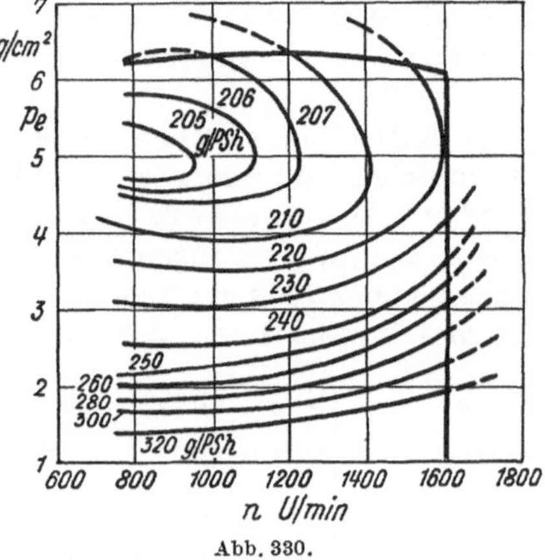

Abb. 329.   Abb. 330.

Abb. 329 und 330. Brennraum und Kennlinien eines Niederdruck-Fahrzeugmotors (Fiat-Boghetto) 4 Zyl., $D = 95$ mm,
$S = 140$ mm, $V_h = 0{,}99$ l. $V_H = 3{,}97$ l, $\varepsilon = 7{,}2$. Betrieb mit Gasöl.

mit jedem Aufladegrad. Das Verfahren arbeitet wie das Hesselmanverfahren mit Kraftstoffeinspritzung, elektrischer Zündung und mit einem durch ein abgeschirmtes Einlaßventil erzeugten geregelten Luftwirbel. Die Verbräuche liegen etwa gleich hoch wie beim
Hesselmanverfahren.

Als weiteres Beispiel für einen Niederdruckmotor sei der Boghetto-Motor erwähnt,
der von Fiat, Turin, nach Patenten von Boghetto für die Verwendung in den Kolonien
entwickelt wurde.

Der Motor hat eine vom Zylinder abgetrennte Verbrennungskammer von der Form
eines länglichen Zylinders (Abb. 329) mit einer Doppelkegeldüse an der Mündung; diese
liegt schräg und exzentrisch zur Achse des Motorzylinders.

Die während des Verdichtungshubes in die Verbrennungskammer gedrückte Luft
wird dort allmählich mit dem Kraftstoff angereichert. Die Einspritzung erfolgt durch
eine geschlossene Düse. Unter Vermeidung jeder zusätzlichen Verwirbelung soll sich das
Gemisch geschichtet in der Verbrennungskammer derart lagern, daß die vom vorhergehenden Arbeitshub zurückgebliebenen Abgasreste unvermischt an der Oberseite der
Kammer zusammengedrückt werden. Die Zündung erfolgt elektrisch in dem Augenblick,
in welchem die geschichtete Ladung in der Kammer die Höhe der Zündkerze erreicht hat.

Der Motor arbeitet mit einem Verdichtungsverhältnis von 7,2. Gewöhnlich wird der Motor mit Dieselkraftstoff betrieben, doch arbeitet er auch mit Petroleum, Benzin, Benzol, Spiritus, Methan usw., ohne daß irgendeine Änderung oder Umstellung erforderlich ist. Abb. 330 zeigt die Meßergebnisse beim Betrieb mit Gasöl. Neben günstigen Vollastverbräuchen sind die niedrigen Verbrauchsziffern bei Teillasten bemerkenswert. Sie sind außer im günstigen mechanischen Wirkungsgrad darin begründet, daß der Motor auch bei Teillasten mit voller Luftfüllung, also ohne Drosselung arbeitet. Der Verdichtungsenddruck erreicht etwa 10 kg/cm², der Zündhöchstdruck etwa 30 kg/cm². Der Gang der Maschinen ist weich, die Verbrennung vollständig und auch bei 10% Überlast noch rauchfrei.

3. Glühkopfmotoren.

Trotz ihres hohen Kraftstoffverbrauches werden Glühkopfmotoren, ausgeführt als Zweitaktmotoren mit Schlitzspülung und Kurbelkastenspülpumpe, wegen ihrer einfachen robusten Bauart und ihrer Unempfindlichkeit auch heute noch vielfach in rauhen Betrieben dort angewendet, wo eine Wartung durch geschulte Kräfte nicht vorausgesetzt wird, wie z.B. in der Landwirtschaft, sowie in der Binnen- und Küsten-Schiffahrt für Fischereifahrzeuge usw. Die Betriebsverhältnisse in diesen Verwendungsgebieten kom-

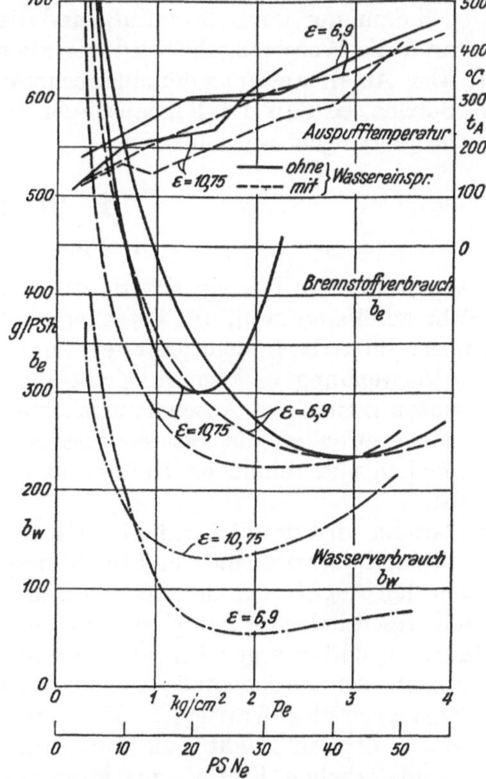

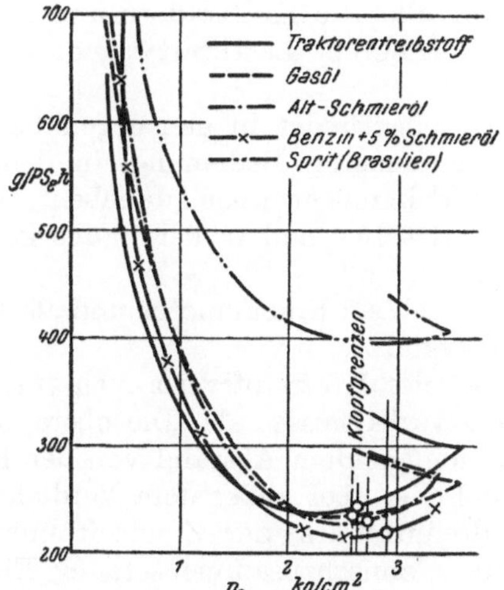

Abb. 331. Kraftstoffverbrauch für verschiedene Brennstoffe

Abb. 332. Kraftstoffverbrauch mit und ohne Wasserzusatz bei verschiedenen Verdichtungsverhältnissen.

Abb. 331 und 332. Versuchsergebnisse an einem Glühkopfmotor (Lanz-Buldogg). Liegender Einzylinder-Zweitaktmotor mit Kurbelkastenspülpumpe. $D = 225$ mm, $S = 260$ mm, $V_H = 10,35$ l, $n = 630$ U/min.

men der Verbrauchscharakteristik des Motors insofern entgegen, als hier zumeist mit gleichbleibender Belastung in der Nähe der Vollast gefahren wird, bei welcher auch der Glühkopfmotor Verbrauchswerte von rund 240 g/PS$_e$h erreicht, während der Verbrauch bei Teillasten nach Abb. 331 sehr steil ansteigt. Die Zahlentafel 2 und Abb. 331 zeigen die Ergebnisse von Verbrauchsaufnahmen mit verschiedenen Brennstoffen und geändertem Verdichtungsverhältnis.

Bei der Verwendung mancher schwer zu verarbeitender Erdölrückstände, wie z.B. von rumänischer Pacura D, von russischem Naphta, von Masut u. dgl. treten im Glühkopfmotor Verbrennungsschwierigkeiten auf, die sich in Klopferscheinungen äußern und

Zahlentafel 2.

Kraftstoff	γ g/cm³	Flammpunkt °C	Hu kcal/kg	ε	$N_{e\,max}$ PS	$b_{e\,min}$ g/PS h
Traktorentreibstoff .	0,828	39	10030	8,6	52	235
Gasöl (Shell) . . .	0,847	76	10301	6,3	50	235
Alt-Schmieröl . . .	0,847	208	10250	6,3	48	235
Benzin	0,74	25	11000	8,95	46	220
Sprit (Brasilien) . .	0,824	12	5404	10,32	50	390

vor allem zähe Rückstandbildungen an Kolbenboden und Verbrennungsraumwänden zur
Folge haben. Diese Störungen können durch Wasserzugaben zum eingespritzten Kraftstoff vermieden werden. Wie aus Abb. 332 zu entnehmen ist, wird durch Wasserzusatz
auch die Wirtschaftlichkeit der Maschine verbessert. Die Verbrennung verläuft dann
am günstigsten, wenn das Einspritzwasser erst zu Ende des Verdichtungshubes bzw. zu
Beginn der Verbrennung in den Glühkopf eingebracht wird. Die Verdichtungstempe-
ratur wird dann nur wenig beeinflußt und die Verbrennung setzt schnell und vollkommen
ein. Durch die Wasserzugabe wird vor allem die Temperatur der Brennraumschale gesenkt. Der Anfall an Verbrennungsrückständen ist hierbei günstiger als beim wasser-
freien Betrieb, so daß die Betriebsdauer zwischen zwei Brennraumreinigungen um ein
Vielfaches verlängert werden kann.

4. Ottomotoren.

a) Flüssige Kraftstoffe.

Ottomotoren für flüssige Kraftstoffe werden vor allem in Krafträdern und Rollern,
als Fahrradhilfsmotoren, in Personenkraftwagen, leichten Lastkraftwagen, leichten
Schleppern, und als Flugmotoren verwendet.

Die Verwendung in leichten Kraftfahrzeugen ist begründet in den gegenüber dem
Dieselmotor geringeren Anschaffungskosten, der einfacheren Bedienung, in dem An-
passungsvermögen an die Betriebszustände dieser Fahrzeuggruppen, daneben auch in
der einfachen und reinlichen Handhabung des Kraftstoffes und in der Sauberkeit des
Betriebes.

Außerdem wird der kleine, billige Ottomotor vielfach als Einbaumotor und als Kraftquelle in der Landwirtschaft und im Kleingewerbe benutzt.

Nach den Angaben in den Heften 2 und 6 hängt der Kraftstoffverbrauch von Ottomotoren wesentlich von der Höhe des Verdichtungsverhältnisses ab. Die obere Grenze
für dieses ist dadurch gegeben, daß der Motor in genügendem Abstand von der Klopf-
grenze betrieben werden muß; auf das Klopfen nehmen aber außer dem Verdichtungsverhältnis auch der Kraftstoff, die Form des Brennraumes, der Zündzeitpunkt, die
Temperatur der Ansaugluft, die Drehzahl und die Gemischzusammensetzung Einfluß.
Den grundsätzlichen Einfluß des Mischungsverhältnisses auf den Kraftstoffverbrauch
zeigt Abb. 333. Eine Veränderung des Mischungsverhältnisses ist nur innerhalb der
Zündgrenzen möglich. Innerhalb derselben wird bei Luftüberschüssen $\lambda > 1$ der günstigste
Kraftstoffverbrauch, bei $\lambda < 1$ die größte Leistung erreicht. Die grundsätzliche Ab-
hängigkeit von Verbrauch und Leistung vom Zündzeitpunkt zeigt Abb. 334.

Einstellung auf günstigsten Verbrauch bei Vollast ergibt im Fahrbetrieb geringeres
Beschleunigungsvermögen, überdies ist dadurch bei Viertaktmotoren die Gefahr einer
Beschädigung der Auslaßventile und des Kolbens durch Überhitzung, z.T. infolge Nach-
brennens der Ladung, größer. Einstellung auf Höchstleistung ergibt dagegen hohen Verbrauch, allerdings bei merkbarer Innenkühlung des Brennraums. Die Vergasereinstellung
wird daher als Mittelweg zwischen bester Leistung und geringstem Verbrauch nach
Abb. 335 durchgeführt. Diese Einstellung wird durch den Verwendungszweck des Motors
mitbestimmt. Noch zweckmäßiger ist eine während des Betriebs veränderliche Gemisch-

regelung, so daß bei Vollast mit Kraftstoffüberschuß, bei Teillast mit Luftüberschuß gefahren wird. Die Verbrauchskurve kann dadurch nach Abb. 336 verändert werden.

In bezug auf das Fahrverhalten des Motors unterscheidet man elastische und unelastische Einstellung. Bei der elastischen Einstellung liegt der Höchstwert des Drehmomentes im unteren Drehzahlbereich. Die Spitzenleistung des Motors ist verhältnismäßig niedrig. Elastische Motoren arbeiten mit fetterem Gemisch und kleineren Luftquerschnitten im Vergaser; diese Einstellung ist im Deutschen Reich und in USA für den Fahrbetrieb vorherr-

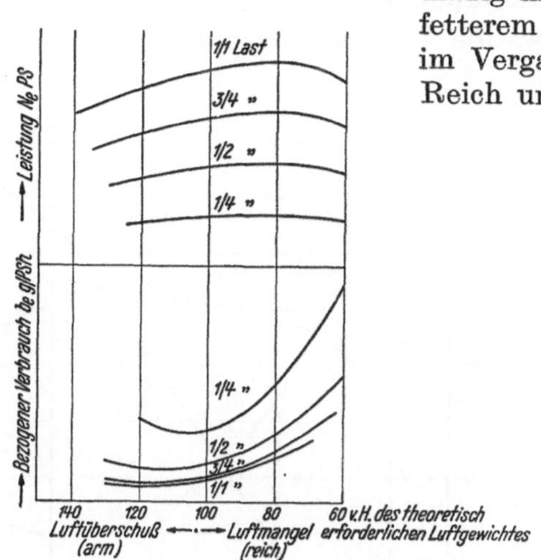

Abb. 333. Einfluß der Gemischzusammensetzung auf Leistung und Verbrauch.

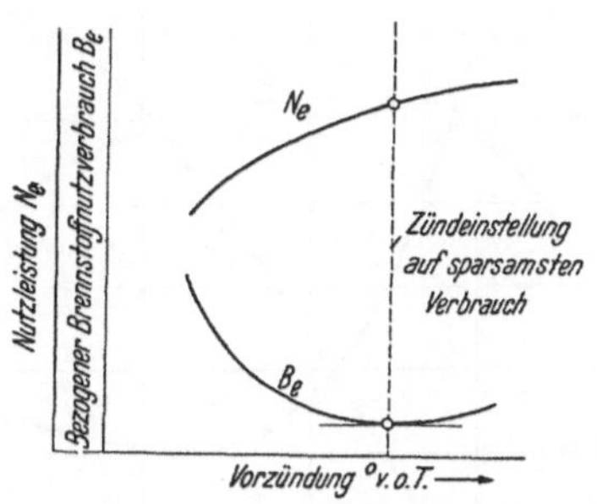

Abb. 334. Einfluß des Zündzeitpunktes auf Leistung und Verbrauch.

schend. Bei Sport- und Rennwagen wird die Einstellung unelastisch vorgenommen. Der Motor hat dann sein höchstes Drehmoment im oberen Drehzahlbereich und erreicht dadurch höhere Spitzenleistungen. Im Ausland wird diese Einstellung vielfach auch im normalen Fahrbetrieb verwendet.

Ob ein Motor in die eine oder in die andere Gruppe fällt, hängt vor allem von der Aus-

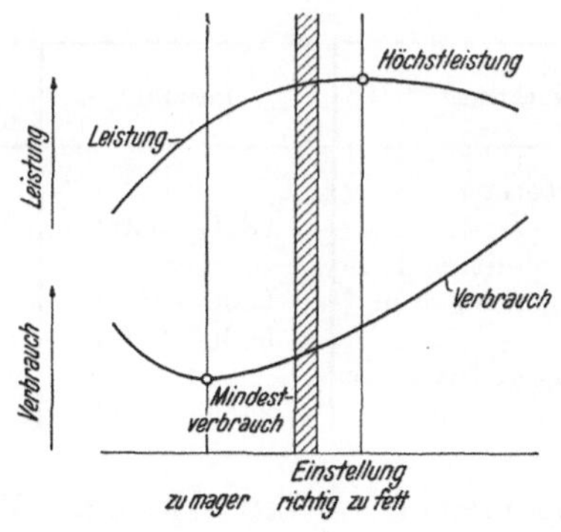

Abb. 335. Einstellung der Gemischzusammensetzung.

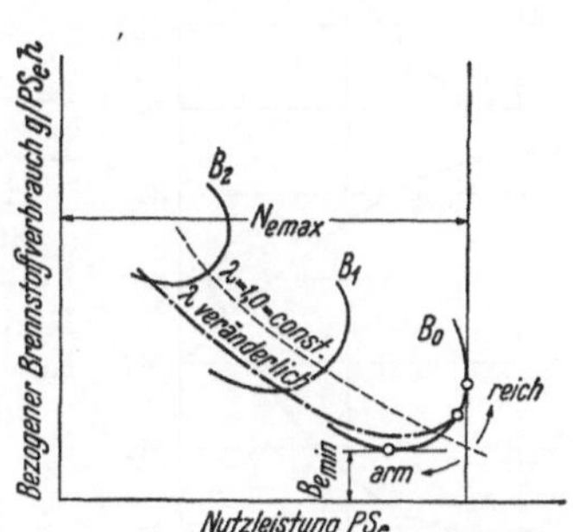

Abb. 336. Gemisch- und Drosselregelung.

bildung seines Ansaugsystems, der Vergaserquerschnitte, sowie von den Steuerzeiten und Ventilerhebungskurven ab.

Der Spielraum, der in der Einstellung des Vergasers möglich ist, bewirkt zusammen mit den Auswirkungen verschiedener Brennraumgestaltung und der Zündpunkteinstellung, daß die Verbräuche von Ottomotoren verhältnismäßig viel weiter von einander abweichen, als jene von Dieselmotoren.

Abweichungen vom normalen Verbrauch können bei Vergasermotoren vor allem durch schlecht arbeitende Zündanlagen und durch Fehler im Vergaser und in der Saugleitung entstehen.

α) Viertaktmotoren.

Viertaktmotoren erreichen zur Zeit etwa die folgenden Drehzahlen und Verbrauchsziffern:

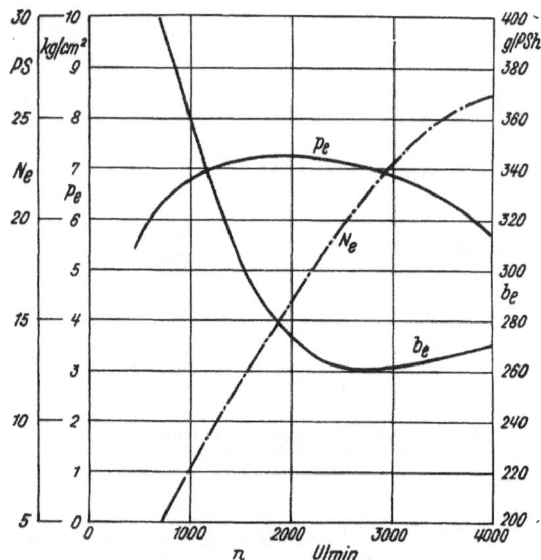

Abb. 387. Viertakt-Ottomotor (Adler) 4-Zylinder-Reihe, stehende Ventile, $D = 65$ mm, $S = 75$ mm, $V_h = 0,279$, $V_H = 0,995\,l$, $\varepsilon = 6,15$.

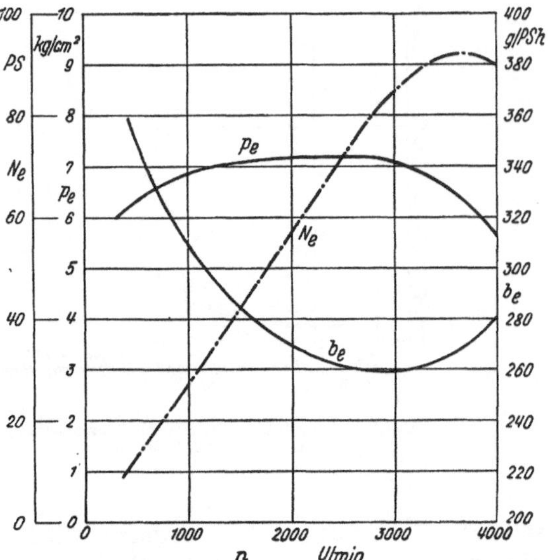

Abb. 338. Viertakt-Ottomotor (Ford) 8-Zylinder-V, stehende Ventile, $D = 77,5$ mm, $S = 95$ mm, $V_h = 0,449\,l$, $V_H = 3,56\,l$, $\varepsilon = 6,15$.

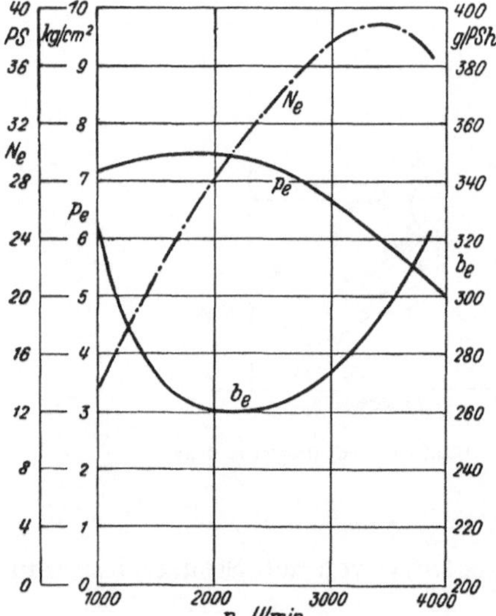

Abb. 339. Viertakt-Ottomotor (Daimler-Benz) 4-Zylinder-Reihe, stehende Ventile $D = 73,5$ mm, $S = 100$ mm, $V_h = 0,424\,l$, $V_H = 1,697\,l$, $\varepsilon = 6$.

Motorengattung	Drehzahl	Nutzverbrauch g/PSh bei Dauerleistung
Kraftradmotoren:		
Hängende Ventile . .	3800—5500	230—300
Stehende Ventile . .		250—350
Personenwagenmotoren	2800—4500	230—350
Rennwagen	6000—9000	300—450
Lastkraftwagen bis etwa 3 l Gesamthubraum .	2400—3000	235—350

Im allgemeinen weisen kleinere Motoren und solche mit hohen Drehzahlen etwas günstigere Verbrauchswerte auf, als größere und langsamerlaufende.

In den Abb. 337 bis 348 sind die Kennlinien einer Anzahl von Fahrzeug-Viertakt-Ottomotoren wiedergegeben; es betreffen die Abb. 337 bis 339 solche mit stehenden Ventilen und L-förmigem Verbrennungsraum in verschiedenen Gestaltungsformen, die übrigen solche mit hängenden Ventilen.

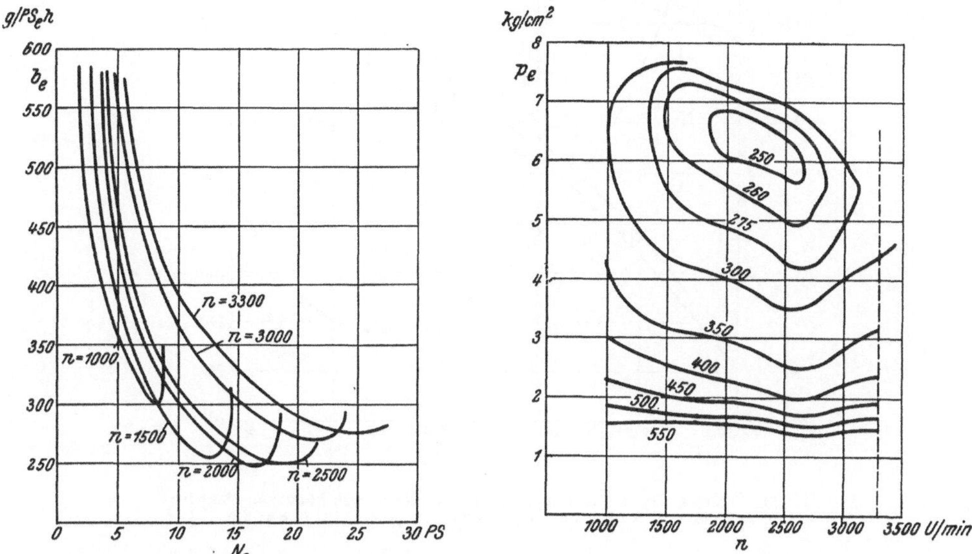

Abb. 340 und 341. Viertakt-Ottomotor (Volkswagenwerk). 4-Zyl.-Boxer, hängende Ventile; luftgekühlt.
$D = 75$ mm, $S = 64$ mm, $V_h = 0,283\,l$, $V_H = 1,131\,l$, $\varepsilon = 5,8$. Solexvergaser 26 VFI.

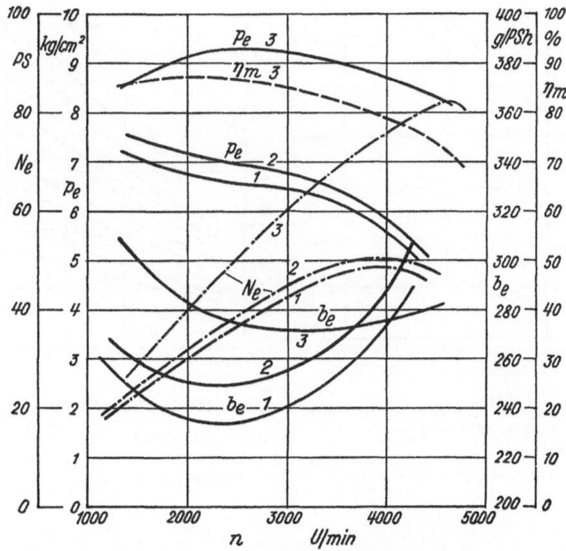

Abb. 342. Viertakt-Ottomotoren (BMW) 6-Zylinder, Reihe, hängende
Ventile, $D = 66$ mm, $S = 96$ mm, $V_h = 0,328\,l$, $V_H = 1,971\,l$.

1. $\varepsilon = 6$; ein Vergaser, zylindrischer Brennraum,
2. $\varepsilon = 6$; zwei Vergaser, zylindrischer Brennraum,
3. $\varepsilon = 7,2$ (OZ 80) drei Vergaser, halbkugelförmiger Brennraum.
Die einzelnen Motoren sind ihrem Einsatz entsprechend verschieden
eingestellt.

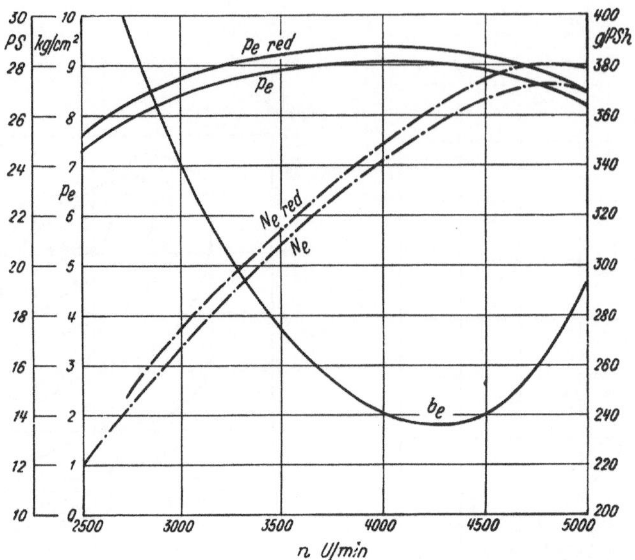

Abb. 343. Viertakt-Ottomotor (Zürdapp) 2-Zylinder-Boxer, hängende Ventile;
$D = 75$ mm, $S = 67,6$ mm; $V_h = 0,298$ l; $V_H = 0,597$ l, $\varepsilon = 6,5$.

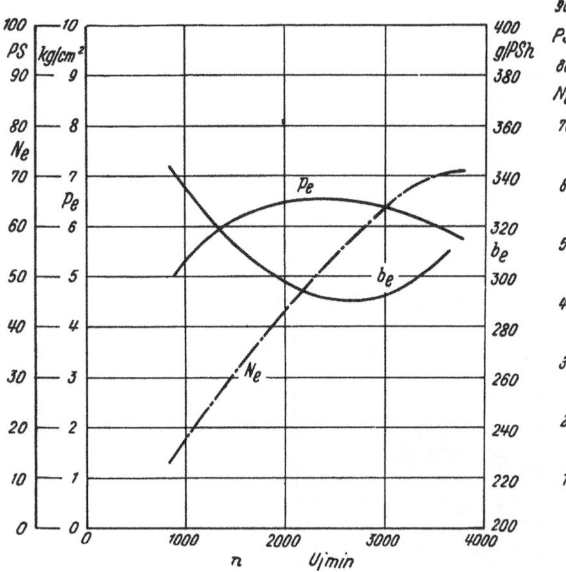

Abb. 344. Viertakt-Ottomotor (Tatra) 8-Zylinder-V, luftgekühlt,
hängende Ventile; $D = 75$ mm, $S = 84$ mm, $V_h = 0,371$ l,
$V_H = 2,96$ l, $\varepsilon = 5,6$

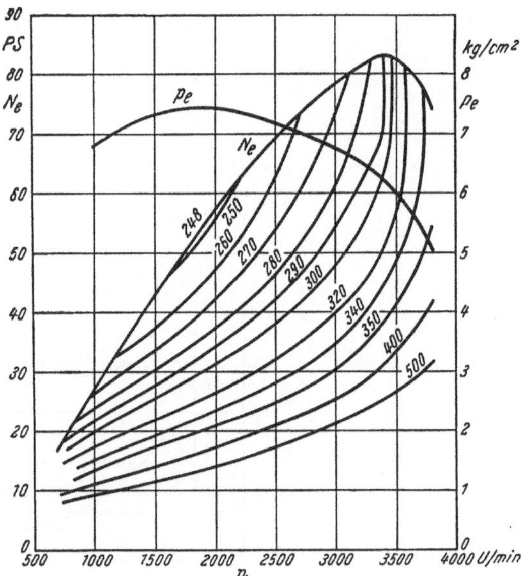

Abb. 345. Viertakt-Ottomotor, luftgekühlt, hängende Ventile
(Steyr 3,5 l).
8 Zyl., $D = 78$ mm, $S = 92$ mm, $V_h = 0,4391$, $V_H = 3,5171$,
Solexvergaser IPF II.
(Versuchsbedingungen: $B = 744$ mm, $t = 31°$, nicht reduziert.)

Die Abb. 345 und 346 zeigen die Verbrauchsfelder eines luft- und eines wassergekühlten
Motors, wie sie im Kraftfahrinstitut der T. H. Dresden aufgenommen wurden. Auch die
Zusammenstellung Abb. 347, darstellend die Vollastverbräuche einer Anzahl von Fahrzeug-
ottomotoren in Abhängigkeit von der Drehzahl, z. T. mit verschiedenen Vergasern
ausgerüstet, stammen von der gleichen Stelle.

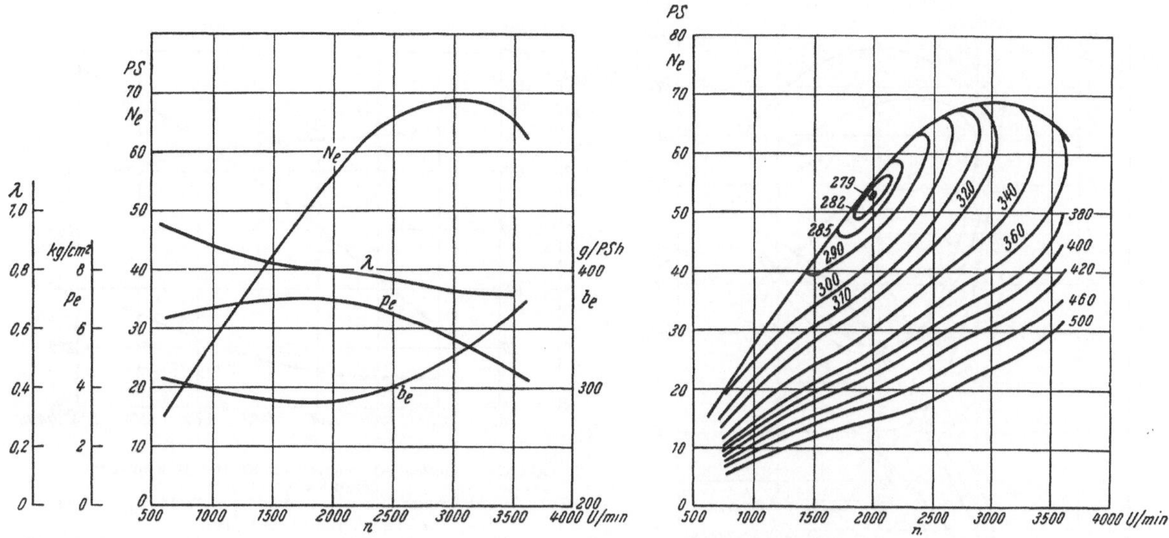

Abb. 346. Viertakt-Ottomotor, wassergekühlt (Opel 3,6 l). 6 Zyl., $D = 90$ mm, $S = 95$ mm, $V_h = 0,604$ mm, $V_H = 3,626$ l. — Opel-Vergaser. (Versuchsbedingungen: $B = 753$ mm, $t = 26°$, nicht reduziert.)

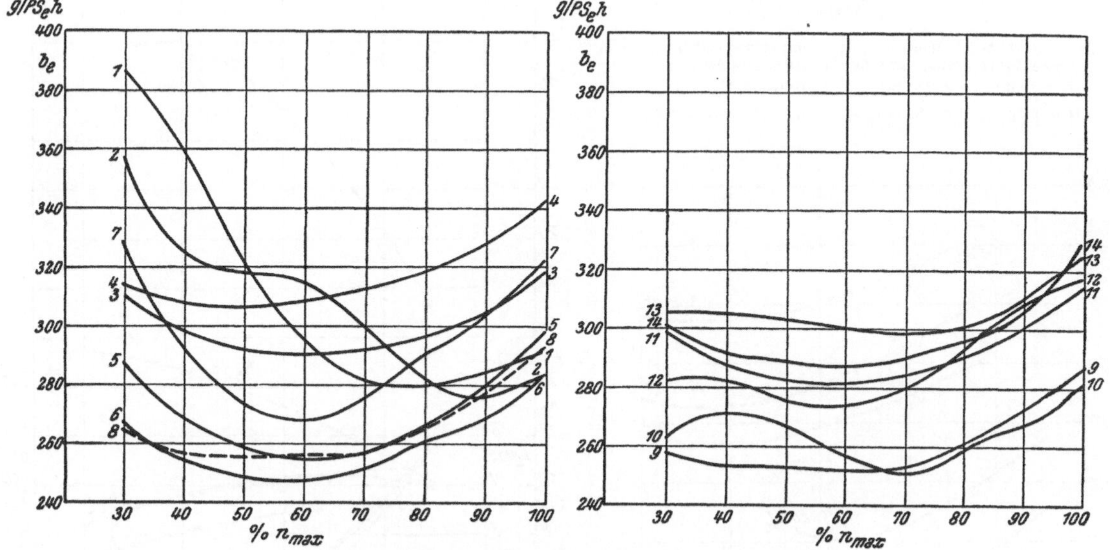

Abb. 347. Kraftstoffverbrauch von Ottomotoren bei Vollast.

Nr.	Motor	Z	D	S	V_H	ε	Küh-lung	B	t	Vergaser
1	Volkswagen	4	75	64	1,131	5,8	L	732	22	
2	Borgward 4 M 1,4 l	4	72	85	1,384	6	W			
3	Ford V 8	8	80,95	95,25	3,924	5,9	W	762	22	
4*	,,									
5	Steyr 3,5 l	8	78	92	3,52		L			
6*	,,									
7*	Phänomen 2,7 l . .	4	85	118	2,678	3,5	L	739	24	
8	Borgward 6 B 3,8 l	6	85	110	3,745		W			
9	Opel 1,5 l	4	80	74	1,488	6	W			Solex 30 IF
10	,,									Opel
11	,,									Solex
12	,,	6	90	95	3,626	6	W			Opel
13*	Opel 3,2 l							760	29,5	Solex 35 IPF
14*	,,									Opel

* Nach im Institut für Kraftfahrwesen des TH Dresden durchgeführten Messungen; nicht reduziert.

16*

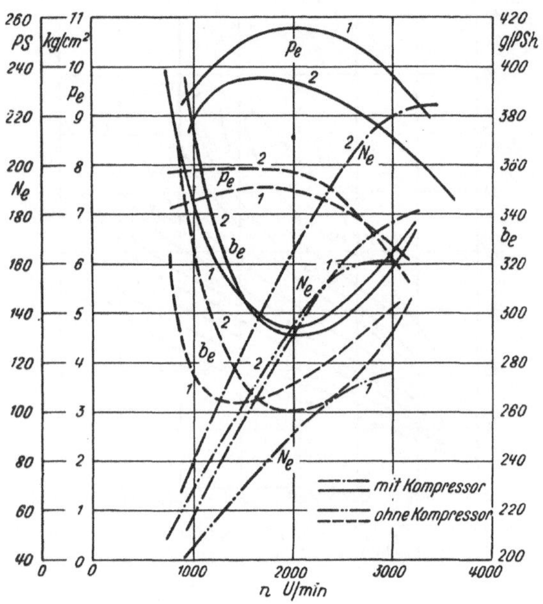

Abb. 348.   Viertakt-Ottomotoren mit Kompressor (Daimler-Benz)
8-Zylinder-Reihe, hängende Ventile, $\varepsilon = 6{,}13$.
1. $D = 88$ mm, $S = 111$ mm, $V_h = 0{,}673\,\mathrm{l}$, $V_H = 5{,}4\,\mathrm{l}$.
2. $D = 95$ mm, $S = 135$ mm, $V_h = 0{,}956\,\mathrm{l}$, $V_H = 7{,}65\,\mathrm{l}$.

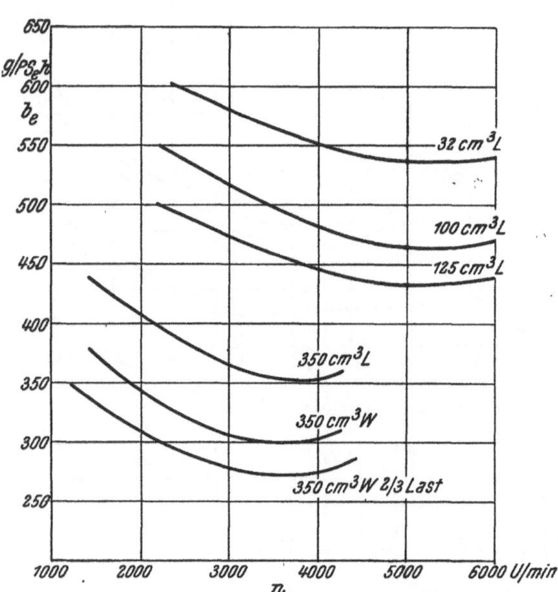

Abb 350. Verbrauchsmittelwerts für Schnelläufer-Vergaser-Zweitaktmotoren (nach Venediger).
W = wassergekühlt. L = luftgekühlt.

Der Aufbau von 4-Takt-Ottomotoren
für Fahrzeuge ist in Heft 11 beschrieben.
   Zur kurzzeitigen Leistungssteigerung
werden Viertakt-Ottomotoren fallweise
auch aufgeladen (Abb. 348); dabei wird
meist ein wesentlich höherer Kraftstoffverbrauch in Kauf genommen.

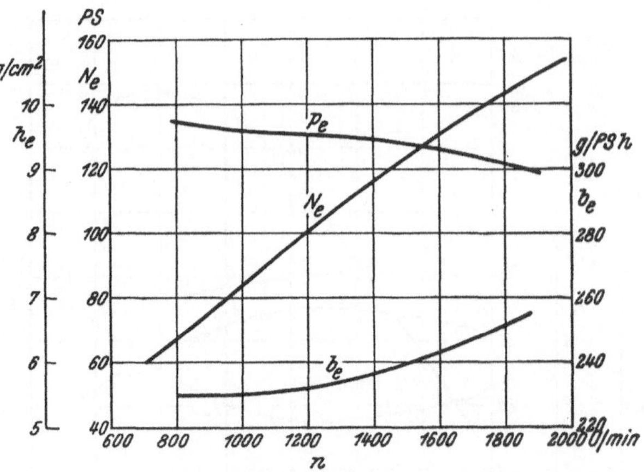

Abb. 349. Viertakt-Ottomotor mit Kraftstoffeinspritzung
(THORNYCROFT).
6 Zyl., $D = 104{,}8$ mm, $S = 152{,}4$ mm, $V_h = 1{,}32\,\mathrm{l}$, $V_H = 7{,}92\,\mathrm{l}$,
$\varepsilon = 6{,}92$. Hängende Ventile.

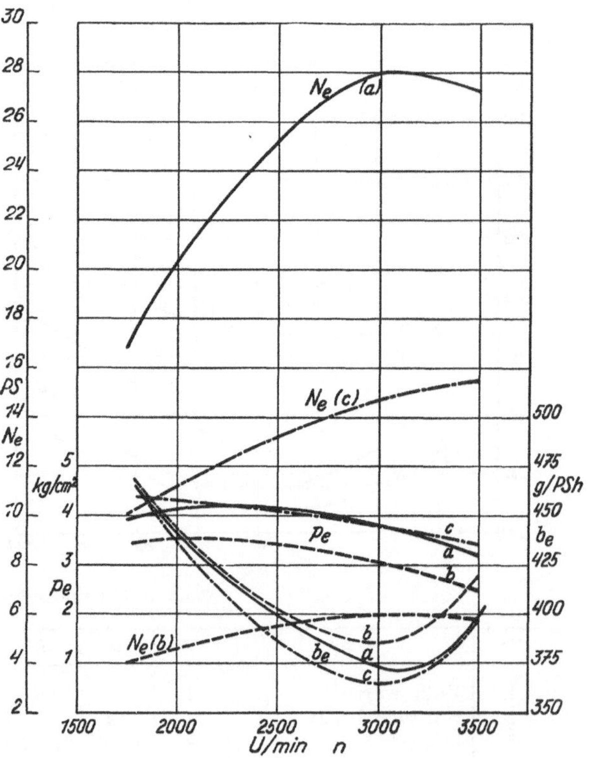

Abb. 351. Zweitakt-Ottomotoren (DKW).

Motor	a	b	c
Zylinderzahl	2	1	2
D	96	74	74
S	76	68	68
V_h	0,55	0,292	0,292
V_H	1,1	0,292	0,584
Kühlung	Wasser	Luft	Wasser

Wesentlich gesenkt wird der Kraftstoffverbrauch von Benzin-Ottomotoren durch Einspritzen des Kraftstoffs anstelle der Aufbereitung im Vergaser. Abb. 349 zeigt dies für einen großen Lastwagenmotor; die Einspritzung erfolgt in den Ansaugkanal. Der

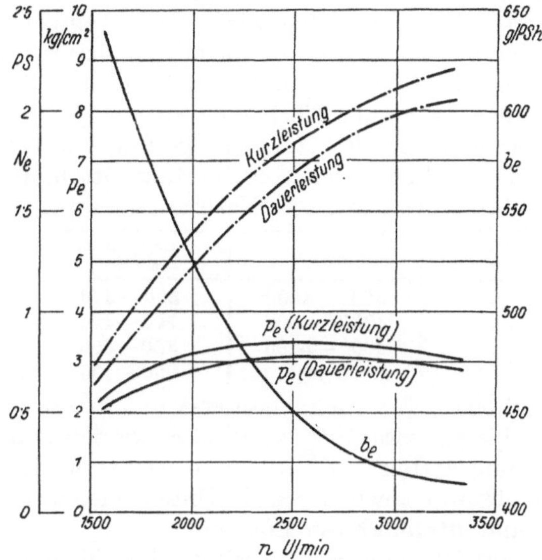

Abb. 352. Zweitakt-Ottomotor (Jlo) 1 Zyl.; luftgekühlt; Nasen-kolben; $D = 50$ mm, $S = 50$ mm, $V_H = 0{,}098$ l.

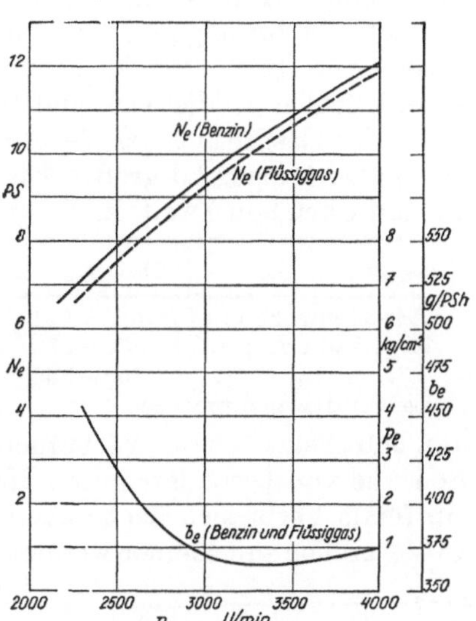

Abb. 353. Zweitakt-Ottomotor (Triumph).
1 Zyl.; $D = 72$ mm, $S = 86$ mm; $V_H = 0{,}35$ l.

Zündhöchstdruck steigt auf 45,5 atü an.

Verbrauchsangaben über Flugmotoren werden im Heft 13 gebracht.

β) Zweitaktmotoren.

Das Zweitaktverfahren herrscht bei Motoren bis 250 cm³ Zylinderinhalt vor. Durch Fortfall

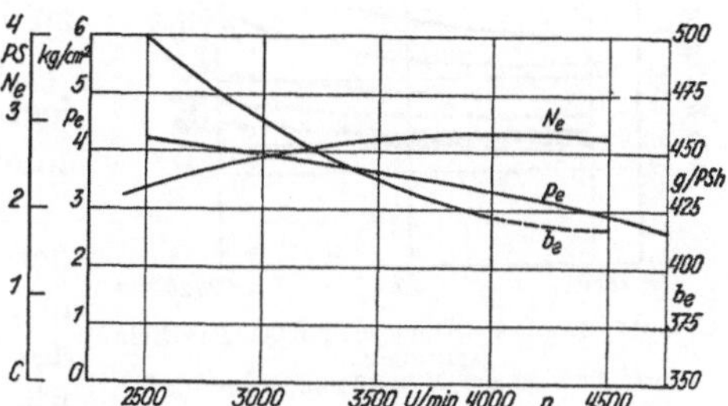

Abb. 355. Zweitakt-Ottomotor (DKW) 1 Zylinder; luft-gekühlt; $D = 50$ mm, $S = 50$ mm, $V_H = 0{,}098$ l.

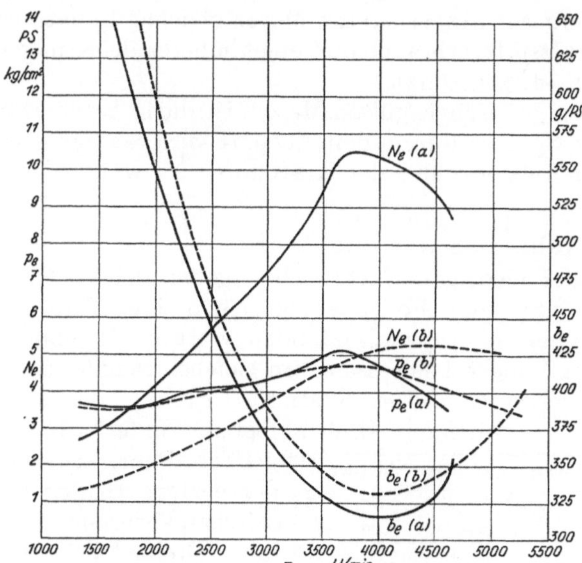

Abb. 354. Zweitakt-Ottomotor (Puch) 1-Doppelzylinder.
a) — $D = 2 \times 45$ mm; $S = 78$ mm, $V_H = 0{,}248$ l, $\varepsilon = 6$;
b) ⋯ $D = 2 \times 38$ mm; $S = 55$ mm; $V_H = 0{,}125$ l, $\varepsilon = 6{,}5$.

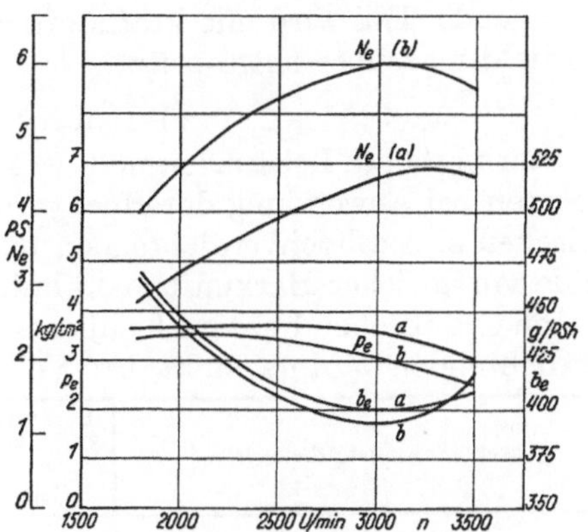

Abb. 356. Zweitakt-Ottomotor (DKW) 1 Zylinder,
luftgekühlt.
a) $D = 60$ mm, $S = 68$ mm, $V_H = 0{,}192$ l;
b) $D = 75$ mm, $S = 68$ mm, $V_H = 0{,}292$ l.

der Ventile und des Ventilantriebes, die besonders bei kleinen Motoren eine recht unerwünschte Beigabe bilden und durch Anwendung der Kurbelkastenspülung ergibt sich ein äußerst einfacher und unempfindlicher Motor, billig in der Herstellung und Wartung, daher von großer Betriebssicherheit und von guter Betriebswirtschaftlichkeit, wobei die Zahl der einer Abnutzung unterworfenen Teile sehr gering wird. Das Temperaturniveau liegt hier im allgemeinen höher als beim Viertaktmotor; da mit wachsender Zylindergröße und steigendem Temperaturniveau die Klopfgefahr ansteigt, gelangt die Zylindergröße früher an die wirtschaftliche Grenze, als beim Viertaktmotor.

Neben der Gestaltung des Verbrennungsraumes hat die Art der Spülung und der erreichte Spülwirkungsgrad großen Einfluß auf den Verbrauch von Zweitakt-Ottomotoren.

Zur Zeit erreichen Zweitakt-Vergaser-Motoren etwa folgende Verbrauchswerte:

Bauart	Drehzahl	Nutzverbrauch g/PSh
Personenwagenmotoren	3500—4000	300—370
Kraftradmotoren bis 250 cm³	4000—5500	300—450
,, 250—350 cm³	4000—5500	350—500
Lastkraftwagenmotoren	3000	350—400

Abb. 350 zeigt etwa Verbrauchsmittelwerte für Schnelläufer-Vergaser-Zweitaktmotoren, die von besonders guten Motoren bis zu etwa 10% unterboten werden können. Der optimale Verbrauch liegt zwischen $^2/_3$ und $^3/_4$-Last. Zu beachten ist der wesentlich höhere Verbrauch mit kleiner werdendem Hubraum, sowie der große Unterschied zwischen wasser- und luftgekühlten Motoren.

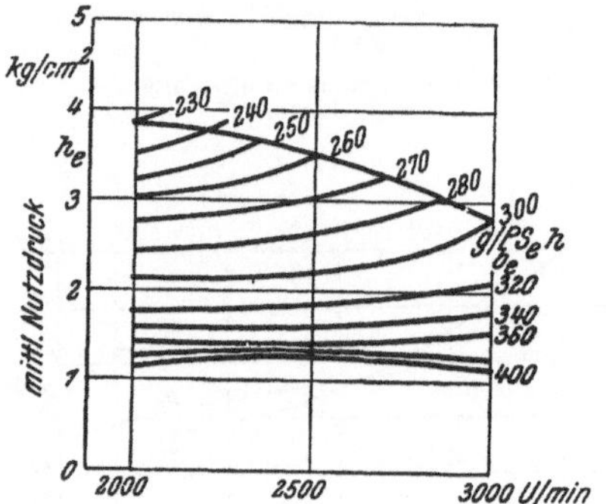

Abb. 357. Zweitakt-Ottomotor mit Kraftstoffeinspritzung.
1 Zyl., $D = 90$ mm, $S = 80$ mm, $V_h = 0,5$ l.

Zweitakt-Ottomotoren arbeiten im allgemeinen mit Gemischschmierung, wobei das Schmieröl im Mischungsverhältnis von rund 1 : 25 zugesetzt wird; dies ist bei der Beurteilung des Kraftstoffverbrauches zu berücksichtigen.

Die Abb. 351 zeigt die Verbrauchskurven ortsfester Zweitakt-Ottomotoren, die Abb. 352 bis 356 solche von Fahrzeugmotoren derselben Art.

Abb. 357 gibt das Verbrauchsfeld für einen kleinen Einspritz-Zweitaktmotor; im Vergleich zu dem mit Vergaser ausgerüsteten Motor gleicher Bauart ist der Kraftstoffverbrauch im Gebiet höherer Belastungen um 30—40% gesenkt.

Der hohe Verbrauch des ungedrosselten gemischgespülten Motors ist darin begründet, daß ein Teil des Gemisches während des Spülens durch den Auspuff verloren geht; im vorliegenden Fall wird mit kraftstofffreier Luft gespült; der Kraftstoff wird während des Verdichtungshubes eingespritzt.

γ) Hochverdichtende Ottomotoren.

Stark erhöhte Leistungen und wesentlich niedrigere Verbräuche ergeben sich für Ottomotoren bei Anwendung der Hochverdichtung; die Abb. 358—360 zeigen einen Vergleich zwischen einem hochverdichtenden und einem niedrigverdichtenden Viertakt-Ottomotor, beide von gleicher Herkunft und ähnlicher Bauart, beide auch von gleicher Nennleistung, jedoch entsprechend unterschiedlichen Abmessungen. Der Kraftstoffverbrauch des hochverdichtenden Motors sinkt bei Vollast im mittleren Drehzahlbereich unterhalb von 180 g/PSeh. Bemerkenswert ist der geringe Anstieg des spezifischen Verbrauches bei höheren Drehzahlen. Die nebenstehende Zahlentafel gibt einen Vergleich der Wärmebilanz beider Motoren[12].

Anteil des Kraftstoffheizwertes	Hochverdichtungsmotor bei $n =$		Niedrig verdichtender Motor bei $n =$	
	1000	3000	1000	3000
Nutzleistung	33,2	32,8	24,9	23,3
Reibungsverlust	3,5	8,2	3,5	7,9
Kühlwasserverlust	30,1	24,2	29,1	25,4
Auspuffverlust und Restglied .	33,2	34,8	42,5	43,4

Der Nutzwirkungsgrad steigt im günstigsten Drehzahlbereich auf etwa 34 % und gelangt damit in den Bereich der bei Fahrzeug-Dieselmotoren erreichten Werte.

b) Gasmotoren.

Durch die rasche Entwicklung des Dieselmotors wurde der Gasmotor zeitweilig stark in den Hintergrund gedrängt; neuerdings erlangt er aber wieder größere Bedeutung,

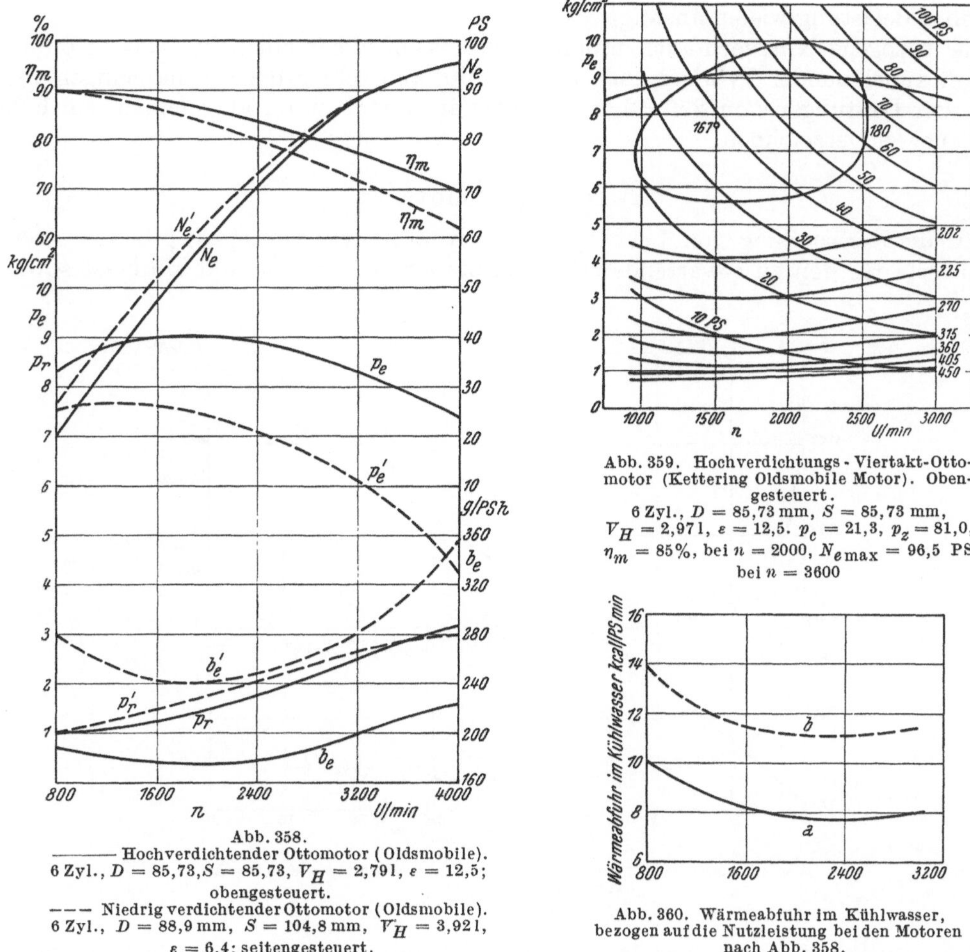

Abb. 358.
———— Hochverdichtender Ottomotor (Oldsmobile).
6 Zyl., $D = 85{,}73$, $S = 85{,}73$, $V_H = 2{,}791$, $\varepsilon = 12{,}5$;
obengesteuert.
– – – Niedrig verdichtender Ottomotor (Oldsmobile).
6 Zyl., $D = 88{,}9$ mm, $S = 104{,}8$ mm, $V_H = 3{,}921$,
$\varepsilon = 6{,}4$; seitengesteuert.

Abb. 359. Hochverdichtungs-Viertakt-Ottomotor (Kettering Oldsmobile Motor). Obengesteuert.
6 Zyl., $D = 85{,}73$ mm, $S = 85{,}73$ mm,
$V_H = 2{,}971$, $\varepsilon = 12{,}5$. $p_c = 21{,}3$, $p_z = 81{,}0$,
$\eta_m = 85\%$, bei $n = 2000$, $N_{e\,max} = 96{,}5$ PS
bei $n = 3600$

Abb. 360. Wärmeabfuhr im Kühlwasser, bezogen auf die Nutzleistung bei den Motoren nach Abb. 358.

vor allem deshalb, weil in vielen Fällen für den Motorenbetrieb geeignete gasförmige Kraftstoffe aus heimischen Quellen verschiedenster Art billig zur Verfügung stehen oder gewonnen werden können.

Je nachdem, ob das in der Maschine als Kraftstoff zur Verwendung gelangende Gas vor der Mischung mit der Verbrennungsluft dieser gegenüber Über- oder Unterdruck zeigt, unterscheidet man Druckgasmotoren einerseits und Sauggasmotoren andererseits.

Der Aufbau und die Kennlinien von Gasmaschinen sind in Heft 5 ausführlich behandelt.

1. Ortsfeste Gasmotoren.

Auf den inneren Verbrauch von Gasmotoren nehmen außer jenen Umständen, die den Verbrauch von Ottomotoren im allgemeinen beeinflussen, wie Verdichtungsverhältnis, Lage des Zündpunktes, Mischungsverhältnis, Kühlungsverhältnisse usw. auch die Art des Betriebes, ob Sauggas oder Druckgas, ferner die Gattung des Gases, dessen Heizwert und Zusammensetzung einigen Einfluß. Bei Einregelung auf beste Leistung schwankt der bezogene innere Verbrauch bei Vollast etwa zwischen 1600 und 1900 kcal/PSh; bei Teillasten können je nach der gewählten Art der Regelung die gleichen bzw. höhere oder niedrigere innere Verbrauchswerte festgestellt werden.

Der bezogene nutzbare Gas- bzw. Wärmeverbrauch nimmt bei Gasmaschinen, gleichbleibende Drehzahl vorausgesetzt, mit zunehmender Belastung bis zur Höchstlast ab. Dies unterscheidet sie vom Verhalten der Dieselmaschinen, bei welchen der Verbrauch bei hoher Belastung wieder ansteigt.

Der bezogene Nutzverbrauch nimmt überdies im allgemeinen bei Gasmotoren aller Art mit zunehmender Zylindergröße ab; bei Motoren sehr großer Abmessungen wieder, etwa von Leistungen von 250 PS je Zylinder aufwärts, ist im allgemeinen ein höherer Verbrauch zu verzeichnen.

α) Druckgasmotoren.

Für die Verwendung von Leuchtgas oder Koksofengas (Ferngas) gibt die Abb. 361 Mittelwerte für den zu erwartenden Nutzverbrauch bei Vollast und Halblast sowie für

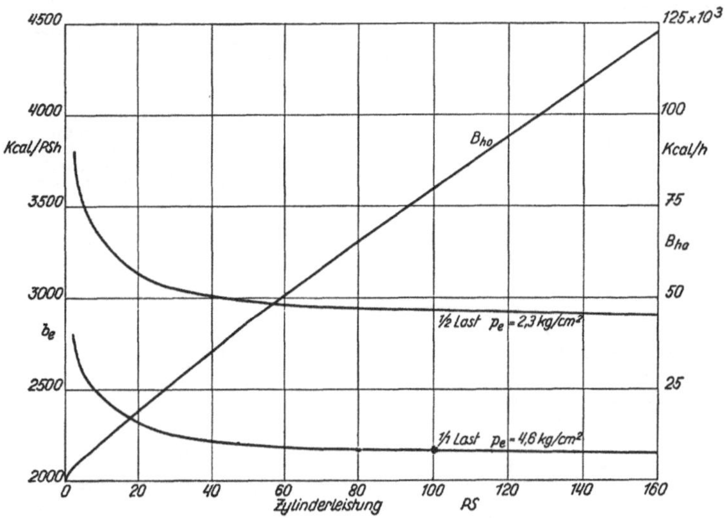

Abb. 361. Bezogener Nutzverbrauch und Leerlauf-Stundenverbrauch B_{ho} von Leuchtgasmotoren.

den Leerlauf-Stundenverbrauch in Abhängigkeit von der Zylindergröße. — Die Streuungen in den Verbrauchswerten sind jedoch recht beträchtlich und erreichen Abweichungen von mehr als 10% nach aufwärts und abwärts gegenüber den im Schaubild gezeichneten. Der Abbildung ist ein Vollastnutzdruck von 4,6 kg/cm² zu Grunde gelegt, die Maschinen weisen darüber hinaus in der Regel eine Überlastbarkeit von 20—25% auf.

Die Abb. 362 und 363 zeigen Kennlinien von Gasmotoren im Betrieb mit Leucht- bzw. mit Koksofengas.

Soll das Gas für den Motorenbetrieb nur zeitweise verwendet werden, so werden die Motoren derart ausgeführt, daß sie als sogenannte Wechselmotoren entweder mit Gas oder nach verhältnismäßig einfachem Umbau als Dieselmotoren betrieben werden können.

In der Abb. 364 sind die Verbrauchskurven derartiger Wechselmotoren beim Betrieb mit Gas wiedergegeben; die Meßergebnisse ähnlicher Motoren im Dieselbetrieb wurden in Abb. 298 und 300 gebracht.

Mechanischer und wirtschaftlicher Wirkungsgrad von Druckgasmotoren können wie folgt angenommen werden:

	Zylinder-inhalt l	η_m %	η_w %
Kleine Motoren	<5	72—76	22—25
Mittlere Motoren	5—250	78—82	26—32
Große Motoren	>250	80—83	26—30

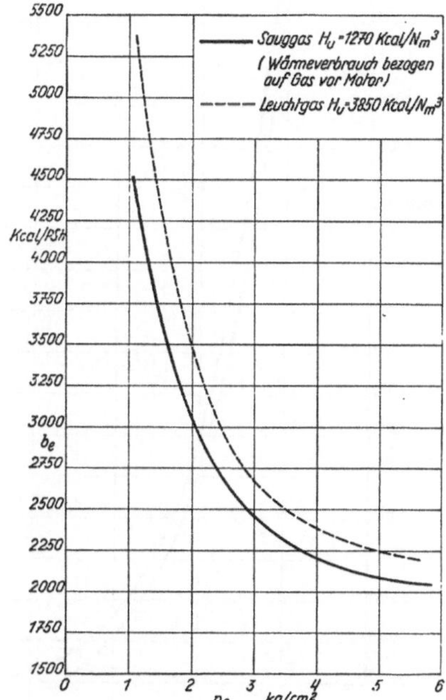

Abb. 362. Gasmaschine (Deutz). Liegender Einzylinder, $D=410$ mm, $S=600$ mm, $V_H=79,3\,l$, $\varepsilon=7$, $n=215$ U/min.

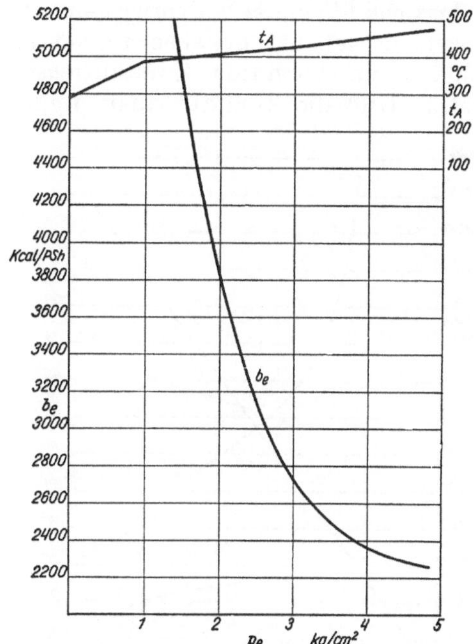

Abb. 363. Gasmotor (DWK) 6 Zylinder, $D=128$ mm, $S=180$ mm, $V_h=2,32\,l$, $V_H=13,02\,l$. 78 PS bei 1200 U/min, $\varepsilon=7,38$.

Großgasmaschinen mit Zylinderleistungen bis zu 1300 PS, betrieben mit Hochofengichtgas oder Koksofengas, sind aus den gegebenen Kraftstoffversorgungsmöglichkeiten heraus die geeignetsten Kraftmaschinen für Hüttenwerke; doch hat sich auch zum Antrieb von elektrischen Stromerzeugern, Verdichtern, Gebläsen usw. ihre Verwendung in anderen Großbetrieben als vorteilhaft erwiesen.

Gichtgasmaschinen erreichen entsprechend dem niedrigen Heizwert des Gases bei Normallast einen Nutzdruck von etwa 3,8 kg/cm². Zur Erhöhung der Leistung werden die Maschinen meist aufgeladen.

Abb. 365 zeigt die Verbrauchskurve einer älteren Zweizylinder-Tandem-Gasmaschine; das hier verwendete Gichtgas hat den ungewöhnlich niedrigen Heizwert von etwa 800 kcal/Nm³. Beim niedrigsten Meßpunkt ($p_e=1,4$) setzte eine Zylinderseite aus, so daß hier ein Gas-

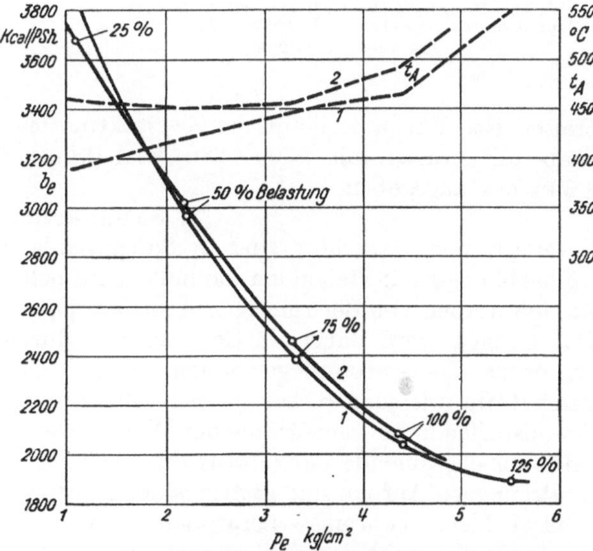

Abb. 364. Wechselmotoren im Druckgasbetrieb (DWK) 6 Zylinder.
1) $D=225$ mm, $S=360$ mm, $V_h=14,31\,l$, $V_H=85,86\,l$, $\varepsilon=12,8$ 210 PS bei 500 U/min;
2) $D=385$ mm, $S=520$ mm, $V_h=60,6\,l$, $V_H=363,6\,l$, 525 PS bei 300 U/min.

verlust eintrat. Abb. 366 zeigt die Kennlinien einer anderen Hochofengasmaschine mit und ohne Aufladung.

Die Wirtschaftlichkeit von Großmaschinenanlagen kann durch Ausnutzung der Abgaswärme erheblich verbessert werden; die damit zusätzlich erzielte Wärmeausnutzung beträgt 20—25% der Gasmaschinenleistung.

Großgasmaschinen werden vorwiegend als Viertaktmaschinen gebaut; daneben finden sich in Deutschland nur vereinzelt Zweitaktmaschinen, während in USA die Zweitaktbauart weiter ver-

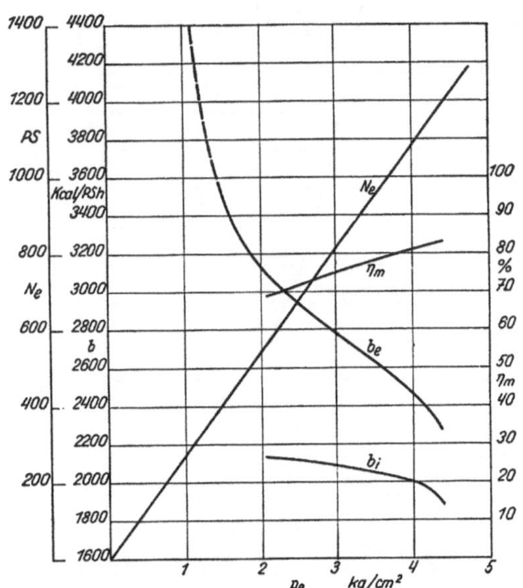

Abb. 365. Hochofengasmaschine, Zweizylinder-Tandem, doppeltwirkend, $D = 850$ mm, $S = 1100$ mm, $V_H = 2290$ l, 1000 PS bei 107 U/min.

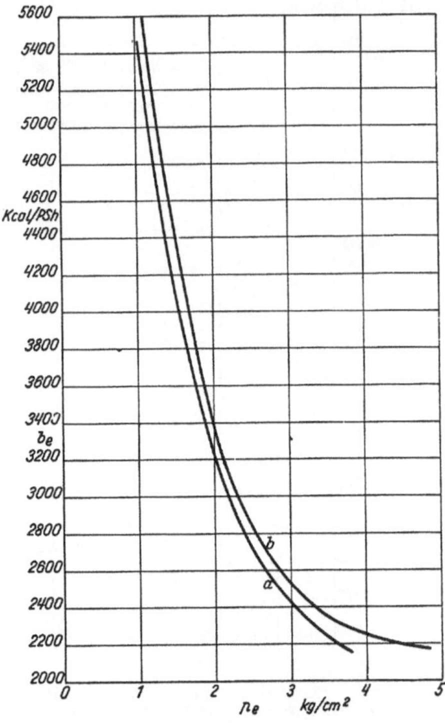

Abb. 366. Großgasmaschine, Tandem-Zweizylinder, doppeltwirkend, $D = 960$ mm, $S = 1100$ mm, $V_H = 3040$ l, $n = 107$ U/min.
a ohne Aufladung $N_e = 1630$ PS
b aufgeladen und gespült $N_e = 2080$ PS
(Wärmeverbrauch ohne Hilfsantrieb).

breitet ist. Für amerikanische Zweitaktmotoren wird der Vollastverbrauch beim Betrieb mit Erdgas mit 2500—2800 kcal/PSh bei einem Vollastnutzdruck von 3,2 bis 3,6 kg/cm² angegeben.

β) Sauggasmotoren.

Motor und Generator sind in Sauggasanlagen zu einer in enger gegenseitiger Betriebsabhängigkeit stehenden Einheit gekuppelt. Verbrauch und Wirtschaftlichkeit der Anlage werden von der richtigen Abstimmung beider Teile aufeinander stark beeinflußt. Das Sauggas wird dabei als Generatorgas durch Vergasung fester Brennstoffe in Gaserzeugern (Generatoren) gewonnen. Zum Unterschied von der Entgasung der Ausgangsstoffe, wie sie z. B. bei der Schwelung und Verkokung vor sich geht, wobei aus den Brennstoffen unter Einwirkung der Wärme Gas ausgetrieben wird, bezweckt die im Generator vor sich gehende Vergasung die möglichst vollständige Umwandlung der Brennstoffe in Brenngas. Aufbau und Betriebskennlinien von Generatoren sind in Heft 1 gebracht.

Der Heizwert von Generatorgas liegt niedrig. (Vgl. Heft 1, S. 74, Zahlentafel 1.) Auch der Gemischheizwert liegt trotz des geringeren theoretischen Luftbedarfs unter dem von Reichgasen. Im Motor läßt sich damit ein Nutzdruck von etwa 4,2 kg/cm² bei $\varepsilon = 7$ erreichen, doch sind die Maschinen darüber hinaus ohne Schaden mit etwa 25% überlastbar. Die Höhe der Normalleistung ist dadurch begrenzt, daß im Betrieb eine genügende Sicherheit gegen Änderungen im Heizwert des Gases und gegenüber Schwankungen in der Höhe des Unterdruckes vor der Maschine vorhanden sein muß.

Hinsichtlich des Verbrauches ist bei Sauggasmotoren zu unterscheiden, ob dieser auf den Motor allein oder auf den Generator bezogen wird. Im ersteren Fall liegen die Wärmeverbrauchswerte, auf gleiche Nutzdrücke bezogen, für Sauggasmotoren etwa gleich hoch wie für Motoren mit Druckgasbetrieb.

Wird der Verbrauch auf den Generator bezogen, so erhöht er sich um den, den Wärmeverlusten im Generator und dessen Zubehörteilen entsprechenden Anteil. Der Wirkungsgrad des Generators, worunter das Verhältnis

$$\frac{\text{Erzeugte Gasmenge} \times \text{unt. Heizwert des Gases}}{\text{Brennstoffmenge (feucht)} \times \text{unt. Heizwert des Brennstoffes}}$$

verstanden wird, schwankt je nach Bauart bei Motorvollast zwischen etwa 70 und 90%; bei Teillasten liegt er niedriger, u. zw. fällt er bis zur Viertellast nur mäßig, von da ab jedoch sehr rasch ab.

Der Vollastbrennstoffverbrauch, auf den Generator bezogen, beträgt etwa

für Anthrazit	$H_u = 8000$ kcal/kg	0,315 kg/PSh
Hüttenkoks	$H_u = 7000$,,	0,360 ,,
Steinkohle	$H_u = 6600$,,	0,380 ,,
Gaskoks	$H_u = 6600$,,	0,380 ,,
Braunkohlenbriketts	$H_u = 5000$,,	0,500 ,,
Holz		0,8—1,1 ,,

Bei Teillasten steigt der bezogene Verbrauch und zwar liegt er bei $\frac{3}{4}$ Last um etwa 20%, bei $\frac{1}{2}$ Last um etwa 50% bei $\frac{1}{4}$ Last um etwa 100% höher.

Darüber hinaus sind jeweils als Abbrand und für das Durchbrennen bei täglich 12-stündigem Betrieb noch etwa 10% hinzuzurechnen; bei kürzeren täglichen Betriebszeiten erhöht sich dieser Zuschlag.

Die Abb. 367 und 368 zeigen Verbrauchsbilder ortsfester Sauggasmotoren. Abb. 362

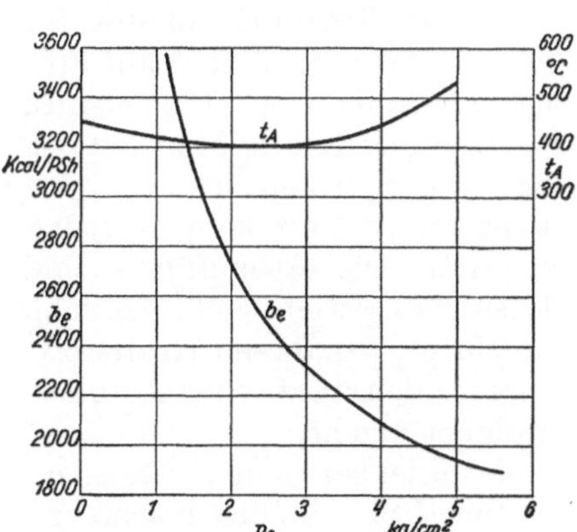

Abb. 367. Sauggasmotor (DWK) 6 Zylinder, $D = 225$ mm, $S = 360$ mm, $V_h = 14,31$ l, $V_H = 85,86$ l, 200 PS bei 500 U/min.

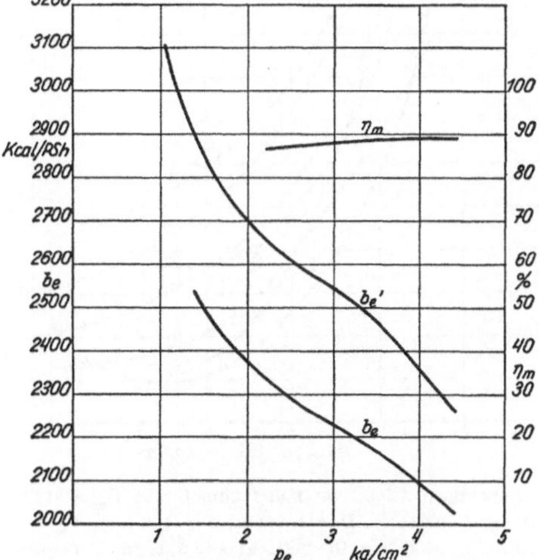

Abb. 368. Sauggasmotor (Güldner) 1 Zylinder liegend, $D = 520$ mm, $S = 780$ mm, $V_h = 165,5$ l; 120 PS bei 150 U/min. Betrieb mit Anthrazit-Sauggas, b'_e: Verbrauch auf festen Brennstoff bezogen.

zeigt die Verbrauchswerte desselben Motors im Betrieb mit Leuchtgas und im Sauggasbetrieb. Abb. 367 zeigt den Sauggasverbrauch eines Motors, dessen Betrieb mit Druckgas in Abb. 364 dargestellt ist.

2. *Gasmotoren im Kraftwagenbetrieb.*

Die Lage der Kraftstoffversorgung hat zeitweilig und ortsbedingt zu einer zunehmenden Verwendung von Gas im Kraftwagenverkehr geführt. Zur Zeit werden für Kraftfahrzwecke verwendet:

α) Speichergase. Diese stehen entweder als Hochdruckgas oder als Flüssiggas zur Verfügung.

β) Generatorgas (Sauggas).

Die heute mit Gas betriebenen Kraftwagenmotoren sind durchwegs ursprünglich als Ottomotoren für den Betrieb mit flüssigen Kraftstoffen oder als Dieselmotoren gebaut; bei der Umstellung der Fahrzeuge auf Gasbetrieb steht daher in vielen Fällen die Frage des mit dieser Umstellung verbundenen Leistungsverlustes im Vordergrund, so daß unmittelbare Verbrauchsfragen bei Gasbetrieb häufig an zweite Stelle gerückt erscheinen.

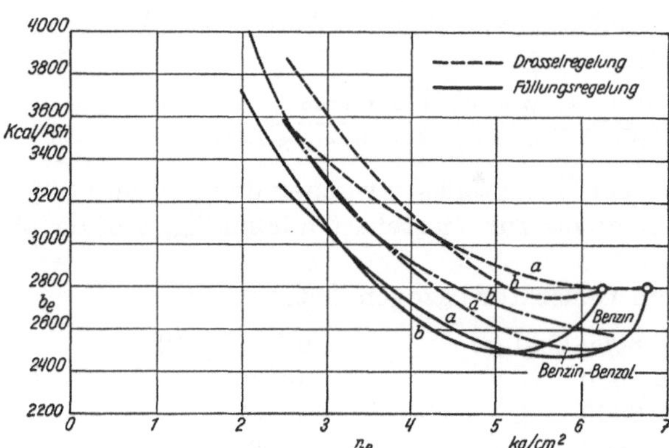

Abb. 369. Flüssiggasbetrieb von Fahrzeugmotoren.
a) $\varepsilon = 5{,}05$, $n = 1250$ U/min; b) $\varepsilon = 5{,}2$, $n = 1880$ U/min.

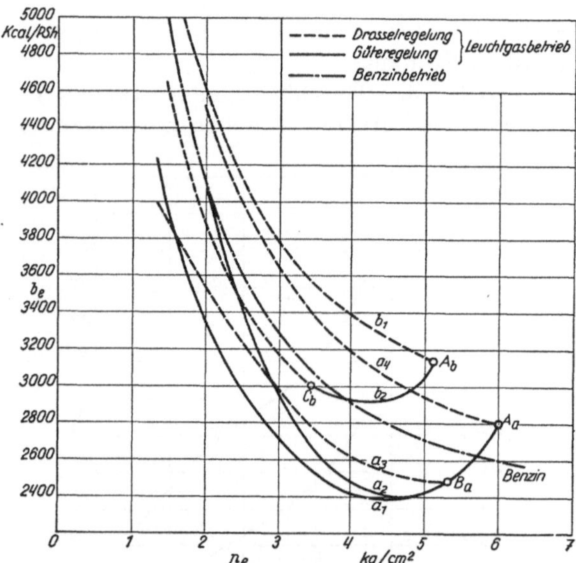

Abb. 370. Leuchtgasbetrieb von Fahrzeugmotoren: $H_u = 3420$ kcal/Nm³.
a) 6 Zylinder (Henschel), $D = 120$ mm, $S = 160$ mm, $V_h = 1{,}81$ l,
$V_H = 10{,}85$ l, $\varepsilon = 6{,}8$ im Gasbetrieb; $\varepsilon = 5{,}08$ im Benzinbetrieb;
    a_1 Güteregelung mit verändertem Zündzeitpunkt,
    a_2 Güteregelung mit unverändertem Zündzeitpunkt,
    a_3 Drosselregelung, eingestellt auf geringsten Verbrauch,
    a_4 Drosselregelung, eingestellt auf beste Leistung;
b) 6 Zylinder (Opel) $D = 79{,}4$ mm, $S = 117{,}5$ mm, $V_h = 0{,}852$ l,
    $V_H = 3{,}49$ l, $n = 3200$ U/min., $\varepsilon = 5{,}2$;
  b_1: Drosselregelung,
  b_2: A_b—C_b Güteregelung, unter C_b Drosselregelung.

α) Speichergase.

1. Als Hochdruckgas finden in der Kraftfahrt nur Methan, Klärgas und Stadtgas Verwendung; diese Gase werden in Stahlflaschen mit einem Druck von rund 200 at gespeichert.

2. Flüssiggas, auch Treibgas genannt, ist ein Gemisch aus gasförmigen Kohlenwasserstoffen (Propan, Butan, Isobutan, Propylen, Butylen, Isobutylen), die sich bei normaler Temperatur unter geringen Drücken, etwa zwischen 2 und 8 at, verflüssigen lassen.

Jeder Benzin-Ottomotor läßt sich verhältnismäßig einfach auf Flüssiggasbetrieb umbauen. Die Gemischheizwerte dieses Kraftstoffes unterscheiden sich nur unwesentlich von jenen des Benzins, so daß kein Leistungsabfall eintritt. Die Auspuffgase sind beim Flüssiggasbetrieb völlig geruchlos und rauchfrei, was diesen Kraftstoff besonders für den städtischen Autobusbetrieb geeignet macht.

Ist b_e' der bezogene Treibgasverbrauch in Nm³/PSh, W_e der Wärmeverbrauch in kcal/PSh, H_u der untere Heizwert des Gases in kcal/Nm³, so besteht die Beziehung

$$b_e' = \frac{W_e}{H_u}.$$

W_e kann für Treibgasbetrieb wie folgt eingeschätzt werden:

für $\varepsilon =$ 4,5 etwa 2400 kcal/PSh
 ,, $\varepsilon =$ 5,5   ,,   2250   ,,
 ,, $\varepsilon =$ 8   ,,   2180   ,,
 ,, $\varepsilon =$ 12   ,,   2000   ,,

Da die Angabe des Gasverbrauches je PSh für den Kraftfahrer weniger wichtig ist, weil der Kraftwagenmotor im Fahrbetrieb sehr häufigen und verschiedenartigen Belastungsschwankungen unterworfen ist, erweist es sich als vorteilhaft, den Kraftstoffverbrauch zu den bei Verwendung flüssiger Kraftstoffe, wie etwa von Benzin-Benzolgemisch oder Gasöl beobachteten Verbräuchen ins Verhältnis zu stellen; dies erleichtert die Beurteilung, welche Gasmengen für bestimmte Zwecke erforderlich werden. Für überschlägige Rechnungen kann in grober Annäherung der durchschnittliche Verbrauch für Fahrzeug-Ottomotoren zu 0,270 kg/PSh, für Dieselmotoren zu 0,215 kg/PSh angenommen werden. Für die Verwendung gasförmiger Kraftstoffe kann daraus der ungefähre Verbrauch im Verhältnis der unteren Heizwerte umgerechnet werden, wobei sowohl für Benzin-Benzol-Gemisch als auch für Gasöl $H_u = 10\,000$ kcal/kg gesetzt werden kann.

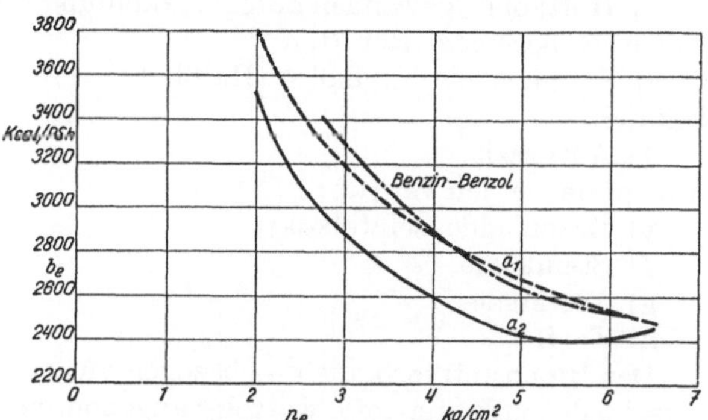

Abb. 371. Betrieb des Motors a von Abb. 343 mit Methan;
$\varepsilon = 5{,}05$, $n = 1250$ U/min.
a_1: Drosselregelung mit Einstellung auf Höchstleistung;
a_2: verbundene Güte- und Drosselregelung.

Über den Verbrauch gasgetriebener Fahrzeugmotoren liegen zur Zeit nur wenige Meßergebnisse vor. Eingehende Versuche, die RIXMANN [3] an einem größeren langsamlaufenden und an einem schnellaufenden Ottomotor durchgeführt hat, geben Einblick in das Verhalten der Maschinen beim Betrieb mit verschiedenen gasförmigen Kraftstoffen einerseits und mit Benzin andererseits.

In der Abb. 369 sind die Meßergebnisse im Flüssiggasbetrieb, in Abb. 370 jene im Leuchtgasbetrieb wiedergegeben, während Abb. 371 die Ergebnisse beim Betrieb mit Methan, alle bei gleichbleibender Drehzahl zeigt.

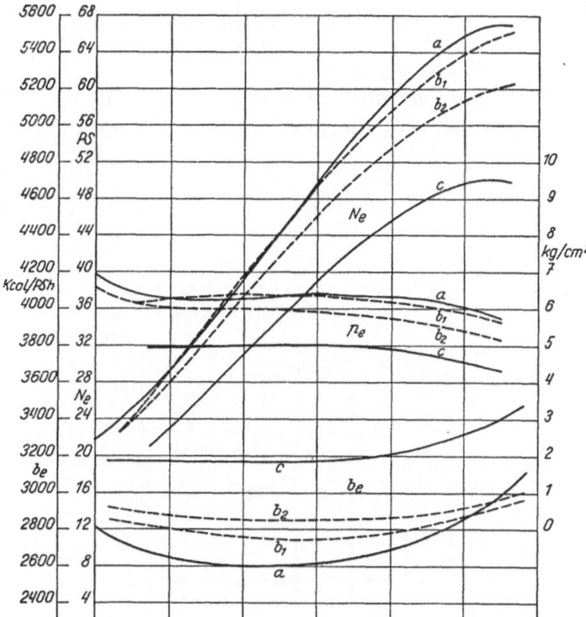

Neben dem Erreichen hoher Leistung ist für den praktischen Fahrbetrieb auch das Verhalten der Motoren im Teillastgebiet sehr wichtig; der Verbrauch im letzterem hängt in ausschlaggebender Weise von der Art der Regulierung ab, wie die Abbildungen erkennen lassen. Um den Verbrauch gasbetriebener Fahrzeugmotoren niedrig zu halten, wird am vorteilhaftesten eine verbundene Gemisch- und Drosselregelung angewendet, wobei die Einstellung so gewählt wird, daß bei Volleistung das Gemisch auf beste Leistung abgestimmt ist.

Abb. 372. Kennlinien des Fahrzeugmotors Abb. 370b für verschiedene Kraftstoffe und Mischerbauarten.
a Benzinbetrieb; Fallstromvergaser
b_1 Flüssiggasbetrieb; Gasluftmischer als Vorschaltgerät vor Vergaser
b_2 Flüssiggasbetrieb; Vergaser als Gasluftmischer ausgebildet
c Leuchtgasbetrieb, Gasluftmischer wie bei b_1.

Die Abb. 372 enthält nach RIXMANN die Leistungs- und Verbrauchsangaben für einen schnellaufenden Fahrzeugmotor über den ganzen Drehzahlbereich [6] (vgl. auch Abb. 375.)

β) Generatorgas.

Zur Verwendung im Fahrzeuggenerator eignen sich

a) Holz, u. zw. in Stücken von etwa 8 cm Seitenlänge, am besten lufttrockenes Buchenholz.

b) Holzkohle, gewonnen durch Verkohlung von Buchen-, Birken-, Eichen- oder Nadelholz in Meilern oder Retorten.

c) Steinkohlenschwelkoks (Halbkoks), ein Nebenprodukt der Mitteltemperaturverkokung.

d) Anthrazit.

Außerdem werden vergast:

e) Braunkohlenschwelkoks,

f) Steinkohle,

g) Torfkohle,

h) Torf.

Der Brennstoffverbrauch — bezogen auf den Generator — kann bei Verwendung der verschiedenen Brennstoffe wie folgt angenommen werden:

$$
\begin{array}{lll}
\text{Holz} & 0{,}9\ {-}1{,}0 & \text{kg/PSh} \\
\text{Holzkohle} & 0{,}45{-}0{,}55 & ,, \\
\text{Torfkohle} & 0{,}50{-}0{,}55 & ,, \\
\text{Braunkohlenschwelkoks} & 0{,}60{-}0{,}70 & ,, \\
\text{Steinkohlen} & 0{,}45{-}0{,}55 & ,, \\
\text{Anthrazit} & 0{,}43{-}0{,}50 & ,, \\
\end{array}
$$

Verbrauchs- und Leistungsbilder eines größeren Fahrzeugmotors beim Betrieb mit Braunkohlenschwelkoks-Generatorgas sind in den Abb. 373 und 374 gegeben.

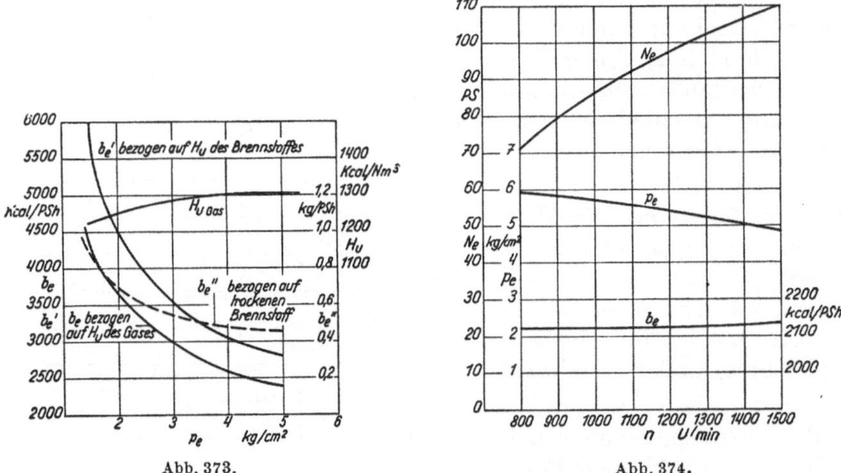

Abb. 373.   Abb. 374.

Abb. 373 und 374. Sauggasbetrieb eines Fahrzeugmotors (Deutz) 6 Zylinder. $D = 130$ mm, $S = 170$ mm, $V_h = 2{,}253$ l, $V_H = 13{,}5$ l mit Braunkohlenschwelkoks.

5. Motoren mit Diesel-Gas-Betrieb.

Die besondere, durch den Krieg und seine Nachwirkungen geschaffene Lage in der Kraftstoffversorgung stellte die Aufgabe, Dieselmotoren für verschiedene Verwendungszwecke, vor allem auch Fahrzeugdieselmotoren, auf den Betrieb mit Gas wechselweise oder dauernd umstellen zu können. Als Kraftstoffe kommen in diesem Fall Flüssiggas, Leuchtgas und Methan, ferner Generatorgas aus Holz, Torf, Schwelkoks und Anthrazit in Betracht.

Unter den verschiedenen Umstellmöglichkeiten vom Dieselbetrieb auf den Gasbetrieb kommt auch dem Dieselgasverfahren einige Bedeutung zu, da bei diesem der Motor seinen ursprünglichen Aufbau im wesentlichen beibehält. Der Motor erhält zusätzlich eine Gaszuleitung mit einer Regeleinrichtung für das Gas sowie einen Gas-Luftmischer. Der Motor saugt wie beim Ottoverfahren das Gas-Luftgemisch an und verdichtet dasselbe. Das Verfahren arbeitet mit Selbstzündung, daher mit hohem Verdichtungsverhältnis. Die Zündung wird mittels der in das hoch erhitzte Gemisch durch das Einspritzsystem des Dieselverfahrens eingebrachten Zündölmenge eingeleitet. Die Einspritzpumpen und Einspritzorgane bleiben dabei am Motor, doch erhält die Einspritzpumpe eine Feststellvorrichtung zur Begrenzung der Zündölmenge.

Das Verdichtungsverhältnis muß der Motorenbauart und dem Kraftstoff angepaßt und so gewählt werden, daß die Selbstzündungstemperatur des Gemisches nicht erreicht wird. In dieser Hinsicht entspricht z. B. Generatorgas den Bedingungen des Verfahrens besonders gut. Eine weitere Begrenzung für das Verdichtungsverhältnis ergibt sich dadurch, daß die Temperatur der heißesten Stellen des Verbrennungsraumes so niedrig bleiben muß, daß Glühzündungen nicht auftreten können. Die untere Grenze für das Verdichtungsverhältnis gibt die Bedingung für das sichere Anlassen.

Leistung und Wirtschaftlichkeit des Diesel-Gasverfahrens sind befriedigend; zum Teil läßt sich die beim Dieselbetrieb erzielte Leistung auch hier erreichen, zum Teil ist ein Leistungsabfall bis zu 20% in Kauf zu nehmen, je nach der Größe des Luftüberschusses, mit dem die Dieselleistung erzielt wurde und nach dem Verdichtungsverhältnis, welches im Dieselgasbetrieb angewendet werden kann. Ein Nachteil des Verfahrens liegt in dem Verbrauch von Dieselkraftstoff als Zündöl. Die mit dem Dieselkraftstoff zugeführte Wärme schwankt zwischen 5 und 30% der gesamten dem Motor bei Vollast zuzuführenden Wärme. Die kleinste Zündölmenge, die dabei benötigt wird, ist jene, bei der noch mit Sicherheit einwandfreie Zündung und Verbrennung erzielt wird. Größere ortsfeste Motoren liegen an der unteren, Fahrzeugmotoren mit zerklüftetem Verbrennungsraum an der oberen der angeführten Grenzen.

Zur Erzielung günstiger Verbrauchswerte soll der Verbrennungsraum beim Dieselgasverfahren möglichst wenig zerklüftet sein und die Einspritzung des Zündkraftstoffes möglichst zentral erfolgen; daher eignen sich vor allem Motoren die für unmittelbare Einspritzung gebaut waren für die Umstellung, doch lassen sich auch unterteilte Brennräume nach Entfernen der abschließenden Trennungswände, also nach Ausbau der Vorkammereinsätze oder dgl., und gegebenenfalls nach Abschalten der abgeschnürten Teile des Verbrennungsraumes für den Diesel-Gasbetrieb umgestalten.

a) Fahrzeugmotoren.

α) Diesel-Gasbetrieb mit Flüssiggas.

Der Betrieb mit Flüssiggas erlaubt es, Verdichtungsverhältnisse von 1:13 bis 1:15 anzuwenden, vorausgesetzt, daß bei diesen die Selbstzündungstemperatur des Gemisches nicht erreicht wird. Bei höherem Verdichten können auch beim Dieselgasbetrieb mit Flüssiggas Klopferscheinungen gleich jenen im Ottomotor auftreten. Aus demselben Grund ist es trotz des Herabsetzens des Verdichtungsverhältnisses auf die angeführten Grenzen nicht möglich, die Maschine mit theoretischem Luftüberschuß ($\lambda = 1$) zu betreiben, vielmehr muß derselbe mindestens $\lambda = 1,2 - 1,3$, also etwa dieselbe Höhe wie beim Fahrzeug-Dieselmotor erreichen. Bei der Umstellung auf das Diesel-Flüssiggasverfahren ist entscheidend, welche kleinste Luftüberschußzahl für die gegebene Motorbauart und für das gewählte herabgesetzte Verdichtungsverhältnis eben noch anwendbar ist, ohne daß Klopfen eintritt; danach richtet sich die erzielbare Leistung und der Kraftstoffverbrauch.

Bezeichnend ist es auch, daß die Verbrennung von Flüssiggas im Dieselgasverfahren noch bei einem Luftüberschuß $\lambda = 2$ und darüber einwandfrei erfolgt, während dies beim Ottomotor nur bis etwa $\lambda = 1,3$ möglich ist; es dürfte dies eine Folge der beim Dieselgasverfahren an vielen Stellen im Verbrennungsraum gleichzeitig einsetzenden Zündung und der dadurch erzielten günstigen Verbrennung sein. Die Klopfneigung ist niedriger als beim Ottomotor.

β) Diesel-Gasbetrieb mit Generatorgas.

Die hohe Klopffestigkeit von Generatorgas gestattet es, mit jedem in Betracht kommenden Verdichtungsverhältnis zu arbeiten. Die Beherrschung der Verbrennung bereitet keine besonderen Schwierigkeiten, sie ist aber bei der Verwendung von Generatorgas verhältnismäßig träge, so daß es bei hohen Verdichtungsverhältnissen zur Bildung von Glühstellen kommen kann, die zur Aufrechterhaltung eines einwandfreien Betriebes vermieden werden müssen. Bei der Umstellung von Dieselmotoren mit unterteilten Verbrennungsräumen müssen deshalb in der Regel diese Unterteilungen, ebenso wie alle scharfen Kanten und vorspringenden Ecken im Brennraum entfernt werden.

Im nachstehenden sind einige Beispiele für die Betriebsergebnisse von auf Diesel-Gasbetrieb umgestellten Fahrzeug-Dieselmotoren im Vergleich mit dem reinen Dieselbetrieb derselben Maschinen wiedergegeben.

Abb. 375 zeigt die Versuchsergebnisse an einem nach dem Henschel-Lanova-Luftspeicherverfahren arbeitenden 6-Zylinder-Fahrzeug-Dieselmotor. Der Motor ließ sich nach dem Diesel-Flüssiggasverfahren ohne jede Änderung des Verbrennungsraumes betreiben; infolge der wärmespeichernden Wirkung des Luftspeichers mußte aber ein Luftüberschuß von $\lambda = 1{,}3$, eingehalten werden, wodurch sich ein Leistungsabfall von etwa 15% im oberen Drehzahlbereich ergab. Eine Verbesserung wurde dadurch erzielt, daß die Luftspeichereinsätze herausgeschraubt und an deren Stelle Stopfen eingesetzt wurden. Um das ursprüngliche Verdichtungsverhältnis wieder herzustellen, wurde eine entsprechend stärkere Zylinderkopfdichtung verwendet.

Bei Flüssiggasbetrieb konnte nach diesem Umbau die Leistung bis auf etwa 6% an die ursprüngliche Leistung im oberen Drehzahlbereich herangebracht werden; im unteren Drehzahlbereich neigte die Maschine aber noch zum Klopfen, so daß hier der Luftüberschuß vergrößert werden mußte. — Die bezogenen Verbrauchswerte bei Dieselbetrieb im Originalzustand und Flüssiggasbetrieb decken sich im oberen Drehzahlbereich weitgehend.

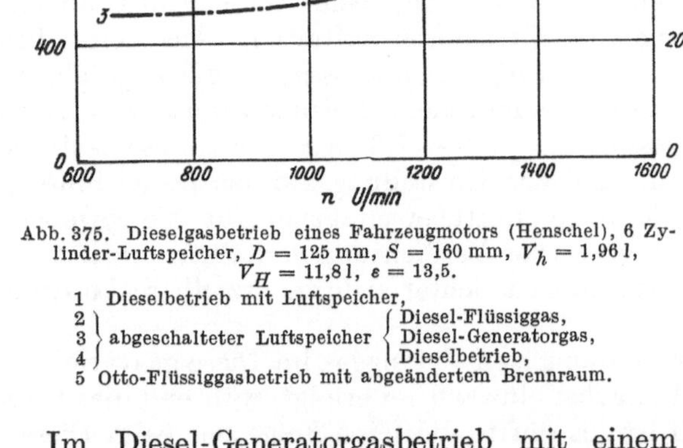

Abb. 375. Dieselgasbetrieb eines Fahrzeugmotors (Henschel), 6 Zylinder-Luftspeicher, $D = 125$ mm, $S = 160$ mm, $V_h = 1{,}96\,l$, $V_H = 11{,}8\,l$, $\varepsilon = 13{,}5$.

1 Dieselbetrieb mit Luftspeicher,
2 ⎫
3 ⎬ abgeschalteter Luftspeicher ⎰ Diesel-Flüssiggas,
4 ⎭   ⎱ Diesel-Generatorgas,
                                      Dieselbetrieb,
5 Otto-Flüssiggasbetrieb mit abgeändertem Brennraum.

Im Diesel-Generatorgasbetrieb mit einem Imbert-Holzgaserzeuger betrug nach Abb. 375 der Leistungsabfall gegenüber Dieselbetrieb im ganzen Drehzahlbereich etwa

20%. Die Ursache liegt vor allem im niedrigeren Gemischheizwert, der hier trotz des Luftüberschusses $\lambda = 1$ nur 650 kcal/Nm³ gegenüber 785 kcal/Nm³ beim reinen Dieselbetrieb mit $\lambda = 1,2$ beträgt.

Die Kurven 5 in Abb. 375 zeigen die Ergebnisse bei reinem Otto-Gasbetrieb, der allerdings mit einem geänderten Zylinderkopf mit vergrößerten Ventilen durchgeführt wurde.

Abb. 376 zeigt die Meßergebnisse an einem 6-Zylinder-MAN-Luftspeichermotor, der ohne jede Änderung im Diesel-Flüssiggasbetrieb gefahren werden konnte. Da der Motor im Originalzustand mit verhältnismäßig großem Luftüberschuß (im unteren Drehzahlbereich mit $\lambda = 1,6$, im oberen Bereich mit $\lambda = 1,3$) arbeitet, ergab sich im Dieselgasbetrieb eine geringe Mehrleistung und eine nicht unbeträchtliche Verringerung des spezifischen Wärmeverbrauchs; der Dieselölanteil schwankt hierbei je nach der Drehzahl zwischen 20 und 24%. Es zeigt sich überdies, daß bei Vollast der spezifische Wärmeverbrauch mit abnehmendem Dieselölanteil immer geringer wird, bis er bei etwa 30% den Bestwert erreicht; das heißt also, je mehr sich der Verbrennungsablauf dem des Ottomotors nähert, desto günstiger liegen die Ergebnisse.

Die für das Strahlverfahren entwickelte MAN-Maschine mit Kugelbrennraum im Kolben, deren Verbrauchsbild in Abb. 229 gegeben wurde, ist für den Dieselgasbetrieb besonders geeignet, ohne daß am Brennraum irgend eine Veränderung notwendig wird. Beim Betrieb mit Holzgas konnte unter Beibehaltung des Verdichtungsverhältnisses $\varepsilon = 18$ bei $n = 700$ eine Leistungszunahme von 11%, bei $n = 1400$ noch eine solche von 2% gegenüber dem reinen

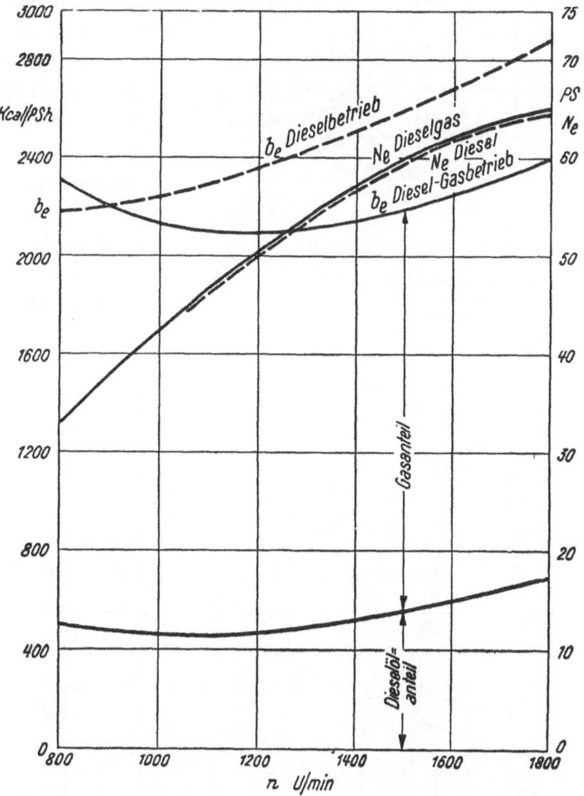

Abb. 376. Dieselgasbetrieb eines Fahrzeugmotors (MAN) 6 Zylinder-Luftspeicher, $D = 105$ mm, $S = 130$ mm, $V_h = 1,125\,l$, $V_H = 6,75\,l$, $\varepsilon = 14$

Dieselbetrieb beobachtet werden, wenn im Gasbetrieb eine Luftüberschußzahl $\lambda = 1$ eingestellt war. Der Vollastverbrauch liegt allerdings mit 2050 kcal/PSh höher als im Dieselbetrieb.

b) Ortsfeste Motoren. [5]

Für die Umstellung größerer ortsfester Motoren ist das Dieselgasverfahren ebenfalls geeignet. Auch hier ist mit Motoren, die mit unmittelbarer Einspritzung arbeiten, nach geringfügigen Abänderungen ein unmittelbarer Wechselbetrieb von Diesel- und Dieselgasbetrieb möglich. Bei Vorkammermotoren sind die bereits erwähnten Abänderungen im Verbrennungsraum erforderlich. Bei manchen Motorenbauarten und bei Verwendung von Reichgasen wird u.U. die Verbrennung zu hart; in diesen Fällen ist es vorteilhaft, die Verdichtung etwas herabzusetzen.

Als Kraftstoffe kommen für das Verfahren im ortsfesten Betrieb zur Zeit nur Leuchtgas und Generatorgas in Betracht. Das Zündöl kann entweder von der Einspritzpumpe bei unveränderter Einstellung des Einspritzsystems eingebracht werden, vor allem,

wenn Wechselbetrieb in Aussicht genommen wird, oder es kann das Einspritzsystem den
Erfordernissen des Dieselgasverfahrens angepaßt werden. Man verwendet dann kleinere

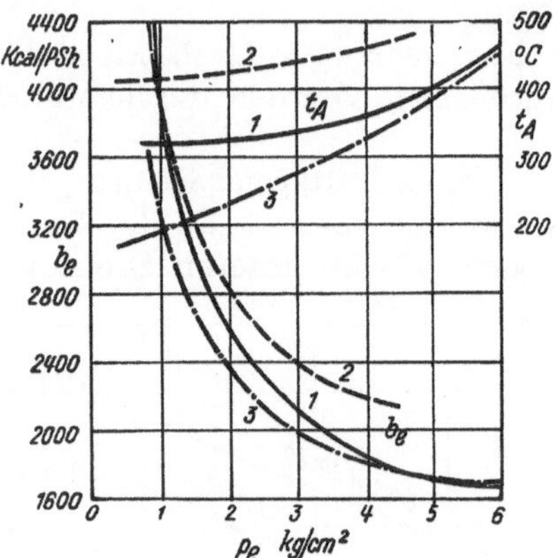

Abb. 377. Dieselgasbetrieb und Ottogasbetrieb
eines ortsfesten Viertaktmotors (Deutz)
6 Zylinder Strahlverfahren, $D = 270$ mm,
$S = 360$ mm, $V_h = 20{,}6$ l, $V_H = 123{,}6$ l.

1. Dieselgasbetrieb (Anthrazit-Sauggas) $\varepsilon = 12{,}5$;
2. Ottogasbetrieb $\varepsilon = 7{,}5$;
3. Reiner Dieselbetrieb $\varepsilon = 12{,}5$.

Kraftstoffdüsen und Kraftstoffpumpenstempel bei
verändertem Einspritzpunkt. Diese Veränderungen
und gegebenenfalls auch ein Herabsetzen der Verdichtung sind im allgemeinen nur dann erforderlich,
wenn man einen vollkommenen Lauf des Motors über
den ganzen Belastungsbereich und den geringstmög-
lichen Kraftstoffverbrauch erreichen will, sind aber
nicht unbedingt notwendige Voraussetzungen für
eine Umstellung auf Dieselgasbetrieb.

Der Gesamtwärmeverbrauch liegt bei größeren
Motoren mit günstig gestalteten Verbrennungsräumen
etwa in gleicher Höhe wie beim Dieselmotor. Bei
größeren und mittleren Motoren und bei mittleren Drehzahlen ist ein Nutzverbrauch von etwa 1700 kcal/PSh
zu erreichen. Kleinere und raschlaufende Motoren
entsprechen den bereits besprochenen Fahrzeugmotoren.

Für einen größeren Motor, der für unmittelbare
Einspritzung gebaut wurde, sind die Betriebsergebnisse im Dieselgasbetrieb in
Abb. 377 dargestellt. Die Einspritzung
des Zündöls erfolgt unmittelbar, Gas-
mischventil und Einlaßventil sind für
jeden Zylinder zusammengebaut; der
Motor arbeitet mit Stelzenregelung.
Beim Betrieb mit Generatorgas aus Anthrazit deckt sich die Verbrauchskurve
weitgehend mit jener des reinen Diesel-
betriebes. Die verwendete Zündölmenge
beträgt dabei etwa 6% des Vollastver-

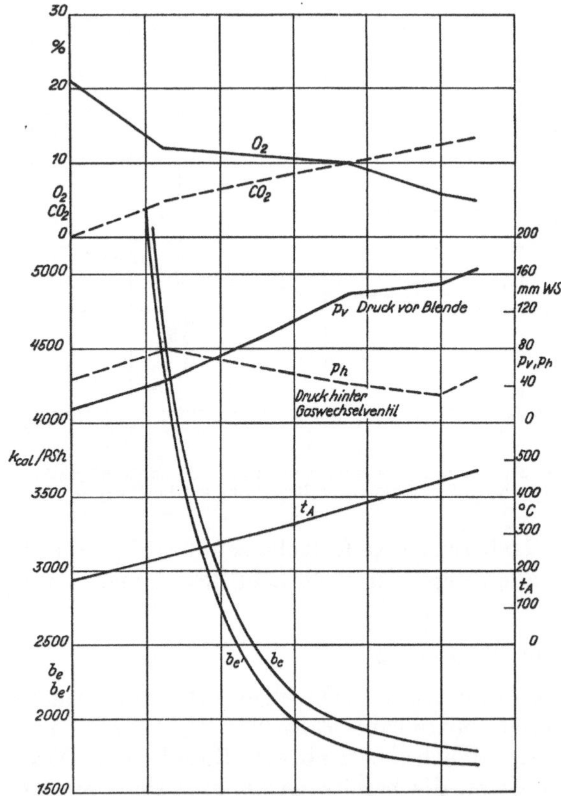

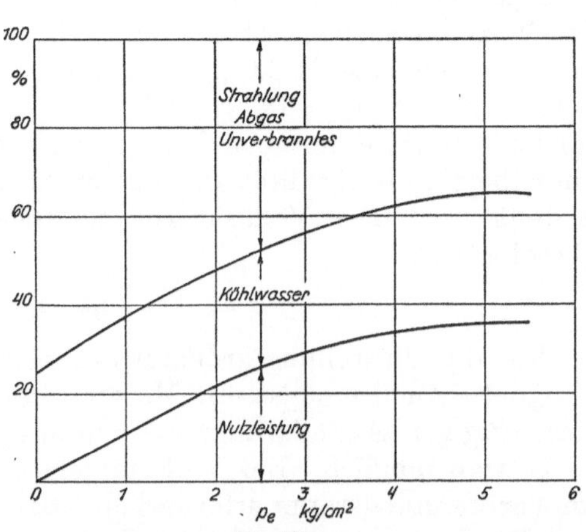

Abb. 378.   Abb. 379.

Abb. 378 und 379. Kennlinien und Wärmebilanz einer Zündstrahl-Gasmaschine (Deutz) 6 Zylinder, $D = 320$ mm, $S = 450$ mm,
$V_h = 36{,}2$ l, $V_H = 217$ l; 500 PS bei 375 U/min; Anthrazitgas ($H_u = 1140$ kcal/Nm³) mit Gasöl als Zündöl.
b_e Nutzverbrauch bezogen auf festen Brennstoff, b_e' bezogener Gas-Nutzverbrauch.

brauches im Dieselbetrieb. Die miteingezeichnete Verbrauchskurve des reinen Ottogas-
betriebes zeigt die wesentlich günstigere Wärmeausnutzung im Dieselgasverfahren bei

höherer Belastung; bei niedriger Belastung nähern sich die Verbrauchskurven einander. Die Auspufftemperaturen des Dieselgasverfahrens liegen ganz bedeutend niedriger als beim Otto-Gasbetrieb; dies ist mit ein Grund dafür, warum das höhere Verdichtungsverhältnis im Dieselgasverfahren nicht zur Selbstzündung des Gemisches führt.

Die Abb. 378 und 379 zeigen Kennlinien und Wärmebilanz einer Zündstrahl-Gasmaschine der Klöckner-Humboldt-Deutz AG. im ortsfesten Betrieb mit Sauggas aus Anthrazit.

6. Kohlenstaubmotoren.

Obwohl noch in der Entwicklung stehend und von dem Ziel der betriebsreifen Maschine entfernt, beansprucht diese Motorengattung im Hinblick auf ihre Einsatzfähigkeit Aufmerksamkeit.

Auch bei diesem Sonderzweig des Dieselverfahrens wird der Kraftstoff, also der Kohlenstaub, entweder eingeblasen oder im sogenannten Beikammerverfahren verarbeitet.

Für das erstere Verfahren ergab sich bei langsamlaufenden Maschinen ein innerer Verbrauch von 1500 bis 1700 kcal/PSih; auch für Beikammermaschinen konnten innere Verbrauchswerte von 1500 kcal/PSih vorübergehend erreicht werden, doch ließ sich dieser Wert nicht auf die Dauer halten; der innere Verbrauch im Dauerbetrieb liegt hier bei guter Einstellung bei etwa 1750 kcal/PSih.

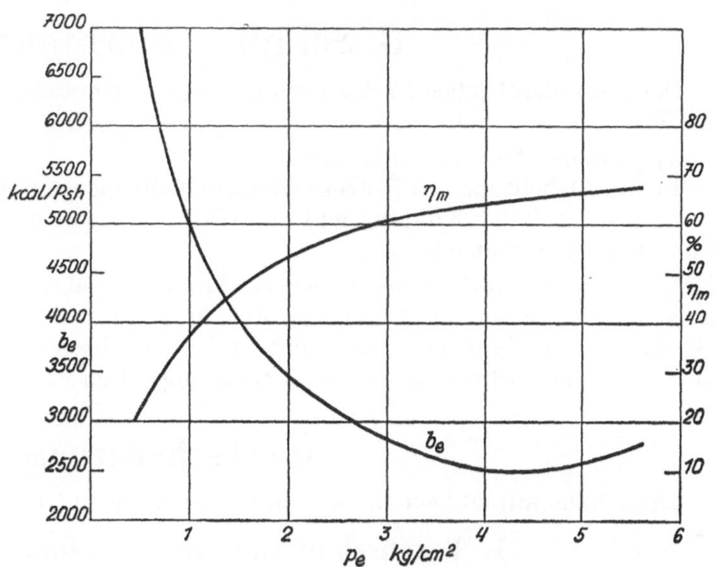

Abb. 380. Brennstoff-Nutzverbrauch und mechanischer Wirkungsgrad eines Kohlenstaubmotors. Einzylinder-Kreuzkopfmaschine. $D = 550$ mm, $S = 650$ mm, $V_H = 157$ l; 230 PS bei 200 U/min. Kohlenstaub aus Braunkohle, $H_u = 5000$ kcal/kg.

Der bezogene Kraftstoffnutzverbrauch einer langsamlaufenden Einzylinder-Kreuzkopfmaschine erreichte, wie in Abb. 380 wiedergegeben, bei einem $p_e = 4$ kg/cm²: 2500 kcal/PSeh, etwa einem Nutzwirkungsgrad von 25% entsprechend; vorübergehend wurden aber an der gleichen Maschine auch Nutzwirkungsgrade von 28 bis 30% festgestellt. Der Schmierölverbrauch erreichte dabei etwa 3,5 bis 4 g/PSeh.

Außer an Langsamläufern hat das Kohlenstaubverfahren auch in Schnelläufern aufmunternde Ergebnisse gezeigt. Englische Veröffentlichungen berichten über die Versuchsergebnisse an einem nach dem Beikammerverfahren arbeitenden Zweitakt-Einzylindermotor mit 100 mm Bohrung und 125 mm Hub, der bei $n = 1000$ U/min 6,5 PSe leistete und bei einem $p_e = 3{,}1$ kg/cm² einen Verbrauch von 2000 kcal/PSe erreichte. Ähnliche Verbrauchswerte werden für einen japanischen Fahrzeugmotor (6-Zylinder, $D = 110$ mm, $S = 110$ mm, $n = 1300/2000$ U/min, $Ne = 50/75$ PS) angegeben. In den beiden letzteren Fällen hatte der verwendete Brennstaub einen unteren Heizwert von 7500 kcal/kg.

Schrifttum.

1. List, H.: Untersuchungen an einem Wirbelkammermotor. MTZ 1942, Heft 3.
2. Ullmann, K.: Die mechanischen Reibungsverluste der schnellaufenden Verbrennungsmotoren bei hohen pulsierenden Gasdrücken. MTZ 1940, Heft 7.

3. RIXMANN: Fahrzeugdieselmotoren im Gasbetrieb. ATZ, Bd. 43, 1940. Heft 20, S. 505.
4. RIXMANN: Das Dieselgasverfahren bei Fahrzeugmotoren. ZVDI, Bd. 85, 1941. S. 109.
5. PFLAUM: Das Dieselgasverfahren bei ortsfesten Motoren. ZVDI, Bd. 85, 1941. S. 57.
6. RIXMANN: Leistung und Wirtschaftlichkeit gasgetriebener Fahrzeugmotoren. Deutsche Kraftfahrtforschung. Heft 3. Berlin 1938. VDI-Verlag.
7. MEHLER: Der Betrieb von Dieselmaschinen mit gasförmigen Kraftstoffen nach einem gemischten
Otto-Dieselverfahren. MTZ, Bd. 2, 1940. S. 101.
8. KÖHLER: Treibgasbetrieb in Dieselfahrzeugen. ATZ, Bd. 43, 1940. S. 183.
9. STOLL: Die Verwendung von Flüssiggas und Generatorgas als Kraftstoff für den Fahrzeug-Dieselmotor. MTZ, Bd. 2, 1940. S. 121.
10. Dieselmotoren mit Gasbetrieb. ATZ, Bd. 42, 1939. S. 541.
11. RIEKERT, P. u. H. ERNST: Untersuchungen an Fahrzeugdieselmotoren. Deutsche Kraftfahrtforschung, Heft 4. VDI-Verlag. Berlin 1938.
12. LEUNIG, G.: Ergebnisse und Probleme der Hochverdichtung des Ottomotors. MTZ 12 (1951) S. 132.

B. Schmierölverbrauch.

Dem Schmieröl fallen in der Verbrennungskraftmaschine drei verschiedene Aufgaben
zu: Es muß

a) gleitende Flächen schmieren,

b) die Abdichtung des Kolbens und der Kolbenringe unterstützen,

c) einen Teil der Kühlung und des Wärmetransportes von den erhitzten Teilen zum
Kühlmittel übernehmen.

Im Verbrennungskraftmaschinenbau kommen mehrere Schmierverfahren in Anwendung, die sich in der Zuführung und Ausnützung des Schmieröls, aber auch in der Höhe
des Schmierölverbrauchs unterscheiden: Die Tauchschmierung, die Frischölschmierung,
die Druckumlaufschmierung und die Mischungsschmierung.

I. Tauchschmierung.

Diese kann mit sinkendem oder unveränderlichem Ölstand ausgeführt sein.

1. Tauchschmierung mit sinkendem Ölstand.

Das Verfahren arbeitet ohne Ölpumpe. Schöpflöffel oder -nasen an den unteren Enden
der Schubstangen tauchen bei jeder Umdrehung in das im Kurbelraum befindliche
Schmieröl und schöpfen dabei eine kleine Ölmenge. Dieses Öl gelangt durch Bohrungen
in der Schubstange zum Pleuellager. Gleichzeitig wird durch die Schubstange Öl im
Kurbelraum versprüht und gelangt zu den übrigen zu schmierenden Flächen, so vor
allem in die Zylinder, zum Kolben, zur Nockenwelle usw. Durch die Anordnung von
Fangtaschen über einzelnen wichtigeren Schmierstellen wird für diese ein kleiner Ölvorrat gesichert.

Dieses Schmierverfahren wird nur für Motoren einfachster Bauart verwendet. Der
Ölverbrauch hängt von der Höhe des Ölstandes im Kurbelgehäuseunterteil, daneben
auch von der Ölzähigkeit ab und ändert sich daher mit der Öltemperatur.

2. Tauchschmierung mit unveränderlichem Ölstand.
(Tauchumlaufschmierung.)

Bei diesem verbesserten Tauchschmierverfahren schöpfen die Schubstangen mit
ihren Schöpfbechern aus besonderen Rinnen, die durch eine Ölpumpe dauernd bis zu
gleicher Höhe gefüllt gehalten werden; auch die über den Kurbelwellenlagern angeordneten Ölfangschalen werden von der Pumpe dauernd voll gehalten. Das im Kurbelraum
versprühte Öl schmiert Zylinder, Kolben und Kolbenbolzen.

Auch diese Schmierungsart wird nur bei einfacheren, billigeren Maschinen verwendet.
Der Ölverbrauch ist dabei wesentlich gleichmäßiger als beim ersterwähnten Verfahren.

II. Frischölschmierung.

Bei der Frischölschmierung wird das Öl, meist mittels eines mechanischen Ölers, aus einem besonderen Frischölbehälter entnommen und den einzelnen Schmierstellen unter Druck zugeführt. Der Vorteil dieses Verfahrens liegt darin, daß die für jede einzelne Schmierstelle bestimmte Ölmenge genau zugemessen werden kann.

Die Frischölschmierung findet zwar auch für sich allein Anwendung, ist aber häufiger mit der folgend beschriebenen Umlaufschmierung verbunden.

III. Druckumlaufschmierung.

1. Druckumlaufschmierung mit nassem Ölsumpf.

Die in die Kurbelwanne gefüllte Ölmenge wird durch eine aus dem Ölsumpf saugende Ölpumpe in Umlauf gehalten. Von der Pumpe gelangt das Öl unter Druck zu den einzelnen Schmierstellen, und zwar zunächst zu den Kurbelwellenlagern und von dort durch die gebohrte Kurbelwelle zu den Pleuellagern. Das von diesen abgeschleuderte Öl sammelt sich wieder im Ölsumpf.

Je nach der Art der Zylinderschmierung unterscheidet man:
a) Die einfache Druckschmierung:
Zylinder, Kolben und Kolbenbolzen werden dabei nur durch das von den Pleuelstangen abgeschleuderte und verwirbelte Öl geschmiert.
b) Die Volldruckschmierung:
Von den Pleuellagern gelangt Drucköl durch die gebohrte Pleuelstange oder durch ein an dieser befestigtes Rohr zum Kolbenbolzenlager; das aus diesem seitlich austretende Öl schmiert die Zylinderlaufbahn.

2. Druckumlaufschmierung mit Trockensumpf.

Der Ölvorrat befindet sich hier nicht in der Kurbelwanne, sondern das in diese abfließende Öl wird durch eine besondere Pumpe abgesaugt und in einen Behälter außerhalb des Triebwerksraumes gedrückt. Die Druckpumpe entnimmt das Öl diesem Behälter und fördert es in der früher beschriebenen Weise zu den Schmierstellen.

Der Großteil aller neuzeitlichen raschlaufenden Verbrennungskraftmaschinen arbeitet mit Druckumlaufschmierung. Das Trockensumpfverfahren findet dabei für Motoren Anwendung, die auch in stark geneigter Lage arbeiten müssen, also vor allem für Flugzeugmotoren, Schiffsmotoren, Motoren für Geländefahrzeuge u. dgl., sowie für Triebwagenmotoren.

Der Druck im Umlaufsystem wird durch ein federbelastetes Überströmventil beeinflußt. Mit steigender Öltemperatur und sinkender Ölzähigkeit steigt die den einzelnen Schmierstellen zugeführte Ölmenge, es steigt gleichzeitig auch die seitlich aus den Lagern austretende und im Kurbelraum versprühte Ölmenge, die in den Zylinder gelangende Schleuderölmenge wird dadurch erhöht, der Ölverbrauch wächst.

Häufig werden auch mehrere der angeführten Schmierverfahren an derselben Maschine gleichzeitig zur Anwendung gebracht: So z. B. werden die Triebwerke größerer Maschinen nach dem Druck-Umlaufverfahren geschmiert, während für die Zylinder Frischölschmierung verwendet wird. Das von den mit Frischöl geschmierten Stellen abtropfende überschüssige Öl gelangt hierbei meist in den Ölsumpf der Umlaufschmierung.

IV. Mischungsschmierung.

Bei diesem Verfahren (auch Gemischschmierung genannt) wird die erforderliche Schmierölmenge dem Kraftstoff in einem bestimmten, erfahrungsgemäß ermittelten Mischungsverhältnis, in der Regel nach Abschluß der Einlaufzeit im Verhältnis 25:1 bis 30:1, zugesetzt. Das Öl schlägt sich an den vom Kraftstoff-Öl-Luftgemisch bestrichenen Stellen nieder und schmiert dieselben. Das Verfahren wird daher ausschließlich bei Otto-Zweitaktmotoren mit Kurbelkastenspülung angewendet. Der Verbrauch bleibt konstant, liegt jedoch verhältnismäßig hoch, da nur ein Teil des beigemischten Öls zur Erfüllung seiner eigentlichen Aufgabe gelangt, während der Rest verbrennt. Im allgemeinen werden dabei die Zylinder überschmiert.

V. Schmierölverbrauchsmessungen und Ölverbrauch ausgeführter Motoren.

Eine genaue Messung des Schmierölverbrauches ist im allgemeinen wegen der hohen Haftfähigkeit des Öles an allen benetzten Wandungen, in den Rohrleitungen usw., ferner aber auch wegen der mit der Temperatur stark veränderlichen Ölzähigkeit schwierig. Bei Schmierölmessungen, die den tatsächlichen Verbrauch wiedergeben sollen, muß deshalb folgendes beachtet werden:

a) Die Maschine muß sich während der Messung im Beharrungszustand befinden; die Öltemperatur darf während der Messung nicht schwanken.

b) Die Meßdauer muß genügend lang sein, denn es ist möglich, die Maschine kurzzeitig mit stark verminderter Schmierölmenge zu betreiben und damit ein falsches Ergebnis vorzutäuschen. Die für den Dauerbetrieb der Maschine notwendige Ölmenge läßt sich erst auf Grund langer Betriebszeiten und genauer Verschleißbeobachtungen feststellen.

c) Zu jeder Schmierölmessung ist anzugeben, mit welcher Schmierölsorte und mit welcher Schmieröltemperatur das Ergebnis erreicht wurde.

Selbst unter den gemachten Voraussetzungen läßt sich nur in dem Fall der Frischölschmierung der Verbrauch wirklich genau angeben, aber auch da nur unter der Annahme, daß das gesamte von den Schmierstellen abtropfende Öl als verbraucht anzusehen ist. Sobald jedoch z. B. die Zylinder-Frischölschmierung mit einer Druckumlaufschmierung vereinigt ist, kann, da das von den Zylindern abtropfende Öl die Umlaufölmenge vermehrt, die davon wieder nutzbar gemachte Schmierölmenge nicht mehr einwandfrei erfaßt werden.

Wird der Schmierölverbrauch durch Abwägen der Ölfüllung vor und nach dem Meßlauf bestimmt, wie dies bei kleineren, umlaufgeschmierten Motoren in der Regel vorgenommen wird, so ist es notwendig, zu Ende des Meßlaufes das Öl aus der noch betriebswarmen Maschine vollständig zu entleeren und genügend lang austropfen zu lassen, weil sonst erhebliche Ölmengen an den Wandungen des Kurbelraumes haften bleiben können. Ferner sind die Eigenschaften des abgelassenen Öles mit jenen des eingefüllten Frischöles zu vergleichen, um sicher zu sein, daß nicht durch Kraftstoff- oder Wasserübertritt ins Öl ein zu niedriger Verbrauch vorgetäuscht wird.

Wird der Schmierölverbrauch nur durch Messungen des Ölstandes am Peilstab bestimmt, so können sehr erhebliche Fehler gemacht werden. Solche Messungen ermöglichen nur eine überschlägige Schätzung des tatsächlichen Verbrauchs.

Die Höhe des Ölverbrauches ist außer von der Art des Schmierverfahrens auch von der Drehzahl und der Bauart der Maschine, vor allem auch von der Ausführung von Zylinder und Kolben, dem angewendeten Kolbenspiel und der Zahl, Anordnung, Form und Spannung der Kolben- und Ölabstreifringe und ihrem Zustand abhängig.

Auch wenn das Öl — wie bei umlaufgeschmierten Motoren — sich in einem steten Kreislauf befindet und immer wieder verwendet wird, ergibt sich ein unter Umständen recht erheblicher Verbrauch an Schmiermitteln, der seine Ursache in den folgenden Umständen hat:

1. Unmittelbarer Verbrauch.

a) Von dem in den Zylinder gelangenden Schmieröl wird ein Teil verbrannt, bzw. geht mit den Abgasen durch die Auspuffleitung verloren; dieser unmittelbare Verbrauch ergibt unter geordneten Betriebsverhältnissen stets den weitaus größten Teil des Gesamt-verbrauches.

b) Ein Teil des Schmieröls geht durch Undichtheiten des Ölraumes als Lecköl oder Spritzöl, als Sprühöl oder Öldunst durch die Belüftung des Kurbelraumes verloren. Dieser Anteil kann bei unsachgemäßer Ausbildung der Abdichtungsstellen oder bei schlechter Instandhaltung ebenfalls beträchtlich hoch werden, unter normalen Verhält-nissen ist er jedoch sehr niedrig.

2. Mittelbarer Verbrauch.

a) Unter der Einwirkung der Betriebstemperatur und durch die unmittelbare Berüh-rung mit dem Luftsauerstoff, wohl auch durch Beihilfe katalytischer Wirkungen von in das Schmieröl gelangenden Fremdteilchen, wie Verbrennungsrückständen und ab-geriebenen Metallteilchen, altert das Schmieröl und wird allmählich unbrauch-bar. Es muß nach Erreichen eines be-stimmten Alterungsgrades erneuert wer-den.

b) Durch den Übertritt von Kraftstoff in das Schmieröl werden dessen Eigen-schaften ebenfalls in ungünstiger Weise beeinflußt. Auch dieser Umstand kann den Wechsel der Ölfüllung notwendig machen oder diese Notwendigkeit be-schleunigen. Ebenso kann das Schmieröl durch eingedrungenes Wasser erneuerungs-bedürftig werden.

Während die unter 2. aufgezählten Umstände einen periodischen Wechsel des im Motor vorhandenen Schmieröls notwendig machen, ist das unter 1. er-wähnte, in den Zylinder gelangende Schmieröl nach Erfüllung seiner Aufgabe verbraucht, soweit es nicht beim Abwärts-gang von den Kolbenringen abgestreift

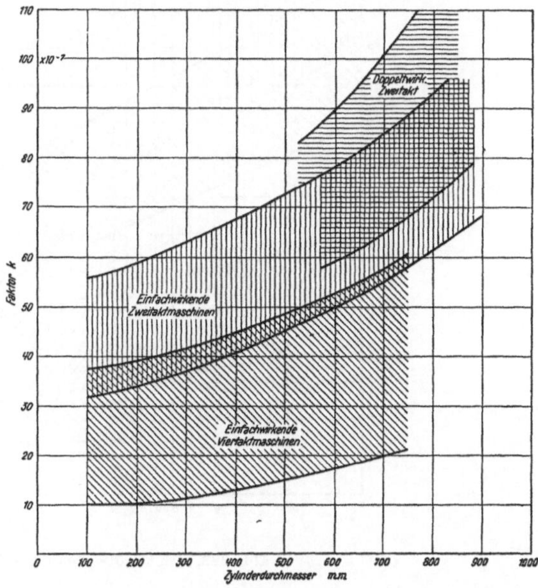

Abb. 381. Beiwert k abhängig vom Zylinderdurchmesser.

wird. Das aus dem Motor abgelassene Öl kann durch geeignete Behandlung zum großen Teil wieder verwendungsfähig gemacht werden und ist daher nur zum Teil als verbraucht anzusehen.

Es kann angenommen werden, daß die zur Schmierung des Kolbens und der Ringe benötigte Ölmenge in einer Beziehung zur Größe der von den Kolbenringen bestrichenen Fläche steht. Es wäre also für die je Hub verbrauchte Schmierölmenge etwa zu setzen:

$$Q_{\mathrm{Hub}} = K_1 \cdot D \cdot S \ \mathrm{Gramm/Hub}$$

bzw. wäre die auf die Zeiteinheit bezogene, zur Zylinderschmierung benötigte Ölmenge

$$Q = K' \cdot D \cdot S \cdot n \ \mathrm{Gramm/Stunde} \tag{1}$$

Betrachtet man eine Maschinenreihe mit ungefähr gleichbleibendem Hubverhältnis, so erhält man nach Einführen von $\dfrac{S}{D} = K_3$ und Zusammenziehen der Konstanten:

$$Q = k \cdot D^2 \cdot n . \tag{2}$$

Eine größere Anzahl von Meßergebnissen hat gezeigt, daß die Beziehung zwischen Q und D^2 nicht linear ist; der Wert k ist also keine Konstante, sondern wächst nach Abb. 381 mit steigendem D. Ein Zylinder größeren Durchmessers braucht einen stärkeren Ölfilm an seiner Wandung, als ein solcher mit kleinerem Durchmesser — ein Umstand, auf den auch die Notwendigkeit hinweist, bei größeren Zylinderdurchmessern Kolbenringe von geringerer Spannung verwenden zu müssen als bei kleinen Durchmessern. Das absolut größere Spiel des Kolbens im größeren Zylinder macht diese Forderungen im Sinne der Abdichtwirkung des Schmieröls verständlich. Je sorgfältiger die Werkstattausführung der zu schmierenden Flächen erfolgt, je genauer die richtigen Passungen eingehalten werden, desto sparsamer wird der Schmierölverbrauch.

Die Angabe des Schmierölverbrauches wird am zweckmäßigsten in Gramm bzw. kg je Stunde bei Vollastdrehzahl gemacht; läuft die Maschine mit wechselnder Drehzahl, so muß die Bezugsdrehzahl mit angegeben werden.

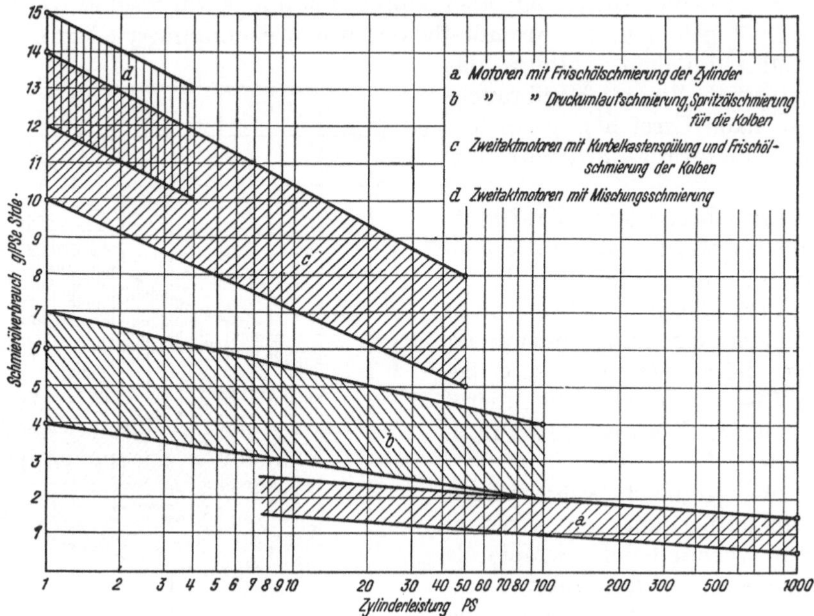

Abb. 382. Schmierölverbrauch abhängig von der Zylinderleistung.

Häufig findet man zu Vergleichszwecken auch die Verbrauchsangabe bezogen auf die Vollast-PSeStunde. Trägt man diese auf die Volleistung bezogenen Schmierölverbrauchswerte über den Logarithmen der Zylinderleistungen auf, so ergeben sich nach Abb. 382 mit steigender Leistung etwa geradlinig abfallende Linien. Dabei erscheint nicht nur dem Umstand Rechnung getragen, daß der größeren Leistung im allgemeinen ein größerer Zylinderhubraum bei kleinerer Drehzahl zukommt; denn unterscheiden sich z. B. Maschinen gleicher Abmessungen nur durch ihre Drehzahlen, so kommt der rascher laufenden Maschine bei richtiger Einstellung ein etwas geringerer bezogener Verbrauch zu. Wird jedoch die Leistung einer Maschine, deren Zylinder durch Spritzöl geschmiert werden, durch Erhöhen der Drehzahl heraufgesetzt, so entspricht der rascher laufenden Maschine ein etwas höherer bezogener Schmierölverbrauch, es sei denn, daß durch geeignete Gestaltung von Kolben und Kolbenringen, gegebenenfalls durch richtiges Einstellen des Schmieröldruckes, der Verbrauch auf das erforderliche Maß zurückgesetzt wird.

Wie die Abb. 381 und 382 zeigen, streuen die Verbrauchswerte auch für grundsätzlich gleiche Maschinenbauarten sehr beträchtlich. Bei einfachwirkenden Viertaktmaschinen liegen jene mit geringen Kolbengeschwindigkeiten und mit Frischölschmierung näher der unteren, jene mit Spritzölschmierung der Zylinder näher an der oberen Begrenzungslinie des betreffenden Feldes. Für langhubige Maschinen gelten niedrigere k-Werte als für kurzhubige gleichen Durchmessers.

Einfachwirkende Zweitaktmaschinen mit Schlitzspülung verbrauchen etwa die doppelte Zylinderschmierölmenge von einfachwirkenden Viertaktmaschinen; der Verbrauch doppeltwirkender Zweitaktmaschinen liegt noch etwas höher. Zweitaktmaschinen mit Auslaßventilen haben einen etwas geringeren Ölverbrauch als solche mit Auslaßschlitzen.

Bei frischölgeschmierten Zylindern läßt sich der Verbrauch genau auf die gewünschte Menge einregulieren. Mit zunehmendem Verschleiß des Zylinders oder der Kolbenringe muß reichlicher geschmiert werden. Es gelten deshalb alle gemachten Verbrauchsangaben nur für die zwar vollkommen eingelaufene, aber sonst neue Maschine.

Besonders rasch kann der Verbrauch bei schnellaufenden Tauchkolbenmaschinen mit Druckumlaufschmierung anwachsen. Mit der Zunahme der Lagerluft vergrößert sich die aus den Lagern austretende und von der Pleuelstange abgeschleuderte Schmierölmenge, wodurch die Zylinder reichlichere Ölmengen erhalten. Sinkende Ringspannung und dadurch bedingtes Unwirksamwerden der Ölabstreifringe sind überdies neben dem fortschreitenden Zylinderverschleiß die Hauptursachen der Verbrauchssteigerung. Auch das Ausschlagen der Ringe in ihren

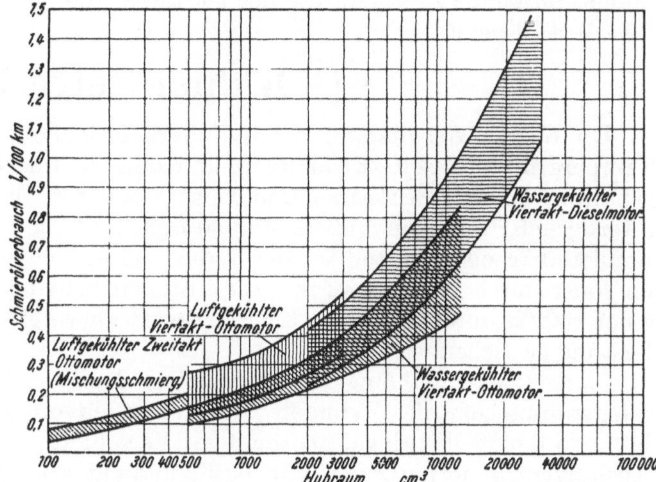

Abb. 383. Schmierölverbrauch verschiedener Motorenbauarten im Fahrbetrieb in Abhängigkeit vom Gesamthubraum.

Abb. 384. Schmierölverbrauch eines 1,2 l-Ottomotors im Fahrbetrieb, abhängig von der Motordrehzahl.

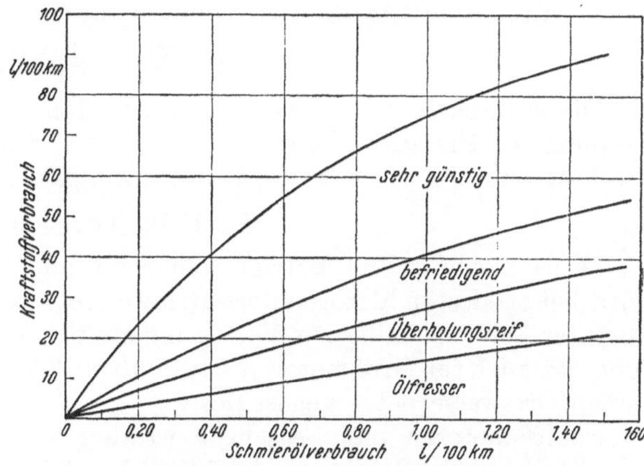

Abb. 385. Beziehung zwischen Kraftstoffverbrauch und Schmierölverbrauch von Fahrzeugmotoren im Fahrbetrieb, abhängig vom Verschleißzustand.

Nuten und die dadurch zustande kommende Pumpwirkung derselben erhöht den Ölverbrauch beträchtlich.

Bei der Beurteilung oder beim Vergleich von Schmierölverbrauchsangaben ist daher aus den angeführten Gründen große Vorsicht geboten.

Fahrzeug-Otto-Motoren verbrauchen im Mittel 3—5 g, Diesel-Raschläufer mit Druckumlaufschmierung 2—4 g/PSh bezogen auf Nennleistung, ohne die beim Ölwechsel zur Ölerneuerung verbrauchten Ölmengen. — Bei Otto-Schnelläufern mit Mischungsschmierung beträgt der Schmierölverbrauch für Zylindergrößen bis 175 cm³ etwa 12—25, für Zylindergrößen über 175 cm³ etwa 10—18 g/PSh.

Der bei Fahrzeugmotoren im praktischen Fahrzeugbetrieb zu verzeichnende Schmierölverbrauch wird in l/100 km (in England und USA reziprok in miles/gallon) angegeben;

den auf die erstere Größe bezogenen, für verschiedene Motorbauarten durchschnittlich etwa zu erwartenden Verbrauch in Abhängigkeit vom Gesamthubraum läßt die Abb. 383 entnehmen. Die Abb. 384 zeigt die Abhängigkeit des ebenfalls auf 100 km bezogenen Verbrauches eines Ottomotors von der Drehzahl.

Zwischen Krafstoffverbrauch und Schmierölverbrauch besteht eine in weiten Grenzen für Fahrzeugmotoren aller Art etwa gültige Beziehung; das Verhältnis zwischen Kraftstoff- und Schmierölverbrauch verschiebt sich im allgemeinen mit fortschreitendem Verschleiß im Motor zu ungunsten des letzteren; die Abb. 385 gibt ungefähre Anhaltspunkte für diese Beziehungen.

C. Kühlmittelverbrauch.

Um die den Arbeitsraum des Zylinders umschließenden Wandungen vor schädigenden Temperatureinflüssen zu schützen und den Schmierfilm auf der Zylinderlauffläche zu erhalten, ist eine wirksame und richtig geleitete Kühlung der beheizten Wandungen erforderlich. Daneben muß auch die durch Reibung erzeugte Wärme vom Entstehungsort unmittelbar oder mittelbar durch das Schmieröl zum Kühlmittel abgeleitet werden, da sonst durch Wärmestau in diesen Stellen Schäden eintreten würden. Die Bedeutung einer richtig durchgebildeten Kühlung wird um so größer, je höher die spezifische Motorleistung getrieben wird.

Mangelhafte Kühlung führt zu hohen Temperaturen der Wandungen des Verbrennungsraumes und des Zylinders; die Folgen davon sind Verkoken des Schmieröls, Festbrennen der Kolbenringe, übermäßiger Verschleiß, Fressen der Kolben, Überhitzung der Auslaßventile, ferner Früh- und Glühzündungen in Ottomotoren usw.

Im heutigen Verbrennungskraftmaschinenbau stehen die folgenden sich voneinander durch das angewendete Kühlmittel unterscheidenden Kühlverfahren in Anwendung:

a) Wasserkühlung, b) Heißkühlung, c) Ölkühlung, d) Luftkühlung.

I. Wasserkühlung.

Die weitaus vorherrschende Wasserkühlung kann ausgeführt werden als Frischwasserkühlung, als Umlaufkühlung mit Umwälzung durch Kühlwasserpumpe, als Selbstumlaufkühlung ohne Pumpe oder als Verdampfungskühlung.

1. Frischwasserkühlung.

Diese bietet größte Betriebssicherheit und ergibt den geringsten Bauaufwand. Sie wird bei ortsfesten Motoren dort angewendet, wo geeignetes Wasser in genügender Menge zu jeder Zeit und billig zur Verfügung steht. An geeigneten Wasserläufen ist diese Kühlungsart auch für Großmotoren anwendbar; Kleinmotoren werden vielfach an die vorhandenen Ortswassernetze angeschlossen.

Schiffsmotoren und Seeschiffe werden — soweit Seewasserkühlung möglich ist — unmittelbar mit Seewasser gekühlt. Im Gegensatz zu Landmotoren bezeichnet man bei Schiffsmotoren als „Frischwasserkühlung" eine Umlaufkühlung mit Süßwasser, das seinerseits wieder in geeigneten Kühlern mit Seewasser rückgekühlt wird.

2. Umlaufkühlung.

Diese wird dort angewendet, wo nicht genügend Kühlwasser in der notwendigen Menge oder Beschaffenheit zur Verfügung steht, so bei Fahrzeugmotoren aller Art, sofern diese nicht luftgekühlt werden. Sie findet ferner auch weitgehende Verwendung in ortsfesten Anlagen, mehrfach auch für Schiffsmotoren. Dieses Kühlverfahren erfordert die Anordnung eines Rückkühlers im Umlaufsystem.

Der Kühlwasserverbrauch beschränkt sich bei der Umlaufkühlung auf den Ersatz der durch Verdampfung oder Verdunstung verlorengegangenen Wassermenge; bei ortsfesten Anlagen, die für die Rückkühlung Kühltürme oder Gradierwerke verwenden, wird erfahrungsgemäß ein Frischwasserzusatz von 2,5—3,0 l/PSeh benötigt.

3. Verdampfungskühlung.

Die zu ersetzende Wassermenge wird hier dadurch verringert, daß außer der zur Temperaturerhöhung allein aufgenommenen Wärmemenge auch die bedeutend höhere Verdampfungswärme des Wassers zur Bindung der abzuführenden Wärmemenge zur Verfügung steht. Angewendet wird die Verdampfungskühlung meist nur für untergeordneten Zwecken dienende transportable Motoren. Der Verbrauch an Frischwasser beträgt, wenn der Dampf nicht niedergeschlagen wird, 1,5—2,1 l/PSeh. Das verwendete Wasser soll besonders in diesem Fall möglichst frei von Kesselstein bildenden Bestandteilen sein, da sonst die sich rasch ansetzenden Kesselsteinbeläge die Kühlwirkung an den zu kühlenden Wänden herabsetzen.

II. Heißkühlung.

Die Heißkühlung kommt als Umlaufkühlung dann in Betracht, wenn bei Verwendung von Wasser als Kühlmittel mit der Temperaturspanne zwischen der Rückkühltemperatur und einer in einem entsprechenden Abstand unterhalb der Siedetemperatur gelegenen Höchsttemperatur mit einer gegebenen Kühlmittelmenge nicht mehr das Auslangen gefunden werden kann. Vor allem sind es also Flugzeugmotoren und andere Fahrzeugmotoren, für welche die Heißkühlung angewendet wird. Diese wird stets als Umlaufkühlung ausgeführt, wobei Kühlflüssigkeiten mit höher liegenden Siedepunkten wie z.B. Glyzerin, Glykol usw. verwendet werden.

III. Ölkühlung.

Ölkühlung kommt für die Kühlung des ganzen Motors selten in Betracht; wohl aber werden zuweilen einzelne Bauteile, wie z.B. die Kolben größerer Motoren, in einem geschlossenen Umlaufsystem mit Öl gekühlt. Bei Einhaltung der für das Kühlöl zulässigen Höchsttemperatur beschränkt sich der Verbrauch auf den durch Leckverluste notwendig werdenden Ersatz.

IV. Luftkühlung.

Bei der Luftkühlung unterscheidet man wieder zwei Verfahren:

a) Kühlung durch den Luftstrom ohne Hilfsmittel, wie z.B. bei Fahrzeug- (Motorrad-) und Flugmotoren durch den Fahrwind allein,

b) Kühlung mittels eines Kühlluftgebläses.

Der Aufwand für die Luftkühlung muß letzten Endes stets durch einen Teil der Motorleistung gedeckt werden: im einen Fall ist es der erhöhte Fahrwiderstand, im anderen Fall die vom Motor aufzuwendende Gebläseantriebsleistung. Derartige Kosten für die Kühlung sind aber nur mittelbar und können als selbständige Kosten nicht erfaßt werden.

Mit einem die Betriebskosten der Maschine unmittelbar beeinflussenden Kühlmittelverbrauch ist daher nur bei Frischwasserkühlung und, in weit geringerem Maße, bei Umlauf- sowie bei Verdampfungskühlung zu rechnen.

Die Höhe des Kühlwasserverbrauches richtet sich

1. nach der abzuführenden Wärmemenge, die je nach der Leistung, daneben aber auch je nach dem Verfahren und der Bauart der Maschine verschieden groß ist;

2. nach der zulässigen bzw. möglichen Temperatur für das eintretende Kühlwasser und nach der angewendeten oder zulässigen Austrittstemperatur für dasselbe, d. h. nach der zur Verfügung stehenden und ausnutzbaren Temperaturspanne im Kühlmittel. Je höher die mittlere Temperatur desselben gewählt wird, desto geringer wird die übergehende Wärmemenge;

3. nach der Führung des Kühlwassers und der Strömungsgeschwindigkeit in den Kühlräumen; Kesselsteinbeläge und Ölschichten auf den zu kühlenden Flächen beeinträchtigen den Wärmeübergang stark und erfordern größere Kühlwassermengen.

4. Nach dem Umfang der Kühlung des Motors, zusätzlich gekühlte Bauteile betreffend.

Es ist dementsprechend auch bei Meßergebnissen, die Angaben über den Kühlmittelbedarf und über die mit dem Kühlmittel abgeführten Wärmemengen von Verbrennungskraftmaschinen machen, stets mitanzugeben, welche Bauteile derselben außer den Zylindern und Zylinderköpfen gekühlt werden, wie z. B.: Kolben, Auslaßventile, Brennstoffventile, Auspuffleitungen, usw. Ferner sind die Wassereintritts- und Austrittstemperaturen mitanzuführen; nur dann kann die Kühlung vollständig beurteilt werden.

Die benötigte Kühlmittelmenge ist in jedem Fall auch von der spezifischen Wärme des Kühlmittels und dessen sonstigen physikalischen Eigenschaften abhängig.

Als Richtwerte für die Größe der im Kühlwasser bei verschiedenen Motorengattungen abzuführenden Wärmemenge können die folgenden Angaben dienen:

Bauart	Kühlwasserwärme kcal/PSeh
Ortsfeste einfachwirkende Gasmotoren	800—1500
Ortsfeste einfachwirkende Viertakt-Dieselmotoren	500— 800
Große einfachwirkende Viertakt-Dieselmotoren	400— 500
Doppeltwirkende Gasmotoren	700— 900
Fahrzeugmotoren (Otto- und Dieselmotoren)	600— 800
Flugmotoren	350— 500

Die bei Dieselmotoren an das Kühlwasser stündlich von 1 m² der Oberfläche des Brennraumes und des Zylindermantels übergehende Wärmemenge Q_w läßt sich angenähert nach der folgenden Formel bestimmen [1], [2]:

$$Q_w = k \cdot (6000 - 26 \cdot n) \cdot p_i \ \text{kcal/m}^2\text{h}$$

wobei zu setzen ist $k = 1$ für Viertaktmaschinen

$$k = 1{,}6 — 1{,}8 \ \text{für Zweitaktmaschinen}$$

Der nachfolgenden Zahlentafel können Anhaltspunkte entnommen werden, mit welchen Kühlwasserwärmemengen ungefähr für Dieselmotoranlagen gerechnet werden muß; die Zahlentafel gibt die ins Kühlwasser abgeführten Wärmemengen in % der mit dem Kraftstoff zugeführten Wärmemengen an; die Angaben entsprechen den Verhältnissen bei Dauerbetrieb der Motoren.

Zahlentafel 4. Mit dem Kühlwasser abgeführte Wärmemenge in % der mit dem Kraftstoff insgesamt zugeführten Wärmemenge für Dieselmotoren bei Dauerleistung.

Bauart			Luftlose Einspritzung Strahlverfahren		Luftlose Einspritzung Vorkammer		Einblaseverfahren		hierzu für den Einblasekompressor 3—5	Zuschlag für gek. Auspuffleitung
Einfach wirkender Viertakt	Kolben ungekühlt		25—36		25—40		28—33		3—5	bei Viertaktmotoren: 6—8 / bei Zweitaktmotoren: 5—6,5
	Kolben gekühlt	Zylinder und Deckel	18—22	25—31	19—24	26—33	20—23	28—34		
		Kolben	7— 9		7— 9		8—11			
Einfach wirkender Zweitakt	Kolben ungekühlt		24—30		28—33		25—31			
	Kolben gekühlt	Zylinder und Deckel	15—18	19,5—26	17—22	20—29	16—19	23—28		
		Kolben	4,5—8		5— 7		7— 9			
Doppelt wirkender Zweitakt	Kolben gekühlt	Zylinder und Deckel	16—18	23—26			19—22	27—32		
		Kolben	7— 8				8—10			
Einfach wirkender Viertakt aufgeladen	Kolben ungekühlt		20—25				22—27			
	Kolben gekühlt	Zylinder und Deckel	15—18	21—28			15—18	22—26		
		Kolben	6— 8				7— 8			

Die Wärmeabgabe an das Kühlwasser, bezogen auf die gesamte mit dem Brennstoff zugeführte Wärme, ist bei kleineren Maschinen größer, da dort das Verhältnis der wärmeableitenden Oberflächen zum Hubvolumen größer ist als bei größeren Maschinen ähnlicher Gestaltung; sie ist im allgemeinen geringer bei Maschinen hoher Drehzahl als bei langsam laufenden und ferner geringer bei langhubigen Maschinen als bei kurzhubigen. Maschinen, die mit veränderlicher Drehzahl betrieben werden, zeigen im allgemeinen bei steigender Drehzahl abfallende Wärmeverluste ins Kühlwasser, doch können sich, insbesondere bei unterteilten Brennräumen, durch Verschlechterung der Verbrennung oder durch erhöhte Gasgeschwindigkeiten im Verbrennungsraum auch abweichende Verhältnisse ergeben.

Die Wärmeübergangsverhältnisse sind bei kleineren Maschinen günstiger, als bei größeren. Erstere gestatten es daher, höhere Kühlwasserablauftemperaturen zu verwenden, als die letzteren; infolgedessen verlangen größere Maschinen verhältnismäßig größere Kühlwassermengen bei verhältnismäßig niedrigen Ablauftemperaturen.

Berechnungsgrundlagen für die Motorenkühlung sind in Heft 4 und 11 gegeben.

Dritter Teil

Wirtschaftlichkeit.

A. Allgemeines.

Verbrennungskraftmaschinen dienen in Anlagen verschiedenster Art als Energiequellen. Von der motorischen Kraftquelle wird gefordert, daß ihre Leistung jederzeit verläßlich, in gleicher Höhe und in wirtschaftlicher Weise zur Verfügung steht.

Die Wirtschaftlichkeit einer Verbrennungskraftmaschinenanlage wird beeinflußt:

a) unmittelbar durch
  1. die Anlagekosten
  2. die Betriebskosten;
  3. die Instandhaltungskosten;

b) mittelbar durch
  4. die Ausnutzungsmöglichkeit der Anlage im weitesten Sinn.
  5. die Betriebssicherheit der Anlage.

Während die unter b) erwähnten Umstände, obwohl sie für die Zweckmäßigkeit und Bewährung einer Anlage bestimmend sein können, sich ziffernmäßig kaum erfassen lassen, ist dies bei den unmittelbaren Kosten möglich und sowohl zur Vorherbestimmung als auch zur Überwachung der Wirtschaftlichkeit der Anlage notwendig. Zu diesem Zweck werden die unmittelbaren Kosten gewöhnlich geteilt in

  a) feste oder betriebsunabhängige Kosten

  b) veränderliche oder betriebsabhängige Kosten; diese lassen sich wieder weiter trennen in

  α) Kosten abhängig vom Belastungsfaktor und

  β) Kosten abhängig von der Betriebsdauer.

Die besonderen Verhältnisse jedes einzelnen Falles beeinflussen jedoch die Gesamtwirtschaftlichkeit eines Motorenbetriebes in derart ausschlaggebender Weise, daß es unmöglich ist, allgemein gültige Angaben über die Wirtschaftlichkeit verschiedener Motorentypen in erschöpfender Weise zu geben, um so mehr, als die die Wirtschaftlichkeit mitbestimmenden Faktoren zeitlich und örtlich stark schwanken. Es lassen sich nur allgemeine Richtlinien aufstellen, wie die Wirtschaftlichkeit einer Anlage vorausgeschätzt oder erfaßt werden kann. Die Gesichtspunkte, nach welchen diese zu beurteilen ist, sind überdies verschieden, je nachdem es sich um ortsfeste oder Schiffsbetriebe oder endlich um Kraftfahrzeugbetriebe handelt und werden daher nach diesen Gesichtspunkten getrennt besprochen.

B. Ortsfeste Anlagen und Schiffsanlagen.

1. Feste Kosten.

Bei ortsfesten und bei Schiffsanlagen fallen unter die „festen Kosten" jene für den Kapitalsdienst, das sind die für die Verzinsung und für die Abschreibung der gesamten Anlage erwachsenden Kosten einschließlich der für die Maschinenfundamente und für das gesamte Zubehör zur Anlage; bei ortsfesten Anlagen kommen dazu auch noch die für das Maschinenhaus und den Baugrund aufgewendeten Kosten.

Die Verzinsung des Kapitals für ortsfeste Anlagen wird im allgemeinen mit $3\frac{1}{2}$ bis 5% bemessen.

Die Höhe der jährlichen Abschreibung für den maschinellen Teil der Anlage könnte vom Belastungsfaktor abhängig gemacht werden, da mit steigender Ausnutzung der Maschine auch deren Abnutzung zunimmt. In der Regel wird jedoch praktisch darauf keine Rücksicht genommen, vielmehr wird die Abschreibung nach einem festen Satz vorgenommen, der bei ortsfesten Anlagen mit 7—10% für die Maschinen und mit 2—3% für die Baulichkeiten bemessen wird; bei Schiffsmotoren wird mit einer Abschreibung von 5—8% gerechnet.

Bei c_m% Verzinsung und a_m% Tilgung für das Anlagekapital A_m für die Maschinenanlage, c_g% Verzinsung und a_g% Tilgung für das Anlagekapital A_g für das Maschinengebäude, ferner bei z Betriebsstunden im Jahr und einer Durchschnittsbelastung von N_m PS stellen sich die Gesamtkosten K für den Kapitaldienst je erzeugter PSh auf

$$K = K_m + K_g = \frac{1}{100\, N_m \cdot z} \left[(c_m + a_m)\, A_m + (c_g + (c_g + a_g)\, A_g \right] \tag{1}$$

K wird offenbar um so günstiger, je größer das Produkt $N_m \cdot z$ wird, d. h. je vollständiger die Anlage hinsichtlich ihrer Betriebsdauer ausgenutzt erscheint.

Da sich überdies die auf die Leistungseinheit bezogenen Kosten für den Brennstoff bei allen Verbrennungskraftmaschinen mit sinkender durchschnittlicher Leistung N_m — wenigstens unterhalb der ¾-Last — viel rascher als linear erhöhen, wie Abb. 386 entnehmen läßt, so ist zu trachten, den Belastungsfaktor möglichst zu steigern. Es ist demnach günstiger, sofern es die Betriebslage zuläßt, einzelne Arbeitstage ganz ausfallen zu lassen, als die Maschinen fortlaufend mit geringer Belastung zu betreiben. Ist die jährliche Betriebsstundenzahl zu niedrig, so läßt sich die gesamte für den Kapitalsdienst bereitzustellende Summe auch dadurch wieder erträglich gestalten, daß A_m und A_g niedrig gewählt werden. In diesem Fall ist eine billigere Anlage am Platz. Ein Ausgleich läßt sich auch dadurch herbeiführen, daß die Tilgungsrate a_m für die Maschinen entsprechend ihrer geringeren Beanspruchung niedriger gewählt wird. Dies kommt aber nur dann in Frage, wenn regelmäßige, längere Betriebsunterbrechungen eintreten, die sich über einen großen Teil des Jahres erstrekken, wie dies für die sogenannten Saisonbetriebe zutrifft, und wenn die Anlage während dieser Zeit nicht in dauernd und jederzeit vollkommen betriebsbereitem Zustand erhalten werden muß.

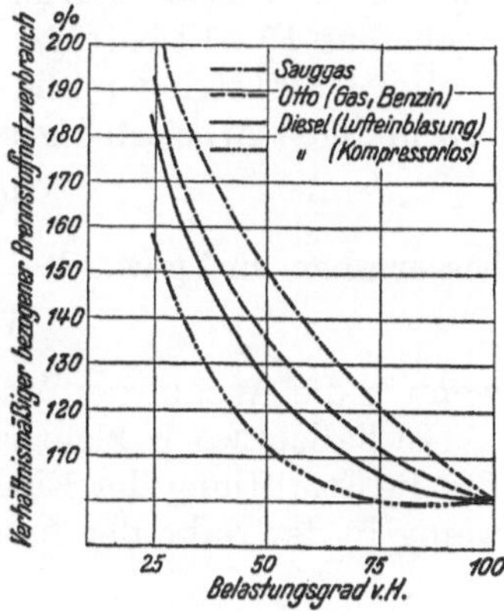

Abb. 386. Bezogener Brennstoffnutzverbrauch in v. H. des Vollastverbrauches bei verschiedener Belastung.

2. Betriebskosten.

Zu den Betriebskosten zählen:

a) die Kosten für Bedienung und Wartung,

b) die Kosten für Betriebsmittel, wie: Brennstoff, Schmiermittel, Kühlmittel, Putzmittel usw.

a) Kosten für Bedienung und Wartung.

Diese sind im allgemeinen von der Benutzungsdauer der Anlage ebenso wie von ihrer Belastung unabhängig, es sei denn, daß sich durch außergewöhnliche Betriebsbeanspruchungen besondere Instandsetzungsarbeiten ergeben und dadurch Aushilfsarbeitskräfte zur Unterstützung des regelmäßig beschäftigten Personals herangezogen werden müssen. Wo es sich nicht um ausgesprochen von der Jahreszeit abhängige Betriebe (Saisonbetriebe) handelt, werden sich im allgemeinen die Kosten für die Wartung und Bedienung als jährlich gleichbleibende Kosten ergeben; sie werden deshalb vielfach den festen Kosten zugeschlagen.

Die Wartung von Verbrennungskraftmaschinen ist einfacher als jene von Dampfanlagen gleicher Größe, sie kann durch billigere Arbeitskräfte erfolgen und erfordert weniger Zeit. Bei gleichen Maschinengattungen zeigt sich die für die Wartung notwendige Arbeitsleistung W in Arbeitsstunden von der Nennleistung der Maschine abhängig, und kann nach GÜLDNER [1] überschlägig für einfachen zehnstündigen Tagesbetrieb wie folgt bestimmt werden:

Für Leuchtgas- und Dieselmotoren: $\quad W = 0{,}25\sqrt{N}\ $ Stunden.

für Sauggasmotoren: $\qquad\qquad\qquad W = 1{,}25\sqrt{N}\ $ Stunden.

Ist der Durchschnittsstundenlohnsatz für das Wartungspersonal L Währungseinheiten E je Std., so belaufen sich die auf die PSh bei Nennleistung entstehenden Wartungskosten K_L:

für Leuchtgas- und Dieselmotoren $\qquad K_L = \dfrac{0{,}025\,L}{\sqrt{N}}\ \mathrm{E/PSh}$ $\hfill (2)$

für Sauggasmotoren $\qquad\qquad\qquad K_L = \dfrac{0{,}125\,L}{\sqrt{N}}\ \mathrm{E/PSh}$ $\hfill (2a)$

Der aus obigen Formeln sich ergebende Wert W ist bei größeren Anlagen auf einen oder mehrere Bedienungsleute derart aufzuteilen, daß für jeden einzelnen der Wert W höchstens 10—12 beträgt.

Bei Großbetrieben, die mehrere Motoren in einer Anlage umfassen, kann für den 10 stündigen Arbeitstag gesetzt werden:

$$W = 0{,}25\sqrt{N\cdot n}\ \text{ bzw. }\ 1{,}25\sqrt{N\cdot n}\,;$$

besser aber wird gewählt

$$W = 0{,}25\,n\sqrt{N}\ \text{ bzw. }\ 1{,}25\,n\sqrt{N},$$

wenn n die Anzahl der Maschinen in der Anlage bedeutet.

In Fällen, wo W kleiner als 8—10 Stunden ausfällt, ist der volle Lohn für einen Wärter für die Ermittlung der Eigenkosten einzusetzen, es sei denn, daß der Motorenwärter zeitweilig in der Nähe der Anlage anderweitig beschäftigt werden kann.

b) Betriebsmittelkosten.

α) Kraftstoff-Kosten.

Unter den vom Belastungsfaktor abhängigen Betriebsmittelkosten sind jene für den Kraftstoff am wichtigsten. Sie sind derart ausschlaggebend, daß ihre eingehende Überprüfung und Voreinschätzung zur Vorausbestimmung der Rentabilität jeder Anlage erforderlich ist und daß zweckmäßig zur Überwachung der Wirtschaftlichkeit der Anlage der Kraftstoffverbrauch laufend überprüft wird. Die Höhe des der Maschine eigentümlichen bezogenen Verbrauches und der Einheitspreis des Kraftstoffes einerseits, die Belastungsverhältnisse und daneben gegebenenfalls auch die übrigen Betriebsverhältnisse andererseits bestimmen Gesamtverbrauch und Kraftstoffkosten.

Bedeuten:
$b_e{}'$ den bezogenen Kraftstoffnutzverbrauch in kg/PSh oder in $\mathrm{Nm^3/PSh}$
H_u den unteren Heizwert des Kraftstoffes in kcal/kg bzw. in $\mathrm{kcal/Nm^3}$
η_e den Nutzwirkungsgrad der Maschine bei der Belastung N_e PS
K_1 den Einheitspreis des Kraftstoffes je kg bzw. je $\mathrm{N}_m{}^3$ frei Verbrauchsstelle in Währungseinheiten E,
so werden die stündlichen Kraftstoffkosten K_B bei der Belastung N_e

$$K_B = N_e\cdot b_e{}'\cdot K_1 = \frac{632\,N_e}{\eta_e}\cdot\frac{K_1}{H_u}\ \mathrm{E/h}. \hfill (3)$$

Der Quotient $\dfrac{K_1}{H_u}$ gibt die Einheitskosten des Kraftstoffes je kcal an; es ist dies ein Kennwert für die Beurteilung des zur Verwendung kommenden Kraftstoffes, der auch als dessen „Energiepreis" bezeichnet wird. Er unterscheidet sich für die verschiedenen Kraftstoffe innerhalb sehr weiter Grenzen und ist überdies für jeden einzelnen Kraftstoff sehr beträchtlichen zeitlichen und örtlichen Schwankungen unterworfen.

Z.B. werden für Deutschland, im Sommer 1943 gültig, folgende verhältnismäßige Energiepreise angegeben (vgl. [8, 9]):

Kraftstoff	H_u kcal/m³ bzw. kcal/kg	Verhältnismäßiger Energiepreis für je 1000 kcal, bezogen auf Tankstellenbenzin = 100
Generatorbriketts (lose ab Verteiler)	4 800	10,9
Naphtalin		12,3
Generatoranthrazit . . . . . ⎫	8 000	12,3
Steinkohlenschwelkoks . . . ⎪ lose ab Verteilerlager	6 800	12,4
Generatortorf . . . . ⎬	3 400	19,7
Generatorholz . . . . . . ⎭	3 700	34,0
Dieselkraftstoff (verbilligt für Landwirtschaft)	10 200	38,6
Dieselkraftstoff (Tankstelle)	10 200	56,1
Stadtgas	3 800	56,1
Motorenmethan	8 500	61,4
Flüssiggas ab Lager	11 000	76,3
Benzol Großhandel	9 600	91,2
Ottokraftstoff Tankstelle	10 200	100,0
Äthanol, Tankstelle	6 400	117
Azetylen, verdichtet	11 620	289
Wasserstoff	2 570	409

Bemerkenswert sind zunächst die großen Unterschiede im Energiepreis der verschiedenen Kraftstoffe, ferner auch der Umstand, daß es zur Zeit nicht verwendete Kraftstoffe mit sehr niedrigem Energiepreis, wie z.B. das Naphtalin gibt; endlich sind die gegenwärtig noch sehr hohen Energiepreise von Azetylen und vor allem von Wasserstoff zu erwähnen.

Werden die stündlichen Kraftstoffkosten auf die Leistungseinheit des Motors bezogen, so ergibt sich mit

$$\frac{N_e}{K_B} = b_e' \cdot K_1 = K_a \cdot \text{E/PSh} \tag{4}$$

ein Wert, dem für jede Gattung von Verbrennungskraftmaschinen ein bestimmter kennzeichnender Größenbereich zukommt; er wird als der „Arbeitspreis" für die betreffende Motorengattung bezeichnet und stellt jenen Betrag dar, der als Kraftstoffkostenanteil des Motorbetriebes je PSh aufzuwenden ist.

Energiepreis und Arbeitspreis schwanken mit dem Einheitspreis des Kraftstoffes und sind daher nicht nur für verschiedene Kraftstoffe, sondern auch wieder für denselben Kraftstoff für jedes Versorgungsgebiet, je nach Lage der Kraftstoffversorgungsmöglichkeit und nach der Lenkung der Kraftstoffwirtschaft, verschieden und ändern sich unter Umständen auch innerhalb eines Versorgungsgebietes wieder durch die von Ort zu Ort verschiedenen Transportkosten, die den Kraftstoffpreis belasten.

Vorausbestimmung von Kraftstoffkosten.

Soll die Wirtschaftlichkeit einer neu zu erstellenden Anlage im voraus errechnet werden, so ist es notwendig, den zu erwartenden Kraftstoffverbrauch so genau als möglich vorauszubestimmen. Je nachdem, ob es sich dabei um ortsfeste Anlagen oder um Schiffsanlagen handelt, muß dabei verschieden vorgegangen werden.

1. Ortsfeste Anlagen. Zur Vorherbestimmung des Gesamtverbrauches einer Anlage, die wie die meisten ortsfesten Anlagen unter stark schwankenden Belastungsverhältnissen arbeiten soll, ist zunächst die Kenntnis des zeitlichen Verlaufs der Belastungshöhe, also des Belastungsdiagrammes notwendig. Es ist dabei unrichtig, etwa auf Grund eines

angenommenen Belastungsfaktors den Gesamtkraftstoffverbrauch aus dem Vollastverbrauch zu errechnen und dem Auftreten von Teilbelastungen lediglich durch einen Zuschlag Rechnung zu tragen. Für den zweckmäßig einzuschlagenden Weg gibt MAGG [2]
folgende Anleitung:

Die zu gewärtigende Belastung ist entweder — z.B. bei Umstellung des Betriebes
von einer anderen Kraftquelle auf den Betrieb mit Verbrennungskraftmaschinen — aus
den gegebenen Erfahrungswerten, sonst aber am zweckmäßigsten den von KLINGENBERG [3]
gegebenen Normalcharakteristiken zu entnehmen. Abb. 387 stellt beispielsweise eine
solche Normalcharakteristik bezogen auf 24 Stunden dar; aus dieser Tagescharakteristik
oder aus einer Anzahl solcher für verschiedene Abschnitte des Jahres gültigen Tages-
charakteristiken läßt sich das Jahresbelastungsdiagramm — rechter oberer Quadrant
in Abb. 388 — ermitteln, welches den Belastungszustand der Maschine in bezug auf die

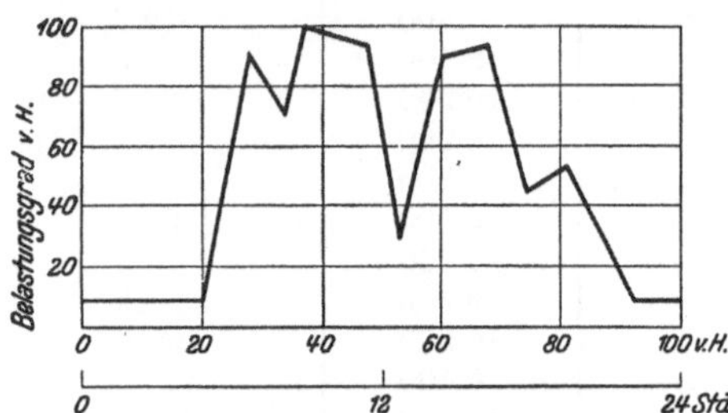

Abb. 387. Beispiel einer Normalcharakteristik über
24 Stunden (nach KLINGENBERG [3]).

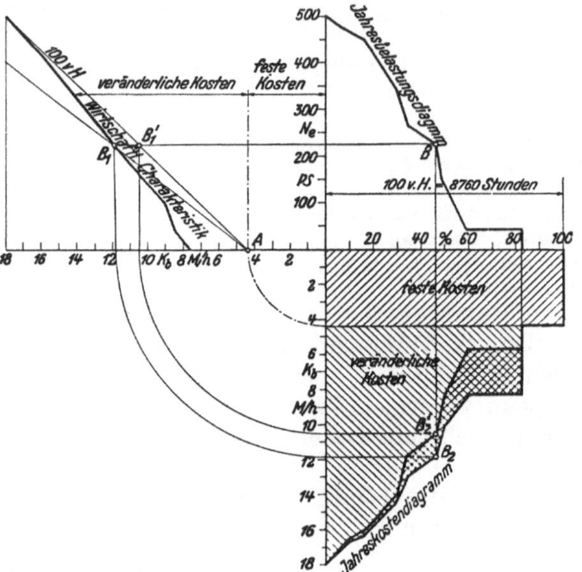

Abb. 388. Ermittlung des Jahreskostendiagramms (nach MAGG [2]).

Zeitdauer, während welcher die einzelnen Belastungsstufen auftreten, angibt.
Dem Beispiel liegen die Verhältnisse
einer Maschinenfabrikszentrale mit
300 Arbeitstagen und 65 Stillstands-
tagen je Jahr zugrunde. Der Belastungsfaktor bezogen auf den Arbeitstag beträgt im Beispiel 50%, bezogen auf das
Jahr unter Berücksichtigung der Still-
standstage jedoch nur 41,2%. Neben
dem Jahresbelastungsdiagramm wird (Abb. 388, linker oberer Quadrant) die wirtschaftliche Charakteristik aufgezeichnet, welche die Kraftstoffkosten je Stunde in
Abhängigkeit von der Belastung darstellt. Sie wird auf folgende Weise erhalten:
Zunächst werden von 0 nach links die festen Kosten je Stunde (die gesamten festen
Jahreskosten geteilt durch $365 \times 24 = 8760$) aufgetragen, und dadurch der Punkt
A erhalten. Wäre der bezogene Kraftstoffnutzverbrauch von der Belastung der Maschine
unabhängig, so ergäben die veränderlichen Kraftstoffkosten im Zusammenhang mit der
Belastung eine durch A gehende Gerade. Da sich aber der Verbrauch mit der Belastung
ändert, ergibt sich für jeden Belastungsgrad eine andere Gerade durch A, insgesamt
also ein Strahlenbüschel, von dem in Abb. 388 nur zwei Strahlen eingezeichnet sind.
In jedem einzelnen Strahl gibt dann der seiner Belastung entsprechende Punkt die tatsächlichen Kosten je Stunde an. Durch die Verbindung dieser Punkte ergibt sich die
gesuchte wirtschaftliche Charakteristik. Zur Ermittlung der Verbrauchsziffern für die
verschiedenen Belastungen können die Angaben des zweiten Teils dieses Heftes verwendet werden.

Durch den Bezug des Jahresbelastungsdiagrammes auf die wirtschaftliche Charakteristik — nach dem für den Punkt B in Abb. 388 beispielsweise angegebenen Verfahren —
ergibt sich das Jahreskostendiagramm, wie es im rechten unteren Quadranten dieser
Abbildung, dessen Fläche die gesamten Jahreskosten getrennt nach festen und veränder-

lichen Kosten darstellt, wiedergegeben ist. Der doppelt schraffierte Bereich der genannten Abbildung kennzeichnet die Mehrkosten, die der erhöhte Kraftstoffverbrauch bei Teillast verursacht.

Bei Zentralen mit mehreren Maschinen ist die Gesamtbelastung zunächst auf die einzelnen Maschinen aufzuteilen und die Wirtschaftlichkeitsberechnung für jede einzelne Maschine getrennt durchzuführen.

Wie aus den Gleichungen (1) und (3) hervorgeht, ist es wirtschaftlich in den allermeisten Fällen verfehlt, Verbrennungskraftmaschinen lange Zeit hindurch mit geringer Belastung laufen zu lassen. Da der Wert η_e dann sehr weit absinkt, hat ein derartiger Betrieb unzulässig hohen Kraftstoffaufwand zur Folge. In vielen Fällen erweist es sich daher als wirtschaftlich richtiger, die Gesamtleistung auf mehrere Maschinen aufzuteilen und für den Betrieb während der Zeiten schwacher Belastungen neben den Hauptmaschinen größerer Leistung noch eine oder mehrere Hilfsmaschinen von geringerer Leistung aufzustellen, die während der Zeiten geringen Leistungsbedarfes allein unter günstiger Belastung laufen. Es ist unter Umständen auch zweckmäßig, von diesen Hilfsmaschinen die Hilfsaggregate der Hauptmaschinen anzutreiben.

Die Überlastungsfähigkeit der Maschinen soll ausgenützt werden. Allerdings muß dabei vorausgesetzt werden, daß die Überlast auch tatsächlich während der in Frage kommenden Zeiten ohne Gefährdung der Betriebssicherheit gefahren werden kann, und zwar auch dann, wenn die Maschine knapp vor einer fällig werdenden Überholung steht. Keinesfalls dürfen Überlastungen in unzulässiger Höhe oder während unzulässiger Zeitdauer vorkommen. Es ist auch darauf zu achten, daß die Anlage über eine hinreichende Leistungsreserve verfügt, da erfahrungsgemäß bei jeder Anlage mit zusätzlichen Leistungsanforderungen zu rechnen ist.

Je nach der Art des Betriebes müssen bei Ermittlung der Kraftstoffkosten auch die Anheizzeiten, dann der Verbrauch während der Betriebspausen, der Rückbrand usw. mit berücksichtigt werden; dies ist z. B. bei Sauggas-Generatoranlagen der Fall. Verluste, die der Kraftstoff während der Lagerung oder zwischen Lager- und Verbrauchsstelle erleiden kann, wie z. B. Verluste durch Trocknen, Zerfall, Verdunstung, Tropfverluste usw. sind ebenfalls zu berücksichtigen.

2. *Schiffsanlagen.* Im Schiffsbetrieb sind die Erwägungen über den zu erwartenden Kraftstoffverbrauch wesentlich einfacher, da hier für den weitaus überwiegenden Teil der Betriebsdauer mit einer ganz bestimmten, gleichbleibenden Belastung und Drehzahl zu rechnen ist. Aus der Verbrauchskurve des Motors lassen sich die zu erwartenden Kraftstoffkosten für jede Propellerdrehzahl und die derselben entsprechende Belastung ohne weiteres errechnen, wenn der Propellerwirkungsgrad und der Wirkungsgrad der Kraftübertragung vom Motor zum Propeller bekannt sind.

Die großen Preisunterschiede die für einzelne Kraftstoffe in verschiedenen Häfen zu verzeichnen sind, lassen gegebenenfalls Erwägungen offen, ob größere Kraftstoffmengen wirtschaftlicher zu einem billigeren Preis zu beschaffen und dann auf größere Strecken mitzuführen sind, oder ob der verfügbare Frachtraum für andere Zwecke günstiger ausgenutzt werden kann. Auch die durch das Tanken erforderlich werdenden Liegezeiten, die je nach den in den Häfen vorhandene Ausrüstungen verschieden lang ausfallen können, sind in diese Überlegungen mit einzubeziehen.

β) Kosten für Schmiermittel und Putzmittel.

Die Kosten für Schmiermittel und Putzmittel können nur nach Erfahrungswerten erfaßt werden; hinsichtlich der ersteren gibt Teil II, Abschnitt B, Anhaltswerte. — Bei der Betriebskostenermittlung pflegt man meist die Kosten für Schmier- und Putzmittel in einem Bauschbetrag den festen Kosten zuzuschlagen.

Die Schmiermittelkosten sind aber außer vom spezifischen Ölverbrauch der Maschine und von dessen Kosten grundsätzlich noch von der Betriebsdauer abhängig.

Infolge des hohen Preises des Schmieröls kann die durch den Schmierölverbrauch erwachsende Belastung einen beachtlichen Anteil der Betriebskosten darstellen. Daher muß der Schmierölverbrauch auf das notwendige Maß eingeschränkt werden, um so mehr als ein Überschmieren des Motors sich auf den Verschleiß der Zylinder und Kolbenringe und auf die Betriebssicherheit der Maschine nur ungünstig auswirkt und vorzeitige Reinigungsarbeiten notwendig macht. Falsch wäre es aber, durch die Verwendung billiger, minder geeigneter Schmieröle Ersparnisse erzielen zu wollen. Die von der Motorenfirma hinsichtlich des Schmieröls gemachten Vorschriften geben die beste Gewähr für die Sicherheit der Schmierung und damit auch für die wirtschaftlichste Schmierung.

Bei Motoren, deren Zylinderschmierung durch Spritzöl erfolgt, hängt die Menge des in die Zylinder gelangenden Öles auch von dessen Zähigkeit ab; die Einhaltung der richtigen Öltemperatur ist daher hier neben der Verwendung der richtigen Ölsorte für den Verbrauch von Wichtigkeit. Vergrößerung des Lagerspiels in den Wellen- und Pleuellagern, ferner auch fortschreitender Verschleiß an den Zylindern, an den Kolbenringen und der dadurch eintretende Spannungsverlust an den letzteren, ferner der Verschleiß an den Flanken der Kolbenringe und in den Ringnuten, endlich auch das Festsetzen der Ringe führen oft zu ganz bedeutenden Steigerungen des Ölverbrauches. Dieser muß daher im Betrieb dauernd genau überwacht werden, um ein Anwachsen der Betriebskosten durch gesteigerten Ölverbrauch zu vermeiden.

Selbstverständlich ist für jeden sparsam und wirtschaftlich geführten Betrieb eine sorgfältige Erfassung des abfallenden Öles und dessen Wiederverwendung durch Filterung, Zentrifugieren und Regenerieren vorauszusetzen. — Ebenso müssen gebrauchte Putzmittel durch Reinigen neuerlich verwendbar gemacht werden. Erwähnt sei noch, daß durch die Verwendung ungeeigneter, vor allem stark fasernder Putzmittel, wie z.B. von Putzwolle, sehr viel Schaden angerichtet werden kann und unnötige Instandsetzungskosten entstehen können.

c) Instandhaltungskosten.

Die Höhe der an einer Motorenanlage auflaufenden Instandhaltungskosten wird nicht nur durch die Güte der Gestaltung und das richtige Erfassen der Betriebseinwirkungen auf die Bauteile durch den Konstrukteur und die ausführende Werkstatt ausschlaggebend beeinflußt; verständnisvolle Betriebsführung, aufmerksame Überwachung und Beobachtung der Maschine und ihrer Hilfsanlagen, Überwachung und Prüfung der Beschaffenheit der Betriebsmittel und aufmerksames Verfolgen der Betriebsergebnisse sind ebenso wichtig.

Nicht nur die unmittelbaren Kosten für Reparaturen, Ersatzteile, Nacharbeiten usw. beeinflussen die Instandhaltungskosten; vielmehr kommen noch die Kosten für die Demontage und für die Montage der herzurichtenden oder zu ersetzenden Teile und auch jener Bauteile hinzu, die ausgebaut und wieder eingebaut werden müssen, um den zu ersetzenden Teil zugänglich zu machen. Gute Zugänglichkeit besonders der erfahrungsgemäß häufiger zu überholenden Teile und ein klarer, übersichtlicher Aufbau der Maschine ebenso wie der Gesamtanlage sind daher anzustreben und können sich auf den Ertrag der Anlage auch durch ihren Einfluß auf die Länge von Stillstandzeiten sehr fühlbar machen.

Stillstände der Anlage belasten die Gesamtwirtschaftlichkeit unmittelbar als Verluste; in ihren mittelbaren Folgen können sie sich aber darüber hinaus noch wesentlich weitergehend auswirken und dieser Umstand ist es, der vor allem zur Klärung der Beschaffung von Ersatzenergie im Falle des Ausfallens der Anlage zwingt.

Die von den Motorenherstellern für die einzelnen Maschinen mitgelieferten Wartungsvorschriften enthalten meist eine Übersicht über die in entsprechend verschiedenen Zeitabständen an den Maschinen vorzunehmenden Instandhaltungsarbeiten, aus denen die notwendigen Stillstandzeiten abgeschätzt werden können. Freilich können solche Vorschriften lediglich einen ersten Anhalt für die Überwachung der Maschine geben. Die

Erfahrungen des Betriebes werden jedoch in jedem einzelnen Fall bald jene Zeitabstände erkennen lassen, innerhalb welcher die einzelnen Bauteile einer Überprüfung bedürfen und ihre Überholung notwendig wird. Im Interesse möglichst kurzer und seltener Stillstandszeiten werden die Bauteile in Gruppen von zeitlich gleichen Überholungsabständen zusammenzufassen sein, so daß sich ein genaues Programm für die Arbeiten aufstellen läßt. Die Arbeiten selbst können entweder während der natürlichen Betriebspausen oder während vorher festzulegender Stillstandszeiten ausgeführt werden, wozu auch Sonn- und Feiertage, Betriebsferien oder ähnliche Gelegenheiten, — bei Schiffsmotoren die Liegezeiten in den Häfen, — herangezogen werden können.

Im allgemeinen kann man bei ortsfesten Anlagen mit jährlichen Instandhaltungskosten von 2—3%, bei Schiffsmotoren mit solchen in der Höhe von 3—5% des Anlagekapitals rechnen. Ungewöhnliche Fälle, z.B. hervorgerufen durch Werkstoff- oder Ausführungsfehler, durch Nachlässigkeiten der Bedienung, durch Naturereignisse usw. können natürlich nicht in diesem Satz eingeschlossen erscheinen; sie werden aber in den meisten Fällen durch Versicherungen zu decken sein.

Bei ortsfesten Anlagen sind in den Instandhaltungskosten auch jene für das Maschinenhaus hinzuzurechnen, diese können mit 1—1½% des dafür aufgewendeten Anlagekapitals angenommen werden und schließen auch die Versicherungskosten für das Gebäude ein.

Die Wirtschaftlichkeitsberechnung für eine ortsfeste Anlage gliedert sich, dem bisher Gesagten entsprechend, etwa nach dem in folgender Tabelle gegebenen Schema:

Wirtschaftlichkeitsberechnung für ortsfeste Anlagen:

Anlagekosten für	
Motor und Zubehör	
Fundament und Montage	A_m
Kühlanlage	
Maschinenhaus	A_g
Summe der Anlagekosten	$A = A_m + A_g$
a) Feste Kosten	
Abschreibung	$0{,}07 \div 0{,}10\,A_m + 0{,}02 \div 0{,}03\,A_g$
Verzinsung	$0{,}025 \div 0{,}05\,A$
Versicherungen	
Steuern	
Instandhaltung	$0{,}02 \div 0{,}03\,A_m + 0{,}01 \div 0{,}015\,A_g$
Schmiermittelkosten	
Kosten für Beleuchtung, Beheizung	
Löhne	
b) Wechselnde Kosten	
Kraftstoff	
Kühlwasser	
Summe a)	a
Summe b)	b
Gesamtkosten	$K = a + b$
Jährlich erzeugte Leistungseinheiten	x
Kosten je Leistungseinheit	$K_1 = \dfrac{K}{x}.$

Das erforderliche Maß an Betriebssicherheit der Anlage begrenzt bis zu einem gewissen Grad die Höhe der der Maschine zuzumutenden Normalleistung und begrenzt auch die Höhe der zulässigen Überlastbarkeit. Sie bestimmt auch die etwa in der Anlage zur Aufstellung gelangenden Reserveaggregate nach Zahl und Größe, ferner auch Zahl und Umfang der bereit zu haltenden Reserve- und Ersatzteile. Für nicht ortsfeste Anlagen sind je nach der Wichtigkeit des Betriebes diese letzteren noch in Gruppen zu trennen, deren eine jene Teile umfaßt, die stets unmittelbar beim Motor greifbar, also am betreffenden Fahrzeug oder an Bord des Schiffes vorhanden sein müssen, während in die andere jene Teile aufgenommen werden, die in einer geeignet liegenden Werkstatt oder Ausrüstungsstation zur Verfügung stehen müssen. Die Größe dieser stets aufgefüllt zu haltenden Lager beeinflußt die Instandhaltungskosten.

3. Maßnahmen zur Erhöhung der Wirtschaftlichkeit.

Der in der Verbrennungskraftmaschine selbst in nutzbare Arbeit umgesetzte Anteil der zugeführten Gesamtwärme beläuft sich auf etwa 25 bis höchstens 40%, während der Rest der Kraftstoffwärme etwa je zur Hälfte mit dem Kühlwasser und den Abgasen verloren geht. Um diese Verluste zu verringern, sollte daher, wo Warmwasser oder Dampf benötigt werden, die Gesamtwirtschaftlichkeit der Anlage durch die Verwertung dieser Wärmemengen zur Warmwasser- und Dampfbereitung verbessert werden.

Der in Abwärmeverwertern höchstens nutzbar zu machende Wärmeanteil kann ungefähr zu 45% der Gesamtwärme angenommen werden, wenn es sich um die Bereitung von Warmwasser handelt und die Kühlwasserwärme mitverwendet wird. — Für mittlere Belastungen kann man daher mit ausnutzbaren Wärmemengen von 750—900 kcal/PSh rechnen. Wo der Bedarf an Warmwasser zeitlich nicht mit der Leistungsabgabe der Maschine zusammenfällt, läßt sich die Verschiebung durch die Anordnung von Warmwasserspeichern überbrücken. Voraussetzung für die wirtschaftliche Ausnutzung einer Abwärmeverwertungsanlage ist jedoch für die wirtschaftliche Ausnutzung einer Abwärmeverwertungsanlage ist jedoch eine möglichst gleichmäßig hohe Belastung der Motorenanlage. Diese Verhältnisse sind vor allem im Schiffsbetrieb gegeben; daher ist hier die Verwertung der Abgaswärme für die Warmwasserbereitung oder für andere Zwecke wohl schon allgemein selbstverständlich geworden.

Wo kein Bedarf an Warmwasser besteht, dort kann die Abwärme entweder zur Vorwärmung von Kesselspeisewasser verwendet werden oder auch unmittelbar zur Dampferzeugung dienen. Auf See reicht der in den Abgaskesseln der Hauptantriebsmotoren erzeugte Dampf auch für den Betrieb der verschiedenen Hilfsmaschinen meist voll aus.

Die aus den Abgasen wiederzugewinnende Wärmemenge erscheint durch die geringste Temperatur begrenzt auf welche die Gase abgekühlt werden können, ohne daß es zu Niederschlägen und dadurch zu Korrosionen in den Abgasleitungen kommt. Wird das Gas unter den Taupunkt gekühlt, so treten insbesondere dort, wo sich etwas Schwefel, im Kraftstoff befindet Korrosionen durch schwefelige Säure auf; die niedrigste zulässige Abgastemperatur erscheint deshalb mit 125—140° gegeben.

Die am Eintritt in den Abwärmekessel verfügbare Abgastemperatur kann bei Viertakt-Dieselmotoren mit 370—400°, bei Zweitakt-Dieselmotoren mit 250—290° angenommen werden. Bei 5% Strahlungsverlust am Kessel und 140° Temperatur der hinter dem Kessel abziehenden Gase ergibt sich angenähert für den Vollastbetrieb:

bei Viertaktmotoren eine Wärmemenge von 400 kcal aus den Abgasen und von 450 kcal aus dem Kühlwasser;

bei Zweitaktmotoren eine Wärmemenge von 300 kcal aus den Abgasen und von 450 kcal aus dem Kühlwasser.

Hinsichtlich des zulässigen Temperaturabfalls im Abgasverwerter ist aber zu berücksichtigen, daß auch bei Teillastbetrieb die Kondensationsgefahr vermieden werden muß.

Abb. 389 gibt einen Anhalt dafür, mit welchen Dampfmengen bei verschiedenen Motorengattungen und bei verschiedenen Dampfspannungen etwa gerechnet werden kann.

Nach Magg kann bei Verwertung des erzeugten Dampfes in Dampfturbinen bei Auspuffbetrieb mit 004 PSh Dampfleistung je Diesel-PSh, bei Kondensationsbetrieb mit 0,078 PSh Dampfleistung je Diesel-PSh gerechnet werden, so daß sich im ersteren Fall etwa 4% der Hauptmaschinenleistung, im letzteren etwa 7,8% der Hauptmaschinenleistung zusätzlich aus der Verwertung der Abwärme gewinnen lassen.

Ein weiterer Weg zur Verbesserung der Ausnutzung der Anlage ist durch die Aufladung gegeben. Hierdurch wird der erreichbare wirksame mittlere Arbeitsdruck im Motor erhöht, wobei die zusätzlich für das Aufladeaggregat aufzuwendenden Kosten unter denen bleiben, die als Mehrkosten bei der Aufstellung einer entsprechend größeren, nicht aufgeladenen Maschinen zu verzeichnen wären. Der Nutzwirkungsgrad der aufgeladenen Maschine liegt ungefähr gleich hoch, wie jener der nicht aufgeladenen Maschine. Der Schmiermittel- und Kühlwasserbedarf erhöht sich für die Auflademaschine kaum, entspricht also etwa jenen der nicht aufgeladenen Maschine gleicher Abmessungen.

Wird die zum Antrieb des Aufladegebläses erforderliche Leistung aus der in den Abgasen enthaltenen Energie gewonnen, so werden die Verhältnisse besonders günstig.

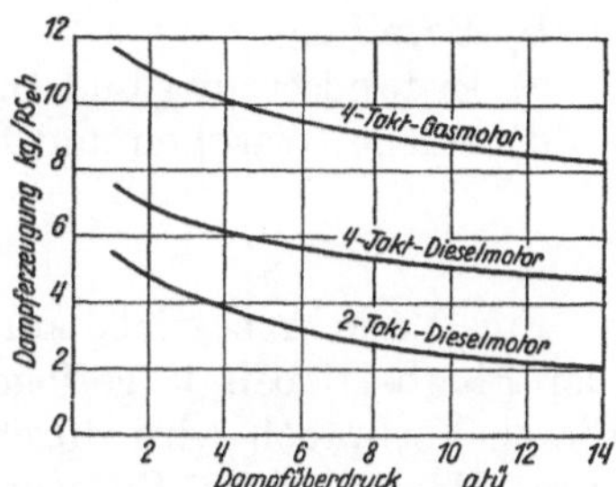

Abb. 389. In Abwärmeverwertern zu erzeugende Dampfmenge bei verschiedenen Motorverfahren.

C. Kraftfahrzeuge.

Wesentlich anders als für ortsfeste oder Schiffsanlagen gestaltet sich die Wirtschaftlichkeitsberechnung für Kraftfahrzeuge. Auch hier lassen sich die Kosten für den Motor von jenen für die übrige Anlage, in diesem Fall also für das ganze Fahrzeug, nicht trennen; die Bezugsgröße für die einzelnen betriebsabhängigen Posten der Wirtschaftlichkeitsrechnung ist aber hier nicht die im Betrieb ständig wechselnde und mit einfachen Mitteln nicht zu erfassende Motorleistung, sondern der vom Fahrzeug zurückgelegte Weg und die beförderte Last. Es werden daher die Wirtschaftlichkeitsberechnungen stets für das Gesamtfahrzeug aufgestellt und die auflaufenden Kosten bei Personenfahrzeugen auf die Kilometerfahrtleistungen, bei Lastfahrzeugen überdies auf die Tonne Nutzlast bezogen.

In sinngemäßer Übertragung der für ortsfeste Anlagen gegebenen Regeln teilen sich auch die für das Kraftfahrzeug erwachsenden Ausgaben

1. in Kosten, die unabhängig sind vom gefahrenen Kilometer, und die als „feste" oder „unveränderliche" Kosten bezeichnet werden und

2. in Kosten, die durch den Betrieb des Fahrzeuges anfallen, die „laufenden" oder „veränderlichen" Kosten.

1. Feste Kosten.

Zu den festen Kosten sind zu zählen: Verzinsung des Anlagekapitals und Abschreibung, Steuern und Versicherungen, Kosten für Garage bzw. Garagenmiete, endlich Löhne (einschl. sozialer Lasten usw.) für den Fahrer und gegebenenfalls für den Begleitmann.

Für die Abschreibung wird die Lebensdauer der Kraftfahrzeuge wie folgt angenommen:

Krafträder, kleine und mittlere Personenwagen, leichte Lastkraftwagen, kleine Autobusse: 5 Jahre, Abschreibung 20%; große Personenwagen und Lastkraftwagen, große Autobusse: 6 Jahre, Abschreibung 16,7%. Die jährliche Verzinsung des angelegten Kapitals kann für kleine Personenwagen im allgemeinen zu 5% angenommen werden; bei schweren Lastkraftwagen und Omnibussen, bei denen es sich um größere Kapitalanlagen handelt, kann mit einer Verzinsung von 3% gerechnet werden.

Die verschiedenen Steuerbehörden lassen Abschreibungen bis zu 20% — über Antrag in Sonderfällen jedoch auch bis zu 30% zu. — Bei größeren Kapitalanlagen wird die Abschreibung vielfach innerhalb von 6 Jahren vorgenommen.

2. Laufende Kosten.

In den laufenden Kosten sind einzusetzen die Kosten für:

a) Betriebsstoffe, also für Kraftstoff, Schmieröl und Fett,

b) Bereifung,

c) Instandsetzung und Instandhaltung,

d) Pflege, Waschen und Reinigung des Fahrzeuges.

a) Betriebsstoffkosten.

Für Verkehrsbetriebe kommt nur der tatsächliche Kraftstoffverbrauch je gefahrenen (bei Flugbetrieben je geflogenen) Kilometer bei bestimmten Belastungen in Betracht. Dieser Verbrauch wird durch Messungen während Fahrversuchen auf der Straße, bzw. durch Messungen bei Flugversuchen ermittelt.

Für Verbrauchsmessungen auf der Straße gelten die Bestimmungen zur Ermittlung des „*Normverbrauches*" [4]. Dieser wird durch Fahrversuche auf einer ebenen Straßenstrecke von 50—60 km Länge bei Windstille (höchstens Windstärke 2—3) ermittelt, wobei die gesamte Fahrstrecke möglichst gleichmäßig hin und zurück mit einer Geschwindigkeit zu durchfahren ist, die etwa $^2/_3$ der gestoppten Höchstgeschwindigkeit betragen soll.

Der Kraftstoffnormverbrauch K_n errechnet sich dann aus dem gemessenen Gesamtverbrauch K in l und der Weglänge W in km zu

$$K_n = 1{,}1 \frac{K}{W} \cdot 100 \; 1/100 \text{ km.}$$

Hierbei ist für den durchschnittlichen Fahrbetrieb bereits im Faktor 1,1 ein Zuschlag zum tatsächlich im Versuch gemessenen Verbrauch enthalten.

Der Normverbrauch K_n ist bis auf eine Stelle hinter dem Komma anzugeben (die 2. Dezimale unter 0,05 ist nach unten, über 0,05 nach oben abzurunden).

Für überschlägige Vorausberechnungen kann angenommen werden, daß im Kraftfahrzeugbetrieb für je 100 kg Nutzlast oder für jede beförderte Person je Kilometer 100—200 kcal im Kraftstoff aufgewendet werden müssen.

Stehen Verbrauchsmessungen aus dem praktischen Fahrbetrieb bereits über längere Zeiträume zur Verfügung, so geben diese naturgemäß den besten Anhalt für die Ermittlung und Vorausbestimmung des tatsächlichen Verbrauches von unter gleichen Verhältnissen zum Einsatz kommenden Fahrzeugen.

Der Kraftstoffverbrauch des Fahrzeugmotors hängt außer von den Verbrauchszahlen, wie sie am Prüfstand ermittelt werden können, auch wesentlich von der Fahrweise des Fahrers ab, da dieser in weitgehendem Maß die Betriebsbedingungen des Motors beeinflussen kann. Daneben aber nehmen auch noch folgende Bedingungen auf die Höhe des Verbrauchs und auch vielfach auf den Verschleiß im Motor Einfluß:

1. Straßenzustand, Straßengeometrie, Straßenverkehr; Stadt- oder Überlandverkehr, Anzahl und Abstand der Haltepunkte bei Schienenfahrzeugen und im Autobusbetrieb.

2. Geländebeschaffenheit und -bedeckung.

3. Windverhältnisse und Luftwiderstand, Wetter und atmosphärische Verhältnisse.

4. Fahrzeugbelastung und dessen Gesamtgewicht.

5. Qualität des Kraftstoffes; Leckverluste.

6. Zustand des Motors und des Fahrzeuges.

7. Reisedurchschnitts- und Höchstgeschwindigkeit.

8. Leerläufe bei Fahrzeugstillstand.

Sparsame Fahrweise verlangt beim Straßenfahrzeug das Einhalten einer mäßigen, gleichbleibenden Geschwindigkeit von etwa 50—60 km/h. Ungleichmäßiges Fahren, rasches Anfahren und plötzliches Bremsen führt zu höherem Verbrauch, steigert daneben den Reifenverschleiß und nutzt die Bremsbeläge vorzeitig ab. Hohe Geschwindigkeiten, wie sie z. B. auf Autobahnen eingehalten werden können, haben ungünstigeres wirtschaftliches Gesamtverhalten zur Folge: die hohen Motordrehzahlen, die dabei dauernd eingehalten werden, führen infolge der gesteigerten Massenkräfte und sonstigen erhöhten Beanspruchungen zu vermehrter Abnutzung von Lagern, Kolben, Kolbenringen und Zylindern. Die Drehzahl und Leistungserhöhung ergibt einen wesentlich gesteigerten bezogenen Kraftstoff- und Schmierölverbrauch, wenn nicht der Motor als Autobahnmotor ausgelegt und daher für das dauernde Einhalten hoher Drehzahlen und hoher Belastungen entworfen und das ganze Fahrzeug der hohen Geschwindigkeit angepaßt wurde. Besonders schädlich wirken sich hohe Motordrehzahlen und Belastungen bei kaltem Motor aus, weil die Kolbenringe dann wegen der noch hohen Ölzähigkeit ungenügend vom Schmieröl benetzt werden und trocken laufen, was bedeutend erhöhten Verschleiß zur Folge hat.

Von Einfluß auf die Wirtschaftlichkeit des Kraftfahrzeugbetriebes ist auch die Wahl der Getriebe- bzw. der Hinterachsübersetzung. Für den Betrieb in bergigem Gelände z. B. ist eine größere Untersetzung als in ebenem Gelände erforderlich, um wirtschaftlich fahren zu können.

Zur Schonung des Motors und damit zur Herabsetzung des Kraftstoff- und Schmierölverbrauches sowie auch der Instandhaltungskosten, gleichzeitig auch zur Erhöhung der Geschwindigkeit in der Ebene und bei Leerfahrten ist das Vorhandensein eines übersetzten „Schnellganges" oder „Sparganges" von Vorteil.

Eine für die Vorausberechnung der Kraftstoffkosten im Fahrzeugbetrieb verwendbare Zusammenstellung des Kraftstoffverbrauches sowie der Arbeitspreise für verschiedene Motorengruppen und Arbeitsverfahren zeigt die Abb. 390.

Diese Unterschiede zwischen den Energiepreisen der verschiedenen Kraftstoffe und zwischen den Arbeitspreisen der verschiedenen Verbrennungsverfahren wirken sich auf die reinen Kraftstoffkosten naturgemäß stark aus. So hat beispielsweise nach HEUER [5] die Verwendung verschiedener Kraftstoffe im Stadtomnibusbetrieb (unter Zugrundelegung der Kraftstoffpreise vom Jahre 1939) zu folgenden Ergebnissen hinsichtlich des Vergleiches der Kraftstoffkosten geführt:

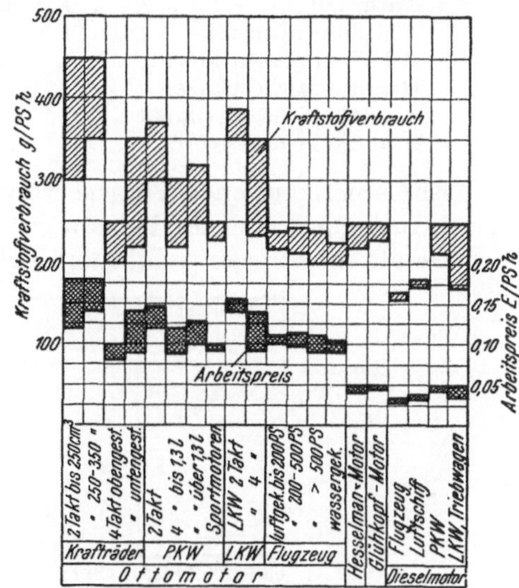

Abb. 390. Kraftstoffverbrauch und Arbeitspreis für Fahrzeugmotoren.

Dem Vergleich der Arbeitspreise liegt zugrunde ein Preis von 0,40 E für Benzin
0,46 E für Fliegerbenzin
0,20 E für Dieselkraftstoff.
Der untere Heizwert wurde für alle Kraftstoffe mit $H_u = 10\,000$ angenommem.

Flüssiggas: Im Betrieb entspricht 1 kg Flüssiggas etwa 1,4—1,6 l Benzin:

Flüssiggas zeigte sich besonders geeignet für die Verwendung in größeren Omnibussen mit Motorenleistungen von 75—100 PS; hier belief sich die Kraftstoffkostenersparnis gegenüber Benzin auf etwa 12%. — Bei kleineren Leistungen war der Unterschied geringer und erreichte nur ungefähr 5% zugunsten des Flüssiggases.

Stadtgas: 1 l Benzin entspricht etwa 2,16—2,21 m³ Gas; die Betriebskostenersparnis erreichte hier etwa 36%, doch liegt der Kapitalsdienst ziemlich hoch, so daß sich das Gesamtergebnis auf etwa 30—32% verringerte.

Feste Kraftstoffe (Generatorgas): Gegenüber Benzin ergab sich eine Kraftstoffkostenersparnis von 31—46%, jedoch ist ein Leistungsabfall von 20—25% in Kauf zu nehmen, so daß sich, auf gleiche Leistung bezogen, bei der Verwendung von Holzkohle und Torfkoks eine Ersparnis von 28% ergibt.

Die Kraftstoffkosten je PS konnten für die verglichenen Bedingungen etwa wie folgt ins Verhältnis gesetzt werden:

Benzin = 100		Dieselöl = 100	
Dieselöl	43,9	Benzin	228
Flüssiggas	84,6	Flüssiggas	193
Stadtgas	67,8	Stadtgas	155
Generatorgas (Mittelwert von Holz-kohle, Torfkoks, Holz)	58,2	Generatorgas	133

Schulte und Lessnig [6] geben demgegenüber die Treibstoffkosten und die Verbräuche nach eigenen Versuchsfahrten auf einer Reichsautobahnstrecke in ebenem Gelände für einen Lastkraftwagen von 12 t Gesamtgewicht und 5 t Nutzlast bei Generatorbetrieb wie folgt an (1936):

Kraftstoff	Kraftstoffpreis je 1000 kg RM	Kraftstoffverbrauch je 100 tkm Gesamtgewicht kg	Verhältnismäßige Kraftstoffkosten je 100 tkm Nutzlast
Anthrazit . . . . Nuß IV	18,50	4,10	22,7
Tieftemperaturkoks . . . . . „	16,00	4,70	22,5
Mitteltemperaturkoks . . . . „	16,00	4,57	21,9
Hochtemperaturkoks . . . . „	16,00	6,28	30,2
Braunkohlenschwelkoks . . . „	16,00	6,20	29,8
Braunkohlendieselöl	(160,00)	(2,08)	100

Ein amerikanisches Transportunternehmen gibt für auf gleicher Strecke gefahrene Lastkraftwagen gleicher Belastung folgende Kostengegenüberstellung:
Gefahrene Strecke je Jahr und Fahrzeug: 36 000 Meilen.

Alter der Wagen Jahre	Dieselbetrieb		Benzinbetrieb	
	Cents/Meile	Jahreskosten $	Cents/Meile	Jahreskosten $
1	8	2880	10	3600
2	9	3240	15	5400
3	10	3600	15,5	5580
4	11	3960	16,5	5940
5	11,5	4140	17,0	6130
6	12,5	4500	17,5	6300
6 Jahre: Gesamtbetriebskosten	22 320 $		32 940 $	
Anschaffungskosten	9 500 $		7 500 $	
Gesamtkosten	31 820 $		40 440 $	

Zu überprüfen ist bei jeder Betriebskostenberechnung auch, ob und wie die Verwendung bestimmter Kraftstoffe steuerlich berücksichtigt wird, wie dies in vielen Ländern der Fall ist; dadurch kann u. U. der Mehraufwand, der z. B. bei der Verwendung von Generatorkraftstoffen zusätzlich für die Bedienung und Wartung erwächst, ausgeglichen werden.

b) Kosten für die Bereifung.

Der Einfluß der Fahrweise auf die Lebensdauer der Reifen wurde bereits erwähnt; selbstverständlich ist dabei der Straßenzustand ausschlaggebend für den Reifenverschleiß. Hohe Fahrgeschwindigkeiten von über 80 bis 100 km/h, wie sie auf Autobahnen oder Fernverkehrsstraßen möglich sind, verkürzen insbesondere dann die Lebensdauer der Reifen, wenn ihre Kühlung ungenügend ist.

Besonders auffällig zeigt sich der Reifenverschleiß bei Rennwagen; hier sind gute Reifen, die unter normaler Fahrweise eine Lebensdauer von 40 000 km und mehr aufweisen können, unter Umständen bereits nach 200 km oder auch früher abgefahren.

Im allgemeinen kann die Lebensdauer für Reifen normaler Güte bei Personenwagen mit 20 000 km, bei Lastkraftwagen mit 30—40 000 km angenommen werden. Im Omnibusbetrieb in Städten kann mit einer Lebensdauer von etwa 20 000 km gerechnet werden.

Nach Runderneuerung können die Reifen noch für ungefähr die Hälfte der angegebenen Laufzeiten weiterverwendet werden.

c) Instandhaltungskosten.

Bei Kraftwagenmotoren liegen die Instandhaltungskosten im Verhältnis zu den Anschaffungskosten des Motors wesentlich höher als bei ortsfesten Anlagen. Sie stehen aber hier eindeutig mit der Beanspruchung des Fahrzeuges in Zusammenhang und werden daher wie alle anderen laufenden Kosten auf den Fahrkilometer bezogen und als fester Satz diesen Kosten zugeschlagen.

Auf die Höhe der Instandhaltungskosten nehmen außer den auf S. 280 erwähnten Fahr- und Betriebsbedingungen in fühlbarer Weise Einfluß:

a) das angewendete Verbrennungsverfahren und die verwendeten Betriebsmittel

b) die Bauweise des Motors und seine Drehzahl

c) die Aufmerksamkeit der Bedienung und der Wartung.

Ottomotoren und Dieselmotoren unterscheiden sich dort, wo sie unter gleichen Betriebsbedingungen eingesetzt werden, weder hinsichtlich der Häufigkeit der notwendig werdenden Überholungen noch in merkbarer Weise in der Höhe der Instandhaltungskosten.

Andere Verbrennungsverfahren können allerdings die Instandsetzungskosten in wesentlicher Weise beeinflussen. So z. B. sinken diese bei der Umstellung von Dieselmotoren auf Otto-Flüssiggasbetrieb, steigen dagegen zur Zeit noch nicht unbeträchtlich bei der Umstellung sowohl von Otto- als auch von Dieselmotoren auf Sauggas-Generatorbetrieb.

Hinsichtlich der Betriebsverhältnisse lassen sich deutlich 3 Gruppen von Fahrzeugen unterscheiden, bei welchen sich die Überholungsarbeiten in verschieden langen Zeitabständen notwendig machen:

a) Fahrzeuge im Kurzstreckenverkehr, hier wieder solche im Stadtverkehr und im Nahverkehr,

b) Fahrzeuge im Überlandverkehr

c) Fahrzeuge für den Betrieb im Gelände (landwirtschaftliche Schlepper u. a.).

Im allgemeinen ist festzustellen, daß der Verschleiß um so niedriger liegt, je länger die vom Fahrzeug durchschnittlich mit gleichbleibender Geschwindigkeit durchfahrenen Strecken und je größer die Abstände zwischen den Haltepunkten d. h., je gleichmäßiger also die Betriebsbedingungen für den Motor sind.

Im Langstreckenverkehr eingesetzte Fahrzeuge haben immer eine größere Lebensdauer als solche, die dem Kurzstreckenverkehr dienen.

Daß aber selbst unter ähnlichen Betriebsverhältnissen sehr verschiedene Auswirkungen auf den Motor bestehen, beweist z. B. der Umstand, daß die von verschiedenen städtischen Kraftfahrbetrieben festgelegten Überholungszeiten für Omnibusmotoren zwischen 40 000 und 140 000 km schwanken.

Besonders häufige Überholungen machen sich dort notwendig, wo der Fahrzeugbetrieb in stark staubhaltiger Luft läuft. So kommen beispielsweise bei Ackerschleppern Fälle vor, wo der infolge ungenügender Filterung der Ansaugluft eintretende Zylinderverschleiß bereits nach 120 Stunden Betriebsdauer einen Ersatz der Zylinderlaufbüchsen notwendig macht.

Hohe Drehzahlen geben stets höheren Verschleiß und erhöhen die Instandhaltungskosten; bei allen Motorentypen, die mit außergewöhnlich hohen Drehzahlen ausgelegt sind, verkürzen sich die Zeitabstände von Überholung zu Überholung gegenüber solchen, die im niederen Drehzahlbereich arbeiten.

Es ist anzustreben, daß der Verschleiß an allen ihm unterworfenen Teilen des Motors eine möglichst gleichzeitige Überholung derselben notwendig macht. Dadurch können die Stillstandzeiten des Fahrzeuges, die durch die Motoreninstandhaltung bedingt sind, auf ein Mindestmaß beschränkt werden. — Dieser Zustand ist allerdings für den Fahrzeugmotor heute noch nicht erreichbar. Im allgemeinen macht der Zylinderverschleiß die

Z a h l e n t a f e l 5: Lebensdauer verschiedener Verschleißteile von Verbrennungsmotoren im Fahrzeugbetrieb.

Angaben in Fahrkilometern.

Die verzeichneten Werte stellen ungefähre Höchstwerte für die Häufigkeit vor; Abweichungen von −60 bis +100% umfassen erst etwa 8% des Gesamt-Streubereiches. Für die frei gebliebenen Felder konnten Unterlagen in hinreichender Zahl nicht beschafft werden. (Abgeschlossen 1948)

Fahrzeuggattung	Zylinder Grauguß normal	Zylinder Grauguß vergütet	Zylinder nitriert	Zylinder hart verchromt	Kolbenringe normal	Kolbenringe hart-verchr. in Grauguß-zylinder	Kolbenringe in nitriert. Zyl.	Kolbenringe in hart-verchromt. Zyl.	Ventil bis zum Nachschleifen Einlaß	Ventil bis zum Nachschleifen Auslaß	Ventil bis zum Nachschleifen Führung	Kolben	Kolben-bolzen	Kolben-bolzen-büchsen	Kurbel-welle	Kurbel-lager	Wellen-lager
PKW. 4-Takt-Otto Kurzstrecken	20 000 45 000	30 000 50 000	80 000 120 000		15 000 25 000	30 000 60 000	30 000 45 000	30 000 50 000	10 000 30 000	10 000 25 000	30 000 80 000	50 000 80 000	50 000 100 000	50 000 100 000			
PKW 4-Takt-Otto Langstrecken	50 000 120 000	60 000 120 000	120 000 250 000		25 000 35 000	30 000 60 000	30 000 45 000	30 000 60 000	10 000 30 000	10 000 25 000	50 000 80 000	50 000 80 000	50 000 100 000	30 000 100 000			
PKW 2-Takt-Otto Langstrecken	40 000 60 000	40 000 100 000			10 000 25 000	25 000 60 000	15 000 25 000	15 000 35 000	35 000			30 000 60 000	30 000 70 000	20 000 100 000			
LKW 4-Takt-Otto Lieferwagen	30 000 60 000				15 000 20 000						30 000 80 000	50 000 80 000	50 000 100 000	30 000 100 000			
LKW 2-Takt-Otto Lieferwagen	16 000 45 000				12 000 20 000							30 000 60 000					
LKW 4-Takt-Otto Nahverkehr	30 000 60 000	30 000 60 000	60 000 150 000		15 000 25 000	25 000 40 000			10 000 30 000	10 000 25 000	30 000 80 000	60 000 120 000	80 000 150 000	50 000 150 000			
LKW 4-Takt-Otto Fernverkehr	50 000 80 000	60 000 100 000	80 000 350 000		20 000 35 000	30 000 45 000	30 000 45 000	30 000 50 000	10 000 30 000	10 000 25 000	30 000 100 000	60 000 100 000	80 000 150 000	50 000 150 000			
LKW 4-Takt-Diesel Nahverkehr	30 000 60 000	30 000 60 000	80 000 200 000	85 000 250 000	15 000 25 000	25 000 35 000		30 000 50 000	10 000 30 000	10 000 25 000	40 000 100 000	60 000 120 000	80 000 300 000	50 000 150 000			
LKW 4-Takt-Diesel Fernverkehr	40 000 100 000	50 000 100 000	80 000 200 000	80 000 250 000	20 000 35 000	30 000 45 000	30 000 45 000	30 000 50 000			40 000 100 000	50 000 100 000	80 000 300 000	50 000 150 000			
Schlepper Glühkopf Straßenverkehr	25 000 50 000				8 000 15 000							30 000 100 000	20 000 100 000				
Schlepper Glühkopf Landwirtschaft	1000 Std. 1800 ,,				600 Std. 1200 ,,							2000 Std. 3000 ,,					
Schlepper 4-Takt-Diesel Straßenverkehr	25 000 40 000	25 000 45 000	50 000 100 000	50 000 120 000	15 000 20 000	25 000 35 000	15 000 25 000	15 000 30 000				80 000 100 000					
Schlepper 4-Takt-Diesel Landwirtschaft	800 Std. 2400 ,,	800 Std. 2400 ,,	3000 Std. 9000 ,,	4000 Std. 12000 ,,	800 Std. 1200 ,,	1200 Std. 2400 ,,	2000 Std. 6000 ,,	2000 Std. 8000 ,,				3000 Std. 5000 ,,					
Autobus 4-Takt-Otto Stadtverkehr	30 000 60 000	40 000 75 000	60 000 120 000	60 000 200 000	15 000 20 000	25 000 35 000	20 000 30 000	25 000 45 000			30 000 100 000	50 000 100 000	30 000 150 000	30 000 150 000			
Autobus 4-Takt-Otto Fernverkehr	40 000 80 00	40 000 100 000	80 000 150 000	80 000 200 000	20 000 25 000	35 000 50 000	20 000 35 000	25 000 45 000			30 000 100 000	50 000 100 000	50 000 250 000	30 000 150 000			
Autobus 4-Takt-Diesel Stadtverkehr	30 000 80 000	40 000 100 000	60 000 120 000	80 000 200 000	15 000 20 000	25 000 35 000	20 000 30 000	25 000 45 000			30 000 120 000	60 000 120 000	40 000 150 000	30 000 150 000			
Autobus 4-Takt-Diesel Fernverkehr	45 00 100 000	60 000 120 000	80 000 150 000	80 000 200 000	20 000 25 000	30 000 45 000	20 000 35 000	25 000 45 000			30 000 120 000	60 000 100 000	40 000 150 000	30 000 150 000			
Kraftrad 2-Takt	20 000 40 000				7 000 20 000								20 000 50 000	15 000 50 000			
Kraftrad 4-Takt	20 000 60 000				10 000 20 000								20 000 50 000	15 000 50 000			
LKW 4 t Holzgas Nahverkehr	15 000 45 000				8 000 15 000				3 000 12 000	5 000 20 000	20 000 50 000	20 000 40 000	20 000 50 000	20 000 50 000			
LKW 4 t Holzgas Fernverkehr	20 000 50 000				10 000 20 000				3 000 2 000	5 000 5 000	20 000 50 000	25 000 50 000	20 000 60 000	20 000 60 000			

ersten Überholungsarbeiten notwendig, während die Lager und zwar sowohl die Pleuel-als auch die Wellenlager, die eineinhalbfache bis doppelte Lebensdauer der Zylinder erreichen. Bei sehr rasch laufenden Motoren nähern sich die Zeiten zwischen den Überholungen für Zylinder und Pleuellager, während sich jene für die Kurbelwellenlager auch hier meist wesentlich größer zeigen. Ähnliches läßt auch die Zahlentafel 5 entnehmen, die aus den Beobachtungen einiger größerer städtischer und Überlandverkehrsunternehmen sowie aus langjährigen Aufzeichnungen einer Anzahl großer Zylinderschleifereien entstanden ist. Auch hier zeigt sich die öfters mangelnde Übereinstimmung in der Lebensdauer der Zylinder und der üblichen Verschleißstellen. — Allerdings finden sich auch einzelne Motorentypen, bei denen die Lagerung die kürzeste Lebensdauer aufweist, so daß sich die Zeitabstände von Überholung zu Überholung nach dem Lager- und Wellenverschleiß richten. Die Zahlentafel 5 umfaßt Erfahrungen, die an Motoren verschiedener Herkunft und mit verschiedenen Verbrennungsverfahren gewonnen wurden; die Fahrzeuge arbeiteten aber unter sehr unterschiedlichen Betriebsbedingungen; die Angaben dieser Tafel können daher nur als grobe Mittelwerte für die Häufigkeit gewertet werden und im Einzelfall sind sehr weite Streuungen in der Lebensdauer nach oben oder nach unten ohne weiteres möglich; die Aufstellung hat in erster Linie nur den Zweck, eine möglichst weitgehende Sammlung solcher Unterlagen anzuregen.

Ziel der weiteren Entwicklung im Motorenbau sowie der Verschleißforschung muß es sein, die erstrebenswerte Abstimmung im Verschleiß der einzelnen Bauteile des Motors zu verwirklichen und, zu einem späteren Zeitpunkt, vielleicht auch mit den Überholungszeiten für das ganze Fahrzeug in Einklang zu bringen.

Wo es sich um die Instandhaltung einer größeren Anzahl gleichartiger Motoren handelt, wie z. B. in größeren Fahrzeugparks, hat es sich im Interesse möglichst kurzer Stillstandzeiten der Fahrzeuge als vorteilhaft erwiesen eine Anzahl von Austauschmotoren bereit zu halten, so daß die zu überholenden Motoren unmittelbar ersetzt werden können. Das Instandsetzen des Motors erfolgt dann ohne Störung des eigentlichen Betriebes des Fahrzeuges.

3. Wirtschaftlichkeitsberechnungen.

Wirtschaftlichkeitsberechnungen für Motorfahrzeuge sind entsprechend den bisher angeführten Gesichtspunkten zweckmäßigerweise nach der auf S. 286 oben folgenden Übersicht zu gliedern, in welcher die für die einzelnen Fahrzeugtypen abweichenden Posten besonders hervorgehoben sind.

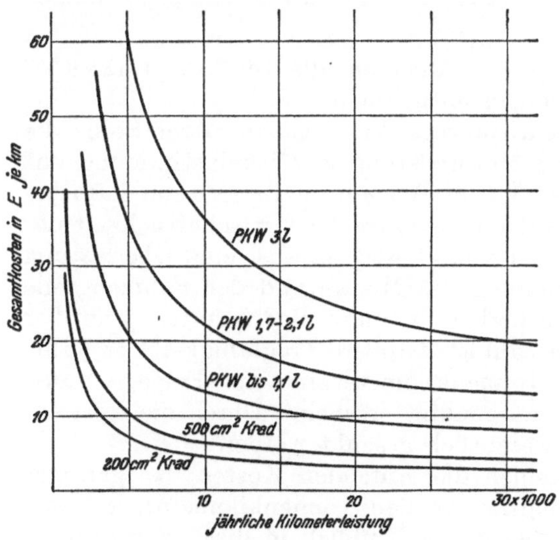

Abb. 391. Wirtschaftlichkeit von Krafträdern und Personenkraftwagen. [7]

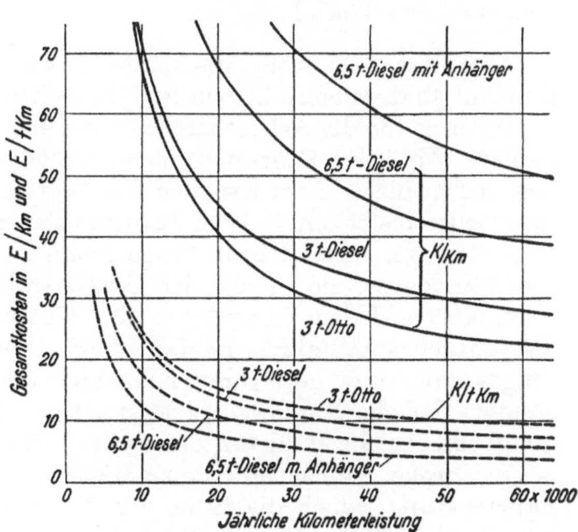

Abb. 392. Wirtschaftlichkeit von Lastkraftwagen. [7]

Anleitung für die Wirtschaftlichkeitsberechnung für Kraftfahrzeuge.

<table>
<tr>
<th>Antriebsmotor</th>
<th colspan="7">Ottomotor</th>
<th colspan="4">Dieselmotor</th>
<th>Otto</th><th>Diesel</th><th>Otto</th><th>Diesel</th>
</tr>
<tr>
<th rowspan="4">Fahrzeuggattung</th>
<th colspan="2">Kraftrad</th>
<th colspan="3">Personenwagen</th>
<th colspan="6">Lastwagen</th>
<th colspan="4">Autobus</th>
</tr>
<tr>
<th colspan="2" rowspan="2">Hubraum cm^3</th>
<th colspan="3">Hubraum l</th>
<th colspan="4">3 t</th>
<th colspan="2">6,5 t</th>
<th colspan="4" rowspan="2">Einmannwagen m. Sitzen</th>
</tr>
<tr>
<th>bis 1,1</th><th>1,7 bis 2,9</th><th>2,9 bis 3,6</th>
<th>ohne</th><th>mit</th><th>ohne</th><th>mit</th><th>ohne</th><th>mit</th>
</tr>
<tr>
<th>200</th><th>500</th>
<th></th><th></th><th></th>
<th colspan="6">Anhänger</th>
<th colspan="2">27</th><th colspan="2">47</th>
</tr>
<tr>
<td>a) Feste Kosten</td>
<td colspan="15" align="center">A = Anschaffungskosten des vollständigen Fahrzeugs, gegebenenfalls mit Anhänger</td>
</tr>
<tr>
<td>Abschreibung . . .</td>
<td colspan="2">0,2 A</td>
<td colspan="3">0,167 A</td>
<td colspan="6">0,2 A</td>
<td colspan="4">0,167 A</td>
</tr>
<tr>
<td>Verzinsung . . . .</td>
<td colspan="7">0,05 A</td>
<td colspan="4">0,03 A</td>
<td colspan="2">0,05 A</td>
<td colspan="2">0,03 A</td>
</tr>
<tr>
<td>Versicherung . . .</td>
<td colspan="15"></td>
</tr>
<tr>
<td>Steuern . . . . . .</td>
<td colspan="15"></td>
</tr>
<tr>
<td>Garage . . . . . .</td>
<td colspan="15"></td>
</tr>
<tr>
<td>Löhne . . . . . .</td>
<td colspan="5">gegbf. Lohn f. Fahrer</td>
<td colspan="6">L. f. Fahrer, gegbf. Begleitmann</td>
<td colspan="4">Lohn f. Fahrer</td>
</tr>
<tr>
<td>b) Laufende Kosten je km</td>
<td colspan="15"></td>
</tr>
<tr>
<td rowspan="2">Kraftstoff . . . .</td>
<td colspan="15" align="center">Verbrauch in 1/100 km zur überschlägigen Einschätzung</td>
</tr>
<tr>
<td>3,2</td><td>4,5</td><td>8,0</td><td>12,0</td><td>19,0</td><td>29,0</td><td>38,0</td><td>24,0</td><td>31,0</td><td>38,0</td><td>46,0</td><td>27</td><td>22</td><td>42</td><td>32</td>
</tr>
<tr>
<td rowspan="2">Schmiermittel . . .</td>
<td colspan="15" align="center">Verbrauch in kg/100 km zur überschlägigen Einschätzung</td>
</tr>
<tr>
<td>0,12</td><td>0,18</td><td>0,20</td><td>0,20</td><td>0,30</td><td>0,40</td><td>0,55</td><td>0,60</td><td>0,80</td><td>1,00</td><td>1,20</td><td>0,4</td><td>0,6</td><td>0,7</td><td>0,9</td>
</tr>
<tr>
<td></td>
<td colspan="15" align="center">Kosten je km $\cdot A \cdot 10^{-6}$;</td>
</tr>
<tr>
<td>Instandhaltung . .</td>
<td>7,5</td><td>6</td><td>6,7</td><td>4,5</td><td>3</td><td>6</td><td>5,5</td><td>6</td><td>5,5</td><td>4,2</td><td>4</td><td>4</td><td>4</td><td>3,2</td><td>3,2</td>
</tr>
<tr>
<td>Waschen u. Reinigen</td>
<td colspan="15"></td>
</tr>
<tr>
<td>Bereifung . . . . .</td>
<td colspan="5" align="center">Lebensdauer etwa 20 000 km</td>
<td colspan="10" align="center">Lebensdauer etwa 30—40 000 km, im Stadtbetrieb etwa 20 000 km</td>
</tr>
<tr>
<td>Summe b, Kosten je km</td>
<td colspan="15"></td>
</tr>
<tr>
<td>Jahresleistung x km .</td>
<td colspan="15"></td>
</tr>
<tr>
<td>Summe a . . . . .</td>
<td colspan="15"></td>
</tr>
<tr>
<td>Summe b · x . . .</td>
<td colspan="15"></td>
</tr>
<tr>
<td>Gesamtjahreskosten .</td>
<td colspan="15" align="center">$K_{ges} = a + b \cdot x$</td>
</tr>
<tr>
<td>Gesamtkosten je km .</td>
<td colspan="15"></td>
</tr>
<tr>
<td>Gesamtkosten je tkm .</td>
<td colspan="15"></td>
</tr>
</table>

Aus dieser Übersicht, die unter Verwertung von Angaben, die von BUSCHMANN [7] gemacht sind, aufgestellt wurde, läßt sich folgendes entnehmen:

Wichtig für die Wirtschaftlichkeit eines Kraftfahrtbetriebes ist an erster Stelle die richtige Wahl des Fahrzeuges nach Größe und Motorleistung in Übereinstimmung mit den vorliegenden Erfordernissen des Betriebes. Ist der Wagen im Betrieb nur halb belastet oder bleibt ein Teil der Fahrgastplätze unbesetzt, so ist die Wirtschaftlichkeit des Betriebes von vornherein in Frage gestellt. Ebenso ungünstig ist aber eine Überlastung des Fahrzeuges, die infolge der Überbeanspruchung des Motors und der Fahrzeugteile zu verkürzter Lebensdauer führt. Der Kilometerpreis fällt um so niedriger aus, je größer die jährlich vom Fahrzeug gefahrene Kilometerzahl ist. Größere Tragfähigkeit des Fahrzeuges hat ferner geringeren Kilometer- und Tonnenkilometerpreis zur Folge, vorausgesetzt, daß die Nutzlast des Fahrzeuges voll ausgenutzt erscheint. Durch die Verwendung von Anhängern kann der Preis je tkm wesentlich gesenkt werden.

Bei großer jährlicher Kilometerleistung können die laufenden Kosten, bei geringer Fahrtleistung jedoch die Höhe der Anschaffungskosten den Tonnenkilometerpreis entscheidend beeinflussen. — Die Abb. 391 und 392 geben Einblick in diese Verhältnisse und zwar Abb. 391 für Personenwagen mit Ottomotoren, Abb. 392 für Lastkraftwagen mit Otto- und Dieselmotorenantrieb. Diesen Schaubildern liegen die folgenden, für das Ja hr 1938 in Deutschland in RM gültig gewesenen Annahmen zugrunde:

a) Anschaffungskosten:

Kraftrad	200 cm³	650 Einheiten E
Kraftrad	500 ,,	1 000 ,,
Personenwagen	1,1 l	1 800 ,,
,, ...	1,7—2 l	4 000 ,,
,, ...	2,9—3,5 l	8 500 ,,
Lastwagen mit Ottomotor 3 t ohne Anhänger . . .		7 800 ,,
,, ,, ,, 3 t mit ,, . . .		10 800 ,,
,, ,, Dieselmotor 3 t ohne ,, . . .		8 500 ,,
,, ,, ,, 3 t mit ,, . . .		12 000 ,,
,, ,, ,, 6,5 t ohne ,, . . .		22 000 ,,
,, ,, ,, 6,5 t mit ,, . . .		28 000 ,,

b) Kraftstoffpreise

für Ottomotoren	0,40 Einheiten	je l
für Dieselmotoren	0,20 ,,	,, l

c) Schmierölpreis . . . . 1,40 ,, ,, kg.

Unter den getroffenen Annahmen zeigt sich der Dieselmotor im Betrieb wirtschaftlicher als der Ottomotor und zwar weil

a) der Preis des verwendeten Kraftstoffes niedriger liegt,

b) der bezogene Nutzverbrauch bei Dieselmotoren niedriger liegt als bei Ottomotoren,

c) der Aktionsradius des Fahrzeuges sich bei gleichem Kraftstoffbehälterinhalt im umgekehrten Verhältnis der Kraftstoffverbräuche vergrößert.

D. Schleppermotoren und Hilfsmotoren in der Landwirtschaft.

Im landwirtschaftlichen Schlepperbetrieb fallen die Kraftstoffkosten ausschlaggebend ins Gewicht; daher wird im Schlepperbau dem Dieselmotor immer mehr der Vorzug gegeben.

Wie eingehende Untersuchungen an der Forschungsanstalt für Landwirtschaft in Braunschweig ergeben haben, beträgt die mittlere Motorenbelastung für den normal eingesetzten Schlepper in der Landwirtschaft etwa 40%; hohe Motorenbelastungen kommen verhältnismäßig selten vor. Abb. 393, die sich auf die Prüfergebnisse zahlreicher Motorenbauarten aus den verschiedensten Herkunftsländern stützt, läßt entnehmen, wie die einzelnen Bauarten sich zueinander verhalten. Innerhalb einer bestimmten Motorenbauart wird diejenige die Forderung nach geringstem Gesamtverbrauch am besten erfüllen, die günstige Verbrauchswerte bei Teillasten aufweist; ein gewisser höherer Verbrauch bei Vollast fällt nur wenig ins Gewicht.

Bei etwa 200 Betriebsstunden im Jahr besteht etwa Kostengleichheit zwischen Diesel- und Viertakt-Otto-Vergasermotor; Zweitakt-Otto-Vergasermotoren sind im Betrieb im Durchschnitt um etwa 15% teurer. —Bei höherer Betriebsstundenzahl ist der Dieselmotor dem Benzinmotor eindeutig überlegen, wie Untersuchungen sowohl an einem 10 PS- als auch an einem 25 PS-Schlepper ergaben.

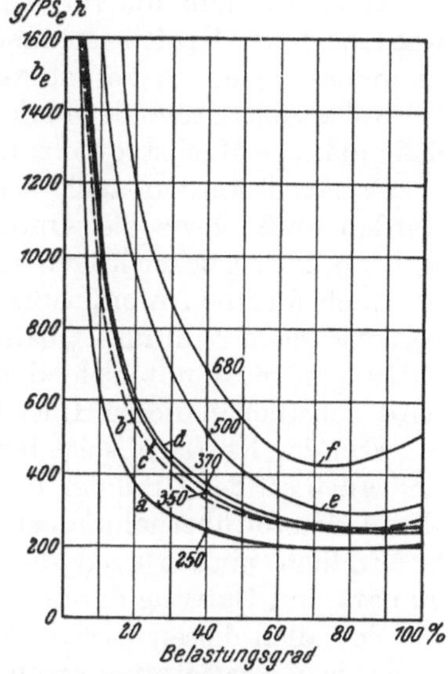

Abb. 393.
Mittlerer bezogener Kraftstoffverbrauch verschiedener Schleppermotoren [10].

a	Viertakt-Diesel,	Diesel-Kraftstoff
b	Zweitakt-Glühkopf,	,, ,,
c	Viertakt-Vergaser,	Vergaser- ,,
d	,, ,,	Traktoren- ,,
e	Zweitakt-Einspritzung,	Vergaser- ,,
i	,, -Vergaser,	,, ,,

Motordrehzahl konstant.

Wo die jährliche Betriebsstundenzahl niedrig bleibt, dort ist der Zweitakt-Vergasermotor am Platz, da er dann trotz des höheren spezifischen Verbrauches infolge der Einfachheit seiner Bauart, seiner einfachen Bedienung und Instandhaltung und seinen niedrigen Gestehungskosten wirtschaftlich ist; vor allem gilt dies für Geräte wie Kleinfräsen, Mäher, Pumpen, Spritzen usw. — Bei Einachsschleppern, an welche man heute alle jene Arbeitsgeräte anbauen kann, die der landwirtschaftliche Betrieb erfordert, kommt man aber auf höhere Betriebsstunden zahlen; hier steht der Viertaktvergasermotor von 8—10 PS mit dem Zweitakt-Vergasermotor und vor allem mit dem Kleindieselmotor im Wettbewerb.

Schrifttum.

1. GÜLDNER: Das Entwerfen und Berechnen der Verbrennungskraftmaschinen und Kraftgas-Anlagen. 3. Aufl. (Neudruck). Berlin: Springer 1920.
2. MAGG: Dieselmaschinen. Berlin 1928. VDI-Verlag.
3. KLINGENBERG: Bau großer Elektrizitätswerke. 2. Aufl. Berlin: Springer 1924.
4. Normblatt DIN Nr. 30. Beuth-Verlag.
5. HEUER: Die Wirtschaftlichkeit heimischer Kraftstoffe im Vergleich zum Benzin- und Dieselbetrieb. — Verkehrstechnik 1939, S. 361.
6. SCHULTE u. LESSING: Versuche an Fahrzeuggaserzeugern. 74. Hauptversammlung des VDI. Darmstadt 1936. — VDI-Verlag.
7. BUSCHMANN: Taschenbuch für den Auto-Ingenieur. 2. Aufl. Stuttgart. Franckhsche Verlagsbuchhandlung.
8. JANTSCH, F.: Kraftstoff-Handbuch. Stuttgart 1943. Franckhsche Verlagsbuchhandlung.
9. OSTWALD, WA.: Kraftstoffe und Schmierstoffe. Sonderdruck aus BUSSIEN, Automobiltechn. Handbuch. Krayn.
10. SEIFERT, A.: Landmaschinenbau der deutschen Landwirtschaftsgesellschaft. ATZ 51 (1949) S. 107—114.

E. Schlußwort.

Für jede Kraftmaschinenanlage gibt es außer den bisher besprochenen noch eine Anzahl von weiteren Umständen, welche die Wirtschaftlichkeit in mittelbarer Weise — meist sogar in recht bedeutendem Maß — beeinflussen.

Zunächst muß die für den Betrieb der Anlage geeignetste Kraftmaschine gewählt werden; jeder Kraftmaschinengattung entspricht ein ganz bestimmtes Leistungsgebiet, in welchem sie sich besonders vorteilhaft erweist.

Neben der Größe der erforderlichen Leistung wird weiters oft der Platzbedarf und das zulässige Höchstgewicht die Wahl der Kraftmaschinenbauart entscheiden.

Daneben werden auch der Grad der Betriebsbereitschaft, der ständig eingehalten werden muß, sowie die Anforderungen, die hinsichtlich der Betriebssicherheit erhoben werden, zu berücksichtigen sein.

Auch sind die Anforderungen, die bei der Bedienung der Maschinen an das Bedienungspersonal nach Zahl und Qualität gestellt werden müssen, bei verschiedenen Maschinengattungen recht unterschiedlich; je nach der Eigenart der bodenständigen Bevölkerung wird sich auch in dieser Hinsicht mancher Einfluß auf die Maschinenwahl geltend machen.

Von der Kraftstoffseite her wird sich außer dem Preis und der Beschaffungsmöglichkeit auch oft der Grad der Feuergefährlichkeit, die Lagermöglichkeit und die Möglichkeit der Kraftstoffübernahme beim Tanken fühlbar machen.

Endlich nimmt auch die Frage der Kühlung und der Kühlungsmöglichkeiten auf Bauart und Gattung der zu wählenden Kraftmaschine ihren Einfluß.

Vor allen diesen Gesichtspunkten, die wohl überlegt werden müssen, kann aber die Lage der Kraftstoffversorgung für manche Versorgungsgebiete die Verwendung bestimmter Motorengattungen eindeutig ausschließen bzw. erzwingen.

Aufgabe der Entwicklungsarbeit im Motorenbau bleibt es aber, innerhalb der einzelnen Gattungen die Gesamtwirtschaftlichkeit auf den erreichbaren Bestwert zu steigern.